中国石油地质志

第二版·卷十九

西藏探区

西藏探区编纂委员会　编

石油工业出版社

图书在版编目（CIP）数据

中国石油地质志 . 卷十九，西藏探区 / 西藏探区编

纂委员会编 . —北京：石油工业出版社，2023.9

ISBN 978-7-5183-5189-3

Ⅰ . ① 中… Ⅱ . ① 西… Ⅲ . ① 石油天然气地质 – 概况

– 中国 ② 油气田开发 – 概况 – 西藏 Ⅳ . ① P618.13

② TE3

中国版本图书馆 CIP 数据核字（2021）第 275180 号

责任编辑：冉毅凤

责任校对：郭京平

封面设计：周　彦

审图号：GS 京（2023）1847 号

出版发行：石油工业出版社

　　　　　（北京安定门外安华里 2 区 1 号　　100011）

　　　　　网　　址：www.petropub.com

　　　　　编辑部：（010）64251539　图书营销中心：（010）64523633

经　　销：全国新华书店

印　　刷：北京中石油彩色印刷有限责任公司

2023 年 9 月第 1 版　 2023 年 9 月第 1 次印刷

787×1092 毫米　开本：16　印张：34.5

字数：950 千字

定价：375.00 元

ISBN 978-7-5183-5189-3

《中国石油地质志》

（第二版）

总编纂委员会

主　编：翟光明

副主编：侯启军　马永生　谢玉洪　焦方正　王香增

委　员：（按姓氏笔画排序）

万永平	万　欢	马新华	王玉华	王世洪	王国力
元　涛	支东明	田　军	代一丁	付锁堂	匡立春
吕新华	任来义	刘宝增	米立军	汤　林	孙焕泉
杨计海	李东海	李　阳	李战明	李俊军	李绪深
李鹭光	吴聿元	何文渊	何治亮	何海清	邹才能
宋明水	张卫国	张以明	张洪安	张道伟	陈建军
范土芝	易积正	金之钧	周心怀	周荔青	周家尧
孟卫工	赵文智	赵志魁	赵贤正	胡见义	胡素云
胡森清	施和生	徐长贵	徐旭辉	徐春春	郭旭升
陶士振	陶光辉	梁世君	董月霞	雷　平	窦立荣
蔡勋育	撒利明	薛永安			

《中国石油地质志》

第二版·卷十九

西藏探区编纂委员会

主　　任：胡素云　王　剑

副 主 任：张友焱　谭富文　李永铁　夏响华

编　　委：陈志勇　付修根　李亚林　陈　明　伍新和　李忠雄
　　　　　王世洪

办公室：张友焱　占王忠　于世勇　曹　洁　韩中鹏

编 写 组

组　　长：王　剑　张友焱

副组长：谭富文　李永铁　李亚林　伍新和

成　　员：（按姓氏笔画顺序）

于世勇　万　方　万友利　卫红伟　马　龙　王　东

王世洪　王羽珂　王桂宏　占王忠　申晋利　付修根

冯兴雷　任　静　伊海生　刘中戎　孙　伟　杜佰伟

李英烈　李忠雄　李夔洲　吴培红　余华琪　宋春彦

汪　锐　陈文彬　陈　明　陈　浩　陈　曦　周红英

郑　波　夏国清　夏响华　郭祖军　曹　洁　彭清华
韩中鹏　程乐利　程顶胜　曾齐红　曾胜强　谢尚克
魏玉帅　戴　婕

审稿专家组

组　长：陈志勇
专　家：巫晓兵　乔德武　甘贵元　谢　渊　朱同兴　尹福光

序

三十多年前，在广大石油地质工作者艰苦奋战、共同努力下，从中华人民共和国成立之前的"贫油国"，发展到可以生产超过 1 亿吨原油和几十亿立方米天然气的产油气大国，可以说是打了一个大大的"翻身仗"，获得丰硕成果，对我国油气资源有了更深的认识，广大石油职工充满无限信心、继续昂首前进。

在 1983 年全国油气勘探工作会议上，我和一些同志建议把过去三十年的勘探经历和成果做一系统总结，既可作为前一阶段勘探的历史记载，又可作为以后勘探工作的指引或经验借鉴。1985 年我到石油勘探开发科学研究院工作后，便开始组织编写《中国石油地质志》，当时材料分散、人员不足、资金缺乏，在这种困难的条件下，石油系统的很多勘探工作者投入了极大的热情，先后有五百余名油气勘探专家学者参与编写工作，历经十余年，陆续出版齐全，共十六卷 20 册。这是首次对中华人民共和国成立后石油勘探历程、勘探成果和实践经验的全面总结，也是重要的基础性史料和科技著作，得到业界广大读者的认可和引用，在油气地质勘探开发领域发挥了巨大的作用。我在油田现场调研过程中遇到很多青年同志，了解到他们在刚走出校门进入油田现场、研究部门或管理岗位时，都会有摸不着头脑的感觉，他们说《中国石油地质志》给予了很大的启迪和帮助，经常翻阅和参考。

又一个三十年过去了，面对国内极其复杂的地质条件，这三十年可以说是在过去的基础上，勘探工作又有了巨大的进步，相继开展的几轮油气资源评价，对中国油气资源实情有了更深刻的认识。无论是在烃源岩、油气储层、沉积岩序列、构造演化以及一系列随着时间推移的各种演化作用带来的复杂地质问题，还是在石油地质理论、勘探领域、勘探认识、勘探技术等方面都取得了许多新进展，不断发现新的油气区，探明的油气田数量逐渐增多、油气储量大幅增加，油气产量提升到一个新台阶。截至 2020 年底（与 1988 年相比），发现的油田由 332 个增至 773 个，气田由 102 个增至 286 个；30 年来累计探明石油地质储量增加 284 亿吨、天然气地质储量增加 17.73 万亿立方米；原油年产量由 1.37 亿吨增至 1.95 亿吨，天然气年产量由 139 亿立方米增至 1888 亿立方米。

油气勘探发现的过程既有成功时的喜悦，更有勘探失利带来的煎熬，其间积累的经验和教训是宝贵的、值得借鉴的。《中国石油地质志》不仅仅是一套学术著作，它既有对中国各大区地质史、构造史、油气发生史等方面的详尽阐述，又有对油气田发现历程的客观分析和判断；它既是各探区勘探理论、勘探经验、勘探技术的又一次系统回顾和总结，又是各探区下一步勘探领域和方向的指引。因此，本次修编的《中国石油地质志》对今后的油气勘探工作具有新的启迪和指导。

在编写首版《中国石油地质志》过程中，经过对各盆地、各地区勘探现状、潜力和领域的系统梳理，催生了"科学探索井"的想法，并在原石油工业部有关领导的支持下实施，取得了一批勘探新突破和成果。本次修编，其指导思想就是通过总结中国油气勘探的"第二个三十年"，全面梳理现阶段中国各油气区的现状和前景，旨在提出一批新的勘探领域和突破方向。所以，在 2016 年初本版编委会尚未完全成立之时，我就在中国工程院能源与矿业工程学部申请设立了 "中国大型油气田勘探的有利领域和方向" 咨询研究项目，全国有 32 个地区石油公司参与了研究实施，该项目引领各油气区在编写《中国石油地质志》过程中突出未来勘探潜力分析，指引了勘探方向，因此，在本次修编章节安排上，专门增加了"资源潜力与勘探方向"一章内容的编写。

本次修编本着实事求是的原则，在继承原版经典的基础上，基本框架延续原版章节脉络，体现学术性、承续性、创新性和指导性，着重充实近三十年来的勘探发展成果。《中国石油地质志》修编版分卷设置，较前一版进行了拆分和扩充，共 25 卷 32 册。补充了冀东油气区、华北油气区（下册·二连盆地）两个新卷，将原卷二"大庆、吉林油田"拆分为大庆油气区和吉林油气区两卷；将原卷七"中原、南阳油田"拆分为中原油气区和南阳油气区两卷；将原卷十四"青藏油气区"拆分为柴达木油气区和西藏探区两卷；将原卷十五"新疆油气区"拆分为塔里木油气区、准噶尔油气区和吐哈油气区三卷；将原卷十六"沿海大陆架及毗邻海域油气区"拆分为渤海油气区、东海一黄海探区、南海油气区三卷。另外，由于中国台湾地区资料有限，故本次修编不单独设卷，望以后修编再行补充和完善。

此外，自 1998 年原中国石油天然气总公司改组为中国石油天然气集团公司、中国石油化工集团公司和中国海洋石油总公司后，上游勘探部署明确以矿权为界，工作范围和内容发生了很大变化，尤其是陆上塔里木、准噶尔、四川、鄂尔多斯等四大盆地以及滇黔桂探区均呈现中国石油、中国石化在各自矿权同时开展勘探研究的情形，所处地质构造区带、勘探程度、理论认识和勘探进展等难免存在差异，为尊重各探区勘探研究实际，便于总结分析，因此在上述探区又酌情设置分册加以处理。各分卷和分册按以下顺序排列：

卷次	卷名	卷次	卷名
卷一	总论	卷十四	滇黔桂探区（中国石化）
卷二	大庆油气区	卷十五	鄂尔多斯油气区（中国石油）
卷三	吉林油气区		鄂尔多斯油气区（中国石化）
卷四	辽河油气区	卷十六	延长油气区
卷五	大港油气区	卷十七	玉门油气区
卷六	冀东油气区	卷十八	柴达木油气区
卷七	华北油气区（上册）	卷十九	西藏探区
	华北油气区（下册）	卷二十	塔里木油气区（中国石油）
卷八	胜利油气区		塔里木油气区（中国石化）
卷九	中原油气区	卷二十一	准噶尔油气区（中国石油）
卷十	南阳油气区		准噶尔油气区（中国石化）
卷十一	苏浙皖闽探区	卷二十二	吐哈油气区
卷十二	江汉油气区	卷二十三	渤海油气区
卷十三	四川油气区（中国石油）	卷二十四	东海—黄海探区
	四川油气区（中国石化）	卷二十五	南海油气区（上册）
卷十四	滇黔桂探区（中国石油）		南海油气区（下册）

《中国石油地质志》是我国广大石油地质勘探工作者集体智慧的结晶。此次修编工作得到中国石油、中国石化、中国海油、延长石油等油公司领导的大力支持，是在相关油田公司及勘探开发研究院 1000 余名专家学者积极参与下完成的，得到一大批审稿专家的悉心指导，还得到石油工业出版社的鼎力相助。在此，谨向有关单位和专家表示衷心的感谢。

中国工程院院士　翟光明

2022 年 1 月　北京

FOREWORD

Some 30 years ago, under the unremitting joint efforts of numerous petroleum geologists, China became a major oil and gas producing country with crude oil and gas producing capacity of over 100 million tons and billions of cubic meters respectively from an 'oil-poor country' before the founding of the People's Republic of China. It's indeed a big 'turnaround' which yielded substantial results, allowed us to have a better understanding of oil and gas resources in China, and gave great confidence and impetus to numerous petroleum workers.

At the National Oil and Gas Exploration Work Conference held in 1983, some of my comrades and I proposed to systematically summarize exploration experiences and results of the last three decades, which could serve as both historical records of previous explorations and guidance or references for future explorations. I organized the compilation of *Petroleum Geology of China* right after joining the Research Institute of Petroleum Exploration and Development (RIPED) in 1985. Though faced with the difficulties including scattered information, personnel shortage and insufficient funds, a great number of explorers in the petroleum industry showed overwhelming enthusiasm. Over five hundred experts and scholars in oil and gas exploration engaged in the compilation successively, and 16-volume set of 20 books were published in succession after over 10 years of efforts. It's not only the first comprehensive summary of the oil exploration journey, achievements and practical experiences after the founding of the People's Republic of China, but also a fundamental historical material and scientific work of great importance. Recognized and referred to by numerous readers in the industry, it has played an enormous role in geological exploration and development of oil and gas. I met many young men in the course of oilfield investigations, and learned their feeling of being lost during transition from school to oilfields, research departments or management positions. They all said they were greatly inspired and benefited from *Petroleum Geology of China* by often referring to it.

Another three decades have passed, and it can be said that though faced with extremely complicated geological conditions, we have made tremendous progress in exploration over the years based on previous works and acquisition of more profound knowledge on China's oil and gas resources after several rounds of successive evaluations. New achievements have been made in not only source rock, oil and gas reservoir, sedimentary development, tectonic evolution and a series of complicated geological issues caused by different evolutions over time, but also petroleum geology theories, exploration areas, exploration knowledge, exploration techniques and other aspects. New oil and gas provinces were found one after another, and with gradual increase in the number of proven oil and gas fields, oil and gas reserves grew significantly, and production was brought to a new level. By the end of 2020 (compared with 1988), the number of oilfields and gas fields had increased from 332 and 102 to 773 and 286 respectively, cumulative proved oil in place and gas in place had grown by 28.4 billion tons and 17.73 trillion cubic meters over the 30 years, and the annual output of crude oil and gas had increased from 137 million tons and 13.9 billion cubic meters to 195 million tons and 188.8 billion cubic meters respectively.

Oil and gas exploration process comes with both the joy of successful discoveries and the pain of failures, and experiences and lessons accumulated are both precious and worth learning. *Petroleum Geology of China*'s more than a set of academic works. It not only contains geologic history, tectonic history and oil and gas formation history of different major regions in China, but also covers objective analyses and judgments on discovery process of oil and gas fields, which serves as another systematic review and summary of exploration theories, experiences and techniques as well as guidance on future exploration areas and directions of different exploratory areas. Therefore, this revised edition of *Petroleum Geology of China* plays a new role of inspiring and guiding future oil and gas exploration works.

Systematic sorting of exploration statuses, potentials and domains of different basins and regions conducted during compilation of the first edition of *Petroleum Geology of China* gave rise to the idea of 'Scientific Exploration Well', which was implemented with supports from related leaders of the former Ministry of Petroleum Industry, and led to a batch of breakthroughs and results in exploration works. The guiding idea of this revision is to propose a batch of new exploration areas and breakthrough directions by summarizing 'the second 30 years' of China's oil and gas exploration works and comprehensively sorting out current statuses and prospects of different exploratory areas in China at the current stage. Therefore, before the editorial team was fully formed at the beginning of 2016, I applied to the Division of Energy and Mining Engineering, Chinese Academy of Engineering for the establishment of a consulting research project on 'Favorable Exploration Areas and Directions of Major Oil and Gas Fields in China'. A total of 32 regional oil companies throughout the country participated in the research project, which guided different exploratory areas in giving prominence to analysis on future exploration potentials in the course of compilation of *Petroleum Geology of China*, and pointed out exploration directions. Hence a new dedicated chapter of 'Exploration Potentials and Directions of Oil and Gas Resources' has been added in terms of chapter arrangement of this revised edition.

Based on the principles of seeking truth from facts and inheriting essence of original works, the basic framework of this revised edition has inherited the chapters and context of the original edition, reflected its academics, continuity, innovativeness and guiding function, and focused on supplementation of exploration and development related achievements made in the recent 30 years. This revised edition of *Petroleum Geology of China*, which consists of sub-volumes, has divided and supplemented the previous edition into 25-volume set of 32 books. Two new volumes of Jidong Oil and Gas Province and Huabei Oil and Gas Province (The Second Volume·Erlian Basin) have been added, and the original Volume 2 of 'Daqing and Jilin Oilfield' has been divided into two volumes of Daqing Oil and Gas Province and Jilin Oil and Gas Province. The original Volume 7 of 'Zhongyuan and Nanyang Oilfield' has been divided into two volumes of Zhongyuan Oil and Gas Province and Nanyang Oil and Gas Province. The original Volume 14 of 'Qinghai-Tibet Oil and Gas Province' has been divided into two volumes of Qaidam Oil and Gas Province and Tibet Exploratory Area. The original volume 15 of 'Xinjiang Oil and Gas Province' has been divided into three volumes of Tarim Oil and Gas Province, Junggar Oil and Gas Province and Turpan-Hami Oil and Gas Province. The original Volume 16 of 'Oil and Gas Province of Coastal Continental Shelf and Adjacent Sea Areas' has been divided into three volumes of Bohai Oil and Gas Province, East China Sea-Yellow Sea Exploratory Area and South China Sea Oil and Gas Province.

Besides, since the former China National Petroleum Company was reorganized into CNPC, SINOPEC and CNOOC in 1998, upstream explorations and deployments have been classified based on the scope of mining rights, which led to substantial changes in working range and contents. In particular, CNPC and SINOPEC conducted explorations and researches under their own mining rights simultaneously in the four major onshore basins of Tarim, Junggar, Sichuan and Erdos as well as Yunnan-Guizhou-Guangxi Exploratory Area, so differences in structural provinces of their locations, degree of exploration, theoretical knowledge and exploration progress were inevitable. To respect the realities of explorations and researches of different exploratory areas and facilitate summarization and analysis, fascicules have been added for aforesaid exploratory areas as appropriate. The sequence of sub-volumes and fascicules is as follows:

Volume	Volume name	Volume	Volume name
Volume 1	Overview	Volume 14	Yunnan-Guizhou-Guangxi Exploratory Area (SINOPEC)
Volume 2	Daqing Oil and Gas Province	Volume 15	Erdos Oil and Gas Province (CNPC)
Volume 3	Jilin Oil and Gas Province		Erdos Oil and Gas Province (SINOPEC)
Volume 4	Liaohe Oil and Gas Province	Volume 16	Yanchang Oil and Gas Province
Volume 5	Dagang Oil and Gas Province	Volume 17	Yumen Oil and Gas Province
Volume 6	Jidong Oil and Gas Province	Volume 18	Qaidam Oil and Gas Province
Volume 7	Huabei Oil and Gas Province (The First Volume)	Volume 19	Tibet Exploratory Area
	Huabei Oil and Gas Province (The Second Volume)	Volume 20	Tarim Oil and Gas Province (CNPC)
Volume 8	Shengli Oil and Gas Province		Tarim Oil and Gas Province (SINOPEC)
Volume 9	Zhongyuan Oil and Gas Province	Volume 21	Junggar Oil and Gas Province (CNPC)
Volume 10	Nanyang Oil and Gas Province		Junggar Oil and Gas Province (SINOPEC)
Volume 11	Jiangsu-Zhejiang-Anhui-Fujian Exploratory Area	Volume 22	Turpan-Hami Oil and Gas Province
Volume 12	Jianghan Oil and Gas Province	Volume 23	Bohai Oil and Gas Province
Volume 13	Sichuan Oil and Gas Province (CNPC)	Volume 24	East China Sea-Yellow Sea Exploratory Area
	Sichuan Oil and Gas Province (SINOPEC)	Volume 25	South China Sea Oil and Gas Province (The First Volume)
Volume 14	Yunnan-Guizhou-Guangxi Exploratory Area (CNPC)		South China Sea Oil and Gas Province (The Second Volume)

Petroleum Geology of China is the essence of collective intelligence of numerous petroleum geologists in China. The revision received vigorous supports from leaders of CNPC, SINOPEC, CNOOC, Yanchang Petroleum and other oil companies, and it was finished with active engagement of over 1,000 experts and scholars from related oilfield companies and RIPED, thoughtful guidance of a great number of reviewers as well as generous assistance from Petroleum Industry Press. I would like to express my sincere gratitude to relevant organizations and experts.

Zhai Guangming, *Academician of Chinese Academy of Engineering*

Jan. 2022, *Beijing*

前　言

西藏探区是青藏高原的主体组成部分，面积约 $122 \times 10^4 km^2$，平均海拔在 4500m 以上。探区内分布着众多的海相及陆相沉积盆地，主要有羌塘、措勤、比如、昌都、岗巴—定日、伦坡拉、尼玛及可可西里等盆地，其中，面积超过 $1 \times 10^4 km^2$ 的盆地就有 9 个，羌塘盆地最大，面积 $22 \times 10^4 km^2$，为中生代海相沉积盆地。

大地构造位置上，西藏探区位于特提斯—喜马拉雅构造域之东段，与之毗邻的西段是著名的中东油气区，东南段则是东南亚油气区。这一特殊的大地构造背景，使得西藏探区备受广大石油地质工作者的高度关注，特别是位于西藏探区北部的羌塘盆地，是我国陆上新区面积最大、地层序列完整、勘探程度很低的中生代海相沉积盆地，其油气地质条件与中东油气区十分相似，目前已发现地表油气苗 200 多处，钻井中见到了不同程度的油气显示，第三次全国资源评价盆地石油远景资源量 $86.35 \times 10^8 t$；天然气远景资源量 $12553.55 \times 10^8 m^3$，具有巨大的油气勘探潜力。

国家对西藏探区油气普查与油气资源战略调查工作非常重视。李四光教授早在 20 世纪 50 年代初就指出："青藏滇缅区，包括柴达木盆地、西藏高原北部、四川盆地西部，都有发现比较大规模油田的可能。"20 世纪 50—70 年代，地质部就成立了首支西藏石油普查队伍，对伦坡拉盆地开展了大规模的石油普查及勘探工作，钻探获得了工业油流。20 世纪 90 年代，地质矿产部新星石油公司中南石油局在伦坡拉盆地继续开展石油勘探工作，提交了罗马迪库和红星梁两个小型油田的控制储量。1993—1998 年，中国石油天然气总公司首次对西藏高原羌塘、措勤、比如、昌都、岗巴—定日等盆地开展了石油地质普查与评价工作，获得了大量的地质、地球物理及油气化探等资料，出版了青藏高原地层、构造、石油地质等一套 5 册专著。从 21 世纪开始，国土资源部先后组织了多轮油气资源战略选区与调查评价工作，在完成全区 1∶25 万区域地质调查的基础上，重点对羌塘盆地开展了基础地质、石油地质、地球物理、油气化探、地质浅钻等大量工作，并在半岛湖地区实施了第一口科探井：羌科 1 井（井深 4696.18m，最初命名为羌参 1 井，后改名为羌科 1 井）。目前，西藏探区已成为我国油气资源战略选区与勘探攻关的重要新区。

经过我国石油地质工作者近几十年来的努力实践，西藏探区在基础地质、油气地质、地球物理勘探技术等方面，都取得了一系列重要的新成果及新认识，主要体现在以下几个方面：（1）羌塘、伦坡拉、尼玛及措勤4个盆地可作为进一步开展勘探的优选盆地，其中羌塘盆地是首选。（2）建立了羌塘盆地地层—构造—石油地质条件综合地层柱，查明了羌塘盆地沉积充填序列、地层—构造格架、岩相古地理特征、基底隆坳格局、石油地质条件等。（3）通过钻探羌科1井，在北羌塘坳陷中深层发现了具区域性分布特征的膏岩封盖层，其中雀莫错组膏岩层大于365m、夏里组膏泥岩大于260m，证实羌塘盆地具有很好的油气盖层条件。（4）羌科1井及17口地质调查浅井的钻探证实，上三叠统泥页岩是羌塘盆地最重要的优质烃源岩，其中有机碳含量大于1.0%的泥页岩厚度超过120m，大于2.0%的近40m，表明羌塘盆地具有良好的烃源岩条件。此外，南羌塘坳陷下侏罗统曲色组黑色泥页岩厚度大于100m，有机碳含量平均达7.67%，最高达26.12%。（5）羌科1井及多口地质调查浅井均发现了油气显示，全烃值达10.2%，同时，证实了羌塘盆地中生界存在3套重要的生储盖组合。（6）羌塘盆地具有形成大型油气田的油气地质条件，石油及天然气资源极为丰富，已优选出6个油气勘探有利区带和9个重点区块。（7）预测胜利河—长蛇山下白垩统海相油页岩带资源量大于 $10.00 \times 10^8 t$；预测伦坡拉盆地陆相油页岩远景资源量 $104.61 \times 10^8 t$；预测隆鄂尼—昂达尔错—鄂斯玛白云岩油砂资源量 $86.46 \times 10^8 t$。（8）二维地震勘探技术取得了突破性进展，获得的高信噪比二维地震资料揭示，羌塘盆地具有稳定的沉积层序和完整的圈闭构造，改变了"破碎高原"的认识。

这些新的成果及认识表明，位于特提斯构造域东段的西藏探区，整体上具有较好的油气地质条件，特别是羌塘盆地，是我国陆上新区最有可能实现油气突破的重要盆地之一。

在继承完善1990年出版的《中国石油地质志·卷十四 青藏油气区》第二篇西藏地区的基础上，本次修编系统收集和总结补充了20世纪90年代以来的新资料、新成果、新技术及新认识，特别是中国石油天然气总公司、国土资源部、成都地质调查中心、中国石油勘探开发研究院、中国石化集团中南石油局、成都理工大学等单位油气地质调查、战略选区、资源评价及羌科1井工程等所获得的新成果、新认识。针对西藏探区目前勘探程度低、尚未获得油气勘探重大突破的现状，本次修编重点围绕烃源岩及盆地油气保存条件等重大石油地质问题，按照"实事求是、力求全面、突出重点、创新指导"的原则，全面总结和深化上述新的成果及认识，以期"推进、拓展、指导、引领"西藏探区未来的油气勘探工作，早日实现西藏探区油气勘探的突破。

本卷在结构编排上，考虑到除伦坡拉和羌塘盆地油气勘探基本达到普查程度以外，西藏探区其他盆地资料较少、还停留在油气基础地质调查研究阶段的实际情况，结合修编原则，将本卷分为3篇。第一篇总论共5章：包括概况、勘探历程、区域地层、区域构造、水文地质及地热资源等，主要介绍整个西藏探区的基本情况，重点介绍西藏探区在地层划分、构造演化及沉积盆地分布等方面的新成果；其次是将西藏探区油气勘探历程划分为探索、典型盆地普查、区域普查和战略选区与调查评价4个阶段。

第二篇共7章：包括羌塘盆地的地层、构造、沉积环境与相、石油地质条件、非常规油气资源、油气资源潜力与勘探方向和地震勘探技术进展，重点介绍了羌塘盆地沉积地层及古地理、构造隆坳格局、烃源岩及储层分析评价、石油及天然气资源量、勘探区带及方向、油页岩及油砂特征等最新成果及认识。第三篇共7章：包括伦坡拉、尼玛、可可西里、措勤、昌都、岗巴—定日及比如盆地，重点介绍伦坡拉盆地沉积地层、构造、石油地质条件、石油勘探成果、油页岩特征，简要介绍其余盆地的地层与沉积、构造、石油地质条件。

本次修编由中国石油勘探开发研究院、中国地质调查局成都地质调查中心共同组织完成，中国地质调查局油气地质调查中心、中国地质大学（北京）、西南石油大学等单位参与合作编著工作。

王剑、张友焱任编写组组长，各章节编写人员如下：

前言（中英文）由王剑、谭富文、张友焱撰写。

第一篇总论共分5章。第一章，概况：戴婕、万方、周红英、任静编写。第二章，勘探历程：王剑、谭富文、王世洪编写。第三章，区域地层：陈明、李永铁编写。第四章，区域构造：王剑、郑波、付修根、宋春彦、冯兴雷编写。第五章，水文地质及地热资源：曾胜强、于世勇、申晋利编写。

第二篇羌塘盆地共分7章。第一章，地层：王剑、李夔洲、程乐利、付修根编写。第二章，构造：付修根、陈浩、王羽珂编写。第三章，沉积环境与相：谭富文、占王忠、付修根、郭祖军编写。第四章，石油地质条件：冯兴雷、陈文彬、王东、曾胜强、孙伟、杜佰伟、程乐利、万友利编写。第五章，非常规油气资源：杜佰伟、付修根、陈文彬、彭清华、谢尚克编写。第六章，油气资源潜力与勘探方向：王剑、陈浩、王羽珂、陈明编写。第七章，地震勘探技术进展：李忠雄、马龙、孙伟、谢尚克、卫红伟编写。

第三篇其他盆地共分7章。第一章，伦坡拉盆地：伍新和、曹洁、夏响华、汪锐、伊海生、李英烈、夏国清编写。第二章，尼玛盆地：汪锐、李英烈、伊海生、韩中鹏编写。第三章，可可西里盆地：李亚林、陈曦、韩中鹏编写。第四章，措勤盆地：李亚林、陈曦、魏玉帅、韩中鹏编写。第五章，昌都盆地：占王忠、刘中戎、谭富文编写。第六章，岗巴—定日盆地：余华琪、吴培红、张友焱、王世洪编写。第七章，比如盆地：王桂宏、程顶胜、张友焱、曾齐红编写。

本卷最终由王剑、张友焱统纂定稿。占王忠、于世勇、甘贵元、曾齐红、马志国、胡艳协助编写组组长负责协调联络、组织稿件、图件汇总、参考文献整理及参与统纂等工作。

分卷编写过程中，翟光明院士、多吉院士、王成善院士给予了悉心的指导。翟光明院士对本卷编写的原则、指导思想及重点内容等，提出了十分宝贵的意见与建议。初稿完成后，由《中国石油地质志（第二版）》总编纂委员会组织有关专家对初稿进行了多次审查，杜金虎、乔德武、何海清、高瑞祺、龚再升、甘贵元、陶士振、范土芝、邓胜徽、池英柳、赵长毅、庞奇伟等专家，对本卷修编提出了十分宝贵的意见和建议。中国工程院、中国地质调查局、中国石油勘探开发研究院、成都地质调查中心、油气地质调查中心、中国地质大学（北京）、西南石油大学、石油工业出版社等单位，对本卷的编写与出版工作给予了大力支持与帮助。在此，对上述所有单位和个人，一并致以衷心的感谢！

本次《中国石油地质志（第二版）·卷十九 西藏探区》编写所涉及的盆地较多、地域较广、问题复杂，同时，由于西藏探区整体上油气勘探程度较低，特别是藏北无人区资料较为缺乏，加之参与编写的单位及人员较多、时间仓促、水平有限，因此，编者在总结、归纳、消化、吸收已有成果资料方面，难免挂一漏万、有失偏颇或囫囵吞枣。在此，恳求读者批评指正。

PREFACE

The Tibet Exploration Area is the main part of Qinghai-Tibet plateau, with an area of about $122\times10^4km^2$ and an average altitude of more than 4500m. There are numerous marine and continental sedimentary basins in the Tibet Exploration Area, mainly including Qiangtang, Cuoqin, Biru, Changdu, Gamba-Tingri, Lumbola, Nima, and Hoh Xil basin, etc., among them there are 9 basins with an area of more than $1\times10^4km^2$, and the Qiangtang basin is the largest one with an area of $22\times10^4km^2$. It is a Mesozoic marine sedimentary basin.

Tectonically, the Tibet Exploration Area is located in the eastern part of the Tethys-Himalaya tectonic domain, and adjacent to the western is of the famous Middle East oil and gas area, and the southeast is of the Southeast Asian oil and gas area. This special tectonic background has made the Tibet Exploration Area highly concerned by the majority of petroleum geologists, especially the Qiangtang basin, located in the northern part of the Tibet Exploration Area, is the Mesozoic marine sedimentary basin with the largest area, complete stratigraphic sequence, and low exploration degree in the new land area in our country. Its oil and gas geological conditions are very similar to those in the Middle East. So far, more than 200 surface oil and gas seedlings have been discovered, and various degrees of oil and gas displays have been seen during drilling. The third national assessment basin has a prospective oil resource of 86.35×10^8t; a natural gas prospective resource of $12553.55\times10^8m^3$, with huge oil and gas exploration potential.

The State attaches great importance to the oil and gas census and exploration of oil and gas resources in the Tibet Exploration Area. As early as the 1950s, Professor Li Siguang pointed out that " There is possibility of discovering relatively large-scale oil fields in Qinghai-Yunnan-Myanmar region, including the Qaidam basin, the northern part of the Tibetan plateau (Qiangtang basin), and the western part of the Sichuan basin." During the 1950s to 1970s, the Ministry of Geology set up the first Tibet oil census team to carry out large-scale oil census and exploration of the Lumbola basin, and drilling obtained industrial oil flow. In the 1990s, the Central South Petroleum Bureau of the Nova Petroleum Company of the Ministry of Geology and Mineral Resources continued to carry out petroleum exploration work in the Lumbola basin, and submitted control reserves for two small oil fields, Roma Diku and Hong Xingliang. From 1993 to 1998, CNPC carried out the first oil geological survey and evaluation of the Qiangtang, Cuoqin, Biru, Changdu, Gamba-Tingri and other basins in the Tibet plateau, and obtained a large number of geological, geophysical and oil and gas geochemical exploration and other materials, and published a series of 5 monographs on the formation, structure and petroleum geology of the Qinghai-Tibet plateau. Since the beginning of this century, the Ministry of Land and Resources has successively organized several rounds of strategic selection and investigation and evaluation of oil and gas resources. On the basis of completing the regional geological survey of 1 : 250, 000 in the whole region, focused on the Qiangtang basin to carry out a lot of basic geology, petroleum geology, geophysics, oil and gas geochemical exploration, shallow geological drilling, etc., and implemented the first scientific drilling : QK-1 wel [4696.18m deep, Originally named parameter drilling of QC-1, later renamed scientific drilling of the Qiangtang basin (QK-1)] in the peninsula lake area. At present, the Tibet Exploration Area has become an important new area for nation' s strategic selection of oil and gas resources and exploration.

After the efforts of Chinese petroleum geologists in recent decades, the Tibet exploration has achieved a series of important new achievements and new understandings in basic geology, oil and gas geology, and geophysical exploration technology, mainly reflected in the following several aspects : (1) The four basins of Qiangtang, Lumbola, Nima and Cuoqin can be used as the preferred basins for further exploration, and the Qiangtang basin is the first choice. (2) A comprehensive stratigraphic column of stratigraphic-structural-petroleum conditions was established for Qiangtang basin. In terms of the sedimentary filling sequence, stratigraphic-structural framework, lithofacies and paleogeographic maps, basement uplift pattern, and petroleum geological conditions, etc., have been identified in the Qiangtang basin. (3) Through scientific drilling of QK-1 well, a gypsum capping layer with regional distribution characteristics was found in the middle and deep layers of the North Qiangtang depression. Among them, the gypsum rock layer of Quemocuo Formation is thicker than 363m and the gypsum mudstone of Xiali Formation is thicker than 260m. It is proved that the Qiangtang basin has good oil and gas capping conditions. (4) The scientific drilling of QK-1 well and 17 shallow wells for geological survey confirmed that the Upper Triassic shale is the most important high-quality source rock in the Qiangtang basin. The shale with total organic carbon (TOC) content of more than 1.0% has a thickness of more than 120m and a thickness of TOC more than 2.0% of nearly 40m, indicating that the Qiangtang basin has good source rock conditions. In addition, the black shale of the Lower Jurassic Quse Formation in the South Qiangtang depression has a thickness of more than 100m, with an average TOC of 7.67% and the maximum content up to 26.12%. (5) The QK-1 well and several shallow wells for geological survey have discovered oil and gas displays. The total hydrocarbon value is up to more than 10%. At the same time, it is confirmed that there are three important sets of source-reservoir-caprock combinations in the Mesozoic in the Qiangtang basin. (6) The Qiangtang basin possesses the potential and geological conditions of forming large-scale oil and gas fields. Six favorable zones for oil and gas exploration and 9 key blocks have been selected. (7) Newly discovered Shenglihe-Changsheshan Early Cretaceous marine high-quality oil shale belt. It is predicted that its resources will be more than $10.00 \times 10^8 t$; the prospective resource of the continental oil shale in the Lumbola basin is expected to exceed $104.61 \times 10^8 t$. It is predicted that the resources of dolomite oil sand in the Longeni-Angdaer Co-Esima belt is $86.46 \times 10^8 t$. (8) Breakthrough progress has been made in two-dimensional seismic exploration technology. The obtained high signal-to-noise ratio two-dimensional seismic data reveals that the Qiangtang basin has stable sedimentary sequences and complete trap structures, changing the understanding of Qiangtang basin as a "broken plateau".

These new achievements and knowledge indicate that the Tibet Exploration Area located in the eastern Tethys structural domain has good oil and gas geological conditions as a whole. The Qiangtang basin, in particular, should be one of the most important basins in our country's new regions onshore that is most likely to achieve a breakthrough in oil and gas.

This revision, on the basis of inheriting and perfecting the *China Petroleum Geology* (Volume 14, Qinghai-Tibet Oil and Gas Area, Part Two, Tibet) published in 1990, systematically collects and summarizes new materials, achievements, technologies and new understandings since the 1990s, especially the new round of oil and gas geological survey, strategic selection, and resources of the Ministry of Land and Resources, CNPC Qinghai-Tibet Oil and Gas Exploration Project Manager, Chengdu Center for Geological Survey, Southwest Petroleum University, China Petroleum Exploration and Development

Research Institute, Sinopec Group Zhongnan Petroleum Bureau, Chengdu University of Technology, etc., and the evaluation and new achievements and new knowledge gained from the QK-1 well project. Aiming at the current situation of low exploration level in Tibet Exploration Area and no major breakthrough in oil and gas exploration, this revision focuses on the major petroleum geological issues such as source rock and oil and gas preservation conditions in the basin, in accordance with the principle of "seeking truth from facts, striving for comprehensiveness, highlighting key points, and innovating guidance", and comprehensively summarizes and deepens the above new achievements and understanding, with a view to "promote, expand, guide, and lead" the future oil and gas exploration work in the Tibet Exploration Area, and achieves an early breakthrough in oil and gas exploration in the Tibet Exploration Area.

In terms of structural arrangement of this volume, considering that except the exploration in Lumbola and Qiangtang basins has basically reached the level of petroleum survey, the other basins are still in a lower stage of basic geological survey, and with less data, this volume is divided into three parts: Part I, Part II and Part III. The Part I contains five chapters: including physical geography, exploration history, regional strata, regional structure, hydrogeology and geothermal resources, etc.; It mainly introduces the basic situation of the entire Tibet Exploration Area, and focuses on the new achievements of the Tibet Exploration Area in terms of stratigraphic division, structural evolution, and distribution of sedimentary basins; the second is to divide the oil and gas exploration process in the Tibet Exploration Area into four stages: exploration, typical basin survey, comprehensive pre-exploration-census, strategic selection and survey evaluation. There are seven chapters in the Part II: systematically introduce the stratum, structure, sedimentary facies and paleogeography, petroleum geological conditions, unconventional oil and gas geology, resource potential and exploration direction and seismic exploration technology progress of the Qiangtang basin; Highlights the latest achievements and understanding of tectonic uplift and depression patterns, sedimentary strata and paleogeography, analysis and evaluation of source rocks and reservoirs, oil and gas resources, exploration zones and targets, oil shale and oil sand characteristics in the Qiangtang basin. The Part III consists of seven chapters: respectively introduce Lumbola, Nima, Hoh Xil, Cuoqin, Changdu, Gamba-Tingri and Biru basins; Highlight the sedimentary stratum, structure, petroleum geological conditions, petroleum exploration achievements, and oil shale characteristics of the Lumbola basin; Briefly introduce the stratigraphy, sedimentation, structure and petroleum geological conditions of the remaining basins.

This revision was jointly organized by the China Petroleum Exploration and Development Research Institute, Chengdu Center of China Geological Survey, the Oil and Gas Geological Survey Center of China Geological Survey, China University of Geosciences (Beijing), Southwest Petroleum University, etc. participated in the co-editing work.

Wang Jian and Zhang Youyan were appointed as the co-leader of the compilation team, and the compilation staff of each chapter is as follows.

Foreword (both Chinese and English) written by Wang Jian, Tan Fuwen and Zhang Youyan.

The Part I of General is divided into five chapters. Chapter 1, Introduction: written by Dai Jie, Wanfang, Zhou Hongying, Ren Jing; Chapter 2, The Course of Petroleum Exploration: written by Wang Jian, Tan Fuwen, Wang Shihong; Chapter 3, Regional Stratigraphy: written by Chen Ming, Li Yongtie; Chapter 4, Regional Geology Structure: written by Wang Jian, Zheng Bo, Fu Xiugen, Song Chunyan, Feng Xinglei; Chapter 5, Hydrogeology and Geothermal Resources: written by Zeng Shengqiang, Yu Shiyong, Shen Jinli.

The Part II of Qiangtang Basin consists of seven chapters. Chapter 1, Stratigraphy: written by Wang Jian, Li Kuizhou, Cheng Leli, Fu Xiugen; Chapter 2, Geology Structure: written by Fu Xiugen, Chen Hao, Wang Yuke; Chapter 3, Sedimentary Environment and Facies: written by Tan Fuwen, Zhan Wangzhong, Fu Xiugen, Guo Zujun; Chapter 4, Petroleum Geological Conditions: written by Feng Xinglei, Chen Wenbin, Wang Dong, Zeng Shengqiang, Sun Wei, Du Baiwei, Cheng Leli, Wan Youli; Chapter 5, Unconventional Petroleum Geology: written by Du Baiwei, Fu Xiugen, Chen Wenbin, Peng Qinghua, Xie Shangke; Chapter 6, Petroleum Resource Potential and Exploration Prospect: written by Wang Jian, Chen Hao, Wang Yuke, Chen Ming; Chapter 7, New Progress in Seismic Exploration Technology: written by Li Zhongxiong, Ma Long, Sun Wei, Xie Shangke, Wei Hongwei.

The Part III of Other Basins is divided into seven chapters. Chapter 1, Lumbola Basin: written by Wu Xinhe, Cao Jie, Xia Xianghua, Wang Rui, Yi Haisheng, Li Yinglie, Xia Guoqing; Chapter 2, Nima Basin: written by Wang Rui, Li Yinglie, Yi Haisheng and Han Zhongpeng; Chapter 3, Hoh Xil Basin: written by Li Yalin, Chen Xi, Han Zhongpeng; Chapter 4, Cuoqin Basin: written by Li Yalin, Chen Xi, Wei

Yushuai, Han Zhongpeng; Chapter 5, Changdu Basin: written by Zhan Wangzhong, Liu Zhongrong, Tan Fuwen; Chapter 6, Gamba -Tingri Basin: written by Yu Huaqi, Wu Peihong, Zhang Youyan, Wang Shihong; Chapter 7, Biru Basin: written by Wang Guihong, Cheng Dingsheng, Zhang Youyan, Zeng Qihong.

This sub-volume was finally revised and finalized by Wang Jian and Zhang Youyan. Zhan Wangzhong, Yu Shiyong, Gan Guiyuan, Zeng Qihong, Ma Zhiguo and Hu Yan assisted the team leader in coordinating liaison, organizing manuscripts, drawing collection, reference collation, and participating in compilation.

In the process of writing the volume, Academician Zhai Guangming, Duo Ji and Wang chengshan gave careful guidance and help. Academician Zhai Guangming put forward very valuable opinions and suggestions on the principles, guiding ideology and key contents of the sub-volume. After the first draft of this sub-volume was completed, relevant experts were organized by the *China Petroleum Geology* (Chief Editor Committee) to conduct multiple reviews of the first draft. Expert professors such as Du Jinhu, Qiao Dewu, He Haiqing, Gao Ruiqi, Gong Zaisheng, Gan Guiyuan, Tao Shizhen, Fan Tuzhi, Deng Shenghui, Chi Yingliu, Zhao Changyi, and Pang Qiwei provided very valuable opinions and suggestions on the revision of this volume. Chinese Academy of Engineering , China Geological Survey, China Petroleum Exploration and Development Research Institute, Chengdu Center of China Geological Survey, the Oil and Gas Geological Survey Center of China Geological Survey, China University of Geosciences (Beijing), Southwest Petroleum University, Petroleum Industry Press and other units have given great support and assistance to the compilation and publication of the sub-volumes. Here, I would like to express my heartfelt thanks to all the above units and individuals !

The compilation of *China Petroleum Geology* (Volume 19, Tibet Exploration Area) involves more basins, wider areas, and complicated problems. At the same time, due to the relatively low level of oil and gas exploration in the Tibet Exploration Area, especially the lack of data in the unpopulated areas in northern Tibet, coupled with the large number of units and personnel involved in the compilation, limited time and academic level, it is inevitable for the editors to miss some points, to have unjust opinions or to have a shallow understanding on some issues in concluding, summarizing, digesting and absorbing the existing resources and academic achievements. Your criticism and correction are wholeheartedly welcomed.

目 录

第一篇 总 论

第二篇　羌塘盆地

第三篇　其他盆地

CONTENTS

Part I   General

Part Ⅱ　Qiangtang Basin

Part Ⅲ   Other Basins

第一篇
总　　论

第一章 概 况

青藏高原是地球上海拔最高的年轻高原，平均海拔在 4500m 以上，素有"世界屋脊"之称。青藏高原的主体部分位于西藏，所以青藏高原也称为西藏高原。西藏探区是青藏高原的主体组成部分，探区内沉积盆地主要有：羌塘、措勤、比如、昌都、岗巴—定日、伦坡拉、尼玛和可可西里等盆地。

青藏高原具有十分独特的自然地理景观与气候条件，地理位置上北起昆仑，南达喜马拉雅，西自喀喇昆仑，东抵横断山脉，仅西藏探区面积就达 $122 \times 10^4 km^2$，所跨经纬度 $26°52'N—36°32'N$、$78°24'E—99°06'E$；高原湖泊众多，河网密布，是长江乃至亚洲许多河流的发源地，如沱沱河、雅鲁藏布江—布拉马普特拉河、澜沧江—湄公河等；整体上，西藏探区以高寒、干旱、缺氧、太阳辐射异常强烈、天气突变而频繁为特征。

第一节 地形地貌特征

青藏高原是中国地势三级台阶的第一级，也是最高一级台阶，它以巨大的高差，突兀在亚洲大陆的南部。青藏高原总的地势由西北向东南倾斜，地理上南北纵跨 8 个纬度，地形复杂多样、景象万千，有广袤的草原、飞沙走石的荒漠、蔚为壮观的冰川、高峻逶迤的山脉、陡峭深切的沟峡等多种地貌类型，还有垂直分带的"一山见四季""十里不同天"的自然奇观等。高原面由低山、丘陵和宽谷盆地组成，在高原面之上，分布着许多高耸巨大的褶皱山系，从北到南依次为昆仑山系、唐古拉山系、念青唐古拉山系、冈底斯山系和喜马拉雅山系。这些山系在高原西端密集成束，在帕米尔高原会集，形成西构造结，在高原东端雅鲁藏布江大拐弯地区密集会聚成束，形成东构造结；青藏高原的最西部和东南部，主要是陡峻的山脉和峡谷，在平行山脉之间，形成一系列纵谷和许多封闭的湖盆、洼地。

青藏高原的宏观地貌格局有辽阔的高原面、高耸的山脉、棋布的湖盆，以及众多的内外流水系。在藏东南地区的高山上发育冰川，冰川以后退为主，冰川融水补给了亚洲许多江河的水资源，如长江、黄河、雅鲁藏布江、怒江、澜沧江、印度河等。在高原中间，镶嵌着众多盆地和湖泊，藏北高原面上湖泊较多。

一、高山与谷地

按地形分区，西藏探区分为五个不同的地形区：即喜马拉雅山区、喜马拉雅北部湖盆区、雅鲁藏布江中游地区、藏东峡谷区、藏北高原湖盆区。

1. 喜马拉雅山区

喜马拉雅山系由许多平行的山脉组成，山地地势起伏很大，大部分山峰终年积雪，且发育规模巨大的现代冰川和古冰川。喜马拉雅，为梵文译音，意思是雪的家乡。喜马拉雅山地中的谷地切割很深，最深可达4000m，谷坡陡峻，谷底纵比大，呈深切峡谷，以位于喜马拉雅山脉东端的雅鲁藏布大峡谷和印度河上游的朗钦藏布谷底最为著名。喜马拉雅山脉西起克什米尔的南迦—帕尔巴特峰（海拔8125m），东至雅鲁藏布江大拐弯处的南迦巴瓦峰（海拔7782m），全长2450km，宽200～350km，山峰平均海拔高度6200m。喜马拉雅山系通常分为东、中、西三段：东喜马拉雅为亚东—帕里（绰莫拉利峰）—雅鲁藏布江大拐弯处；中喜马拉雅为亚东—帕里—普兰（纳木那尼峰），该段发育世界最高峰珠穆朗玛峰，海拔高达8848.86m；普兰以西为西喜马拉雅。喜马拉雅主脉雪峰连绵，东部虽属海洋性冰川发育范围，但由于地形的原因，冰川并不十分发育，其剥蚀岩层则形成广泛的石海景观，并在雪崩和泥流作用下，形成石流、泥流平台、泥流扇和雪崩锥等地形。

2. 喜马拉雅北部湖盆区

喜马拉雅山脉的北坡山麓地带是中国青藏高原湖盆带，湖岸青草郁郁葱葱，是藏民放牧的最佳场所。喜马拉雅山的南坡降雨十分频繁，植被发育，而从印度洋上吹来的湿润气流被喜马拉雅山脉遮挡，因此，北坡的雨量较少，植被不发育。

喜马拉雅北部湖盆区，从东到西为羊卓雍湖盆区—中喜马拉雅北部湖盆区—雅鲁藏布江上游湖盆区—阿里湖盆区，长达千余千米，许多现代湖盆和古湖盆嵌布其中，湖盆海拔大多在4500m以上，为西藏农牧业比较集中的地区。

1）羊卓雍湖盆区

羊卓雍湖盆区是内陆湖区，为喜马拉雅山与雅鲁藏布江之间一个面积较大的湖区，包含羊卓雍错、哲古错和普莫雍错三个主要的大湖。羊卓雍湖藏语意为"天鹅湖""碧玉湖"，为西藏三大圣湖之一，是一个形状很不规则的堰塞湖。从古湖岸、阶地、浪蚀平台等地形分析，羊卓雍错现已显著退缩。据2013年出版的《西藏地理》资料显示，其湖面面积为678km^2，湖面海拔为4441m。湖的西边是卡惹拉山，山峰上的冰雪融水是羊卓雍错的主要补给水源。哲古错东南有冰川退缩后遗留的冰碛湖，普莫雍错东南有冰碛丘垅。

2）中喜马拉雅北部湖盆区

中喜马拉雅北部湖盆区相当于朋曲流域，位于西藏的东南部。流域东西长约320km，南北宽约120km，流域面积为$2.60 \times 10^4 km^2$。区内现存佩枯错、错姆折林和多庆错三大内陆湖。古湖盆逐渐干涸，地面趋于平坦，发育湖积平原、冲积平原、湖相台地和阶地。山麓地带巨大的洪积扇，往往连成广阔的山麓平原。

3）雅鲁藏布江上游湖盆区

雅鲁藏布江上游湖盆区主要包括雅鲁藏布江河源和上游地区，大约自萨嘎以西的地段。雅鲁藏布江河源为杰马央宗冰川。归桑—岗久盆地以下发育风沙堆积地形，平原上湖沼与沙丘交错分布。冈仁波齐峰一带，始新世地层构成的山峰，雄伟壮丽，层次分明，蔚为壮观。

4）阿里湖盆区

阿里湖盆区是喜马拉雅最西部的一个湖盆区，位于喜马拉雅和冈底斯两山之间。该区山地、山原面保存比较完好。除国境线附近喜马拉雅山峡谷深切外，其他地区山系和湖盆、宽谷相间。在象泉河湖盆中，发育孤立的平顶丘陵。山地主要为高寒低山，无明显的山脊线或只有平缓的山脊线，山坡平缓，且发育坡积物。

3. 雅鲁藏布江中游地区

雅鲁藏布江中游地区东以萨噶东为界，西以米林为界，包括尼洋曲、拉萨河、年楚河和多雄藏布等大支流，沿河分布广阔的平原，为高原的粮仓。该区河谷像串珠一样宽窄相间，窄谷段谷宽仅100～300m，宽谷段谷宽可达5000～6000m。该区山地起伏较大，风沙地形在低地发育。

4. 藏东峡谷区

藏东峡谷区包括怒江、澜沧江、金沙江流域，以及藏东南的察隅曲和帕隆藏布流域。该区总体为峡谷深切、高山突兀地形，按地质及气候条件可分为藏东南高山峡谷区和三江流域峡谷区。

1）藏东南高山峡谷区

藏东南高山峡谷区地处青藏高原东南边缘的斜面上，包含帕隆藏布和察隅曲两河流域。受印度洋西南季风的影响，降雨充足，平均气温较高。发育山地河流和深切的峡谷。高山地带常年积雪，普遍发育现代冰川。

2）三江流域峡谷区

三江流域峡谷区从西向东依次为伯舒拉岭、怒江、他念他翁山、澜沧江、芒康山、金沙江。区内地形切割比较破碎，地震活动较为频繁，温泉资源很多。盆地和宽谷广泛分布，高原面局部残留湖泊和古岩溶地形。怒江是三江之中谷地最为狭窄的一条江，全长3200km，在中国境内有1540km，因水流湍急、水声咆哮而被称为"怒江"；澜沧江水流侵蚀和冲刷强烈，河床坡降大；金沙江是该区最大的河流，峡谷深切，相对高差在1500m左右。

5. 藏北高原湖盆区

藏北高原湖盆区大体指的是"羌塘高原"的范围，包括冈底斯山以北和昆仑山以南的广大地区。高原形态完整，地势由北向南倾斜。高原面上主要是低山丘陵和宽谷盆地，湖泊星罗棋布。自南向北可分为：冈底斯—念青唐古拉山地、羌塘高原湖盆区和昆仑山地区。

1）冈底斯—念青唐古拉山地

冈底斯—念青唐古拉山地西起狮泉河，东至伯舒拉岭，为连续的东西向弧形山系，全长约1600km，南北平均宽约80km，平均海拔5800～6000m，是世界上极高山山体相对集中的一个巨大山系。冈底斯在藏语中的意思为"雪山"，在念青唐古拉山东段，雪的覆盖面积较大，现代冰川发育，而现代冰川在冈底斯山西部不太发育。冈底斯山脉的山脊大部分由燕山期和喜马拉雅期花岗岩组成，常构成花岗岩球状风化地形。

2）羌塘高原湖盆区

羌塘高原湖盆区位于昆仑山与念青唐古拉山之间的高原腹地。羌塘高原上的湖泊面积占总土地面积的3.54%，为我国湖泊集中分布的地区，其湖泊总面积占中国湖泊总面积的1/4以上。湖泊面积大于400km^{2}的有7个，大于5km^{2}的有307个，大于1km^{2}的有497个。湖水含盐量高，湖面海拔在4500m左右，且有不少超过5000m。

3）昆仑山地区

昆仑山主脉位于羌塘北缘，西起帕米尔高原，东抵四川西北部，长约2500km，有"亚洲脊柱"之称。分布在西藏境内的为中昆仑山山脉，其最高峰为木孜塔格峰（海拔为 6973m）。该区有一巨大的冰川群，称昆仑冰川，分布在木孜塔格峰的东南玉龙喀什河上游，共有 3180 条冰川，延伸超过 10km 的山谷冰川有数十条。在喀拉木仑山口至玛尼一带，约 150km 的范围内分布有振泉错北的强巴欠火山群、涌波错火山群和巴毛穷宗火山群。

二、河流与湖泊

西藏境内分布着地球上海拔最高的河流与湖泊。全区河流水量丰沛，产水量居全国第二位，仅次于四川省，但水能资源极为丰富，占全国的 30%，居全国之首。西藏湖泊众多，有大小湖泊 1500 多个，是中国湖泊最密集分布的地区之一，有些盐湖锂和铯的含量，高出海水 1000～2000 倍。因此，西藏的河流与湖泊，不仅对西藏，而且对我国西南、西北以及毗邻地区能源的开发利用及经济的发展都起着非常重要的作用。

1. 河流

西藏探区河流分外流水系与内流水系两大系统。内流水系主要分布在藏北高原，总面积 $62.4 \times 10^4 km^2$，占西藏水系总面积的 50.8%；在内流水系的东、南、西外围分布着外流水系，大致为西藏探区的东部、南部和东南部，其总面积为 $58.1 \times 10^4 km^2$，占西藏水系总面积的 49.2%。西藏是许多国际河流的发源地，如南亚著名的印度河、湄公河及森格藏布等国际河流均源于西藏。外流水系河流有雅鲁藏布江、怒江、澜沧江、金沙江等（表 1-1-1）。

1）雅鲁藏布江

雅鲁藏布江全长 2057km，流域面积为 $24.2 \times 10^4 km^2$，其发源于杰马央宗冰川。雅鲁藏布江是世界上海拔最高的一条大河，大体上由西向东横贯西藏南部，然后绕过位于喜马拉雅山脉最东端的南迦巴瓦峰，急转南下，经巴昔卡流出国境，进入印度境内后改称布拉马普特拉河，最终注入恒河。雅鲁藏布江支流有 14 条，主要支流有拉萨河、帕隆藏布、拉喀藏布、尼洋曲、年楚河。流域面积最大的支流为拉萨河，占全流域面积的17.6%，而帕隆藏布是年平均径流最大的支流，其年平均径流量为 $986.2m^3/s$，占全流域年平均径流量的 23%。雅鲁藏布江的天然水能储藏量居全国第二位，仅次于长江。

2）怒江

怒江发源于西藏北部唐古拉山脉南侧海拔 6070m 高的吉热格帕峰南麓，从云南省流出国境，进入邻国缅甸后，改称萨尔温江，最后注入印度洋的安达曼海。怒江全长 3200km，在我国境内总长度为 1393km，流域面积约 $10.27 \times 10^4 km^2$。怒江的上游称为桑曲，在流经喀隆湖后称为那曲，在比如县以东 20km 的色曲汇入干流，进入高山峡谷地带后称为怒江。怒江在西藏境内注入的支流众多，主要有波曲河、下秋河、卓玛朗错曲、玉曲等。上游河谷大至呈东西走向，呈串珠状湖盆—宽谷；中游处在横断山区，山高谷深，支流多垂直入江，构成"非"字形排列的羽状水系。怒江以雨水补给为主，年平均流量达 $1250m^3/s$ 左右。

2. 湖泊

西藏是我国湖泊最多的地区，湖泊总面积为 $2.42 \times 10^4 km^2$，湖泊面积占全国湖泊面积的 30%。其中面积大于 $1km^2$ 的有 612 个，大于 $5km^2$ 的有 345 个，大于 $50km^2$ 的有104 个，大于 $100km^2$ 的有 47 个，大于 $500km^2$ 的有 6 个，大于 $1000km^2$ 的有 2 个。西藏湖泊以咸水为主，约占湖泊总数的55%。西藏湖泊蕴藏着大量水资源和盐类矿产资源，很多湖滨平原为放牧草场。在众多湖泊中，羊卓雍错、纳木错和玛旁雍错被称为西藏三大圣湖。近年来，随着色林错湖面面积逐年扩大，色林错超越纳木错，为西藏湖泊面积最大的湖泊。

表1-1-1 西藏自治区一级河流基本数据统计表（据西藏自治区水文资源局，2008）

河名	集水面积/km²	河长/km	河口位置		河口海拔/m	落差/m
			E	N		
金沙江	22933	509	99°07′	29°15′	2300	1050
澜沧江	36788	495	98°37′	28°58′	2200	1360
怒江	102691	1393	98°29′	28°10′	1600	3770
吉太曲	2350	89	98°12′	28°13′	2320	2380
察隅曲	17881	295	96°55′	27°53′	980	4260
丹巴曲	12114	176	95°41′	28°15′	250	3940
雅鲁藏布江	242004	2057	95°21′	28°04′	150	5450
西巴霞曲	25775	406	94°15′	27°34′	200	4920
鲍罗里河	10790	236	92°52′	26°55′	100	4280
娘江曲	6707	130	91°41′	27°29′	1170	3820
洛扎怒曲	6312	124	91°09′	27°58′	2350	3430
康布曲	2162	90	89°01′	27°14′	1690	3590
朋曲	24272	361	87°25′	27°52′	2250	3340
绒辖藏布	969	45	86°14′	27°59′	2490	3020
波曲	2099	77	85°59′	27°59′	1910	3620
东林藏布	444	30	85°26′	28°20′	2330	2550
吉隆河	2188	114	85°21′	28°18′	1890	3600
马甲藏布	3063	110	81°19′	30°09′	3690	1690
朗钦藏布	23070	305	78°39′	31°49′	2560	2860
如许藏布（帕里河）	2630	104	78°36′	32°03′	2940	2080
森格藏布	27170	440	79°13′	32°58′	4120	1200

1）色林错

色林错是藏北高原第一大湖，位于班戈县和申扎县境内，湖面海拔4530m，湖泊面积达2391km²，东西长75km，南北宽40km，湖泊呈不规则形状，并多半岛和峡湾，为西藏最大的一个内陆湖水系，其总流域面积达$4.55 \times 10^4 km^2$。色林错流域处于藏北内流区东南部，湖盆面积较大，地形封闭，湖滨平原开阔，水草丰茂，是藏北重要的畜牧业基地之一。

2）羊卓雍错

羊卓雍错位于拉萨河口以南，湖面海拔 4441m，面积 678km²，水深一般 20～40m，东南部最深 59m。湖泊形态不规则，湖中丘陵突起，多岛屿，湖岸曲折，多湖汊岬湾。湖西边卡惹拉山的冰雪融水是湖泊的重要来源，湖水矿化度为 1.7g/L。羊卓雍错每年 11 月中旬封冻，冰层厚约 0.5m。

3）纳木错

纳木错，藏语为"天湖"，蒙古语称腾格里海，位于当雄县和班戈县境内，是西藏第二大湖泊，也是中国第三大咸水湖，亦是世界上海拔最高的大湖。湖面海拔 4718m，湖水面积 1920km²，东西长 70km，南北宽 30km。湖泊东南部为高耸的冰川发育的念青唐古拉山，其冰雪融水为湖泊的重要水源，湖深 33m 左右。湖面每年冬季结冰很厚，至翌年 5 月开始融化。纳木错湖水为咸水，不能饮用，其年产鱼量可达 3000t。

4）玛旁雍错

玛旁雍错是西藏西南部边境地区著名的湖泊，海拔 4587m，面积 412km²，最大深度 81.8m。湖盆形态北岸宽、南岸窄，长 26km，最大宽度 21km。南侧喜马拉雅山西段纳木那尼峰北坡的冰雪融水为湖水主要补给来源。玛旁雍错入湖河道主要有扎曲、萨摩河、洛达林河、巴钦河等。湖水属淡水，其矿化度约为 400mg/L。同时湖水含硼、锂、氟等微量元素。

三、冰川

西藏是中国冰川最发育的地区，现代冰川的面积为 $3.5 \times 10^4 km^2$，约占中国冰川总面积的一半，各类冰川的平均厚度为 102m。西藏探区现代冰川的冰储量达 4757km³，接近于 75 条黄河的年入海径流量。西藏现代冰川主要分布在西藏 6 大山脉：喜马拉雅山、冈底斯山、念青唐古拉山、唐古拉山、羌塘高原和横断山（表 1-1-2）。

表 1-1-2　西藏冰川分布情况表

西藏山脉	冰川条数		冰川面积		冰川水储量		折合水量		冰川融水径流量	
	条	%	km²	%	km³	%	m³	%	10⁸m³	%
冈底斯山	3538	9.6	1766.35	3.50	81.08	1.8	697.28	1.8	9.41	1.8
念青唐古拉山	7080	19.2	10701.43	21.41	100.58	22.0	8613.59	22.0	213.27	42.3
喜马拉雅山	6475	17.6	8411.96	16.90	708.54	15.5	6093.49	15.5	76.60	15.2
羌塘高原	958	2.6	1802.12	3.60	162.16	3.6	1394.61	3.6	9.29	1.8
唐古拉山	1530	4.2	2213.40	4.40	183.88	4.0	1581.33	4.0	17.59	3.5
横断山	1725	4.7	1579.49	3.20	97.12	2.4	835.24	2.4	49.94	9.9

注：% 为占全国总冰川的比例。

四、生态保护区

西藏是迄今世界上环境最好的地区之一，截至 2017 年底，全区建立各类自然保护区 48 个（图 1-1-1，表 1-1-3；其中，国家级 11 个，自治区级 12 个，地市县级 25

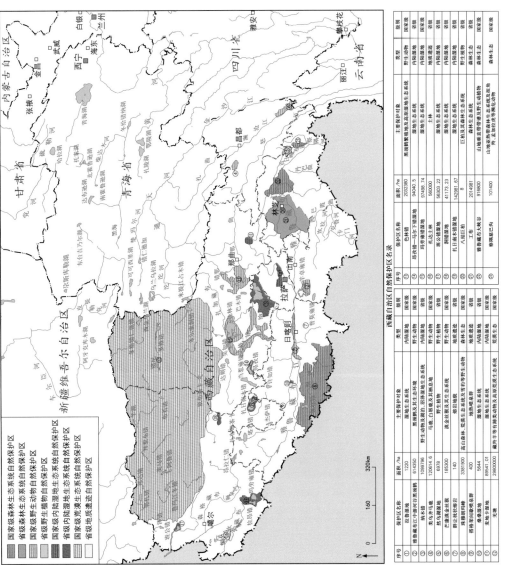

图 1-1-1　西藏自然保护区分布图（据《中国自然资源图集》，2015，修改）

表 1-1-3 西藏自治区自然保护区名录（截至 2017 年底）

级别	保护区名称	主要保护对象	行政区域	面积/ha	类型	始建时间	主管部门
国家级	拉鲁湿地	湿地生态系统	拉萨市城关区	1220	内陆湿地	1999.05.25	环保
国家级	雅鲁藏布江中游河谷黑颈鹤	黑颈鹤及其生境	林周、达孜、浪卡子、拉孜、日喀则、南木林等县市	614350	野生动物	1993.01.01	林业
国家级	类乌齐马鹿	马鹿、白唇鹿等及其栖息地	类乌齐县	120614.6	野生动物	1993.01.01	林业
国家级	芒康滇金丝猴	滇金丝猴及其生态系统	芒康县	185300	野生动物	1993.01.01	林业
国家级	羌塘	藏羚羊等有蹄类动物及高原荒漠生态系统	安多、尼玛、改则、双湖、革吉、日土、噶尔等县	29800000	荒漠生态	1993.07.09	林业
国家级	雅鲁藏布大峡谷	山地垂直带谱及野生动植物	墨脱县、林芝县、波密县、米林县	916800	森林生态	1985.07.09	林业
国家级	察隅慈巴沟	山地亚热带森林生态系统及扭角羚、孟加拉虎等濒危动物	察隅县	101400	森林生态	1985.09.23	林业
国家级	色林错	黑颈鹤繁殖地、高原湿地	申扎、尼玛、班戈、安多、那曲等县	2032380	野生动物	1993.01.01	林业
国家级	麦地卡湿地	湿地生态系统	嘉黎县	89541.01	内陆湿地	2008.10.29	林业
国家级	珠穆朗玛峰	高山森林、荒漠生态系统及雪豹等野生动物	定日县、聂拉木县、吉隆县、定结县	3381900	森林生态	1994.04.05	林业
国家级	玛旁雍错湿地	湿地生态系统	普兰县	97498.74	内陆湿地	2008.10.29	林业
省级	群让枕状熔岩	岩溶地貌	江孜县	140	地质遗迹	2000.01.02	国土
省级	纳木错	野生动物及湖泊、沼泽湿地生态系统	当雄县	1099796	内陆湿地	2001.07.05	环保
省级	搭格架间歇喷泉群	地热喷泉群	昂仁县、萨嘎县	400	地质遗迹	2000.01.02	国土
省级	桑桑湿地	湿地生态系统	昂仁县	5644	内陆湿地	2010.02.10	林业
省级	然乌湖湿地	野生植物	八宿县	6978	野生植物	1996.01.01	林业

级别	保护区名称	主要保护对象	行政区域	面积/ha	类型	始建时间	主管部门
省级	昂孜错—马尔下错湿地	湿地生态系统	尼玛县	94040.5	内陆湿地	2010.02.10	林业
省级	札达土林	土林	札达县、噶尔县、普兰县	560000	地质遗迹	2000.01.02	国土
省级	班公错湿地	湿地生态系统	日土县	56303.22	内陆湿地	2008.10.29	林业
省级	洞错湿地	湿地生态系统	改则县、尼玛县	41173.23	内陆湿地	2008.10.29	林业
省级	扎日南木错湿地	湿地生态系统	措勤、尼玛、昂仁等县	14298l.67	内陆湿地	2008.10.29	林业
省级	八结巨柏	巨柏及其森林生态系统	林芝县	8	野生植物	1985.01.01	林业
省级	工布	森林生态系统	工布江达县、林芝县、米林县、朗县	2014981	森林生态	2003.01.01	林业
市级	热振	柏树林	林周县	70	森林生态	1994.01.01	林业
市级	才纳	藏马鸡及其生境	曲水县	800	野生动物	2007.01.01	环保
市级	墨竹朗杰沙棘林	沙棘林、斑头雁等野生动植物	墨竹工卡县	4000	森林生态	2007.01.01	环保
县级	若巴	马鹿及其生境	昌都县	5	野生动物	1992.01.01	林业
县级	嘎玛	白唇鹿及其生境	昌都县	18	野生动物	1992.01.01	林业
县级	柴维	马鹿及其生境	昌都县	28	野生动物	1992.01.01	林业
县级	约巴	岩羊、猞猁及其生境	昌都县	37	野生动物	1992.01.01	林业
县级	德登	马鹿、马麝及其生境	江达县	5	野生动物	1997.01.01	林业
县级	生达	马鹿及其生境	江达县	10	野生动物	1995.01.01	林业
县级	邓柯	白唇鹿及其生境	江达县	12	野生动物	1995.01.01	林业
县级	哈加	雉鸡、红腹锦鸡等鸟类	贡觉县	1	野生动物	2000.0401	林业
县级	拉妥湿地	灰鹤及其生境	贡觉县	142	野生动物	1997.07.01	林业

级别	保护区名称	主要保护对象	行政区域	面积/ha	类型	始建时间	主管部门
县级	则巴	森林生态系统	贡觉县	469	森林生态	1999.08.01	林业
县级	觉龙	藏原羚及其生境	八宿县	59	野生动物	2001.03.01	林业
县级	觉村	麝、盘羊等野生动物	八宿县	72	野生动物	1989.06.01	林业
县级	果拉山	马麝、猞猁、盘羊等野生动物	八宿县	80	野生动物	1992.01.01	林业
省级	然乌湖湿地	野生植物	八宿县	6978	野生植物	1996.01.01	林业
县级	多拉	白唇鹿等野生动物	芒康县	45	野生动物	1998.05.01	林业
县级	尼果寺	雉鸡、岩羊等野生动物	芒康县	164	野生动物	1990.05.01	林业
县级	茅措湖	普氏原羚、黑颈鹤等野生动物	芒康县	242	野生动物	1994.05.01	林业
县级	拉措湖	野生动物及其生境	洛隆县	7	野生动物	2002.05.01	林业
县级	八冻措湖	野生动物及其生境	洛隆县	8	野生动物	2002.0501	林业
县级	金岭	沙棘林	边坝县	2	野生植物	2000.05.01	林业
县级	都瓦	野生动物及其生境	边坝县	25	野生动物	2003.02.01	林业
县级	玉湖沟	野生动物及其生境	边坝县	30	野生动物	1994.05.01	林业

个），保护区总面积 $41.22 \times 10^4 km^2$，占全区国土面积的 34.35%，居全国首位，形成了生物多样性就地保护网络，使 125 种在西藏的国家重点保护野生动物、39 种国家重点保护野生植物及重要地质遗迹得到了很好的保护。根据保护对象和目的，保护区分为 6 类，其中森林生态系统自然保护区 4 处（国家级 3 处、省级 1 处）、野生动物自然保护区 4 处（均为国家级）、野生植物自然保护区 2 处（均为省级）、内陆湿地生态系统自然保护区 9 处（国家级 3 处、省级 6 处）、荒漠生态系统自然保护区 1 处（国家级）、地质遗迹自然保护区 3 处（均为省级）。

第二节 土壤和植被及气候

西藏探区土壤和植被的发育受高原隆起的强烈影响，使其明显不同于低海拔地区的土壤和植被的几个特征，即土壤发育的年轻性和多元性、植被发育的衰退性或残留性。

一、土壤

西藏探区的土壤发育历史年轻，具有明显的土壤垂直分布特征，且区域性差异显著。

区内年轻土壤，特别是高山土壤，总的来说厚度薄、层次简单。高原边缘的森林土壤发育比较好的情况下，其厚度在 50~90cm 之间，很少超过 100cm。一般高山土壤的厚度在 30cm 左右，且土壤质地差、砾石含量高。砾石含量超过 30% 的土壤约占 2/3，个别土壤砾石含量超过 50%。高山土壤中除含砾石外，还含有高达 40%~50% 的砂。土壤养分含量低，容易引起沙化，不利于农牧业发展。

区内土壤类型大体上可以划分为大陆性荒漠土和海洋性森林土两大系统，探区内主要为大陆性荒漠土。前者包括草原土、草甸土系统，以及高原面上各种草被下发育的高寒冻土类，分布广泛；后者包括东南部和喜马拉雅南翼的各类森林及高山灌丛植被下发育的土壤，主要分布在高原的东南和南部边缘。高原土壤的垂直分带性与山体高度及相对高差密切相关，一般来说，山体越高、相对高差越大，垂直分带性越明显。以高原东缘的南迦巴瓦峰为例，其山体高、相对高差大，从南坡海拔 1000m 以下的河谷至山巅，依次为红壤性黄壤带、山地黄壤带、山地棕壤、山地灰化土、灌丛草甸土、高山草甸土、高山寒漠土，直抵雪线。昆仑山南麓山体尽管山体高，但相对高差小，只能见到从高山荒漠草原土起，向上只有高山寒漠土。海洋性森林土壤类型发达，自下而上依次分布着红壤、山地黄壤、山地黄棕壤、山地漂灰土、山地酸性棕壤、亚高山灌丛草甸土与高山草甸土，直至寒漠土与永久冰雪。

西藏土壤分布及发育趋向，在水平地带的基础上有明显的垂直带性，据此，可分为 6 大土壤区：（1）喜马拉雅南翼森林土壤区；（2）藏东山地森林土壤区；（3）藏东北高山草甸土壤区；（4）藏南山地灌丛草原土壤区；（5）藏北高山草原土壤区；（6）藏西北高山荒漠土壤区。

二、植被

西藏探区的植被从东南到西北随着自然条件的水平、垂直及坡向等变化，依次出现森林、草甸、草原和荒漠，各有不同的垂直带谱。演化历史上，区内植物自上新世以来的变化顺序大体上是亚热带森林、森林草原、温带森林、寒冷灌丛草甸、寒冷荒漠。

按照植物生活型和群落生态外貌，可将西藏探区植被划归7个主要植被型：阔叶林、针叶林、灌丛、草甸、草原、荒漠和高山植被。它们的分布与西藏境内温度水分条件的水平与垂直分异有密切的关系。

按照植被分布的基本特点，即植被类型的水平地域分异和垂直变化，将西藏划分为6个植被区：（1）喜马拉雅南翼热带雨林与山地常绿阔叶林区；（2）藏东山地针叶林区；（3）藏东北高山灌丛草甸区；（4）藏南山地灌丛草原区；（5）藏北高山草原区；（6）藏西北荒漠与荒漠草原区。

三、气候

西藏探区在全国气候区划中，属青藏高寒气候区域的一部分，其基本特点是：气温低、空气稀薄、大气干洁、太阳辐射异常强烈、天气突变异常巨大而频繁。

1. 温度与降水

西藏气温低，温度变化大，垂直分布多样，区域差异较大。年平均气温在 −2.9～11.9℃ 之间。西藏夏季温度不高，最暖月平均温度为 15.5℃（拉萨，6月），高原腹地全年没有夏天，不少地方年平均温度在 0℃ 以下。高原冬季极端最低温度可达 −46.4℃（定日）。温度的年较差为 18.4℃（日喀则），最大年较差为 26℃（狮泉河），日较差为 20.4℃（那曲）。

西藏地区年降水量存在明显的区域性差异，年降水量在 30～4495mm 之间，年内 11 月至次年 2 月降水量较少，5 月至 9 月较多（表 1-1-4）。

表 1-1-4　西藏主要地区月降水量（据西藏自治区气象志编委会，2005）　单位：mm

地区	1月	2月	3月	4月	5月	6月	7月	8月	9月	10月	11月	12月
日喀则	0.6	0.1	0.9	1.6	16.2	62.8	137.5	150.9	55.6	6.2	0.7	0
昌都	1.8	3.8	7.8	18.6	38.7	93.2	100.8	98.6	75.7	27.2	4.7	2.7
狮泉河	1.5	1.1	1.8	1.0	2.3	3.4	31.5	22.6	5.9	0.6	1.0	1.8
拉萨	0.4	0.6	2.0	6.1	26.0	68.1	116.8	123.3	158.0	9.2	1.5	0.9
泽当	0.3	0.3	3.3	9.0	23.2	66.3	107.9	103.9	57.9	7.7	1.3	0.3
林芝	1.7	4.4	16.0	46.8	71.7	128.8	128.1	106.4	109.7	40.2	5.2	1.2
那曲	2.1	3.1	2.9	9.8	24.0	81.0	108.9	99.3	73.0	10.9	3.6	2.2

2. 日照

由于纬度低、海拔高、空气稀薄，所含杂质和水汽少，西藏太阳直接辐射可以占大气上界太阳辐射的 50%。太阳辐射年总量在 4007.5～7938.7MJ/m² 之间，高出同纬度地区 1/3～1 倍。西藏年日照时数为 1532.2～3462.9h（最高值出现在狮泉河，最低值出现在波密），是全国的高值中心。西藏探区紫外线丰富，拉萨太阳辐射紫外波段的相对通过量是中国东部平原（如苏州）的 1.7 倍，是平原地区的 2.3 倍。在强烈的紫外线辐射下，平原上许多常见病菌难以生存和繁殖，伤口感染的情况很少发生，也很少见患皮肤病。

3.气候分区

西藏风速最大的季节在春季或冬季，夏秋之交的风速通常较小。各地各月的平均风速为 1～3m/s。大风带阵性，一般出现在下午，瞬时风速达 17m/s 以上。根据以上所述，西藏气候地域类型可分为以下 8 种：（1）喜马拉雅山南翼热带湿润气候地区；（2）喜马拉雅山南翼亚热带湿润气候地区；（3）藏东南温暖半湿润高原季风气候地区；（4）藏南温暖半干旱高原季风气候地区；（5）阿里温凉干旱高原季风气候地区；（6）那曲寒冷半湿润高原季风气候地区；（7）羌塘寒冷半干旱高原季风气候地区；（8）昆仑冻寒干旱高原季风气候区。

第三节　经济发展概况

西藏是我国人口最少，人口密度最小的省区，是以藏族为主体的民族自治区。西藏历史文化悠久，文化独特，其政治、经济、文化受到藏传佛教深刻影响。改革开放以来，国家从人力、物力和财力等方面给西藏很大的支援，使西藏各项事业得到快速发展，极大地解放和发展了社会生产力，创造了西藏经济社会发展的奇迹，各族人民生活发生了翻天覆地的变化。

一、人文景观及民族状况

1.人文景观

1）藏传佛教的宫殿和庙宇

依山而建的山崖式建筑布达拉宫、乃东县的雍布拉康、日喀则市的江孜古堡、昌都地区的孜珠寺等藏传佛教的宫殿和庙宇，是西藏不同文化发展时期的代表。

2）古迹和古城堡遗址

阿里地区札达县的象雄古堡（象雄王朝遗址）及古格王国遗址、泽当的藏王墓，以及江孜的宗山等最为著名。

3）节日和庆典活动

藏族文化极富民族特色，丰富了中华文化的内涵，传统藏历节日和宗教庆典活动，如藏历年、林卡节、那曲恰青赛马节、雪顿节、沐浴节、望果节等，以及近年来兴起的日喀则珠峰艺术节、昌都康巴艺术节、山南雅砻文化艺术节等特色艺术节吸引了来自世界各地的游客。

4）城镇风光

以拉萨为中心，向各地（市）延伸的城镇保存有大量的寺庙和历史遗迹，独具西藏民族风格的街市繁荣。

2.民族状况

截至 2016 年底，国家统计局的数据显示，西藏总人口 331 万人，其中城镇人口 98 万人，乡村人口 233 万人，人口出生率 15.79‰，人口死亡率 5.11‰，人口自然增长率

10.68‰。

西藏自治区是全国藏族居民最集中的地区，占全国藏族人口的 45%。藏族是中国古老的民族之一。藏族有自己的语言和文字，属汉藏语系藏缅语族藏语支。藏文的使用，加强了藏族与祖国中原地区经济的联系。

除藏族外，居住在西藏的还有独龙族、珞巴族等 32 个少数民族。

二、交通及主要城镇

1. 交通情况

西藏的交通有公路、铁路和航空。2006 年青藏铁路通车，结束了西藏无铁路的历史，青藏铁路海拔 4000m 以上的地段占全线 85% 左右，青藏铁路格尔木至拉萨段，穿越戈壁荒漠、沼泽湿地和雪山草原，全线总里程达 1142km（图 1-1-2）。自 1956 年中国民航突破"云中禁区"开始，民用航空运输已开辟有拉萨到成都、西安、北京、重庆、阿里等地航线；目前，拉萨、日喀则、昌都等均建有机场。

2. 主要城镇

西藏的主要城市有拉萨市、日喀则市、昌都市、那曲市、林芝市，情况见表 1-1-5。

表 1-1-5　西藏主要城市一览表

城市	别名	人口 / 万人	面积 / km²	下辖地区	地理位置	著名景点
拉萨市	逻些、日光城	90.25	31662	3 区 5 县	自治区中南部	布达拉宫、罗布林卡、大昭寺、小昭寺、哲蚌寺、色拉寺
日喀则市	后藏、年麦、溪卡孜	75	182000	1 区 17 县	自治区南部	珠穆朗玛峰、羊卓雍湖、扎什伦布寺、桑珠孜宗堡、白居寺
昌都市	康巴、东女国藏东明珠	73	110000	1 区 10 县	自治区东部	卡若遗址、绛巴林寺
那曲市	黑河	50.13	369674	1 区 10 县	自治区北部	唐古拉山口、色林错、当惹雍错
林芝市	工布、西藏江南	23.1	117000	1 区 6 县	自治区东南部	苯日神山、古秀寺、雅鲁藏布大峡谷

三、经济概况

西藏的经济发展主要依靠农牧业、矿产资源、能源资源及藏药资源。

1. 农牧业

农牧业曾是西藏的主导产业。但根据国家统计局 2016 年底的统计资料，西藏农牧业 2016 年的产值为 115.78 亿元，第二产业、第三产业分别为 429.17 亿元和 606.46 亿元，表明以农牧业为主的经济形式已经发生了明显的变化。但农牧业依然是重要产业，西藏是我国五大牧区之一，可利用草原面积 8 亿多亩（1 亩约等于 666.667 平方米），居全国第一位；畜牧业在西藏经济中占有重要地位，总产值占农牧业的 50% 以上，传统的出口物资有山羊绒、牛毛牛绒等。家畜、家禽主要有绵羊、山羊、牦牛、黄牛、犏牛、

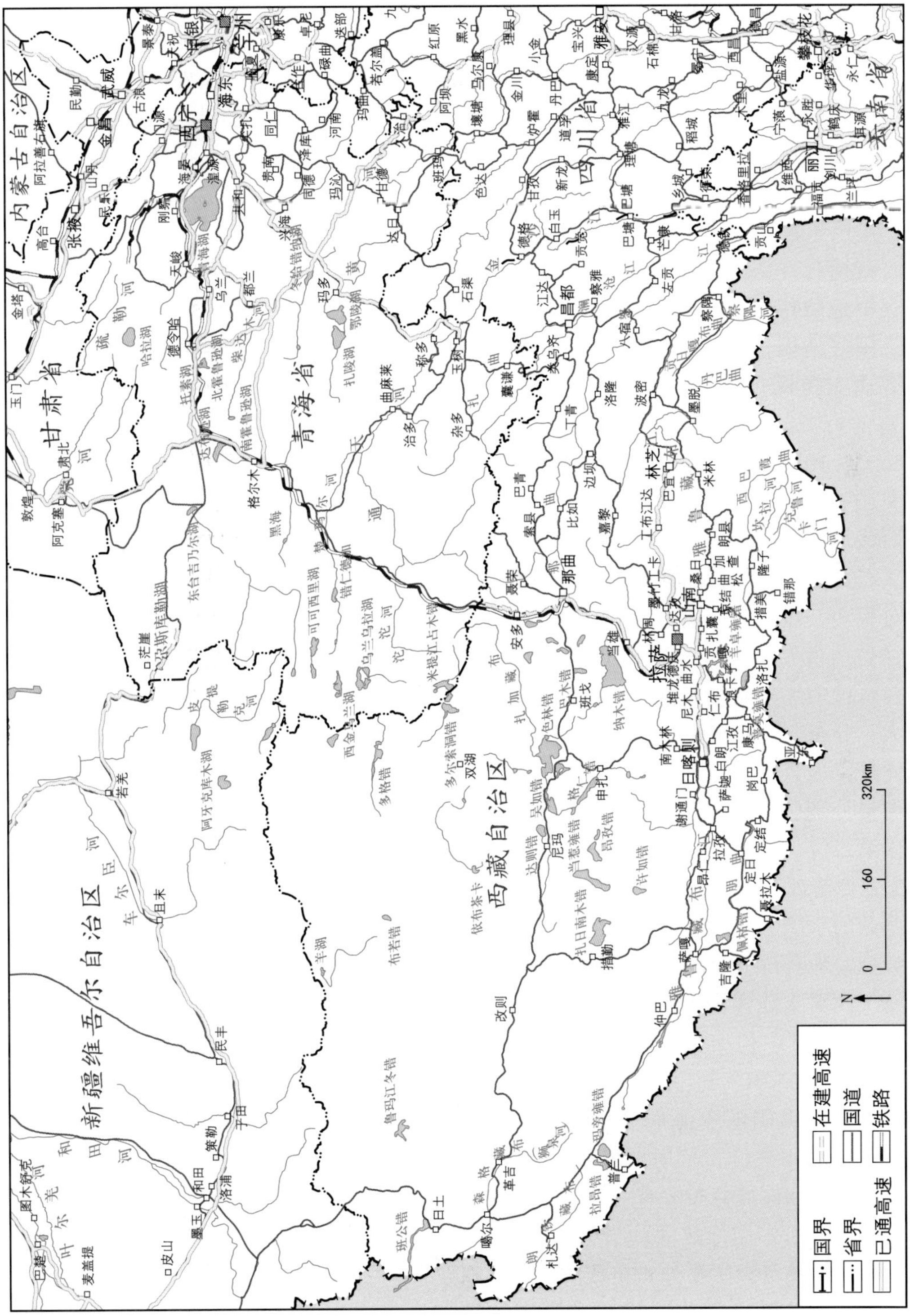

图 1-1-2 西藏交通位置

马、驴、骡、藏鸡、藏猪等。这些家畜、家禽长期以来适应高原环境，具有较高的经济价值。

西藏全区主要农作物有青稞、小麦、玉米、油菜、豆类等品种；蔬菜约有 16 个大类、150 余个品种。萝卜、白菜、西葫芦、西红柿、黄瓜、丝瓜、苦瓜、冬瓜、茄子、辣椒、芹菜、豆类、葱、花菜等大多数蔬菜品种在西藏都有种植。随着高效温室大棚的兴建，内地一些名特优新菜陆续引进并已种植成功。全区建立各类果园 400 多处，年产干鲜果品 1000 多万千克，茶叶 1t，桐油 1.5×10^4 kg。在一些地方，苹果、梨、桃、香蕉、橘子、葡萄、西瓜等也有一定面积栽植。

2. 矿产资源

西藏拥有特殊的地质构造，具有很好的成矿条件，中—新生代为西藏重要的成矿期。根据地质特征，划分为四个主要的成矿带：藏东三江铜—铅—锌—锡—金—银成矿带、冈底斯铜—铅—锌—钼—铬—铁—金—银成矿带、喜马拉雅锑—金—铅—锌成矿带、唐古拉铜—铁—锑—金—铅—锌成矿带。这些成矿带为青藏高原的矿产提供了丰富的资源。2016 年国家统计局公布数据显示，铜、铅、锌、铁、铬的储量分别为 272.32×10^4 t、89.51×10^4 t、40.27×10^4 t、1700×10^4 t、158.47×10^4 t，煤炭储量为 1200×10^4 t。

西藏现有盐湖 600 多个，这些盐湖可分为普通盐湖和特种盐湖，普通盐湖产石盐、芒硝、石膏、碱类等普通盐类矿产；特种盐湖还产锂、硼、钾、铯、铷等矿产。特种盐湖十分稀少，全世界只有几个国家拥有，日喀则地区的扎布耶查卡盐湖就是其中之一，锂的品位居世界第二位，其潜在开发价值就高达 1500 亿元。在有色金属和稀有金属矿中，西藏锂的远景储量居世界前列，是中国锂矿资源的基地之一；在非金属矿中，硼的储量大、分布广，已探明的储量在国内名列第三位。

此外，冶金辅助原料菱镁矿，探明的储量居全国第三位；化学工业需要的重晶石、砷，储量分别居全国第三位、第四位；建材工业上广泛利用的石膏、陶瓷土，储量分别居全国第二位、第五位；国防、电子工业不可缺少的白云母，储量居全国第四位。

3. 能源资源

西藏的水能、地热能、太阳能、风能资源十分丰富，油气资源尚处于普查阶段，仅在伦坡拉盆地获得工业油气流。

（1）西藏水能资源理论蕴藏量达两亿多千瓦，年电能可达 17600×10^8 kW·h，占全国的 29.7%。其中初步调查可开发水能 5660×10^4 kW，年发电量约 3300×10^8 kW·h（折合标准煤 13200×10^4 t），占全国的 17.1%。水能资源绝大部分集中于藏东南地区。

（2）西藏太阳能资源居全国首位，是世界上最丰富的地区之一。年日照时数在 1532.2～3462.9h 之间，辐射总量大部分地区为 6000～8000MJ/m²。直射比例大，年际变化小，与水能在地域分布上有互补特点。

（3）西藏是中国地热活动最强烈的地区。各种地热显示有 1000 多处，几乎遍及全区。中高温地热资源主要分布在藏南、藏西和藏北。

（4）西藏有两条风带，推测年风能储量 930×10^8 kW·h。除藏东地区风能资源较贫乏外，大部分地区属风能较丰富区和可利用区。风能资源最丰富的是藏北地区，年平均有效风能密度为 200W/m² 左右；其次为喜马拉雅山脉地区，年平均有效风能密度为140W/m²左右。青藏高原光能资源丰富，日照时间长，太阳总辐射量大，平均在 6000MJ/m² 以上。

（5）西藏分布着众多的海相及陆相沉积盆地，主要有羌塘、措勤、比如、昌都、岗巴—定日、伦坡拉、尼玛及可可西里等盆地；其中，羌塘盆地面积最大，达 $22 \times 10^4 km^2$，为中生代海相沉积盆地，目前发现地表油气苗200多处，钻井中也都见到了不同程度的油气显示，第三次全国资源评价盆地石油远景资源量 $86.35 \times 10^8 t$；天然气远景资源量 $12553.55 \times 10^8 m^3$，具有巨大的油气勘探潜力。伦坡拉盆地获得工业油气流，并提交控制石油地质储量。

4. 藏药资源

藏药资源有2436种，其中植物类2172种、动物类214种、矿物类50种。全区已开发常用藏药360多种，最名贵的是冬虫夏草，其次植物类藏药材还有藏红花、贝母、手掌参、藏茵陈、藏苍蒲、毛膏菜、绿蓉蒿、胡黄连、忍冬果、檀香、桃儿七、雪莲花、天麻、灵芝、三七、大黄、党参等，这些药材药用价值高，其中不少畅销国内外。

第二章 勘探历程

西藏探区的石油地质调查始于 20 世纪 50 年代，先期工作主要集中在伦坡拉盆地。20 世纪 90 年代以来，中国石油及国土资源部相继对包括伦坡拉盆地在内的西藏羌塘、措勤、比如、昌都和岗巴—定日等沉积盆地开展了大量的油气地质调查、战略选区与资源评价工作。根据工作量投入、研究成果及认识发展的阶段性，西藏探区油气地质勘探历程大致可以分为四个阶段：（1）探索阶段（20 世纪 50 年代）；（2）典型盆地普查阶段（20 世纪 60—80 年代）；（3）区域普查阶段（20 世纪 90 年代）；（4）战略选区与调查评价阶段（21 世纪以来）。

第一节 探索阶段（20 世纪 50 年代）

1951—1953 年期间，以李璞为组长的西藏地质调查组，开展了历时 18 个月科学考察工作，行程一万多千米，考察成果著有《西藏东部地质及矿产调查资料》一书，这是首部描述西藏探区油苗和石油构造的著作。据该书记载，在珠穆朗玛峰北麓的曲布、扎布一带找到了一批完好的化石标本；在伦坡拉—班戈盆地发现了古近系—新近系石油构造和油苗，并提出伦坡拉的穹隆构造可能是一个储油构造，在伦坡拉以北及以西都有分布，是一个值得进一步开展大规模普查的地区；在丁青附近也发现了油页岩和沥青，并指出丁青的含油页岩地层在沿金河（又名色曲、澜沧江支流）河岸地区分布相当广泛，有进一步勘探的价值。

1954 年，李四光教授应用地质力学理论，在研究中国含油气构造的基础上指出："青藏滇缅区，包括柴达木盆地、西藏高原北部、四川盆地西部，都有发现比较大规模油田的可能。" 1956 年，他在给陈云同志的信中建议："在西藏黑河地区（即那曲地区）加强普查，同时选择关键地点进行局部详查和物探，在发现了具有代表性的储油构造的时候，立即进行钻探。"为此，1956 年，地质部在石油地质局 632 队组织成立了青海石油普查大队黑河中队，开始对西藏地区开展以石油资源为目的的前期调查工作，通过近三年的调查，至 1958 年末，完成了查尔古特错以东，青藏公路以西，唐古拉山与念青唐古拉山之间的 1∶100 万石油地质概查和伦坡拉盆地的 1∶20 万地质草测，并对伦坡拉盆地周边中生界及盆地内古近系—新近系的地层、构造特征、含油气性进行了专题研究，认为伦坡拉盆地具有油气勘探潜力，并提出了开展石油地质普查的建议。

第二节 典型盆地普查阶段（20 世纪 60—80 年代）

在第一阶段工作基础上，典型盆地普查阶段选择伦坡拉作为典型盆地开展了石油地质普查工作。

根据李璞、李四光等前期油气探索工作的经验与建议，1960年，西藏地质矿产局组织石油队在伦坡拉盆地丁青、牛堡一带开展了1∶2.5万石油地质细测，1961年又在伦坡拉盆地内进一步开展了构造详查工作；同年，青海石油管理局地质处在伦坡拉盆地牛堡构造、伦坡拉构造、丁青构造、罗加林构造等进一步开展了石油地质踏勘，并对地表油气苗作了详细调查。但总体上，这一时期没有取得实质性的油气发现。

1966年，地质部石油地质局综合研究队青藏分队进一步对藏北伦坡拉地区进行了石油地质调查，并对伦坡拉盆地古近系—新近系含油气性进行了调查与评价工作，在牛堡构造上发现了油砂、沥青脉等油气显示，基本肯定了伦坡拉是一个含油气盆地，也是一个烃源岩较发育、具有油气勘查前景的盆地。

1967年，地质部石油地质普查勘探局成立地质部第四普查勘探大队，开始对伦坡拉盆地实施系统的多工种的石油普查工作；并于1967—1969年期间，对伦坡拉盆地和班戈盆地开展了石油地质普查工作，在牛堡构造和伦坡拉构造开展了石油地质勘探和第一次钻探工作。

1969年末，李四光教授听取藏北地质工作的汇报后说："一个盆地应该是抓住重点，一、二年内在这个地区拿出油来，这是国防大事，应组织一次单独战役。"

1971年，地质部将第四普查勘探大队归属西藏自治区地质局第四地质大队，进一步加强伦坡拉盆地的石油普查勘探工作。

1971—1979年，在前阶段工作的基础上，对盆地中部地区牛堡、长山、红星梁和帕格纳等构造进行了重点勘探，获得了可喜的成果。在牛浅2井、红星6井试出了油，在牛3井、牛4井、红星13井和红星16井获得了良好的油气显示，肯定了这一地区的含油气远景。通过地震勘探工作相继发现了许多有利的含油气构造和地区，为进一步勘探提供了优选靶区。与此同时，还对洞错、改则、可可西里、巴青、索县、嘉黎地区进行了石油地质概查，在昌都地区进行了油气苗矿点调查，同时还开展了伦北盆地、班戈盆地的石油地质普查工作，为逐步开展西藏石油地质工作和长远规划提供了地质依据。

1980—1981年，西藏自治区地质局第四地质大队对伦坡拉地区开展的石油地质普查勘探工作进行了总结，编写了综合研究报告。至此，完成了涵盖整个伦坡拉盆地的1∶50万航磁测量31500km²、1∶10万重力普查面积9597km²和地震测量1372.464km；钻井50口（报废井4口），总进尺36895.49m，平均井深709.52m，其中超过2000m的钻井只有1口（红星3井，井深2245.31m）。在47口钻井中见到不同层段的油气显示，其中牛浅2井经土法试油获低产油流，日产原油49.5L；在红星6井获工业油流，日产原油1.8m³，无阻流量6.8m³/d，为第一口工业油井。

1981—1982年，石油工业部西藏石油地质考察队对西藏进行了石油地质路线普查，通过卫星遥感资料对伦坡拉盆地及附近地区进行了石油与天然气的综合分析，并对西藏地区的断裂、构造带进行了分类与划分，圈定了沉积盆地范围，开展了油气资源的初步评价，落实了牛堡、红星梁、长山等22个浅层含油气构造，并在中央坳陷带发现了8个断鼻构造，基本确立了藏北伦坡拉地区古生界、中生界、新生界的地层层序，揭示了牛堡组二、三段及丁青湖组一、二段等4个含油层段，明确了伦坡拉盆地中东部为有利构造勘探区。

1983—1990 年，伦坡拉盆地石油普查勘探工作基本停止，西藏探区油气地质工作以成果总结和基础地质调查为主。由王鸿祯先生倡导，1986 年《地球科学》杂志专门出版了西藏油气地质研究论文专辑，对 20 世纪 90 年代以前西藏油气地质工作及最新认识作了系统总结；1989 年由蒋忠惕等编写了《青藏高原北部地区含油气条件及前景预测》；1990 年出版的《中国石油地质志·卷十四 青藏油气区》（第二篇，西藏地区）对此前在西藏地区开展的石油地质工作进行了全面的总结（翟光明等，1990）。

在这一时期，地质部西藏、青海等地质局在西藏还先后完成了西藏部分地区及周边地区 1：100 万地质矿产调查（拉萨幅、温泉幅、玉树幅及昌都幅等）和部分地区的 1：20 万地质矿产调查工作，并于 20 世纪 70 年代完成了改则幅、拉萨幅、日喀则幅及西昆仑幅等 4 幅 1：100 万地质填图工作；地质部航空物探大队于 1969—1978 年在 88°E—94°E、29°N—33°N 范围内进行了 1：50 万的航磁测量工作。这一时期还开展了一系列国际合作研究工作：1980—1984 年，中法合作开展了"喜马拉雅地质构造与地壳上地幔的形成演化"研究；1985 年，中英联合开展了"拉萨—格尔木横穿青藏高原的综合地质考察"；1986—1996 年，国际岩石圈 GGT 计划开展了"青藏高原亚东—格尔木—额济纳旗地学断面编制与综合研究"。这些基础地质工作的完成，也为系统开展油气地质调查评价工作奠定了基础。

第三节　区域普查阶段（20 世纪 90 年代）

从 20 世纪 90 年代开始，除继续开展了伦坡拉盆地石油地质普查工作以外，中国石油天然气总公司还组织中国石油勘探开发研究院、成都地质矿产研究所、成都地质学院等有关科研院所，对整个青藏地区的羌塘、措勤、比如、昌都及岗巴—定日等主要沉积盆地开展了石油地质预查、普查工作。

通过普查工作揭示了伦坡拉盆地具有良好的油气勘探前景。1991 年，地质矿产部将伦坡拉盆地油气勘查列入国家"八五"（1991—1995 年）油气勘查计划，由地质矿产部新星石油公司中南石油局组织实施，对伦坡拉、伦北和班戈湖等盆地开展了新一轮油气调查评价与勘查工作。本轮工作一直持续到 1999 年，完成二维地震满覆盖 2356.37km，三维地震满覆盖 182.66km^2，钻探 13 口井、总进尺 21860.87m、平均井深 1681.6m。其中，藏 1 井获稳定日产原油 1.66m^3，达到工业油流标准；西伦 5 井试产原油 2.02m^3/d；伦浅 3 井和伦浅 1 井采用高温蒸汽方法分别在 350m 和 400m 获得工业油流，放喷初期分别平均为 21.4m^3/d 和 23.9m^3/d。2000 年，中南石油局对该阶段油气勘查成果进行了总结，编写了《西藏油气勘查"九五"阶段总结报告（1996—2000）》，初步估算伦坡拉盆地资源量为 1.5158×10^{8}t；在罗马迪库构造提交控制储量 103×10^{4}t，含油面积 4.9km^2；在红星梁夹持带提交稠油控制储量 618×10^{4}t，含油面积 3.77km^2；用体积法计算了 7 个含稠油构造的资源量，预测全区稠油储量在 4662×10^{4}t 以上；落实构造圈闭 32 个，地层圈闭 98 个；分析了盆地沉积体系，建立了陆相盆地河湖相沉积模式、储层沉积相特征及发育的控制因素，明确了牛堡组二段是伦坡拉盆地品质最好的一套主力烃源岩，优选出牛堡组二段和牛堡组三段两个有利含油气层段。

1993—1997 年期间，中国石油天然气总公司还对青藏高原羌塘、措勤、比如、昌都及岗巴—定日等主要沉积盆地开展了大规模的石油地质普查工作。1993 年初，中国石油天然气总公司根据"稳定东部，发展西部"的战略方针，全面筹划和组织实施了青藏高原油气普查工作，由勘探局新区事业部直接领导组建了筹备组，10 月份，新区事业部组织了两支小分队，分别对库木库里和藏北地区进行了实地踏勘和前期考察，获取了筹备项目的第一手资料。1994 年初，中国石油天然气总公司成立了"青藏油气勘探项目经理部"，正式对西藏地区开展大规模的预查—普查工作。通过对 1993 年的踏勘工作进行总结，明确了采取以 1∶20 万路线地质调查为先导，开展少量大地电磁测深、化探、放射性和微地磁测量等多种技术方法试验，并实施了 1∶20 万航磁面积测量，目的在于了解藏北地区的地质概况，积累新区施工的实际经验。工作重点为羌塘盆地，兼顾措勤、比如、昌都、可可西里、库木库里、岗巴—定日等盆地。实际工作中，开展了遥感、重力、航磁、电法、地震、地面地质及油气化探等多工种综合石油普查勘探工作。至 1998 年，共计完成二维地震勘探 2640km、1∶20 万路线地质 5541km、1∶10 万石油遥感地质填图 $7.16 \times 10^4 km^2$、1∶20 万遥感地质解译 $83.8 \times 10^4 km^2$、1∶50 万遥感地质解译 $55 \times 10^4 km^2$、1∶20 万重力测量 $25.4 \times 10^4 km^2$、1∶20 万航磁测量 $39.4 \times 10^4 km^2$、1∶20 万大地电磁测量 5619km、1∶20 万油气化探面积性调查 $4700 km^2$，取得了近 3 万件样品的测试分析数据；在羌塘盆地发现油气显示 150 余处，油页岩 1 处，估算羌塘盆地油气远景资源量为 $50.00 \times 10^8 t$ 左右；形成了 50 余份生产及科研报告，出版了五本专著（赵政璋等，2001a，2001b，2001c，2001d，2001e）。1998 年后，由于中国石油天然气总公司对新区工作重心的调整暂停本轮西藏探区预查—普查工作，本轮普查资料及勘探区块交由大庆油田有限责任公司研究院负责，之后陆续开展了一些零星的油气专题科研工作。

本轮工作取得了三个方面的成果与认识：第一，获得了青藏高原伦坡拉、羌塘、措勤、比如、岗巴—定日等盆地大量的第一手资料，为进一步开展石油地质调查与勘探积累了技术和组织保障经验；第二，初步查明了上述盆地的地层、构造及基本石油地质条件，认为青藏高原羌塘等主要盆地具有一定的远景与资源潜力；第三，青藏高原地质构造十分复杂、地层破碎、保存条件差，也没有发现较好的烃源岩；同时，由于难以取得高品质的二维地震资料，又没有开展钻井调查，因此，难以了解地腹构造和油气保存条件。鉴于此，对羌塘盆地油气资源前景持谨慎乐观态度。

在该阶段，一些重大的科学研究工作和活动也在该区相继开展。国际岩石圈 GGT 计划"青藏高原亚东—格尔木—额济纳旗地学断面编制与综合研究"（1986—1996 年）、中美合作"国际喜马拉雅和青藏高原深剖面及综合研究"（INDEPTH）、国家攀登计划"青藏高原形成演化、环境变迁与生态系统"（1993 年）、国家重大基础研究发展规划项目"青藏高原形成演化及环境资源效应"（1998 年）等，获得了青藏高原岩石圈、软流圈各圈层结构、构造和相互作用的动力学过程以及碰撞后造山作用的方式、过程和高原隆升机制等系列成果资料，这些基础性成果为西藏地区含油气盆地分析奠定了理论基础。

第四节　战略选区与调查评价阶段（21世纪以来）

进入21世纪，基于我国能源安全保障和经济发展需求，为寻找新的油气资源战略接替区，国土资源部将西藏新区确定为重点工作地区。由中国地质调查局成都地质调查中心牵头，组织中国地质调查局有关下属单位、中国地质科学院、中国地质大学（北京）、成都理工大学、中国石油天然气集团公司及中国石油化工集团公司等，在西藏探区开展了基础性、公益性油气资源战略选区与调查评价工作。与此同时，1999年中国地质调查局成立以后启动的地质"大调查"计划，于该阶段先后完成了西藏地区所有空白区1:25万区域地质调查。该阶段石油地质工作具体可以分为以下三个时期。

一、战略选区调研时期（2001—2004年）

战略选区调研时期工作的主要目的是查明青藏高原重点沉积盆地的基本特征，分析研究盆地的油气资源潜力。2001—2004年，国土资源部国际合作与科技司设立了"十五"重点科技基础攻关"青藏高原重点沉积盆地油气资源潜力分析"研究项目，该项目由国土资源部成都地质矿产研究所牵头，中国石油天然气集团公司勘探开发研究院、成都理工大学参与共同承担，对青藏高原重点沉积盆地开展了石油地质调查与资源潜力分析。

这一阶段的工作重点是在系统收集整理和重新分析研究前期已有资料（内部报告400余份、相关图件200余幅、地层剖面209条）的基础上，以羌塘盆地为重点，兼顾措勤盆地、岗巴—定日盆地和伦坡拉盆地，开展岩相古地理调查与编图工作，对烃源岩、保存条件及储层等关键石油地质问题进行专门研究。通过3年工作，完成路线观测剖面约45km，编制图件56幅，编写科研报告4部，出版专著2部，岩相古地理附图册1部。此外，中国石油天然气集团公司大庆油田有限责任公司于2003年在毕洛错一带实施了1口地质调查浅井（小于1000m）。

这一时期的工作成果，主要是对羌塘、措勤、岗巴—定日和伦坡拉4个盆地的沉积地层格架、演化过程、盆地类型、沉积模式等进行了系统的研究与总结，编制了羌塘盆地中生代7个不同时期的岩相古地理图，首次提出羌塘盆地中生代是一个叠合盆地：早、中三叠世为前陆盆地，晚三叠世至早白垩世为被动大陆边缘裂陷盆地。同时，还对上述盆地的生、储、盖及其组合特征、油气保存条件及资源潜力等开展了综合分析与评价，指出羌塘盆地是我国陆上新区最有希望取得油气突破的海相盆地，初步估算其远景资源量在百亿吨以上（王剑等，2004）。

二、战略选区调查与评价时期（2004—2014年）

战略选区调查与评价时期西藏探区油气资源战略选区与评价工作先后由国土资源部油气资源战略研究中心和中国地质调查局组织实施、由中国地质调查局成都地质调查中心牵头承担完成。这一时期大体可以划分为两个阶段。

1. 第一轮战略选区（2004—2008年）

早在2002年4月，国土资源部根据党中央、国务院关于加强油气资源战略勘查的精神，在北京组织院士专家召开了"全国油气资源战略选区研讨会议"，广泛征集有关全国油气资源战略选区立项建议和意见。经过两年多次筛选与论证，2004年正式启动了国家油气选区专项。该专项由国土资源部油气地质调查中心组织实施，中国地质调查局成都地质调查中心牵头承担了"青藏高原油气资源战略选区调查与评价"项目，中国地质调查局相关下属单位、中国地质科学院、中国地质大学、中国石油天然气集团公司、中国石油化工集团公司、成都理工大学及西藏自治区地质矿产勘查开发局等28个科研院所300多名专家学者参加了第一轮青藏高原油气资源战略选区评价工作。

第一轮青藏高原油气资源战略选区工作主要针对羌塘、措勤、岗巴—定日、比如、日喀则、乌兰乌拉湖、可可西里、沱沱河、伦坡拉、尼玛、洞错和波林等十多个盆地开展了油气地质调查。至2008年，共计完成1∶5万构造详查及化探1823km²、1∶2.5万和1∶5万油页岩评价800km²、综合研究路线地质调查1467km、实测地层剖面46条（87km）、采集各类样品16450件、地质浅钻取心1628m（共3个钻孔）、地质走廊大剖面综合调查810km（宽20km）、重磁测量835km、电磁阵列（CEMP）190km、大地电磁测深（MT）1009km、二维地震225km、遥感地质解译20.5×10⁴km²等。2009年，王剑、丁俊、王成善、谭富文等编著的《青藏高原油气资源战略选区调查与评价》及《青藏高原油气资源战略选区调查与评价图集》出版，对该阶段工作进行了总结。

在此期间，国土资源部还组织开展了"新一轮全国油气资源评价"（2004—2006年）专项，对羌塘、昌都、措勤、比如、波林、岗巴—定日、可可西里、沱沱河等19个盆地进行了油气资源量估算。

2. 第二轮战略选区（2009—2014年）

第二轮战略选区主要由国土资源部中国地质调查局组织实施，中国地质调查局成都地质调查中心牵头，承担了"青藏高原重点盆地油气资源战略调查与选区"和"青藏地区油气调查评价"两个计划项目，第一轮战略选区项目参加单位几乎全部参加了该轮战略选区工作。该轮工作的重点地区是羌塘海相盆地，其次是伦坡拉和尼玛等陆相盆地；针对羌塘盆地前期优选的区块，开展了靶区优选；在1∶5万石油地质调查的基础上，在托纳木区块和半岛湖区块开展了网格状二维地震调查、地质浅钻调查、微生物地球化学调查等；对隆鄂尼—昂达尔错区块开展了大地电磁（CR）测量、地质浅钻调查和微生物地球化学调查等。

第二轮战略选区完成二维地震710km、二维地震资料处理与解释750km、复电阻率法测量390km、大地电磁测量150km、1∶5万石油地质区域调查（修测）1600km²、路线地质调查3604km、实测地层剖面105km、采集和分析各类样品6780件、微生物化探700km²、地质浅钻取心（6口）5170.97m、地质综合测井4654.5m。此外，中国石油青海油田分公司于2009—2011年对隆鄂尼—格鲁关那地区油砂矿、毕洛错地区油页岩开展了勘查，共完成100～200m全井段取心浅钻孔14口，其中油砂分布区10口、油页岩区4口。在隆鄂尼LK-3孔取得灰色砂糖状白云岩油砂总厚79.11m，在毕洛错BK-4孔取得灰黑色荧光油页岩74.36m。中国地质调查局于1999年正式启动的全国地质大调查计划，到该轮战略选区结束时已基本完成了覆盖西藏全境的1∶25万区域地质调查、1∶100万航磁调查和区域重力调查、西藏地区1∶100万区域重力调查，以及部分地区

1∶5万区调、1∶20万—1∶25万区域无机地球化学勘探、1∶25万区域重力测量、冈底斯地区和藏东三江地区1∶20万航磁测量、1∶5万矿产远景调查等一系列基础性地质工作，这些基础性成果大大提高了西藏的地质工作程度。

此外，2014年，中国石化南方勘探分公司在半岛湖矿权区完成二维地震600km；延长油矿在东湖矿权区完成二维地震212km。

3.两轮战略选区取得的主要成果

通过上述两轮战略选区调查与评价工作，西藏探区油气地质工作大大向前推进了一步。先后形成了一系列油气地质专题报告，出版了系列论文、论著和图集，重要成果主要体现在以下四个方面。（1）提出了羌塘、伦坡拉、尼玛及措勤等4个盆地可作为进一步开展勘探的优选盆地，其中羌塘盆地是首选盆地。（2）羌塘盆地具有形成大型油气田的潜力，预测其远景资源量在百亿吨以上，优选出6个油气勘探有利区带和9个重点区块。（3）新发现胜利河—长蛇山下白垩统海相优质油页岩带，预测其资源量在10×10^8t以上；预测伦坡拉盆地陆相油页岩远景资源量超过百亿吨；预测隆鄂尼—昂达尔错—鄂斯玛颗粒白云岩油砂带油砂油资源量80×10^8t。（4）基础地质方面，查明了羌塘盆地沉积充填序列、地层—构造格架、岩相古地理特征、基底隆坳格局、石油地质条件等；新发现羌塘盆地具有前寒武系结晶基底及前上三叠统古风化壳，明确了那底岗日组新的时代归属。

三、科探井实施时期（2015—2018年）

2015年以来，中国地质调查局组织实施了全国"陆域能源矿产地质调查计划"，部署了"羌塘盆地油气资源战略调查工程"，该工程由中国地质调查局成都地质调查中心组织实施，中国地质科学院、中国地质调查局油气地质调查中心、中国石油化工集团公司、中国石油天然气集团公司等多家单位共同参与完成。重点对羌塘盆地以及伦坡拉盆地、尼玛盆地和措勤盆地开展新一轮油气调查工作。在羌塘盆地完成二维地震1200km、地质调查浅井11口（最深达2001m）、科探井1口（羌科1井，井深4696.18m，最初命名为羌参1井，后更名为羌科1井）；在伦坡拉盆地完成二维地震测量150km，2口预探井（旺1井，2410m；旺2井，2719m）；在尼玛盆地主要完成二维地震160km，大地电磁测量922km，调查井2口（最深达2001m）。

这一时期取得的重要成果主要体现在以下六个方面。（1）在海拔五千余米的羌塘盆地实施了第一口深达4696.18m的油气科探井——羌科1井，基本建立了羌塘盆地地层—构造—石油地质综合地层柱，从而开启了羌塘盆地一系列的重大发现，改变了一系列传统看法与学术观点（王剑等，2022）。（2）通过羌科1井钻探，在北羌塘坳陷中深层发现了具区域性分布特征的膏岩封盖层，其中雀莫错组膏岩层大于365m、夏里组膏泥岩大于260m，证实羌塘盆地具有很好的油气盖层条件。（3）羌科1井及17口地质调查浅井的钻探证实，上三叠统泥页岩是羌塘盆地最重要的优质烃源岩，其中有机碳含量大于1.0%的泥页岩厚度超过120m，大于2.0%的近40m，表明羌塘盆地具有良好的烃源岩条件。此外，南羌塘坳陷下侏罗统曲色组黑色泥页岩厚度大于100m，有机碳含量平均达7.67%，最高达26.12%。（4）羌科1井及多口地质调查井均发现了油气显示，测井全烃值最高达10%，证实羌塘盆地中生界存在三套重要的生储盖组合。（5）二维地震勘探技术取得了突破性进展，获得的高信噪比二维地震资料揭示，羌塘盆地具有稳定的沉积层序和完整的圈闭构造，改变了羌塘盆地是"破碎的高原"的认识。（6）伦坡拉盆地预探井中获得了稠油发现，同时，尼玛盆地结构和石油地质条件调查取得了一批新资料。

上述成果资料表明，位于特提斯构造域东段的西藏探区，整体上具有较好的油气地质条件，是我国陆上新区最有可能实现油气突破的重要探区之一。

第三章 区域地层

　　青藏高原内部由一系列微板块（或陆块）与构造混杂岩带组成。构造混杂岩带由蛇绿岩、深海沉积物、构造混杂岩等非施密斯地层构成；构造混杂岩带之间的微板块（或陆块）上分布稳定的施密斯地层，但不同微板块在地层发育序列、古地理特征，以及古生物区系等方面差异较大。据此根据青藏高原构造单元分区特点、地层发育总体面貌及分布特征、地层层序及其接触关系、岩相组合及厚度变化、火山活动、区域变质及剥蚀程度、古生物组合及发育情况等，开展了地层分区和地层划分与对比工作。

第一节　概　　述

　　根据青藏高原可可西里—金沙江缝合带、班公湖—怒江缝合带及雅鲁藏布江缝合带分隔的微陆块作为一级地层划分单元（王剑等，2004，2009），自北而南将西藏区域地层依次划分为：羌塘—昌都、冈底斯—念青唐古拉山（简称冈念）和喜马拉雅三个大的地层区（图1-3-1）。根据各地层区主要地层时代、地层序列、岩相、厚度变化、接触关系、古生物组合、古构造、古气候等因素（王剑等，2005，2009；王立全等，2013），将羌塘—昌都地层区划分为北羌塘地层分区、南羌塘地层分区和昌都地层分区；将冈念地层区划分为措勤—申扎地层分区和比如地层分区；将喜马拉雅地层区划分为康马—隆子地层分区和北喜马拉雅地层分区。

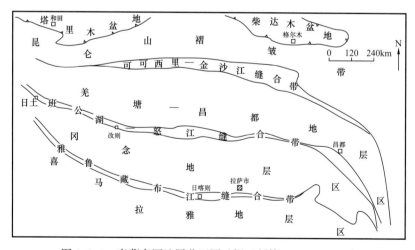

图1-3-1　青藏高原地层分区图（据王剑等，2004，2009）

　　各地层区（或分区）均在前奥陶系变质结晶基底上充填了古生界、中生界和新生界。由于青藏高原地层复杂，各地层区或分区在同一时期的地层组名（或地层单元）较多，为了便于读者了解，本章节在综合前人成果（王剑等，2009；赵政璋等，2001a；

潘桂棠等，2004；王立全等，2013）及 1：25 万区域地质调查资料基础上，仅以各区或分区代表性地层进行概略性对比（表 1-3-1），其详细地层划分对比见其他章节。

表 1-3-1　青藏高原地层分区代表性岩石地层对比表（据赵政璋等，2001a；王剑等，2009；王立全等，2013，修改）

地层系统			羌塘—昌都地层区			冈念地层区		喜马拉雅地层区	
界	系	统	北羌塘分区	南羌塘分区	昌都分区	措勤—申扎分区	比如分区	康马—隆子分区	北喜马拉雅分区
新生界	新近系	N	石坪顶组		拉屋拉组	洁居纳卓组/布嘎寺组	洁居纳卓组	沃马组	沃马组
	古近系	E	唢呐湖组/康托组	唢呐湖组/康托组/纳丁错组	贡觉组	日贡拉组；查里错群/林子宗群	丁青湖组；牛堡组	甲查拉组	遮普惹组；宗浦组；基堵拉组
中生界	白垩系	K₂	阿布山组		宗谷组	竟柱山组		宗卓组	宗山组；岗巴群（岗巴村口组）
		K₁	雪山组/白龙冰河组		老然组	郎山组/捷嘎组；多尼组/则弄群	郎山组；多尼组	甲不拉组	岗巴群（察且拉组、岗巴东山组、古错村组）
	侏罗系	J₃	索瓦组		小索卡组	接奴群	拉贡塘组	维美组	门卡墩组
		J₂	夏里组；布曲组		东大桥组		桑卡拉拥组	下热组	拉弄拉组
		J₁	雀莫错组	色哇组；曲色组	土拖组；查郎嘎组		马里组	日当组	聂聂雄拉组；普普嘎组
	三叠系	T₃	那底岗日组；肖茶卡组/土门格拉组/藏夏河组；巴贡组；波里拉组；甲丕拉组	日干配错组	巴贡组；波里拉组；甲丕拉组	多布日组（?）	确哈拉群	涅如组	德日荣组；曲龙贡巴组
		T₂	康南组	?	瓦拉寺组			吕村组	土隆群
		T₁	硬水泉组；康鲁组		色容寺组；普水桥组	渵拉勒组（?）	?		
古生界	二叠系	P₃	热觉茶卡组	乌丽群	吉普日阿组	卡香达组；妥坝组	坚扎弄组	白定浦组	色龙群
		P₂	先遣组	开心岭群	龙格组/鲁谷组；吞龙贡巴组	交嘎组；莽错组	下拉组	康马组	
		P₁	冈玛错组		曲地组；展金组	里查组	昂杰组；拉嘎组	比聋组；破林浦组	基龙组
	石炭系	C₂			擦蒙组	鹜曲组		苏如卡组	
		C₁	月牙湖组/日湾茶卡组/杂多群	?	马查拉组；乌青纳组	永珠组		少岗群/雁孜组	纳兴组；亚里组
	泥盆系	D₃	拉竹龙组	查桑组	长蛇山组	羌格组/卓戈洞组	查果罗玛组		波曲组
		D₂	雅西尔群			丁宗隆组	达尔东组		凉泉组
		D₁				海通组			
	志留系	S	普尔错组	龙木错组	三岔沟组	恰拉卡组	扎弄俄玛组；德悟卡下组	曲德贡岩组	普鲁组；石器坡组
	奥陶系	O	饮水河群；三岔口组	塔石山组；古拉组	青泥洞群	申扎组；刚木桑组；柯尔多组；扎杠组	?		红山头组；沟陇组/下拉孜组；甲村组/达巴劳组
前奥陶系			戈木日群		宁多群/雄松群	念青唐古拉群		拉轨岗日群	肉切村群/聂拉木群

第二节　羌塘—昌都地层区

羌塘—昌都地层区位于可可西里—金沙江缝合带与班公湖—怒江缝合带之间，其内根据龙木错—双湖构造带及羌塘与昌都地区在地层特征、古地理面貌等方面存在的差异，进一步划分为北羌塘地层分区、南羌塘地层分区和昌都地层分区。

一、北羌塘地层分区

北羌塘地层分区位于羌塘—昌都地层区的西部，可可西里—金沙江缝合带与龙木错—双湖构造带之间。分区内出露最老地层为前奥陶系变质结晶基底，分布最广、发育最全的为中生界。该分区自下而上由前奥陶系、奥陶系、志留系、泥盆系、石炭系、二叠系、三叠系、侏罗系、白垩系、新生界组成（赵政璋等，2001a；潘桂棠等，2004；王剑等，2009；王立全等，2013）。

1. 前奥陶系

前奥陶系分布于中央隆起带的戈木日—玛依岗日—阿木岗一带，中国石油20世纪90年代将原戈木日群中下部阿木岗岩组、戈木日组、玛依岗日组划为前震旦系（赵政璋等，2001a），岩性主要由各种片麻岩（包括白云钾长片麻岩、花岗片麻岩、石榴子石片麻岩、黑云片麻岩等）、片岩（包括含榴二云石英片岩、绿泥绢云石英片岩、黑云石英片岩、石榴二云片岩等）、石英岩和大理岩等组成，未见顶底，厚度大于5000m。在片岩中获得U—Pb年龄为2762～3204Ma，Pb—Pb年龄为1111Ma和1205Ma，推测其原岩时代可能为元古宙（王成善等，2001）。

近年，在羌塘盆地中央隆起带北缘，玛依岗日北侧的兰新岭附近发现含矽线石和蓝晶石的片麻岩（王剑等，2009）。岩石组成为细粒斑状角闪黑云斜长片麻岩、中粒斑状蓝晶石矽线石黑云斜长片麻岩、中粒斑状条带状矽线石黑云斜长片麻岩等，用SHRIMP法测得的U—Pb年龄最大为2374～2498Ma，该套变质岩的原岩时代可能为元古宙。

2. 奥陶系

奥陶系分布于龙木错—拉竹龙—饮水河一带，由下奥陶统三岔口组（O_1）和中—上奥陶统饮水河群（O_{2-3}）构成，主要为一套浅海陆棚相碎屑岩建造，岩性由一套不等粒石英砂岩、长石岩屑砂岩和页岩组成，夹粉砂岩、泥岩及石灰岩透镜体。下部产腕足类 *Nanorthis* sp.、*Nanorthis* cf. *hamburgensis* 及遗迹化石 *Zoophcus* sp.（王立全等，2013）；上部产我国西南地区晚奥陶世常见的标准化石，包括腕足类 *Campylorthis*、*Chaulistomella*、*Raucicrura*、*Evenkina*、*Glyptorthis*、*Aegiromena* 及三叶虫 *Calymenesum tingi*、*Reedocalymene* cf.*expansa*、*Dicranurus* cf. *oviformis*、*Amphilichas* cf.*bowni* 等（赵政璋等，2001a）。该套地层与上覆中—上泥盆统拉竹龙组为角度不整合接触或与志留系普尔错群平行不整合接触，厚度大于1396m。

3. 志留系

志留系分布于龙木错—拉竹龙—饮水河—兽形湖一带。在日土县兽形湖至饮水河一带称为普尔错群（S），下部以碎屑岩为主夹石灰岩，碎屑岩为石英砂岩、砂质泥岩和粉砂质页岩，石灰岩为微晶灰岩、泥晶灰岩和介屑灰岩；上部以石灰岩为主夹碎屑岩。产志留纪的三叶虫、腕足类、头足类等化石（赵政璋等，2001a）。与下伏奥陶系饮水河群平行不整合接触，厚度大于950m。在龙木错一带称为龙木错组（S），下部为灰色薄—中层状微晶生屑灰岩、细晶白云岩夹含生物碎屑细粒石英砂岩及钙质页岩；产三叶虫、头足类、腕足类、珊瑚、海百合茎等化石。其中，石灰岩中产丰富的志留纪头足类化石 *Geisonoceras* cf. *rivale*、*Onoceras* cf. *acinaces*、*Columenceras* sp. 和早志留世三叶虫化石 *Encrinuroidos* cf. *meitanensis*、*Scotoharpes* cf.*meitanensis* 等（王立全等，2013）。上部的下段岩性为灰色砾岩、细粒岩屑石英砂岩、粉砂质泥岩、碳质页岩及煤层，上段由灰黄色细砾岩、岩屑砂岩、粉砂质泥岩组成旋回沉积；含腹足类、腕足类及植物碎片化石；未见底，厚度大于1951m。

4. 泥盆系

泥盆系分布于龙木错—邦达错—月牙湖、拉竹龙及中央隆起带地区，由下—中统雅西尔群（D_{1-2}）、上统拉竹龙组（D_3）及泥盆系查桑组（D）等组成。

下—中泥盆统分布于拉竹龙一带，称为雅西尔群（D_{1-2}），下部和上部岩性为石英砂岩夹粉砂岩、泥岩或薄层石灰岩，中部为厚层石灰岩、生屑灰岩。中部石灰岩中产中泥盆世腕足类和珊瑚化石，其中腕足类有 *Zdimir* sp.、*Levibiseptum* sp.、*Gypidula* cf. *planisinosa*；珊瑚有 *Thamnopora* sp.、*Disphyllum* sp.、*Heliophyllum* sp. 等；石灰岩之下的碎屑岩时代可能跨越早泥盆世。与下伏志留系普尔错群呈角度不整合接触，厚度为670~1115m。

上泥盆统主要分布于龙木错—邦达错—月牙湖地区，称为拉竹龙组（D_3），下部由白云岩组成，上部由生物碎屑灰岩和微晶灰岩组成。生物化石丰富，产腕足类、腹足类、层孔虫、苔藓虫、珊瑚等化石。与下伏雅西尔群整合接触或角度不整合接触于奥陶系之上，厚度为130~850m。

在中央隆起带的查桑地区为查桑组（D），岩性主要为灰色、浅灰色、紫灰色中厚层结晶灰岩、生物碎屑灰岩、泥质灰岩、泥灰岩。中部产中泥盆世腕足类 *Gypidulina*、*Athyris*、*Cryptonella elongata*、*Acrospirifer*、*Indospirifer* 及 珊瑚 *Hexangonaria hexagona*、*Sinodisphyllum*、*Dispyllum* 等，上部产晚泥盆世的菊石 *Manticoceras*、*Tornoceras bicostatum* 等。未见底，顶被石炭系平行不整合超覆，厚度大于724m。

5. 石炭系

石炭系分布于日土县月牙湖—双点达坂、查布—查桑地区，以及东部的唐古拉山北坡等地，由下石炭统月牙湖组（C_1）、日湾茶卡组（C_1）、杂多群（C_1）和上石炭统—下二叠统冈玛错组（$C_2—P_1$）组成。

下石炭统在日土县月牙湖—双点达坂一带称为月牙湖组（C_1），下部为粉砂质灰岩和生物碎屑灰岩，上部为鲕粒灰岩、白云岩夹灰质白云岩、泥质灰岩。含丰富的珊瑚、腕足类化石，其中出现的 *Tomiproductus huaqiaoensis*、*Unispirifer* cf. *tornacensis*、*Marginatia hunanensis*、*Leptagoniaanaloga* 等化石是早石炭世代表分子。该组与下伏拉竹龙组整合接触，厚度为210~1350m。在查布—查桑地区称为日湾茶卡组（C_1），岩性为灰色、灰绿色、淡紫色泥质灰岩、砂质灰岩、石灰岩与砂岩、页岩不等厚互层，产早石炭世的珊瑚 *Yuanophyllum kansuense*、*Arachnolasma* sp.、*Kueichouphyllum sinense* 及

腕足类 *Gigantoproductus—Striatifera* 组合。与下伏泥盆系呈断层接触，厚度为 417m。该组在唐古拉山北坡地区称为杂多群（C_1），下部为含煤碎屑岩夹石灰岩、火山碎屑岩，上部为结晶灰岩、生物灰岩、泥灰岩、礁灰岩，局部夹海绿石硅质岩。产珊瑚、腕足类、植物，时代为早石炭世。未见底，厚度为 865～2018m。

上石炭统—下二叠统称为冈玛错组（C_2—P_1），主要分布于查布—查桑地区，岩性为浅灰色、灰黄色石英砂岩、长石石英砂岩、粉砂岩夹石灰岩透镜体，底部以石英砂岩与月牙湖组石灰岩分界；石灰岩中产腕足类、珊瑚、腹足类、棘皮类和蜓化石，时代为晚石炭世；未见顶，底与下伏月牙湖组或日湾茶卡组整合接触，厚度为 79～1800m。

6. 二叠系

二叠系分布于察布区先遣、热觉茶卡、唐古拉山北开心岭等地，下、中、上三统齐全，由冈玛错组（C_2—P_1）、先遣组（P_2）、开心岭群（P_2）、热觉茶卡组（P_3）和乌丽群（P_3）组成。

中二叠统在察布区先遣一带为先遣组（P_2），岩性为鲕粒灰岩、泥晶灰岩及少量碎屑岩。石灰岩中产大量生物化石，主要有腕足类、双壳类、蜓和珊瑚化石，其中蜓化石组合 *Parafusulina shakagamensis*、*P. yunnanica*、*Neoschwagerina colaniae* 明显反映茅口组沉积晚期的生物特征（王立全等，2013）；未见底，厚度大于 3027m。在唐古拉山北开心岭一带为开心岭群（P_2），下部为生物碎屑泥晶灰岩、凝灰岩、钙碱性粗面岩、岩屑长石石英砂岩；中部为复成分砾岩、岩屑砂岩、长石石英砂岩、粉砂岩、泥岩、蚀变安山玄武岩、泥晶灰岩；上部为生物礁灰岩、生物介壳灰岩、砂质灰岩、泥灰岩、岩屑石英砂岩、玄武岩。石灰岩中产丰富的蜓、珊瑚、有孔虫、藻类等化石，时代为中二叠世；未见底，厚度大于 1500m。

上二叠统在中央隆起带北侧的热觉茶卡地区称为热觉茶卡组（P_3），下部为灰色薄层状石英砂岩、粉砂岩夹碳质页岩；中部为薄层状细粒长石砂岩、粉砂岩夹生物灰岩、泥质灰岩；上部为灰色砂岩、灰黑色碳质粉砂岩、碳质页岩夹薄煤层或煤线；中部石灰岩中含丰富的蜓、腕足类、三叶虫、腹足类等化石；上部含植物化石，时代为晚二叠世；未见底，厚度大于 502m。在唐古拉山北开心岭一带为乌丽群（P_3），下部为复成分砾岩、岩屑砂岩、粉砂岩、碳质页岩见煤层或煤线、蚀变玄武岩、安山岩；上部为生物灰岩、白云质灰岩、白云岩夹粉砂岩、细粒长石岩屑砂岩；产蜓、珊瑚、腕足类、有孔虫等化石，时代为晚二叠世；与下伏开心岭群整合接触，厚度大于 1159m。

7. 三叠系

三叠系广泛分布于北羌塘地区，由康鲁组（T_1）、康南组（T_2）、肖茶卡组（T_3）、藏夏河组（T_3）、甲丕拉组（T_3）、波里拉组（T_3）、巴贡组（T_3）、那底岗日组（T_3）组成。

下三叠统主要分布于双湖热觉茶卡—江爱达日那一带，称为康鲁组（T_1），底部以细砾岩、含砾粗砂岩与下伏上二叠统热觉茶卡组呈低角度不整合接触；下部为中、粗粒岩屑砂岩和长石砂岩，夹粉砂岩；上部（原文世宣的硬水泉组，1979）以中厚层状泥质灰岩、鲕粒灰岩、生物碎屑泥灰岩、泥片状泥质灰岩为主，夹钙质粉砂岩、粉砂质泥岩。含丰富的双壳类及少量牙形石、菊石等生物化石，时代属早三叠世；与下伏二叠系热觉茶卡组呈角度不整合接触，厚度为 733～1216m。

中三叠统主要见于康如茶卡—江爱达日那一带，称为康南组（T_2），下部为砂岩、粉砂质泥岩、页岩夹透镜状泥质灰岩，向上过渡为石灰岩、含泥质灰岩组合；含丰富的腕足类、菊石等化石，时代属中三叠世；与下伏康鲁组顶部生屑泥灰岩整合接触，厚度为311m。

上三叠统下部不同地区发育的地层有所区别。北羌塘坳陷南部地区三叠系肖茶卡组（T_3）下部为灰色中薄层细粒岩屑长石砂岩、碳质页岩、粉砂质页岩夹薄层状泥灰岩，局部夹煤线，底部有1m厚复成分砾岩；中部为中薄层泥晶灰岩夹泥页岩、泥灰岩；上部为灰色薄层粉砂质泥岩、粉砂岩、岩屑砂岩夹薄层碳质页岩，局部夹煤线；产菊石、双壳类、珊瑚、植物等化石，时代定为晚三叠世；与下伏康南组假整合接触，厚度为549～873m。在北羌塘坳陷北部藏夏河—多色梁子—丽江湖一带为藏夏河组（T_3），岩性组合为细砾岩、含砾砂岩、细粒岩屑长石砂岩、长石岩屑砂岩，石英砂岩、粉砂岩、粉砂质泥页岩和泥页岩组成多种互层状韵律式沉积；含牙形石、腕足类、孢粉等化石，时代为晚三叠世诺利期；未见底，出露厚度为627～1063m。在唐古拉山北一带为甲丕拉组（T_3）、波里拉组（T_3）、巴贡组（T_3）。甲丕拉组由复成分砾岩、岩屑砂岩、岩屑石英砂岩、玄武岩、安山岩、凝灰岩等组成；波里拉组由生物灰岩、微泥晶灰岩夹砂岩组成；巴贡组由岩屑石英砂岩、岩屑砂岩、粉砂岩、碳质泥页岩夹煤线或煤层组成；产菊石、腕足类、珊瑚、双壳类、植物等化石，时代为晚三叠世；未见顶，与下伏二叠系呈角度不整合接触，厚度大于1061m。

上三叠统上部称为那底岗日组（T_3），主要分布于弯弯梁、雀莫错和中央隆起带北侧三个区域，岩性为玄武岩、英安岩、流纹岩、凝灰岩，底部为复成分砾岩，与下伏地层角度不整合、平行不整合或整合接触（表1-3-1），厚度为200～1274m。依据火山岩中单颗粒锆石测得SHRIMP年龄为205～219Ma（王剑等，2007），时代归属为晚三叠世中、晚期，可能跨入晚三叠世早期。

8. 侏罗系

侏罗系在羌塘盆地分布广泛，厚度巨大，下、中、上统发育齐全，也是该盆地油气勘探的主要目的层。该套地层具有两个碎屑岩—石灰岩的沉积旋回，自下而上由雀莫错组（J_{1-2}）、布曲组（J_2）、夏里组（J_2）和索瓦组（J_3）组成。

下—中侏罗统在北羌塘坳陷内广泛分布，称为雀莫错组（J_{1-2}），岩性由下部巨厚层砾岩、砂岩、粉砂岩，中部岩屑石英砂岩、粉砂岩、微泥晶灰岩、膏岩和上部粉砂岩、泥岩、泥灰岩夹膏岩组成。上部产丰富的双壳类及腕足类化石，时代为中侏罗世早期，推测其下部未见化石的紫红色砾岩段时代跨入早侏罗世。雀莫错组底砾岩与下伏上三叠统藏夏河组、巴贡组或古生界呈角度不整合接触，与上三叠统那底岗日组呈角度不整合或假整合或整合接触（表1-3-1），厚度为500～1200m。

中侏罗统在北羌塘坳陷广泛分布，下部称为布曲组（J_2），岩性以碳酸盐岩台地相石灰岩为主，主要为微泥晶灰岩、生物碎屑灰岩、鲕粒灰岩、礁灰岩、泥质灰岩夹粉砂岩、泥质岩及膏岩。含丰富的双壳类、腕足类、珊瑚、有孔虫、海胆、腹足类等化石，时代属中侏罗世中期。底部与下伏雀莫错组整合接触，厚度为500～1000m。上部为夏里组（J_2），岩性为一套杂色细砂岩、粉砂岩、泥页岩夹泥晶灰岩、泥灰岩及石膏层地层组合。含丰富的双壳类及腕足类化石（赵政璋等，2001a），时代为中侏罗世晚期；下与布曲组为整合接触，厚度为400～800m。

上侏罗统广泛分布于北羌塘坳陷，称为索瓦组（J_3），岩性以微泥晶灰岩、生物灰岩、泥质灰岩为主，频繁出现粉砂岩夹层；含十分丰富的腕足类、双壳类化石，时代为晚侏罗世；整合于夏里组之上，厚度为283～1825m。

9. 白垩系

下白垩统呈面状分布于北羌塘坳陷地区，由白龙冰河组（K_1）和雪山组（K_1）组成；上白垩统呈点状分布，称为阿布山组（K_2）。上、下统之间为角度不整合接触。

下白垩统分布于北羌塘坳陷的中西部地区，其海相地层称为白龙冰河组（K_1），岩性由钙质泥岩、粉砂岩、页岩、泥灰岩夹（或互层）泥晶灰岩、介壳灰岩等组成；含丰富的菊石、双壳类、腕足类以及裸子植物花粉。依据化石组合特征以及油页岩Re—Os定年结果（101Ma±24Ma），将其时代确定为早白垩世，但不排除跨入晚侏罗世的可能。未见顶，与下伏索瓦组呈整合接触，厚度大于2080m。其陆相地层称为雪山组（K_1），岩性为一套粉砂岩、粉砂质泥岩互层，夹不厚的灰质泥岩和泥灰岩层，顶部风化残积物中见许多大块的中、粗粒砂岩。产亚洲地区常见于下白垩统中的淡水双壳化石动物群，但不排除跨入晚侏罗世的可能。未见顶，与下伏索瓦组呈整合接触，厚度大于532m。

上白垩统分布十分局限，称为阿布山组（K_2），目前除少量火山岩外，唯一报道的该时代沉积型地层位于双湖西侧，其岩性由中砾岩、细砾岩、粗砂岩和中砂岩、细砂岩、粉砂岩及泥岩组成。底部不整合于上三叠统肖茶卡组或侏罗系之上，顶部被康托组不整合覆盖；时代归属为晚白垩世；厚度为1202～5000m。

10. 新生界

新生界分布较为零星，见古近系康托组（E_{2-3}）和唢呐湖组（E_{2-3}），新近系石坪顶组（N_2）及第四系（Q），与下伏地层不整合接触。

古近系呈点状分布，其含粗碎屑岩沉积称为康托组（E_{2-3}），岩性为一套河流—湖泊相砾岩、砂岩、粉砂岩和泥岩组合，普遍夹膏盐层，属干旱、炎热氧化环境下的山间盆地沉积；产淡水双壳类、腹足类、介形虫、孢粉等化石，时代始新世。康托组角度不整合覆盖在中生界或更老的地层之上，厚度为200～3000m。与康托组同期异相的湖相含膏细碎屑岩沉积称为唢呐湖组（E_{2-3}），岩性由粉砂岩、石膏质泥岩、膏灰岩夹多层膏岩组成。沉凝灰岩（已蚀变为斑脱岩）的SIMS U—Pb加权平均年龄为46.57Ma±0.30Ma（王剑等，2019），结合ESR定年及孢粉化石组合特征，其时代归属为始新世，与康托组基本一致。唢呐湖组产淡水腹足类、双壳类及孢粉等化石，与下伏老地层呈角度不整合接触，厚度为300～4000m。

新近系石坪顶组（N_2）为一套基性—酸性火山岩，总体为安山岩、玄武安山岩、玄武岩、英安岩、粗面岩等，同位素年龄为10～24.6Ma，时代属中新世，与下伏老地层呈角度不整合接触，厚度为50～200m。

第四系（Q）主要沿断裂呈线状或点状分布，由一套冲积、洪积、河流、湖泊相松散砂砾石、黏土质及盐类层组成。

二、南羌塘地层分区

南羌塘地层分区位于龙木错—双湖构造带与班公湖—怒江缝合带之间，包括南羌塘坳陷和中央隆起带南侧。区内出露古生界—新生界，以上古生界和中生界分布最广，新生界相对局限。在晚石炭世—早二叠世早期出现冰水沉积和冷暖型生物混生现象。该分区地层自下而上由前奥陶系、奥陶系、志留系、泥盆系、石炭系、二叠系、三叠系、侏罗系、白垩系、新生界组成（赵政璋等，2001a；潘桂棠等，2004；王剑等，2009；王立全等，2013）。

1. 奥陶系

奥陶系仅见于尼玛县玛依岗日附近的塔石山一带，下部称为古拉组（O_1），岩性为一套杂色变质细碎屑岩夹结晶灰岩，未采获有意义的古生物化石。其岩性、岩相等特征与申扎地区的扎杠组相似，推测时代为早奥陶世。未见底，厚度大于57m。上部称为塔石山组（O_{2-3}），岩性以一套浅色碳酸盐岩为主，偶夹钙质粉砂岩，岩石多已重结晶，产丰富的鹦鹉螺化石、腹足类、海百合茎及保存欠佳的腕足类等化石，其中鹦鹉螺化石 *Sinoceras*、*Eosomichelinoceras*、*Michelinoceras* 等是我国南方中、晚奥陶世的典型分子，因此判断时代属中、晚奥陶世；与下伏古拉组整合接触，厚度为129m。

2. 志留系

志留系仅见于尼玛县玛依岗日附近的塔石山一带，称为三岔沟组（S），岩性为一套浅变质的细碎屑岩夹结晶灰岩薄层或透镜体，岩石类型为绢云母化粉砂岩、绢云母片岩、结晶灰岩等。产大量笔石化石 *Glyplograptus*？ *lunshanensis*、*G.*sp.、*Climacograptus transgrediens*、*C.*sp.、*Orthograptus* sp.、*Pristiograptus* sp.、*Monograptus* sp. 等，均为我国扬子区、华中区乃至西藏申扎地区志留纪常见分子；与下伏奥陶系整合接触，厚度为60～71m。

3. 泥盆系

泥盆系见于尼玛县荣玛乡附近的长蛇山一带，长蛇山组（D_{1-3}）下部主要为碳酸盐岩组合，多为重结晶的生物碎屑灰岩，上部以变粉—细砂岩为主。产丰富的竹节石 *Nowakia*？ *Sulcata*、*Nowakia* sp.、*Guerchina xizangensis*、*G.*sp. 及腕足类 *Atrypa* sp.、*Lingula* sp. 等化石，时代为泥盆纪；未见顶，底与志留系角度不整合接触，厚度大于94m。

4. 石炭系

石炭系主要分布于多玛—塔查普山—加错一带，仅见上统，由擦蒙组（C_2）构成，岩性由以冰水沉积为特征的砂岩、板岩、含砾板岩、含砾粉砂岩等组成，夹基性火山岩和凝灰岩（赵政璋等，2001a）；未见底，厚度大于500m。

5. 二叠系

二叠系主要分布于日土—改则以北地区，下、中、上三统齐全，自下而上由展金组（P_1）、曲地组（P_1）、吞龙贡巴组（P_2）、龙格组（P_2）、吉普日阿组（P_3）组成。

下二叠统下部分布于加措和波杂亚龙—波杂马龙地区，称为展金组（P_1），岩性为灰黑色、灰绿色变质长石石英砂岩、粉砂岩、板岩等，部分夹火山碎屑岩，也见有少量安山岩和英安岩。生物化石以小型腕足类、小型单体珊瑚、双壳类以及腹足类为主，其中有冷水双壳类 *Eurydesma preversum*、小型单体无鳞板冷水珊瑚动物群 *Amplexocaninia*—*Cyathaxonia* 组合、腕足类 *Ambikella*—*Anidanthus fusiformis* 组合（赵政璋等，2001a）以及暖水型动物化石，时代为早二叠世；与下伏擦蒙组整合接触，厚度大于3550m。上部分布于加措敖布桑和峡峡定沟地区，称为曲地组（P_1），岩性为灰色、灰白色、灰绿色中粗粒长石石英砂岩、含砾粗砂岩、钙质砂岩，局部夹含砾板岩和石灰岩透镜体；产双壳类、腕足类及蜓化石，时代为早二叠世；与下伏展金组整合接触，厚度为763～1200m。

中二叠统分布于西部日土—改则以北地区，下部称为吞龙贡巴组（P_2），岩性为灰色、灰绿色、灰白色中厚层石灰岩、泥灰岩、砂泥岩组合；产蜓、腕足类、珊瑚化石，以冷、温水型混合动物群为特征，其中蜓 *Monodiexodina—Parafusulina* 组合、珊瑚 *Polythecalis—Chusenophyllum* 组合、腕足类 *Costiferina—Juresania* 组合和 *Paraderbyia—Jipuproductus* 组合可与我国南方中二叠世化石相对比；与下伏曲地组整合接触，厚度为100～1600m。上部称为龙格组（P_2），由灰色—深灰色中厚层状结晶灰岩、生物礁灰岩、含砂灰岩、白云岩及部分鲕状灰岩组成，富含蜓、群体珊瑚、苔藓虫、有孔虫、钙藻及部分腕足类、腹足类化石，时代为中二叠世晚期；与下伏吞龙贡巴组整合接触，厚度为360～1000m。上部相当于龙格组的地层向东延伸至羌塘盆地主体部分，称为鲁谷组，岩性变为：下段为泥晶灰岩夹生物碎屑灰岩、泥岩、硅质岩、枕状玄武岩；上段为沉火山角砾岩、凝灰质砂岩、粉砂岩、泥岩夹枕状玄武岩，产蜓、腕足类、珊瑚化石；未见顶底，厚度大于494m。

上二叠统分布于改则冈玛错、查木错及利克甘利山地区，称为吉普日阿组（P_3），下部为砾岩、砂砾岩、钙质砂岩或砂质灰岩、粉砂岩互层；上部为浅灰色白云质灰岩、生物碎屑灰岩、鲕粒灰岩，局部夹安山岩；产蜓、腕足类及珊瑚等化石，时代为晚二叠世；与下伏地层龙格组整合接触，厚度大于1520m。

6. 三叠系

三叠系分布较广，见上三叠统，由日干配错组（T_3）和土门格拉组（T_3）组成。

在日干配错地区称为日干配错组（T_3），岩性为浅海碳酸盐岩与碎屑岩夹基性火山岩；下部以灰色、灰白色砂岩、粉砂岩为主夹页岩和生物碎屑灰岩、泥灰岩；中部以生物碎屑灰岩、鲕粒灰岩、礁灰岩为主夹砂岩和页岩；顶部为砂质页岩夹砂质灰岩；产珊瑚、腹足类、双壳类等化石，时代为晚三叠世中期；未见底、顶，厚度大于1600m。在南羌塘地层分区的东部，靠近中央潜伏隆起带附近，称为土门格拉组（T_3），为一套含煤碎屑岩、页岩、泥岩及多层煤层或煤线夹泥岩、砂屑灰岩、微晶白云岩，产双壳类、植物及孢粉等化石组合，时代为晚三叠世晚期；未见底，顶部不整合于中—下侏罗统雀莫错组之下，总厚度可达3000m左右。

7. 侏罗系

侏罗系主要分布于南羌塘地区分区中、东部的毕洛错—鄂斯玛一带，下、中、上三统齐全，自下而上由曲色组（J_1）、色哇组（J_2）、布曲组（J_2）、夏里组（J_2）和索瓦组（J_3）组成。

下侏罗统主要出露于毕洛错—鄂斯玛一带，称为曲色组（J_1），为一套暗色泥岩、页岩夹少量粉砂岩、泥灰岩组合；产丰富的菊石、腕足类、双壳类等化石，时代为早侏罗世；未见底，厚度大于1732m。

中侏罗统分布于毕洛错—鄂斯玛一带，下部称为色哇组（J_2），由暗色泥（页）岩夹粉砂质页岩、泥灰岩组成，在毕洛错见油页岩和膏岩；产丰富的菊石、双壳类、腕足类和腹足类化石，时代为中侏罗世早期。底部以细粒长石石英砂岩整合于曲色组之上，厚度为1240m。中部称为布曲组（J_2），岩性组合特征以及化石特征与北羌塘地层分区相似，以碳酸盐岩台地相石灰岩为主，偶夹粉砂岩，与北羌塘坳陷不同的是该区隆鄂尼—

鄂斯玛一带发育大量含油白云岩、礁灰岩和滩灰岩，局部夹膏岩（即隆鄂尼—鄂斯玛古油藏带）；产双壳类、腕足类、珊瑚、腹足类等化石，时代为中侏罗世中期；与下伏色哇组整合接触，厚度为400～2000m。上部称为夏里组（J_2），岩性为泥岩、粉砂岩及细粒石英砂岩互层，局部夹生物碎屑灰岩、鲕粒灰岩及膏岩；产双壳类、腹足类化石，时代为中侏罗世晚期；与下伏布曲组碳酸盐岩整合接触，厚度为250～450m。

上侏罗统分布于毕洛错—鄂斯玛一带，称为索瓦组（J_3），仅发育相当于北羌塘地层分区的下部地层，岩性为生屑鲕粒灰岩、泥晶灰岩、泥灰岩夹少量粉砂质泥岩，局部夹礁灰岩；产珊瑚、腕足类、腹足类等化石，时代为晚侏罗世；未见顶，底与下伏布曲组整合接触，厚度大于1100m。

8. 白垩系

白垩系仅发育上统，主要分布于中东部地区，称为阿布山组（K_1），主要为紫红色砾岩、砂质砾岩、含砾砂岩、粉砂岩、泥岩组合，与下伏地层呈角度不整合接触，厚度为950～2250m。

9. 新生界

新生界发育有古近系纳丁错组（E_{2-3}）、康托组（E_{2-3}）和唢呐湖组（E_{2-3}）及第四系（Q），与下伏地层不整合接触。

古近系纳丁错组（E_{2-3}）分布于改则县日玛一带，为一套高钾的钙碱性系列基性—中基性火山岩夹紫红色砾岩、含砾砂岩，火山岩获K—Ar年龄31.1Ma、32.6Ma（王立全等，2013），时代为渐新世；与下伏地层呈角度不整合接触，厚度大于290m。康托组（E_{2-3}）和唢呐湖组（E_{2-3}）的岩性组合特征与北羌塘地层分区相近，康托组为一套砾岩、砂岩、粉砂岩和泥岩组合；唢呐湖组由粉砂岩、泥岩夹多层石膏组成。

第四系（Q）主要沿断裂呈线状或点状分布，由一套冲积、洪积、河流、湖泊相松散砂砾石、黏土质及盐类层组成。

三、昌都地层分区

昌都地层分区位于羌塘—昌都地层区的东部区域，区内以中生界大面积分布为特色，古生界较为广泛出露，最老地层为前奥陶系变质岩。该分区自下而上由前奥陶系、奥陶系、志留系、泥盆系、石炭系、二叠系、三叠系、侏罗系、白垩系、新生界组成（赵政璋等，2001a；潘桂棠等，2004；王立全等，2013）。

1. 前奥陶系

前奥陶系分布于西藏贡觉县雄松、昌都北东的小苏莽、昌都玉曲以北、澜沧江西侧吉塘—类乌齐等地区，分别称为雄松群、草曲群、宁多群、吉塘群恩达岩组（赵政璋等，2001a；王立全等，2013）。

出露于西藏贡觉县雄松地区的称为雄松群，下部为黑云斜长角闪质糜棱岩、糜棱岩夹云母斜长片麻岩、蚀变角闪斜长片麻岩、变粒岩、含石榴子石二云斜长糜棱岩、黑云斜长片麻岩等；上部为大理岩夹角闪斜长片麻岩和片状石英岩。下部原岩以碎屑岩为主夹中基性火山岩，上部原岩以碳酸盐岩为主夹碎屑岩。在下部片麻岩中获取Rb—Sr等时年龄为611～670Ma、Sm—Nd年龄为1594Ma（赵政璋等，2001a），前者应为变质年龄，后者应为成岩年龄，时代为中元古代。

出露于昌都北东小苏莽地区的称为宁多群，由结晶片岩、片麻岩和大理岩组成。片麻岩锆石单矿物 U—Pb 年龄为 1870Ma，侵入片麻岩中的花岗岩年龄为 1780Ma 和 1680Ma（赵政璋等，2001a），时代为古元古代。

出露于昌都玉曲以北的称为草曲群，主要为浅变质含砾砂泥岩夹基性火山岩，未见底，与周围三叠系呈断层接触。该群变质程度为低绿片岩相，在变质橄榄玄武岩中获同位素年龄为 876Ma 和 999Ma（赵政璋等，2001a），时代为新元古代。

沿澜沧江西侧吉塘—类乌齐一带分布的称为吉塘群恩达岩组，岩性为黑云母、二长、斜长片麻岩、混合岩、石英岩，夹变粒岩、角闪岩的一套角闪岩相，未见底，厚度大于 1480m，片麻岩全岩 Rb—Sr 等时变质年龄为 757.1Ma±26.8Ma，时代为新元古代；Sm—Nd 同位素年龄为 2802Ma（潘桂棠等，2004），时代为古元古代。

2. 奥陶系

奥陶系出露于青泥洞和芒康海通等地，称为青泥洞群（O），主要为滨浅海相石英砂岩、细砂岩、板岩夹结晶灰岩。下部主要为杂色板岩夹砂岩；中部主要为灰绿色石英砂岩、板岩与结晶灰岩、泥质灰岩不等厚互层；上部主要为深灰色石英砂岩。下部地层含笔石、腕足类、三叶虫等化石，其中笔石 *Tetragraptus amii*、*Didymograptus abnormis*、*D.hirundo*、*D.patulus*、*D.cf.perus* 等均为红花园阶—大湾阶 *D.hirundo* 带的重要分子；三叶虫 *Illaenus sinensis*、*Taihungshania* 等，时代为早奥陶世；中上部地层未见化石，可能包含晚奥陶世沉积。未见底，与上覆志留系整合接触，厚度大于 1951m。

3. 志留系

志留系出露于海通附近，称为恰拉卡组（S），主要为笔石页岩、粉砂质页岩夹砂岩和石灰岩。下部为灰色石英砂岩及笔石页岩；中部为深灰色页岩、粉砂质页岩夹石英砂岩；上部为石灰岩与页岩互层；产笔石、牙形石等化石，其中笔石 *Oklavites cf.spiralis* 是下志留统顶部重要分子，牙形石 *Neoprioniodus*、*Hindeodella*、*Plectospathodus rxtensus* 与申扎地区扎弄俄玛组相似，时代为志留纪；未见底，与上覆下泥盆统海通组角度不整合接触，厚度大于 362m。

4. 泥盆系

泥盆系广泛分布于昌都地块东西两侧边缘及妥坝—都日一带，下、中、上三统齐全，自下而上由海通组（D₁）、丁宗隆组（D₂）、卓戈洞组（D₃）和羌格组（D₃）组成。

下泥盆统分布于江达觉拥、昌都妥坝、小邦达、芒康海通、盐井一带，称为海通组（D₁），岩性总体为一套深灰色或紫红色碎屑岩夹碳酸盐岩。芒康一带为灰黑色碳质千枚岩夹灰白色钙质石英砂岩，局部夹生物灰岩、白云岩，与下伏奥陶系青泥洞群呈角度不整合接触，厚度为 139m。在江达觉拥一带，下部主要为紫红色砂砾岩、砂岩、石英砂岩夹泥岩等，具有下粗上细的变深充填序列；上部为灰白色、灰绿色砂岩、页岩夹泥灰岩、生物碎屑灰岩，底部不整合于奥陶系之上，厚度为 90～240m。盐井一带为灰色碎屑岩，厚度为 1185m。该组产介形虫、珊瑚、腕足类、竹节石、三叶虫等，时代为早泥盆世。

中泥盆统为丁宗隆组（D₂），岩性为泥质疙瘩状灰岩、泥灰岩、白云岩夹砂岩、页岩。产腕足类、珊瑚、层孔虫、牙形石等化石，时代为中泥盆世。与下伏海通组整合接触，厚度为 149～344m。

上泥盆统下部为卓戈洞组（D_3），岩性主要为灰色石灰岩、泥灰岩、白云岩；产腕足类、珊瑚等化石，时代为晚泥盆世早期；与下伏丁宗隆组整合接触，厚度为158～199m。上部为羌格组（D_3），岩性为灰黑色中厚层状石灰岩、泥灰岩、泥质灰岩及泥岩；产丰富的腕足类化石，时代为晚泥盆世晚期；底与卓戈洞组整合接触，厚度为321～681m。

5. 石炭系

石炭系分布于昌都类乌齐、妥坝、江达、贡觉、芒康等地，下、上统齐全，自下而上由下石炭统乌青纳组（C_1）、下石炭统马查拉组（C_1）和上石炭统骛曲组（C_2）组成。

下石炭统下部出露于昌都类乌齐、妥坝一带，称为乌青纳组（C_1），岩性为灰黑色砂泥质灰岩、厚层状石灰岩；产腕足类、珊瑚等化石，时代为早石炭世早期；与下伏上泥盆统羌格组整合接触，总厚度为890～1402m。上部出露于类乌齐马查拉、昌都妥坝一带，称为马查拉组（C_1），下段为灰黑色石英砂岩、碳质泥质砂岩、碳质页岩、砂质页岩夹煤层、泥质灰岩及少量生物碎屑灰岩，煤层多而薄，分布稳定，均为无烟煤；上段为灰黑色中厚层状石灰岩、泥质灰岩、白云质灰岩、生物碎屑灰岩和碳质灰岩。产蜓、腕足类、珊瑚、苔藓虫等化石，时代为早石炭世晚期；与下伏乌青纳组整合接触，厚度为1638m。

上石炭统分布于江达、贡觉、芒康等地，称为骛曲组（C_2），下部为深灰色中厚层状石灰岩；中部为浅灰色厚层状介壳灰岩；上部为灰色薄—中厚层状石灰岩、薄层硅质岩，在类乌齐地区夹紫红色粉砂岩，在江达青泥洞地区夹石英砂岩，底部有1.3～7.4m硅质岩；产蜓、腕足类、珊瑚、苔藓虫、介形虫等化石，时代为晚石炭世；与下伏马查拉组整合接触，厚度为396～587m。

6. 二叠系

二叠系分布于类乌齐、江达、察雅、芒康等地，下、中、上统齐全，自下而上为里查组（P_1）、莽错组（P_2）、交嘎组（P_2）、妥坝组（P_3）和卡香达组（P_3）。

下二叠统分布于类乌齐、江达、察雅、芒康等地，称为里查组（P_1），主要为灰黑色泥质灰岩、碳泥质灰岩、燧石结核灰岩、白云质灰岩夹砂泥岩；产蜓、腕足类、珊瑚、头足类、腹足类等化石，时代为早二叠世；与下伏石炭系骛曲组整合接触，厚度为207～838m。

中二叠统分布于类乌齐、江达、芒康等地，下部称为莽错组（P_2），岩性为浅灰色、灰白色生屑灰岩、白云质灰岩、页岩、砂岩；产蜓、腕足类、苔藓虫、牙形石、珊瑚等化石，时代为中二叠世早期；与下伏里查组整合接触，厚度为100～720m。上部称为交嘎组（P_2），岩性为灰绿色泥（页）岩夹玄武岩及石英砂岩、石灰岩；产蜓、腕足类、珊瑚等化石，时代为中二叠世晚期；与下伏莽错组整合接触，厚度为244～1082m。

上二叠统分布于昌都妥坝、察雅巴贡、芒康海通—交嘎等地，下部称为妥坝组（P_3），岩性为灰黑色粗粒长石石英砂岩、泥质粉砂岩和碳质页岩夹石英砂岩及煤线；富含 *Gigantopteris—Lobatannularia—Lepidodendron* 植物组合带，为我国南方地区晚二叠世早期龙潭组沉积期大羽羊齿植物群的重要特征属种（王立全等，2013）；此外还有珊瑚、腕足类、苔藓虫等化石，时代为晚二叠世早期；与下伏交嘎组整合接触，厚度为312～1362m。上部为卡香达组（P_3），岩性为黑色、灰黑色钙质泥岩、粉砂岩夹泥灰岩、石灰岩、细砂岩，局部夹碳质页岩；产蜓、腕足类、珊瑚等化石，时代为晚二叠世晚期；与下伏妥坝组整合接触，厚度为 320～1080m。

7. 三叠系

三叠系分布于江达、察雅、芒康等地，下、中、上统齐全。自下而上由普水桥组（T_1）、色容寺组（T_1）、瓦拉寺组（T_2）、甲丕拉组（T_3）、波里拉组（T_3）、巴贡组（T_3）组成。

下三叠统下部分布于江达、察雅、芒康等地，称为普水桥组（T_1），岩性为紫红色、灰绿色砂岩、粉砂岩夹凝灰质砾岩、凝灰质砂岩、英安质凝灰熔岩、凝灰岩；产双壳类、腹足类、菊石等化石，时代为早三叠世早期；底部不整合于古生界之上，厚度为 509～1000m。上部分布于昌都江达一带，称为色容寺组（T_1），岩性主要为灰色板岩、厚层状结晶灰岩、大理岩及泥质灰岩；产菊石、双壳类等化石，时代为早三叠世晚期；与下伏普水桥组为连续沉积，厚度为 303～550m。

中三叠统分布于昌都江达、芒康一带，称为瓦拉寺组（T_2），岩性主要为一套深色板岩、砂岩和砾岩夹安山玢岩、安山质凝灰岩和少量石灰岩；产菊石、双壳类、植物等化石，时代为中三叠世；与下伏色容寺组为连续沉积，厚度为 2649m。

上三叠统下部广泛分布于羌塘东部至昌都地区，称为甲丕拉组（T_3），岩性总体为紫红色、灰色砾岩、含砾粗砂岩、中细砂岩、粉砂岩及泥（页）岩夹石灰岩透镜体或薄层，局部夹火山岩；产双壳类、腕足类、珊瑚等化石，时代为晚三叠世早期；与下伏古生界呈不整合接触，厚度为 1239～2431m。中部广泛分布于西藏昌都、青海囊谦、杂多，称为波里拉组（T_3），岩性主要为一套碳酸盐岩组合，主要有泥质灰岩、微泥晶灰岩、生物灰岩；产丰富的菊石、双壳类、腕足类、珊瑚、有孔虫等化石，时代为晚三叠世中期；与下伏甲丕拉组整合接触，厚度为 200～500m。上部广泛分布于羌塘唐古拉山、类乌齐、贡觉、青海杂多等地，称为巴贡组（T_3），岩性以深灰色、灰黑色页岩、长石石英砂岩、粉砂岩为主夹碳质页岩及煤线、煤层，偶夹石灰岩；产丰富的双壳类、植物化石等，时代为晚三叠世晚期；与下伏波里拉组整合接触，厚度为 994～1879m。

8. 侏罗系

侏罗系分布于青海囊谦、昌都类乌齐、察雅、芒康等地，下、中、上三统齐全，自下而上由查郎嘎组（J_1）、土拖组（J_2）、东大桥组（J_2）、小索卡组（J_3）组成。

下侏罗统分布于青海囊谦、昌都类乌齐、察雅、芒康等地，称为查郎嘎组（J_1），岩性主要为灰色、灰绿色、紫色细粒岩屑砂岩、粉砂岩与泥页岩互层，夹砂屑灰岩、砂砾岩；产孢粉、植物碎片及藻类化石，时代为早侏罗世；与下伏三叠系呈不整合接触，厚度为 229～1083m。

中侏罗统分布于青海囊谦、昌都类乌齐、察雅、芒康等地，下部称为土拖组（J_2），岩性为紫红色泥页岩夹中细粒岩屑石英砂岩、粉砂岩；产藻类化石等，时代为中侏罗世；与下伏查郎嘎组整合接触，厚度为 751～1648m。上部称为东大桥组（J_2），岩性为灰色、灰绿色页岩夹砂岩、粉砂岩和白云质灰岩、生物碎屑灰岩；产海相、陆相双壳类化石，其中海相双壳类有 *Protocardia strcklandi—Amiodon fengdengensis* 组合，陆相双壳类有 *Lamprotula cremeri—Pseudocardinia kweichouensis* 组合，二者均属中侏罗世双壳类，此外还含腹足类、藻类和孢粉化石；与下伏土拖组整合接触，厚度为 69～635m。

上侏罗统分布于类乌齐、察雅、芒康等地，称为小索卡组（J_3），岩性为紫红色泥岩、泥质粉砂岩夹石英细砂岩、白云岩；产孢粉、恐龙化石等，时代为晚侏罗世；与下伏东大桥组整合接触，厚度为849～2998m。

9. 白垩系

白垩系出露于类乌齐、察雅、芒康等地，由下白垩统老然组（K_1）和上白垩统宗谷组（K_2）组成。

下白垩统见于察雅和芒康一带，称为老然组（K_1），岩性为陆相紫红色泥岩、泥质粉砂岩与砂岩互层，夹砾岩透镜体；产恐龙、鱼、植物等化石，时代为早白垩世晚期；与下伏上侏罗统整合接触，厚度为409～1004m。

上白垩统称为宗谷组（K_2），岩性由紫红色泥岩、粉砂岩、石英长石砂岩、砾岩组成；产恐龙化石，时代为晚白垩世；与下伏老然组呈角度不整合接触，厚度为140～452m。

10. 新生界

新生界呈点状分布于贡觉、青泥洞、囊谦、类乌齐、芒康等地，自下而上充填古近系贡觉组（E_{1-2}）、新近系拉屋拉组（N）及第四系（Q）。

古近系贡觉组（E_{1-2}）为紫红色砾岩、砂岩、粉砂岩、泥岩夹泥灰岩、膏岩等；产植物、介形虫等化石，时代为古近纪；与下伏地层呈角度不整合接触，厚度大于2645m。

新近系分布于芒康、察雅、类乌齐甲桑卡等地，称为拉屋拉组（N），岩性为紫红色砂砾岩、粉砂岩、泥岩、粗面岩、安山岩等；产植物、孢粉等化石，时代为新近纪；与下伏地层不整合接触，厚度为59～1700m。

第四系（Q）主要沿断裂呈线状或点状分布，由一套冲积、洪积、河流、湖泊相松散砂砾石、黏土质及盐类层组成。

第三节　冈底斯—念青唐古拉山地层区

冈底斯—念青唐古拉山地层区位于班公湖—怒江缝合带与雅鲁藏布江缝合带之间，自西而东分为措勤—申扎地层分区和比如地层分区。区内出露元古宇至新近系，以上古生界与中生界出露最广。

一、措勤—申扎地层分区

措勤—申扎地层分区位于冈念地层区西北部的措勤—申扎地区，出露最老地层为前奥陶系念青唐古拉群，分布最广的地层为中生界。该分区自下而上由前奥陶系、奥陶系、志留系、泥盆系、石炭系、二叠系、三叠系、侏罗系、白垩系和新生界组成（赵政璋等，2001a；潘桂棠等，2004；王剑等，2009；王立全等，2013）。

1. 前奥陶系

该分区基底地层由前奥陶系念青唐古拉群组成，主要分布于念青唐古拉山主峰一带，岩性为黑云二长片麻岩、黑云斜长片麻岩、混合岩、石英片麻岩、花岗片麻岩、绿帘斜长角闪片岩、透辉石大理岩、石英岩等中深变质岩。在该套变质岩中获片麻岩锆石 U—Pb 年龄为 1250Ma，时代为中元古代；获角闪石 Ar—Ar 年龄为 845Ma ± 15Ma（程立人等，2014）；在冈底斯带中段尼玛县帮勒村，首次从念青唐古拉群中解体出寒武系（计文化等，2009），岩性以流纹岩为主夹碳酸盐岩，获得 SHRIMP 锆石年龄为 496.3Ma。未见底，厚度大于 3000m。

2. 奥陶系

奥陶系分布于申扎柯尔多—刚木桑一带，下、中、上三统齐全，自下而上充填有扎杠组（O_1）、柯尔多组（O_2）、刚木桑组（O_3）、申扎组（O_3）。

下奥陶统分布于申扎塔尔玛，称为扎杠组（O_1）（程立人等，2014），下部为深灰色、灰黑色含碳质砂板岩夹长石石英砂岩、粉砂岩；中部为千枚状粉砂岩、砂质灰岩、结晶灰岩夹砂板岩、变砂岩；上部为灰色变砂岩、粉砂岩夹变含砾细砂岩、结晶灰岩；其下部产四笔石科和对笔石科化石，有较大量世界性分布的下奥陶统最底部的笔石化石代表 *Tetragraptus*、*T.sandens*、*Nicholsa* 等；与下伏念青唐古拉群呈角度不整合接触，厚度为 680m。

中奥陶统分布于申扎柯尔多—刚木桑一带，称为柯尔多组（O_2），下部为深色含砾屑灰岩、条带状石灰岩夹泥灰岩；上部为浅灰色薄层状石灰岩、含生物碎屑灰岩；化石丰富，主要有头足类、牙形石等化石，时代为中奥陶世；与下伏扎杠组整合接触，厚度为 238～485m。

上奥陶统下部分布于申扎柯尔多—刚木桑一带，称为刚木桑组（O_3），岩性为灰绿色、褐黄色钙质页岩、页岩、瘤状灰岩、生物碎屑灰岩；产三叶虫和牙形石等化石，时代为晚奥陶世早期；与下伏柯尔多组整合接触，厚度为 261m。上部分布于申扎刚木桑与门德俄玛一带，称为申扎组（O_3），岩性为土黄色钙质、粉砂质泥岩、页岩及深灰色泥灰岩、泥岩和石灰岩；产笔石 *Diplograptus bohemicus*，此外见腕足类 *Hirnantia—Kinnella* 组合，时代为晚奥陶世晚期；与刚木桑组整合接触，厚度为 14～67m。

3. 志留系

志留系呈北东向零星出露在申扎塔尔玛的康古、藏雄、达中等地，包括德悟卡下组（S_1）和扎弄俄玛组（S_{2-3}）。

下志留统零星出露于申扎塔尔玛地区，称为德悟卡下组（S_1），岩性为页岩与薄层石灰岩互层；富含相当于龙马溪组的笔石带，同时产牙形石化石，时代为早志留世；整合覆盖于上奥陶统申扎组之上，厚度为 230～242m。

中—上志留统分布于申扎永珠一带，称为扎弄俄玛组（S_{2-3}），主要为紫红色、深灰色薄层—中厚层白云质灰岩夹砂质灰岩、泥灰岩；产牙形石，时代为中—晚志留世；整合于德悟卡下组之上，厚度为 77～244m。

4. 泥盆系

泥盆系分布于申扎查果罗玛、达尔东、文部等地，自下而上包括达尔东组（D_1）、查果罗玛组（D_{2-3}）。

下泥盆统见于申扎县查果罗玛—达尔东一带，称为达尔东组（D_1），岩性为灰色、深灰色薄层石灰岩、泥质灰岩夹生物碎屑灰岩，偶夹石英砂岩、砂质页岩；该组富含浮游型竹节石及牙形石、珊瑚、腕足类等化石，时代为早泥盆世；下部与扎弄俄玛组整合接触，厚度为 140～470m。

中—上泥盆统分布于申扎查果罗玛、文部等地，称为查果罗玛组（D_{2-3}），岩性为灰色、深灰色白云岩、白云质灰岩、结晶灰岩、生物碎屑灰岩夹泥质灰岩；产腕足类、珊瑚、牙形石等化石，时代为中—晚泥盆世；与下伏达尔东组整合接触，厚度为283～872m。

5. 石炭系

石炭系出露于申扎德日昂玛、永珠等地，下、上统齐全，由永珠组（C_1）和拉嘎组（C_2—P_1）组成。

下石炭统出露于申扎德日昂玛、永珠等地，称为永珠组（C_1），下部为浅灰色生物碎屑灰岩、竹叶状灰岩、鲕粒灰岩夹泥灰岩、石英砂岩；上部为灰绿色、灰色页岩、砂岩、粉砂岩夹生物碎屑灰岩；产牙形石、珊瑚、腕足类等化石，时代为早石炭世；与下伏泥盆系查果罗玛组连续沉积，厚度为 1300～1922m。

上石炭统—下二叠统分布于申扎德日昂玛—下拉一带，称为拉嘎组（C_2—P_1），岩性为灰绿色含砾砂岩、长石石英砂岩、杂砂岩与钙质泥岩互层，夹砾岩与生物碎屑灰岩和安山玄武岩；产冷水和凉温型动物群（潘桂棠等，2004），冷水型如 *Lytvolasma* 珊瑚动物群和 *Neospirifer*、*Stepanoviella* 等腕足类动物群，时代为晚石炭世—早二叠世早期；与下伏永珠组整合接触，厚度为 600～623m。

6. 二叠系

二叠系分布于永珠、坚扎弄一带，地层发育齐全，包括昂杰组（P_1）、下拉组（P_2）、坚扎弄组（P_3）。

下二叠统分布于永珠一带，称为昂杰组（P_1），岩性为灰色、深灰色石英砂岩、含砾粉砂岩与碳质泥岩互层夹安山玄武岩及流纹岩；产腕足类、苔藓虫等化石，时代为早二叠世晚期（潘桂棠等，2004）；与下伏拉嘎组整合接触，厚度为 38～198m。

中二叠统分布于申扎永珠一带，称为下拉组（P_2），岩性为微晶灰岩、生物碎屑灰岩、燧石结核灰岩；产蜓、珊瑚、腕足类、苔藓虫、有孔虫等化石，以含冷水和暖水型动物群为特色（潘桂棠等，2004），时代为中二叠世；与下伏昂杰组整合接触，厚度为 480～1550m。

上二叠统仅在坚扎弄零星出露，称为坚扎弄组（P_3），岩性为灰白色石英砂岩、粉砂岩、含砾砂岩与深灰色碳质页岩不等厚互层，夹砾岩和薄层煤层；获植物化石 *Glossopteris* sp. 和 *Noeggerathiopsis* sp. 等，时代归属晚二叠世早期（潘桂棠等，2004；王立全，2013）；未见底，厚度大于 730m。

7. 三叠系

三叠系分布于葛尔县狮泉河—左左、多巴区等地，地层包括淌拉勒组（T_{1-2}）和多布日组（T_3）。

下—中三叠统分布于葛尔县狮泉河—左左一带，称为淌拉勒组（T_{1-2}）（许荣科等，2014），岩性为砂屑白云岩、砾屑白云岩、白云岩等；产牙形石等化石，时代为早—中三叠世；与下伏下拉组呈平行不整合接触，厚度为 325m。

上三叠统分布于多巴区，称为多布日组（T_3）（曲永贵等，2011），下部为碎屑岩，上部为生物碎屑灰岩、泥晶灰岩；产六射珊瑚等化石，时代为晚三叠世；与下伏上二叠统坚扎弄组呈角度不整合接触，厚度为 1425m。

8. 侏罗系

侏罗系分布于分区北部，仅出露中—上侏罗统，称为接奴群（J_{2-3}），岩性为杂色砾岩、砂岩、粉砂质泥岩及砂质页岩夹中基性—中酸性火山岩、火山碎屑岩、砂质灰岩；产双壳类、腹足类、珊瑚、菊石等化石，时代为中—晚侏罗世；与下伏古生界呈角度不整合接触，厚度为 200～3700m。

9. 白垩系

白垩系分布广，岩性变化大，下、上统齐全，包括则弄群（K_1）、捷嘎组（K_1）、多尼组（K_1）、郎山组（K_1）和竟柱山组（K_2）。

在分区南部，下白垩统下部称为则弄群（K_1），岩性主要为英安岩、流纹岩、安山玄武岩、凝灰岩和火山角砾岩、凝灰质粉砂岩、砾岩、含砾岩屑砂岩、石灰岩等；产植物、双壳类等化石；火山岩 K—Ar 年龄为 95.7Ma 和 103Ma，Rb—Sr 年龄为 114～111Ma（刘登忠等，2015），时代为早白垩世；与下伏二叠系呈角度不整合接触，厚度为 118～1600m。下白垩统上部称为捷嘎组（K_1），岩性为杂色砾岩、砂岩、粉砂岩、含生物鲕粒灰岩、玄武岩、安山岩、流纹质火山岩、火山碎屑岩等；产双壳类、有孔虫及腹足类等化石，时代为早白垩世；整合于则弄群之上，厚度为 2000～6070m。

在分区北部，下白垩统下部称为多尼组（K_1），岩性主要为黑色、深灰色砂岩、粉砂岩、泥岩、石灰岩夹煤层、火山岩；产双壳类、菊石、珊瑚、海百合茎、固着蛤等化石，时代为早白垩世贝里阿斯期—阿普特期；不整合于侏罗系或更老地层之上，厚度为 861～3960m。下白垩统上部称为郎山组（K_1），岩性为灰色圆笠虫灰岩、生物碎屑灰岩、珊瑚礁灰岩、固着蛤灰岩、泥质灰岩及灰黑色泥岩夹中基性火山岩；产圆笠虫、固着蛤、珊瑚礁、腹足类、双壳类、腕足类等化石，时代为早白垩世阿普特期—阿尔布期；整合于多尼组之上，厚度为 900～2000m。

上白垩统呈点状零星分布，称为竟柱山组（K_2），岩性为紫红色、灰色砾岩、砂岩、粉砂岩、泥岩夹泥灰岩、生物灰岩、圆笠虫灰岩透镜体、中基性火山岩；产圆笠虫、固着蛤、淡水双壳类等化石，时代为晚白垩世；与下伏地层呈角度不整合接触，厚度为 993～2235m。

10. 新生界

新生界在分区内分布广泛，主要为大陆河湖沉积和火山岩堆积，但在分区南部受雅鲁藏布江洋的影响而存在海相地层。该分区地层包括古近系林子宗群（E_{1-2}）、查里错群（E_{1-2}）和日贡拉组（E_3），新近系布嘎寺组（N_1）和洁居纳卓组（N_2）及第四系（Q）。

古近系下部称为林子宗群（E_{1-2}），分布于分区东南部，岩性为中酸性火山岩（包括流纹岩、英安玢岩、安山岩等）夹紫红色碎屑岩（包括砂砾岩、砂岩、泥岩、泥灰岩等）。在林周—麻江一带，产古近纪介形虫、腹足类、有孔虫和藻类化石。在狮泉河—革吉一带为查里错群（E_{1-2}），主要为一套以紫红色为主的海陆交互相碎屑岩（砂岩、砾岩）和中酸性火山岩，产古近纪腹足类和双壳类等化石（王立全等，2013）。该套地层与下伏地层呈角度不整合接触，厚度为 300～1000m。古近系上部称为日贡拉组（E_3），分布较广，岩性主要为河流—湖泊相的紫红色砾岩夹含砾砂岩、砂质泥岩和钙质泥岩，局部夹火山碎屑岩。产渐新世孢粉组，获 K—Ar 年龄为 30.4Ma±0.8Ma、31.1Ma±0.7Ma、

33.4Ma±0.4Ma，时代为渐新世；与下伏林子宗群或更老地层为角度不整合接触，厚度为 500～1500m。

新近系下部称为布嘎寺组（N_1）（潘桂棠等，2004），主要为灰色—紫灰色—灰绿色粗面岩、火山角砾岩、凝灰岩与凝灰质砾岩、岩屑砂岩；K—Ar 年龄为 15.8Ma、15.9Ma（石和等，2005），Ar—Ar 年龄为 21.9Ma±0.38Ma、18.29Ma±0.3Ma（陶晓风等，2015），时代为中新世；与下伏地层角度不整合接触，厚度为 331m。上部称为洁居纳卓组（N_2）（潘桂棠等，2004），分布于西部，主要为半固结浅紫色砾岩、砂岩夹粉砂岩，厚度为 118m。

第四系（Q）主要沿断裂呈线状或点状分布，由一套冲积、洪积、河流、湖泊相松散砂砾石、黏土质及盐类层组成。

二、比如地层分区

比如地层分区位于冈念地层区的东部，该分区出露最老地层为石炭系—下二叠统，大面积出露地层为中生界。在念青唐古拉山一带出露的变质结晶基底可能为该分区的基底地层。该分区自下而上由石炭系—二叠系、三叠系、侏罗系、白垩系、新生界组成（赵政璋，2001a）。

1. 石炭系—二叠系

石炭系—二叠系出露于丁青县桑多一带，呈断块状分布，仅见石炭系—下二叠统，称为苏如卡组（C—P_1），岩性为黑色、灰色砂板岩、绢云母板岩、硅质板岩、粉砂质板岩、碳质板岩、碳质绢云千枚岩夹结晶灰岩和大理岩；据孢粉时代为早二叠世，但下部无化石部分地层可能包含有石炭系；未见顶、底，厚度大于 1103m。

2. 三叠系

三叠系分布较广泛，仅出露中—上三叠统，称为确哈拉群（T_{2-3}），岩性主要为长石石英砂岩、粉砂质板岩、板岩夹硅质条带灰岩、石膏层、砾岩、安山岩和玄武岩；产双壳类、珊瑚等化石，时代为中—晚三叠世；未见底，厚度为 1400～2150m。

3. 侏罗系

未见下侏罗统，中侏罗统分布于嘉黎—八宿一带，上侏罗统分布广泛，自下而上包括马里组（J_2）、桑卡拉拥组（J_2）和拉贡塘组（J_{2-3}）。

中侏罗统断续分布于嘉黎—八宿一带，下部称为马里组（J_2），岩性为杂色砾岩、砂岩、粉砂岩夹砂质灰岩，具下粗上细的沉积序列，局部夹安山岩；富含双壳类、腕足类、菊石和植物碎片等化石，时代为巴柔期；不整合于老地层之上，厚度为 168～2405m。上部称为桑卡拉拥组（J_2），岩性为灰黄色、深灰色泥灰岩、砾屑灰岩、泥质灰岩夹生物碎屑灰岩，局部夹火山岩；产腕足类、双壳类、海胆等化石，时代为巴柔晚期—卡洛夫期；与下伏马里组整合接触，厚度为 68～1002m。

拉贡塘组（J_{2-3}）分布广泛，岩性为深灰色页岩、粉砂质板岩、岩屑砂岩夹硅质岩、石灰岩和煤线；产菊石、双壳类及植物碎片化石，时代为中—晚侏罗世；整合于桑卡拉拥组之上，厚度为 350～7155m。

4. 白垩系

白垩系分布广泛，下、上统齐全，下白垩统由多尼组和郎山组构成，上白垩统由竟柱山组构成，其岩性和化石组合与措勤—申扎地层分区相似，不再阐述。

5. 新生界

古近系主要分布于班戈盆地、伦坡拉盆地，下部称为牛堡组（E_{1-2}），岩性为滨—浅湖相泥（页）岩、粉砂岩、砂岩、砾岩夹石灰岩、泥灰岩、凝灰岩、油页岩等。产始新世介形虫 *Cypris—Limnocythere* 组合和 *Cyprinotus—Candona* 组合、轮藻 *Obtusochara* 组合、孢粉 *Quercoidite—Ulmipllenites* 组合和 *Ephedripites—Quercoidite* 组合；该组底部砾岩未见化石，厚度达 700m，其时代可能为古新世，因此牛堡组地层时代为古新世—始新世。牛堡组与下伏白垩系、侏罗系等地层呈角度不整合接触，厚度大于 3000m。上部称为丁青湖组（E_3），岩性为灰色泥岩、页岩夹粉砂岩、细砂岩、泥灰岩、油页岩及凝灰岩；产渐新世介形虫 *Austrocypris—Cyprinotus—Pelocypris* 组合和 *Ilyocypris—Limnocythere* 组合，孢粉 *Pinaceae—Quercoidites* 组合、*Quercoidites—Meliaceoidites—Ephedripites* 组合和 *Quercoitites—Cedripites* 组合，时代为渐新世，以及轮藻 *Charites* 组合；与下伏牛堡组整合接触，厚度大于 1141m。

新近系洁居纳卓组（N_2）与措勤—申扎地层分区相似，不再阐述。

第四系（Q）主要由一套冲积、洪积、河流、湖泊相松散砂砾石、黏土质及盐类层组成。

第四节　喜马拉雅地层区

喜马拉雅地层区位于雅鲁藏布江缝合带南缘，可划分为低喜马拉雅分区、高喜马拉雅分区、北喜马拉雅分区和康马—隆子分区（潘桂棠等，2004；王立全等，2013），其中低喜马拉雅分区和高喜马拉雅分区位于喜马拉雅山脉主体及以南地区，不涉及本书范围，因此本书所涉及的喜马拉雅地层区仅限于北喜马拉雅分区和康马—隆子分区。

一、康马—隆子地层分区

康马—隆子地层分区位于吉隆—定日—岗巴—洛扎断裂以北，雅鲁藏布江缝合带以南，西起普兰，向东经仲巴、拉轨岗日、康马，东至隆子以东的地区。区内前奥陶系和古生界主要出露于拉轨岗日变质核杂岩带核部及周围。中生界广泛分布，三叠系和侏罗系主要为浅海沉积，白垩系出现次深—深海沉积，新生界毗邻雅鲁藏布江缝合带零星分布，属海相地层。分区地层自下而上包括前奥陶系、奥陶系、志留系、石炭系、二叠系、三叠系、侏罗系、白垩系、新生界（赵政璋等，2001a；潘桂棠等，2004；王立全等，2013）。

1. 前奥陶系

该分区前奥陶系称为拉轨岗日群（Pt_{2-3}），主要为云母石英片岩、石榴云母片岩、十字石蓝晶石片岩、片麻岩、混合岩、混合片麻岩，夹角闪岩及基性火山岩；片麻岩中锆石 SHRIMP 年龄为 1812Ma ± 7Ma，时代为中—新元古代，不排除有古元古代存在的可能（李德威等，2014）。

2. 奥陶系—志留系

奥陶系—志留系出露于乃东县曲德贡乡地区，称为曲德贡岩组（O—S），为核杂岩系边缘部分，下岩段为含榴二云片岩、石榴千枚岩、黑云斜长片麻岩、变粒岩及大理岩夹斜长角闪岩；上岩段为绿泥片岩夹二云石英片岩及黑云糜棱岩、含石榴千枚岩。在黑云斜长片麻岩中获 Rb—Sr 年龄为 501Ma（王立全等，2013）。在康马隆起带与曲德贡岩组岩性大体相似的朗巴岩组，下部主要为含白云母石英大理岩；上部为（含）石英大理岩、条带状或片状大理岩、含生物碳质钙质板岩夹碳质绢云板岩，局部顺层产出斜长角闪岩透镜体。中上部采获鹦鹉螺 *Actinoceratida* sp.、*Michelinoceras* cf. *longatum*、*M.*sp. 和棘皮类 *Pentagonopentagonalis nyalamensis*、*Pentagonocyclicus* sp. 等化石（李德威等，2014），时代为奥陶纪。与周围地层均为断层接触，总厚度大于 2205m。

3. 石炭系

石炭系发育不全，多呈断块状分布，岩性变质，称为少岗群（C_{1-2}）或雇孜组（C_1），下段为深灰色粉砂质、碳质绢云板岩、千枚岩及绢云石英片岩，厚度为 30～80m，获海百合茎 *Cyclocyclicus* sp.；上段为灰色厚层状大理岩化灰岩、含石英大理岩夹少量碳质绢云板岩，厚度为 200～300m。中国地质大学（北京）（2003）在康马地区雇孜组下段上部获植物化石 *Cardiopteris* sp.，上段石灰岩中获腕足类 *Productus productus* 和菊石 *Eumorphoceras* sp. 等化石，时代为早石炭世。

4. 二叠系

二叠系分布较广，下、中、上三统齐全，自下而上包括破林浦组（P_1）、比聋组（P_1）、康马组（P_2）、白定浦组（P_{2-3}），其中下、中二叠统为含冰海相碎屑岩，中、上二叠统为碳酸盐岩。

下二叠统下部称为破林浦组（P_1），岩性为灰黑色、灰绿色粉砂质板岩夹粉、细砂岩及冰海相含砾砂岩、页岩、含砾灰岩，底部砂岩中见交错层理；产腕足类、双壳类等化石，时代为早二叠世早期；与下伏雇孜组整合接触，厚度为 350～400m。下二叠统上部称为比聋组（P_1），岩性为浅灰色—浅灰黄色厚层中粒长石石英砂岩，局部含砾岩；含少量腕足类、单体珊瑚等化石，时代为早二叠世晚期；与下伏破林浦组整合接触，厚度为 20～30m。

中二叠统称为康马组（P_2），岩性为灰色、灰黑色粉砂质板岩夹石灰岩及石英砂岩，砂岩中见浪成波痕；产腕足类、苔藓虫、菊石等化石，时代为中二叠世；与下伏比聋组整合接触，厚度为 200～1826m。

中—上二叠统称为白定浦组（P_{2-3}），岩性为浅灰色、灰白色厚层状至块状结晶灰岩和大理岩；含腕足类、珊瑚等化石，时代为中—晚二叠世；整合于康马组之上，厚度为 200～250m。

5. 三叠系

三叠系主要沿拉轨岗日背斜外侧分布，向西延续到吉隆、仲巴县南。三叠系多数已浅变质，为浅海或深水外陆架细碎屑岩。自下而上包括吕村组（T_{1-2}）和涅如组（T_3）。

下—中三叠统称为吕村组（T_{1-2}），岩性以灰色、灰黑色粉砂质碳质板岩为主夹石英砂岩；含少量菊石及双壳类等化石，时代为早—中三叠世（赵政璋等，2001a）；与下伏二叠系白定浦组石灰岩为整合接触，厚度为 41～650m。

上三叠统称为涅如组（T_3），主要由灰黑色粉砂质钙质板岩、碳质板岩与细砂岩、石英砂岩夹泥晶灰岩组成，东部洛扎地区夹安山玄武岩；化石稀少，主要为双壳类和菊石化石，时代为晚三叠世；与下伏吕村组为连续沉积，厚度为 1300～4170m。

6. 侏罗系

侏罗系分布广泛，下、中、上三统齐全，自下而上包括日当组（J_{1-2}）、下热组（J_2）、维美组（J_3），其中，中、下侏罗统为含碳酸盐岩的细碎屑岩沉积，上侏罗统主要为碳酸盐岩。

下—中侏罗统称为日当组（J_{1-2}），岩性以灰黑色页岩为主，夹薄层砂岩、粉砂岩及泥灰岩，在隆子一带含硅质结核，以及夹凝灰质砂岩；在洛扎以南砂岩增多，常见冲洗层理及风暴介壳层，顶部夹鱼骨状及槽状交错层理的生屑灰岩和鲕粒灰岩（王立全等，2013）；萨迦地区夹有安山岩和凝灰岩；化石丰富，以菊石为主，次为双壳类，时代为早—中侏罗世；与下伏上三叠统整合接触，厚度为 407～1409m。

中侏罗统下热组（J_2）岩性为灰色、灰黑色钙质页岩、泥岩、砂岩夹微晶灰岩、泥灰岩、玄武岩和凝灰岩；化石丰富，其中菊石除 *Garantiana* sp.（巴柔期—巴通期）外，其他菊石均属卡洛夫期，此外还有腹足类、腕足类、双壳类等化石，因此该组地层时代为中侏罗世；与日当组多为整合接触，厚度为 180～6495m。

上侏罗统维美组（J_3）岩性为黑色页岩、粉砂质页岩、石英砂岩夹石灰岩透镜体，局部夹粗安岩和硅质岩；产提塘期菊石 *Virgatosphinctes* sp.、*Haplophylloceras sirigile*、*Himalayites* sp.、*Berriasella* sp.、*Blanfordiceras* sp. 等；与下伏中侏罗统呈整合接触，厚度为 491～3574m。

7. 白垩系

白垩系分布广泛，下、上统齐全，主要为深水沉积，自下而上包括甲不拉组（K_1）、宗卓组（K_2）。

下白垩统甲不拉组（K_1）为一套陆架—半深海的黑色、灰黑色粉砂质页岩、硅质页岩夹放射虫硅质岩、钙质页岩、粉—细砂岩及石灰岩薄层或透镜体，羊卓雍错一带夹安山质玄武岩（王立全等，2013）。产箭石、菊石及少量双壳类化石，时代应为早白垩世。与下伏侏罗系呈整合接触，厚度为 500～1380m。

上白垩统宗卓组（K_2）为一套次深海—深海相黑色、深灰色页岩、硅质岩、钙质硅质页岩及砂岩，上部发育似层状—透镜状紫红色、紫灰色浮游有孔虫灰岩、凝灰质硅泥质灰岩及紫红色硅质粉砂质页岩的红色层段，羊卓雍错地区上部夹较多火山碎屑岩和玄武岩；产菊石、放射虫、有孔虫等化石（潘桂棠等，2004；王立全等，2013），时代为晚白垩世；与下伏甲不拉组整合接触，厚度大于 3380m。

8. 新生界

新生界分布局限，古近系为海相碎屑岩沉积，新近系为陆相沉积。自下而上包括古近系甲查拉组（E_{1-2}）、新近系沃马组（N_2）及第四系（Q）。

古近系甲查拉组（E_{1-2}）主要分布于江孜地区，系 1∶25 万新建地层单元（潘桂棠等，2004；王立全等，2013），岩性为一套青灰色厚—巨厚层含凝灰质粉、细砂岩夹页岩，在白朗县江公乡西北一带见十分发育的鲍马序列；含极丰富的沟鞭藻、孢粉等化石，时代为古新世—始新世；未见底，厚度大于 2764m。

新近系沃马组（N_2）以一套河湖相细砾岩、卵砾岩为主，含砂岩和泥质岩；产丰富的孢粉、三趾马化石，时代为上新世；与下伏老地层呈角度不整合接触，厚度为

141～485m。

第四系（Q）主要沿断裂呈线状或点状分布，由一套冲积、洪积、河流、湖泊相松散砂砾石、黏土质及盐类层组成。

二、北喜马拉雅地层分区

北喜马拉雅地层分区位于喜马拉雅山脉北坡，南以藏南拆离系（STDS）为界，北以吉隆—定日—岗巴—洛扎断裂为界。区内主要发育前奥陶系基底以上地层，二叠系可见冈瓦纳相地层（潘桂棠等，2004；王立全等，2013），古生界、中生界及古近系为海相沉积，地层发育齐全。分区地层自下而上包括前奥陶系、奥陶系、志留系、泥盆系、石炭系、二叠系、三叠系、侏罗系、白垩系、新生界（赵政璋等，2001a；潘桂棠等，2004；王立全等，2013）。

1. 前奥陶系

前奥陶系主要分布于喜马拉雅山北坡，由聂拉木群（PT）和肉切村群（Z—∈）组成。聂拉木群（PT）主要由各种片岩、变粒岩、片麻岩、混合岩及大理岩组成。聂拉木群的原岩年龄为2250—1270Ma，时代为早—中元古代（赵政璋等，2001a），未见底，厚度大于500m。肉切村群（Z—∈）零星分布在紧邻藏南拆离系附近，为一套深灰色浅变质的云母—钙质石英片岩、板岩及千枚岩夹石灰岩、结晶灰岩、变质砂岩；在亚东测得锆石U—Pb年龄为686Ma，时代相当于陡山沱组沉积期，但在亚东的北坳组见海百合茎化石，因而认为其包含寒武系；与下伏聂拉木群呈不整合接触，厚度为1000～4000m。

2. 奥陶系

奥陶系主要分布于亚东—吉隆—定日—普兰—扎达一带，岩石大多浅变质，下、中、上三统齐全，自下而上包括甲村组（O_1）、达巴劳组（O_1）、沟陇日组（O_2）、下拉孜组（O_2）和红山头组（O_3）。

下—中奥陶统在亚东—吉隆等地称为甲村组（O_1）和沟陇日组（O_2），岩性主要为一套石灰岩、白云质灰岩、结晶灰岩夹粉砂岩、细砂岩；产丰富的头足类、腕足类、珊瑚、牙形石等化石，时代为早—中奥陶世；与下伏肉切村群呈断层接触，厚度为300～1500m。在普兰—扎达一带称为达巴劳组（O_1）及下拉孜组（O_2），岩性相变为以碎屑岩为主的滨—浅海沉积，其中下部达巴劳组（O_1）为灰色、暗紫色石英砂岩、粉砂岩及页岩夹少量生物碎屑灰岩、泥质灰岩，发育波痕、泥裂、交错层理；产头足类、三叶虫等化石，时代为早奥陶世中—晚期；未见底，厚度为625～1890m。上部下拉孜组（O_2）为灰白色长石石英砂岩夹粉砂岩、页岩、生物灰岩、泥灰岩、白云质灰岩、鲕粒灰岩等；产珊瑚、腕足类等化石，时代为中奥陶世；与下伏地层整合接触，厚度为400～1040m。

上奥陶统称为红山头组（O_3），岩性为棕色、紫红色钙质、粉砂质页岩夹细砂岩；底与中奥陶统整合接触，厚度为70～100m。

3. 志留系

志留系岩性两分明显且稳定，分为石器坡组（S_1）和普鲁组（S_{2-4}）。其中石器坡组（S_1）下部为石英砂岩、硅质钙质页岩，局部含砾；上部为纸状页岩、钙质粉砂岩、硅质页岩互层。含丰富的笔石，其中下部笔石以 *Climacograptus* 为主，与 *Glyptograptus*、

Orthograptus ex.gr.*vesiculosus* 等共生；上部笔石以 *Streptograptas* 大量出现为特征，与 *Oktavites*、*Monograptus priodon*、*Rastritesperegrinus* 等是 *Glyptograptus persculptus* 带—*Oktavites spiralis* 带的组成分子，此外还有头足类、牙形石等早志留世常见属种，因此时代为早志留世。与下伏上奥陶统红山头组整合接触，厚度为 87～181m。普鲁组（S_{2-4}）主要为粉砂质灰岩、泥质条带灰岩、瘤状灰岩、砂质大理岩夹少量粉砂岩、板岩，西部的普兰—扎达一带砂质增多。该组以头足类化石为主，此外还有牙形石、笔石等化石，时代为中—晚志留世。与下伏石器坡组整合接触，厚度为 35～700m。

4. 泥盆系

泥盆系断续分布于分区南部，由下泥盆统凉泉组（D_1）和中—上泥盆统波曲组（D_{2-3}）构成。

下泥盆统凉泉组（D_1）为灰色粉砂岩、页岩与薄层石灰岩、泥灰岩互层；含丰富的笔石、牙形石、珊瑚、腕足类及双壳类等化石，时代为早泥盆世；与下伏普鲁组整合接触，厚度为 400m。

中—上泥盆统波曲组（D_{2-3}）为浅灰色中—厚层状中粗粒石英砂岩夹页岩，底部具有大型交错层理和含砾砂岩透镜体；在西段普兰、扎达地区夹有碳酸盐岩；该组化石稀少，在上部层位产孢粉，构成 *Retispora lepidophyta*—*Vallatisporites pusillites* 组合，时代为晚泥盆世，其下部层位可能为中泥盆世，因此该套地层时代为中—晚泥盆世；与下伏凉泉组为连续沉积，厚度为 70～340m。

5. 石炭系

石炭系断续分布于分区南部，仅见下石炭统亚里组（C_1）和纳兴组（C_1）。

下石炭统下部称为亚里组（C_1），岩性为灰黑色薄层石灰岩、浅灰色砂质灰岩、白云质灰岩、页岩夹少量砂岩；产菊石、珊瑚、牙形石等化石（李德威等，2014），时代为早石炭世；与下伏波曲组整合接触，厚度为 66～100m。下石炭统上部称为纳兴组（C_1），为一套滨—浅海相碎屑岩，主要由以灰白色、黄灰色钙质长石石英砂岩为主夹粉砂质页岩或细砾岩、含砾砂岩的"砂岩层段"，与以深灰色粉砂质页岩为主夹粉砂岩、砂岩的"页岩层段"相间的旋回层组成，单个旋回一般厚度为 20～130m 不等；富含双壳类、腕足类，时代为早石炭世；与下伏亚里组整合接触，厚度为 300～1980m。

6. 二叠系

二叠系断续分布于分区南部，主要为碎屑岩，包括下二叠统基龙组（P_1）和中—上二叠统色龙群（P_{2-3}）。

下二叠统基龙组（P_1）下部（扎达日段）为一套冰水滨浅海相深灰色含砾砂质板岩、含砾砂岩，夹页岩、砂岩，底部为砾岩；上部（查雅段）主要为灰白色石英砂岩夹粉砂岩、砂质泥岩；产腕足类、双壳类、单体珊瑚、三叶虫等化石，时代为早二叠世；与下伏石炭系为平行不整合接触，厚度为 1067m。

中—上二叠统色龙群（P_{2-3}）下部（曲布段）为冰水海陆交互相的含舌羊齿植物化石的灰色薄层中—细粒石英砂岩夹粉砂岩、黑色砂质页岩；富含植物、腕足类、双壳类等化石，时代为中二叠世早期；与下伏基龙组整合接触，厚度约 20m。上部（曲布日嘎段）为砂质页岩、粉砂岩、少量细砂岩夹生物碎屑灰岩；富含腕足类及少量双壳类、珊瑚等化石，时代为中二叠世晚期—晚二叠世；厚 300～355m。

7. 三叠系

三叠系分布广泛，为浅海相碳酸盐岩和碎屑岩，自下而上包括土隆群（T_{1-2}）、曲龙贡巴组（T_3）和德日荣组（T_3）。

下—中三叠统土隆群（T_{1-2}）主要为生物碎屑灰岩、砂质灰岩、瘤状灰岩夹砂质页岩及粉、细砂岩，底部常见一层紫红色白云质灰岩、泥灰岩；富含菊石、双壳类、腕足类、珊瑚、牙形石、鱼类、鹦鹉螺、有孔虫等化石，时代为早—中三叠世；与下伏色龙群整合或平行不整合接触，厚度为45～650m。

上三叠统下部称为曲龙贡巴组（T_3），主要为灰绿色、灰黑色页岩、粉砂质页岩夹砂岩；产鱼龙化石及丰富的双壳类、菊石、牙形石等，时代为诺利期；与下伏土隆群整合或平行不整合接触，厚度为1500～5000m。上部称为德日荣组（T_3），岩性以滨岸相灰白色石英砂岩为主夹细砾岩、泥页岩、碳质页岩，西段普兰地区夹较多石灰岩；含双壳类及植物等化石，时代为晚三叠世；与下伏曲龙贡巴组呈整合接触，厚度为60～183m。

8. 侏罗系

侏罗系分布广泛，下、中、上三统齐全，自下而上包括普普嘎组（J_1）、聂聂雄拉组（J_2）、拉弄拉组（J_2）和门卡墩组（J_3）。

下、中侏罗统由普普嘎组（J_1）、聂聂雄拉组（J_2）和拉弄拉组（J_2）组成，岩性主要为灰色、深灰色砂质页岩、砂岩与鲕粒灰岩、生物碎屑灰岩、微晶灰岩不等厚互层组成，在拉弄拉组顶部见厚度2.5～6m的紫红色铁质鲕粒层，区域上在西段的普兰、扎达一带相变为碳酸盐岩（微晶灰岩、鲕粒灰岩、生物碎屑灰岩、泥灰岩），在定日普普嘎组发育生物点礁；化石丰富，产双壳类、菊石、腕足类、腹足类、箭石、珊瑚、有孔虫等，时代为早—中侏罗世；与下伏德日荣组整合或平行不整合接触，厚度为1230～2210m。

上侏罗统门卡墩组（J_3）为灰黑色、灰绿色砂质页岩夹细砂岩及砂质灰岩，顶部为约30m厚的滨岸相石英砂岩；含丰富的菊石、双壳类、箭石及腕足类等化石，时代为晚侏罗世；与下伏拉弄拉组整合或平行不整合接触，厚度为241～1278m。

9. 白垩系

白垩系分布广泛，下、上统齐全，均为海相地层，自下而上包括古错村组（K_1）、岗巴东山组（K_1）、察且拉组（K_1）、岗巴村口组（K_2）和宗山组（K_2）。

下白垩统下部称为古错村组（K_1），为一套含钙质结核的深灰色粉砂质泥质页岩夹细砂岩、粉砂岩；产丰富的菊石和双壳类化石，时代为早白垩世早期；与下伏门卡墩组整合接触，厚度为636m。下白垩统中部称为岗巴东山组（K_1），分布于岗巴、定日、普兰、扎达等地，岩性为灰黑色页岩夹少量粉砂岩、细砂岩、泥灰岩；产早白垩世中、晚期菊石及双壳类化石（赵政璋等，2001a）；与古错村组整合接触，厚度为310～944m。下白垩统上部称为察且拉组（K_1），为灰黄色粉砂岩、粉砂质页岩夹薄层泥灰岩；含有孔虫、双壳类及菊石化石，时代为早白垩世晚期（赵政璋等，2001a）；与下伏岗巴东山组整合接触，厚度为98～320m。

上白垩统下部称为岗巴村口组（K_2），岩性为黑色、深灰色页岩、钙质页岩夹泥灰岩、粉砂岩；产菊石、双壳类、海胆及有孔虫化石，时代为晚白垩世早期；与下伏察且拉组整合接触，厚度为226～500m。上白垩统上部称为宗山组（K_2），岩性为一套灰色中—厚层块状生屑灰岩夹泥灰岩及钙质页岩；产丰富的有孔虫、双壳类、腹足类、海胆、珊瑚、藻类等化石，时代为晚白垩世晚期；与岗巴村口组整合接触，厚度为200～400m。

10. 新生界

新生界分布广泛，包括古近系基堵拉组（E_1）、宗浦组（E_{1-2}）、遮普惹组（E_2）和新近系沃马组（N_2）及第四系（Q），其中古近系为海相沉积，新近系与第四系为陆相河湖沉积。

古近系下部称为基堵拉组（E_1），岩性为褐色、灰白色钙质石英砂岩夹砂质灰岩，砂岩发育中—大型交错层理，石灰岩产有孔虫、介形虫、藻类化石，时代为古新世早期；与下伏宗山组整合接触，厚度为120～380m。古近系中部称为宗浦组（E_{1-2}），岩性以灰色厚层状石灰岩为主，夹少量薄层泥质灰岩，上部夹杂色页岩；产丰富的有孔虫、介形虫、双壳类、腹足类、藻类、鹦鹉螺等化石，时代为古新世—始新世；与下伏基堵拉组整合接触，厚度为380～580m。古近系上部称为遮普惹组（E_2），由灰色、灰黄色石灰岩与灰黑色、灰绿色及紫红色砂质页岩相间组成；产丰富的有孔虫，少量介形虫、藻类、腹足类和双壳类等化石，时代为始新世；未见顶，底与宗浦组整合接触，厚度为147～1285m。

新近系沃马组（N_2）与康马—隆子分区相似，在此不再阐述。

第四系（Q）主要沿断裂呈线状或点状分布，由一套冲积、洪积、河流、湖泊相松散砂砾石、黏土质及盐类层组成。

第四章 区域构造

青藏高原是由一系列稳定陆块及其之间的次级造山带或构造缝合带组成的复杂地质体。大地构造位置上，青藏高原处于塔里木—华北板块以南、扬子板块以西和印度板块以北的区域。西藏探区是青藏高原的主体组成部分，除东北一隅隶属青海省相关油气区外，西藏探区覆盖了整个青藏高原的南部、中部、西部和西北部，北以可可西里—金沙江缝合带为界，南与印度板块相隔，东与三江造山带相邻。

第一节 地球物理场背景

青藏高原高峻的地形决定其特有的壳—幔结构形态，地球物理场可有效直观地反映壳幔的不均一性。区域重力异常和航磁异常包含地壳内部物质的综合信息，宏观反映岩石圈结构及其物质分布的不均匀性。常密度层下界面反演可显示莫霍面的深度，揭示壳幔边界；重力异常和航磁异常显示青藏高原与周边地区显著不同，总体上是一个与地形范围一致的相对封闭的区域。

一、莫霍面深度

青藏高原莫霍面形态复杂，深度变化很大，总体特征呈现出中间浅、南部较深、北部较浅、西部较深、东部较浅趋势，西昆仑构造结地区莫霍面深度达 90km，而高原周边向盆地过渡带深度为 35～50km，最深的和最浅的莫霍面相差约 40km（高锐等，2009）。青藏高原平均莫霍面深度为 70km，深度等值线在南部和中部呈近东西向延展的狭长条带状；在北部主要向东西向延展，但相对宽缓。按照隆起和坳陷的特征，青藏高原大区莫霍面可分为 6 个区域（图 1-4-1）：（1）最南端喜马拉雅莫霍面高隆起区，沿喜马拉雅地块展布，由南向北深度从 45～55km 增加到 72km，西段呈北西向、中段近东西向、东段呈北东向展布。（2）南部莫霍面深坳陷区，与南侧高隆起区分布特征相似，向南突出分布在拉萨地块南缘，莫霍面深度为 72～77km，沿雅鲁藏布江缝合带为陡变梯度带。（3）中部莫霍面低隆起区，沿班公湖—怒江缝合带两侧分布，莫霍面深度为 69～72km，跨越羌塘地块南部和拉萨地块北部，西段呈北西向、中段呈东西向展布，东段隆起趋势收缩减弱。（4）北部羌塘莫霍面浅坳陷区，莫霍面深度为 72～75km，该坳陷区分布面积最大、梯度最小，向东和向西与南部莫霍面深坳陷区过渡相连，分布区域包括羌塘地块北部、松潘—甘孜地块西段和柴达木地块西南区域。（5）东北部可可西里莫霍面低隆起区，莫霍面深度为 68～71km，分布在青藏铁路二道沟东北区域。（6）西北部低隆起区，莫霍面深度为 68～70km，分布在塔里木盆地东南与青藏高原过渡带上。

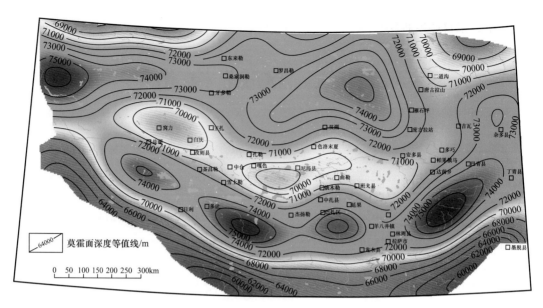

图 1-4-1 青藏高原莫霍面深度等值线图

二、重力异常特征

青藏高原布格重力异常显示其为一个封闭的高负异常区，被相对较高的低负异常区塔里木—华北板块、扬子板块和印度板块围限，总体上为中心高原低、周缘山区高的盆地形态，高原内部班公湖—怒江缝合带略高于南北两侧，缝合带北侧呈现大范围的重力异常低值区（图 1-4-2）。异常区变化范围一般在 $200 \times 10^{-6} m/s^2$ 左右，高原轮廓基本上被 $-400 \times 10^{-6} \sim -350 \times 10^{-6} m/s^2$ 布格异常等值线所包围，高原内部异常值达 $-550 \times 10^{-6} \sim -500 \times 10^{-6} m/s^2$，为重力异常缓变低值区，南北边缘均为陡变的重力异常梯度带，反映岩石圈尺度的深大断裂边界。以班公湖—怒江缝合带为界，缝合带南侧拉萨地块重力异常以近东西走向为主，具有南北分带特点，重力高和重力低相间分布，总体上北部高于南部；缝合带北侧羌塘地块重力异常以大范围的低值重力异常为主，是全区最低重力异常分布区；青藏高原东部处于羌塘地块低值重力异常向华北、扬子板块高值重力异常的过渡区带，异常以北西—南北走向的弧形展布为特点，自西向东逐渐增大，反映青藏高原内部不同的物质组成和结构特征。重力异常的这种格局显示青藏高原是一个相对封闭、独立的体系，内部极高的重力异常负值反映了高原巨厚的低密度地壳。相应的地壳厚度在喜马拉雅地带为 $55 \sim 65 km$，雅鲁藏布江南侧约为 $75 km$，藏北约为 $70 km$，沱沱河地区为 $65 km$，具两侧薄、中间厚的状态。剩余重力异常呈一系列长轴为东西走向的串珠状重力高异常，反映不同块体通过陆陆碰撞所形成的复杂地体的综合作用结果（张燕等，2013）。

高原内部均衡异常值一般不超过 $\pm 20 \times 10^{-6} m/s^2$，而高原周边则出现不同程度的均衡异常，高喜马拉雅地区为 $-60 \times 10^{-6} \sim +100 \times 10^{-6} m/s^2$，昆仑地区为 $+40 \times 10^{-6} \sim +70 \times 10^{-6} m/s^2$，柴达木地区出现 $-65 \times 10^{-6} m/s^2$ 的负均衡异常，说明高原内部已达到重力均衡状态，而高原周边尚不同程度地处于重力均衡补偿不足状态。喜马拉雅地区的高正均衡异常尤其引人注目，说明喜马拉雅地区目前仍处于印度板块与欧亚板块强烈的挤压之中，来自印度板块的强烈向北挤压阻碍了该地区的均衡调整，使之继续处于隆升之中。

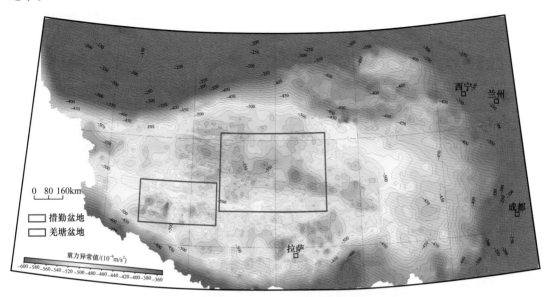

图 1-4-2 青藏高原区域布格重力异常平面等值线示意图

三、航磁异常特征

青藏高原航磁 ΔT 异常以正负相伴、负值部分相对较强为特征，南北均为条带状强磁异常区，中部磁场总体较平稳，场值较弱，变化范围在 $-100 \sim +100nT$ 之间（图 1-4-3），可分为四个异常区，即北部强磁异常区、北部磁异常梯度带、中部弱磁异常区和南部强磁异常区。

北部强磁异常区位于青藏高原的北部柴达木盆地及塔里木盆地南缘，主要由北东向和北西向两组条带状较强磁异常组成，大多为正负异常伴生，场值变化超过 $-100 \sim +100nT$，与南部大范围磁异常特征截然不同，磁性地质结构差异甚大。

北部磁异常梯度带将北部强磁异常区与中部弱磁异常区分开，自西向东，由北西向折向北东又折向北西向，磁异常形状曲折、正负伴生，对应多期形成的昆仑山断裂带、北东向阿尔金山断裂带和北西向祁连山断裂带。

中部弱磁异常区位于青藏高原腹地，主要包括整个羌塘地块和拉萨地块北部区域，场值一般不大于 $10nT$，在弱磁异常的背景上，自西向东和自南向北分布有连续性较好或不好、场值相对较高的（小于 $100nT$）或较低的链状异常带。

南部强磁异常区包括拉萨地块南部及以南地区，北部为连续性较好的北西西向、东西向异常条带，极个别为北东向展布的断续条带状异常；南部以连续性好、正负异常伴生为特征，呈宽缓的向南突出的弧形窄条带状异常。

青藏高原自北向南，航磁 ΔT 异常场的分布形态、数值特征的明显变化和差异，直接、间接地表现出青藏高原地壳结构和构造活动的变化规律；北纬 $36°$ 附近及南部构造断裂活动高于北部，即北部的塔里木地块及东邻的柴达木地块相对稳定。青藏高原北部及南部均出现延伸宏大的构造断裂带，北部为昆仑山—阿尔金山断裂带及可可西里—金沙江断裂带，南部为雅鲁藏布江断裂带，这两条断裂带一南一北将青藏高原围限，中间有延伸数百千米至千余千米的连续或断续的次级构造断裂带，将青藏高原大体呈东西向条带状分割，自北向南分布有昆仑山—阿尔金山断裂带、可可西里—金沙江断裂带、班公湖—怒江断裂带、狮泉河—申扎断裂带和雅鲁藏布江断裂带。

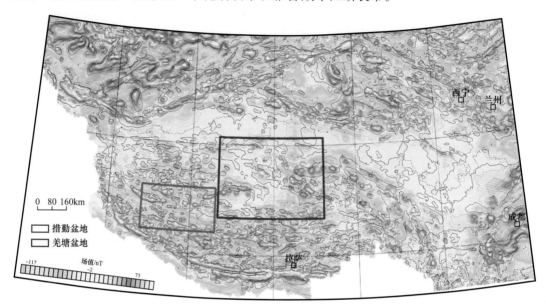

图 1-4-3　青藏高原航磁区域异常平面等值线示意图

第二节　大地构造单元划分

西藏探区北起羌塘盆地，南至岗巴—定日盆地，其大地构造单元可依次划分为：（1）可可西里—金沙江缝合带；（2）羌塘—昌都地块；（3）班公湖—怒江缝合带；（4）拉萨地块；（5）雅鲁藏布江缝合带；（6）喜马拉雅地块等6个单元（图1-4-4）。

一、可可西里—金沙江缝合带

可可西里—金沙江缝合带是西藏探区的北界，东北侧为松潘—甘孜地块，南侧为羌塘—昌都地块。缝合带自西向东沿拉竹龙—西金乌兰湖—玉树—金沙江—哀牢山一带分布，全长超过 3000km，在玉树以西近东西向展布，玉树以东分为金沙江带与甘孜—理塘带，金沙江带沿金沙江河谷南北向展布，甘孜—理塘带玉树至甘孜段呈北西向展布，理塘以南成南北向展布，二者在大理附近交会，中间夹持玉树—义墩弧。总体上缝合带西段在浅部倾向北，大地电磁测深显示深部转为倾向南（王剑等，2009）。缝合带南北两侧均以大规模逆冲断裂为界，北界如羊湖—西金乌兰湖断裂，南界如龙木错—鸭子湖—若拉岗日断裂，北界逆冲岩系覆盖最年轻的地层为古近系唢呐湖组。带内出露上泥盆统—三叠系变质岩，发育有泥盆系—三叠系蛇绿混杂岩，被上三叠统及侏罗系等角度不整合超覆，该不整合为区域性大规模造山期的产物。缝合带自西向东、向南可分为西金乌兰混杂岩群、通天河混杂岩群和金沙江混杂岩群。

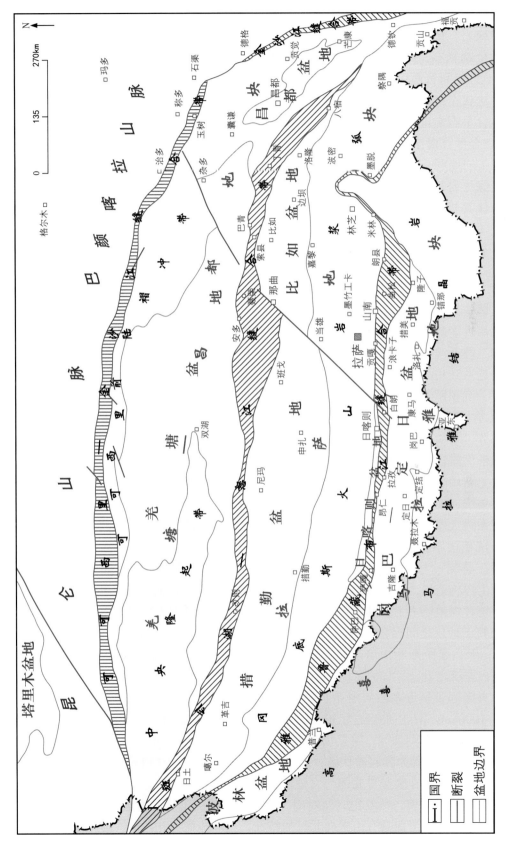

图 1-4-4　西藏探区大地构造单元（据王剑等，2009）

西金乌兰混杂岩群包含碎屑岩、硅质岩和火山岩，夹持大量古生界岩块，以及橄榄岩、辉绿岩、辉绿玢岩、辉长岩等基性—超基性岩块，硅质岩和砂岩中含石炭纪—二叠纪古生物化石，辉长岩时代从中二叠世—三叠纪，亦见少量泥盆系—二叠系石灰岩块（1：25万可可西里幅）。通天河混杂岩群包含板岩、片岩、变砂岩、橄榄岩、堆晶辉长岩、枕状玄武岩、硅质岩、大理岩、石灰岩及正常碎屑岩等多类岩石，硅质岩及碎屑岩中包含早石炭世—二叠纪化石，相应的岩浆岩时代也为早石炭世—二叠纪（苟金等，1990）。金沙江混杂岩群主要由蛇纹石化超镁铁岩、堆晶岩（辉石岩—纯橄榄岩）、辉长（绿）岩墙群、玄武岩及放射虫硅质岩组成，与其他被肢解的泥盆系—三叠系石灰岩块体及绿片岩基质构成蛇绿混杂岩（1：25万囊谦县幅、江达县幅、贡觉县幅、芒康县幅、德钦县幅），混杂岩中辉长岩及斜长花岗岩的时代为345—280Ma（Jian等，2008，2009a、b）。除以上显生宙地质体外，混杂岩中还包含少量古元古界—新元古界深变质岩块（郝太平，1993；王立全等，2013）。

二、羌塘—昌都地块

羌塘—昌都地块位于可可西里—金沙江缝合带和班公湖—怒江缝合带之间，为具有前寒武系古老基底的叠合盆地，盖层由发育在前奥陶系变质基底之上的古生界大陆边缘陆相和三叠系浅海相沉积序列、上三叠统—下白垩统前陆盆地和海相沉积序列、上白垩统—新近系陆相红层沉积序列组成。中生界尤其是侏罗系在羌塘地块中广泛发育，分布面积广、沉积厚度大，覆盖了整个羌塘地块大部分区域。隆起出露在羌塘—昌都地块中西部的古生界将羌塘—昌都地块由北向南划分为北羌塘坳陷、中央隆起带和南羌塘坳陷三个部分。与构成青藏高原的其他地质单元相比，羌塘地块中岩浆作用不甚发育，除中央隆起带出露较多中生界岩浆岩外，在南、北羌塘坳陷中仅零星出露新生界花岗岩。

北羌塘坳陷位于金沙江缝合带与中央隆起带之间，地表出露地层主要为侏罗系，次为上三叠统，上古生界和中、下三叠统零星分布于坳陷的南北边缘，以断块状产出，其中侏罗系最大厚度约5000m，中、西部最厚，向南、北两侧和东部减薄。根据地层叠置关系、沉积层序及构造形态，沉积盖层大致可分为四个构造层：泥盆系—二叠系构造层、下三叠统—上三叠统下部构造层、上三叠统上部—下白垩统底部构造层和上白垩统—新生界构造层。中央隆起带北侧的热觉茶卡一带下三叠统底砾岩以低角度不整合于上二叠统含煤地层之上；具裂谷特征的上三叠统那底岗日组火山岩与下伏上三叠统肖茶卡组及其下地层之间存在古风化壳，多呈角度不整合或平行不整合接触关系（王剑等，2010）；上白垩统阿布山组陆相火山岩和新生界陆相沉积普遍以角度不整合盖在侏罗系—下白垩统之上。

中央隆起带呈近东西向展布，位于戈木日、玛依岗日、各拉丹冬一带，东西向延伸大于1000km，南北向宽度为30～130km。以双湖为界，中央隆起带分为东、西两个部分，西段为隆起剥蚀区，主要出露古生界，局部出露前寒武系深变质岩（谭富文等，2008，2009）；东段为隆起潜伏区，航磁资料显示埋深0.5～1.0km，被中—新生界滨岸相沉积地层覆盖。在隆起带北部，三叠系底砾岩超覆于二叠系之上，指示该隆起在三叠纪以前已经初具规模，侏罗纪时期对南、北羌塘坳陷的沉积环境起着明显的控制作用。北羌塘坳陷南缘古流向具有由南向北流的特征，主体流向为北西向，显示中央隆起带为地貌高地和侵蚀物源区或分水岭（李勇等，2003）。

中央隆起带西部玛依岗日—都古尔—鱼鳞山一带和鲤鱼山南侧一带分布寒武系—三叠系蛇绿混杂岩，其中包括中寒武统—二叠系蛇绿岩（李才等，2008；Zhai等，2016）、石炭系—二叠系洋岛玄武岩和辉绿岩墙、泥盆系—三叠系放射虫硅质岩和二叠系洋岛海山等（Pan等，2012）；此外，伴生低温—高压变质带，发育蓝片岩、多硅白云母片岩和榴辉岩（Kapp等，2000；Li等，2006），低温—高压变质作用时间为中—晚三叠世（Pullen等，2008；Zhai等，2011）。关于这一混杂岩带的构造属性尚有争论，有观点认为该蛇绿混杂岩是三叠纪古特提斯洋沿龙木错—双湖一带俯冲、碰撞关闭的产物，并将其作为冈瓦纳大陆与欧亚大陆南缘的塔里木—华北或扬子板块的结合带（潘桂堂等，2004；李才等，2006，2008）；或者是北侧金沙江缝合带所代表的古特提斯洋向南俯冲的物质剥露形成（Kapp等，2000；Pullen等，2008）。但是，这一"缝合带"在双湖以东未见出露，地球物理场信息也未显示羌塘地块南北具有明显的差异（图1-4-1、图1-4-2、图1-4-3）。

南羌塘坳陷介于中央隆起带和班公湖—怒江缝合带之间，呈东西向狭长带状展布，航磁特征显示其基底埋深5～9km，内部无明显的次级凸起。靠近中央隆起带广泛出露二叠系，向南主要出露侏罗系，其次为新近系和上三叠统。上三叠统不整合于二叠系碳酸盐岩之上，下部为一套粗碎屑岩夹基性火山岩；侏罗系不整合于上三叠统碳酸盐岩之上，最大沉积厚度约3700m，南部厚，向北部减薄；上白垩统和新近系不整合于侏罗系之上，上白垩统阿布山组火山岩跨越整个羌塘盆地零星分布，喷发时代为80—76Ma（白志达等，2013；Li等，2013）。

三、班公湖—怒江缝合带

班公湖—怒江缝合带是位于拉萨地块与羌塘地块之间的中特提斯洋（班公湖—怒江洋）关闭的产物。缝合带西起印控克什米尔地区，呈北西西向经班公湖至改则，中部大致呈东西向经过尼玛、安多和丁青，随后转为北西向至南北向沿怒江河谷分布，地貌上与南北两侧存在500～1000m的高差，是高原中部相对低洼的地带，全长约2000km，南北宽几千米至几十千米。缝合带北界为佣钦错—安多—索县断裂，在羌塘地区倾向北，由北向南逆冲，错断的最年轻地层为古近系康托组；南界为噶尔—吉昌—吴如错断裂，乌噶群向南逆冲于白垩系之上。

缝合带的布格重力异常是多个重力高异常构成的串珠状异常带，横贯整个青藏高原，长达千余千米，其重力值是高原内部的最高值，与北部羌塘块体的低值重力场区以大梯度带相接，并将高原南部高低变化的重力场和北部低缓重力场区截然分开（张燕等，2013）。地球物理资料显示其为一条超深断裂，断裂两侧有一个明显的错断，南侧的拉萨地块莫霍面埋深75～78km，而北侧羌塘地块为65～68km，其间为一落差约10km的台阶，由南向北地壳明显减薄。Pm反射波研究揭示上地幔顶部在班公湖—怒江缝合带附近被突然错断，这一错断落差正好在10km左右，拉萨地块北缘埋深75～78km的莫霍面向北倾并进一步穿过班公湖—怒江缝合带下插到羌塘地块之下，而羌塘地块的莫霍面则盖在拉萨地块北缘之上，形成双莫霍面组合，羌塘地块的莫霍面比拉萨地块的莫霍面浅，且显得破碎（熊绍柏等，1997）。这一特征表明班公湖—怒江洋盆关闭之后，拉萨地块向羌塘地块之下发生了大规模陆内俯冲作用，使羌塘地区很快抬升为剥蚀区。

班公湖—怒江缝合带内主要出露规模巨大的蛇绿岩套组合。西段班公湖混杂岩群中包括超镁铁质岩、堆晶岩、辉长岩墙群、玄武岩，以及上覆放射虫硅质岩，放射虫时代为侏罗纪—早白垩世。洞错混杂岩群中蛇绿岩主要由橄榄岩、堆晶岩、岩墙群、枕状熔岩、斜长岩等组成，辉长岩时代为晚三叠世—早白垩世；塔仁本枕状洋岛玄武岩锆石年龄为191Ma和107Ma，硅质岩中放射虫时代为晚侏罗世—早白垩世，珊瑚化石亦为晚侏罗世—早白垩世（1∶25万昂达尔错幅）。东段安多混杂岩由变橄榄岩、碳酸盐岩、辉长岩、斜长花岗岩、席状岩墙、枕状玄武岩及放射虫硅质岩组成，斜长花岗岩锆石年龄为175Ma±5Ma，放射虫硅质岩时代为中侏罗世—早白垩世（1∶25万安多县幅）。东巧混杂岩主要由变质橄榄岩、辉长岩、枕状熔岩、放射虫硅质岩等与复理石基质木嘎岗日岩群组成，其上被上侏罗统—下白垩统不整合覆盖，蛇绿岩中辉长岩锆石年龄为188Ma±4Ma，硅质岩中放射虫时代为侏罗纪（1∶25万兹格塘错幅）。丁青混杂岩中蛇绿岩层序完整，包含硅质岩、玄武岩、席状辉绿岩墙、斜长花岗岩及辉长岩、辉石岩、斜方辉石岩、地幔橄榄岩，硅质岩放射虫时代为晚三叠世—早侏罗世，堆晶辉长岩时代为218Ma±2Ma（1∶25万丁青县幅、比如县幅）。混杂岩带内局部除蛇绿混杂岩外，还出露一套巨厚的上三叠统乌嘎群和下—中侏罗统木嘎岗日群深海复理石沉积岩系，至上白垩统—新生界已属陆相火山岩和磨拉石建造，新老地层之间均呈不整合接触。

中特提斯洋关闭及班公湖—怒江缝合带的形成，发生在早白垩世（140—100Ma）（Kapp等，2007）。在缝合带中段仰冲的东巧蛇绿岩被晚侏罗世—早白垩世浅海相—非海相沉积不整合覆盖（Girardeau等，1984）；羌塘地块西部多玛地区最年轻的上侏罗统—下白垩统受到明显向北的褶皱缩短变形（Raterman等，2014）；尼玛地区（跨班公湖—怒江缝合带）构造沉积记录揭示海相地层向非海相地层转变的时间为125—118Ma（Kapp等，2007）；拉萨地块北部上白垩统竟柱山组磨拉石（100—93Ma）和羌塘南缘上白垩统阿布山组磨拉石区域性角度不整合覆盖在下伏地层之上（潘桂棠等，2006）；羌塘南缘早白垩世之后缺乏岛弧岩浆活动，拉萨地块北部出现约114Ma非造山A_2型花岗岩（Zhu等，2016），这些证据均指示拉萨地块与羌塘地块之间的碰撞发生在晚侏罗世—早白垩世。

四、拉萨地块

拉萨地块是指班公湖—怒江缝合带、雅鲁藏布江缝合带之间的一条近东西向延伸的巨型构造—岩浆岩带，南北宽150～300km，东西延伸约2500km。拉萨地块具有新元古界变质结晶基底，属古冈瓦纳大陆的一部分，但目前仅在纳木错西岸一带局部有出露（Hu等，2005；张泽明等，2010；Dong等，2011），沉积盖层包括奥陶系、志留系、泥盆系以及石炭系。拉萨地块下古生界仅在申扎、措勤等地零星出露；上古生界石炭系—二叠系分布范围极广，上石炭统—下二叠统为亲冈瓦纳大陆的冰海相杂砾岩，上二叠统则为一套浅海相碳酸盐岩。拉萨地块分布范围最广泛的是中—新生界火山—沉积岩系，区内大规模分布侏罗系—古近系，其中新生界陆相火山—沉积地层不整合覆盖在不同时代的古老地层之上，尤以古近系林子宗火山岩最为著名（莫宣学等，2003）。

基于锆石U—Pb年龄和Hf同位素结果、碎屑锆石物源、拉萨地块的岩石圈结构和构造属性，以洛巴堆—米拉山断裂带和狮泉河—纳木错蛇绿混杂岩带为界，拉萨地块可划分为南部拉萨地块、中部拉萨地块和北部拉萨地块三个部分（Zhu等，2009）。

北部拉萨地块最老沉积盖层为中—上三叠统板岩、砂岩和含放射虫硅质岩等（潘桂棠等，2004，2006；尼玛次仁等，2005）。侏罗系主要为页岩、硅质岩和石灰岩（尼玛次仁等，2005），下白垩统被上覆上白垩统陆相磨拉石不整合覆盖（潘桂棠等，2004，2006；Kapp等，2005，2007）。北部拉萨地块早白垩世岩浆活动广泛发育，下白垩统含大量火山岩，日土以东的盐湖岩基、盐湖流纹岩和花岗闪长岩，尼玛英安岩以及色林错英安岩和流纹岩时代均集中在110～120Ma之间，且均具有正的锆石εHf（t）值，指示北部拉萨地块新生地壳的性质（Zhu等，2011）。

中部拉萨地块纳木错西岸，出露新元古界奥长花岗岩（约787Ma）和侵位其中的花岗质糜棱岩（约748Ma，Hu等，2005），以及新元古代变质事件（约720Ma，张泽明等，2010；约690Ma，Dong等，2011），指示中部拉萨地块存在前寒武系结晶基底。中部拉萨地块最老的沉积盖层为寒武系变火山—沉积地层（计文化等，2009），且被奥陶系底砾岩角度不整合覆盖（李才等，2010）。石炭系—二叠系在中部拉萨地块广泛分布，其中包含大陆弧火山岩和大量冰海相混杂砾岩（Zhu等，2010）；上侏罗统—下白垩统含下白垩统则弄群火山岩（朱弟成等，2006）。申扎东北部地区出露少量的、在整个拉萨地块范围内保存很好的奥陶系、志留系、泥盆系及三叠系石灰岩（潘桂棠等，2004）。

南部拉萨地块以新生地壳为特征（Mo等，2008；Niu等，2013；Hou等，2015），仅在局部地区可能存在前寒武系结晶基底。沿雅鲁藏布江缝合带北侧，近东西向展布的冈底斯岩基及古近系大规模林子宗火山岩，构成了南部拉萨地块的主体（莫宣学等，2003），其中冈底斯岩基的时代从三叠纪末延续至中新世（Zhu等，2011）。中生界火山沉积盖层主要包括叶巴组和桑日群，其中，下—中侏罗统叶巴组主要由碎屑沉积岩及大量火山岩组成（耿全如等，2005），而上侏罗统—下白垩统桑日群主要为砂岩、板岩、石灰岩以及泥岩（姚鹏等，2006）。日喀则地区，出露保存完好的弧前沉积序列—日喀则弧前复理石建造（Einsele等，1993），其物源主要来自冈底斯岩基中生界岩浆岩（Wu等，2010）。

五、雅鲁藏布江缝合带

雅鲁藏布江缝合带是欧亚板块和印度板块碰撞的主缝合带，北以日喀则弧前盆地和冈底斯岩基为界，南以上三叠统复理石沉积为界，沿印度河—雅鲁藏布江分布，长约2000km，宽10～50km。地球物理资料显示，沿雅鲁藏布江为一条强烈线性磁场带和重力梯度带，大地电磁测深显示沿该缝合带发育壳内高导体，并具有向上地幔延伸的趋势，存在连通壳幔的低阻通道。横跨雅鲁藏布江的强反射带是埋深约25km、厚3～4km、波速为5.8～5.9km/s的低速层（赵文津等，1997），缝合带两侧电性层不连续，壳内低阻层被错断，岩石圈厚度突变，两侧壳内高导层错断超过10km，由南向北高导层的埋深逐渐加大（Kong等，1996），说明印度板块在新特提斯洋关闭之后继续向北发生了陆内俯冲。

缝合带内发育大量蛇绿混杂岩、三叠系复理石建造、侏罗系—古近系深水沉积和浊流沉积、始新统—中新统磨拉石建造，此外，构造混杂岩、高压变质岩和外来岩块广布，在北侧还有相应的火山—岩浆弧带，是青藏高原内保存最好、岩石组合最全、连续性最好的板块缝合带。缝合带中段主要出露三叠系—白垩系蛇绿混杂岩和上侏罗统—下白垩统蛇绿岩、蛇绿混杂岩、增生混杂岩，一些构造岩片保留有三叠系浅海—次深海沉积相、次深海—深海沉积相和古新统—始新统残留海沉积相，始新统见陆相磨拉石零星分布在蛇绿岩带中；西段出露古生界—白垩系浅海沉积相、新近系上新统—第四系更新统陆相；东段主要出露上三叠统海相沉积建造，砂泥质混杂岩十分发育。此外，尚有零星上新统河湖相碎屑岩沉积建造。混杂岩基质显示自东向西变新的特征：白朗地区主要为上三叠统，拉孜地区为上三叠统—上侏罗统—下白垩统，萨嘎—仲巴及以西地区为白垩系，甚至可能还有古近系（王立全等，2013）。

关于缝合带形成即新特提斯洋关闭的时间，目前大地构造地质学、沉积学和地层古生物学研究的主流共识是在古新世到始新世早期（65—50Ma；莫宣学等，2003；Ding等，2005；Zhang等，2012；朱弟成等，2017；胡修棉等，2017），缝合带内蛇绿岩中辉长岩和辉绿岩的锆石 U—Pb 年龄在 120～163Ma 之间，放射虫硅质岩时代从中三叠世一直到晚白垩世晚期（Zhu等，2013）。新特提斯洋关闭或印度大陆与欧亚大陆碰撞的方式上，有穿时跨区域碰撞（Rowley，1996；Ding等，2005）和近于同时碰撞（Zhang等，2012；Hu等，2015）两种观点。

六、喜马拉雅地块

喜马拉雅地块位于雅鲁藏布江缝合带以南、印度板块以北地区，被三个重要的北倾断裂系统分割为三个次级单元，三个断裂系统由北向南分别为藏南拆离系（STDS）、主中央逆冲断裂（MCT）和主边界断裂（MBT）。北喜马拉雅位于藏南拆离系以北，包含晚前寒武纪—早古生代沉积岩和变质沉积岩，以及巨厚的二叠纪—新生代大陆边缘沉积序列；高喜马拉雅位于主中央逆冲断裂与藏南拆离系之间，主要包括新元古代—早寒武世变质沉积岩；小喜马拉雅位于主中央逆冲断裂与主边界断裂之间，主要由前寒武纪碎屑沉积岩或变质碎屑岩组成（Yin 和 Harrison，2000）。区内经历多次变质和变形，构造极其复杂，各种构造面理、褶皱及韧性剪切带极其发育，中—新元古界构造剪切叠置厚度巨大，达 6～10km，构成了该分区主体地层。尽管喜马拉雅地块岩性组合与印度大陆非常相似，也被认为是印度板块的一部分（Li 等，2002），但是印度大陆与欧亚大陆在新生代发生碰撞以后，喜马拉雅地块向南大规模逆冲于印度板块之上，因此，通常将其作为单独的构造单元与印度板块分开。

喜马拉雅地块具有与印度板块一致的前寒武系结晶基底，喜马拉雅地块北部（北喜马拉雅）拉轨岗日一带主要以变质核杂岩核部变质岩系的形式断续出露，主要为云母石英片岩、石榴云母片岩、十字石蓝晶石片岩、片麻岩、混合岩、混合片麻岩，夹角闪岩及基性火山岩，正片麻岩锆石 SHRIMP 年龄为 1812Ma±7Ma，指示存在更老的基底岩系（1∶25 万定结县幅）。喜马拉雅地块南部（包含高喜马拉雅和小喜马拉雅），广泛出露前寒武系结晶基底，最老地层为太古宇，分布于西构造结阿斯多尔地区，主要为一套片麻岩组合；元古宇结晶岩系主要由片岩、片麻岩、石英岩、混合岩、大理岩夹层等组成，在我国西藏南部称为聂拉木岩群和南迦巴瓦岩群。聂拉木岩群下部曲乡岩组为各种片岩、片麻岩和变粒岩；上部亚东岩组以片岩类、片麻岩、变粒岩、混合岩为主夹大理岩。南迦巴瓦岩群下部为以含高压麻粒岩透镜体为特征的富铝片麻岩、混合岩夹少量钙镁硅酸盐岩，中部由条带状混合岩组成，上部由以含大理岩为特征的片岩、片麻岩、变粒岩等组成。沿墨脱县、定结县、亚东及帕里一带出露高压基性麻粒岩和与之伴生的深成相超镁铁质岩、超浅成相超镁铁质岩，从东向西构成了一条断续分布有高压麻粒岩和榴辉岩的高压变质相带，其锆石 U—Pb 年龄值分别集中分布在 2500—2100Ma、1990—1795Ma、1144—1064Ma、845—736Ma 和 553—461Ma 等五个时段（1：25 万墨脱县幅、江孜—亚东县幅、定结县幅）。

盖层为下古生界—始新统巨厚的印度大陆北缘被动大陆边缘海相沉积，主要分布在藏南拆离系以北至雅鲁藏布江缝合带之间区域。下古生界仅零星出露于核杂岩系的边缘或是前寒武系结晶基底之上，如乃东县下古生界曲德贡岩组和定结县奥陶系，普遍经历不同程度变质作用，由片岩、变粒岩、大理岩、斜长角闪岩和板岩等组成。志留系—泥盆系分布局限，为未变质或弱变质碎屑岩系和碳酸盐岩。石炭系呈长条带状从定结一直延伸至吉隆以西，包含板岩、片岩和大理岩等。二叠系下统和中统为冰海相碎屑沉积，克什米尔地区上石炭统—下二叠统发育大规模大陆溢流相玄武岩。中生界为喜马拉雅地块显生宇盖层的主体部分，三叠系多数已浅变质，为浅海或深水外陆架相细碎屑沉积和碳酸盐岩，沿雅鲁藏布江缝合带和核杂岩外围广泛分布。侏罗系广泛分布在北喜马拉雅中部，中—下侏罗统为含有碳酸盐岩的细碎屑沉积，上侏罗统主要为碎屑岩，上侏罗统—下白垩统桑秀组为一套火山—碎屑岩组合，分布局限。早白垩世开始，海平面迅速上升，出现一套含缺氧事件的次深海—深海细碎屑—硅（泥）质岩沉积；上白垩统为一套次深海—深海相黑色、深灰色页岩、钙（硅）质页岩及砂岩。古近系分布局限，为深海相碎屑岩。新近系在普兰附近小范围出露，为一套陆相磨拉石砾岩、砂砾岩。

第三节　构造演化

构成西藏探区主体基底的羌塘、拉萨和喜马拉雅等前寒武纪古陆块属于原冈瓦纳大陆北缘的一部分，它们从冈瓦纳大陆北缘的裂解和向北迁移，伴随着一系列大洋的开启和关闭，并最终碰撞拼贴至欧亚大陆南缘的过程，记录了青藏高原的大地构造演化过程（Yin 和 Harrison，2000；许志琴等，2011；Zhu 等，2013）。这一演化过程涉及的古大洋主要有古特提斯洋、中特提斯洋和新特提斯洋，包括洋盆扩张、消减和关闭的过程。关于古、中、新特提斯洋，不同学者有不同的观点，本书采用古、中、新特提斯洋在空间上由北向南展布，分别指代原冈瓦纳大陆与欧亚大陆之间、羌塘—昌都地块与拉萨地块之间和拉萨地块与印度—喜马拉雅地块之间的三个主要大洋的观点。中特提斯洋开启的时间晚于新特提斯洋，但是在空间上介于古、新特提斯洋之间，以下按照古、中和新特提斯洋的空间展布介绍西藏探区大地构造演化。此外，在古特提斯洋之前，一般认为还存在一个原特提斯洋（Raumer 和 Stampfli，2008），Rodinia 超大陆解体后在南极附近聚集一个（尚具争议的）短暂存在的超大陆 Pannotia，当劳伦、波罗的和西伯利亚板块从 Pannotia 超大陆上裂解并向北漂移以后，剩下的位于南方的大陆即为冈瓦纳大陆，而介于它们之间的大洋东段即为原特提斯洋，该古大洋指华南、华北、塔里木克拉通和印度支那板块从东冈瓦纳大陆北缘裂解之前存在于东冈瓦纳大陆北缘的大洋（在中亚造山带的研究中被称为古亚洲洋），或者是西昆仑—阿尔金—北祁连缝合带代表的大洋。无论如何，该大洋演化及关闭过程属于中亚造山带或昆仑—祁连造山带演化的范畴，与西藏探区构造演化没有直接或重要关联，因此此处不单独论述。

一、古特提斯洋阶段

古特提斯洋是指古生代—早中生代位于原欧亚大陆、冈瓦纳大陆和华南板块之间的大洋，是塔里木—华北克拉通和喀喇昆仑微陆块、扬子克拉通和印度支那微陆块等相继从冈瓦纳大陆北缘裂解，并持续向北漂移过程中形成的大洋，部分继承了原特提斯洋的范畴。羌塘—昌都地块西部记录的古特提斯洋的洋壳时代为中寒武世（Zhai 等，2016），东段滇缅马泰地块在志留纪之前仍和华南板块接近，早志留世之后才与华南板块分离（Forty 和 Cocks，1998；Li 等，2004），说明古特提斯洋东段至早志留世（Li 等，2004）或中泥盆世（Metcalfe，2013）才开启，至早二叠世劳亚大陆与冈瓦纳大陆在西部拼贴后形成西窄东宽的楔形格局（Hsü 和 Bernoulli，1978；Dèzes，1999）。

寒武纪—奥陶纪，冈瓦纳大陆的北缘被花岗岩侵入或有流纹岩喷出，这些岩浆岩仅零星地分布在拉萨地块（如朗县北部和尼玛—申扎一带）、喜马拉雅地块（如尼泊尔东部）的前寒武系基底出露区，并被大规模爆发的中—新生代岩浆岩侵入，这些岩浆活动可能是前超大陆裂解（Hughes 和 Jell，1999）或冈瓦纳大陆最终拼合（Meert 和 Van der Voo，1997）或原特提斯洋向冈瓦纳大陆之下俯冲（Zhu 等，2013）的产物。奥陶系不整合覆盖（李才等，2010）冈瓦纳大陆北缘最老的沉积盖层下寒武统（Myrow 等，2010）或前寒武系基底。奥陶纪—早二叠世，冈瓦纳大陆北缘（即古特提斯洋南缘）一直处于被动大陆边缘演化阶段，主要受被动陆缘沉降沉积的影响（图 1-4-5a）。石炭系—二叠系含冰海相杂岩（金小赤等，2003；陈俊兵等，2002），唐古拉山北坡扎日根组石灰岩的古地磁指示晚石炭世—早二叠世时期古纬度为 23.4°S（杨兴峰等，2016），指示至二叠纪冈瓦纳大陆北缘依然处于南半球低纬度地区。受后期强烈的岩浆、沉积和构造作用的影响，这一阶段的沉积地层分布比较局限，仅在喜马拉雅地块中—西部、拉萨地块中部和羌塘地块中央隆起带分布。

晚古生代，古特提斯洋持续的扩张，使冈瓦纳大陆北缘在板块拉拽作用下处于伸展背景。羌塘地块上石炭统—下二叠统，为成熟度较低的碎屑岩夹基性火山岩裂谷型建造（王成善等，1987，2001）；早二叠世裂谷型玄武岩在青藏高原的羌塘、喜马拉雅等地区广泛分布（王成善等，1987；Zhu 等，2010；Zhang 和 Zhang，2017）。石炭纪—早二叠世，冈瓦纳大陆北缘转变为活动大陆边缘并开始裂解，拉萨—羌塘地块（以及辛梅里亚大陆的其他部分）开始向北迁移相继形成新特提斯洋和中特提斯洋（图 1-4-5b、c），而古特提斯洋也进入快速消减阶段（Sengör 和 Natalin，1996；Dèzes，1999；Golonka，2000）。金沙江缝合带西金乌兰湖一带（边千韬等，1997）和川西雪堆地区（简平等，1999）蛇绿岩的形成时代为早石炭世—早二叠世，表明古特提斯洋至早二叠世仍存在洋脊扩张。

古地磁资料显示早三叠世位于华北—塔里木板块和羌塘地块之间的古特提斯洋尚未关闭，宽度还有 3500~4200km。古特提斯洋东段理塘—芒康一带沿金沙江缝合带广泛分布晚二叠世—中三叠世（272Ma、253—247Ma、240—235Ma）弧岩浆岩，甘孜—理塘缝合带西侧的玉树—义墩岛弧广泛分布晚三叠世（227—211Ma）弧岩浆岩，二者角度不整合，指示古特提斯洋已经大规模俯冲消减。北羌塘坳陷中—上三叠统前陆盆地复理石沉积（李勇等，2003）指示古特提斯洋在晚三叠世中期已经近于关闭，至晚三叠世羌塘地块古纬度已为 31.7°±3.0°N，与现今位置相近，指示古特提斯洋于晚三叠世关闭（Song 等，2015），东段金沙江洋的关闭时间略早于甘孜—理塘洋。南段保山—思茅—滇缅等地块也在晚三叠世结束快速的北向迁移，指示古特提斯洋东段关闭的时间也在晚三叠世（Li 等，2004）。

二、中特提斯洋阶段

北羌塘地块早三叠世与拉萨地块三叠纪古地磁极位置非常接近，几无相对旋转量及纬向差异（程鑫等，2015），表明从冈瓦纳大陆北缘裂解的拉萨地块、羌塘地块（辛梅里亚大陆的一部分）早三叠世时期还是统一的整体。早三叠世—晚三叠世，羌塘地块大规模向北移动，至晚三叠世已经移至北半球中低纬度地区（14.8°±6.1°N），至少向北发生了 2880km 位移量，三叠纪末持续向北移动，但速度明显降低，至中—晚侏罗世期间北移至 24°N 左右，白垩纪期间一直稳定在北纬中低纬度地区（程鑫等，2015；周亚楠，2016）。从晚三叠世到中侏罗世羌塘地块与拉萨地块已经明显被大洋隔开（Li 等，2004）。改则县舍马拉沟和丁青县蛇绿岩混杂岩中含晚三叠世堆晶辉长岩（222—218Ma，邱瑞照等，2004；强巴扎西等，2009）。岩浆及沉积记录中特提斯洋开启的时间为晚三叠世卡尼期—诺利期（林文第等，1990；王剑等，2007），与古地磁和蛇绿岩资料的记录虽然略有偏差（约 10Ma），但也记录了羌塘地块与拉萨地块的裂解和分离事件，即中特提斯洋于三叠纪末开启（图 1-4-5c）。中特提斯洋是特提斯洋演化过程中相对短暂的大洋，但由于其明显的缝合线特征和南北两侧地壳结构的显著差异性特征等，使其在青藏高原演化过程中具有重要地位。

以岩浆及沉积记录为主要依据，晚三叠世，在持续的伸展作用之下，辛梅里亚大陆在向北漂移的过程中，板块内部沿班公湖—怒江一带出现拉张，北部的羌塘地块与南部的拉萨地块分离。与此同时，沿班公湖—怒江缝合带两侧，以羌塘盆地南部的那底岗日组、鄂尔陇巴组、安多地区确哈拉群底部等为代表的裂谷型沉积序列和火山岩不整合覆盖在前诺利期地层及古风化壳之上（王剑等，2007）；同一时期，在南羌塘盆地肖茶卡、北雷错一带伴生有小型裂谷（陷）盆地，初期发育火山喷发—喷溢相角砾状中基性火山岩夹河流相砾岩、砂岩、泥岩，向上过渡为碳酸盐岩；在色林错、兹格塘错和申扎县巫嘎附近等地也保留有上三叠统基性火山岩、紫红色粗碎屑岩、膏岩等裂谷早期沉积（赵政璋等，2001），这些岩浆和沉积事件记录了中特提斯洋洋盆的开启（图 1-4-5c）。

晚三叠世末期至早侏罗世，班公湖—怒江洋（中特提斯洋）逐渐打开，发育滨浅海相碎屑岩和生物碎屑灰岩，早侏罗世初期已经开始出现新生洋壳（图 1-4-5d），以沿班公湖—怒江一带分布的蛇绿岩和放射虫硅质岩为代表，至中侏罗世逐渐与北侧北羌塘坳陷连通形成羌塘盆地南深北浅的格局，海侵范围扩大至羌塘盆地北缘，形成稳定的中侏罗统色哇组、布曲组碳酸盐岩，具有被动大陆边缘沉积的特征，但弧岩浆记录可能存在俯冲作用（Zhang 等，2012）。中侏罗世，南侧并存的新特提斯洋开始向北向拉萨地块之下俯冲，中特提斯洋也开始向南北两侧俯冲（图 1-4-5d），区域应力由伸展向挤压转变。拉萨地块北部具有明显的双层结构，地表出露中生代海相沉积，与北侧的羌塘—昌都地块类似，说明拉萨地块北部主要受中特提斯洋演化的影响。中特提斯洋的南向俯冲，在拉萨地块北缘形成一系列中侏罗统—上侏罗统钙碱性火山岩、上侏罗统—下白垩统 I 型和 S 型中酸性岩浆岩，北向俯冲在羌塘—昌都地块南缘形成下侏罗统 I 型和 S 型中酸性侵入岩及上侏罗统弧火山岩（莫宣学等，2005；Zhang 等，2012）。

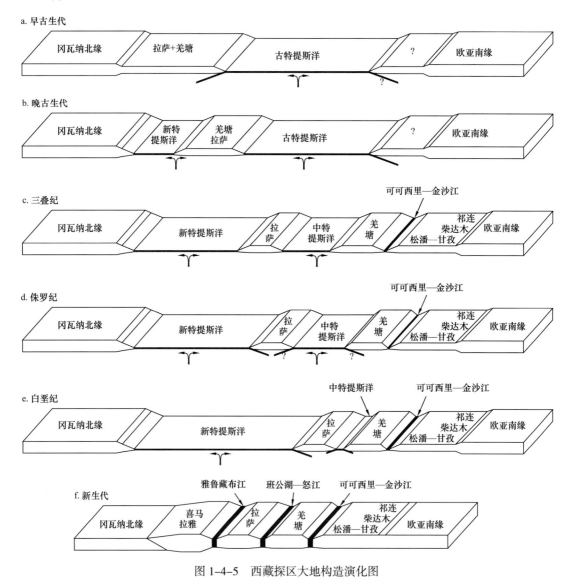

图 1-4-5　西藏探区大地构造演化图

随着中、新特提斯洋的持续俯冲消减挤压，中特提斯洋逐渐关闭。羌塘—昌都地块南缘最年轻的弧岩浆岩为早白垩世末期（Kapp 等，2005；钟华明等，2006），拉萨地块北缘弧岩浆记录晚至早白垩世早期（丁林和来庆洲，2003），拉萨地块中部广泛分布早白垩世中晚期双峰式后造山岩浆岩（Zhang 等，2012）；羌塘盆地最年轻的海相地层为早白垩世初期的雪山组、扎窝茸组和白龙冰河组等，被上白垩统陆相阿布山组不整合覆盖（Kapp 等，2007），拉萨地块北缘从中—晚侏罗世开始沉积巨厚浊流沉积，局部延伸至早白垩世，被上白垩统粗碎屑岩、砾岩磨拉石沉积不整合覆盖，拉萨地块中部早白垩世也发育前陆磨拉石沉积（Kapp 等，2005；Zhang 等，2012）；古地磁资料记录白垩纪期间羌塘—昌都地块一直稳定在北纬中低纬度地区，拉萨地块南缘在 110—50Ma 期间的古纬度一直未发生重大变化（21°±4°N，Lippert 等，2014），说明中特提斯洋已于早白垩世期间逐渐关闭（图 1-4-5e）。晚三叠世末期—早白垩世（205—137Ma）、早白垩世（134—109Ma）和晚白垩世—早始新世（90—50Ma）拉萨地块先后经历了挤压逆冲、伸展正断层和再次挤压逆冲三个构造变形阶段（Zhang 等，2012），分别对应中特提斯洋的俯冲消减—关闭—碰撞、拉萨地块与羌塘—昌都地块后碰撞伸展和南侧新特提斯洋的俯冲消减。中特提斯洋关闭后，沿着班公湖—怒江一带形成一系列向北逆冲的断层，岛弧火山岩、蛇绿岩块和海相碳酸盐岩等逆冲至羌塘—昌都地块南缘。中特提斯洋关闭以后，拉萨地块继续向羌塘—昌都地块之下发生大规模陆内俯冲作用（熊绍柏等，1997），使羌塘地区快速抬升为剥蚀区。

在古特提斯洋消亡阶段的前陆盆地基础上发展起来的中特提斯洋在很长一段时间内处于裂谷盆地向被动大陆边缘盆地演化的阶段，羌塘盆地的形成演化过程即是中特提斯洋的开启、发展和关闭的过程。除紧邻班公湖—怒江缝合带两侧的区域受中特提斯洋晚期的俯冲影响外，整体构造岩浆作用较弱，保存了相对完整的中生界沉积序列。中央隆起带两侧的南、北羌塘坳陷处于长期稳定的被动大陆边缘环境，尤其是北羌塘坳陷因中央隆起带的阻隔而处于相对封闭的环境，又具有相对稳定的前奥陶系基底，内部受后期构造挤压改造相对较弱，总体上具有相对较好的油气成藏条件。

三、新特提斯洋阶段

伴随古特提斯洋的持续生长，晚石炭世—早二叠世，冈瓦纳大陆北缘处于持续的伸展背景之下，最终导致新特提斯洋打开（图 1-4-5b）。羌塘和拉萨地块具有相似的前寒武系变质基底，并且叠加了泛非期变质作用和岩浆作用（计文化等，2009；Dong 等，2011），也具有相似的古生界盖层，其中包含上石炭统—下二叠统冰碛岩和冷水动物群化石，申扎地区上石炭统—下二叠统拉嘎组为含冰碛砾岩的碎屑岩，主边界断裂以南的印度地盾北缘具有相似的古生界石炭系—二叠系冰碛层，含冈瓦纳冷水动物群化石（西藏自治区地质矿产局，1993；王立全等，2013）。早二叠世与裂谷作用有关的玄武岩在西藏广泛分布（Garzanti 等，1999；胡培远等，2016），拉萨地块晚古生代—早中生代一直处于南半球中低纬度地区（杨兴峰等，2016；周亚楠，2016），拉萨地块南部从泥盆纪—早二叠世都稳定在 22°S 左右，早、中、晚二叠世，拉萨地块（措勤）分别位于南半球 22°S、10.8°S 和 6.5°S 左右，表明新特提斯洋于二叠纪打开，至三叠纪，喜马拉雅地块与拉萨、羌塘—昌都地块的古纬度已经明显不同（Li 等，2002；周亚楠，2016），指示拉萨地块和羌塘—昌都地块并不与冈瓦纳大陆北缘相邻，已经从冈瓦纳大陆北缘裂解出来（图 1-4-5c）。位于羌塘—昌都地块东南段的保山地块从泥盆纪至早二叠世一直稳定在 29.7°S 左右，早二叠世以后快速向北迁移，指示新特提斯洋东段也是在这一时期开始扩张（Li 等，2004）。羌塘—拉萨地块作为整体于早二叠世从冈瓦纳大陆北缘裂解并向北移动，导致新特提斯洋逐渐扩张，与此同时，古特提斯洋逐渐萎缩（Dèzes，1999）。

雅鲁藏布江缝合带中，中—上三叠统和上侏罗统—下白垩统放射虫硅质岩形成于裂谷型边缘盆地，而上白垩统放射虫硅质岩形成于远洋沉积盆地，说明三叠纪新特提斯洋还处于陆缘裂谷阶段，至早白垩世已经是大型的远洋盆地（Zhu 等，2013），古地磁数据显示早白垩世新特提斯洋洋盆宽度达到最大值（Li 等，2002）。拉萨地块南部主体为冈底斯复合岩基及同时代的中酸性火山岩，东南部日喀则至林芝一带零星分布下侏罗统—下白垩统埃达克质岩浆岩（Zhang 等，2012），广泛分布的白垩系岩浆岩（127—70Ma）具有弧岩浆岩特征，是新特提斯洋向北俯冲于拉萨地块之下的产物（莫宣学等，2005），雅鲁藏布江缝合带中含与俯冲相关的早白垩世早期蛇绿岩（Qiu 等，2007），喜马拉雅地块相对于北部柴达木地块的纬度差从 120Ma 开始急剧降低（Li 等，2002），指示新特提斯洋这一时期已经开始俯冲消减（图 1-4-5e），大洋俯冲一直持续至新生代初期。新特提斯洋最终关闭、印度大陆与欧亚大陆发生初始碰撞的具体时间尽管还存在争议，但主要集中在晚古新世和早始新世，如 59Ma±1Ma（胡修棉等，2017）、约 53Ma（朱弟成等，2017）、约 50Ma（岳雅慧等，2006；Lee 等，2012）、约 45Ma（Chung 等，2005；Ji 等，2016），考虑到拉萨地块南部短时间内大规模爆发的冈底斯岩基及林子宗火山岩，新特提斯洋关闭及印度—欧亚大陆碰撞的时间应该发生在始新世初期 53Ma 左右。

四、陆内演化阶段

中生代末期，青藏高原已经基本完成各块体与欧亚大陆主体南缘的拼贴，随着新特提斯洋的关闭、印度大陆与欧亚大陆于古新世—早始新世期间的碰撞，青藏高原进入陆—陆会聚的高原隆升阶段（图 1-4-5f）。尽管青藏高原在白垩纪甚至更早，就可能经历了大规模的缩短隆升（Murphy 等，1997；Kapp 等，2005），但是新特提斯洋的关闭及印度大陆与欧亚大陆的碰撞，是现今青藏高原形成的主要动力学背景，主流观点认为青藏高原的隆升形成是始新世以来印度—欧亚大陆碰撞之后形成的（Chung 等，1998；Yin 等，2000；Tapponnier 等，2001；Wang 等，2008）。这一时期沉积作用以山间或山前盆地的陆相磨拉石、湖相沉积为主，在高原内部古近系普遍经历了强烈的挤压变形，各时代地层多存在明显的不整合接触关系，而新近系的变形程度明显较弱，多呈水平或近水平展布，指示高原内部至新近纪初期已经完成大规模的调整进入相对稳定的阶段。在强烈陆—陆会聚背景之下，新生代陆相火山活动在整个青藏高原地区都广泛发育，不整合覆盖在不同时代的古老地层之上，包括拉萨地块古近纪林子宗火山岩（莫宣学等，2003）、羌塘地区晚始新世—早中新世火山岩（Chung 等，1998；王二七，2013），这些火山岩地层变形程度普遍不高。高原边部边界断裂或是高原内部的主边界断裂，在印度—欧亚大陆强烈挤压会聚作用之下重新活化，从早期的逆冲断裂占主导向晚期的走滑断裂占主导转变，以调节高原的生长过程，如喀喇昆仑断裂、金沙江—鲜水河断裂、昆仑断裂、阿尔金断裂、祁连山北缘断裂、龙门山断裂等。与之对应，青藏高原的边缘进入非常活跃的快速隆升阶段，综合构造热年代学研究显示沿南部喜马拉雅山和东部龙门山一带，隆升—剥蚀速率可能比高原内部高出一至两个数量级。

羌塘盆地和伦坡拉盆地是西藏探区最具潜力的区域，其中伦坡拉盆地已经实现油气勘探的突破。羌塘盆地为中生代海相盆地，潜在的最年轻生、储、盖层为上侏罗统—下白垩统；伦坡拉盆地为始新世陆相盆地，最年轻的生、储、盖层为渐新统；生烃过程模拟反映羌塘盆地有两次生、排烃过程，第一次发生在150—140Ma，第二次发生在20Ma至今（王成善等，2004）。因此，青藏高原白垩系及更老地层的强烈变形和印度—欧亚大陆始新世的强烈碰撞，对羌塘盆地的油气保存可能具有一定程度的影响，而地壳增厚也有可能导致烃源岩热成熟度升高；始新世以后尽管高原周边还存在强烈的隆升、变形，但高原内部基本处于稳定的状态，始新统以上地层多保持水平状态或缓角度倾斜，陆相盆地中的含油气层应未受到构造变形的显著影响。

第四节　盆 地 分 布

一、划分原则

在地质记录中识别出的盆地，是指某一地球动力学发展阶段所形成的构造—地层体系。对盆地进行分析，首先是要对盆地进行划分，通常而言，盆地的划分遵循以下五条主要原则，即：时代原则、基底原则、构造与成因类型原则、控盆断裂原则以及盆地边缘相原则。根据上述原则，一个原型盆地是指建立在某一基底之上，占主导沉降机制的动力学背景下形成的一个相对独立的沉积体，其边界以控盆断裂或盆地边缘相的尖灭加以限定。

但是，以油气资源系统分析为目的的盆地概念，往往是多个类型原型盆地在纵向上的复合或叠合，如羌塘盆地的中生代海相沉积盆地，其三叠纪期间表现为前陆盆地，演化结束后经过了明显的构造变形，又作为上叠侏罗纪被动陆缘盆地的基底。为此，本书将这种包含两个或两个以上具有各自基底的盆地叠置系统称为"叠合型盆地"；而将同一基底上经历相近的构造背景，不同沉积阶段形成的盆地叠置系统称为"复合型盆地"，如羌塘侏罗纪裂陷—坳陷（复合型）盆地。

二、盆地划分

西藏探区发育众多的中、新生代沉积盆地，根据沉积盆地的形成时限、基底特点、构造背景、控盆断裂以及盆地边缘相的限定等条件，区内（81°E—96°E；28°N—36°N）1000km² 以上的盆地可划分出 28 个，大致分为两类盆地，一类是海相盆地，另一类是陆相盆地，前者出露地层为三叠系—白垩系，后者出露地层为新生界。西藏探区内所涵盖的沉积盆地主要包括：羌塘、措勤、比如、昌都、岗巴—定日、伦坡拉、尼玛和可可西里等盆地。其中，羌塘中生代海相盆地面积就达 22×10⁴km²，措勤盆地面积约14.8×10⁴km²，伦北及伦坡拉新生代陆相盆地已获得了工业油气流。西藏探区各盆地按照由北向南顺序编号，简要信息见表 1-4-1 和图 1-4-6。

表 1-4-1　青藏高原主要沉积盆地基本特征

编号	盆地名称	面积 /km²	出露地层	构造位置	地层厚度 /m
1	羊湖盆地	28000	E—N	拉竹龙—金沙江缝合带	>2713
2	可可西里盆地	46800	E—N	可可西里地块	>7476
3	沱沱河盆地	14200	E—N	羌塘—昌都地块	1500～5300
4	羌塘盆地	220000	O—N	羌塘—昌都地块	北羌塘坳陷：4400～13000 南羌塘坳陷：>6300
5	莫云盆地	1750	E—N	羌塘—昌都地块	>3300
6	玛尔果茶卡盆地	1500	N	羌塘—昌都地块	>4300
7	戈木错盆地	10420	N_1	羌塘—昌都地块	>300
8	双湖盆地	2800	N	羌塘—昌都地块	>1495
9	帕度错盆地	1020	N_2	羌塘—昌都地块	>400
10	先遣盆地	2900	N_1	羌塘—昌都地块	>2250
11	康托盆地	4300	N	班公湖—怒江缝合带	>300
12	伦北盆地	3400	E—N	班公湖—怒江缝合带	>1440
13	囊谦盆地	1440	E	羌塘—昌都地块	3300
14	贡觉盆地	1850	E	羌塘—昌都地块	2400
15	昌都盆地	31500	T—J	羌塘—昌都地块	>14250
16	前进盆地	1120	K	羌塘—昌都地块	300～1000
17	伦坡拉盆地	3770	E—N	班公湖—怒江缝合带	>4141
18	尼玛盆地	3000	T—N	班公湖—怒江缝合带	>4200
19	措勤盆地	148592	O—K	冈底斯地块	>15000
20	班戈盆地	3000	E	冈底斯地块	>6921
21	比如盆地	58290	T—K	冈底斯地块	>16617
22	波林盆地	13000	D—K	印度板块北缘	6000～7000
23	扎达盆地	7830	N_2	印度板块北缘	1310
24	日喀则盆地	6000	K	冈底斯地块	>4200
25	拉萨盆地	7760	K_2—N	冈底斯地块	1570
26	岗巴—定日盆地	72790	P—E	印度板块北缘	>15075
27	江孜盆地	5560	J—K	印度板块北缘	>4500
28	羊卓雍错盆地	8340	J—K	印度板块北缘	>4000

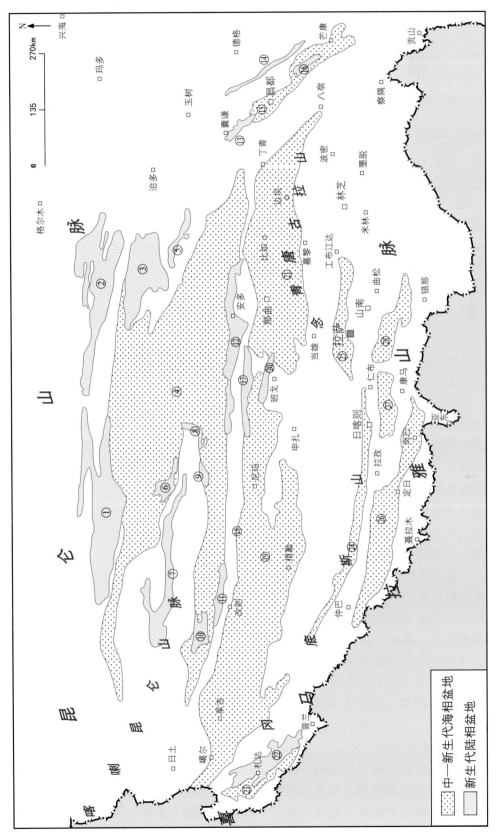

图 1-4-6 西藏探区中、新生代盆地分布图

第五章　水文地质及地热资源

西藏探区水文地质条件非常复杂，主要沉积盆地以碳酸盐岩岩溶地下水地质作用发育为特征。区内河流与湖泊的水源主要由雨水、冰雪融水和地下水组成，流量丰富，含沙量小，水质好，全区多年平均地表水资源量达到 $4394 \times 10^8 m^3$，占全国地表水资源量的 17%，地下水资源总量约 $966.1 \times 10^8 m^3$。同时，西藏还分布大量的冰川，其面积和储量分别占全国的 48.2% 和 53.6%，冰川水资源总量约 $3000 \times 10^8 m^3$。

西藏地处地中海—喜马拉雅地热带的中东部，区内构造极为发育，岩浆活动和变质作用强烈，是全球地热活动最强烈的地区之一。西藏地热资源广泛分布，最著名的羊八井地热田是中国最大的高温湿蒸汽热田。西藏中高温地热资源主要分布在藏南、藏西和藏北，西藏地热资源主要有温度高、类型多、分布广、放热强度大等特征。

第一节　水　文　地　质

一、水文区划

西藏探区可以划分为四个水文区：藏西北水文区、藏中南水文区、藏东北水文区和藏东南水文区（图 1-5-1）。

1. 藏西北水文区

藏西北水文区主要指羌塘高原和仲巴以西的地区，包括阿里地区和那曲地区。该区除了西南有较少范围的外流区以外，其余均为内流区，内陆湖为咸水或盐湖，不利于饮用和灌溉。河流属于藏北内流和印度洋两大水系。内流水系一般规模较小，基本为间歇性河流；印度洋水系为常年河流，年平均径流深均在 100mm 以下。

2. 藏中南水文区

藏中南水文区主要分布在喜马拉雅山以北、冈底斯山脉以南的广大内外流地区，主要包括朋曲流域、藏南内流和雅鲁藏布江中游大部分流域，行政区域上属日喀则市和山南地区。河流分印度洋和藏南内流两大水系，印度洋水系的河流大部分汇入雅鲁藏布江和朋曲；藏南内流水系的河流多为间歇性河流，年平均径流深为 $100\sim200$mm。该区湖泊类型主要为内陆湖，其次为外流湖，内陆湖面积较大，多为构造湖，外流湖面积较小，多为冰川湖。

3. 藏东北水文区

藏东北水文区主要指三江流域，即金沙江、澜沧江和怒江在西藏境内的广大流域和雅鲁藏布江桑日至朗流域，以及支流拉萨河流域和尼洋曲上游地区，呈弧状展布在拉萨、那曲和昌都三个地区。河流分太平洋和印度洋两大水系。太平洋水系的河流为

图 1-5-1　西藏水文区划图（据中国科学院青藏高原综合科学考察队，1984）

Ⅰ—藏西北水文区：ⅠA—北羌塘地带；ⅠB—南羌塘地带；ⅠC—四河流地带；ⅠC1—森格藏布—朗钦藏布片；ⅠC2—当却藏布—马甲藏布片；Ⅱ—藏中南水文区：ⅡA—雅鲁藏布江中游地带；ⅡB—中喜马拉雅山北坡地带；Ⅲ—藏东北水文区：ⅢA—三江上游地带；ⅢA1—三江上游片；ⅢA2—三江峡谷片；Ⅲ—藏东南水文区；ⅣB—拉萨河地带；ⅣA—东喜马拉雅南地带；ⅣA1—林芝宽谷片；ⅣA2—波密谷片；ⅣB—东喜马拉雅南缘地带

澜沧江和金沙江；印度洋水系的河流为雅鲁藏布江和怒江，支流为拉萨河、尼洋曲等。三江地带水量比较丰富，年平均径流量达 $534 \times 10^8 m^3$。河水矿化度较西部河流高，在 200～300mg/L 之间。湖泊主要为外流湖泊，分布在北部分水岭地区。拉萨河河水的矿化度较低，一般在 120～200mg/L 之间，属于重碳酸盐型水，阳离子以钙离子为主，河水含沙量少。

4. 藏东南水文区

藏东南水文区主要分布在雅鲁藏布江江浪县以东的干、支流，西巴霞曲中、下游，丹龙曲，察隅曲和吉太曲等流域，属于昌都、拉萨市和山南地区。北部地区河水径流深大于 500mm，一般在 1000mm 左右；南部地区径流深在 1000mm 以上，不少地方大于 2000mm。东喜马拉雅北缘地带河流水量较大，矿化度很低，一般在 100mg/L 以下，为弱矿化水，河水总硬度在 1000mg/L 以下，属于极软水，pH 值显示中性或弱碱性。河水较清澈，含沙量很少。在该分区河流中、上游分布有两类湖泊：一类是冰川湖，位于河流上游；一类是堰塞湖，多位于河流的中、下游，是地震、泥石流和滑坡后的产物。东喜马拉雅南缘地带是西藏海拔最低的地区，河流水量丰富，坡降大，水能蕴藏丰富；该分区的河水主要靠雨水补给，矿化度低，多为重碳酸盐型水，水质优良。

二、河流分区及水化学特征

1. 河流分区

1）太平洋水系

太平洋水系位于西藏东部，面积为 $6.14 \times 10^4 km^2$，占西藏总河流面积的 5.1%，占外流区总面积的 10.4%。该水系的河流有金沙江、澜沧江。这两条河流大致呈北西—南东流向，与横断山脉的走向相吻合。金沙江右面是横断山脉的达马拉山与芒康山，山峰海拔高程多在 4600～5000m，成为金沙江与澜沧江的分水岭。金沙江是长江的上游，它发源于青海省南部的唐古拉山脉各拉丹冬雪山附近，是西藏与四川的界河，在西藏境内长 526km，流域面积为 $2.31 \times 10^4 km^2$。澜沧江发源于青海省南部，流经西藏、云南，然后流出国境。澜沧江在西藏境内长 480km，流域面积为 $3.40 \times 10^4 km^2$。这两条河流受山脉的制约，流域形状呈近南北向狭长形，除上游及一些支流外，河谷深切，水流湍急。

2）印度洋水系

印度洋水系主要位于西藏南部，面积为 $52.74 \times 10^4 km^2$，占西藏总河流面积的 43.9%，占外流区总面积的 89.6%，是太平洋水系的 8.6 倍。我国注入印度洋的河流流域总面积约 $58.30 \times 10^4 km^2$，其中西藏范围内占 90.5%。印度洋水系呈东西向的狭长形，东西向最大长度约 1900km，南北向最大宽度为 480km。这里的主要河流有雅鲁藏布江、怒江、察隅曲、丹龙曲、西巴霞曲、鲍罗里河、达旺—娘江曲、洛扎怒曲、朋曲、吉隆藏布、马甲藏布、朗钦藏布、森格藏布等，均为常年性河流，其中不少河流水量十分丰富。

3）藏北内流水系

藏北内流水系主要位于藏北高原，面积为 $58.66 \times 10^4 km^2$，占西藏总河流面积的 48.8%，居四大水系首位，这里面积大于 $1km^2$ 的湖泊就约有 500 个，河流均以内陆湖泊为归宿。该水系较大河流均分布在藏北高原的东南部和南部，有扎加藏布、扎根藏布、永珠藏布、江爱藏布、波仓藏布、措勤藏布、阿毛藏布、麻嘎藏布等。其中，扎加藏布最长，为409km，发源于唐古拉山南麓，河流大体由东北向西南流，汇入色林错；扎根藏布的流域面积最大，为 $1.67 \times 10^4 km^2$，上游称申扎藏布，河道与格仁错、吴如错等湖相连，最后注入色林错。上述各大河多为常年流水。藏北内流水系的大多数河流短、水量小，仅在雨后或融水时期才有水流，是时令河。

4）藏南内流水系

藏南内流水系分布于喜马拉雅山北坡至雅鲁藏布江流域之间，面积为 $2.67 \times 10^4 km^2$，在四大水系中最小，仅占西藏总面积的2.2%。这里的河流长度均在75km以内，流域面积一般不足 $1000km^2$，基本上为季节性的河流。河流均以内陆湖泊为归宿，呈放射状分布于湖泊周围。汇入羊卓雍错的卡洞加曲长73km，流域面积为 $1325km^2$，是该水系中最大河流。汇入玛旁雍错的扎加藏布，长71km，流域面积为 $861km^2$，在该水系各河流中居第二位。

2. 河流水化学特征

西藏内流区域的河水水化学较复杂，外流区域的河水水化学较简单，并且河源处的矿化度和总硬度偏低，中段偏高，下段又偏低，西藏河水矿化度和总硬度因不同补给类型而各有差异。融水补给为主的地区，河水矿化度较低，一般在100mg/L以下，有的低于50mg/L；雨水补给为主的地区，由于侵蚀作用较强，河水的矿化度较高，多在100～250mg/L之间；地下水补给为主的地区，由于水体在地下流动缓慢，与土壤、岩石的相互作用时间长，矿化度升高很快，一般在300mg/L以上，有的达1g/L以上。

在广大的藏南外流、内流地区，除少数河流和河段外，水化学类型比较单一，在阴离子中，以重碳酸根离子为主，其含量占阴离子总量的60%～80%，硫酸根离子次之，氯离子最少。在阳离子中，以钙离子为主，其含量占阳离子总量的40%～70%，钠、钾离子次之，镁离子的含量很少。重碳酸根离子和钙离子随着离子总量的增加而增加。当离子总量在180mg/L以下时，两种离子增加均较快；当离子总量大于180mg/L以后，两种离子增加均较慢。硫酸根离子在同一地点比较稳定，而在不同地点，随着矿化度的不同，变化很大。当离子总量超过一定数量时，水型就可能由钙组水向钠、钾组水转变。

藏北高原由于地域辽阔，干旱少雨，蒸发强烈，而且海拔高、气温低，寒冻风化强烈，冰雪融水和夏季降雨往往通过地下补给河流。因此，河水的离子组成变化很大，阴离子以重碳酸根离子为主，阳离子以钙离子或钠离子、钾离子为主。

雅鲁藏布江河源段，海拔在4700m以上，河水以融水补给为主，矿化度较低，多在60mg/L左右。在阴离子中，以重碳酸根离子为主，占阴离子总量的61%～72%，而硫酸根离子和氯离子含量都很少。在阳离子中，绝大多数以钠和钾离子为主，钙、镁离子含量很少，水型为重碳酸盐类钠组水，但当矿化度超过90mg/L以后，钙离子的含量又超过了钠、钾离子，水型变为重碳酸盐类钙组水，这种变化是由于源头地区岩石表面可能吸附着一些钠离子，当水流过时，水中钙离子与钠离子产生离子交换的结果。

西藏东南部尼洋曲流域处在高原向外缘的过渡地区，气候温暖湿润，降水量大，冰川与积雪分布面积广，河水以融水补给为主，水型除了三条支流和局部干流段为重碳酸盐类钙组水外，其他均为硫酸盐型水。阳离子中，有的水样以钙离子为主，有的水样以钠、钾离子为主，个别水样以镁离子为主。

西藏山南地区卡鲁雄曲河水水化学特征总体上呈现出一定的波动性，pH 值变化范围为 8.62～8.82，平均值为 8.71；电导率变化范围为 337～635μs/cm，平均值为 440μs/cm；TDS 浓度范围为 265～499mg/L，平均浓度为 346mg/L。卡鲁雄曲河水水化学类型均为 SO_4^{2-}—Ca^{2+}—Mg^{2+}。

三、湖泊分区及水化学特征

1. 湖泊分区

西藏地区是我国湖泊最多的地区，湖泊总面积达 $2.42 \times 10^4 km^2$，约占我国湖泊总面积的 30%。据统计，西藏地区大小湖泊共有 1500 多个，其中淡水湖少，咸水湖及盐湖居多。根据水系的组成特点，湖泊区分为外流湖和内陆湖两类；按面积统计，西藏湖泊中有 97.9% 属内陆湖，可见湖泊在西藏内流水系中占有重要的地位。根据西藏水系和湖泊的分布特点，全区湖泊可划分为三个区，即藏东南外流湖区、藏南外流—内陆湖区、藏北内陆湖区。

1）藏东南外流湖区

藏东南外流湖区大体指 92°E 以东的外流流域。流域总面积约 $34 \times 10^4 km^2$。该区地貌类型以高山峡谷为主。该区湖泊因受地形地貌影响，数量少，面积小。该区内最大的为尼洋曲支流上的八松错，面积为 $26km^2$；其次为帕隆藏布上的然乌错、贡藏布上游的易贡错及金沙江支流上的本错等。该区湖泊总面积仅 $238km^2$，不足西藏湖泊总面积的 1%，是西藏湖泊最少的区域。这里的湖泊与冰川发育有密切关系，首先，许多湖泊是在冰川作用下形成的；其次，冰川消融作用深刻影响着湖泊水系的发育。

2）藏南外流—内陆湖区

藏南外流—内陆湖区指 92°E 以西、冈底斯山以南地区，大体包括喜马拉雅山与冈底斯山之间狭长的弧形地带，是内陆湖和外流湖交织过渡的地区。该区湖泊总面积为 $2549km^2$，占西藏湖泊总面积的 10.5%。其中，外流湖数量少，个体小，成因和分布也多与冰川活动有关，总面积为 $160km^2$，只占藏南湖泊面积的 6.3%，而内陆湖面积为 $2389km^2$，占藏南湖泊面积的 93.7%。这些湖泊不连续地分布在喜马拉雅山北坡、雅鲁藏布江以南地带。以羊卓雍错最大，面积为 $678km^2$。该区内所有外流湖都是淡水湖，内陆湖的矿化度也很低，有的也是淡水湖。资料证明，藏南较大的内陆湖泊大都由外流湖泊演变而来。

3）藏北内陆湖区

藏北内陆湖区指沿冈底斯山脉及念青唐古拉山以北的广大藏北高原，全部范围约 $59 \times 10^4 km^2$。湖泊面积为 $2.14 \times 10^4 km^2$，占西藏湖泊总面积的 88.5%。该区北部降水少，水源不足，入湖河流比较短小，多为时令河，湖泊个体不大，且分散而孤立；南部降水相对较多，水系发育，湖泊相对密集，个体也大。矿化度方面，东南部要低，西南部稍高，北部最高，南部还间布有少量淡水湖。

2. 湖泊水化学特征

1）矿化度

西藏湖水矿化度差别很大。由藏东南向藏西北，由藏南向藏北，矿化度逐渐升高。藏东南外流区的较大湖泊均为淡水湖。藏南外流—内陆湖区主要是淡水湖和咸水湖，也有个别盐湖。藏北内陆湖区的湖泊矿化度明显高于上述两个区，区内南北两部分也有较大差别，南部湖泊中咸水湖所占的比重较大，盐湖比例较小，此外还有少量淡水湖；北部则是西藏境内最干燥、湖水矿化度最高的地区。

2）主要离子

西藏湖泊湖水中主要离子相对含量随湖水矿化度大小而变化。随着矿化度升高，阴离子相对含量的变化，除 CO_3^{2-} 不明显外，HCO_3^- 明显降低，Cl^- 则急剧增加，SO_4^{2-} 于咸水湖中增加，于盐湖中降低。阳离子相对含量的变化趋势，大体上 Ca^{2+} 类似于 HCO_3^-，Na^+、K^+ 类似于 Cl^-，Mg^{2+} 类似于 SO_4^{2-}。西藏湖泊湖水中各主要阴、阳离子的绝对含量与矿化度的关系，在各类湖泊中不尽相同。而且，随着矿化度的升高，往往在盐湖和咸水湖中富含硼、锂等元素。

3）总硬度、总碱度、氢离子浓度

西藏淡水湖的总硬度一般不到 5mg/L，属于极软水、软水和中等硬度的水。西藏淡水湖的总碱度一般也不到 5mg/L，个别可达 5mg/L。咸水湖和盐湖中的总碱度值相差悬殊，低的仅为 1～2mg/L，高的可接近 1000mg/L。咸水湖的总碱度多数大于总硬度，盐湖则多数小于总硬度。氢离子浓度在西藏湖泊湖水中普遍比较低，pH 值多超过 7，湖水一般呈弱碱性或碱性。盐湖中 pH 值在 8～9 之间，湖水大都呈弱碱性。

4）湖水的化学类型

西藏湖泊由于矿化度的变幅很大，各主要离子组成关系也相应有显著变化，致使化学类型复杂多样。淡水湖多为重碳酸盐类钙组水，其次为重碳酸盐类钠组水或镁组水；盐湖绝大部分为氯化物类钠组水；咸水湖水型比较复杂，有硫酸盐类钠组水，有碳酸盐类钠组水，有氯化物类钠组水，有硫酸盐类镁组水。这反映了咸水湖的水型具有从淡水湖向盐湖过渡的特点。

西藏东南部的湖泊全为重碳酸盐类钙组水；西藏南部湖泊除重碳酸盐类型外，硫酸盐类水型明显增加，并以镁组水为主，钠组水为次；藏北南部湖泊水型仍为重碳酸盐类和硫酸盐类型，但以钠组水为主；藏北北部则几乎完全变为氯化物类钠组水。

第二节　地　热　资　源

我国地热资源丰富，高温地热资源主要集中在青藏高原南部。据有关资料，西藏地区共有各种水热显示点 664 处，其中藏南、藏中和藏东就占有 575 处。以班公湖—怒江缝合带为界，南部块体热流值介于 61～319mW/m² 之间，大大高于北部。在雅鲁藏布江流域及羊八井—那曲裂谷等地分布着数十处 90℃ 以上的沸泉、喷泉，200 余处热泉、温泉，更有著名的羊八井等若干个地热田（白嘉启等，2006）。

一、地质条件

青藏高原地壳深部构造与山盆升降、地震活动、地热异常关系密切，特别是与地表高热流值、高温水热活动的形成有着密切的关系。自 50—45Ma 开始发生的印度—欧亚陆—陆碰撞事件，印度大陆板块沿雅鲁藏布江缝合带俯冲于欧亚大陆板块之下，巨大的构造动力导致青藏地区发生广泛的区域性地壳变形和缩短、增厚，伴随大规模火山喷发和岩浆活动，高原快速隆升，以及频繁的大地震和地表水热活动，形成了蕴藏丰富的地热资源。

1. 青藏高原地壳结构

按照速度结构，高原地壳可分为上下地壳两层结构。从整体讲，高原岩石圈更是一种"三明治"结构，即由上地壳（刚性强）、下地壳（黏塑性强）和地幔岩石圈三个物理力学性质不同的层构成。上地壳以前陆巨型增生楔方式附在拉萨地块之前，增生楔内部以大的逆冲、背冲和褶皱等构造方式增厚，并有大量的岩浆体和部分熔融体参与地壳增厚。上下地壳之间出现一个大型拆离层或是巨厚的剪切片理化带，使上下地壳构造活动分开。地震深反射探测资料表明，地壳内部地震反射亮点在羊八井、宁中、当雄呈串珠状分布，地质解释为 13～20km 深度范围局部熔融体，具有高导、低阻、重力亏损等特征，在地表形成高温温泉热田。

青藏高原地壳结构与地热活动程度密切相关。南喜马拉雅带和北喜马拉雅带是一个新生的加热地块，呈"准厚壳薄幔""厚壳薄幔"和"热壳冷幔"型结构，地表热流值高达 91～146mW/m²，其热源可能是顺层侵位的壳源岩浆。冈底斯—拉萨地块是一个喜马拉雅期构造热地块，地表热流高而差异大，从接近区域背景值的 66mW/m²，经 106～140mW/m² 的传导型甚高热流，到 319～394mW/m² 的对流—传导型热流高异常，这种热流分布制式说明，壳内至少存在中地壳低速高导层，厚壳薄幔层圈构造具有"厚壳薄幔"和"热壳热幔"型壳幔结构；羌塘、可可西里—巴颜喀拉、昆仑—柴达木和祁连四个前喜马拉雅期老地块合成稳定的冷地块，具有正常增温型壳幔结构，呈"厚—准厚壳厚幔"和"冷壳冷幔"型结构，热流值极低（40～47mW/m²）。

2. 构造体系控制

1975—1985 年，康文华等对西藏高原中南部、羊八井热田的研究认为，青藏高原内部，青康滇缅歹字形构造头部、冈底斯—拉萨区域东西向构造带、班公—怒江区域东西向构造带、加—纳—念青弧形构造带、南北向构造带呈一种多重的复合关系，在它们的复合部位，拉萨—冈底斯块体东段、羊八井盆地的中部，形成了羊八井热田。羊八井热田位于那曲至羊八井的弧形构造带（裂谷带）的南部，该弧形构造带是挽近时期强烈活动的构造带、强烈地震带和地热异常带，羊八井盆地可能形成于新近纪，而羊八井热田的形成时期，可能在更新世中期—晚期。由于早期强烈的挤压、俯冲、逆冲作用，中期可能的压扭性走滑以及后期的张性裂陷活动，使得大面积早期地层或岩体熔融，形成规模巨大的拉萨—冈底斯岩体，大量的岩浆涌入上地壳，侵位于其中，形成了地热流体的热源。

3. 岩浆构造活动

西藏中南部地区发生多次强烈的岩浆活动，包括多期区域性岩浆侵位和多期火山喷发事件。渐新世发育多期中酸性火山喷发事件，主要分布于藏中旁多—欧郎地区、羊八井地区，以花岗闪长岩、闪长岩、石英闪长岩、二长花岗岩为主，岩体总体呈近东西向分布，属冈底斯岩浆带组成部分。中新统侵入岩出露于念青唐古拉山地区，以二长花岗岩为主，侵位时代为 15—8Ma，是青藏高原最年轻的岩浆侵入体。值得注意的是，在羊八井热田北区 ZK4002、ZK4001 及念青唐古拉山体南缘发现了距今 7～10Ma 的花岗岩侵入体，表现出岩浆活动仍很活跃。采用不同方法（包括人工地震法、深井测温以及蚀变矿物特征等）从不同角度分析研究，都证实了羊八井热田深部存在高温岩浆熔融热源。

二、地热资源分布

西藏地处地中海—喜马拉雅地热带的中东部，区内构造极为发育，岩浆活动和变质作用强烈，是全球地热活动最强烈的地区之一。在西藏南部，大致沿雅鲁藏布江流域出现双变质带，一条是冈底斯变质带，另一条是雅鲁藏布江变质带，其中 70% 水热活动区分布在冈底斯—念青唐古拉山脉以南的喜马拉雅地热带。王鹏等（2016）对西藏 234 处温泉点的理化数据进行统计分析，运用地球化学温标初步绘制了西藏泉口温度平面分布图，并划分出了狮泉河—玛旁雍热水带（Ⅰ）、措勤—搭格架热水带（Ⅱ）、当雄—羊八井—定日热水带（Ⅲ）和雅鲁藏布江大拐弯（Ⅳ）四个热水带（图 1-5-2）。

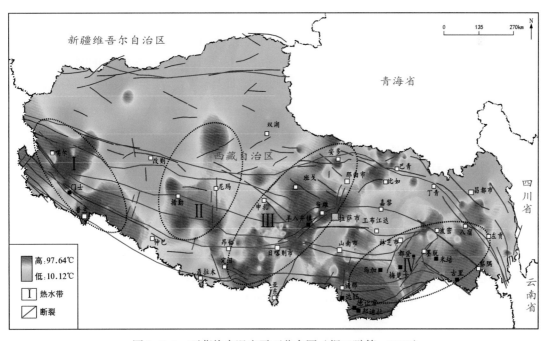

图 1-5-2　西藏热泉温度平面分布图（据王鹏等，2016）

青藏高原水热活动带强度分布呈现由南向北逐渐减弱的特点，最强烈最集中的水热显示区，主要出露在西藏南部的喜马拉雅—冈底斯—念青唐古拉之间，常见有水热爆炸、间歇喷泉、沸喷泉、喷气孔和沸泉、热泉等。青藏高原南部（西藏境内）的各类水热显示点共有 664 处（白嘉启等，2006），见表 1-5-1。其中，西藏大于 25℃ 的温泉（水热区）共有 283 处，以班公湖—怒江缝合带为界，南部地热带高温地热资源丰富，水热显示、温泉放热量占全藏的 2/3 以上；在喜马拉雅山北麓、雅鲁藏布江流域及羊八井—当雄裂谷地区，大于 80℃、达到或接近沸点的沸泉就有 37 处，90℃ 以上的沸泉、喷泉20 余处。

表 1-5-1　西藏水热显示点统计表（据白嘉启等，2006）

资源分区	水热显示/处	泉水平均温度/℃	热储平均温度/℃	可采资源量/10^4kW	热储面积/km²	可及背景资源量/10^{15}kJ	背景资源量/10^{15}kJ
藏南	234	58.19	142.76	8096.2877	255.5	441.9111	1558.3333
藏中	151	46.42	120.19	11564.3029	130.11	231.1055	729.5834
藏东	190	39.73	105.63	7666.9661	82.0	140.5015	469.7029
藏西	49	51.40	134.02	1763.7682	47.49	74.5826	231.8613
藏北	40	9.60	76.58	791.5142	5.0	30.5644	106.9803

1. 藏南高温资源区

藏南高温资源区主要位于西藏南部雅鲁藏布江流域，面积约 40.5×10^4km²，包括林芝地区、山南地区、日喀则地区及拉萨市。该区共有水热显示区 234 处，泉水平均温度为 58.19℃，热储平均温度为 142.76℃，热储总面积为 255.60km²，热储温度高于 150℃ 的显示区有 52 处。该地区现代水热活动极为强烈，以尼木为中心，并有向东西扩散和向南北延伸的趋势，为西藏主要高温资源区。该区具有较大发展前景的显示区（点）有：亚东县康布、康马县城、谢通门县恰嘎、定日县百巴、江孜县金嘎、察隅县竹瓦根、岗巴县可措、当雄县羊八井和宁中。

2. 藏东低—中温资源区

藏东低—中温资源区主要位于西藏东部的三江地区，面积为 15.2×10^4km²，平均海拔为 4000m，包括昌都地区的 14 个地县。该区共有水热显示区 190 处，泉水平均温度为 39.73℃，热储平均温度为 105.63℃，热储总面积为 82km²，主要有芒康县曲孜卡、江达县青泥洞、昌都县竹固寺。

3. 藏中中温资源区

藏中中温资源区主要位于西藏中部的内陆区，面积为 29.4×10^4km²，平均海拔为 4800m，包括那曲地区的中部、南部及阿里地区中部。该区共有水热显示区 151 处，泉水平均温度为 46.42℃，热储平均温度为 120.19℃，热储总面积为 130.11km²，主要有那曲地热田。

4. 藏西高—中温资源区

藏西高—中温资源区主要位于西藏西部，面积约 14.6×10^4km²，包括阿里地区 6 个地县，主要有朗久、那不如、门士、齐吾贡巴、玛旁雍错等。该区共有水热显示区 49 处，泉水平均温度为 51.4℃，热储平均温度为 134.02℃，热储总面积为 47.49km²。

5. 藏北温泉资源区

羌塘盆地泉点星罗棋布（图 1-5-3），主要有冷泉（温度 0～10℃）、低温温泉（温度 10～20℃）、中低温温泉（温度 20～30℃）、中温温泉（温度 30～40℃）、中高温温泉（温度 40～50℃）和高温温泉（温度大于 50℃，包括喷泉）。此外，该盆地还发育钙华等温泉遗迹，反映该区昔日水热活动强烈。区域上，羌塘盆地水温大于 10℃ 的温泉以南羌塘坳陷最发育，中央隆起带次之，北羌塘坳陷最少且主要集中于其南部地区。横向上，总体表现为西部地区冷泉相对集中，向东温泉逐步增多的特点。从局部构造上来看，区内大多数温泉主要发育于断裂带上，尤其以南北向断层最为发育。

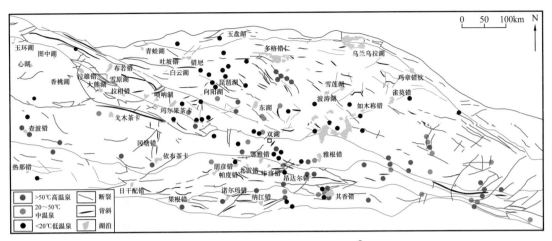

图 1-5-3　羌塘盆地泉水分布图 ❶

羌塘盆地泉水类型主要有 Na_2SO_4 型、$NaHCO_3$ 型、$MgCl_2$ 型和 $CaCl_2$ 型等四种水型，其中 Na_2SO_4 型、$NaHCO_3$ 型水分别占 38.14% 和 45.36%；$MgCl_2$ 型水占 10.31%；$CaCl_2$ 型水占 2.06%。矿化度为 1000～10000mg/L 的泉水约占 59.62%，矿化度小于 1000mg/L 的泉水约占 30.77%，矿化度大于 10000mg/L 的泉水约占 9.52%。

三、地热资源特点

西藏中高温地热资源主要分布在藏南、藏西和藏北，有五个特点。

（1）温度高。西藏超过沸点的地热显示点已发现 45 处。

（2）类型多。西藏地热有水热爆炸，例如羊八井热水塘；间歇喷泉，如昂仁县切热乡间歇泉是中国已发现的最大间歇温泉；高原沸泉，分布在冈底斯山一带，如萨嘎县达吉岭乡如角藏布一支流；沸泥泉，措美县布雄朗古和萨迦县卡乌泉塘；地热蒸汽，分布在冈底斯山及念青唐古山南麓一带。

（3）分布广。西藏境内各县均发现有地热显示点，比较集中的分布地区是藏东"三江"地区、阿里地区和雅鲁藏布江谷地。

（4）放热强度大。西藏地热放热强度位居中国首位，有些地热显示区的天然热流量达到 10^7～10^8cal/s。

（5）矿化度复杂。

四、主要热田

1. 羊八井热田

羊八井热田处于拉萨西北 90km 的羊八井盆地内，北侧为念青唐古拉山，海拔一般为 5500～6000m，主峰高达 7200m，南缘为冈底斯山脉，海拔在 6000m 左右。盆地总体走向为北东向，宽约 5km，地势平缓，海拔在 4300m 左右。弯转曲折的藏布曲从热田南部流过。羊八井热田是地中海—喜马拉雅地热带中的大陆非火山型高温热田之一。

❶《羌塘盆地石油地质条件综合研究》报告．成都地质矿产研究所，2014.

羊八井盆地属西藏境内走向近北东向的若干条活动构造带当中规模最大、发育较完整的一个断陷盆地。其盆地南端与雅鲁藏布江缝合带沟通，北西以念青唐古拉变质岩基底隆起山体为屏障，向北穿过冈底斯火山岩浆弧后沉积盆地南侧。热田位于羊八井断陷盆地中心略靠念青唐古拉山南麓。热田南侧为冈底斯火山岩浆弧，北侧为念青唐古拉变质岩体隆升山体。热田高温中心位于念青唐古拉南缘滑离断层带上盘部位。热田内断裂构造发育，并伴有局部隆起地貌和地面塌陷。以中尼公路为界，热田可分为南、北两区。南区浅部地层为第四纪冲洪积层，基底由喜马拉雅山早期花岗岩和部分凝灰岩组成；北区浅部地层以第四纪冰碛物为主，见有厚度不等的花岗岩风化壳，基底由念青唐古拉变质杂岩体和喜马拉雅山晚期花岗岩构成。热田南、北两区浅部地层蚀变强烈，蚀变矿物主要是高岭土。热田内有北东向和北西向两组断裂，均属张性活动断裂，它们相互交接或切穿形成棱块状构造格局。

羊八井热田的热储层分为浅层和深部两部分，二者间的关系密切，属同一个水热系统的两个不同部位。但浅层热储是由深部热流体经侧向补给储集于浅部第四系孔隙而成。深部热储则是由热流体垂向升流过程中在基岩构造裂隙空间储集、运移形成的热储层。二者在地层中的储集形式和流体特征等方面都具有一定的区别。

1）浅层热储

浅层热储为第四系孔隙型热储，其最大特征是埋深甚浅。热田北区由规模较小的基岩顶部风化壳构成热储空间。浅层热储分布范围约 14.8km²。根据浅层热储温度场分布特征，其温度南低、北高，热流体具有北西—南东向侧向补给特征。热储埋深在地表以下 180～280m，海拔高程为 3800～4020m；岩性由第四系冲洪积砂砾石层、冰碛砂砾层、基岩顶部花岗岩风化壳组成。热储顶部由厚度不等的泥砾层或粉砂质黏土层构成盖层。热储底部基岩为喜马拉雅山早期花岗岩和凝灰岩，热田北区局部见有糜棱岩化花岗岩。浅层热储流体温度一般在 140～160℃ 之间，最高可达 173℃。流体主要为液态，气体含量较少，水质类型以 $Cl^-—HCO_3^-—Na^+$ 型水为主，属深部流体与地表冷水混合产物，混合后尚未达到新的水—岩平衡；矿化度为 1.5g/L，pH 值为 7～9。

2）深部高温热储

深部热储分布于热田北区，海拔高程在 3630m 以下，根据钻孔资料及物化探异常，结合地质构造特征分析，深部热储有效面积约 3.8km²。流体的储集和运移，严格受该区断裂构造的控制，流体主要赋存于断裂破碎及构造裂隙空间中，并以此作为储集、运移的空间，以高温热储带的形式存在于一定深度和范围，属较为典型的基岩构造裂隙型热储。根据 ZK4002、ZK4001 孔资料，羊八井热田深部有两个高温热储层，其中第一热储层位于地表以下 800～1300m，井温度为 250～278℃；第二热储层位于 1800m，其温度大于 300℃。深部高温流体水质类型属 $Cl^-—Na^+$ 型，矿化度为 2.8g/L，pH 值为 8.66。

2. 玛旁雍热田

玛旁雍热田属于高海拔典型水热爆炸区，位于冈底斯山和喜马拉雅山之间，扎藏布下游，玛旁雍错东南，普兰县霍尔区境内，平均海拔为 4600m。玛旁雍热田由曲普、丹果其萨、牙门扎和安部四个水热区组成，面积约 10km²。曲普水热区规模大、活动频繁，面积约 1.5km²，水热爆炸穴有 30 处，形成了热水湖、热水塘、热水沼泽。小型的爆炸穴集中分布在爆炸角砾岩形成的岩丘上，大中型的爆炸穴则分布在外围。大中型的水热爆炸时响声震天，巨大的黑色烟柱直冲到 800～900m 的高度，最后形成一团黑烟，犹如原子弹爆炸时形成的蘑菇云状。最大的爆炸穴口约 100m，水温最高达 95℃。

3. 朗久地热田

朗久地热田位于冈底斯—念青唐古拉燕山褶皱带西段，该褶皱带北邻羌塘—昌都海西晚期—印支褶皱带，南接喜马拉雅褶皱带。深切地壳、网状交叉是该区断裂的特点，这些构造形迹往往成为水热流动的良好通道，热田分布明显受控于深大断裂及不同方向断裂的交会部位，水热活动多集中于玛旁雍错一带的北西西向断裂带、北西走向的噶尔藏布深断裂带附近及其与雅鲁藏布红缝合带相交截的部位。朗久热田即位于北西走向的朗久河断裂带上，该断裂带在克什米尔附近与噶尔藏布断裂带相交。朗久地热田天然热流量为 3.27×10^4W，面积为 1.6km²，漏水量为 5～10L/s，地表水温度为 78℃，发电潜力超过 3000kW。该热田地下热水为中性—偏碱性低矿化度水，水化学类型较复杂，但以 Cl^-—HCO_3^-—Na^+ 水和 Cl^-—HCO_3^-—SO_4^{2-}—Na^+ 水为主。朗久地热水具有富 Li、B、As 的特点，F^-、Li^+、HBO_2^-、As 丰度和 pH 值在热田范围内具有相同的变化规律。根据氢、氧稳定同位素资料，朗久地热水主要是大气降水起源的渗入水经深循环加热形成。

4. 古堆地热田

古堆地热田为西藏第二大地热显示区，仅次于羊八井地热田，位于措美县古堆乡，由布雄朗古、巴布德密、撒嘎朗嘎和茶卡等沸泉区组成，海拔为 4500～4600m。泉区出露面积为 9.5km²，区内有南北向大断层发育，古硅华堆积物高度为 400m。其显示类型属高温水汽两相，沸泉水最高温度为 86.5℃，日涌出量为 3629t，天然热流量为 4.4×10^4kcal/s，远景动能开发潜力在 7×10^4kW 以上。古堆地热田地下热水类型主要为 HCO_3^-—Cl^-—Na^+ 和 Cl^-—Na^+ 水，与冷水区分明显，为典型的高温地下热水水化学类型，地下热水中 Cl^- 与主要常量及微量组分呈现较好的正相关关系，显示地热流体的深部来源；该区氢氧同位素数据显示，地下热水主要接受大气降水补给，由于深部高温流体升流过程中的水—岩作用，导致地下热水发生较显著的"氧飘移"现象。

5. 卡乌地热田

卡乌地热田位于萨迦县城东南约 20km 处，距日喀则县城 85km，海拔为 4700m。地处卡乌盆地出口处，面积为 10×10^4m²。地热显示强烈，显示类型多，除水热爆炸外，还有沸泉、喷汽孔等，以沸泉为主。沸水喷涌高 1m，水温为 88℃，日涌水总量为 1728t，天然热流量为 1.5×10^4kcal/s，发电潜力约 2.5×10^4kW，硅、硼含量高。

6. 搭各加间歇泉水热区

搭各加间歇喷泉是我国最大的间歇喷泉。搭各加的水热活动显示出现在一座泉华台地上。地表显示中沸泉和热水塘占有相当大的比例，右侧有一古硅华丘，丘顶为一椭圆形坑穴，直径为 10m，深 8m，左侧是一大片热水沼泽，水温约 23℃。水热区共拥有间歇喷泉四处，主间歇泉泉口在多雄藏布河床的右侧，泉口圆形，喷发活动是紊乱的，喷发强度变化无常，间歇时间长短不一。搭各加地热区天然水中离子含量以地热水为最高，HCO_3^- 均是主要离子，水化学类型分为 HCO_3^-—Na^+ 型和 HCO_3^-—Ca^{2+} 型，湖泊流域水化学类型主要受硅酸盐化学风化控制，地热水受热水—花岗岩作用控制，来自蒸发盐岩的溶解也占一部分。地热水的 DIC 浓度分布范围为 9.2～15.4mmol/L，$\delta^{13}C_{DIC}$

范围为 –9.09‰～–0.95‰，湖水的 DIC 浓度为 1.1～9.7mmol/L，$\delta^{13}C_{DIC}$ 值为 –8.84‰～–0.27‰。

7. 查布间歇泉水热区

查布间歇泉水热区位于冈底斯山南麓南北向的宽谷中，谢通门县南木切乡，海拔为 4800m，是西藏著名间歇泉之一。发育在大型硅质泉华台地上，显示类型除间歇泉外，还有沸泉、热泉、温泉、热水塘等 200 多处。泉口活动频繁，24 小时共喷发 208 次，每次平均持续时间为 4～5 分钟，最长为 6 分 40 秒，两次喷发间歇期为 2～3 分钟；喷发前约 40 分钟泉口西南处空穴口先发出隆隆响声，继而沸水从穴底泉口迅速涌出，主泉口起喷，开始时呈脉状式喷发，逐渐扩大，最后猛烈喷发，喷高 5～6m，最高为 7m，在主泉口 3m 处测得间歇期平均水温为 90℃，喷发期为 93℃，最高为 96.4℃。

8. 谷露间歇泉水热区

谷露间歇泉水热区位于那曲县谷露区桑曲河畔，海拔为 4700m。泉区地表地热活动强烈，显示面积达 3～5km^2，有间歇喷泉、沸喷泉、沸泉、热泉及喷气孔等，泉华阶地及泉华丘发育。在泉华丘顶部，有 3 个间歇喷泉口，喷高一般为 3～5m，最高可达 7m，激喷持续 2～3 分钟；喷发间歇时间平均为 44 分钟；喷泉起喷前温度缓缓上升，起喷时温度由 84.5℃升高到 86.0℃，激喷时温度最高达 88.1℃，激喷后又很快回到 86.2℃，此后呈阶梯状下落。该区热水温度变化较大，最高为 94℃，最低为 44℃，平均为 74℃；热水的 pH 值皆大于 7，平均为 8.09，属于中偏碱性水；大部分热水硬度都不高，属于软水；热水矿化度较高，变化范围为 3542.2～4402.9mg/L，属于咸水；热水的水化学类型有 $Cl^- \cdot HCO_3^- \text{—} Na^+$ 型和 $HCO_3^- \cdot Cl^- \text{—} Na^+$ 型两种，水中主要阳离子为 Na^+，主要阴离子是 Cl^- 和 HCO_3^-。

第二篇
羌塘盆地

第一章 地 层

羌塘盆地出露的地层包括前奥陶系、古生界、中生界和新生界。前奥陶系变质岩结晶基底仅在中央隆起带极个别露头上出露，古生界主要沿中央隆起带出露，而中—新生界则在盆地内广泛分布。21世纪初完成的青藏高原1∶25万区域地质调查及新一轮油气地质调查与战略选区工作，已初步建立了羌塘盆地地层格架。总体上，前奥陶系变质岩结晶基底之上的羌塘叠合盆地由四个地层序列构成：奥陶系—二叠系碎屑岩、碳酸盐岩夹少量火山岩地层，中—下三叠统碎屑岩、碳酸盐岩地层，上三叠统—下白垩统火山岩、碳酸盐岩、碎屑岩夹煤系地层，上白垩统—古近系—新近系碎屑岩红层夹膏岩地层。

近年来，与羌塘盆地石油地质密切相关的地层研究进展包括：（1）新的同位素年代学资料证实，羌塘盆地存在前奥陶系变质岩结晶基底。（2）那底岗日组归属为上三叠统，而不是下侏罗统。（3）雀莫错组原定义为中侏罗统，研究证实其归属为中—下侏罗统。（4）南羌塘坳陷曲色组归属为下侏罗统、色哇组归属为中侏罗统，曲色组—色哇组与北羌塘坳陷雀莫错组是同期异相地层。（5）胜利河油页岩铼—锇同位素及生物化石资料证明，其为下白垩统海相地层。（6）同位素年代学及野外露头剖面资料证实，唢呐湖组与康托组为同期异相地层。

第一节 地 层 划 分

一、地层分区

根据岩石地层组合特征和沉积层序，羌塘盆地可划分为两个地层分区：南羌塘坳陷分区和北羌塘坳陷分区（图2-1-1），分别位于中央隆起带的南、北两侧（图2-1-1中Ⅱ、Ⅲ分区），具有稳定连续的地层层序；而在羌塘盆地地层分区南北两侧，则分别是班公湖—怒江缝合带及可可西里—金沙江缝合带（褶皱冲断带）构造混杂岩构成的若拉岗日分区和东巧—改则分区（图2-1-1中Ⅰ、Ⅳ分区）。

二、地层划分与对比

20世纪完成的1∶100万温泉幅（青海区测队，1970）、改则幅（西藏区调队，1986）区域地质调查及唐古拉地区1∶20万区域地质调查（青海区调队，1987）等工作，初步建立了羌塘盆地地层格架；文世宣（1979）、蒋忠惕（1983）、吴瑞忠等（1985）、范和平等（1988）、白生海（1989）、阴家润（1990）等，又对羌塘盆地地层划分对比作了部分修订。20世纪90年代，中国石油天然气总公司青藏油气勘探项目经理部在西藏地区组织开展了石油地质预查—普查工作，以此为基础，赵政璋等对区内地层进行了总结与归纳（赵政璋等，2001c）。

21世纪初中国地质调查局（2003—2006）组织完成的青藏高原1∶25万区域地质调查，对羌塘盆地地层重新进行了系统划分与对比，同时补充完善了羌塘盆地地层系统。新一轮油气地质调查与战略选区工作在1∶25万区域地质调查的基础上，进一步补充完善了盆地地层划分与对比方案（王剑等，2004，2009），特别是在盆地基底、那底岗日组时代归属、曲色组—色哇组烃源岩地层对比等方面，获得了一系列新发现与新认识（谭富文等，2008，2009；王剑等，2007，2008；Wang等，2008）。本章地层划分与对比方案主要以上述资料为基础修编而成（图2-1-2、图2-1-3、图2-1-4）。

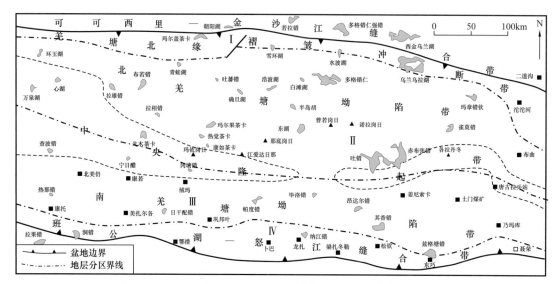

图2-1-1　羌塘盆地中—新生界地层分区图（据王剑等，2009）
Ⅰ—若拉岗日分区；Ⅱ—北羌塘坳陷分区；Ⅲ—南羌塘坳陷分区；Ⅳ—东巧—改则分区

三、地层序列

羌塘盆地是一个具有前奥陶系变质岩结晶基底的叠合型盆地，结晶基底之上由四个主要地层序列构成：（1）奥陶系—二叠系地层序列；（2）中—下三叠统地层序列；（3）上三叠统—下白垩统地层序列；（4）上白垩统—古近系—新近系地层序列叠合构成（图2-1-2）。其中，第二、第三地层序列是羌塘盆地油气勘探重要目标层。

1.盆地基底

羌塘盆地经受了青藏高原隆升事件等强烈的构造作用，盆地是否具有刚性结晶基底，对于盆地油气保存条件评价至关重要。长期以来对于该盆地是否具有前古生界结晶基底，分歧较大。新的同位素年代学资料已初步证实，羌塘盆地存在前奥陶系变质岩结晶基底，未变质的沉积盆地盖层与之角度不整合接触，结晶基底出露地层主要分布于中央隆起带的戈木日—玛依岗日—阿木岗一带。

20世纪90年代中国石油对羌塘盆地预查—普查时期，将原戈木日群中下部阿木岗岩组、戈木日组、玛依岗日组划为前震旦系（赵政璋等，2001a），岩性主要由白云钾长片麻岩、花岗片麻岩、石榴子石片麻岩、黑云片麻岩、含榴二云石英片岩、绿泥绢云石英片岩、黑云石英片岩、石榴二云片岩、石英岩和大理岩等组成，未见顶底，厚度大于

5000m。王国芝等（2001）认为，沿中央隆起带出露的变质岩为前奥陶系结晶基底，其形成时代为中元古代；王成善（2001）将戈木日、果干加年山、玛依岗日至阿木岗一带的变质岩系统称为戈木日群，测得戈木日东和果干加年山锆石（Pb—Pb）年龄大于1100Ma，其时代为太古宙—中元古代，并认为是目前羌塘盆地出露最古老的地层。

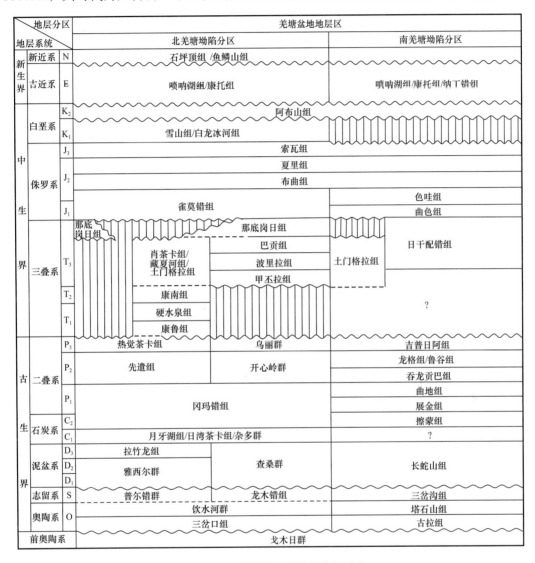

图 2-1-2　羌塘盆地地层划分与对比

新一轮战略选区调查评价在中央隆起带北缘玛依岗日北侧兰新岭附近，发现基本未变质的奥陶系超覆在片麻岩基底之上。变质岩结晶基底岩石组成主要为中粒斑状蓝晶石矽线石黑云斜长片麻岩、中粒斑状条带状矽线石黑云斜长片麻岩、细粒斑状角闪黑云斜长片麻岩等。含矽线石、蓝晶石片麻岩中获得锆石 SHRIMP U—Pb 年龄有三组：2374～2498Ma、1666～1780Ma、522～45Ma，通过锆石 CL 图像成因分析对比，认为1600～1700Ma 为该片麻岩主期变质年龄，代表羌塘盆地具有前奥陶系结晶基底（谭富文等，2009）。

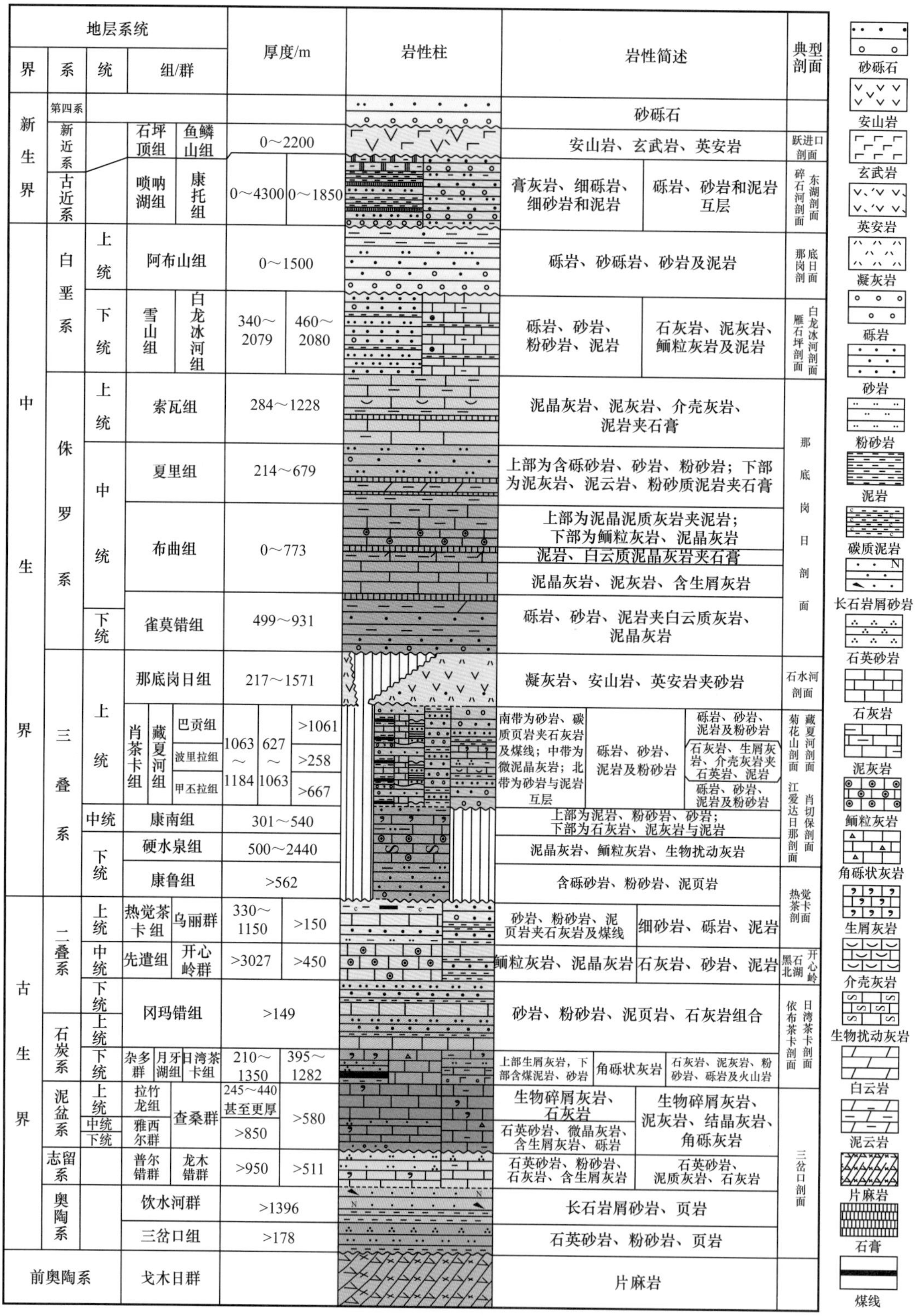

地层系统

界	系	统	组/群		厚度/m		岩性柱	岩性简述		典型剖面
新生界	第四系							砂砾石		跃进口剖面
	新近系		石坪顶组	鱼鳞山组	0~2200			安山岩、玄武岩、英安岩		东湖剖面
	古近系		喷呐湖组	康托组	0~4300	0~1850		膏灰岩、细砾岩、细砂岩和泥岩	砾岩、砂岩和泥层互层	碎石河剖面 白龙河剖面
中生界	白垩系	上统	阿布山组		0~1500			砾岩、砂砾岩、砂岩及泥岩		那底岗日剖面
		下统	雪山组	白龙冰河组	340~2079	460~2080		砾岩、砂岩、粉砂岩、泥岩	石灰岩、泥灰岩、鲕粒灰岩及泥岩	白龙冰河剖面 雁石坪剖面
	侏罗系	上统	索瓦组		284~1228			泥晶灰岩、泥灰岩、介壳灰岩、泥岩夹石膏		那底岗日剖面
		中统	夏里组		214~679			上部为含砾砂岩、砂岩、粉砂岩；下部为泥灰岩、泥云岩、粉砂质泥岩夹石膏		
		中统	布曲组		0~773			上部为泥晶泥质灰岩夹泥岩；下部为鲕粒灰岩、泥晶灰岩 泥岩、白云质泥晶灰岩夹石膏 泥晶灰岩、泥灰岩、含生屑灰岩		
		下统	雀莫错组		499~931			砾岩、砂岩、泥岩夹白云质灰岩、泥晶灰岩		
	三叠系	上统	那底岗日组		217~1571			凝灰岩、安山岩、英安岩夹砂岩		石水河剖面
		上统	肖茶卡组 藏夏河组	巴贡组	1063~1184	627~1063 >1061		南带为砂岩、碳质页岩夹石灰岩及煤线；中带为微晶灰岩；北带为砂岩与泥岩互层	砾岩、砂岩、泥岩及粉砂岩	菊花山剖面
				波里拉组		>258			石灰岩、生屑灰岩、介壳灰岩夹砂岩、泥岩	
				甲丕拉组		>667			砾岩、砂岩、泥岩及粉砂岩	江爱达日那剖面
		中统	康南组		301~540			上部为泥岩、粉砂岩、砂岩；下部为石灰岩、泥岩与泥灰岩		肖切保剖面
		下统	硬水泉组		500~2440			泥晶灰岩、鲕粒灰岩、生物扰动灰岩		
			康鲁组		>562			含砾砂岩、粉砂岩、泥页岩		热觉茶卡剖面
古生界	二叠系	上统	热觉茶卡组	乌丽群	330~1150	>150		砂岩、粉砂岩、泥页岩夹石灰岩及煤线	细砂岩、砾岩、泥岩	热觉茶卡剖面
		中统	先遣组	开心岭群	>3027	>450		鲕粒灰岩、泥晶灰岩	石灰岩、砂岩、泥岩	开心岭黑石北湖剖面
		下统上统	冈玛错组		>149			砂岩、粉砂岩、泥页岩、石灰岩组合		依布茶卡剖面
	石炭系	下统	杂多群 月牙湖组	日湾茶卡组	210~1350	395~1282		上部生屑灰岩，下部含煤泥岩、砂岩 角砾状灰岩	石灰岩、泥灰岩、粉砂岩、砾岩及火山岩	日湾茶卡剖面
	泥盆系	上统	拉竹龙组 查桑组		245~440 甚至更厚	>580		生物碎屑灰岩、石灰岩	生物碎屑灰岩、泥灰岩、角砾灰岩	
		中统	雅西群		>850			石英砂岩、微晶灰岩、含生屑灰岩、砾岩	石灰岩、泥灰岩、粉砂岩、结晶灰岩	三岔口剖面
	志留系		普尔错群	龙木错群	>950	>511		石英砂岩、粉砂岩、石灰岩、含生屑灰岩	石灰岩、泥质灰岩、石灰岩	
	奥陶系		饮水河群		>1396			长石岩屑砂岩、页岩		
			三岔口组		>178			石英砂岩、粉砂岩、页岩		
前奥陶系			戈木日群					片麻岩		

图例（典型剖面岩性符号）：砂砾石、安山岩、玄武岩、英安岩、凝灰岩、砾岩、砂岩、粉砂岩、泥岩、碳质泥岩、长石岩屑砂岩、石英砂岩、石灰岩、泥灰岩、鲕粒灰岩、角砾状灰岩、生屑灰岩、介壳灰岩、生物扰动灰岩、白云岩、泥云岩、片麻岩、石膏、煤线

图 2-1-3 北羌塘坳陷地层综合柱状图

地层系统				厚度/m		岩性柱	岩性简述		典型剖面
界	系	统	组/群						
新生界	新近系						砂砾石		东湖剖面
	古近系		喷呐湖组/康托组/纳丁错组	0～4300	0～1850		膏灰岩、细砾岩、细砂岩和泥岩	砾岩、砂岩和泥岩互层	碎石河剖面
中生界	白垩系	上统	阿布山组	0～1635			灰黄色砾岩、砂砾岩、粗砂岩		哈日埃乃剖面
	侏罗系	上统	索瓦组	1677			浅灰色颗粒灰岩夹泥晶灰岩		
							灰绿色泥岩夹细砂岩条带		
							灰色—深灰色泥晶灰岩、泥灰岩		
							上部为灰色砂屑微晶灰岩、泥晶灰岩；下部为灰色—深灰色泥晶灰岩、泥灰岩		
		中统	夏里组	842			深灰色粉砂质泥岩夹细砂岩条带		曲瑞恰乃剖面
							深灰色—灰黑色粉砂质页岩与中—细砂岩不等厚互层，向上砂岩增多		
			布曲组	1085			灰黑色泥岩、泥灰岩互层		
							灰色—深灰色泥晶灰岩、泥灰岩夹含生物灰岩		
							灰色砂屑微晶灰岩、砂屑灰岩、泥晶灰岩		
							灰色泥晶灰岩、泥灰岩夹泥岩		
			色哇组		1158		浅灰色泥晶灰岩、粉砂质泥岩		
		下统		499～931			灰绿色粉砂质泥岩夹细砂岩条带		松可尔剖面
							深灰色—灰黑色钙质页岩夹少量粉砂岩条带或透镜体		
			曲色组		1537		黄灰色钙质页岩与泥灰岩、石灰岩互层		
							黄灰色粉砂质泥岩		
							深灰色—灰黑色钙质页岩		
							深灰色粉砂质泥岩和粉砂岩、细砂岩		
							深灰色—灰黑色钙质页岩夹少量砂岩、石灰岩		
中生界	三叠系	上统	日干配错组	土门格拉组	上段	500～3000	871～2675	西部地区：灰色—深灰色、褐灰色砂岩、凝灰质泥岩、粉砂岩 东部地区：下为砾岩、砂岩；中上部为砂岩夹碳质泥岩及煤线、煤层	土门格拉剖面 蒋庄剖面
					中段		112～1924	生屑灰岩、鲕粒灰岩、泥灰岩，底为凝灰质泥岩		土门煤矿
					下段		267～813	灰绿复成分砂砾岩、砂岩、玄武岩、安山岩夹石灰岩		
古生界	二叠系	上统	吉普日阿组				下部以碎屑岩为主，上部为白云质灰岩夹少量中性火山岩		
		中统	龙格组/鲁谷组	>494.56			结晶灰岩、生物礁灰岩、含砂灰岩、白云岩及部分鲕状灰岩		
			吞龙贡巴组				碎屑岩与碳酸盐岩互层		
		下统	曲地组				碎屑岩夹碳酸盐岩		
			展金组				砂岩、粉砂岩、板岩等呈互层组合，部分地段夹火山碎屑岩		
	石炭系	上统	擦蒙组	>500			砂岩、板岩、含砾板岩、含砾粉砂岩		
	泥盆系		长蛇山组				下部主要为碳酸盐岩组合，多为重结晶的生屑灰岩，上部多为变质的碎屑岩，以变质粉细砂岩为主		长蛇山剖面
	志留系		三岔沟组				浅变质的碎屑岩夹结晶灰岩		
	奥陶系		塔石山组				碳酸盐岩为主，偶夹钙质粉砂岩		塔石山剖面
			古拉组				变质细碎屑岩夹中薄层状结晶灰岩		
	前奥陶系		戈木日群				片麻岩		

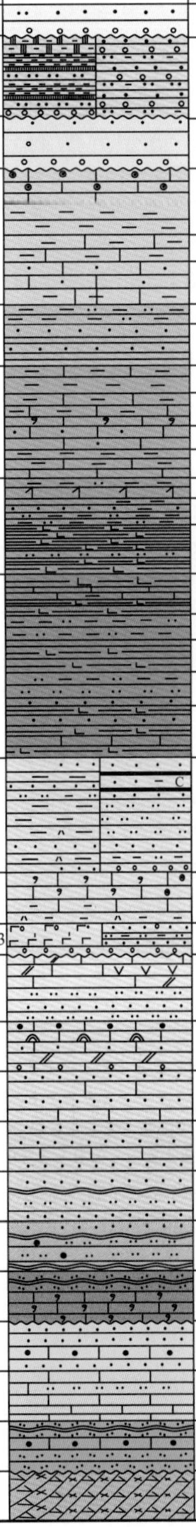

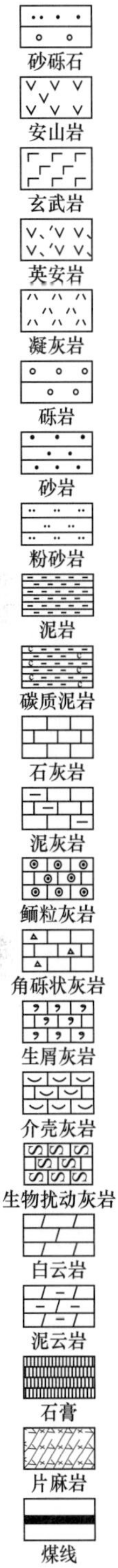

图 2-1-4 南羌塘坳陷地层综合柱状图

图例：
- 砂砾石
- 安山岩
- 玄武岩
- 英安岩
- 凝灰岩
- 砾岩
- 砂岩
- 粉砂岩
- 泥岩
- 碳质泥岩
- 石灰岩
- 泥灰岩
- 鲕粒灰岩
- 角砾状灰岩
- 生屑灰岩
- 介壳灰岩
- 生物扰动灰岩
- 白云岩
- 泥云岩
- 石膏
- 片麻岩
- 煤线

2. 盆地地层序列

羌塘盆地由四个重要的地层序列构成：奥陶系—二叠系地层序列、中—下三叠统地层序列、上三叠统—下白垩统地层序列、上白垩统—古近系—新近系地层序列。它们通常以角度不整合或平行不整合面相互接触（图2-1-2），而且在岩石组合、沉积层序、地球物理特征等方面都明显相互区别开来（王剑等，2004，2009）。

1）奥陶系—二叠系地层序列

奥陶系—二叠系地层序列几乎包括了古生界所有岩石地层，奥陶系三岔口组或古拉组角度不整合超覆于前奥陶系结晶基底戈木日群之上，并被上三叠统那底岗日组或中—下侏罗统雀莫错组角度不整合超覆（图2-1-2）。

奥陶系、志留系主要为浅海相碎屑岩，泥盆系以稳定型浅海相碳酸盐岩为主，石炭系在羌塘地区主体为碳酸盐岩和含煤碎屑岩，在中央隆起带可见复理石砂板岩、火山岩组合。中—下二叠统以碳酸盐岩为主，普遍含有基性—中基性火山岩夹层（连续厚度可达数百米），上二叠统为滨、浅海相碳酸盐岩、碎屑岩组合，局部夹火山岩和煤线。

2）中—下三叠统地层序列

中—下三叠统地层序列主要出露在北羌塘坳陷，南羌塘坳陷尚未发现相应地层出露，可能缺失这一地层序列。北羌塘坳陷主要由下三叠统康鲁组、硬水泉组和中三叠统康南组构成（图2-1-2）；上三叠统那底岗日组或中—下侏罗统雀莫错组角度不整合超覆奥陶系—二叠系地层序列的同时，也角度不整合超覆在中—下三叠统地层序列之上。这一地层序列在北羌塘坳陷北部以浅海—半深海相碎屑岩地层为主，向南过渡为陆相，大致在中央隆起带北缘地区尖灭。

3）上三叠统—下白垩统地层序列

在北羌塘坳陷，通常为上三叠统那底岗日组或中—下侏罗统雀莫错组角度不整合超覆在中—下三叠统地层序列之上，局部为上三叠统肖茶卡组（或土门格拉组、藏夏河组）平行不整合与中—下三叠统地层序列接触（图2-1-2）；在南羌塘坳陷，上三叠统日干配错组未见底，可能缺失中—下三叠统。这一地层序列在南、北羌塘坳陷均被上白垩统阿布山组或古近系康托、唢呐湖组角度不整合超覆。

上三叠统在羌塘—昌都地区广泛分布，但其下部可能缺失卡尼早期沉积地层，底部普遍发育不整合面和底砾岩、火山岩或煤层，向上过渡为滨、浅海相碳酸盐岩、碎屑岩沉积地层。侏罗系自昌都向东北至羌塘盆地，为海、陆过渡相—浅海相碎屑岩、碳酸盐岩地层，南羌塘坳陷中—下侏罗统曲色组—色哇组发育次深海—深海相细碎屑岩地层。下白垩统在大部分地区为河、湖相碎屑岩地层及海相碳酸盐岩地层。

4）上白垩统—古近系—新近系地层序列

上白垩统—古近系—新近系地层序列主要包括上白垩统阿布山组、古近系纳丁错组、康托组、唢呐湖组及新近系石坪顶组，这些地层在盆地内零星分布，均以角度不整合超覆在下伏地层之上（图2-1-2）。上白垩统为紫红色碎屑岩及基性—中基性火山岩地层，古近系全区以干旱气候环境下红色及杂色冲洪积相—湖相陆源碎屑岩地层为特征，局部为蒸发岩；新近系除河湖相、冲积相以外，以石坪顶组为代表的基性—酸性火山岩主要分布于北羌塘坳陷的黑虎岭、浩波湖北东、半岛湖、东湖等地，通常角度不整合于侏罗系或古近系唢呐湖组之上。

第二节 古 生 界

一、北羌塘坳陷分区

古生界出露最老的地层为奥陶系，主要以断块形式沿中央隆起带零星分布。近年来，在中央隆起带北缘玛依岗日北侧兰新岭附近，发现了奥陶系三岔口组或古拉组角度不整合超覆在片麻岩基底之上。

1. 奥陶系

（1）下奥陶统三岔口组（O_1s）。由夏军等（2006）建立于三岔口一带，为一套灰色、灰黄色中层变细粒石英砂岩、粉砂岩、页岩组成的旋回地层，含腕足类 *Nanorthis* sp.、*Nanorthis* cf. *Hamburgensis*（*Walcott*）及遗迹化石 *Zoophcus*，时代归属于早奥陶世，是羌塘地区目前有化石控制的最老层位（夏军等，2006）；与下伏前奥陶系呈角度不整合接触；厚度大于 300m。

（2）中—上奥陶统饮水河群（$O_{2-3}Y$）。由西藏区调队（1987）在日土县多玛区饮水河地区命名。该套地层主要出露于饮水河两岸，呈北东—南西向展布，主要类型为长石岩屑砂岩及页岩，另发育有少量的碳酸盐岩等；西藏区调队 1986 年在测制饮水河群剖面过程中，采集到以富含腕足类和三叶虫为主的古生物化石，腕足类有 *Plaesiomys* sp. 等，三叶虫有 *Dicranurus* sp. 等，时代归属于中—晚奥陶世；与下伏地层三岔口组整合接触，与上覆地层普尔错群平行整合接触；厚度大于 200m。

2. 志留系

（1）志留系普尔错群（*SP*）。由西藏区调队（1987）于拉竹龙南山饮水河至兽形湖一带命名，出露于日土县多玛区饮水河北岸地区，出露宽度为 2.2～5.1km，延伸长约 30km，出露面积约 69.13km²。主要为一套碳酸盐岩及碎屑岩地层体，下部为灰色石英砂岩夹粉砂岩、微晶灰岩；中部为深灰色微晶灰岩、生物灰岩；上部为石英砂岩夹粉砂岩、岩屑石英砂岩。1：25 万土则岗日幅中在普尔错群采集到的头足类化石有 *Dawsonoceras* cf. *annulatum*（*Soweby*）等，腹足类 *Euomphalus* sp. 等，三叶虫 *Encrinurus* sp. 等；与下伏饮水河群平行不整合接触，与上覆地层雅西尔群角度不整合接触；厚度大于 78m。

（2）志留系龙木错群（*SL*）。由章炳高于 1984 年命名，下部为灰色中厚层石灰岩；上部为灰白色块状石灰岩及灰黑色薄层泥质灰岩，顶部为暗紫色石英砂岩；含蜓类 *Triticites altus* 等，苔藓虫 *Meekopora rutogensis* 等，腕足类 *Ortheteles* sp.；与下伏饮水河群平行不整合接触，与上覆地层查桑群角度不整合接触；厚度大于 66m。

3. 泥盆系

（1）泥盆系查桑群（*DC*）。吴瑞忠等（1985）将查桑地区泥盆系命名为查桑组，西藏区调队（1986）命名为查桑群，仅见于查桑附近几个小山包上（李日俊等，1997），由浅灰色、浅紫色生物碎屑灰岩、泥灰岩、结晶灰岩夹角砾灰岩和少量硅质岩组成。地层中上部产腕足类 *Strigoceras—Zdimir* 组合，菊石 *Manticoceras* sp.；中部产腕足类

Gypidulina sp.、*Indospirifer* sp.，珊瑚 *Temnophyllum* sp.、*Disphyllum* sp. 等；下部产三叶虫 *Phacops guangxienisis*、*Cyphspides orientalis* 等，时代归属为泥盆纪。与下伏地层龙木错群角度不整合接触，与上覆石炭系整合接触；厚度大于 554m。

（2）中—下泥盆统雅西尔群（$D_{1-2}Y$）。由中国科学院青藏高原综合科学考察队（1984）命名于拉竹龙南山饮水河至兽形湖一带，岩性为石英砂岩夹石灰岩；含角石化石 *Kapaninoceras* sp. 等，头足类 *Harrisoceras* sp.，腕足类 *Leptaenopyxis*（*Hefengia*）*hefengensis* Xu 等，珊瑚 *Heliolites* sp.，时代归属为早—中泥盆世；与下伏地层普尔错群角度不整合接触，与上覆地层拉竹龙组整合接触；厚度大于 102m。

（3）上泥盆统拉竹龙组（D_3l）。为金玉玕（1981）命名，在查桑、菊花山、日土多玛的龙木错一带均有出露，由灰色生物碎屑灰岩和石灰岩组成；产腕足类? *Stropheodonta* sp.，珊瑚 *Alveolites*? sp.、*Hunanophrentis* sp.、*Sinodisphyllum* cf. *Simplex* Sun、*Temnopyllum* sp.、*Thamnopora*? sp.、*Disphyllum longiseptatum Yoh*、*Disphyllum* sp.，时代归属为晚泥盆世；与下伏地层雅西尔群整合接触，与上覆石炭系整合接触；厚度为 246～850m。

4. 石炭系

（1）下石炭统月牙湖组（C_1y）。由西藏区调队（1987）于双点达坂至月牙湖一带命名，岩性以拉竹龙组顶部一层灰黄色角砾状、团块状粉砂质灰岩为标志，但在野外较难划分，因此依据化石无洞贝类的绝灭和 *Unispirifer—Syringothyris* 的大量出现作为月牙湖组的底界；古生物化石主要有腕足类 *Marginatia hunanensis* Tan 等，珊瑚 *Tachylasma* sp. 等，时代归属于早石炭世；与下伏泥盆系整合接触，与上覆地层冈玛错组整合接触；厚度为 80～256m。

（2）下石炭统日湾茶卡组（C_1r）。由谢义木等（1983）在改则日湾茶卡命名，岩性为一套灰色、灰绿色、浅紫红色泥质灰岩、砂质灰岩、石灰岩与砂页岩不等厚互层；地层中产珊瑚 *Yuanophyllun* sp.、*Arachnolasma* sp.、*Kueichouphyllum* sp. 等，腕足类 *Gigangtoproductus—Striatifera* 组合，时代属早石炭世大塘组沉积期；向下不整合于时代不明的火山岩地层之上，与上覆地层冈玛错组整合接触，厚度约 417m。

（3）下石炭统杂多群（C_1Z）。由青海第二区调队（1982）创名杂多群，原义包括下部碎屑岩组合及上部碳酸盐岩组合；刘广才（1988）对杂多群进行了重新厘定，自下而上划分为含煤碎屑岩组合、碳酸盐岩组合，碎屑岩组合以深灰色泥岩、灰色中层状细粒岩屑石英砂岩、细粒石英砂岩为主；碳酸盐岩组合以鲕粒灰岩、生屑灰岩、泥晶灰岩为主（1:25 万植根卡幅）；产蜓类 *Eostaffella—Pseudoendothyra* 组合、*Pseudoendothyra* sp.、*Eostaffella proikensis* Rauser—Chernousova 等，产珊瑚 *Caninia*? sp.、*Dibunophyllumcf*、*Lithostro—tiondecipiens—Kueichouphyllum* 组合等，时代属于晚石炭世；厚度大于 60m。

（4）上石炭统—下二叠统冈玛错组（C_2—P_1g）。主要分布在中央隆起北部边缘，出露于冈玛错、日湾茶卡及查桑等地，为一套灰色、灰绿色粉砂岩、细砂岩、泥岩及泥晶灰岩组合；该套地层产珊瑚 *Campophyllum kiaeri*、*Cyathaxonia* sp.、*Amplexus romonovskyi Fomitcher*、*A. stukenbergia* 等，时代属晚石炭世—早二叠世；在改则一带，亦称塔里来组，大致为同一套地层；厚度大于 90m。

5. 二叠系

（1）中二叠统开心岭群（P_2K）。由青海省石油局 632 队（1957）于开心岭地区命名，上部为淡灰色致密块状石灰岩，中部为黑灰色砂岩、页岩，局部夹薄层砾岩及泥质砂岩，下部为黑灰色厚层及灰白色薄—厚层致密状页岩，底部为青绿色砂岩夹黑色页岩及厚度达 1m 的煤层；1∶25 万温泉兵站幅（2006）将开心岭群划分为三个组，由下至上依次为九十道班组（P_2j）、诺日巴尕日保组（P_2nr）、尕笛考组（P_2gd）。其中九十道班组（P_2j）产有䗴 Yabcina minuta 等，珊瑚 Ipciphyllum ipci 等，有孔虫 Hemigordiopsis remzi 等，红藻 Ungdarella sp.；尕笛考组（P_2gd）产有䗴 Schwangerina sp.，有孔虫 Pachyphloia lanceolata K. M.—Maclay 等，绿藻 Pseudovermiporella sp.，时代归属为中二叠世；与上覆地层乌丽群整合接触；厚度大于 568m。

（2）中二叠统先遣组（P_2x）。岩性为鲕粒灰岩、泥晶灰岩及少量碎屑岩。石灰岩中含大量生物碎屑，产大量腕足类和双壳类化石，主要有 Palaeolima fasciulicosta Lin、Pesndolongissima Lee、Palaeanodonta cf. schizodus pinguis Gan 等（1∶25 万黑石北湖幅），以及䗴类 Parafusulina shaksgamensis、Neoschwagerina colaniae、P. yunnanica 和珊瑚 Szechuanophyllum szechuanense、Iranophyllum sp.、Waagenophyllum sp 等化石，其中䗴类化石组合明显反映出茅口组沉积晚期生物特征（1∶50 万日土幅），时代归属为中二叠世；与上覆地层热觉茶卡组整合接触；地层厚度大于 3027m。

（3）上二叠统乌丽群（P_3W）。由西北煤炭勘探局乌丽煤矿青藏勘查队（1956）命名于唐古拉乌丽煤矿。1958 年尹赞勋在《中国区域地层表（草案）补编》一书中首次介绍引用，原指："上部灰色薄层中粒及细粒砂岩；中部为黄绿色夹深灰色粗粒及细粒砂岩夹薄层砾岩，向上夹有深灰色致密凸镜体石灰岩；下部以灰色、黄绿色砂岩、页岩为主，夹厚层砾岩及 2～4m 厚的煤层，产植物化石，其上夹深灰色凸镜状致密石灰岩。"该群由老到新包括那益雄组（P_3n）及拉卜查日组（P_3lb）；产腕足类 Neoplicatifera huagi（Ustriski）.？、Spinomarginifera sp. 等，珊瑚 Margarophyllia sp.、Plerophyllum 等，孢粉 Dictyophyllidites intercrassus、Dictyophyllidites mortoni、Leiotriletes exiguus 等，时代属于晚二叠世；与上覆地层角度不整合接触；厚度大于 420m。

（4）上二叠统热觉茶卡组（P_3r）。由中国科学院青藏科学考察队文世宣等（1979）创立于热觉茶卡南，在热觉茶卡西侧和南侧，热觉茶卡组呈北西—南东方向展布，未见底。下部以黑灰色薄层状长石石英砂岩、粉砂岩、含碳质粉砂岩为主，夹绿灰色薄层状粉砂岩、黄灰色岩屑长石细砂岩、粉砂岩、褐黄色薄层状粉砂岩、绿灰色粉砂质泥岩、含碳质页岩薄层等，产双壳类化石，未见底；中部为青灰色中薄层状中细粒岩屑长石砂岩，夹黄灰色、浅灰色中厚层状含生物碎屑砂屑灰岩，含生物碎屑砂屑结晶灰岩透镜层，总体具有韵律性沉积特点，石灰岩中含丰富的䗴类、腕足类、腹足类、双壳类、苔藓虫及丰富的非䗴有孔虫和海百合茎化石；上部为黄灰色中层中细粒砂岩、含细砾粗砂岩、中细砂岩、青灰色中薄层状粉细砂岩、灰黑色薄层含碳质页岩夹煤线 7 层，最厚煤线达 27cm。产丰富的植物化石，含典型华夏植物群 Lobatannularia、Rajahia、Gigantonoclea、Pecopteris 等，石灰岩中含典型的长兴组沉积期䗴化石带 Parafusulina—

Reichelina、腕足类 *Squamularia*、*Spinomarginifera*、*Leptodus* 等，时代属于晚二叠世；顶部与含有丰富早三叠世双壳类化石的下三叠统康鲁组呈平行不整合或角度不整合接触；厚度约 502m。

二、南羌塘坳陷分区

古生界主要沿中央隆起带及其南缘分布，仅中二叠统局部见于南羌塘坳陷北部。近年来在 1：25 万区域地质大调查中，分别创建了奥陶系、志留系和泥盆系地层组。

1. 奥陶系

奥陶系由李才等（2004）首次发现，目前仅见于尼玛县玛依岗日附近塔石山一带；1：25 万玛依岗日幅（2005）填图时分别命名为奥陶系古拉组（O_1g）、塔石山组（$O_{2-3}t$），二者之间为整合接触，与上覆志留系三岔沟组为整合接触关系。

（1）下奥陶统古拉组（O_1g）。为一套杂色中薄层状变质细碎屑岩夹中薄层状结晶灰岩，未采获有意义的古生物化石。考虑到古拉组整合于塔石山组之下，岩性、岩相等特征又与申扎地区扎杠组相似，故推测其时代为早奥陶世；地层厚度大于 50m。

（2）中—上奥陶统塔石山组（$O_{2-3}t$）。为一套浅色碳酸盐岩，偶夹钙质粉砂岩，岩石多已重结晶。产极为丰富的鹦鹉螺化石 *MicheliEoceras huaEgEigaEgeEsisi*、*SiEoceras deEsum*、*MicheliEoceras eloEgatum*、*ColumeEoceras* sp.、*SiEoceras chiEoEse*、*S. rudurE*、*MicheliEoceras. Chaoi*、*M. ParaeloEgatum subceEtrale*、*ColumeEoceras pricsum*、*C. remotum*、*WeEEaEoceras* sp.、*OeEtrooEocera xaiEzaeEse CheEg* 等，且可与措勤—申扎地区中—上奥陶统柯尔多组、刚木桑组完全对比，故推测其时代为中—晚奥陶世；与上覆志留系三岔沟组（Ss）为整合接触关系；地层厚度大于 90m。

2. 志留系

三岔沟组（Ss）。由李才等（2004）首次发现，目前仅见于尼玛县玛依岗日附近塔石山一带；1：25 万玛依岗日幅（2005）填图时命名为志留系三岔沟组。该地层为一套浅变质的碎屑岩夹结晶灰岩薄层或透镜体组合，岩石类型包括绢云母化粉砂岩、绢云母片岩、结晶灰岩等；产笔石化石 *Glyplograptus*？ *luEshaEeEsis*、*G.* sp.、*Climacograptus traEsgredieEs*、*Orthograptus* sp.、*Pristiograptus* sp.、*MoEograptus* sp. 等，从古生物化石到岩石类型组合，均可与西藏申扎地区志留系对比；与下伏地层呈整合接触关系；厚度大于 60m。

3. 泥盆系

长蛇山组（Dch）是 1：25 万玛依岗日幅（2005）填图时，在尼玛县绒玛乡附近长蛇山一带首次发现，命名长蛇山组。该地层下部主要为碳酸盐岩组合，多为重结晶的生物碎屑灰岩，上部多为变质的碎屑岩，以变粉细砂岩为主；下部石灰岩中产丰富的竹节石化石 *Eowakia*？ *Sulcata*、*Eowakia* sp.、*GuerchiEa xizaEgeEsis*、*GuerchiEa* sp. 等，腕足类 *Atrypa* sp.、*LiEgula* sp.，时代属于泥盆纪；未见顶底。

4. 石炭系

在藏北西部地区最早称霍尔巴错群，为一套冰海相杂砾岩。石炭系在南羌塘地区主要沿中央隆起带分布，出露十分零星，主要见于宁日错—冈塘错—阿日爱—肖切保一带。擦蒙组（C_2c）为梁定益等（1982）于日土县多玛区吉普村北擦蒙命名。该地层由一套砂岩、板岩、含砾板岩、含砾粉砂岩等组成；产丰富的牙形石化石 Gen.et sp.indet C、Gen.et sp.indet D、Adetognathus lautus（Gunneu）、A. paralautus、Orchara、Lonchodina sp.，时代属于晚石炭世；与上覆地层展金组整合接触；厚度大于 500m。

5. 二叠系

（1）下二叠统展金组（P₁z）。展金组为梁定益等（1982）命名于日土县多玛区吉普村北展金河。主要为砂岩、粉砂岩、板岩等呈互层组合，部分地段夹火山碎屑岩，也见有少量安山岩和英安岩。生物化石常见，以含冈瓦纳相双壳类化石 Eurydesma、Ambikella 为特征，产海绵化石 Amblysiphonella randuiensis Deng、A. radicifera Wangen et Wentzel、A. cf. randuiensis、Paramblysiphonella amblysiphonelloides Deng、P.（?）sp.、苔藓虫 Fenestella elusa Reed、Ogbinopora sinopermiana Fan；腕足类 Streptorhynchus tibetanus Chang，海百合茎 Cycloclicus cf. lubricus Li、Pentagonocyclicus sp.，时代确定为早二叠世；与上覆地层曲地组整合接触；地层厚度大于 200m。

（2）下二叠统曲地组（P₁q）。总体为一套碎屑岩，也夹有碳酸盐岩，区域变化大，横向上岩石类型多变。已知所含生物化石中，既有特提斯相的 Triticites、Pseudofusulina 等，也有冈瓦纳相的 Subaniria、Stepanoviella 等，且具穿时现象，时代归属于早二叠世；与下伏地层展金组整合接触；地层厚度大于 300m。

（3）中二叠统吞龙贡巴组（P₂t）。主要为一套碎屑岩与碳酸盐岩互层，在不同地区，岩性也不一致，整合于曲地组之上。产有蜓类 Monodiexodina、Schwagerina、Parafusulina、Pseudofusulina、Triticites、Rugosofusulina 等，腕足类 Gratiosina、Spinomarginifera、neospirifer、Stenoscisma，珊瑚 Waagenophyllum、Yatsengia 等，多见于我国南方下—中二叠统栖霞组—茅口组中，时代确定为中二叠世；地层厚度约 420m。

（4）中二叠统龙格组（P₂l）。为梁定益等（1982）命名于日土县欧拉，原义指岩性为块状结晶灰岩、生物礁灰岩、含砂灰岩、白云岩及部分鲕状灰岩组成的一套地层体，富含蜓类和群体珊瑚、苔藓虫、钙藻及部分腕足类、腹足类化石，时代为茅口组沉积期，向东至羌塘盆地主体部分亦称鲁谷组。下部为灰色、深灰色薄—中层泥晶灰岩夹薄—中层状生物碎屑灰岩、薄层状泥岩、薄层状硅质岩、枕状玄武岩；上部为沉火山角砾岩、凝灰质砂岩、粉砂岩、泥岩夹枕状玄武岩。产蜓类 Neoschwagerina、Parafusulina cf. rothi Dunber et Skinner、Afghanella sp.、? Sumetrina sp. 等，珊瑚 Waagenophyllum indicum var. kueichowese Huang、W. sp.、Thomasiphyllum cf. multiseptetum Wu et Zho、Sinopora sp.、Metasinopora sp. 等，腕足类 Plicatifera sp.、Paraplicatifera sp.、Phricodothyris sp.、Perigeyerlla sp.、Krotoria sp.、Orthoteidae sp. 等；均为中二叠世茅口组沉积期化石组合，故时代确定为中二叠世；角木日—肖茶卡一带，该组地层整合于展金组之上，其上被上三叠统肖茶卡组火山岩不整合覆盖，厚度大于 494m，未见顶底。

（5）上二叠统吉普日阿组（P₃j）。由梁定益、郭铁鹰等（1982）命名于日土县多玛区吉普村东北吉普日阿，1997 年《西藏自治区岩石地层》沿用其名，指一套以碎屑岩和白云质灰岩为主夹中性火山岩的地层体，下部以碎屑岩为主，上部为白云质灰岩夹少量中性火山岩；含蜓类 Palaeofusulina sp.、Codonofusiella sp.、Reichelina sp. 等和珊瑚 Waagenopyllum sp. 等，时代归属于晚二叠世；与上覆地层角度不整合接触，地层厚度为 432m。

第三节 中 生 界

一、三叠系

1. 中—下三叠统

中—下三叠统仅在北羌塘坳陷南部见有出露,沿热觉茶卡—康如茶卡—爱达日那一带零星分布。建组剖面由文世宣等(1979)建于现绒玛乡西北康鲁山,包括三个岩石地层单元:下三叠统康鲁组、硬水泉组,中三叠统康南组。

(1)下三叠统康鲁组(T_1k)。热觉茶卡剖面出露良好,底部为浅灰色细砾岩、含砾粗砂岩;下部为灰色、灰紫色中—厚层状中—粗粒岩屑砂岩、长石砂岩夹粉砂岩,发育底冲刷、交错层理;中部为灰紫色中层状细粒岩屑长石砂岩夹粉砂岩,局部夹细砾岩透镜体,发育大型近对称波痕、虫迹等;上部为灰褐色、灰绿色粉砂质泥岩、钙质泥岩等。该段中部可见丰富的双壳类生物化石,主要有 *Claraia* sp.、*C. Auvita*(Hauer)、*C. guizhouensis* Chen、*C. congcentrica*(Yabe)、*C. stachei* Bettner、*C. yunnanensis*、*E.maritina* 等,其中大多见于我国四川的茨岗组、波茨沟组和西藏的普水桥组,时代属早三叠世早期。与下伏上二叠统热觉茶卡组含煤粉砂岩、泥岩低角度不整合接触。地层厚度约416m。

(2)下三叠统硬水泉组(T_1y)。硬水泉组一名由文世宣(1979)创立,建组剖面在原双湖办事处南西硬水泉附近。岩性主要为一套以中厚层石灰岩、砂屑灰岩、砾屑灰岩、砂质灰岩、生物屑泥灰岩为特征,夹深灰色中层状鲕粒灰岩、灰色薄层状钙质砂岩、泥质灰岩、有孔虫灰岩。产双壳类 *Eumorphotis inaequicostata*、*E.venetina*(Hauer)、*Myophoria*(*neoschizodos*)*Laevigata Ziether*、*Claraia radialis leonardi*,牙形石 *Pachycladina* sp.、*Llindeodella suevica*、*Neohindeldella* sp. 等,菊石 *Anakashmirites* sp.、*Albanites* sp.、*Proptychites* sp. 等,均属早三叠世化石;顶、底分别与上覆康南组和下伏康鲁组整合接触,地层总厚度大于198m。

(3)中三叠统康南组(T_2k)。康南组主要出现于康如茶卡一带,该地层下部为灰色、灰绿色砂岩、粉砂质泥岩、页岩夹透镜状泥质灰岩;向上过渡为灰色、深灰色薄—中层状石灰岩、含泥质灰岩组合;下部含丰富的菊石,有 *Aristoptychites* sp.、*Balatonites*、*Gymnites incultus* 等中三叠世安尼期化石;上部有腕足类 *Mentzelia* cf. *subspherica*、*Ptychites* cf. *rugifer* 等,见于我国西南地区中三叠世中晚期的化石分子,故时代确定为中三叠世;与下伏硬水泉组的生物屑泥灰岩整合接触,未见顶,地层总厚度大于190.8m。

2. 上三叠统

上三叠统在各分区均有分布,包括北羌塘坳陷分区的肖茶卡组、藏夏河组、甲丕拉组、波里拉组、巴贡组、那底岗日组和南羌塘坳陷分区的日干配错组、土门格拉组。

(1)肖茶卡组(T_3x)。由西藏区调队(1986)命名于双湖西肖茶卡,用于代表羌塘地区的上三叠统。《西藏自治区区域地质志》(1993)将肖茶卡组应用到北羌塘地区,区别于南羌塘地区上三叠统日干配错组,该划分意见被沿用至今。肖茶卡组仅指北羌塘坳陷中南部的上三叠统下部地层。在甜水河、菊花山一带，以石灰岩为主，由灰色、灰紫色泥质灰岩、泥晶灰岩和少量生物介壳灰岩组成，向南至中央隆起带北侧沃若山、吐错一带，相变为一套灰色—灰黑色含煤碎屑岩夹石灰岩组合；剖面上含双壳类和腕足类 *Chlamys dingriensis*、*Indopecten* sp.、*Chylamys* cf. *biformatus*、*Plagiostoma* sp.、*Astarte* 等，时代定为晚三叠世中—晚期；顶部被那底岗日组平行不整合或角度不整合覆盖；未见底，厚度大于 668.64m。

（2）藏夏河组（T$_3$z）。藏夏河组为一套沿北羌塘北部藏夏河—多色梁子—丽江湖一带分布的砂泥质深水复理石沉积，原归入肖茶卡组，作为同期异相序列，1∶25 万黑虎岭幅（2006）正式命名为藏夏河组。岩性组合为灰色、深灰色薄至中厚层状细砾岩、含砾砂岩、细粒岩屑长石砂岩、长石岩屑砂岩、石英砂岩、粉砂岩、粉砂质泥（页）岩和泥（页）岩组成多种互层状韵律式沉积地层；在砂岩底部发育沟模、槽模、底冲刷，砂岩常具粒序层理等浊流沉积构造；含有牙形石 *Epigondolella postera* 和 *E. obneptis spatulatus*，腕足类 *Caucasorhynchia*、*Halobia plicasa*、*H. superbescens* 及 *Triadithyris* 等晚三叠世诺利期化石分子；在弯弯梁一带见其顶部被那底岗日组平行不整合覆盖，盆地内多处未见顶、底，出露厚度为 627～1063m。

（3）甲丕拉组（T$_3$j）。由四川省第三区测队（1974）根据西藏昌都甲丕拉山剖面创建，该组与波里拉组和巴贡组均分布广泛，由唐古拉山地区向东南一直延伸至西藏昌都地区。该组地层颜色、岩性和碎屑颗粒大小等在纵向、横向上变化都比较快，砾岩、砂岩、粉砂岩、页（泥）岩、板岩和石灰岩所占的比例各地不一，但其底部有厚度不稳定的复成分砾岩，具有由下而上由粗变细的正粒序旋回特征；在囊极一带甲丕拉组所夹薄层石灰岩中采集到腕足类化石？*Sugmarella* sp.、*Zhidothyris yulongensis* Sun、*Septamphiclina qinghaiensis* Jin et Fang、*Zeilleria* cf. *lingulata* Jin、Sun et Ye、*Timorhynchia sulcata* Jin、Sun et Ye 等，时代归为晚三叠世卡尼期；与上覆地层波里拉组整合接触，地层厚度大于 326m。

（4）波里拉组（T$_3$b）。岩性以灰黑色薄—中厚层状生物碎屑泥晶—粉晶灰岩、生物介壳灰岩、泥晶灰岩为主，夹灰白色、灰褐色、紫红色中层状岩屑石英砂岩，灰绿色、紫红色、灰黑色、灰色钙铁质泥页岩，局部夹少量泥云岩；古生物化石有介形虫 *Bairdia emeiensis*，双壳类 *Halobia pluriradiata* 等，腕足类 *Yidunella pentagona* Ching 等，时代为晚三叠世诺利期；与上覆地层巴贡组整合接触，地层厚度为 489m。

（5）巴贡组（T$_3$bg）。岩性可分为两段，下段为灰色、灰绿色、浅灰色中层状粉砂岩与灰黑色、深灰色、灰色薄—极薄层泥（页）岩不等厚互层，上段为浅紫色、紫红色中—厚层状细—粗砾岩、含砾粗砂岩、细—粗砂岩、粉砂岩不等厚互层；产古植物 *neocalamites* cf. *hoerensis Equisetites*，归为诺利期—瑞替期；与下伏波里拉组整合接触，地层厚度大于 1061.31m。

（6）那底岗日组（T$_3$n）。那底岗日组是据西藏区调队（1986）创建的那底岗日群清理后命名的，建组剖面位于菊花山附近。该组主要分布于湾湾梁、雀莫错和中央隆起带北侧三个区域，以石水河、菊花山、拉雄错、拉相错、那底岗日、江爱达日那和玛威山一带较为连续，宽约 50km，长约 300km。主要为一套火山岩、火山碎屑岩沉积地层，可大致分为两个岩相组合类型：一类是陆上喷发系列，以流纹岩—熔结凝灰岩—凝灰岩为主，局部见少量玄武岩；另一类是水下喷发系列，为沉火山角砾岩—沉凝灰岩—凝灰质砂岩—粉砂岩—泥岩等，局部夹石灰岩，在双湖孔孔茶卡剖面见枕状玄武岩。两类火山岩都具双模式火山岩特征，同时也常交互出现。该地层通常与下伏地层（上三叠统肖茶卡组）角度不整合（菊花山剖面）或平行不整合（雀莫错、石水河剖面）接触，可见古风化面（付修根等，2007a；王剑等，2007），与上覆地层雀莫错组整合接触。在那底岗日和菊花山一带，那底岗日组与上覆雀莫错组呈平行不整合或整合接触，在江爱藏布、西长梁、雀莫错、弯弯梁一带，那底岗日组被雀莫错组角度不整合所覆。厚度为200～650m。该套地层中缺少化石组合，根据不整合面上下地层时代和那底岗日火山岩有限的K—Ar、Ar—Ar及Rb—Sr同位素测年数据，过去将其时代划归早—中侏罗世（王成善等，2001），但来自北羌塘坳陷那底岗日剖面及石水河剖面的流纹质晶屑凝灰岩及流纹质英安岩样品获得的SHRIMP锆石U—Pb定年结果分别为205Ma±4Ma、208Ma±4Ma和210Ma±4Ma（王剑等，2007），因此，其时代归属应为晚三叠世诺利期。与那底岗日组火山—沉火山碎屑岩同时代的地层还有各拉丹冬地区的鄂尔陇巴组（李才等，2008）、江爱达日那地区的望湖岭组等（姚华舟等，2008）。值得一提的是，那底岗日组双模式火山岩及其时代归属的重新确定，对于重新认识羌塘盆地中生代火山喷发事件、羌塘盆地性质与沉积构造演化具有重要的意义。

（7）日干配错组（T_3rg）。由西藏地矿局1993年命名于改则县森多以东日干配错剖面。岩性以浅海碳酸盐岩为主夹砂岩、页岩。据肖茶卡西、吓先错以及其香错北东索布查温泉等地上三叠统的实测和观测，发现日干配错组出露不全，大多未见底。在肖茶卡西，王剑等（2009）首次发现其底部以一套河流相底砾岩不整合于中二叠统龙格组之上。以肖茶卡西剖面为代表，自下而上可分为四段。第一段为灰色砾岩—砂岩—粉砂岩—泥岩组合，未见生物化石，厚度为186.5m；第二段为中、基性火山岩、火山角砾岩，夹深灰色微晶灰岩和灰绿色凝灰质泥岩，厚度为670.4m，火山岩K—Ar年龄测定为206.3Ma±71.8Ma；第三段为微晶灰岩、介壳灰岩夹泥灰岩，含双壳类 *Indopecten calamiscriptus*、*Palaeocardita langnongensis*、*Plagiostoma* cf. *baxoense*、*Halobia* sp. 等，腕足类 *Caucasorhynchia* cf. *kunensis*、*C.* cf. *trigonatia*、*Triadicthyris* sp. 等，时代大致定为晚三叠世中—晚期；与下伏钙质凝灰岩整合接触，厚度为120.77m；第四段为灰色、深灰色薄—中层状钙质粉砂岩与粉砂质泥岩、泥岩互层，夹砂岩透镜体，局部夹少量泥灰岩；含牙形石 *Epigondalella postera*、*Neohindeodella triassica*、*Neohindeodella kobayashii* 等，孢粉 *Asseretospota gyrata*、*Annulispora* sp.、*Cycadopites* sp. 等晚三叠世化石分子；顶部为古近系康托组不整合超覆，厚度大于420.6m。

（8）土门格拉组（T_3t）。该组是西藏东北部唐古拉山南麓的一个重要含煤层系，分布于中央隆起带周缘，由西藏地质局藏北地质队（1956）发现于安多县西北的土门格拉。岩性为一套含煤碎屑岩、页岩、泥岩及多层煤层或煤线夹泥岩、砂屑灰岩、微晶白云岩。地层中含丰富的动、植物化石，有双壳类 *Myophoria* (*Costatoria*) *mansuyi*、*M.* (*neoschizodus*) sp.、*Nuculana yunnanensis*、*Entolium* cf. *quotidianum*、*Cardium* (*Tulongocardium*) *nequam*、*C.* (*T.*) *xiangyunensis*、*Unionites emeiensis*、*U. rhomboidalis*、*U. ellipticus*、*Mytilus* sp.、*Posidonia* ps.、*Pleuromya* sp.，植物 *Danaeopsis fecunda*、*Equisetites arenaceum*、*Clathropteris meniscioides*、*Dictyizamites* sp.、*Otozamites* sp.、*Zamites* sp. 等。在双湖扎那陇巴还分析出孢粉类 *Concavisporites toralis*、*Klukisporites* sp.、*Chasmatosporites hians*、*Ovalipollis* sp.、*Psophosphaera* sp.、*Biretisporites* sp. 等。顶部被那底岗日组平行不整合或角度不整合覆盖，总厚度可达 3000m。

二、侏罗系

1. 中—下侏罗统

中—下侏罗统在羌塘盆地内广泛分布，下部地层在南、北羌塘坳陷差异明显，北羌塘坳陷分区称雀莫错组，南羌塘坳陷分区称曲色组、色哇组；中、上部全盆地趋于一致，统称布曲组和夏里组。在改则—东巧分区为一套与大洋俯冲作用有关的构造混杂岩，称为木嘎岗日群。

（1）雀莫错组（$J_{1-2}q$）。雀莫错组由白生海（1989）在盆地东部雀莫错剖面命名，下部为紫红色巨厚层砾岩，生物化石稀少；中部为紫红色、灰绿色岩屑石英砂岩、粉砂岩；上部为灰绿色粉砂岩、泥岩、泥灰岩；总厚度为 1234m。区域上，向西部出现较明显差异，如咸水河剖面，底部为泥岩、页岩，下部以灰色粉砂岩、泥岩为主，夹多层泥灰岩，中、上部则为一套巨厚的灰绿色、紫红色砾岩、砂岩、粉砂岩、泥岩组合；总厚度达 1953m，与东部雀莫错剖面正好相反。在中部那底岗日、双湖一带，则为一个过渡沉积区，底部为紫红色砾岩、砂岩，中部为微晶灰岩、泥晶灰岩以及泥晶白云岩夹两层石膏，上部为紫红色、灰绿色泥岩、粉砂质泥岩夹石灰岩、白云岩和石膏组合；总厚度仅 498m。雀莫错组多假整合于上三叠统那底岗日组或角度不整合、整合于上三叠统之上，局部直接不整合于古生界之上，顶部与中侏罗统布曲组整合接触。雀莫错组时代具有一定争议性，郝子文等（1999）依据地层中腕足类组合特征，时代归属于中侏罗世。王剑等（2009）根据新的、更为可靠的古生物化石及下伏那底岗日组时代特征，首次将雀莫错组时代归属为早侏罗世—中侏罗世，其主要依据有：① 在雀莫错组中、上部产丰富的双壳类化石，有 *Astarte muhibergi*、*A.elagans*、*Protocardia truncata*、*Pleuromyaoblita*、*Camptonectes laminatus*、*Chlamys*（*Radulopecten*）cf. *Matapwensis*、*Modiolus imbricatus*、*Protocardia* cf. *hepingxiangensis* 等，时代定至中侏罗世巴柔期。② 基于原定义的北羌塘坳陷分区下侏罗统那底岗日组归属上三叠统，导致上覆雀莫错组层位下移，推测其下部紫红色巨厚层砾岩段时代跨入早侏罗世。但其下部缺乏生物化石依据，具体分界还待进一步研究。

（2）曲色组（J_1q）。由西藏区调队（1986）所创，建组剖面在其香错北西索布查温泉附近，为一套深灰色泥岩、页岩夹少量粉砂岩、泥灰岩，该套地层向西断续出露，延至改则县康托一带（王剑等，2004）。在松可尔剖面，曲色组岩性可分为四段：一段以深灰色、灰黑色泥（页）岩为主夹少量石灰岩、粉砂质页岩和透镜状细砂岩，发育钙质结核，发育水平层理，厚度大于 546.7m；二段由灰色、深灰色砂岩、粉砂岩、粉砂质页岩及页岩组成，发育平行层理、沙纹层理、水平层理、包卷构造、底冲刷构造，厚度为 331.6m；三段由灰色、深灰色泥（页）岩夹少量粉砂质泥（页）岩组成，见水平层理，厚度为 398.1m；四段由灰色、深灰色泥灰岩、微（泥）晶灰岩和泥岩组成，厚度为 261m。顶部以一层含砂屑泥晶灰岩与中侏罗统色哇组分界。地层中自下而上产丰富的菊石化石，主要有 *Grammoceras striatulum* Sowerby、*Renziceras* sp.，时代为早侏罗世托阿尔期中—晚期。与下伏上三叠统石灰岩整合接触，王剑等（2009）通过对色哇乡松可尔下侏罗统连续剖面进行实测，确定其与上覆色哇组整合接触，剖面未见顶，厚度大于995m，为南羌塘坳陷下侏罗统典型沉积地层。

（3）色哇组（J_2s）。色哇组由文世宣（1976）在色哇等地发现命名，代表一套深灰色、灰绿色粉砂岩、泥岩、页岩夹砂岩、泥灰岩构成的韵律组合。总体上，该地层岩性单一，化石稀少，过去通常将之称为中侏罗统色哇组（文世宣，1976）或中—下侏罗统色哇组（西藏自治区地质矿产局，1997）。根据松可尔剖面实测资料，其岩性组合主要由灰色、深灰色泥（页）岩夹粉砂质页岩、泥灰岩组成，底部以薄层状细粒长石石英砂岩整合于曲色组之上，未见顶，厚度大于1023m。其中产丰富的菊石、双壳类、腕足类和腹足类化石，时代较为确切的为菊石 *Dorsetensia* cf. *regrediens*、*Witchellia* sp.、*Witchellia tebtica* Arkell、*Calliphylliceras* sp.、*Dorsetensia* sp. 和 *Cadomites* sp.，是欧洲、非洲、亚洲、美洲以及我国珠穆朗玛地区常见的中侏罗世早期化石（王剑等，2009）。与上覆地层布曲组整合接触，厚度大于432m。

（4）布曲组（J_2b）。布曲组由白生海（1989）命名于唐古拉山乡布曲，代表雀莫错组与夏里组两套紫红色碎屑岩之间出现的一套岩性比较稳定的中厚层状碳酸盐岩建造。在岩性组合上，以碳酸盐岩台地相石灰岩为主，在盆地边缘以及中央隆起带附近含较多的细碎屑岩夹层。在北羌塘坳陷中西部，碳酸盐岩含量达70%～95%，岩性以灰色、深灰色中—厚层状泥晶灰岩、泥灰岩、生物碎屑灰岩、藻灰岩为主，夹少量粉砂岩、泥岩、页岩和内碎屑灰岩；在东部和北部乌兰乌拉湖—雀莫错—雁石坪一带，碎屑岩含量可达25%～50%，岩性组合表现为灰色薄—中层状石灰岩、生物碎屑灰岩与泥岩、页岩、粉砂岩呈互层或夹层产出；沿中央隆起带那底岗日—达卓玛—依仓玛一带，石灰岩占该组厚度的40%～85%，岩性以灰色、浅灰色中—厚层状泥晶灰岩为主，以含丰富的生物碎屑灰岩、鲕粒灰岩、核形石灰岩、粒屑灰岩等为特征，局部夹膏岩和少量粉砂岩、泥岩。在南羌塘坳陷，北部懂杯桑—隆鄂尼—昂达尔错一带，地层出露不全，岩性为微晶灰岩、藻礁灰岩、珊瑚礁灰岩、白云岩等，形成一个断续延伸的礁、滩带。南部以曲瑞恰乃剖面为代表，岩性为灰色、深灰色薄层—中层状泥晶灰岩、泥灰岩、条带状灰岩夹钙质泥岩、页岩等。地层中含有丰富的双壳类、腕足类化石，并有珊瑚、有孔虫、海胆、腹足类化石，其中双壳类可见 *Eomiodon angulatus*—*Isognomon*（*Mytiloperna*）*bathhonicus* 组合 和 *Camptonectes laminatus*—*Radulopecten vagans* 组合，腕足类发育 *Burmirhynchia*—*Holcothyris* 组合，指示其时代为巴通期。该组底界以上厚度141～178m的石灰岩中产丰富的 *Burmirhynchia*—*Holcothyris* 组合，横向分布稳定，被当作地层对比标志层（赵政璋等，2001c）。底部与下伏雀莫错组整合接触，顶部与夏里组泥岩整合接触，厚度为142～1446m，以北东部最薄，向西、南部增厚。

（5）夏里组（J_2x）。该组为青海省区调综合地质大队（1987）于雀莫错东夏里山创建，岩性以紫红色碎屑岩夹石膏沉积为特征，但在盆地内不同区域有一定差异。在盆地东部乌兰乌拉湖、雀莫错、温泉、114道班、土门、达卓玛、那底岗日、东湖等广大地区，岩性可以那底岗日剖面为代表，下部为灰色、灰绿色及暗紫红色薄—中层状钙质泥岩、泥灰岩、泥晶灰岩夹5层石膏和少量钙质石英砂岩、粉砂岩组成；上部为紫红色、灰绿色中层状钙质细粒石英砂岩、钙（泥）质粉砂岩为主，夹粉砂质泥岩、钙质泥岩等，厚度为 679m。显著特点是呈紫红色、含有丰富的石膏层，在达卓玛石膏层多达 10 余层，总厚度为 140m，而在温泉一带，单层厚度可达 70m。在北羌塘坳陷西部曲龙沟、野牛沟、马牙山、长水河（半岛湖）等地区，岩性可以马牙山剖面为代表，为灰色、灰绿色薄—中层状钙质细粒石英砂岩、长石砂岩、粉砂岩和泥岩夹泥晶灰岩、砂屑灰岩、生物碎屑灰岩等，局部夹砾岩透镜体，普遍未含石膏，厚度为 502m。在南羌塘坳陷，夏里组剖面资料有限，岩性以曲瑞恰乃剖面为代表，由灰色薄层状泥岩、浅灰色薄—中层状粗粉砂岩及灰色薄至中层状细粒石英砂岩互层组成，局部夹灰色薄—中层状生屑鲕粒灰岩，厚度为 617m。重要化石有双壳类 *Chlayms（Radulopecten）vegans*（*sowerby*）、*Protocardia stichlandi*（Morris et Lycett）、*Plagiostoma* sp.、*Pterperna burensis*、*Ansisocardia tenera* 等，腕足类 *Thurmannella penptychina*、*Dorsoplicathyris ovalis* 等，可建立 *Praelacunosella—Dorsoplicathyris* 组合，指示时代为巴通晚期—卡洛夫期；下与布曲组、上与索瓦组均为整合接触，地层厚度为 400～800m。

2. 上侏罗统

索瓦组（J₃s）。索瓦组最早由青海省区调综合地质大队（1987）创建于盆地东部雀莫错剖面，相当于早期定义的雁石坪群上石灰岩段，在岩性上以石灰岩为主，频繁出现粉砂岩夹层区别于布曲组。岩性组合在北东部及中央隆起带两侧碎屑岩含量较高（31%～47%），局部（祖尔肯乌拉山）高达 56%。岩性组合以深灰色薄层状泥灰岩、泥质泥晶灰岩、生物介壳灰岩为主，夹薄层状钙质泥岩、粉砂岩，其中泥岩和粉砂岩自下向上逐渐增多，中部含少量石膏夹层，生物化石丰富，但不含菊石。在盆地中西部，碎屑岩含量少（0～21.4%），岩性以半岛湖附近长虹河剖面为代表，为灰色中—厚层状泥晶灰岩、生物碎屑灰岩、砂屑灰岩、核形石灰岩、鲕粒灰岩、礁灰岩等，夹少量钙质粉砂岩、长石砂岩、泥岩；局部形成点礁、生物滩，不含膏岩层。岩层中生物化石十分丰富，普遍含菊石；产腕足类 *Steptaliphoria septentrionalis*、*Pentithyris* cf. *Pelagica*、*Thurmanella acuticosta*、双壳类 *Radulopecten fibrosus*、*Gervillella aviculoides*、*Pteroperna* cf. *polyodom*、*Astarte mummus* 等，时代定为晚侏罗世牛津期；该地层整合于夏里组，地层厚度为 283～1825m。

三、白垩系

羌塘盆地出露的白垩系在南、北羌塘坳陷各不相同，下白垩统在南羌塘坳陷缺失，在北羌塘坳陷的下白垩统包括雪山组、白龙冰河组。上白垩统在南、北羌塘坳陷都存在，称为阿布山组。

1. 下白垩统

（1）雪山组（K₁x）。雪山组一名首先由地质部石油地质综合大队青藏分队（1966）提出，1983 年由蒋忠惕正式公布，建组剖面位于青海南部雁石坪温泉附近，其含义是指唐古拉群最上部的一组地层。该组整合于唐古拉群上部石灰岩之上，主要是一套灰色粉砂岩、粉砂质泥岩互层，其中夹少量灰质泥岩和泥灰岩层，未见顶，顶部风化残积物中见许多大块的黄灰色、褐黄色中—粗粒砂岩。其中采到了 *Paranip?ononaia* cf. *Paucisulcata*、*Trigonoides* sp.、*Nippononiia* aff. *wakinoensis* 等亚洲地区常见于下白垩统中的淡水双壳化石动物群，故将其时代定为早白垩世（蒋忠惕，1983）。发育大量介形虫、轮藻和孢粉化石，其中包括介形虫 *D. changxinensis*、*D. giganimpudica*、*D. impudica*、*D. conttracta*、*D. oblonga*，轮藻 *A. hongguensis*，孢粉 *Classopollis* sp.、*I. apierrucata*、*C. annulatus*、*C. tristriatus*、*C. parmus*、*C. qiyangensis* 等。根据盆地内剖面及路线观察，主要为一套巨厚三角洲相碎屑岩系，普遍具二分性；下部为紫红色、灰绿色、浅灰色及黄灰色等组成的杂色碎屑岩和泥岩组合，上部为紫红色碎屑岩组合，夹含砾粗砂岩或细砾岩。雪山组整合于索瓦组大套石灰岩之上。盆地内该地层组均未见顶，厚度大于532m。

（2）白龙冰河组（K_1b）。该组为西藏区调队（1986）所创，强调仅出现在北羌塘坳陷西北部白龙冰河一带，为一套浅海相泥灰岩、泥岩、石灰岩、白云质灰岩、鲕粒灰岩、泥岩及页岩等，总厚度达2080m。其中含有丰富的菊石化石，个体普遍较大，部分直径可达35cm左右。剖面下部见 *Progeronia* sp. 菊石化石，被认为是西欧、北非、马达加斯加及印度等地产于上侏罗统下部牛津阶—钦莫利阶的标准化石；剖面上部发育 *Virgatosphinctes* sp.、*Aulacosphinctes* sp.、*V. muilifasciatus* 等菊石化石组合，它们广泛出现于世界各地，为提塘阶上部菊石组合。此外，剖面附近相当于上部层位中还采有 *Berriasella* sp. 代表早白垩世贝里阿斯期的菊石化石。可见白龙冰河组时代跨越了整个晚侏罗世直至早白垩世。王剑等（2004，2009）结合近年来的研究，仅将原剖面4—5层作为白龙冰河组，时代确定为早白垩世，岩性为灰色、深灰色薄—中层状泥晶灰岩、泥灰岩夹泥岩、页岩，之下地层实际上为索瓦组上段，与下伏索瓦组整合接触。在羌塘盆地西长梁—胜利河一带，分布呈北西西—南东东向油页岩出露长30km，宽0.15～0.25km，露头分布面积约6km²。控制油页岩层系的厚度为21.58～72.05m，油页岩有3～5层，最厚1.07m，薄者0.44m，一般为0.59～0.93m，油页岩顶底板为泥晶灰岩、生屑泥晶灰岩，最上一层顶板为膏灰岩及膏岩。王剑等（2007，2009）和付修根等（2007）通过生物地层和同位素地层学综合研究，确定了胜利河油页岩为海相下白垩统，主要依据有：① 油页岩中包含大量的孢粉，孢粉包括 *Apiculatisporites*、*Cyathidites minor* Couper、*Cicatricosisporites*、*Jiaohepollis*、*Cerebropollenites*、*Chasmatosporite*、*Ephedripites* cf. *notensis*、*Cycadopite*、*Classopallis* 等。其中以早白垩世常见的海金沙科孢子（*Cicatricosisporites*）占据主要地位，*Jiaohepollis*、*Cerebropollenites*、*Ephedripites*、*Cycadopites* 等也均是国内外早白垩世的常见分子。② 利用铼—锇（Re—Os）同位素精确定年对油页岩进行分析，获得样品的 Re-Os 等时线年龄为101Ma ± 24Ma，为早白垩世中—晚期。③ 胜利河油页岩含有大量海相双壳类化石。这一认识不仅对羌塘盆地的地层划分是个重要的补充，还对评价羌塘盆地的油气远景具有重要意义。

2. 上白垩统

阿布山组（K_2a）。上白垩统阿布山组（K_2a）最早由吴瑞忠等（1985）创立，位于双湖西侧，定为上白垩统，其岩性由紫红色中砾岩、细砾岩、粗砂岩和中砂岩、细砂岩、粉砂岩、泥岩组成，自下而上粉砂岩、细砂岩、泥岩含量增加，为一个河流—湖泊沉积序列。产孢粉 *Araucariacites* sp.、*Bitetisporites* sp.、*Cicaticosispotites* sp.、*Cycadopites* sp.、*Classopollis* sp.、*Deltoidospsra* sp.、*Densoporites* sp.、*Extratriporopollenites* sp.、*Weluitchiapites* sp.、*Monosulcites* sp.、*Undulatisporites* sp.、*Ginkgoretectina* sp.、*Pterisis* sp.、*Psophospheragranadis* sp.、*Schizaeoisporites* sp.、

Schizaeoisporites sp.、*Tticolpotopollenites* sp.、*Undulatisporites* sp.、*Triporopollentes* sp. 等。其时代依据仅有孢粉化石，故认识尚不一致，朱同兴等（1996）根据其分析的孢粉及磁性地层的研究，将阿布山组的时代定为晚白垩世。在双湖地区阿布山组明显不整合于上三叠统肖茶卡组或侏罗系之上，顶部被康托组不整合覆盖，地层厚度约1203m。

第四节　新　生　界

新生界广泛分布于羌塘盆地，主要包括康托组、唢呐湖组、纳丁错组和石坪顶组。其中纳丁错组只见于南羌塘坳陷，其余各组在南、北羌塘坳陷均有分布。

一、古近系

（1）康托组（Ek）。康托组以大套紫红色冲积相粗—巨砾岩、粗碎屑岩为特征，砾石成分以石灰岩为主，其次为砂岩。角度不整合覆盖在中生界或更老地层之上，原剖面未见顶。产淡水双壳类和腹足类、介形虫等化石，厚度为200～2700m。新一轮1：25万区调填图资料认为，唢呐湖组或石坪顶组局部角度不整合超覆在康托组之上，但在半岛湖以西雁铃河剖面及附近，康托组与唢呐湖组二者呈交错过渡关系，康托组同时角度不整合超覆在侏罗系之上（王剑等，2019）。新一轮1：25万区调填图在化石时代依据方面也取得了新的证据，尤其在丁固—加措一带，岳龙等（2006）于康托组黏土岩采获轮藻及孢粉类，发现轮藻 *Obtusochara* sp.、*O. lanpingensis*、*Gyrogona qinajiangica*，孢粉 *Polypodiaceaesporites*、*Polypodiaceoisporites*、*Lycopodiumsporites neogenicus*、*Tsugaepollenites*、*Ephedirpites*、*Nitrariadites*、*Tricolporopollenites*、? *Nymphaeacidites*、*Fupingopollenites*、*Persicarioipollis*、*Chenopodipolligs*、*Ranunnculacidites*。其中，*Obtusochara* sp. 大量产于青藏高原班公错、伦坡拉一带的牛堡组，湖北新沟嘴组下部，渤海沿岸孔店组等地；*Obtusochara lanpingensis* 最初报道于云南晚白垩世至古近纪早期地层，常见于中国南方古新世和始新世地层，如湖南洞庭盆地古新统新湾组和下始新统沅江组，浙江长河凹陷古新统长河群一组，河南济源盆地中新统聂庄组、余庄组等（沙金庚等，2005）。据此，康托组地质时代可能为古新世—始新世。

（2）唢呐湖组（Es）。唢呐湖组由西藏区调队（1986）以唢呐湖东剖面为代表所建。与康托组冲积相特征不同，唢呐湖组以紫红色、灰绿色含石膏湖相沉积为主。羌地17井揭示唢呐湖组上部（0～168m）主要为透明石膏夹青灰色钙质泥岩和紫红色钙质泥岩组合，下部（168～466m）以紫红色泥岩为主，夹青灰色粉砂质泥岩、泥质粉砂岩、粉砂岩、岩屑石英细砂岩和含砾中—粗砂岩。该组地层不整合于侏罗系之上，与上覆石坪顶组火山岩也为不整合接触，厚度为4300m（西藏自治区地质矿产局，1997）。含木本植物花粉 *Betula* sp.、*Alnus* sp.、*Auercus* sp.、*Carpinus* sp.、*Sapindaceae*，草本植物花粉 *Gramineae*、*Artemisia* sp.、*Chenopodiaeeae*、*Caryophyllaceae* 等，含介形虫 *Metacypris* sp.。在区域上，该组常以含大量石膏或石膏质泥岩（或石灰岩）为特征，整体以大套灰白色含膏岩石组合最具代表性，通常以此作为划分依据。唢呐湖组时代自其建组以来，争论颇大，至今没有采获具有较为确切依据的生物化石，前人将其时代归属推测为古近纪，并置于康托组之上。王剑等将其时代归属明确为古近纪始新世中期，与康托组为同期异相沉积地层（王剑等，2019）。其主要证据有：① 采自羌地 17 井同沉积沉凝灰岩（已蚀变为斑脱岩）的 SIMS U—Pb 加权平均年龄为 46.57Ma ± 0.30Ma（王剑等，2019），其时代归属与康托组基本一致。② 康托组紫红色陆源碎屑岩与唢呐湖组蒸发岩形成的古气候环境一致，它们都是形成于干旱气候环境。③ 康托组主要发育于古地理相对较高的冲洪积环境，而唢呐湖组主要发育于古地理相对较低的蒸发岩盆地，二者形成于不同的古地理单元，构成同期异相沉积地层。④ 半岛湖以西雁铃河露头剖面上，可见唢呐湖组与康托组二者呈交错过渡关系。

（3）纳丁错组（$E_{2-3}n$）。纳丁错组分布于改则县日玛一带，为一套高钾的钙碱性系列基性—中基性火山岩夹紫红色砾岩、含砾砂岩，火山岩 K—Ar 年龄为 31.1Ma、32.6Ma（王立全等，2013），时代为渐新世；与下伏地层呈角度不整合接触，地层厚度大于 290m。

二、新近系

石坪顶组（Ns）、鱼鳞山组（Ny）。由西藏区调队（1986）以改则县沉鱼湖剖面为代表创立，岩性为一套基性—酸性火山岩，厚度为 10～200m，时代定为上新世—更新世。谭富文等（2000）曾对北羌塘坳陷中部黑虎岭、浩波湖北东、半岛湖、东湖等地石坪顶组火山岩进行过较深入研究，表明它们不整合于侏罗系或新近系唢呐湖组之上，然而对 13 件不同地点火山岩 K—Ar 同位素年龄测定结果为 44.1Ma ± 1.0Ma～32.6Ma ± 0.8Ma，时代属古近纪始新世—渐新世，但在北羌塘坳陷北部玉盘湖一带石坪顶组火山岩 K—Ar 同位素年龄为 10.6Ma（西藏区调队，1986），时代属中新世。石坪顶组、鱼鳞山组火山岩具有很大的穿时性，遵照前人地层学专项研究《西藏自治区岩石地层》，将之暂时归为新近系。

第二章 构 造

羌塘盆地构造演化记录了古特提斯洋关闭、中特提斯洋和新特提斯洋开启及消亡过程。与拉萨地块一样,羌塘—昌都地块原属于冈瓦纳大陆北缘的一部分,古生代以来,它们先后从冈瓦纳大陆北缘裂解并向北漂移,随着特提斯演化过程中一系列大洋的开启、关闭,最终碰撞拼贴到欧亚大陆南缘。尽管羌塘盆地位于青藏高原腹地,但因受印度板块与欧亚板块强烈俯冲、碰撞、挤压及高原隆升剥蚀等构造作用的影响,通常认为羌塘叠合盆地遭受了多期构造强烈的改造作用,因此油气保存条件较差。然而,近年来,地质—地球物理调查发现,羌塘盆地局部仍然具有较好的油气保存条件。本章将重点介绍羌塘盆地构造单元划分、构造层与构造期次、构造特征及盆地构造演化过程。

第一节 构造单元划分

根据羌塘盆地重力、航磁地球物理场资料,结合盆地地质—地球物理大剖面结构特征,参照最新油气地质调查资料及1:25万区域地质调查资料,羌塘盆地构造单元可以划分为:北羌塘坳陷、南羌塘坳陷及中央隆起带三个一级构造单元,盆地北部边界为可可西里—金沙江缝合带,南部边界为班公湖—怒江缝合带。

一、地球物理场特征

1.重力场特征

区域重力异常主要是地壳中密度不均匀的总体表现。根据重力测量剖面结合MT测量成果开展的正反演结果,羌塘盆地重力异常与沉积岩厚度、基底岩性、局部构造、浅部低密度层等因素有关,同时还明显受地形影响。

根据各套地层岩石密度分析,羌塘盆地存在古近系与新近系、前奥陶系变质基底与上覆地层之间的两个密度界面,其中新生界呈点状分布,不构成区域界面,因而盆地仅存在前奥陶系与上覆地层之间的密度界面(一个深埋深起伏的前奥陶系基底顶界面)。另外,盆地内的基性、超基性火山岩也可与其他地层间形成明显的密度界面,但这是局部的或沿盆缘缝合带分布,不影响盆地前奥陶系基底界面的总体面貌。

盆地重力异常特征显示见图2-2-1。盆地周边主要为正值异常带,在地表对应出露的地层主要为古生界、三叠系和基性、超基性火山岩,反映基底变质岩埋深较浅,并发育高密度火山岩,其中又以尼玛、兹格塘错、安多、聂荣一带异常值最高,为正高值,对应班公湖—怒江缝合带的位置,为盆地南界。而在东部沱沱河、雁石坪一带出现了一个大致呈

北北东向展布的正高值异常带,异常值高达 $20 \times 10^{-5} \text{m/s}^2$,地表对应地层为二叠系

和三叠系石灰岩、碎屑岩及白垩系和新生界碎屑岩与大量中基性火山岩，除反映不均匀分布的基性火山岩外，更主要的可能还是反映该区前奥陶系基底埋深相对较浅，地表出现向南西方向的逆冲推覆构造，说明基底可能是被抬升至浅部的。盆地内南、北部并没有出现明显的差异，说明羌塘盆地具有统一的基底，而不是前人所推测的中央隆起带为一条板块缝合带（李才等，1995），南、北羌塘具有不同基底。

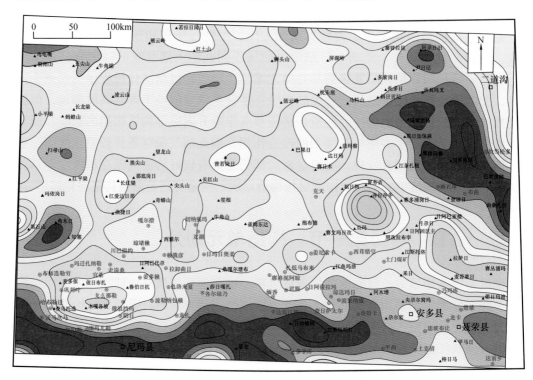

图 2-2-1　羌塘盆地区域重力异常图

2. 航磁特征

航磁勘探是测量地球的总磁场强度，经改正后的异常强度大小取决于岩石的磁化率。沉积岩一般无磁性或弱磁性，基性及中基性岩浆岩具有较高的磁性。

羌塘盆地变质岩具弱磁性，形成弱磁性基底；大多数层位的沉积岩无磁性或极弱磁性；侏罗系—第四系中酸性火山岩具弱磁性，三叠系—二叠系中基性火山岩层磁性较强；各时代玄武岩磁性最强，可产生强磁异常；区内侵入岩表现为较强的磁性，且从酸性到基性、超基性磁性逐步增强。

羌塘盆地航磁极化异常图（图2-2-2）中强磁异常正好与地表浅层的火山岩和侵入岩的分布相吻合，说明羌塘盆地火山岩和侵入岩对航磁异常强度的影响十分明显。羌塘盆地磁性基底最小埋深等值线图则清晰地反映了盆地基本结构，包括盆地南北边界、北羌塘坳陷、中央隆起带（西段）、南羌塘坳陷、东部隆起带。

二、地质—地球物理剖面结构

中国地质调查局组织的油气资源调查评价与战略选区工作分别在羌塘盆地南、北坳陷开展了两条地质—地球物理走廊大剖面调查，根据这一成果资料，结合重新处理的中国石油天然气总公司青藏油气勘探项目经理部完成的二维地震96-880测线资料, 羌塘盆地地质—地球物理综合剖面解释（图2-2-3、图2-2-4、图2-2-5）如下。

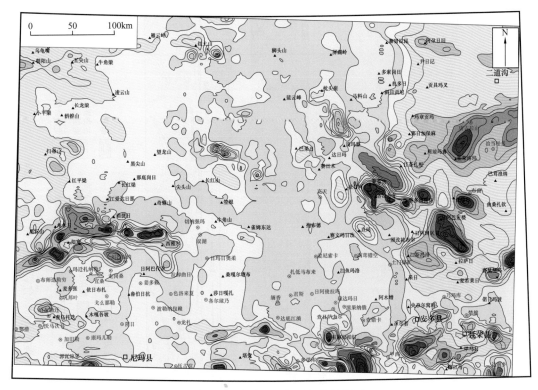

图 2-2-2　羌塘盆地航磁极化异常图

1. 地质—地球物理剖面

1）中生界

总体特征是南羌塘坳陷中生界地层厚度薄于北羌塘坳陷（图2-2-3、图2-2-4）。南羌塘坳陷中生界平均地层厚度约为2.2km, 最厚的地方出现在昂达尔错凹陷内, 厚度近2.5km。北羌塘坳陷侏罗系平均地层厚度约为4km, 几乎是南羌塘坳陷的两倍, 最厚的地方出现在白滩湖凹陷内, 厚度达6.5km。在中央隆起带与其南侧一带上三叠统断续出露地表, 中生界地层较薄, 厚度为0.7～1.5km。

2）古生界

总体特征是南羌塘坳陷古生界地层厚度略大于北羌塘坳陷（图2-2-3、图2-2-4）, 使得南北羌塘沉积地层总体厚度接近一致。南羌塘坳陷古生界沉积地层平均厚度7km, 最厚的地方出现在昂达尔错凹陷中部, 厚度达10km; 北羌塘坳陷古生界沉积地层（还可能包含部分下三叠统）平均厚度约6km, 最厚的地方出现在吐错—龙尾湖凹陷内, 厚度超过10km, 白滩湖凹陷内古生界地层厚度也较大, 接近7km。

沿剖面发育一些低缓磁异常。南羌塘剖面中央隆起带上方存在一幅值±20nT的磁异常, 并对应有宽缓的弱重力高异常, 推断该磁异常由二叠系鲁谷组火山岩引起; 北羌塘剖面白滩湖凹陷上方存在一个幅值±30nT的磁异常, 异常宽度大, 与深部磁性不均匀体有关, 推测为火山岩体, 说明断陷盆地形成时, 此处有较大规模的火山喷发活动。

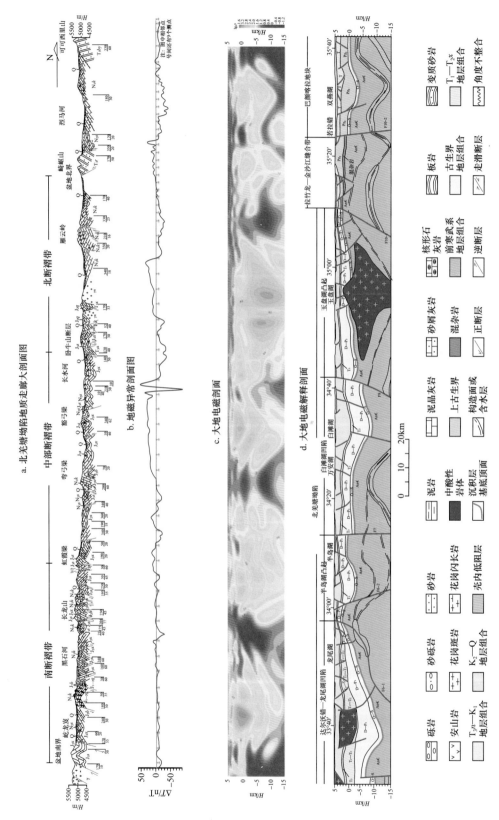

图 2-2-3 羌塘盆地北部坳陷地质—地球物理走廊大剖面综合解释图（据王剑等，2009）

总之，羌塘盆地中生界及古生界未变质地层，总体厚度较大，平均超过10km，其中，南羌塘昂达尔错凹陷、北羌塘吐错—龙尾湖凹陷和白滩湖凹陷内的地层厚度超过15km。沉积地层向北部边界（可可西里—金沙江缝合带）逐渐变薄，但向南部边界（班公湖—怒江缝合带）地层厚度并未出现明显变薄的趋势。

3）变质基底

根据重、磁、电测量结果，羌塘盆地存在变质基底（图2-2-3、图2-2-4）。变质基底整体表现为高阻、高密度、中等磁性特征，埋深平均超过10km。最深处位于羌塘盆地吐错—龙尾湖凹陷，深度达17km；最浅处位于玉盘湖凸起北部，基底埋深小于4km。值得一提的是在南羌塘剖面通过的中央隆起带，变质基底并未出现明显隆起特征，构造高点甚至没有超过其南部的其香错凸起和北部的半岛湖—普若岗日南凸起。

2. 二维地震解释剖面

依照宽角反射与折射地震测量给出的羌塘盆地沉积层速度为5.3～5.8km/s，结晶基底速度为5.9～6.3km/s（赵文津等，2004）。在2004—2007年新采集处理的地震剖面上，4～6s（双程走时）范围（以5.0s为主值）存在一组较强的反射界面，由3～4个平行同相轴组成，该界面在重新处理的中国石油天然气总公司青藏油气勘探项目经理部完成的97-912线、97-880线和96-880线亦可识别。按沉积层速度平均5.55km/s估算，其埋深最大处在南羌塘坳陷班公湖—怒江缝合带附近，达18km；最浅处位于中央隆起带，仅11km；北羌塘坳陷埋深在13～16km范围变化，从南向北加深。根据区域地质调查，羌塘盆地存在结晶基底，这一界面代表的是羌塘盆地结晶基底的顶界面。

在96-880二维地震测线上（图2-2-5），由于数据采集记录时间的原因，重点记录的是6s以内的反射波形态，所以，盆地基底的反射记录并不清楚。在该剖面上，可以大致识别出4个较为明显的界面，将盆地内的沉积盖层分为4个构造层：白垩纪到新近纪构造层、晚三叠世—侏罗纪构造层、三叠纪构造层和古生代构造层。

（1）白垩纪到新近纪构造层。位于0～1s以内，表现为地震波的同相轴短、不连续，在平面上零星出现，与地表出露的古近系—新近系相对应。

（2）晚三叠世—侏罗纪构造层。位于0～2.5s以内，地震波同相轴短，但具有较好连续性，呈较短波状起伏，显示地层具有较强构造强变形特征，褶皱紧闭、破碎。北羌塘坳陷残留厚度2.5～6km，盆地北部可可西里造山带前缘最厚，向南减薄，中央隆起带上缺失；南羌塘坳陷残留厚度为2km左右。

（3）三叠纪构造层。位于1～3s以内，地震波同相轴短，连续性好，呈较长波状起伏，地层褶皱较为紧闭。残留厚度1～2km。

（4）古生代构造层。位于1～6s以内，在南、北羌塘坳陷均埋藏较深，中央隆起带和盆地南、北边缘埋深较浅。地震波特征为反射波较弱，但同相轴宽缓，起伏较小。残留厚度大于3km。

三、构造单元划分及特征

在综合分析盆地地质—地球物理特征基础上，羌塘盆地可划分为三个一级构造单元和若干个二级构造单元：北羌塘坳陷、中央隆起带和南羌塘坳陷。盆地北部边界为可可西里—金沙江缝合带，南部边界为班公湖—怒江缝合带（图2-2-6）。

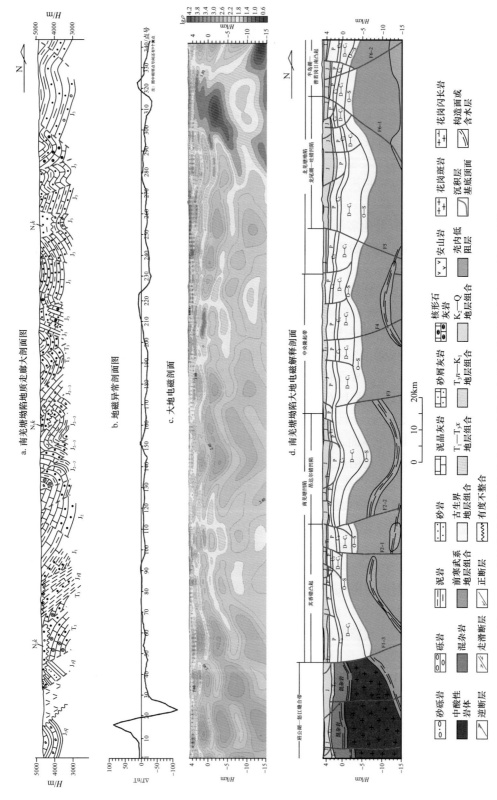

a. 南羌塘坳陷地质走廊大剖面图

b. 地磁异常剖面图

c. 大地电磁剖面

d. 南羌塘坳陷大地电磁解释剖面

图 2-2-4 羌塘盆地南部坳陷地质—地球物理走廊大剖面综合解释图（据王剑等，2009）

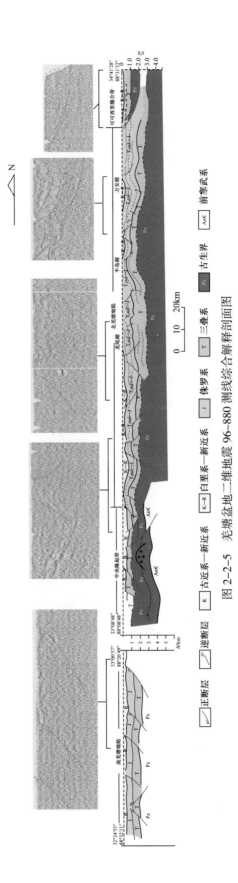

图 2-2-5 羌塘盆地二维地震 96-880 测线综合解释剖面图

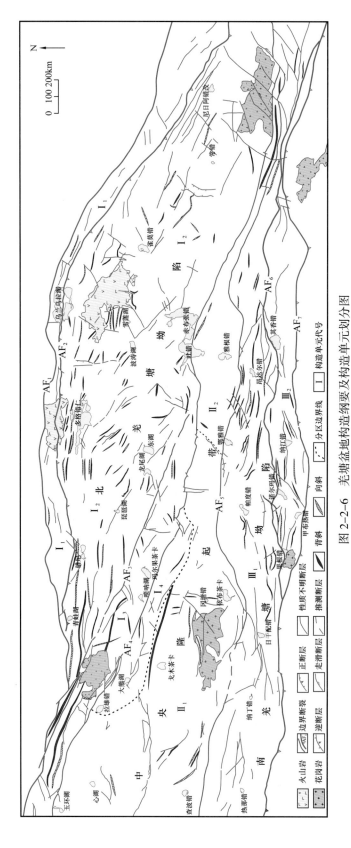

图 2-2-6 羌塘盆地构造纲要及构造单元划分图

北羌塘坳陷（I）：I₁—亚克错—乌兰乌拉湖褶皱带；I₂—羌中舒缓褶皱带；I₃—布若错—达尔沃错过渡构造带；I₄—大熊湖断褶带；
中央隆起带（II）：II₁—西部隆起带；II₂—东部隆起带；南羌塘坳陷（III）：III₁—帕度错—扎尔玛错褶皱带；III₂—诺尔玛错—其香错断褶带

1.北羌塘坳陷

北羌塘坳陷（Ⅰ）进一步划分为4个次级单元。

（1）亚克错—乌兰乌拉湖冲断带（I_1）。北以 AF_1 断裂带为界，南以 AF_2 断裂为界（图2-2-6）。该单元向南呈背驮式运移叠置于羌中舒缓褶皱带之上。构造单元内上三叠统总体表现为小型连续褶皱，局部地区构成规模较大的紧闭褶皱；侏罗系则多以开阔褶皱为主，表明它们为不同构造运动的产物；上白垩统和新生界以舒缓褶皱为主，同时使侏罗系、三叠系地层及构造形迹呈"天窗"出露，表明中生界构造形迹在晚白垩世以前基本定型，喜马拉雅构造活动对其影响较小。盆地边界断裂活动在构造单元内派生出一系列次级断裂，使侏罗系、三叠系呈构造岩片状混杂，同时在靠近 AF_1 断裂地区出露中深变质岩系，表明该构造单元属于逆冲推覆体系的根部所在。

（2）羌中舒缓褶皱带（I_2）。北界为亚克错—乌兰乌拉湖冲断带南断裂（AF_2），南界为向北逆冲的 AF_3、AF_4 断裂带。构造单元内三叠系主要分布于东北部，以北西西向中常褶皱为主，局部为紧闭褶皱；侏罗系构成该单元主体，总体为近东西—北西西向的宽缓褶皱（图2-2-7），局部被同向断裂所切断，但由于后期构造叠加而演变为短轴褶皱，局部褶皱轴迹发生扭曲而出现东西—北西西向、北西向、北东向褶皱和近南北向褶皱并存的局面。此外，侏罗系构造形迹还具有如下特点：① 该构造单元北部（吐坡错、普若岗日和桌子山以北）普遍具有薄皮推覆构造上盘的变形样式，褶皱构造基本表现为隔挡式或隔槽式组合特点，同时该区的近东西—北西西向断裂向下合并于统一滑脱面上。② 构造单元中部（多格错仁—赤布张错一带）北西向构造形迹有向北西端归并东西向构造带，向南东逐渐转变为北西西向构造形迹的趋势。以上表明三叠系与侏罗系褶皱为不同构造运动产物。上白垩统和新生界角度不整合覆盖于下伏地层之上，新地层褶皱密度较小、翼间角较大、近东西—北西西向断裂稀疏，显示侏罗系构造形迹在晚白垩世以前形成，受喜马拉雅构造运动影响轻微。

除上述构造形迹外，构造单元内尤其是东部地区普遍发育南北向构造和北西—北东向共轭断裂组合样式，它们普遍切割了近东西—北西西向构造形迹，形成时代相对较晚。南北向构造不仅表现为南北向断裂和同向展布的褶皱构造，而且该断裂组合成一系列地堑，使该区呈现出凹凸相间的构造地貌，同时表明该区早期为侧向掀斜，晚期伸展。北西—北东向共轭断裂组合以北东向断裂规模宏大，多为走滑性质。

（3）布若错—达尔沃错过渡构造带（I_3）。位于北羌塘坳陷西南部，被 AF_3 断裂和 AF_4 断裂围限。地表地质和地球物理调查表明，中央隆起带以 AF_4 断裂为运移面推覆其上，于拉雄错和江爱达日那等地可见二叠系飞来峰；AF_3 断裂于地表高角度南倾或北倾，大地电磁测深显示，该断裂向南缓倾并归并于 AF_4 断裂上，显示出明显的薄皮逆冲推覆构造特点。该构造单元内上三叠统遭受了低绿片岩相变形—变质作用的改造，普遍表现为小型连续褶皱和大型紧闭褶皱，且内部劈理、片理和脆—韧性剪切带等极其发育。侏罗系总体构成近东西—北西西向展布的开阔—舒缓褶皱，且劈理、片理不发育，与上三叠统内的构造形迹构成明显的区别；但由于后期构造事件叠加，侏罗系构成的褶皱常发生变形、变位，造成不同方向轴迹的褶皱并存局面。上述层位与发育于其内的各种构造形迹多被变形轻微的古近系构造层角度不整合覆盖，且以"天窗"的形式出露，表明这些构造形迹至少是在晚白垩世以前形成，喜马拉雅运动对其影响相对微弱。此外，该构造单元同样发育南北向构造、北东—北西向共轭断裂组合等构造样式。

（4）大熊湖断褶带（I_4）。位于北羌塘坳陷西南边缘，向南渐变到中央隆起带，向北以 AF_4 断裂为运移面推覆到布若错—达尔沃错过渡构造带之上。构造单元内由于 AF_4 断裂活动而遭受强烈抬升、剥蚀，造成区内仅残留有少量中—下侏罗统，而且这些层位多被断裂构造肢解并与三叠系岩片、基底岩片（由三叠系以前地层构成）混杂在一起。侏罗系主要构成北西西向的中常—开阔褶皱，而三叠系内常发育一系列轴面倾向南南西、较为紧闭的不对称褶皱，暗示它们为不同构造事件的产物。此外，该构造单元的新生界较为发育，其内褶皱密度明显较三叠系、侏罗系低，且表现为一系列近东西向展布的舒缓褶皱。由此可见，该区在印支运动、燕山运动时期就基本奠定其基本格局，而受喜马拉雅构造运动影响微弱。

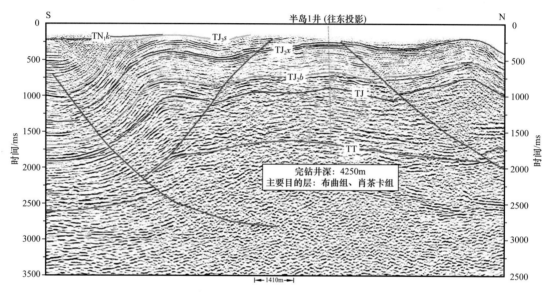

图 2-2-7　半岛湖北宽缓褶皱（QB2015-07 NS 地震测线上）

2.中央隆起带

中央隆起带（Ⅱ）进一步划分为 2 个次级单元。

（1）西部隆起带（$Ⅱ_1$）。位于双湖之西，以广泛出露三叠系、古生界、元古宇中深变质岩系及燕山期中酸性花岗岩等与南、北羌塘坳陷有明显区别。古生界、三叠系在构造单元的北部常构成近东西—北西西向展布的紧闭褶皱、斜歪褶皱，而向南褶皱逐渐转变为直立中常—开阔褶皱。构造单元内不同级次的近东西—北西西向断裂极其发育，大地电磁（234 线、328+2 线）测深显示，一系列次级断裂向下归并于一条深大断裂上，构成拱起构造。除上述构造形式外，该构造单元同样发育南北向构造和北西—北东向共轭断裂组合，其中一些北东向断裂在其叠覆区形成了拉分盆地。

（2）东部隆起带（$Ⅱ_2$）。位于双湖之东，夹持于 AF_4、AF_5 断裂之间。560 线大地电磁测深显示，AF_5 断裂向下归并于 AF_4 之上，构成拱起构造。三叠系构成该单元主体，总体上为近东西—北西西向展布的中常—紧闭褶皱；同时东西—北西西向断裂极其发育，将三叠系分割成一系列构造岩片，局部地带还夹有二叠系岩片，显示典型的卷入基底的厚皮推覆构造特征。侏罗系角度不整合于三叠系之上，多构成同向中常—开阔褶皱。此外，该区上白垩统、古近系零星分布，它们均与早期地层呈角度不整合接触，这些地层变形轻微。

3. 南羌塘坳陷

南羌塘坳陷（Ⅲ）进一步划分为 2 个次级单元。

（1）帕度错—扎加藏布褶皱带（Ⅲ₁）。位于南羌塘坳陷北部，夹于 AF_5 断裂和 AF_6 断裂之间。构造单元内主要出露上三叠统—侏罗系，由一系列近东西向展布的平行褶皱群构成，单个褶皱呈线性延伸，转折端圆滑、等厚。地层中近东西—北西西向断裂较发育，常对两侧岩层具有牵引作用，特别是靠近 AF_5 断裂地区，发育轴面北倾紧闭褶皱。大地电磁测深显示，这些断裂向下归并于一条推覆滑脱面上，表明该构造单元存在有断弯褶皱和断展褶皱两类褶皱。上白垩统—新生界的褶皱密度明显较上三叠统—侏罗系低，主要表现为近东西—北西西向展布的直立开阔—舒缓褶皱；断裂以近东西—北西西向为主，尤其在与上三叠统、侏罗系的接触带上发育，它不仅使阿布山组发生了强烈变形，而且造成侏罗系推覆于其上，表明该类断裂是燕山期断裂在喜马拉雅应力体制下再度复活、垂向侧向扩展产物。

除了上述近东西—北西西向构造形迹外，还发育一系列北东向展布断裂。这些断裂主体表现为走滑性质，不仅错断东西—北西西向断裂，而且还控制着一系列新生代断陷发生和发展，如昂达尔错、帕度错和扎加藏布等第四纪断陷。

（2）诺尔玛错—其香错断褶带（Ⅲ₂）。该构造单元南邻班公湖—怒江缝合带，位于 AF_6 和 AF_7 断裂之间。构造单元内以出露上侏罗统为特征，总体由一系列近东西向展布的褶皱组成。但由于后期构造运动叠加而发生变位，呈现出近东西向褶皱与北东东向和北东向褶皱并存的局面。这些褶皱主体上为直立开阔褶皱，转折端圆滑、等厚，显示出明显的纵弯褶皱特征。断裂构造按走向可分为近东西向、北东向和北西向 3 组。东西向断裂规模相对较大，总体上显示出逆冲断裂特征；后 2 组断裂规模相对较小，切穿第四系以前所有地层，均表现为剪切走滑性质。

第二节　构造层与构造期次

一、构造层划分及特征

羌塘盆地经历了多期构造运动的叠加改造，盆内构造特征十分复杂。2009 年，王剑等利用野外调查、重点区块填图和 1∶25 万区域填图资料的综合分析，依据羌塘盆地地层接触关系、沉积事件、岩浆活动和变形—变质特征等，将各时代地质体划为基底构造层、古生界构造层、三叠系构造层、上三叠统—下白垩统构造层和上白垩统—新生界构造层（表 2-2-1）。

1. 基底构造层

基底构造层出露于中央隆起带上，为一套中深变质岩系，岩石类型为含榴二云片岩、石榴黑云斜长片麻岩、黑云二长片麻岩、浅粒岩、大理岩、蓝晶十字石二云片岩和斜长角闪岩等。该套岩系总体显示出中深构造层次固态塑性流变特征，与角闪岩相变

表 2-2-1　羌塘盆地构造层和构造期次划分表（据王剑等，2009，修改）

系	统	构造层	南羌塘坳陷	中央隆起带	北羌塘坳陷	年龄/Ma	构造运动
第四系	全新统	新生界—上白垩统构造层	第四系构造小层	全新统：松散堆积物			喜马拉雅运动Ⅲ幕
第四系	更新统			更新统：松散堆积物，构成阶地			喜马拉雅运动Ⅱ幕
新近系	上新统			石坪顶组组构造小层：高钾火山岩系，未变形		7.5[1]	
新近系	中新统					23[2]	喜马拉雅运动Ⅰ幕
古近系	渐新统			鱼鳞山组组构造小层：碱性火山岩系，基本未变形			
古近系	始新统			唢呐湖组/康托组构造小层：唢呐湖组为厚逾百米的近浅湖相含膏碳酸盐岩，康托组为厚逾千米的红色磨拉石建造；二者均为弱变形，且均同期异相沉积		46.57[3]	
古近系	古新统						
白垩系	上统			上白垩统构造亚层：陆相红色磨拉石建造，局部夹火山岩，弱变形		75.9[4]	燕山运动Ⅲ幕
白垩系	下统	下白垩统—上三叠统构造层	中常褶皱为主，开阔褶皱次之，叠加褶皱发育	下白垩统构造亚层：零星分布，海相陆源碎屑岩建造，构成舒缓褶皱		101[5]	燕山运动Ⅱ幕
侏罗系	上统			休罗系构造亚层	以开阔褶皱为主，次为舒缓褶皱和中常褶皱，叠加褶皱普遍发育		燕山运动Ⅰ幕
侏罗系	中统			那底岗日组	那底岗日组		
侏罗系	下统			土门格拉组	肖茶卡组	217[6]	印支运动
三叠系	上统	三叠系构造层		热觉茶卡组	那布查日组		
三叠系	中统			康南组 康鲁组	那益雄组	235[7]	
三叠系	下统		仅少量盆地出露		巴贡—波里拉—甲丕拉组：南北为小型褶皱，中部为大型中常褶皱		
二叠系	上统	古生界构造层		鲁谷组 曲瓦组	康南组—康鲁组—硬水泉组		华力西运动
二叠系	中统			展金组 擦蒙组	开心岭群		
二叠系	下统			日湾茶卡组 查桑组		290[8]	
石炭系	上统				为海相碎屑岩+碳酸盐岩组合，构成中常—开阔褶皱，发育轴面劈理		
石炭系	下统			普尔错群	杂多群	364[9]	
泥盆系	上统			饮水河群			
泥盆系	中统				雅西尔群		
泥盆系	下统						
志留系							
奥陶系							
元古宇		结晶基底		软基底：中—新元古界中深变质变质岩系　硬基底：古元古界深变质变质岩系，为固态塑性流变精褶皱		645[10]	泛非运动
						1666[11]	吕梁运动

注：① 据邓万明（1998）；② 据李才等（2002）；③ 据王剑等（2019）；④ 据 Li 等（2013）；⑤ 据王剑等（2007）；⑥ 据付修根等（2010）；⑦ 据王剑等（2016）；⑧ 和 ⑨ 据 Pullen 等（2011）；⑩ 和 ⑪ 据谭富文等（2009）。

形—变质作用密切相关。

2. 古生界构造层

古生界构造层主要出露于中央隆起带和北羌塘坳陷，南羌塘坳陷有少量地层分布。奥陶系—石炭系主体上表现为稳定构造背景下的、厚度达 7000m 以上的海相碳酸盐岩—陆源碎屑岩建造；二叠系为海相陆源碎屑岩—碳酸盐岩建造，局部地带火山岩发育。这些地层除在中央隆起带北部表现为紧闭褶皱外，其余地区多为中常—开阔褶皱。

3. 三叠系构造层

三叠系构造层贯穿于整个北羌塘坳陷，北部地区表现为厚逾千米的大陆斜坡—深海盆地相浊积岩建造，中部自下而上显示为碳酸盐岩缓坡向海陆交互相沉积演化的特征，南部延伸到中央隆起带上，以海陆过渡环境三角洲、碳酸盐岩台地和湖沼相为主。就变形特征而言，北羌塘坳陷南、北两侧多以小型连续褶皱和大型紧闭褶皱为主，中部地区中常—开阔褶皱占主导地位。

4. 上三叠统—下白垩统构造层

上三叠统—下白垩统构造层角度不整合于三叠系构造层和古生界构造层之上，下部为一套以那底岗日组为代表的陆相火山—沉积岩系，向上依次为雀莫错组三角洲—潟湖沉积、布曲组碳酸盐岩台地沉积、夏里组三角洲相—潟湖相陆源碎屑岩与碳酸盐岩组合、索瓦组开阔台地—浅滩沉积和雪山组三角洲前缘—平原沉积。上述地层总体上表现为近东西—北西西向展布的开阔褶皱，但由于后期差异抬升而遭到不同程度剥蚀。

5. 上白垩统—新生界构造层

依据变形特征、接触关系可将上白垩统—新生界构造层划分为上白垩统构造亚层和新生界构造亚层。

1）上白垩统构造亚层

上白垩统构造亚层在全盆地内零星分布，总体表现为一套厚度达数百米的红色磨拉石沉积，在中央隆起带和南羌塘坳陷还有火山岩夹层，K—Ar 同位素年龄为 89～106Ma。该构造层内褶皱密度较小，为东西向舒缓褶皱。

2）新生界构造亚层

新生界构造亚层自下而上划分为康托组—唢呐湖组、鱼鳞山组、石坪顶组、第四系 4 个构造小层。

（1）康托组—唢呐湖组构造小层。主要由康托组和唢呐湖组构成。康托组在全盆地内分布零星，为一套角度不整合于上白垩统及以前地层之上的、厚度逾千米的红色磨拉石建造，总体为近东西—北西西向展布的开阔—舒缓褶皱，但密度以靠近可可西里—金沙江缝合带、班公湖—怒江缝合带的部位和中央隆起带北缘相对较大。最新资料研究表明，唢呐湖组时代归属已明确为古近纪始新世中期，同沉积沉凝灰岩（已蚀变为斑脱岩）的 SIMS U—Pb 加权平均年龄为 46.57Ma ±0.30Ma，与康托组为同期异相沉积地层（王剑等，2019）。

（2）鱼鳞山组构造小层。主要分布于北羌塘坳陷中部东月湖—雀莫错一带，在中央隆起带和南羌塘坳陷也零星分布，表现为厚度逾 1000m、呈熔岩被产出的碱性火山岩系（局部倾斜较大），与时代较老地层呈角度不整合接触，同位素年龄在 28～40Ma 之间。

（3）石坪顶组构造小层。主要分布于北羌塘坳陷北缘玉盘湖—永波错一带，为一套基本未受变形、时限为5~10Ma的陆相高钾火山岩系。

（4）第四系构造小层。主要由更新世—全新世冲积、洪积和湖积砂砾石、砂石及黏土组成，局部地带表现为泉华。该套岩系变形轻微，常构成多级阶地。

二、构造期次

在构造层划分的基础上，依据各构造层变形特征、接触关系、岩浆活动和沉积作用等，认为羌塘盆地自元古宙形成变质结晶基底后，主要经历了华力西期、印支期、燕山期和喜马拉雅期等4次构造运动（表2-2-1），其中燕山运动、喜马拉雅运动表现为多幕。现将它们的存在依据和表现特征简述如下。

1. 华力西运动

从羌塘盆地石炭系—二叠系构造样式与上覆三叠系明显不同，加上二者之间存在角度不整合面来看，二叠纪与三叠纪之间存在一次构造运动，即华力西运动。该期构造运动在羌塘盆地表现为南南南—北北东向挤压作用，使石炭系—二叠系构成一系列北西西向展布的褶皱群。

2. 印支运动

在北羌塘坳陷和中央隆起带，三叠系构造层褶皱变形与上三叠统那底岗日组—侏罗系构造层明显不同，且二者之间为角度不整合接触，表明该区存在一次构造运动——印支运动。在南羌塘坳陷，上三叠统与侏罗系为整合接触，它们共同构成近东西向展布的褶皱，表明在该区印支运动表现不明显。

3. 燕山运动

燕山运动在羌塘盆地表现为3幕。

（1）燕山运动Ⅰ幕。羌塘盆地侏罗系以开阔褶皱为主，而且具有复杂的褶皱叠加样式，与角度不整合于其上的下白垩统、上白垩统阿布山组和始新统明显不同，表明二者之间存在一次构造运动，即燕山运动。

（2）燕山运动Ⅱ幕。该幕构造运动存在的依据有：① 下白垩统在南羌塘坳陷南缘为海相碎屑岩，上白垩统为夹有火山岩的红色磨拉石建造。② 在冈底斯构造带，上白垩统与下白垩统之间存在角度不整合面，且冈底斯地块与羌塘地块于侏罗纪晚期已经拼合。③ 早白垩世存在碰撞型花岗岩；例如，发育于北羌塘坳陷东部的下白垩统花岗岩基（Rb—Sr年龄为132.67Ma，甲布热错似斑状二长花岗岩基的K—Ar同位素年龄为120~129Ma）沿侏罗系背斜核部侵位。该期构造运动使下白垩统构成近东西—北西西向展布的开阔褶皱。

（3）燕山运动Ⅲ幕。该幕构造运动存在的依据有：① 分布于南羌塘坳陷、中央隆起带以及北羌塘坳陷南部的上白垩统阿布山组与上覆始新统康托组呈角度不整合接触。② 羌塘盆地上白垩统普遍发生褶皱。③ 发育上白垩统碰撞型花岗岩体，布若错碰撞型花岗斑岩基的K—Ar同位素年龄为94.8Ma，饮马湖花岗斑岩体的K—Ar同位素年龄为97.5Ma。④ 阿布山组含中酸性火山岩夹层。由此表明，该幕构造运动在整个羌塘盆地均存在。

4. 喜马拉雅运动

喜马拉雅运动在羌塘盆地表现为3幕。

（1）喜马拉雅运动 I 幕。该幕构造运动存在的依据有：① 羌塘盆地的始新统普遍褶皱。② 始新统康托组被渐新统唢呐湖组角度不整合覆盖。③ 发育古近系花岗岩株，映天湖二长斑岩株 K—Ar 同位素年龄为 39.2Ma，普若岗日二长花岗岩的年龄为 40.2Ma（K—Ar 法），马料山花岗岩株的年龄为 34.9Ma ± 0.8Ma（Ar—Ar 法）。

（2）喜马拉雅运动 II 幕。该幕构造运动存在的依据主要有：① 羌塘盆地渐新统唢呐湖组普遍褶皱。② 在该盆地广泛发育产状近于水平的渐新统—中新统熔岩被，局部地带呈角度不整合于唢呐湖组之上。

（3）喜马拉雅运动 III 幕。该幕构造运动存在的依据主要有：① 羌塘盆地主要发育两套不同时代、不同性质的火山岩，一组同位素年龄为 28～40Ma，以碱性为主；另一组同位素年龄为 5～10Ma，表现为高钾特征。② 两套火山岩变形特征存在差异，时代较早的碱性火山岩不仅断裂发育，而且局部地区产状较陡；时代较新的高钾火山岩内部断裂不发育，且产状总体较缓。

第三节　构造特征

通过野外调查、遥感解译和 1 : 25 万区域地质填图资料的统计分析发现：羌塘盆地构造样式在空间展布上具有一定的规律性，其构造样式及组合类型、构造应力分析等特征如下。

一、褶皱分布及特征

对羌塘盆地 454 个由三叠系—古近系构成的褶皱统计表明，近东西—北西西向褶皱占 75%，北西向褶皱占 12%，北东向褶皱占 10%，南北向褶皱占 3%。其中，近东西—北西西向褶皱构成盆地内主要构造形迹，形成时代相对较早，普遍被北西、北东和南北向褶皱叠加，形成各种形态的褶皱。

1. 近东西—北西西向褶皱

1）分布及特征

总体来看，该类褶皱在平面上大多平行展布，同一褶皱岩层厚度基本保持一致，转折端圆滑且曲率由内到外逐渐加大，弯曲越来越紧闭。褶皱枢纽倾伏方向主体为近东西—北西西，倾伏角很小，一般小于 20°；就轴面产状而言，直立—近直立者约占 85%，斜歪褶皱约占 14%，余者主要为倒转褶皱。按照褶皱长 / 短轴比值，褶皱总体以短轴褶皱（长轴 : 短轴 =3 : 1～10 : 1）为主，长度一般小于 20km；次为长轴褶皱（长轴 : 短轴大于 10 : 1），长度一般大于 20km。

平面分布上看，上述褶皱尤其是短轴褶皱在平面上成群、成带分布，走向上表现为尖灭再现特点。褶皱枢纽总体显示出微倾伏特点，如将多个串珠状分布的短轴褶皱的枢纽连在一起，则显示出规模较大的、波浪起伏的长轴褶皱，且同一褶皱内形成多个构造高点；这可能为后期构造叠加于近东西—北西西向褶皱而成。

层位上看，发育于不同层位、不同地区的褶皱在形态等方面具有一定差异：（1）侏罗系构成的褶皱，在北羌塘坳陷南、北两侧和中央隆起带密度较大，而在北羌塘坳陷腹地尤其是西部金星湖—东湖地区褶皱密度较小。（2）三叠系构成的褶皱主要见于北羌塘坳陷和中央隆起带，在坳陷南、北两侧和中央隆起带以连续的小褶曲为主，且发育密集的轴面劈理，这些小褶曲受后期构造运动影响，与侏罗系一起卷入褶皱，发生再褶，形成背形或向形构造；而在该坳陷腹地多构成规模相对较大的中常褶皱。（3）上白垩统和古近系中，褶皱密度远小于侏罗系和三叠系，且主要集中在靠近区域性断裂部位，多为短轴褶皱。

褶皱强度上看，对327个褶皱（其中三叠系褶皱42个，侏罗系褶皱238个，上白垩统和古近系褶皱47个）翼间角的统计表明（图2-2-8），三叠系褶皱强度最大，尤以中央隆起带及其相邻地区和靠近可可西里—金沙江缝合带部位褶皱最紧闭，且发育轴面劈理。侏罗系褶皱翼间角相对较大（图2-2-9），总体表现为北羌塘坳陷和南羌塘坳陷北部地区褶皱强度较大。发育于侏罗系中的褶皱还具有沿其展布方向或走向往往发生渐变，呈现出波状弯曲或肠状产出的特点。上白垩统和古近系构成的褶皱翼间角最大。

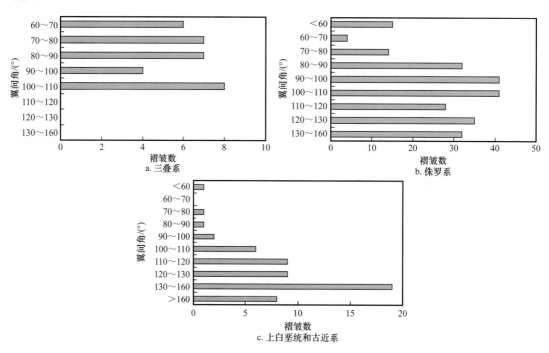

图2-2-8　羌塘盆地北西西向褶皱翼间角统计直方图

2）主要褶皱

（1）毕洛错—昂达尔错席状平行褶皱。位于毕洛错—昂达尔错一带，东西向展布，由5个向斜和6个背斜构成一个规模较大的席状平行褶皱群。卷入地层为侏罗系，其中向斜轴部多为夏里组、索瓦组，背斜核部多为雀莫错组、布曲组。褶皱带宽度22～27km，延伸100～105km，波幅5～5.5km；轴向近东西向，毕洛错一带轴向偏北西西，昂达尔错一带为东西轴向。两翼对称，倾角多为45°～65°，转折端圆滑，枢纽总体上呈波状起伏，长、短轴之比多大于20，属直立水平线性褶皱。该类褶皱属于等厚褶皱，为弯滑作用形成，但受到后期构造事件的改造而发生变形、变位。

图 2-2-9 三叠系与侏罗系褶皱强度差异（托纳木地区 NS 5 地震测线）

（2）雁石坪向斜。该向斜位于青藏公路雁石坪一带，轴线总体走向 310°，沿轴延伸近 30km，核部发育索瓦组。两翼岩层产状差异不大，北东翼岩层产状为 218°∠49° 和 187°∠40°，南西翼岩层产状为 21°∠40° 和 20°∠63°，翼间角 95°，轴面朝南西倾，倾角 80°～85°。向南东方向，向斜核部极宽阔、平缓，岩层倾角多为 8°～10°。向斜北西端向上扬起，东南端被第四系掩盖。向斜轴在雁石坪北西 3km 处转向北西延伸，使轴线呈反"S"形。整个向斜两翼被两条与向斜平行的北西向逆断裂夹持。可见，该向斜在形成以后，又经历了不同方向的挤压作用，造成褶皱枢纽沿走向发生弯曲。

（3）雪莲湖北褶皱群。由一系列发育于中侏罗统内的近东西向褶皱组成（图 2-2-10）。褶皱两翼产状基本对称，倾角多在 25°～37° 之间，个别达 40°～50°，均为等厚褶皱。背斜较紧闭，向斜相对宽缓，转折端圆滑，轴面近直立，枢纽略有起伏，总体向北西西（280°～290°）或南东东（100°～110°）倾伏，倾伏角 5°～10°，反映其为北北东—南南东向水平挤压应力场中形成的纵弯褶皱（σ_1=15°～23°∠2°～5°、190°～210°∠8°，σ_2=280°～290°∠5°、100°～110°∠8°～10°，σ_3 近直立）。

（4）布若错复式褶皱。该复式褶皱呈 280°～295° 方向延伸，长大于 130km，宽大于 40km。其东部被一系列北西向、北东向断裂切断，西部被布若错上白垩统花岗斑岩岩基吞噬，反映其定型于晚白垩世以前。该复式褶皱主体上由雀莫错组、布曲组和夏里组构成（图 2-2-11），仅在近南北向向斜叠加部位保留索瓦组。复式褶皱轴迹波状起伏且不连续，沿轴部在西段布若错、甜水河两地各出现一高点；内部由一系列平行或近平行宽缓长轴状褶皱组成，两翼倾角沿走向有一定变化，中段较缓，倾角一般为 15°～25°；往两端变陡，倾角 20°～50°，北东翼 20°～35°，南西翼 25°～50°，呈不对称状。这些次级褶皱尤其是背斜，其内部还发育更次一级褶皱，它们多数与主褶皱轴同向，形态宽缓开阔，为同期形成；但在靠近深大断裂部位，形态紧闭，规模较小，极不对称，延伸不远，可能是断裂活动的派生构造。

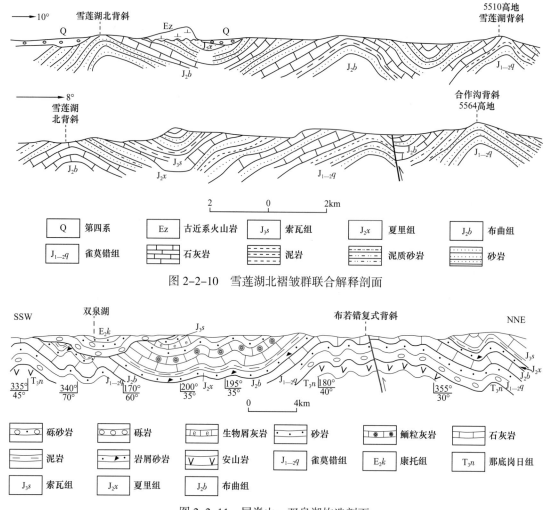

图 2-2-10 雪莲湖北褶皱群联合解释剖面

图 2-2-11 尾脊山—双泉湖构造剖面

2. 北西向褶皱

总体上以线状和短轴褶皱为主，枢纽近于水平，轴面基本上呈直立—近直立。在横剖面上，单个褶皱基本平行，同一褶皱岩层在厚度上基本保持一致，转折端圆滑且曲率由内到外逐渐加大，弯曲越来越紧闭。对盆地内47个该类褶皱翼间角统计分析（图 2-2-12），平缓褶皱占17.1%，开启褶皱占72.3%，中常及紧密褶皱占10.6%。表明其变形强度与近东西—北西西向褶皱相近。就空间展布而言，褶皱以白滩湖—普若岗日一带较为集中，总体显示出向北西方向收敛，向南东方向发散的帚状构造特征，而且单个褶皱在其西北端的多格错仁一带渐变为近东西向，在南东部普若岗日—波涛湖一带则渐变为北西西向，表明它与近东西—北西西向褶皱是同一期次地质作用在不同部位的产物。这些褶皱在不同部位翼间角差异较大，向西北方向，褶皱较为紧闭，而向南东方向褶皱相对宽缓；褶皱在走向上尖灭再现，在横剖面上彼此平行，总体上显示出一个大型平行褶皱群的特征。

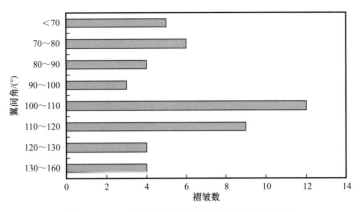

图 2-2-12　羌塘盆地北西向褶皱翼间角统计

（1）源泉东背斜。发育于索瓦组中，长约 15km，核部宽 2～5km，为短轴褶皱。该背斜轴向约 325°，北翼产状 65°∠50°，南翼产状 200°∠30°，两翼基本对称，褶皱相对开阔，核部发育古近系中酸性侵入体，翼部发育次级小褶曲并被断裂破坏。

（2）强仁温杂日背斜和向斜。均为短轴褶皱，两翼基本对称。背斜长 15km，核部宽达 5km，北翼产状 25°∠30°，南翼产状 190°∠40°，轴面陡立。向两端方向，枢纽倾伏，褶皱逐渐紧闭。向斜与背斜基本平行，长 12km，核部宽近 5km，轴面陡立，轴部开阔，两翼断失，且在南东端被鱼鳞山组火山岩角度不整合覆盖。

（3）万安湖南背斜。由中侏罗统布曲组和夏里组组成。长 25km，核部宽 5km，轴向 325°，为长轴褶皱。轴面直立，北翼产状 60°∠62°，南翼产状 230°∠58°，两翼对称，枢纽近水平，为直立紧闭水平褶皱。另外，沿走向方向，在褶皱翼部可见小型褶曲。

3. 北东向褶皱

该类褶皱分布相对零散，总体上轴面直立，两翼对称，转折端圆滑、等厚，不发育劈理构造，基本上表现为叠加于近东西—北西西向褶皱上的短轴褶皱。对 39 个该类褶皱翼间角统计分析（图 2-2-13），平缓褶皱占 30.8%，开启褶皱占 64.1%，中常及紧密褶皱占 5.1%。

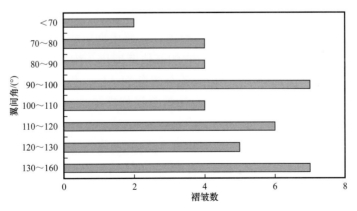

图 2-2-13　羌塘盆地北东向褶皱翼间角条形图

（1）达布堆背斜。位于果根错与纳江错间的达布堆、土玛日吐一带，卷入褶皱的地层为索瓦组。轴向为北东 60° 左右，长 35km；两翼产状 125°∠65°、325°∠60°，两翼岩层中次级从属褶皱发育。转折端圆滑，轴面近于直立。褶皱南西延伸被第四纪断陷断限，北东延伸被渐新统康托组覆盖。

（2）江尕勒冒勒钦向斜。位于孕阿错北江尕勒冒勒钦一带，北东—南西延伸，长25km，卷入变形岩层为索瓦组泥灰岩、鲕状灰岩，北翼产状175°∠50°，南翼产状335°∠40°～60°，南翼受北东向走滑断裂作用产状有波动，对称性差，北东延伸被北东向走滑断裂斜切，层间次级从属褶皱发育。

（3）尺柔复式向斜。由雪山组—雀莫错组构成，南西西—北东东向延伸约30km。由两向斜夹一背斜组成，剖面上表现为"W"形态。北部向斜两翼产状165°∠48°、340°∠48°；南部向斜两翼产状162°∠42°、348°∠51°。北部向斜轴面南倾，倾角70°～80°；南部向斜轴面略北倾，两翼岩层近对称。中部为一背斜，背斜北翼产状342°∠52°，南翼产状160°∠23°，轴面南倾，倾角70°～80°。

4. 南北向褶皱

该类褶皱在若拉岗日、双泉湖、饮龙错、新月山、雪莲湖东、玛耶错一带有零星分布，均由侏罗系构成，翼间角多大于120°，枢纽略有起伏，轴面多为直立—近直立，基本上属于短轴直立水平褶皱，局部地带叠加于近东西—北西西向褶皱之上。

二、断裂分布及特征

羌塘盆地最重要断裂是近东西—北西西向断裂，其长度都在100km以上，盆地边界及二级构造单元的分界都是该类断裂。其次是北西向断裂、北东向断裂，它们规模相对较小且形成时间相对较晚，常常切割东西—北西西向断裂。再次是南北向断裂，该类断裂具有多期活动性质。

1. 盆地边界断裂

AF_1、AF_7断裂是控制盆地边界的断裂（图2-2-6），它们均由一系列沿走向分支复合、尖灭再现的次级断裂组成，为脆—韧性断裂。

（1）可可西里—金沙江缝合带与羌塘盆地分界断裂AF_1。断裂具有较宽的构造破碎带，总体北倾，局部南倾，倾角多在50°～70°之间，并且沿断裂带常有基性、超基性、中酸性岩脉分布，表明它为超壳断裂。大地电磁测深显示，该断裂于深部向北缓倾，为上陡下缓犁式断裂。断裂形成于中—晚三叠世，在燕山期、喜马拉雅早期再度活动，断裂不仅穿切侏罗系、古近系，而且在靠近它的部位劈理化、构造破碎强烈。

（2）班公湖—怒江缝合带与南羌塘坳陷分界断裂AF_7。断裂主断裂面南倾，地表倾角45°～65°，断裂带内发育拖曳褶皱，由于遭受强烈韧脆性构造活动改造，构造裂隙、碎粉状断裂泥、劈理化带极其发育。

2. 盆内断裂

1）近东西—北西西向断裂

该类断裂最发育，控制着盆地构造格架。

断裂长达100km以上的有AF_2、AF_3、AF_4、AF_5和AF_6，总体具有脆韧性活动特点，由一系列沿走向分支复合、尖灭再现的次级断裂组成。

（1）石榴湖—玉盘湖—玛章错钦断裂（AF_2）。单条断裂具有宽达100～500m的断裂破碎带，结构面总体北倾，在乌兰乌拉湖地区倾角为57°，而在亚克错一带倾角逾70°；

与 AF_1 断裂相似，在其西部的古近系内断续出露，而在东部常切断古近系，显示出东部地区活动强，西部地区活动弱的特征。

（2）布若错—达尔沃错断裂（AF_3）。南盘主要为中—下侏罗统和上三叠统肖茶卡组，北盘主要为上侏罗统索瓦组。断裂一般具有宽数米至数十米的构造破碎带，构造岩主要由断裂角砾岩、构造透镜体和糜棱岩等组成；带内劈理、片理化强烈，且常有中—上侏罗统基性、酸性岩株、岩枝呈串珠状分布，表明在侏罗纪时就存在。断裂总体南倾，局部北倾，地表倾角为 $70°\sim80°$；断裂在走向上多被古近系掩盖，仅局部地段具有切割古近系的特征。因此该断裂在燕山期活动强烈，喜马拉雅期活动相对微弱。

（3）中央隆起带与北羌塘坳陷分界断裂（AF_4）。断裂以南为三叠系及以下层位地层，之北以侏罗系为主。主断面总体南倾，倾角多在 $30°\sim60°$ 之间，在奇嵘山、图中湖一带见上盘的二叠系岩片被推覆到三叠系以及侏罗系之上，并且强烈逆冲推覆作用使下盘地层产生变形。大地电磁测深显示，该断裂向深部逐渐变缓，为上陡下缓犁式断裂。断裂在阿木错之西常被古近系掩盖，在双湖之东，普遍截穿古近系，而且构成断裂下盘的地层呈现出自西而东变老的趋势。

（4）纳丁错—鄂雅错—支巴断裂（AF_5）。北盘总体由三叠系构成，南盘为侏罗系。断面总体北倾，局部南倾，倾角一般为 $66°\sim71°$，而在东部地区变化于 $30°\sim40°$ 之间。构造破碎带宽度在数米至 200m 不等，具东宽西窄特点；带内多由断裂碾细物、断裂碎粉岩和断裂泥等组成；上盘岩层劈理化较强，下盘岩层发育有牵引褶皱。该断裂切割上白垩统阿布山组和古近系，表明该断裂在燕山晚期、喜马拉雅期仍有活动。

（5）佣钦错—安多—索县断裂（AF_6）。断裂面总体北倾，局部南倾，倾角一般为 $40°\sim50°$，陡者达 $70°$ 左右。断裂带宽几十米至几百米不等，一般为百余米，最宽达 600 余米；带内岩石发生强烈的韧脆性形变，糜棱岩化、角砾岩化、构造置换强烈，这种不同构造层次的构造岩混杂反映该断裂具有多期活动特点。在兹格塘错见断裂切割阿布山组并使其强烈变形，在安多县买马乡一带见中侏罗统色哇组沿该断裂推覆于康托组之上，表明断裂在燕山晚期、喜马拉雅期仍在活动。

长度为 $30\sim100km$ 的北西西向断裂在羌塘盆地广泛发育，该类断裂倾角多在 $50°$ 以上，构造破碎带一般为数米至数十米，均为脆性构造岩，对两侧地层具有拖曳作用。此外，由于基底构造或局部应力场影响，断裂沿走向其产状变化较大。如发育于吐错—多格错仁一带的弧形断裂束在北西端渐变近东西向，在南东端渐变为北西西向。

长度小于 $50km$ 的北西西向断裂是大型断裂的派生物，它们在露头上主要表现为线性延伸、负地形、地层突变和产状紊乱，一般不具构造破碎带。

综上来看，羌塘盆地北西西向断裂具有燕山早—中期活动相对较强，燕山晚期和喜马拉雅期相对较弱的特点。就变形区域而言，总体表现为南羌塘坳陷和中央隆起带相对较强、北羌塘坳陷相对弱，盆地东部强、西部弱。在北羌塘坳陷南、北两侧断裂规模、密度均较大，而中部地区规模、密度相对较小。

2）北西向断裂

除位于多格错仁—吐错地区北西端、南东端分别渐变为近东西向或北西西向的北西断裂外，区内该种断裂规模一般较小，延伸多在 20km 以下，活动特征为压扭性质。它们普遍切割近北西—北西西向断裂和同向展布的褶皱构造，表明其形成时代相对较晚。该种断裂断面平直，既有倾向南西，也有倾向北东，倾角一般在 60° 以上。断裂破碎带多在 2m 以下或不具断裂破碎带，断裂两侧劈理化较强烈或产状紊乱。断裂切割最新的地层为鱼鳞山组火山岩，表明其在新近纪以来仍在活动。

3）北东向断裂

该类断裂以南羌塘坳陷、中央隆起带和北羌塘坳陷东部地区规模较大，它们普遍切割近东西—北西西向断裂。

（1）登额陇—查吾曲断裂。该断裂向北于尕鄂恩错纳玛北东交会于 AF$_2$ 断裂，向南于巴庆大队北归并于 AF$_6$ 断裂上，全长约 160km。走向北东，倾向北西，产状 310°～320°∠70°～75°。切割的最新地层为古近系，水平位移可达 6.25km。构造角砾岩带一般宽数十米，角砾呈棱角—次棱角状，大小不等，形态复杂，具定向排列，其间为砂质充填，钙质胶结；部分砾石上见断裂擦痕，与定向排列的构造角砾一起指示了水平左行走滑断裂特征。沿断裂带低温温泉发育，泉华主要为钙华，且钙华锥体多被断裂切割。

（2）石水河断裂带。由 5 条压扭性断裂组成（图 2-2-14），以倾向北东断裂为主，其次为倾向南东断裂，倾角 65°～80°，错断北西西向深大断裂，切割的最新地层为康托组。断面舒缓波状，构造破碎带宽约 10m，主要由石灰岩、砂岩压碎角砾岩组成；带内方解石脉发育，可见少量石英脉沿压碎裂隙充填。局部可见牵引褶皱，呈斜歪不对称状，指示断裂具逆冲特征。

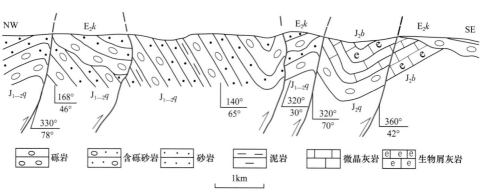

图 2-2-14　石水河构造剖面
E$_2$k—康托组；J$_2$b—布曲组；J$_{1-2}$q—雀莫错组

由上来看，该类断裂较近东西—北西西向断裂形成较晚，表现为压扭性质。据前人对该类断裂构造岩或断裂带内方解石脉的同位素测年（表 2-2-2），它们主要活动于 5Ma 以来，与其地质特征基本一致。

4）南北向断裂

羌塘盆地中南北向断裂零星出露，以中央隆起带和北羌塘坳陷东部地区规模相对较大。断裂总体表现为压扭、引张两种活动方式，局部地带具有走滑特征。从切割层位来看，既有发育于古生界中的，也有发育于新生界中的。可见，该类断裂具有多期活动性质。

表 2-2-2　北东向、南北向断裂 ESR 测年数据一览表（据王剑等，2009）

样品编号	采样地点	构造部位	T/Ma	资料来源
TP14-05N	甜水河南东、石水河北西	甜水河南东侧北东向断裂带（Nk）构造岩	5.1	青藏油气勘探项目经理部，1997❶
TP14-07N	甜水河南东、石水河北西	甜水河南东侧北东向断裂带（Nk）构造岩	5.08	
G10273N	错尼北	错尼北北东向断裂带（Nk）构造岩	0.41	
G11711N	双尾湖南侧	启明岗北东向断裂带（J₂x）构造岩	5.6	
G13026N	元宝湖西	花梁山—元宝湖错尼北北东向断裂带（Ns）构造岩	3.09	
G12241N	石心湖北 6km	石心滩北北西向断裂带（J₃s）构造岩	1.16	
G12244N	独心湖南东 6km	独心湖—花瓣湖北西向断裂带（J₃s）构造岩	5.55	
	双湖东	双湖地区北东向断陷盆地边缘断裂	4～5	吴珍汉等，1999
D2378G1	沱沱河	南北向断裂的方解石	2.6	李亚林等，2006
D2378N	沱沱河	南北向断裂的方解石	2.8	
D2076	青藏公路 102 道班	南北向断裂的方解石	6.0	
D2086	青藏公路 102 道班	南北向断裂的方解石	3.7	
D2080（A）	青藏公路 102 道班	南北向断裂的方解石	6.6	
D2080（B）	青藏公路 102 道班	南北向断裂的方解石	6.3	
D2013	青藏公路 102 道班	南北向断裂的方解石	9.3	
D3191	冬曲	南北向断裂的方解石	4.6	
D3192	冬曲	南北向断裂的方解石	1.9	

3. 节理

区内节理较发育，组数多，以北羌塘中西部节理研究最详。中国石油（1996）❷通过对羌塘盆地中西部节理产状经电算处理，发现不同部位节理发育情况相似（图 2-2-15）。按走向可分为 4 组，按倾向和倾角可分为 8 组（表 2-2-3）。其中Ⅰ、Ⅱ组最发育，Ⅲ组较发育，Ⅳ组发育较差（图 2-2-16）。据野外观察，每一组节理都经历了多次构造运动，具继承性活动特点。早期节理被后期构造（变形）利用改造，其力学性质复杂，兼具压、扭、剪特征。节理基本垂直岩层面。根据不同节理力学性质、发育程度、充填物特征以及野外所见的Ⅰ、Ⅱ、Ⅲ组节理有相互交切现象，Ⅲ组切割Ⅰ、Ⅱ组，Ⅳ组又切割Ⅲ组和Ⅰ、Ⅱ组节理，区内节理可分期配套为 5 套，其生成顺序为Ⅱ—Ⅲ、Ⅰ—Ⅱ、Ⅲ—Ⅳ、Ⅱ—Ⅳ、Ⅰ—Ⅳ。

---

❶ 成都地质矿产研究所，1997.青藏地区羌塘盆地区域石油地质调查报告（上、下册）.中国石油青藏项目内部报告.

❷ 长春地质学院，1996.西藏羌塘盆地综合剖面—构造演化研究报告.中国石油青藏项目内部报告.

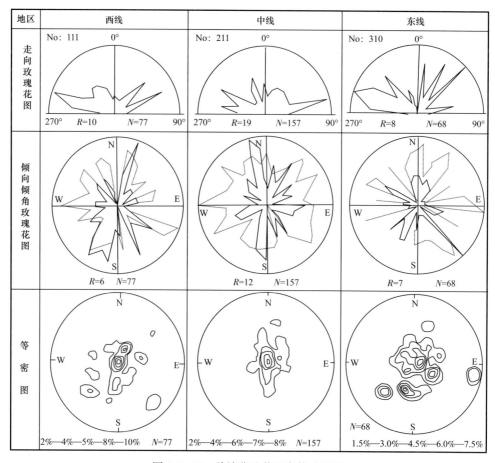

图 2-2-15　羌塘盆地节理产状对比图

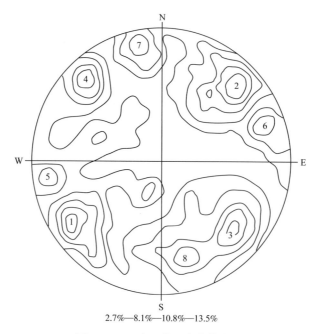

2.7%—8.1%—10.8%—13.5%

图 2-2-16　全区节理产状等密图

表 2-2-3　羌北中西部节理统计图

分组		I		II		III		IV	
极密代号 产状		I_1	I_2	I_3	I_4	I_5	I_6	I_7	I_8
		1	2	3	4	5	6	7	8
变化范围	倾向/(°)	230~240	40~50	130~135	310~318	25~261	70~77	340~350	160~170
	倾角/(°)	75~83	70~80	68~79	72~83	75~81	80~88	65~75	
优势产状/(°)		235∠80	45∠77	131∠75	315∠80	255∠81	72∠79	349∠85	167∠73
发育特征		最好	最好	最好	最好	较好	好	较好	较好
配套		II—III、I—II、III—IV、II—IV、I—IV							

三、构造组合类型及分布

1. 褶皱组合

1）复背斜和复向斜组合

复背斜主要分布于北羌塘坳陷，有亚克错—乌兰乌拉湖冲断带内的北部复背斜带、布若错—达尔沃错构造带内的南部复背斜带；复向斜分布在北羌塘坳陷的中间舒缓褶皱带。

（1）北部复背斜带包括独雪山复背斜、白龙冰河复背斜、樱桃湖复背斜、雪环湖—弯弯梁复背斜、中岛湖复背斜、冬布勒山复背斜、开心岭复背斜。复背斜核部地层为上三叠统肖茶卡组和下侏罗统，两翼地层产状较陡。

（2）南部复背斜带西起长梁山复背斜，向东为菊花山复背斜、玛尔果茶卡复背斜、长蛇山—那底岗日复背斜。该背斜带在西雅尔岗一带由于东西向断裂错动而尖灭或倾没。

（3）中部复向斜带西起拉雄错，向东经雪源湖、吐波错、黄水湖、琵琶湖、万安湖、波涛湖至温泉一带。复向斜槽部广泛发育古近系—新近系。中部复向斜带发育一系列次级背斜，沿轴向倾没再现或呈斜列雁行状排列，构成次级背斜带，有雪源湖—黑砂石沟—东湖背斜带（包括雪源湖背斜、藏色岗日背斜、黑砂石沟背斜和东湖背斜）和甜水河—黄水湖—向峰河背斜带（包括甜水河背斜、金星湖背斜、琵琶湖背斜、向峰河背斜和诺拉岗日背斜）。

2）斜列雁行式褶皱组合

该类褶皱组合分布较多，由一系列成因上有联系的背斜或向斜组成，主要发育于侏罗系。在玛尔果茶卡—长蛇山发育若干东西向或北东东向背斜，背斜间隔较大，两翼产状较缓；祖尔肯乌拉山雁列褶皱群，褶皱轴向近东西向，两翼产状较前者陡些；二者均发育反"S"形雁列褶皱群。南羌塘坳陷同样分布该类褶皱群，赛维来宗枪丁和扎加藏布处的雁列褶皱群，由紧闭褶皱组成，两翼地层产状陡，轴向呈北西西和北东东向。

3）斜跨叠加褶皱组合

在羌塘盆地内，由侏罗系构成的褶皱轴迹总体上呈近东西—北西西向延伸，但由于后期叠加，褶皱枢纽发生明显变位，构造样式极其多变，呈现出北西向、近东西向、南北向和北东向褶皱并存且逐渐过渡局面。

（1）祖尔肯乌拉山斜跨叠加褶皱。早期的穹隆构造由于后期褶皱的叠加，形成了近南北向、北东向、近东西向和北西向4组小型背斜构造（图2-2-17）。另外，由于后期褶皱的叠加，使早期近东西—北西西向长轴褶皱变为一系列短轴褶皱，中间被一系列斜向短轴背斜、向斜隔开，同时褶皱枢纽呈波状起伏。

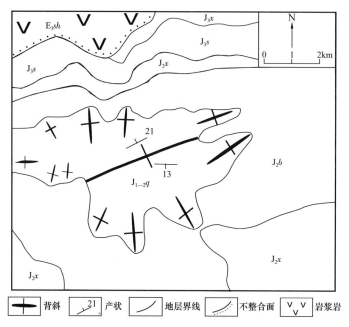

图 2-2-17　祖尔肯乌拉山北叠加褶皱

（2）托纳木斜跨叠加褶皱。位于北羌塘坳陷托纳木地区，东西向托纳木背斜沿走向轴线向北凸出成弧形，且枢纽波状起伏，呈鞍状。托纳木背斜北侧东西向向斜轴线沿走向同样呈弧形弯曲，枢纽起伏。北西向背斜和向斜斜跨于东西向背、向斜之上。背斜和背斜叠加部位形成穹隆状构造；向斜与背斜叠加部位，背斜枢纽倾伏，形成鞍部；而向斜和向斜叠加部位则凹陷加剧形成梅花状凹陷。表明盆地曾先后经历南北向和北东向挤压变形。

关于该类褶皱时代，前人尚未进行过专门研究，但从白垩系、古近系不发育该种褶皱，以及在乌兰乌拉湖、温泉兵站和安多等地被下白垩统不整合覆盖和下白垩统花岗岩体沿背斜核部侵位等特征来看，其形成时代大致在侏罗纪末期。

4）平行褶皱群和类隔挡式褶皱

（1）平行褶皱群。羌塘盆地中该类褶皱多为长轴褶皱，转折端紧闭，两翼产状陡。北羌塘坳陷蛹子梁发育在侏罗系中的平行褶皱群，两端均被第四系覆盖；雪莲湖北边发育于侏罗系中的平行褶皱群，局部被后期断裂截切。南羌塘坳陷诺玛尔错东边发育在上侏罗统中的平行褶皱群，均被北东向地层切断；在毕洛错南东发育于侏罗系中的平行褶皱群，褶皱轴迹近东西向展布，被断裂错断。

（2）类隔挡式褶皱。属于平行褶皱构造样式，是在断裂滑脱面上形成的褶皱，多表现为近东西—北西西向展布的、连续的、平行排列的褶皱群，由侏罗系构成，总体上以背斜相对紧闭、向斜相对宽缓的隔挡式褶皱为主，局部地带出现背斜相对宽缓、向斜相对紧闭的隔槽式褶皱。北羌塘坳陷西部长湖一带，可见一系列东西向展布的褶皱平行排列，它们在横剖面上显示出背斜相对较窄（1～5km），向斜核较宽（2～10km），呈现隔挡式褶皱组合特点（图2-2-18）；走向上，较宽的褶皱翼部或核部也发育小型次级背、向斜褶曲，而主要褶皱轴迹在走向上还表现出一定的雁行斜列形式。

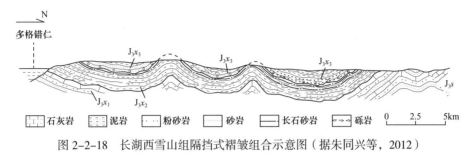

图 2-2-18　长湖西雪山组隔挡式褶皱组合示意图（据朱同兴等，2012）

5）穹隆和构造盆地

该类构造在北羌塘坳陷分布较多，托纳木区块穹隆构造位于托纳木背斜西端，呈穹隆状，核部地层为侏罗系索瓦组，产状较平缓，是早期南北向挤压和晚期东西向挤压共同作用的结果。龙尾湖区块黑石河穹隆构造呈近椭圆状，出露雪山组，受多期构造作用影响，局部为不规则状；与穹隆相邻的为小型构造盆地，核部同样是侏罗系雪山组。千秋岭北背斜轴线向南略凸出的弧形，卫片上显示呈椭圆形，似穹隆，核部地层是布曲组石灰岩，由石灰岩构成一个穹隆状圈闭构造。

6）盐构造

羌塘盆地侏罗系夹有多层石膏，多呈层状、凸镜状。由于该区经历多期构造运动，加之膏岩层可塑性强，它们在上覆岩层静压力或南北向挤压应力作用下，往往发生复杂变形变位，形成形态非常复杂的盐丘构造。依据盐丘、盐岩层的产出形态和与相邻地质体的关系，可分为断裂破碎带内的盐丘、背斜或向斜转折端的盐丘和透镜状—夹层状膏岩层。

（1）断裂破碎带内的盐丘。膏岩层在上覆岩层垂直静压力作用下，沿断裂破碎带等构造相对薄弱部位，向上塑性流动并在相对较开阔的断裂通道部位定位，形成盐丘构造。例如，温泉兵站盐丘位于北西向右行走滑断裂的中央，向外依次为断裂角砾岩和未受改造的侏罗系岩层，断裂向北东倾。

（2）背斜或向斜转折端的盐丘。以雁石坪92道班盐丘和夏崩盐丘规模较大。侏罗系在南北向挤压应力作用下开始褶皱，由于膏岩层塑性程度高，它往往从挤压应力相对较强的褶皱两翼向相对张性褶皱转折端流动；随着褶皱转折端膏岩量的增多，膏岩层底辟上侵，并在褶皱转折端形成底辟背斜。

（3）膏岩层。呈凸透状、夹层状赋存于侏罗系碎屑岩、石灰岩中，局部由于岩层的层间滑动，在膏岩层中留下擦痕等现象。该种膏岩一般规模较小，岩层厚2～5m。

2. 断裂组合

1）叠瓦冲断系

叠瓦冲断系由冲断作用依次叠置而成。羌塘盆地的该类冲断裂呈近东西—北西西向展布，一般上陡下缓，为断面下凹的犁式逆冲断裂，剖面上相邻的几条断裂向下可会合于顺层滑脱带中。依据断裂活动是否断入基底，可分为基底卷入型叠瓦冲断系（称厚皮构造）和基底未卷入的盖层滑脱叠瓦冲断系（称薄皮构造）。此外，在逆冲叠瓦构造发育过程中，由于断裂扩展作用、断弯作用和断滑作用，在断坡相应部位常常形成断展背斜、断弯背斜和断滑背斜。

（1）基底卷入型叠瓦冲断系。包括叠瓦逆冲断裂及其上盘次级分支断裂组合和卷入基底的叠瓦冲断裂—褶皱组合等两种构造组合类型。叠瓦逆冲断裂及其上盘次级分支断裂组合，主要有 AF_1—AF_2 断裂与上盘次级断裂组合、AF_4 断裂与上盘次级断裂组合和 AF_7 断裂与上盘次级断裂组合。这些区域性断裂均为卷入基底断裂，向下延伸一般大于 5km，上陡下缓，在其上盘分别形成一系列同向或反向倾斜的次级断裂，构成一套独特的断裂组合。据大地电磁测深成果，这些断裂向深部产状逐渐变缓，最后归并于滑脱带上，为上陡下缓的卷入基底的犁式断裂（图 2-2-19），构成了一个巨型叠瓦状构造。

卷入基底的叠瓦冲断裂—褶皱组合，总体表现为被一系列次级断裂分割而成的侏罗系、上三叠统构造岩席；在各岩席内部，褶皱构造总体上相对较为紧闭，特别是在靠近主干断裂部位发育轴面倾向与断裂一致的褶皱。

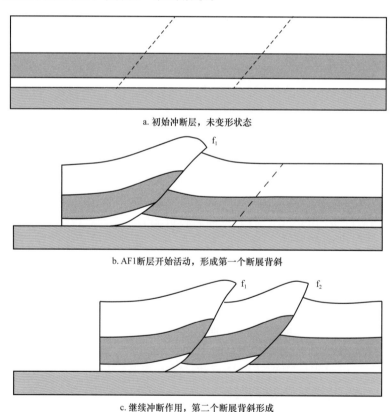

a. 初始冲断层，未变形状态

b. AF1 断层开始活动，形成第一个断展背斜

c. 继续冲断作用，第二个断展背斜形成

图 2-2-19　羌北缘叠瓦断层形成过程示意图

（2）盖层滑脱型叠瓦冲断系。滑脱层是该类逆冲推覆构造发育的条件之一，多为软弱岩层或地层不整合界面，一般沿基底和盖层之间不整合面发生，形成薄皮构造。从盆地构造特征和岩石组合来看，羌塘地区可能存在两种主要滑脱层：一是不整合面，包括

三叠系与上古生界以及上三叠统内部的不整合面；二是中—下侏罗统雀莫错组、布曲组和夏里组内部发育的多层膏岩以及地层中的多套泥岩。上述两种界面都可成为推覆构造的滑脱面。深部地球物理资料表明，滑脱推覆构造不论在北羌塘坳陷，还是在南羌塘坳陷均较发育，它们一般位于卷入基底逆冲叠瓦系的前方部位，相当于卷入基底推覆构造体系的峰带。

滑脱面上盘构造组合特征依据断裂的形态、走向延伸，可划分为对偶式断裂组合、阶梯状断裂组合、"Y"字形断裂组合；褶皱则表现为近东西—北西西向展布、平行排列的褶皱群。

逆冲滑脱层上盘的褶皱总体以近对称为主，局部表现为斜歪褶皱，被称为断弯褶皱。对于该类褶皱的形成机制，前人进行过广泛的探讨，认为它是断裂扩展过程中在断裂上盘岩层形成的一种褶皱构造，断裂与褶皱是同时发育和同步扩展的；其断裂由后坪和下盘断坡组成，下盘断坡上的位移量沿断裂逐渐减小，在断裂端点位移量为零，所有位移均被褶皱吸收；背斜各岩层层位的高点并不在同一垂直线上，而是自上而下逐渐向后位移，所以地表构造的高点并不是深部构造的高点。

逆冲断裂主要切穿三叠系、侏罗系，在白垩系和古近系中呈现出尖灭再现特征，反映它在侏罗纪末期活动强烈，燕山末期和喜马拉雅期活动相对微弱。另外，上述层位中仅侏罗系表现为逆冲滑脱面上盘的褶皱形变特征，表明该种构造样式形成于侏罗纪末期。值得指出的是，在安多县尕尔琼、笙根等地见上白垩统阿布山组角度不整合于布曲组之上，表明早白垩世以前强烈的滑脱冲断作用使侏罗系抬升，强烈的揭顶剥蚀使相对较深层次的侏罗系暴露出来；同时也表明后期构造运动使褶皱进一步加固。

2）反冲断裂组合

反冲构造是挤压环境中形成的又一常见的构造组合类型，表现为两条相对倾斜的基底卷入式逆冲断裂及其共同的上升盘组成的上升断块。该构造主要发育于中央隆起带，其南、北两条断裂相向倾斜，沿断裂断续分布的代表结晶基底的中深变质岩系，为卷入基底的断裂。二者共同上盘的中央隆起带为上升断块，为典型的反冲构造。大地电磁测深成果证实，该种构造组合在北羌塘坳陷普若岗日、多格错仁、各拉丹冬等地较为发育，有的暴露于地表，有的深埋于海拔 2500m 以深，但它们普遍造成基底抬升，南、北两侧相对下降的局面。

3）对冲断裂系

前已述及，北羌塘坳陷南、北两个大型逆冲叠瓦系上盘分别为中央隆起带和可可西里—金沙江缝合带，它们共同的下盘为羌塘地块，总体上表现为一个巨型的对冲构造体系。大地电磁测深成果表明，规模相对较小的该种构造组合在盆地内亦发育。北羌塘坳陷西部确旦错—半岛湖一带，构成该种组合的南、北两条断裂为未断至地表的断裂，埋深在海拔 2500m 以深，向下延伸大于 5000m；它们相背倾斜，倾角均在 40° 以上，它们向上延伸至侏罗系下部，向下错断三叠系；这两条断裂相向逆冲，造成其南、北两侧基底埋藏深度较浅，相应的中部地带埋藏则相对较深。

4）北西向和北东向构造组合

（1）棋盘网格状组合。由北西、北东向两组共轭走滑断裂构成，将盆地尤其是基底分割成菱形块体，构成棋盘网格状组合，是南北向挤压作用的结果。在大尺度上表现为共轭走滑断裂，在小尺度上表现为"X"形剪节理。另外，从北西向、北东向走滑断裂往往错断近东西向、北西西向断裂及断裂带方解石脉时代来看，该种构造组合形成时代相对较晚。

（2）拉分盆地。羌塘地区北东向展布的第四纪断陷盆地很发育，规模较大的主要分布在心湖、唢呐湖、映天湖、依布茶卡、江爱达日那、帕度错、昂达尔错、雅根错、诺尔玛错、果根错等地。现以昂达尔错地区第四纪拉分盆地为例：该区表现为由尕阿错、果根错、昂达尔错、雅根错北东向断续分布的4个第四纪走滑拉分盆地组成北东向新构造活动带（图2-2-20），受控于北东向走滑断裂，长约120km，宽5～10km，盆地间隔约30km，总体呈北东45°方向，左阶式斜列展布，控制盆地的边界走滑断裂产状320°∠45°。盆地呈矩形、似菱形，长轴方向北东向，盆地内现代湖泊长轴及（温）泉的线性分布方向与边界断裂走向一致。尕阿错与果根错之间的巴彦勒，直侧尕切、康巴及果根错北的俊昌马日埃等地，见有由索瓦组、日干配错组组成的断块山分布于断陷盆地中。果根错附近第四纪盆地边缘见有康托组呈近东西向展布，说明新盆地是在继承和改造古—新近纪盆地基础上发展起来的。果根错东侧边缘隆起带上，见有第四纪湖底淤积物钙泥残留，说明盆地与隆起带差异升降仍在进行，断陷带内多处温泉分布，证明该断陷带新构造仍在活动。

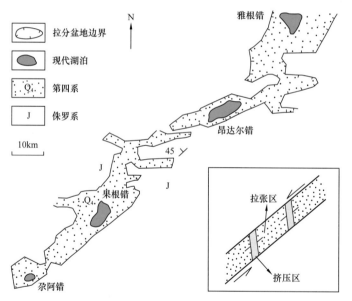

图2-2-20 尕阿错—雅根错一带拉分盆地力学分析图（据王永胜等，2012）

（3）地堑构造。地堑构造主要发育于盆地中东部地区，总体上表现为南北向展布、相间排列的负地形，以永曲乡地堑、常错地堑、温泉地堑、沱沱河地堑、如木称错地堑、太平湖地堑和双湖地堑等规模相对较大，使该区呈现出凹凸相间的构造地貌。野外调查发现，在地堑的东、西两侧发育一系列同向展布、倾向盆地方向的阶梯状正断裂，它们不仅切割侏罗系、古近系，还切割渐新统—中新统火山岩，反映该区地堑构造形成于中新世以后，与冈底斯、喜马拉雅地区南北向地堑构造基本上同步发生，其大致发生于8Ma左右。

关于南北向正断裂的形成机制，常被认为东西向伸展作用追踪"X"形剪节理的产物。考虑到该种断裂周围侏罗系中发育南北向褶皱以及近东西—北西西向褶皱普遍显示出被南北向褶皱叠加的特征，推测该种南北向正断裂是在印度板块与欧亚板块南北向挤压作用诱发的局部东西向伸展应力下，南北向逆断裂发生反转形成的，而且该种伸展作用还造成南北向断裂发生垂向、侧向扩展，使其不仅切割古近系，还切割渐新统—中新统火山岩。

3. 褶皱与断裂组合

1）南北向褶皱与断裂组合

在羌塘盆地内，南北向断裂总是与同向展布的短轴褶皱相伴。发育于双泉湖一带的向斜夹于两条同向展布的断裂之间，江爱达日那西南的褶皱与断裂相伴，冈塘错一带的褶皱夹于断裂之间，祖尔肯乌拉山南坡的背斜与断裂相伴以及角木茶卡一带的褶皱与南北向构造相伴。

2）断裂与牵引褶皱组合

逆断裂和正断裂形成过程中都能产生牵引褶皱，羌塘盆地存在许多大型滑脱构造形成的断裂，由于断裂上盘的移动，必然会产生一系列牵引褶皱，或者使先期褶皱轴线发生弯曲。南北向正断裂在走滑过程中，不仅形成密集的劈理化带，还对两侧地层、近东西—北西西向构造形迹进行牵引，形成轴面与断面基本一致的牵引褶皱。

四、构造应力场分析

1. 断裂、节理反映的应力场

羌塘盆地断裂及节理构造较发育，大多数断裂走向为北西西至近东西向，少数断裂走向为北东至近南北向。通过盆地断裂、节理等构造形迹的地质参数，计算得到各个构造形迹的主应力数值（表 2-2-4）和等密图（图 2-2-21），反映出盆地最大应力场以近南北至北北东向挤压应力场为主，其次为南东向的应力。图 2-2-21 可以看出盆地内最大应力（δ_1）走向主要为近南北至北北东向，倾伏角近水平；其次为南东向，倾伏角也近水平，少量的倾伏角较大；中间应力（δ_2）走向为北西向至近东西向，倾伏角近水平；最小应力（δ_3）倾伏角比较大，少部分近直立。

表 2-2-4　羌塘盆地断裂主应力方位计算及统计表（据王剑等，2009）

编号	图幅名称	构造类型	构造参数	主应力		
				δ_1	δ_2	δ_3
1	查多岗日	断裂	20°∠70°，33°，SW	69°∠16°	318°∠52°	170°∠34°
2	江爱达日那		52°∠55°，340°，0	113°∠3°	20°∠50°	205°∠40°
3	乌兰乌拉		断裂及擦痕产状 35°∠55°，70°，NW	54°∠22°	317°∠16°	194°∠62°
4			40°∠60°，80°，NW	50°∠29°	315°∠9°	210°∠59°
5			25°∠70°，15°，NE	82°∠2°	347°∠65°	173°∠25°
6			320°∠65°，80°，NE	330°∠34°	234°∠9°	131°∠54°

编号	图幅名称	构造类型	构造参数		主应力		
					δ_1	δ_2	δ_3
7	乌兰乌拉	断裂	断裂及擦痕产状	215°∠65°，35°，SE	50°∠14°	156°∠48°	309°∠39°
8	兹格塘错			178°∠75°，15°，SE	29°∠5°	132°∠69°	297°∠20°
9	温泉兵站			93°∠76°，56°，NE	216°∠55°	12°∠3°	110°∠11°
10	安多县			290°∠77°，18°，SW	123°∠9°	235°∠68°	30°∠20°
11	丁固		断裂及牵引褶皱产状	22°∠80°，210°∠60°，23°∠40°	49°∠79°	293°∠5°	202°∠10°
12	布若错			350°∠78°，180°∠40°，11°∠50°	233°∠83°	79°∠7°	348°∠3°
13	帕度错			357°∠76°，355°∠61°，164°∠78°	290°∠73°	83°∠15°	175°∠7°
14	查多岗日	节理	共轭节理产状	265°∠75°，50°∠30°	112°∠61°	350°∠16°	253°∠23°
15	乌兰乌拉			28°∠57°，201°∠30°	25°∠14°	116°∠3°	218°∠76°
16				200°∠40°，60°∠40°	40°∠0°	130°∠16°	310°∠74°
17				41°∠37°，225°∠42°	223°∠3°	313°∠2°	76°∠87°

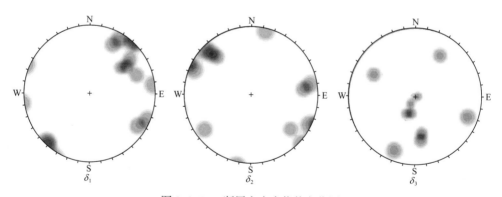

图 2-2-21　断层主应力优势方位图

2. 褶皱反映的应力场

羌塘盆地大多数褶皱轴迹走向为北西西至近东西向，反映羌塘盆地变形主要受到统一的南北向挤压力，很少量褶皱轴迹为北东向、近南北向。绝大多数褶皱为直立水平、直立倾伏褶皱，少部分为斜歪褶皱，以短轴褶皱为主，其次为长轴褶皱和穹隆，褶皱枢纽略有起伏，转折端较宽且两翼产状平缓，局部褶皱呈雁行状排列。盆地褶皱具多期次构造叠加，较为明显的是局部褶皱呈穹隆状，或早期形成的近东西向褶皱，受后期地质构造作用力改造而成；边界断裂附近褶皱明显被后期断裂截断，褶皱核部发生错位。

在野外实测和前人有关褶皱要素统计基础上（表2-2-5），对一些规模大和保留形态好的褶皱进行应力场分析，在赤平投影中求得形成褶皱的主应力优势方位（图2-2-22）。从褶皱应力场反映出最大应力（δ_1）方位主要为近南北向，倾伏角近水平，其次为北东向，倾伏角也近水平，个别为南东向；中间应力（δ_2）的方位为近东西向，倾伏角近水平；最小应力（δ_3）倾伏角近直立。褶皱应力场反映了盆地受到不同时期近南北向挤压，偶尔有东西向挤压力作用，无论老地层中的褶皱，还是盖层中的褶皱，显示的应力状态相同，同时也与盆地内的断裂、节理反映的应力场基本一致。

表2-2-5 羌塘盆地褶皱主应力方位计算及统计表（据王剑等，2009）

编号	图幅名称	构造类型	构造参数	主应力		
				δ_1	δ_2	δ_3
1	查多岗日		15°∠37°，190°∠37°	194°∠3°	103°∠4°	312°∠86°
2	丁固		17°∠43°，195°∠65°	117°∠8°	288°∠2°	10°∠83°
3			5°∠35°，182°∠40°	186°∠1°	93°∠2°	277°∠87°
4	布若错		1°∠30°，180°∠43°	193°∠4°	91°∠1°	312°∠85°
5			82°∠20°，264°∠30°	253°∠5°	355°∠3°	145°∠86°
6	玛依岗日		195°∠9°，0°∠10°	8°∠3°	276°∠4°	95°∠84°
7	帕度错	褶皱	两翼产状	170°∠23°，347°∠23°	170°∠7°	69°∠5°	302°∠82°
8	江爱达日那		30°∠25°，160°∠32°	186°∠11°	90°∠13°	318°∠79°
9	黑虎岭		348°∠22°，180°∠36°	183°∠4°	268°∠3°	30°∠87°
10	多格错仁		55°∠45°，235°∠30°	57°∠1°	325°∠1°	210°∠88°
11	吐错		30°∠35°，230°∠40°	218°∠9°	312°∠7°	119°∠81°
12	昂达尔错		40°∠33°，215°∠35°	216°∠4°	127°∠2°	336°∠87°
13	赤布张错		350°∠31°，175°∠29°	355°∠3°	262°∠1°	128°∠89°
14	仓来拉		15°∠37°，200°∠35°	200°∠1°	289°∠2°	112°∠88°

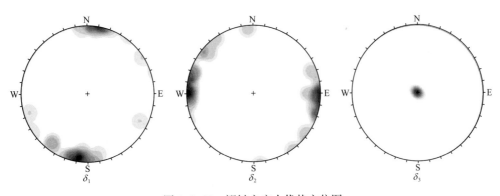

图2-2-22 褶皱主应力优势方位图

第四节 构 造 演 化

在上述构造单元、构造层、构造运动期次划分和构造样式及组合分析的基础上，结合沉积作用、岩浆活动、变质作用和变形特征等，王剑等（2009）将羌塘盆地构造演化过程划分为四个演化阶段。

一、古生代构造旋回

自前奥陶系变质结晶基底形成之后，羌塘盆地在奥陶纪—泥盆纪发育了厚度逾千米的滨浅海相碎屑岩和台地相碳酸盐岩组合，反映该时期为陆表海环境。石炭纪时，羌塘地区处于伸展环境，在中央隆起带主要表现为初始裂陷背景下的近源快速沉积，而北羌塘地区则显示出由浅海陆棚环境向碳酸盐岩台地的演化。进入早二叠世，伸展作用再度加强，在中央隆起区，远源深水浊流、近源浅水浊流发育，还发育洋岛型火山岩，标志着该区处于大洋的演化阶段；此时，北羌塘地区发育了厚度逾千米的大陆斜坡盆地背景下的陆源碎屑岩—基性火山岩组合，另从火山岩属碱性玄武岩系列、具有 LREE 富集的配分型式和 Eu 表现为弱的负异常或无异常等特征来看，该时期处于陆缘初始裂谷环境。中二叠世，洋壳开始消减，造成中央隆起区表现为由欠补偿深水盆地向开阔台地的演化，而北羌塘地区则表现为岛弧环境（白云山等，2004），以发育巨厚的陆源碎屑岩和火山岩为特征。晚二叠世，中央隆起区基本上处于浅海环境，接受厚度达数百米的生物碎屑灰岩沉积，而北羌塘地区以陆源碎屑岩夹煤层沉积为特征，标志着该区处于海陆交互环境。晚二叠世末期，随着挤压作用持续进行，造成分布于中央隆起带的二叠系、奥陶系—石炭系被变形而形成紧闭—中常褶皱，在北羌塘地区石炭系—二叠系多构成开阔褶皱，表明华力西运动呈现出南强北弱特征。

二、印支构造旋回

早—中三叠世，羌塘盆地沉积记录仅在中央隆起带江爱达日那、热觉茶卡地区有零星分布，自下而上表现为由滨浅海相碎屑岩和碳酸盐岩建造的交互组合，显示出盆地逐步沉降、抬升特点。该种特征可能表明北部可可西里—金沙江洋的逐步闭合过渡到强烈挤压的地球动力背景。

晚三叠世卡尼期—诺利期，可可西里—金沙江缝合带进入陆—陆碰撞阶段，造成北羌塘地区为北深南浅的前陆盆地充填特征；而中央隆起带和南羌塘地区处于前陆隆起状态。该时期由于巴彦喀拉地块与羌塘地块碰撞，强烈的南北向挤压使该时期沉积普遍褶皱，但由于坳陷南、北两侧基底构造相对较薄弱，形成了具有轴面劈理、代表变形较强的连续小型不对称褶皱；而在坳陷腹地由于构造相对稳定，多形成大型直立开阔褶皱。瑞替期，北羌塘地区进入隆起剥蚀阶段，而南羌塘地区受班公湖—怒江洋的打开表现为伸展地球动力背景，北部边缘地带以滨岸沉积为主，中部、南部地区由先前的隆起剥蚀区逐渐演化为开阔台地和广海陆棚。

三、燕山构造旋回

该时期总体上可分为侏罗纪（包括晚三叠世那底岗日组沉积时期）伸展—挤压、早白垩世反转和晚白垩世挤压等三个阶段。

1. 侏罗纪伸展—挤压阶段

进入晚三叠世那底岗日组沉积期至早侏罗世，受班公湖—怒江洋的打开控制，北羌塘地区处于伸展状态，表现为河流—湖泊沉积及拉张背景下裂谷型火山岩堆积环境；该种地球动力状态不仅塑造了裂陷槽并接受沉积，而且在局部地带形成以那底岗日组为代表的双峰式火山岩系；与该同时，南羌塘地区自北而南表现为滨岸沉积向陆棚沉积的过渡。

进入雀莫错组沉积期，该种伸展应力状态仍在持续，造成北羌塘坳陷全面沉降，中央剥蚀区范围大幅度缩小。至布曲组沉积期，羌塘地区伸展活动达到高峰，水体普遍加深，剥蚀区仅局限于中央隆起带的局部地带。夏里组沉积期，伸展作用减弱，不论北羌塘坳陷，还是南羌塘坳陷沉降幅度减小，中央隆起带的西部地区已浮出水面，接受剥蚀。索瓦组沉积期，该区伸展应力再度加强，南、北两个坳陷又一次加深，先期的剥蚀区范围再度缩小。至雪山组沉积期，由于冈底斯地块与羌塘地块开始碰撞，南羌塘坳陷反转，接受剥蚀，北羌塘坳陷逐步萎缩，中央隆起带基本浮出水面。

大约在晚侏罗世末期，随着拉萨地块与羌塘地块碰撞作用的持续，班公湖—怒江缝合带以 AF_7 断裂为运移面向北逆冲，同时 AF_5 断裂背驮中央隆起带向南逆冲，使南羌塘坳陷大为缩短。与此同时，强烈的南北向挤压使北羌塘坳陷南北两侧的 AF_2、AF_4 断裂再度活化，它们分别背驮亚克错—乌兰乌拉湖冲断带、中央隆起带向坳陷中央地带逆冲，使相对较深构造层次的上三叠统、古生界和结晶基底暴露于地表，造成对冲式构造格局。在上述卷入基底断裂的活动过程中，派生出一系列同向或反向倾斜的次级断裂，使盆地边缘地带或中央隆起带相邻地区呈现出"断夹块"的构造地貌。随着挤压作用持续进行，位于上述卷入基底逆冲推覆构造系统前方部位之侏罗系—上三叠统内的膏岩、泥岩或不整合面发生滑脱推覆，于滑脱面上盘形成一系列次级断裂以及隔槽式或隔挡式构造组合样式，呈现出典型的薄皮逆冲推覆构造特征。与此同时，在上述不同层次逆冲推覆构造活动过程中，由于前方地带受到阻挡，于滑脱面上盘部位往往形成横切近东西—北西西向展布的撕裂断裂，它们共同将羌塘盆地分割成一系列断块。

随着挤压作用进一步持续，羌塘地区地壳已增大到一定程度并开始向东西两侧"逃逸"。此时，近东西—北西西向断裂以走滑活动为主，南北向断裂则显示出东西向逆冲活动，被这些断裂分割的一系列断块以南北向断裂为作用面而相互碰撞，使近东西—北西西向褶皱普遍变形变位，在靠近南北向断裂的部位由于挤压应力较强而形成一系列同向展布的褶皱。

2. 早白垩世反转阶段

早白垩世，羌塘地区总体上呈隆起剥蚀状态，仅在南部边缘地带和北羌塘坳陷西部地区接受海相沉积。该时期末期，随着狮泉河—嘉黎结合带逐渐形成，羌塘地区再度转入南北向挤压状态，地壳加厚并发生局部重熔，形成规模巨大的中酸性花岗岩基或岩株，使围岩发生热烘烤；与此同时，先期的断裂构造再度活动，打破了原有平衡。

另外，该期构造运动在北羌塘北部地区影响微弱，主要表现在上白垩统与下白垩统为整合接触关系。

3. 晚白垩世挤压阶段

在经历了晚侏罗世—早白垩世强烈隆升和以后的剥蚀夷平作用后，大约在晚白垩世，随着印度板块与欧亚板块碰撞，羌塘地区先期的近东西—北西西向断裂再度发生逆冲活动，于下盘部位接受了一系列零星展布的红色磨拉石沉积，而且在南羌塘坳陷和中央隆起带的局部地区发生强烈火山喷发，形成近东西向串珠状分布的阿布山组消减带型陆相中性火山岩（K—Ar 年龄为 103Ma），属钙碱性—拉斑玄武岩系列；同时，随着地壳加厚，地壳局部熔融，形成了一系列浅成—超浅成中酸性侵入体，其中灰白色花岗闪长斑岩 K—Ar 年龄为 68.87Ma。随着挤压作用持续，上白垩统不同程度发生褶皱，局部地带被断裂切割。

四、喜马拉雅构造旋回

总体上可分为始新世交替伸展—挤压阶段、渐新世—中新世伸展—挤压阶段和上新世以来的高原隆升阶段。

1. 始新世交替伸展—挤压阶段

大约在始新世，青藏高原地区普遍沉降，形成一系列规模不等的陆相盆地，接受巨厚的陆相红色磨拉石沉积。石油地质勘探表明，不论是羌塘盆地南部边缘伦坡拉始新世含油气盆地，还是北部风火山盆地、柴达木含油气盆地都属于东西向断陷盆地，表明该时期区域上处于南北向伸展环境。在羌塘地区，该种伸展作用也表现强烈，使燕山运动及其以后形成的准平原发生肢解，形成一系列沉积盆地，分别接受一套以康托组为代表干旱炎热气候条件下的河湖相磨拉石沉积。该套沉积在北羌塘坳陷西部黑虎岭地区厚度逾 670m，中部吐错和北部乌兰乌拉湖地区厚度逾 1200m；中央隆起带该时期沉降幅度亦较大，丁固地区厚度逾 1850m，双湖地区近 1600m；南羌塘坳陷昂达尔错一带厚度达 1200m，兹格塘错地区厚度逾 1700m。由上看来，该时期整个羌塘盆地沉降幅度较大。另从这些磨拉石建造总体沿近东西—北西西向展布的基岩露头区分布、砾石普遍磨圆度较差以及其物质成分与基岩露头基本一致等方面来看，推测这些始新世磨拉石盆地为受近东西—北西西向正断裂控制的断陷盆地，而这些正断裂是在先期的逆冲断裂基础上发展起来的。

始新世末期，随着印度板块与欧亚板块全面碰撞，使包括羌塘盆地在内的整个青藏高原始新世盆地反转。在羌塘盆地内，该次构造事件不仅造成古老的深大断裂再度转换为逆冲断裂，并沿断裂带浅成—超浅成中酸性斑岩岩枝、岩株侵位，还使掩盖于始新统之下的断裂再度活动、生长，造成它们在始新统中呈现出沿走向尖灭再现特征；与此同时，该次构造运动使始新统普遍褶皱，但褶皱强度普遍比较轻微，仅在靠近深断裂部位可见开阔褶皱、舒缓褶皱，总体上基本保留着原始产状。可见，该次构造事件应力主要被断裂尤其深大断裂吸收和释放，对由侏罗系构成的褶皱具有一定程度的叠加作用但改造甚轻微。

2. 渐新世—中新世伸展—挤压阶段

在继始新世末期构造运动造成的隆升剥蚀后，大约于渐新世，羌塘地区再度进入伸展构造应力背景，并使先期的准夷平面发生裂解形成一系列沉积盆地。该时期羌塘地区海拔大致在1000m左右，气候干旱、炎热，接受了河流—滨浅湖相红色细碎屑岩—碳酸盐岩夹膏岩层沉积组合，北羌塘坳陷西部乱石山一带厚度大于600m，黑虎岭地区厚度大于219m；中央隆起带西部丁固地区厚度大于120m，江爱达日那地区厚度大于294m；南羌塘坳陷兹格塘错地区厚度近190m，赤布张错地区厚度大于140m。由上可见，该时期全盆地普遍差异沉降，但沉降幅度远较始新世小。

渐新世末期—中新世，喜马拉雅运动II幕波及区内，不仅使先期近东西—北西西向断裂重新活动并发生垂向或侧向扩展，还使渐新统普遍褶皱，但褶皱强度普遍较弱，仅在靠近深大断裂部位褶皱强度较高，可见开阔褶皱、舒缓褶皱。与此同时，随着地壳再度加厚而局部熔融，发生强烈火山喷发，形成一套厚度逾千米的碱性火山岩系。

3. 上新世以来高原隆升阶段

上新世以来，青藏高原地区陆内俯冲作用强烈，造成该区广泛的地壳加厚。该种地质作用不仅使整个青藏高原由海拔1000m左右快速隆升到5000m以上，而且局部地带发生熔融，形成以石坪顶组为代表的巨厚高钾火山岩系。与此同时，在包括羌塘盆地在内的整个青藏高原地区，总体上表现为南北向挤压、东西向伸展的地球动力背景，在造成先期近东西—北西西向断裂再度复活的同时，不仅形成了一系列北东—北西向共轭走滑断裂系和相伴的拉分盆地，而且使早期的南北向压扭性断裂表现为正断活动，塑造了一系列地堑构造，并接受巨厚的第四纪沉积。

印度板块向欧亚板块的陆内俯冲作用是脉动式进行的，相应地由其造成的构造运动也是间歇性向前发展的，进而造成断裂构造表现为活动期和休眠期交替发展特征。在断裂活动期间，近东西—北西西向断裂上盘逆冲，相应的下盘沉降，南北向断裂则呈现出上盘下滑、下盘抬升特征，该种构造状态不仅使先期夷平面发生肢解，而且河流下蚀作用强烈，塑造了崎岖不平的构造地貌。在断裂休眠阶段，除了表现为剥蚀作用和向准平原化发展演化外，沿断裂发育温泉、冷泉。上述构造活动特征不仅在羌塘盆地内造成三级明显的夷平面，还形成多级阶地。一级夷平面海拔大于5300m，在唐古拉主峰一带海拔大于5600m，表现为平缓的山原面，其上现代冰川、放射状水系发育，以物理风化为主，另从夷平面上分布有渐新统来看，可推测该夷平面形成于中新世以来；二级夷平面海拔一般为5000～5300m，表现为高原丘陵地貌，与一级夷平面呈缓坡相连，后期切割明显，树枝状水系发育；三级夷平面海拔为4700～5000m，与二级夷平面呈缓坡相连，表现为山间谷底和宽缓的湖盆，依据盆地充填物特征并结合区域资料分析，该夷平面大致形成于早更新世。盆地内阶地也很发育，主要以2级阶地为主，局部地带发育4级阶地。前人对吐错一带的阶地进行了电磁自旋测年，I级阶地ESR年龄样为0.084Ma，II级阶地ESR年龄样为0.135Ma，III级阶地ESR年龄样为0.209Ma，IV级阶地ESR年龄样为0.65Ma。由上看来，羌塘盆地在上新世以来经历了多次构造事件。

第三章　沉积环境与相

羌塘盆地是建立在前奥陶系结晶基底之上的一个大型叠合盆地，经历了前奥陶系结晶基底形成阶段、古生代大陆边缘盆地发展阶段、早—中三叠世前陆盆地演化阶段、晚三叠世—中侏罗世被动大陆边缘裂陷—坳陷盆地演化阶段、晚侏罗世—早白垩世活动大陆演化阶段和晚白垩世—新近纪构造变形阶段，最终形成目前的残留型盆地（谭富文等，2009，2016；王剑等，2009，2018）。现今的羌塘盆地以中生代沉积保留最为完整，夹持于可可西里—金沙江缝合带与班公湖—怒江缝合带之间，为一个呈东西向展布的长条形盆地，总面积约 $22 \times 10^4 km^2$。盆地中，自前奥陶系结晶基底之上，古生界至新生界发育较齐全，厚度达 10000～15000m，其中，古生界主要出露于盆地北部的褶皱冲断带、中央隆起带和东部边缘地区，中—新生界则广泛出露。

第一节　沉积相类型及特征

古生代以来，羌塘盆地经历了海—陆—海—陆交替的演化过程，沉积环境从陆相到浅海直至深海盆地均有发育，形成了相应的海相与陆相沉积体系。

对沉积体系的划分因突出的重点不同而异，根据 Fisher 和 Mcgown（1976）所定义的沉积体系为"在沉积环境和沉积作用过程方面具有成因联系的三维岩相组合体"，每一种沉积体系包含多个沉积相和沉积亚相。羌塘盆地古生代—新生代共计可划分出 8 种沉积体系，10 种沉积相和多个沉积亚相（表 2-3-1）。

表 2-3-1　羌塘盆地古生代—新生代沉积体系及沉积相分类表

沉积体系	沉积相	沉积亚相	出现层位
冲积扇	冲积扇	泥石流、河床沉积、片泛沉积	那底岗日组、雀莫错组、康托组
河流	河流	河道、边滩、心滩、泛滥平原	那底岗日组、雀莫错组、雪山组、阿布山组、康托组
湖泊	湖泊	海侵湖、海漫湖、湖泊三角洲、滨湖、浅湖、半深湖、深湖	那底岗日组、雀莫错组、唢呐湖组
三角洲	三角洲	三角洲平原、三角洲前缘、前三角洲	热觉茶卡组、康南组、巴贡组、肖茶卡组、雀莫错组、夏里组、雪山组
碳酸盐岩缓坡	缓坡	潮坪、浅滩、浅水缓坡、深水缓坡、淡化潟湖	康鲁组、康南组、肖茶卡组
障壁型碳酸盐岩	台地	台缘斜坡、开阔台地、局限台地、台缘礁、浅滩、潟湖、潮坪	塔石山组、查桑群、拉竹龙组、日湾茶卡组、鲁谷组、布曲组、夏里组、索瓦组下段、索瓦组上段

沉积体系	沉积相	沉积亚相	出现层位
无障壁海岸—半深海	滨岸、陆棚、盆地	后滨、前滨、近滨、内陆棚、外陆棚、斜坡、半深海盆地	展金组、曲地组、日干配错组、巴贡组、曲色组、色哇组、夏里组、白龙冰河组
火山碎屑岩	火山碎屑岩	水下沉积、陆上喷发	展金组、曲地组、那底岗日组

为更好地了解羌塘盆地不同时期沉积环境变化情况，以下分时代论述所出现的沉积体系和沉积相特征（图 2-3-1）。

一、古生代

除寒武系以外，奥陶系、志留系、泥盆系、石炭系和二叠系在羌塘盆地均有发现，为一套大陆边缘沉积，以稳定的陆棚—台地—三角洲平原沉积为主，晚石炭世—早二叠世发生裂谷事件，相当于查桑—查布裂谷（王成善等，1987），发育深水复理石沉积。

古生界主要发育无障壁海岸—半深海沉积体系、障壁型碳酸盐岩沉积体系和三角洲沉积体系。根据目前出露的地层，识别出的沉积相主要有：三角洲相、台地相和陆棚相。

1. 三角洲相

三角洲相发育于上二叠统热觉茶卡组，自下而上发育较完整的三角洲体系沉积旋回。

下部发育前三角洲亚相，为灰黑色薄层细粒长石石英砂岩、粉砂岩，夹灰绿色薄层粉砂岩、泥质粉砂岩，含碳质或炭屑泥质粉砂岩、页岩；见水平层理、小型交错层理。

中部发育三角洲前缘亚相，为青灰色中层状中粒岩屑长石砂岩，局部夹含生物碎屑砂屑灰岩透镜体；见斜层理构造。

上部发育三角洲平原亚相，为黄灰色中层状中粒长石岩屑砂岩与灰色泥岩、粉砂岩互层产出，接近顶部出现灰色、灰褐色含细砾粗砂岩、中砂岩，夹多层灰黑色薄层状页岩和煤线，煤层最厚可达 27cm；产大量植物化石。

2. 台地相

台地相发育于上奥陶统塔石山组上段、泥盆系查桑群、上泥盆统拉竹龙组、下石炭统日湾茶卡组和中二叠统鲁谷组，主要为开阔台地相。

上奥陶统塔石山组上段为灰色中层状结晶灰岩、灰白色厚层状大理岩化石灰岩夹青灰色砂屑结晶灰岩，产极丰富的鹦鹉螺类、腹足类、海百合茎及保存欠佳的腕足类等化石，为开阔台地相，下部见一层角砾状石灰岩（李才等，2016），属台缘沉积物。该套沉积物与下伏中奥陶统混积陆棚相粉砂岩、泥岩与石灰岩互层，且与下奥陶统深水陆棚相粉砂岩、泥岩、页岩夹细砂岩共同构成一个向上变浅的沉积旋回。

查桑群为浅灰色、浅紫红色中厚层状生物碎屑细晶灰岩、浅紫红色中层状粉屑生物细晶灰岩、浅紫红色薄—中层状含生物碎屑砂屑灰岩、生物碎屑砂砾屑细—中晶灰岩，产丰富的生物化石，主要有腕足类、珊瑚、层孔虫、海百合、苔藓虫等（朱同兴等，2010）。在生物屑砂砾屑灰岩中，岩石呈浅灰色、浅紫红色，生物屑含量为 $60\% \sim 70\%$，

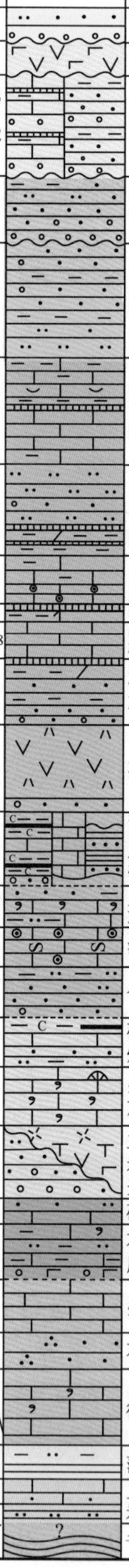

地层系统				厚度/m	颜色	岩性柱	岩性简述	沉积相		典型剖面
界	系	统	组	段					亚相	相	

界	系	统	组/段	厚度/m	颜色	岩性简述	亚相	相	典型剖面
新生界			第四系						
新生界	新近系 古近系		石坪顶组	0~2200	4.7	安山岩、玄武岩、英安岩	喷发岩	火山岩	跃进口剖面
			康托组 喷呐湖组	0~4300 0~1850	7.3~7.2	含膏灰岩、细砾岩和泥岩	砾岩、砂岩和泥岩互层	滨—浅湖	湖泊	东湖剖面 碎石河剖面
中生界	白垩系	上统	阿布山组	0~1500	2.7~2	砾岩、砂砾岩、砂岩及泥岩	滨—浅湖	湖泊	阿布山剖面
		下统	雪山组	340~2079	7~2	砾岩、砂岩、粉砂岩、泥岩	平原 前缘	三角洲	那底岗日剖面
	侏罗系	上统	索瓦组	284~1228	+7~7	泥晶灰岩、泥灰岩、介壳灰岩、生屑灰岩、礁灰岩夹石膏	局限台地 潮坪—潟湖 开阔台地	台地	
		中统	夏里组	214~679	7.5~7	上部为含砾砂岩、砂岩、粉砂岩；下部为泥灰岩、泥云岩、粉砂质泥岩夹石膏	后滨—前滨 潟湖—潮坪	滨岸 台地	
			布曲组 上段	356	7.8~7	上部为泥晶泥质灰岩夹泥岩；下部为鲕粒灰岩、泥晶灰岩、礁灰岩	局限台地 潮坪—潟湖	台地	
			布曲组 中段	125	7	泥岩、白云质泥晶灰岩夹石膏			
			布曲组 下段	292	+7~7.8	泥晶灰岩、泥灰岩、含生物碎屑灰岩、礁灰岩	开阔台地		
		中下统	雀莫错组	499~931	7~2.1	砾岩、砂岩、泥岩夹白云质灰岩、石膏	陆缘近海湖泊	湖泊	
	三叠系	上统	那底岗日组	217~1571	7.5~7.2	凝灰岩、安山岩、英安岩夹砂岩	喷发岩	火山岩	石水河剖面
			肖茶卡组	1063~1184	7.8~7	南带为砂岩、碳质页岩夹石灰岩及煤线；中带为微泥晶灰岩；北带为砂岩与泥岩互层	平原—前缘 中—浅缓坡	三角洲 碳酸盐岩缓坡	菊花山剖面 江爱达日那剖面 藏夏河剖面
		中统	康南组	301~540	7.5~7	上部为泥岩、粉砂岩、砂岩；下部为石灰岩、泥灰岩与泥岩	三角洲平原	三角洲	
		下统	硬水泉组	500~2440	7.5~7	泥晶灰岩、鲕粒灰岩、生物扰动灰岩	浅缓坡	碳酸盐岩缓坡	
			康鲁组	>562	7.5~2	含砾砂岩、粉砂岩、泥页岩	三角洲前缘		
古生界	二叠系	上统	热觉茶卡组	330~1150	7.8~2	砂岩、粉砂岩、泥页岩夹石灰岩及煤线	三角洲平原	三角洲	热觉茶卡剖面
		中统	开心岭群	>450	7~-7	生物碎屑灰岩、微晶灰岩夹珊瑚礁灰岩	开阔台地	台地	依布茶卡剖面
		下统	冈玛错组	>562	7~-7	主要为一套砾岩、粗砂岩、粉砂岩、泥岩，部分地区过渡为砂岩夹玄武岩、安山质角砾岩	深水陆棚 火山浊积	陆棚	
	石炭系	上统	塔里来组	>149	7	砂岩、粉砂岩、页岩，含冰碛砾岩	深水陆棚	陆棚	日湾茶卡剖面
		下统	日湾茶卡组	395~1282	7	石灰岩、泥灰岩、粉砂岩、泥岩，底部为砾岩及火山岩	深水陆棚 火山浊积	陆棚	
	泥盆系	上统	拉竹龙组	245~440 甚至更厚	7~+7	生屑灰岩、泥晶灰岩、层孔虫灰岩	开阔台地	台地	三岔口剖面
		中下统	雅西尔群 上段	>300	7	石英砂岩	前滨	滨岸	
			雅西尔群 中段	490	7~-7	微晶灰岩、含生物碎屑灰岩	开阔台地	台地	
			雅西尔群 下段	>60	2.1				
	志留系		龙木错群	>511	6.5	薄层状粉砂岩夹页岩	浅水陆棚	陆棚	塔石山剖面
	奥陶系		牧水河群	>1396	7	上部中—厚层状结晶灰岩夹砂屑灰岩；下部薄层状粉砂岩夹页岩	开阔台地	台地	
			三岔口组	>178	7.5		浅水陆棚	陆棚	
	前奥陶系					千枚岩、片岩、片麻岩、大理岩等			

图 2-3-1　羌塘盆地典型地层及沉积相柱状图

生物屑具明显的磨蚀现象，生物屑、内碎屑为砂、砾级，屑间为亮晶方解石胶结，反映水体较浅，能量较高。在砂砾屑亮晶灰岩中，所含生物屑及砂砾屑同样具磨蚀现象。结合生物门类多，保存皆较差，其沉积相应为碳酸盐岩台地浅滩相。而在粉屑生物细晶灰岩中，粒屑以粉砂级为主，反映水体能量较低，同时其中所含生物门类亦很丰富，其沉积相应为开阔台地相。

上泥盆统拉竹龙组与查桑群差异不大，为浅紫红色中层状含生物碎屑砂砾屑中晶灰岩、浅灰色薄—中层状泥灰岩和泥晶灰岩，中、上部由浅紫色、浅灰色中至厚层、浅紫红色中层状（含）生物碎屑中晶—粗晶灰岩、块状含生物碎屑细晶灰岩、生物碎（棘）屑灰岩、浅紫红色中厚层状生物碎屑球粒灰岩、淡紫红色厚块状层孔虫礁灰岩组成。岩石普遍已重结晶，含珊瑚、腕足类、层孔虫、海百合、苔藓虫、腹足类等。在生物屑灰岩中，岩石呈浅灰色、浅紫红色，生物屑含量为60%～70%，生物屑具明显的磨蚀现象，生物屑间为亮晶方解石胶结，反映水体较浅，能量较高；在砂砾屑亮晶灰岩中，所含生物屑及砂砾屑同样具磨蚀现象，结合生物门类多，保存皆较差，其沉积相应为台地浅滩相；泥灰岩、泥晶灰岩单层较薄，单层延伸稳定，所含生物化石保存较好，反映一种较低能环境；在生物碎屑球粒灰岩中，虽然生物屑亦具明显的磨蚀现象，但岩石以球粒为主，泥晶充填胶结，亦为低能环境沉积。总体仍为开阔台地相。

中二叠统鲁谷组（龙格组）以羌塘盆地孔孔茶卡一带为代表，岩性组合主要由灰色薄—中层状含生物屑泥晶灰岩、生物碎屑泥质灰岩组成，含礁灰岩；向东部扎窝查桑一带出现浅灰色中层状生物屑灰岩、白云质灰岩，并表现为白云质由下向上增多的进积型沉积特征。沉积相总体表现为碳酸盐岩台地相，但在横向上有一定变化，由东向西依次为萨布哈、局限台地、碳酸盐岩滩、开阔台地、台缘礁滩相，向西北方向水体变深。

下石炭统日湾茶卡组为浅紫红色中—厚层状砂砾屑细晶灰岩、含砂砾屑生物碎屑灰岩、灰色中层状含生物碎屑藻球灰岩、藻屑灰岩、（含）生物碎屑泥晶灰岩、浅灰色厚—块状珊瑚礁灰岩，夹薄—中层状介壳生物灰岩，含珊瑚、腕足类、菊石、角石、海百合、苔藓虫等化石，以丰富的珊瑚和腕足类化石为特征，总体上为一套点礁—浅滩相—开阔台地相组合。

3. 陆棚相

陆棚相发育于下奥陶统、志留系、上石炭统擦蒙组和下二叠统曲地组。

下奥陶统见于改则县、尼玛县一带，下部为灰绿色薄层状页岩、粉砂岩夹灰黑色中层状粉—细砂岩，为深水陆棚相；上部为浅灰色薄层状粉—细砂岩夹薄层状石灰岩，为浅水陆棚相、混积陆棚相。

志留系仅见于尼玛县荣玛乡冈塘错北约10km的塔石山（李才等，2016），富含笔石化石，出露很少，主要为一套灰绿色粉砂岩夹页岩组合，为一套浅水陆棚相组合。

上石炭统擦蒙组和下二叠统曲地组岩性相似，总体为一套厚度巨大的类复理石—复理石建造，并夹有大量沉凝灰岩、玄武岩和冰筏沉积（李才等，2016）。

上石炭统擦蒙组可以大致分为两个沉积旋回，第一个沉积旋回以砂岩为主，含多层沉凝灰岩、玄武岩，沉积物成分成熟度低，分选极差，杂基含量普遍在20%以上，可见鲍马层序、槽模、沟模等沉积构造，代表水体较深的陆棚环境下发生的板内裂谷沉积环境；第二个沉积旋回以粉砂岩、粉砂质泥岩为主（受变质为千枚状板岩），其中发育滨海杂砾岩（冰筏沉积），砾石成分较杂，大小不一，呈漂浮状，具有冰筏沉积特征，为深水陆棚浊流和冰筏沉积。

下二叠统曲地组沉积组合可分为上、下两个部分，下部为黄灰色中层状砾岩、细砾岩、含砾粗砂岩，中—薄层状含钙质结核细砂岩、粉砂岩，薄层状钙质粉砂岩、粉砂质泥岩，偶夹玄武岩、枕状玄武岩和安山角砾岩，总体为一个自下而上变细的深水复理石沉积，粉砂质泥岩中产丰富虫迹化石；上部为灰色、褐灰色中—薄层状岩屑长石砂岩、中层状长石石英粉砂岩、细砂岩呈不等厚互层，发育鲍马层序、平行层理、小型沙纹层理和水平层理，顶部夹深灰色薄层状碳质粉砂岩、含生物砂屑灰岩，产螠科和海百合茎等化石。总体上为一套向上变浅的深水—浅水陆棚沉积。

二、中生代

羌塘盆地中生代经历了早—中三叠世前陆盆地演化阶段和晚三叠世—中侏罗世被动大陆边缘裂陷—坳陷盆地演化阶段，晚白垩世发生构造变形和造山作用（王剑等，2004；谭富文等，2016）。沉积环境发生了海—陆—海—陆交替的演化过程，形成了相应的海相与陆相沉积体系，大致可划分出8种沉积体系、9种沉积相和多个沉积亚相（表2-3-1）。

1. 火山碎屑岩相

火山碎屑岩相主要出现在上三叠统那底岗日组，代表晚三叠世末期，伴随班公湖—怒江洋盆的扩张，其北侧的羌塘被动大陆边缘盆地发生裂陷与热膨胀，在裂陷槽内产生了火山作用与沉积事件（谭富文等，2016）。根据火山喷发环境可以分为陆上火山喷发碎屑岩亚相和水下火山喷发碎屑岩亚相（图2-3-2）。

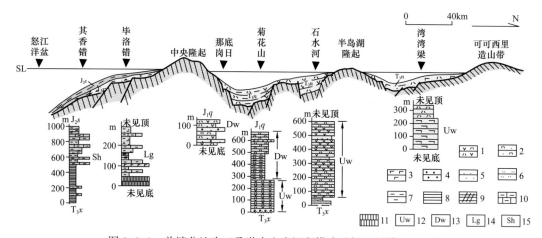

图 2-3-2　羌塘盆地晚三叠世火山岩沉积模式（据王剑等，2004）

1—火山碎屑岩；2—沉火山碎屑岩；3—基性熔岩；4—砾岩；5—砂岩；6—粉砂岩；7—泥岩；8—页岩；9—油页岩；10—泥灰岩；11—石膏；12—陆上火山喷发碎屑岩；13—水下火山喷发碎屑岩；14—潟湖；15—陆棚

1）陆上火山喷发碎屑岩亚相

那底岗日组陆上火山喷发碎屑岩亚相主要出露在湾湾梁、石水河等地（图2-3-2），表现为暗紫红色酸性岩屑晶屑凝灰岩夹熔结凝灰岩、浅灰色、灰绿色凝灰岩夹角砾状流纹质岩屑晶屑凝灰岩、紫红色流纹岩夹灰黑色玄武岩等。玄武岩多具柱状节理，流纹岩具流纹构造。北羌塘坳陷北部藏夏河、多色梁子及湾湾梁等剖面，那底岗日组陆相火山岩多具"双模式"特点，表现为基性玄武岩与流纹岩及酸性凝灰岩互层出露。

2）水下火山喷发碎屑岩亚相

那底岗日组水下火山喷发碎屑岩亚相主要出露于菊花山、那底岗日等地（图2-3-2），主要为灰色、灰绿色中层状英安质含砂屑沉凝灰岩、沉凝灰岩、凝灰质砂岩，局部夹含球粒沉凝灰岩，可见平行层理和正粒序层理，显示水下重力流沉积特征。

2. 冲积扇相

冲积扇相主要发育于上三叠统那底岗日组和中—下侏罗统雀莫错组，地表常见于羌塘盆地北部那底岗日北坡、菊花山、乌兰乌拉山以及中央隆起带西段土门格拉等地，以碎屑泥石流为主夹辫状河道砂质砾岩和片泛沉积。碎屑泥石流沉积主要为灰紫色厚层—块状砂、泥质砾岩，分选性极差，砾石成分为火山岩、变质岩、石灰岩、砂岩、脉石英、玉髓等，磨圆度较差，填隙物为砂、泥质；辫状河道砂质砾岩沉积由暗紫红色中—厚层状细砾岩夹细砂岩透镜体组成，具正粒序层理，砂岩中常见交错层理、平行层理；片泛沉积为紫红色、灰白色、杂色薄层状砂、粉砂和泥质沉积物，分选差，见交错层理、沙纹层理和水平层理，沉积物呈透镜状产于粗砂岩或含砾粗砂岩、细砾岩层之上，在整套地层中呈夹层出现。

3. 河流相

羌塘盆地发育辫状河和曲流河，见于中—下侏罗统雀莫错组和下白垩统雪山组。岩性由紫红色中砾岩、细砾岩、粗砂岩和中砂岩、细砂岩、粉砂岩、泥岩组成。可见具有下粗上细的二元结构，即下部为砾、砂质沉积，上部为粉砂、泥质沉积，在每个韵律的底部，常见底冲刷现象，沉积物砾石成分复杂，砂岩、粉砂岩中不稳定矿物组分较多，沉积构造发育，见大型板状交错层理、大型槽状交错层理、平行层理、水平层理、冲刷构造等。

4. 湖泊相

羌塘盆地中生代主要为海相沉积环境，湖泊沉积主要出现在侏罗纪被动大陆边缘裂陷作用后期，盆地扩张早期，广泛分布于盆地北部中—下侏罗统雀莫错组，沉积物组合和同位素特征反映其具有陆缘近海湖泊相典型特征（谭富文等，2004），可进一步划分出湖泊三角洲、海侵湖和海漫湖亚相。

1）湖泊三角洲亚相

湖泊三角洲亚相见于雀莫错组中部、上部，广泛分布于北羌塘坳陷周缘，主要发育三角洲平原和三角洲前缘部分，常见分流河道、分流间湾、河口沙坝等微相。为紫红色、灰绿色、杂色粉砂岩、泥岩夹灰色砂岩。代表三角洲前缘分流水道沉积的含砾砂岩透镜体发育，可见底冲刷，内部见槽状交错层理和槽模构造，局部见泥砾质泥岩。代表三角洲平原的泥质粉砂岩中干裂纹十分发育，其中被含石膏泥质物充填，沉积物中平行层理、交错层理、沙纹层理、浪成波痕、流水波痕等十分发育，局部见植物碎片、煤线。

2）海侵湖亚相

海侵湖亚相见于那底岗日地区雀莫错组中部、上部，菊花山、咸水河一带雀莫错组下部，雁石坪、雀莫错一带雀莫错组上部。主要为灰绿色与紫红色薄—中层状粉砂岩、泥岩不等厚互层，夹多层泥灰岩、生物灰岩，局部夹石膏层，发育水平层理，出现淡水双壳、半咸水双壳和咸水双壳类生物混生组合（阴家润，1989）。

3）海漫湖亚相

海漫湖亚相见于雀莫错一带的雀莫错组下部，以紫红色薄层状粉砂岩、粉砂质泥岩、泥岩为主，夹少量泥质球粒灰岩，见水平层理，发育半咸水和淡水生物（阴家润，1989）。

5. 三角洲相

羌塘盆地中生界三角洲相主要发育于下三叠统康鲁组，上三叠统肖茶卡组上部（巴贡组）、日干配错组，中侏罗统夏里组和下白垩统雪山组，普遍发育三角洲平原亚相、三角洲前缘亚相和前三角洲亚相。

1）三角洲平原亚相

三角洲平原亚相广泛分布于下三叠统康鲁组、上三叠统巴贡组、中侏罗统夏里组及下白垩统雪山组。

（1）下三叠统康鲁组。主要见于热觉茶卡南，以发育分流河道沉积为特点，可见多个灰绿色、棕褐色中—厚层状含砾粗砂岩、粗砂岩、中—细砂岩或粉砂岩组成的韵律沉积组合。砾石成分以脉石英为主，其次为变质岩和少量火山岩屑，大小为 0.3～1.5cm，磨圆度较好。砂岩均为岩屑长石砂岩。其中含砾粗砂岩底部具有冲刷面，正粒序层理，明显呈透镜体状产出。中砂岩、粗砂岩中发育槽状交错层理、大型交错层理、平行层理，古流向为 18°～46°，反映物源来自南侧的中央隆起带。粉砂岩、细砂岩中发育小型沙纹层理，见虫孔，但生物化石稀少。

（2）上三叠统巴贡组。见于中央隆起带两侧、盆地北缘及盆地东部，沉积组合主要为灰色、深灰色薄—中层状长石砂岩、岩屑砂岩、粉砂岩、泥岩等，普遍夹煤层、煤线或碳质泥岩。岩石中常见菱铁矿结核和植物碎片，发育交错层理、小型沙纹层理、水平层理等。通常表现为深灰色粉砂岩、细砂岩夹灰色砂岩，或互层产出，进一步可细分出分流河道沙坝、分流间湾以及岸后沼泽等微相。

（3）中侏罗统夏里组。主要见于北羌塘坳陷周缘，以雁石坪地区为例，岩性主要为灰紫色中层状粉砂质泥岩夹灰色厚层状细粒长石石英砂岩，含丰富植物碎片。砂岩呈透镜体状，见底冲刷和槽模，发育板状交错层理、沙纹层理、剥离线理等沉积构造，为分流河道沉积物；粉砂质泥岩延伸较好，见沙纹层理、干涉波痕等沉积构造，层面上还可见干裂纹，为分流间湾沉积。

（4）下白垩统雪山组。广泛分布于盆地北部和东部地区，以星罗河、多格错仁、雀莫错等剖面出露最好。以北部星罗河沉积剖面为例，三角洲平原亚相发育于三角洲相的上部，表现为一个向上变浅的退积序列（图 2-3-3）。三角洲平原亚相下部为紫红色薄层状泥岩与粉砂岩不等厚互层，夹多层含砾粗砂岩、砾岩，砾岩和含砾粗砂岩呈透镜体状，发育底冲刷，具正粒序层理，局部见交错层理，为分流河道及分流间湾沉积；上部为紫红色薄层状粉砂岩和少量细砂岩，发育水平层理、小型交错层理和沙纹层理，见干裂纹，为分流间湾沉积。

2）三角洲前缘亚相

三角洲前缘亚相见于上三叠统肖茶卡组上部（巴贡组）、日干配错组，中侏罗统夏里组和下白垩统雪山组，广泛分布于北羌塘坳陷周缘。以星罗河雪山组为例，为浅灰色、灰绿色、灰紫色薄—中层状细砂岩夹粉砂岩、粉砂质泥岩，见沙纹层理、平行层理、交错层理，为远沙坝沉积。

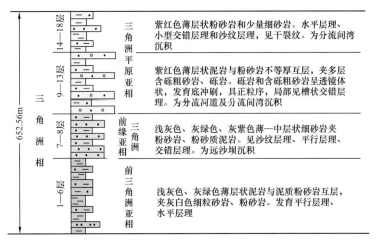

图 2-3-3　羌塘盆地星罗河地区雪山组中、下部的三角洲沉积序列

3）前三角洲亚相

前三角洲亚相以星罗河地区雪山组为例，浅灰色、灰绿色薄层状泥岩与泥质粉砂岩互层，夹灰白色细粒砂岩、粉砂岩，发育平行层理、水平层理。

6. 滨岸相

滨岸相在中生代各个时期均有发育，主要在中央隆起带两侧和盆地北缘、东缘分布，主要包括后滨、前滨和近滨亚相。以中部中央隆起带北缘加那地区夏里组沉积剖面为代表，沉积地层以灰色、灰绿色中层状细粒石英砂岩和钙质石英砂岩为主，夹钙质粉砂岩；发育楔状交错层理、平行层理、冲洗层理等，有较好的分选性和磨圆性，为前滨沉积；该组合上下均过渡为前滨—陆棚相粉砂岩、泥岩、页岩。后岸带可出现潟湖，为紫红色泥岩、粉砂岩夹大量膏岩。近滨沉积较少出露，以南羌塘坳陷下侏罗统曲色组上部为代表，由一套深灰色薄层状细粒长石石英砂岩与粉砂岩互层组成，见小型沙纹层理。

7. 陆棚相

陆棚相在侏罗纪十分发育，主要出现在中央隆起带南缘，向南过渡为半深海相，与班公湖—怒江洋盆相连接。以南羌塘坳陷东部曲瑞恰乃地区色哇组沉积剖面相序为例，可进一步分为内陆棚和外陆棚亚相。内陆棚为灰色薄层状泥岩夹粉砂岩和少量细粒石英砂岩组合，发育水平层理、沙纹层理；外陆棚为灰色、浅灰色薄层状细粒石英砂岩与粉砂岩、粉砂质泥岩不等厚互层，上部夹少量鲕粒灰岩透镜体，见平行层理、沙纹层理和楔状交错层理。地层中含较丰富的菊石化石。

北羌塘坳陷陆棚相出现在早白垩世盆地萎缩区，见于盆地西北部白龙冰河一带，沉积特征以长龙梁剖面为代表，为灰色、深灰色薄层状泥灰岩与泥晶灰岩不等厚互层，夹灰绿色薄层状钙质泥岩、粉砂岩，含有大量菊石和薄壳双壳类生物，局部见丰富的水平虫迹。

8. 碳酸盐岩缓坡相

碳酸盐岩缓坡相主要发育于下三叠统康鲁组、中三叠统康南组和上三叠统肖茶卡组，地表主要见于热觉茶卡南侧地区。可进一步划分出淡化潟湖、浅滩、浅水缓坡等亚相。

1）淡化潟湖亚相

淡化潟湖亚相见于康鲁组上段和康南组下部，为灰色薄层状钙质、粉砂质泥岩、泥灰岩，以及薄—中层状含生物碎屑泥砾泥质灰岩、泥晶灰岩等。尤以泥砾泥质灰岩最为发育，泥砾呈片状、不规则状，直径为 0.2～1.0cm，含量为 10%～60%，被灰泥胶结，断面上风化色较深，呈蠕虫状。泥砾分选差，几乎未经磨圆，反映为短距离搬运至极低能环境堆积形成。泥灰岩中含薄壳腕足类、双壳类、腹足类化石，以及大量海百合茎，保存良好。在粉砂质泥岩中常见干裂纹，偶见植物根化石。对上述泥灰岩中海百合茎和介壳类化石进行稳定同位素分析（王剑等，2004），结果显示 Sr^{87}/Sr^{86} 值为 0.7069～0.7076，接近海相碳酸盐岩之高限 0.708（杨杰东，1988）；$\delta^{13}C$ 值为 $-0.147‰$～$-1.374‰$，平均为 $-0.6198‰$，$\delta^{18}O$ 值为 $-7.790‰$～$-8.454‰$，平均为 $-8.01‰$，二者均略低于正常海相碳酸盐岩 $\delta^{13}C$ 和 $\delta^{18}O$ 值，与淡化潟湖环境碳酸盐岩接近。

2）浅滩亚相

浅滩亚相见于康鲁组上段，与上述淡化潟湖亚相交替出现，岩石组合为灰色中层状鲕粒灰岩和球粒灰岩，鲕粒和球粒均为藻类成因，大小为 1～2mm，含量为 70%～80%，磨圆度好，表面光滑，圈层多数为 1～2 个，泥晶方解石胶结，反映其形成水动力较弱，属低能滩沉积。

3）浅水缓坡亚相

浅水缓坡亚相见于中三叠统康南组上部和上三叠统肖茶卡组下部，为灰色薄—中层状石灰岩，含泥质灰岩和生物碎屑灰岩。岩性较单一，横向分布稳定。

9. 碳酸盐岩台地相

碳酸盐岩台地相主要见于中侏罗统布曲组和上侏罗统索瓦组，属有障壁型海岸碳酸盐岩沉积体系，可进一步划分出台缘斜坡、生物礁、台缘浅滩、开阔台地、局限台地、潮坪和萨布哈等亚相。

1）台缘斜坡亚相

台缘斜坡亚相广泛发育在南羌塘坳陷南部，见于布曲组和索瓦组下段中，实测剖面资料较少，以绒玛乡南懂杯桑剖面为例，为深灰色中层状含珊瑚泥晶灰岩与浅灰色中—厚层状含生物屑泥晶角砾灰岩近等厚互层。角砾呈次棱角状，成分主要为砂屑灰岩、内碎屑灰岩和泥晶灰岩，大小为 2～15cm，含量为 53%～58%，被泥晶方解石和生物屑胶结。此外，在康托一带，还见数十米至数百米大小的砂屑灰岩滑塌岩块，其中发育斜层理和包卷层理，产于灰绿色薄层状钙质泥岩、泥灰岩中。

2）生物礁亚相

生物礁亚相在盆地内广泛见于布曲组和索瓦组下段。按造礁生物种类划分主要有珊瑚礁、层孔虫礁、藻礁和海绵礁；按礁体形态划分有点礁、岸礁和堤礁；按生长位置划分有台地边缘礁和台地内部斑礁。

台地边缘礁主要沿中央隆起带南缘分布，布曲组见礁剖面有扎美仍、懂杯桑、隆鄂尼、加那南、扎日阿布、昂达尔错等地（表 2-3-2）；索瓦组下段见礁剖面有日土多玛、扎美仍和北雷错等地。大致以肖茶卡、帕度错一线为界，以西地区主要生长珊瑚礁，呈链状分布，构成堤礁，剖面上以扎美仍和懂杯桑出露最好，横向上可在卫星图像和地质路线上得以追索。礁体特征以南羌塘坳陷懂杯桑布曲组中部发育的生物礁为例，其纵向生长序列见图 2-3-4，见两层礁灰岩，下部礁体厚度为 61.54m，生长于核形石灰岩和砂屑灰岩组成的浅滩之上，造礁生物主要为树枝状群体珊瑚，以六射珊瑚为主，直径为 0.6～1.2cm，含量为 20%～50%；其次为层孔虫，直径多为 8～12cm，大的可达 40cm，二者共同组成礁体骨架，骨架间充填泥晶方解石和生物碎屑，具有明显抗浪性。在横向上可见礁前塌积岩（含砾灰岩）。在扎美仍，礁体规模更大，地表呈东西向延伸的狭长状山丘，南北方向上共出现三个类似礁丘，形成丘—谷相间地貌特征。据路线地质调查推测，单个礁体厚度为 50～130m，礁灰岩具块状构造，造礁生物以珊瑚为主，其次为海绵。珊瑚多为群体六射珊瑚，含量为 50%～60%，直径为 2～15cm，具明显向上生长特征，组成礁体骨架，风化后留下的泥晶方解石充填物也呈网格状。多处见礁前滑塌角砾岩，角砾大小为 1～8cm，无磨圆性，为泥晶灰岩和生物屑胶结。

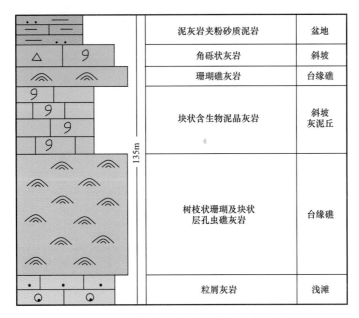

	泥灰岩夹粉砂质泥岩	盆地
	角砾状灰岩	斜坡
	珊瑚礁灰岩	台缘礁
	块状含生物泥晶灰岩	斜坡灰泥丘
	树枝状珊瑚及块状层孔虫礁灰岩	台缘礁
	粒屑灰岩	浅滩

图 2-3-4 懂杯桑布曲组生物礁生长序列

肖茶卡、帕度错一线以东主要生长藻礁，见于布曲组，以昂达尔错—毕洛错西—隆鄂尼一带出露最好，礁体呈层状，与生物介壳灰岩不等厚互层产出，构成岸礁。礁体中藻纹层十分发育，多呈波状起伏，局部呈穹状生长，后期发生强白云岩化，形成细晶—粗晶白云岩，孔隙间见丰富液态稠油。未见相应的礁前塌积岩，反映这一地区地形较缓，水动力较弱。

台内斑礁分布于北羌塘坳陷内部，主要为点礁和堤礁。在实测剖面资料中少见，但在区域填图路线资料中有大量报道（表 2-3-2）。索瓦组最为发育，其次为布曲组，造礁生物主要为藻类、珊瑚和海绵。

表 2-3-2　羌塘盆地中侏罗统布曲组和上侏罗统索瓦组生物礁统计表（据王剑等，2004）

序号	层位	产地	造礁生物	厚度 /m	礁体类型	资料来源
1	J_2b	野牛沟	珊瑚、海绵	27.49	点礁	成都地矿所，1995
2	J_2b	湾湾梁	群体珊瑚	5	点礁	成都理工大学，1995
3	J_2b	马科山南	海绵	3	点礁	成都地矿所，1995
4	J_2b	波垅曲源头	海绵、苔藓	<1	点礁	成都地矿所，1995
5	J_2b	石榴湖	群体珊瑚	5	点礁	成都理工大学，1995
6	J_2b	长水河西	藻类、珊瑚	200	堤礁	大庆石油学院，1996
7	J_2b	长龙山北	群体、珊瑚	20	点礁	成都地矿所，1997
8	J_2b	扎日阿布	藻类	200	岸礁	大庆石油学院，1997
9	J_2b	加那南	藻类	139	岸礁	大庆石油学院，1997
10	J_2b	懂杯桑	珊瑚	85.05	岸礁	成都地矿所，1995
11	J_2b	扎美仍	珊瑚	130	岸礁	王剑等，2004
12	J_2b	隆鄂尼	藻类	80	岸礁	王剑等，2004
13	J_2b	昂达尔错	藻类	40	岸礁	王剑等，2004
14	J_3s	错尼北	群体珊瑚	9.5	点礁	成都理工大学，1995
15	J_3s	台南石山	群体珊瑚	25	点礁	成都理工大学，1995
16	J_3s	G20051	群体珊瑚	2	点礁	成都地矿所，1996
17	J_3s	G21131	群体珊瑚	20	点礁	成都地矿所，1996
18	J_3s	芨芨岭	珊瑚、海绵	6	点礁	大庆石油学院，1995
19	J_3s	梁西湖南	珊瑚、海绵	8	点礁	大庆石油学院，1995
20	J_3s	万安湖	珊瑚、海绵	15	点礁	大庆石油学院，1995
21	J_3s	半岛湖东	细管状珊瑚	40	点礁	成都地矿所，1996
22	J_3s	半岛湖北	珊瑚、海绵	10	点礁	大庆石油学院，1995
23	J_3s	G24264	海绵	7	点礁	成都地矿所，1996
24	J_3s	方湖	群体珊瑚	5	点礁	成都理工大学，1995
25	J_3s	那底岗日	群体珊瑚	5～6	点礁	成都理工大学，1995
26	J_3s	东湖西	珊瑚、藻类	10	点礁	大庆石油学院，1995
27	J_3s	石榴湖	刺毛珊瑚	15	点礁	成都理工大学，1996
28	J_3s	错尼	细管状珊瑚	5	点礁	成都理工大学，1996
29	J_3s	清平梁	六射珊瑚	10	点礁	成都理工大学，1996
30	J_3s	白滩湖东	珊瑚、藻类	4	点礁	大庆石油学院，1996

序号	层位	产地	造礁生物	厚度 /m	礁体类型	资料来源
31	J₃s	白滩湖南	珊瑚、藻类	5	点礁	大庆石油学院，1996
32	J₃s	万安湖南	珊瑚、藻类	80	堤礁	大庆石油学院，1996
33	J₃s	向峰河北东	珊瑚、藻类	40	堤礁	大庆石油学院，1996
34	J₃s	强仁温杂日	珊瑚、藻类	50	堤礁	大庆石油学院，1996
35	J₃s	河湾山南	珊瑚、藻类	50	堤礁	大庆石油学院，1996
36	J₃s	扎美仍	群体珊瑚	60	岸礁	王剑等，2004
37	J₃s	北雷错	群体珊瑚	200	岸礁	大庆石油学院，1995
38	J₃s	北雷错东南	群体珊瑚	30	岸礁	大庆石油学院，1995

点礁个体较小，厚度通常为几米至几十米不等，延伸数十米至数百米，但发育较为完整，可明显划分出礁核、礁翼和礁间三个相带。以半岛湖东侧点礁为例，礁核为灰色块状珊瑚礁灰岩，厚度在 40m 左右，珊瑚呈细管状、树枝状，直径为 0.5～2cm，含量为 30%～40%，风化后呈蜂巢状，留下灰泥质充填物；礁翼为泥晶灰岩夹泥晶角砾灰岩，向礁核方向加厚；礁间为含浅灰色薄—中层状含生物屑泥晶灰岩和泥灰岩。在地表呈丘状出现，直径为 150m。

堤礁厚度大，通常为 40～200m，延伸长，数百米至几千米不等，多呈带状体，如长水河一带，因出露原因，地表难以划分其相带。隐伏礁体可在地震资料中清晰显现，如万安湖礁体（赵政璋等，2001b）。

3）台缘浅滩亚相

台缘浅滩亚相主要发育在布曲组和索瓦组中，见于中央隆起带及其两侧，主要由亮晶鲕粒灰岩、砂屑灰岩、内碎屑灰岩和生物介壳灰岩组成。常发育交错层理和楔形层理，纵向上向礁或开阔台地或台缘演化，形成泥晶灰岩、亮晶鲕粒灰岩、砂屑灰岩序列或泥灰岩（灰泥丘）、泥晶灰岩、亮晶鲕粒灰岩、生物礁灰岩序列。

4）开阔台地亚相

开阔台地亚相在布曲组和索瓦组中非常发育，见于中央隆起带及其以北地区，包括台盆微相（静水碳酸盐岩）和台内浅滩微相。

台盆微相为灰色至深灰色中—厚层状泥晶灰岩夹生物碎屑灰岩，典型剖面如半岛湖北长水河一带布曲组、那底岗日和白龙冰河一带索瓦组下段，常含较丰富双壳类和菊石化石，且保存完好，局部可见直径达 15cm 的菊石化石（白龙冰河），反映为水体较深的低能环境产物。该相与陆棚相主要不同点在于后者岩层多呈（除灰泥丘）薄层状，且与泥岩、页岩互层；与局限台地潟湖或潮坪低能环境沉积相的区别在于后者呈薄层状，且含有多个向上变浅的沉积序列，其中见暴露标志、膏盐等。

台内浅滩微相在布曲组和索瓦组下段中尤其发育，也见于夏里组中。典型剖面如野牛沟布曲组、索瓦组下段，黄山、雁石坪布曲组，以及东湖和半岛湖西南长虹河索瓦组下段。在野牛沟剖面布曲组滩岩十分发育，灰色、浅灰色中—厚层状鲕粒微晶灰岩、生物碎屑灰岩、泥晶球粒灰岩、核形石泥晶灰岩等交替出现，间夹少量含生物屑泥晶灰岩，特点是碎屑颗粒间为泥晶方解石或灰泥质胶结，多为杂基支撑，反映较低能沉积环境。总厚度达 144.67m，其上过渡为潟湖相薄—中层状泥灰岩或泥晶灰岩。长虹河剖面为灰色、浅灰色和灰紫色中层状内碎屑泥晶灰岩夹少量灰色、灰绿色薄层状钙质泥岩、粉砂质泥岩和含生物屑泥晶灰岩，内碎屑以核形石最为发育，其次为球粒、介壳和鲕粒，总厚度为 207.2m，同样显示低能浅滩环境沉积特征。夏里组中滩岩发育较差，多见于盆地中西部，以马牙山剖面为例，滩岩为灰色中—厚层状泥晶球粒灰岩、砂屑灰岩和生物碎屑灰岩，常呈透镜体状产出，厚度为 0.5～15m，延伸 10～400m，作为夹层产于潟湖或潮坪相灰绿色、紫红色粉砂岩、钙质泥岩、细砂岩等地层中。

5）局限台地亚相

局限台地亚相见于中侏罗统布曲组和上侏罗统索瓦组下段，以盆地北东部最为发育，也见于中央隆起带东段局部地区，主要发育潟湖亚相。典型剖面有乌兰乌拉湖东山布曲组、索瓦组，祖尔肯乌拉山、达卓玛等地布曲组，曲龙沟、雀莫错、达卓玛等地索瓦组下段。岩性为灰色薄—中层状含白云质泥晶灰岩、泥灰岩和含生物屑泥晶灰岩夹薄层状钙质泥岩、页岩、粉砂岩和膏岩，含丰富双壳类化石，保存好，但个体普遍较小，通常为 1～3cm，剖面上常演化出现潮坪相膏岩层。

6）潮坪亚相

潮坪亚相在布曲组和索瓦组下段均有发育，见于雁石坪、雀莫错、祖尔肯乌拉山、达卓玛等地，沉积厚度小，与潟湖相或浅滩相交替产出，主要为潮间坪，岩性主要为深灰色、灰黑色中—薄层状泥灰岩、钙质泥岩及泥晶灰岩、粉晶灰岩等，常呈互层产出，产双壳化石，岩层中发育水平层理、条带状层理，具鸟眼构造、窗格构造等，局部可见膏岩晶洞。

7）萨布哈亚相

萨布哈亚相主要发育在索瓦组下段，分布零星，如达卓玛剖面，岩性组合主要为灰白色、灰黑色中—厚层状粒状石膏层，其中常夹有极薄层钙质泥岩、泥灰岩、白云岩，可见帐篷构造。

三、新生代

羌塘盆地新生代受喜马拉雅运动作用影响，发育一系列山间盆地，初步统计，可划分出 17 个盆地（王剑等，2009）。盆地内主要发育古近系康托组和唢呐湖组，最新研究表明，二者在整个盆地中可能不具上下关系，而是同期异相关系（王剑等，2019）。沉积相类型主要包括冲积扇相、河流相和湖泊相。

1. 冲积扇相

冲积扇相出现在康托组下部，岩性主要为灰色、紫灰色中厚层—块状复成分含粗、巨砾中砾岩、紫灰色中薄层—厚块状复成分含中砾细砾岩、含砾粗粒岩屑砂岩。砾石具次圆状，分选较差，砾径一般为 8～35cm，少量大于 40cm，砾石成分主要为石灰岩（50%～60%）、火山岩（40%～50%）、少量石英、砂岩。中—细砾岩具正粒序层理，砾石呈次棱角状，砾石成分主要为石灰岩。砂岩以粗砂岩为主，大多含砾，常呈透镜体夹于砾岩中，发育正粒序层理。其特征反映为冲积扇沉积。

2. 河流相

河流相见于康托组上部，主要为一套紫红色中—厚层状砂质砾岩、含砾砂岩、不等粒砂岩、细粒长石岩屑杂砂岩、细砂岩、（粉砂质）泥岩组合。砾岩和含砾砂岩中砾石含量为40%～80%，成分以石灰岩为主，砾径较小，一般为1～5cm，次圆状—圆状，具一定分选性，发育正粒序层理、冲刷构造；砂岩主要为岩屑砂岩，分选性差，发育平行层理、大型交错层理，局部见小型交错层理。局部见河流的二元沉积特征，总体为河流相。

3. 湖泊相

湖泊相见于唢呐湖组，各地有差异，但总体表现为一套灰色、杂色、紫红色泥岩、粉砂岩、含膏泥岩、含膏泥灰岩，局部地区底部见砂砾岩，上部见淡水泥灰岩，在纵向上显示一个向上变细的退积序列。含膏泥岩中石膏呈星点状、雪花状或不规则粒状散布于岩石中，或沿水平纹理分布，含量为5%～15%，溶蚀后呈黄褐色斑点、斑纹或空洞，局部见水平层理，为滨湖沉积。含膏泥灰岩中发育水平纹层，石膏含量为6%～9%，呈粒状或不规则状、雪花状散布于泥灰岩中，石膏溶蚀常留下空洞。泥灰岩中水平纹理发育，沿水平层纹见石膏分布，石膏呈粒状或不规则状散布于石灰岩中，含量约为10%，石膏溶蚀后常形成孔洞。可见木本、草本植物花粉，其沉积环境为干旱湖泊。

第二节　中生代岩相古地理

羌塘盆地岩相古地理编图主要基于两轮油气资源战略选区与调查评价项目（王剑等，2004；丁俊等，2009）完成的中小比例尺晚三叠世卡尼期—诺利早期、诺利晚期—瑞替期、早侏罗世—中侏罗世巴柔期、中侏罗世巴通期、卡洛夫期、晚侏罗世牛津期—钦莫利期和提塘期—早白垩世等7个时期的岩相古地理图。羌塘盆地中生代晚三叠世以来各典型沉积期岩相古地理特征及演化概述如下。

一、晚三叠世

二叠纪末—中三叠世是古特提斯洋关闭，并开始造山作用的时期。受其影响，羌塘地区发生了强烈的构造挤压作用，在二叠系与三叠系之间普遍形成了一个明显的角度不整合面。羌塘南部经历了较长期的隆升，缺失早—中三叠世沉积；羌塘北部则受北侧古特提斯造山带逆冲载荷作用的影响形成南浅北深的箕状前陆盆地，但是，下—中三叠统仅出露于热觉茶卡和阿布山等十分局部地区，仅据此信息编制古地理图意义不大。

上三叠统出露较为广泛，但在盆地中西部出露有限，对古地理的研究分歧较大。根据以往资料，结合近年来在羌塘盆地开展的地质钻井，尤其是盆地东部玛曲地区3口钻井资料对以往的古地理图加以修编，编制了晚三叠世卡尼期—诺利早期和诺利晚期—瑞替期两个时期岩相古地理图。

1. 晚三叠世卡尼期—诺利早期

晚三叠世古地理面貌对早—中三叠世有一定继承性，但是，该时期在羌塘—昌都地块南侧，班公湖—怒江洋盆已经自东向西打开，到诺利期，羌塘盆地南部已具有被动大陆边缘盆地雏形，中西部相应沉积的日干配错组具有陆棚—碳酸盐岩台地沉积特征，其余地区主要发育滨岸—三角洲沉积。其古地理面貌见图2-3-5，包括以下古地理单元。

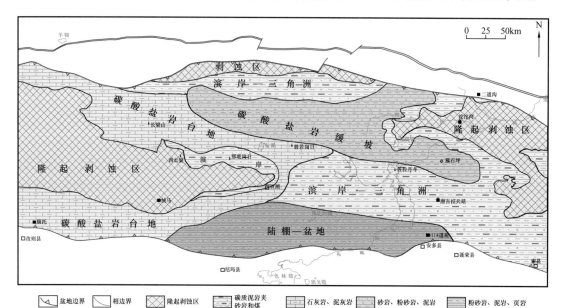

图2-3-5 羌塘盆地晚三叠世卡尼期—诺利早期岩相古地理图

1）陆源剥蚀区

该时期盆地内具有三个物源区，盆地北部可可西里造山带、盆地东部岛链状隆起带和盆地中部的中央隆起带。北侧可可西里造山带，是北羌塘北部前陆坳陷区巨厚复理石沉积物的主要物源区，在盆地北部雪环湖南多色梁子一带根据砂岩中重荷模和底模构造测得其古水流方向为310°和235°，沉积物中富含大量来自北侧造山带的火山岩岩屑和变质岩岩屑。东部玛曲地区上三叠统巴贡组发育近源沉积物和沼泽相含煤沉积，说明其附近有隆起剥蚀。盆地中部的中央隆起带作为物源区的证据有四：一是北侧热觉茶卡见三叠系与下伏地层的不整合面；二是在北侧的沃若山地区发育滨岸和沼泽沉积；三是在江爱达日北西的红水沟上三叠统剖面下部三角洲相粗粒岩屑砂岩中，岩屑含量达30%，其中石英岩屑占30%，其他变质岩岩屑占15%，绿色火山岩岩屑占55%；四是古流向统计显示剥蚀带北侧热觉茶卡一带为0°、15°、45°、320°和350°等。

2）滨岸、三角洲

滨岸、三角洲分布于盆地北部边缘、中央隆起带东部边缘和盆地中、东部地区，主要发育滨岸和三角洲平原沉积，局部发育沼泽沉积，可形成多个煤层或煤线，如沱沱河西（纳日帕查）、雁石坪、土门、那底岗日北西（沃若山）等地。

3）碳酸盐岩缓坡

碳酸盐岩缓坡近东西向展布，主要分布于盆地西部，发育一套较纯碳酸盐岩，岩性单一，横向分布较稳定。

4）浅海陆棚—次深海

浅海陆棚—次深海主要位于北羌塘坳陷中部和南羌塘坳陷南部。南羌塘坳陷南部以索布查地区沉积剖面为代表，为一套深灰色薄层状细砂岩、粉砂岩及页岩，向上明显变细，夹多层石灰岩，表现为向上变深的浅海陆棚—次深海沉积序列。北羌塘坳陷中部以玛曲地区QK-8钻井中的巴贡组下段为代表，为一套灰黑色薄层状粉砂岩、页岩组合，与南羌塘坳陷不同的是，向上过渡为巴贡组上段，沉积物明显变粗，主要为灰色、灰黑色薄—中层状细砂岩、粉砂岩，夹中层状中—粗砂岩，顶部含煤，说明沉积环境由陆棚向三角洲平原过渡，总体为一个向上变浅的沉积序列。

2. 晚三叠世诺利晚期—瑞替期

该时期，羌塘盆地南侧班公湖—怒江洋盆已进入快速扩张阶段，受其影响，羌塘地区地壳逐步拉伸减薄，羌北地区前陆盆地逐步萎缩，并受班公湖—怒江洋盆扩张而引起热隆作用，局部地区经历了短暂隆升剥蚀，随后整个羌塘盆地发生强烈裂陷作用，伴生广泛火山活动。南羌塘地区继承晚三叠世面貌，进一步下沉。至此，在羌塘盆地中部出现了所谓中央隆起带，其东、西段均处于剥蚀区，对南、北羌塘地区沉积格局起着明显控制作用，海水仅沿中段双湖一带狭窄通道向北侵漫。古地理面貌见图2-3-6，古地理单元包括：剥蚀区、河流、湖泊、滨岸、陆棚—盆地等。

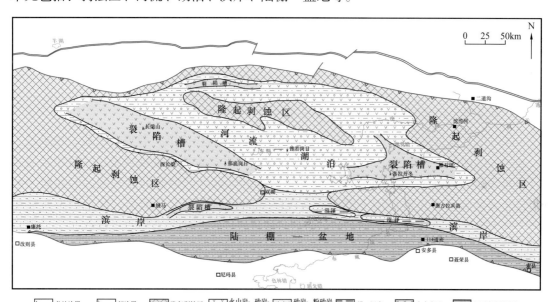

图 2-3-6　羌塘盆地晚三叠世诺利晚期—瑞替期岩相古地理图

1) 陆源剥蚀区

该时期北羌塘地区仅在中部地区发育河流—湖泊沉积，周缘大部地区仍处于隆起剥蚀区。此外，半岛湖以北、半咸河以西等地，中—下侏罗统雀莫错组不整合在肖茶卡组或二叠系之上，其间缺失那底岗日组，表明这些地区该时期为隆起剥蚀区。

2) 火山碎屑—河流—湖泊

火山碎屑—河流—湖泊分布于北羌塘地区，地表出露范围有限，沉积物以陆相喷发的火山熔岩、火山碎屑岩为主，其次为水下喷发的火山碎屑岩，夹紫红色、杂色河流、湖泊相砾岩、砂岩、泥岩。统计显示，地表出露的沉积物明显呈近东西向条带分布，分别位于北部的湾湾梁、东部的雀莫错和南部的菊花山—那底岗日—玛威山一带，并具有快速沉积特点，据此推测当时存在三个较大的裂陷槽沉积。基于该时期沉积物厚度在区域上差异较大，推测当时具有隆—坳相间格局，但总体上表现为河流、湖泊纵横交错面貌。

3）滨岸

滨岸带沿中央隆起南缘发育，沉积物相当于日干配错组上部沉积，肖茶卡西、土门格拉等地沉积物以滨岸沉积为主，夹河流、三角洲沉积，局部地区有含煤沼泽沉积。

4）陆棚—盆地

陆棚—盆地位于南羌塘南部，随着盆地沉降作用逐步加强，沉积环境由早期滨、浅海粗碎屑岩沉积迅速向中晚期陆棚浅海细碎屑岩沉积转变，沉积水体北浅南深，逐步过渡至盆地相。陆棚沉积物以色哇乡索布查剖面为代表，主要为一套深灰色粉砂岩夹细砂岩和泥灰岩，有保存完好的双壳类化石，具低能环境沉积特征。

二、侏罗纪

侏罗纪时期，随着南侧班公湖—怒江洋盆进一步扩张，羌塘地区进入被动大陆边缘盆地发展阶段，受其影响，羌塘地区地壳逐步拉伸减薄，北羌塘地区经历了强烈裂陷作用后，发生热冷却与快速沉降作用；南羌塘地区继承早侏罗世早期面貌，继续下沉；羌塘中部地带则处于相对隆升状态，从而形成了对南北羌塘沉积作用起重要控制的所谓中央隆起带。总体上形成了两坳一隆的构造—古地理基本格局，海水仅沿双湖一带狭窄通道向北侵漫。

1. 早侏罗世托阿尔期—中侏罗世巴柔期

该时期北羌塘地区仍位于海平面以上，但经过前期快速沉积和夷平之后，地形已大大趋缓，沉积物以雀莫错组为代表，广泛分布，几乎覆盖北羌塘地区全区。沉积环境仍以炎热干旱的河流—湖泊相为主，为一套紫红色与灰绿色相间的沉积物。但相对于前期，北羌塘地区在拉张作用下继续快速沉降，陆源剥蚀区大大缩小，盆地范围明显扩大，海水频繁地越过中央隆起带向北侵漫，使盆地内沉积物带有明显的海相色彩，但总体上仍以地表径流和淡水作用为主，陆源沉积物供应十分丰富，堆积了一套厚达2000m的陆源碎屑岩层，反映具有较强的差异沉降作用，沉积等厚图反映沉降中心继承了早侏罗世托阿尔期特点，仍在湾湾梁、雀莫错和菊花山、石水河等地。

南羌塘地区则大致继承前期的沉积格架，从色哇乡松可尔剖面曲色组、色哇组看，主体为一套典型的陆棚沉积，富含菊石，整体表现出自下而上逐渐变浅的沉积序列，可能反映羌南陆架的坡度在逐步变缓。

该时期古地理单元见图2-3-7，主要包括：剥蚀区、河流—三角洲—湖泊、滨岸和陆棚。

1）陆源剥蚀区

古流向统计显示，盆内具有来自南、北两侧的双向物源特征，说明陆源区与前期相近，主要位于盆地北侧的可可西里造山带和中央隆起带。靠近源区，砂岩比例较高，占该时期总沉积的90%，向盆内明显降低。随着盆地下沉和面积大幅扩展，古陆范围大大缩小，中央隆起东段大部分地区被夷平接受沉积，但大部分以河流—三角洲平原沉积为主，向东至沱沱河以东地区仍处于隆起剥蚀区。

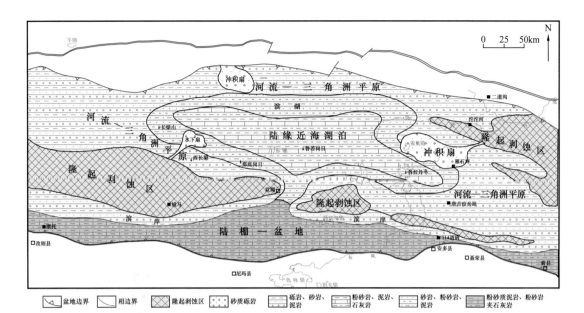

图 2-3-7 羌塘盆地早侏罗世—中侏罗世巴柔期岩相古地理图（据王剑等，2009）

2）河流—陆源近海湖泊

河流—陆源近海湖泊位于北羌塘地区，北浅南深，湖盆中心靠近中央隆起带北侧石水河、那底岗日、雀莫错一带；滨湖地区水体较浅，为湖泊三角洲沉积；湖泊周缘近源广大地区发育河流和小型湖泊。湖盆沉积中心具有从中西部石水河一带向北东部雀莫错、雁石坪和乌兰乌拉一带迁移的特点。早期中心沉积物以石水河剖面下部细碎屑岩夹海相石灰岩为代表；其后，由于沉积速率大于沉降速率，沉积物变为以粗碎屑物为主的三角洲相进积序列，导致沉积中心向北东逐步迁移。雀莫错、乌兰乌拉地层剖面显示，下部以三角洲沉积为主，向上变为以细碎屑沉积为主的湖盆（晚期中心）相或湖滨相，总体表现为一个欠补偿退积序列；在那底岗日、半岛湖、玛曲一带则处于过渡区，沉积速率和沉降速率均小，主要为一套细碎屑岩夹海相石灰岩和巨厚（达370m）的膏盐沉积，陆源物质供给差，沉积水体较为清澈，盐度大，反映其紧邻海水向北侵漫通道。

3）滨岸—陆棚

滨岸—陆棚位于南羌塘地区。滨岸带沿中央隆起带南侧分布，沉积物主要为成熟度较高的石英砂岩或长石砂岩，河流相不发育，说明其地势较中央隆起带北侧平缓。向南过渡为沿东西向广泛出露的曲色组、色哇组深灰色陆棚相粉砂岩、泥岩、泥灰岩为主的沉积。

2. 中侏罗世巴通期

巴通期，羌塘地区差异升降作用明显减弱，北羌塘地区经历了前期快速沉积充填作用以后，盆地地形大大变缓。随着班公湖—怒江洋盆进一步扩张，全区发生了整体性大规模下沉（坳陷），羌塘地区发生了一次侏罗纪最大规模的海侵，前期大部分物源区被海水淹没，陆源碎屑供应量急剧减少，沉积物以中侏罗统布曲组为代表，为一套十分稳定的碳酸盐岩沉积，主体为有障壁型碳酸盐岩海岸沉积，海水向南加深，过渡为斜坡、盆地环境。古地理格局见图2-3-8，古地理单元包括：陆地、局限台地（潮坪、潟湖）、开阔台地（台盆、浅滩/斑礁）、台缘礁/浅滩、台缘斜坡、盆地。

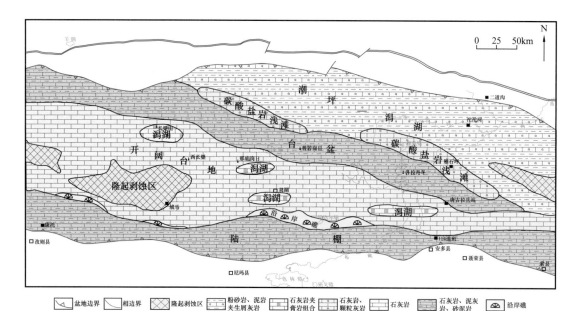

图 2-3-8　羌塘盆地中侏罗世巴通期岩相古地理图（据王剑等，2009）

1）陆源剥蚀区

该时期以内源沉积为主，陆源剥蚀区的范围已大大减小，路线地质调查资料显示，盆地北部玛尔盖查卡、雪环湖、乌兰乌拉湖一带均有布曲组，说明前期陆源区已向北退出现今所保留的盆地范围。中央隆起带上多处发现布曲组石灰岩出露，因此推测当时中央隆起带仅局部露出水面成为剥蚀区。

根据地层中砂岩、泥岩/总岩厚度比值等值线推断，陆源剥蚀区位于现今盆地北侧可可西里地区，以及中央隆起带戈木茶卡、玛依岗日、多巧等局部地区，沿剥蚀区外缘地层中含碎屑岩，可达50%左右，向外侧迅速减少，北羌塘东北部普遍含有较高陆源碎屑沉积，故更靠近陆源剥蚀区。

虽然中央隆起带局部仍对羌南和羌北起着一定分隔作用，但大部分地区位于水下，其上发育浅滩相碳酸盐岩，只起海岸障壁作用。

2）局限台地

局限台地位于盆地东北缘玉盘湖、乌兰乌拉湖、沱沱河一带，内部发育潟湖和潮坪沉积，以泥晶灰岩为主，夹钙质泥岩和少量砂岩、粉砂岩，局部有膏岩，是盆地内较好的盖层。

3）开阔台地

开阔台地位于盆地北部广大地区，分布范围极广，大致沿吐波错、半岛湖、吐错、雁石坪一带，呈北东向带状展布。可进一步分为台盆和台内浅滩亚相。

（1）台盆。大致沿白龙冰河、吐波错、半岛湖南、普若岗日、温泉一带呈北西—南东向展布，宽度近30km，为碳酸盐岩台地内一相对低洼地带，大部分位于浪基面以下，处于低能环境。台盆内沉积物以泥晶灰岩为主，夹深灰色钙质泥岩、泥灰岩等，分析表明，其有机质含量高，是盆地内很好的烃源岩。

（2）台内浅滩。盆地北东部位于台盆北侧，大致沿半岛湖北、雀莫错、雁石坪等地呈岛链状分布。主要发育层状生物碎屑灰岩、颗粒灰岩，并出现一系列点礁。这些颗粒灰岩和礁灰岩的沉积能量较台地边缘的礁滩相低，多数为灰泥质胶结。颗粒本身以及胶结物易被溶蚀，在成岩早—中期易形成孔隙，是很好的储集岩。

4）台缘浅滩

台缘浅滩位于盆地中部，大致沿现今划分的中央隆起带呈东西向分布，但南北宽度更大，范围更广。沉积物主要为亮晶胶结的生物碎屑灰岩、鲕粒灰岩、核形石灰岩等，常呈厚层状、块状，连续沉积厚度大，如那底岗日一带，鲕粒灰岩连续厚度可达400m，为盆地高能环境产物。滩相石灰岩多呈透镜体产出，侧向过渡为台地相亮晶灰岩或微晶灰岩。在局部地带可出现滩间潟湖，如长梁山、尖头山、蜈蚣山、双湖、巴斯康根等地，形成较厚大的膏岩沉积体。

5）台缘生物礁

台缘生物礁沿中央隆起带南侧断续分布，如扎美仍、日干配错、隆鄂尼、昂达尔错等地，主要为珊瑚礁和藻礁。礁灰岩在成岩期间，常受白云岩化，孔隙度和渗透率高，是盆内极其良好的储层，最典型的如隆鄂尼古油藏。

6）台缘斜坡—盆地

台缘斜坡—盆地位于盆地南部，发育薄层—中层状泥晶灰岩、泥灰岩、条带状灰岩夹钙质泥岩、页岩等，局部见砂屑灰岩透镜体，其中见滑动构造。向南过渡为深盆—远洋沉积环境。

3. 中侏罗世卡洛夫期

卡洛夫期，盆地内发生大规模海退，中央隆起带西段和盆地北侧可可西里造山带再次出露水面，成为剥蚀区，并向盆地内注入陆源碎屑沉积物。中央隆起带东段作为水下高地，也对南北羌塘起着明显分隔作用，从而再次将北羌塘坳陷区与南侧的广海分隔，成为一个巨大的半封闭型海湾环境，海水局部地带向北间歇性侵入其中。

总体上，该时期地形高差不大，沉积速率小，沉积地层厚度不大，仅200～1000m左右。沉积物以粉砂岩、细砂岩、泥岩为主，并夹大量海相沉积，也反映当时陆源区剥蚀缓慢，地形平缓。但该时期气候明显向干热气候转变，致使沉积物普遍呈紫红色，并普遍发育蒸发岩。

岩相古地理面貌见图2-3-9，古地理单元构成包括：陆源剥蚀区、河流—三角洲、滨岸、潮坪—潟湖、浅海陆棚和洋盆。

1）陆源剥蚀区

陆源剥蚀区分布于盆地北侧、北东侧，以及中央隆起带西段冈玛错、玛依岗日、肖茶卡一带，根据沉积厚度和石灰岩含量的变化，推测其东段可能也有部分岛状剥蚀区。

2）河流—三角洲

河流—三角洲主要位于盆地北缘以及中央隆起带北侧，据现有资料，共计识别出5个河流—三角洲沉积区，分别位于尖头山、拉雄错、金泉湖、浩波湖和长湖等地。沉积物以中、细砂岩为主，普遍见少量的砾岩夹层。在雁石坪剖面，早期发育河道沉积，主要为灰紫色中层状粉砂质泥岩夹灰色厚层状细粒长石石英砂岩，见板状交错层理、沙纹层理、剥离线理等沉积构造，并见淡水生物化石（阴家润，1990）以及大量植物化石，可能为该期最大规模的陆地入海水系；中期演变为三角洲环境，沉积砂岩呈多个透镜状叠置体（三角洲前缘沙坝），其中可见底冲刷和槽模等。粉砂质泥岩延伸较好，见沙纹层理、干涉波痕等沉积构造，层面上还可见干裂纹，为河流间湾沉积。

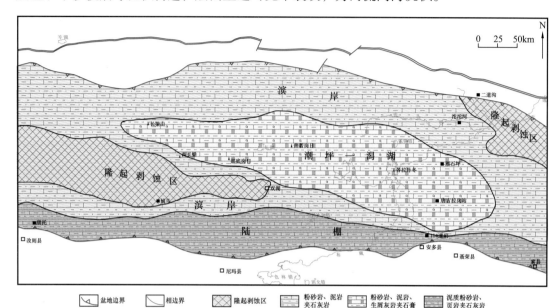

图 2-3-9　羌塘盆地中侏罗世卡洛期岩相古地理图（据王剑等，2009）

3）潟湖—潮坪

潟湖区位于沉降中心拉雄错、吐波错、半岛湖、各拉丹冬一带，主要发育灰色泥岩、页岩等细碎屑岩，发育水平层理，局部可见膏岩晶洞。沉积物中常夹较多内源沉积，如泥灰岩、生物碎屑灰岩等，含量为 10%～20%，最高达 34%（向阳湖）。

潟湖外侧为潮坪环境，沉积物以陆源碎屑为主（大于 85%），主要为杂色泥岩、粉砂岩夹灰色介壳灰岩透镜体组合，常呈多个介壳灰岩—泥质粉砂岩—泥岩沉积韵律，每一旋回以膏岩或密集顺层排列的膏岩晶洞作为顶部。区域上分布范围宽阔，反映地形较平坦。受干热气候影响，带内膏岩十分发育，形成一个宽阔的膏岩环带。膏岩在紫红色粉砂岩、泥岩中呈夹层产出，多属潮上萨布哈沉积，是良好的油气盖层。

4）滨岸

滨岸分布于北羌塘坳陷周缘，沉积物以紫红色陆源碎屑为主，分布范围宽阔，反映地形较平坦。受干热气候影响，带内也发育大量萨布哈相膏岩。

南羌塘地区沿中央隆起带南缘呈东西向分布，滨岸沉积物以灰色及灰绿色中层状细粒石英砂岩和钙质石英砂岩为主，夹钙质粉砂岩，其中发育楔状交错层理、平行层理、冲洗层理等，有较好分选性和磨圆性。

5）陆棚

陆棚位于南羌塘坳陷中部地区，沉积组合以曲瑞恰乃剖面为例，可进一步分为内陆棚和外陆棚亚相。内陆棚为灰色薄层状泥岩夹粉砂岩和少量细粒石英砂岩组合，发育水平层理、沙纹层理。外陆棚为灰色、浅灰色薄层状细粒石英砂岩与粉砂岩、粉砂质泥岩不等厚互层，上部夹少量鲕粒灰岩透镜体，见平行层理、沙纹层理和楔状交错层理。地层中含菊石化石。

洋盆位于上述陆棚以南地区，大部分被后期改造破坏，沉积物部分保存在现今班公湖—怒江缝合带内。

4.晚侏罗世牛津期—钦莫利期

牛津期，沿南羌塘边缘与俯冲有关的弧前裂谷较好地发展，羌塘盆地发生了侏罗纪以来第二次大规模海侵，但此次海侵方向是以自西向东为主，其次为西南向北东方向，与巴通期由南而北海侵方向显然不同。在地形上，无论是沉积厚度（反映沉积中心），还是沉积物碎屑岩含量（反映沉降中心）都显示全区形成了东高西低的格局。该时期古地理格局与巴通期大致相近（图2-3-10）。古地理单元包括：陆地、局限台地（潮坪、潟湖）、开阔台地（台盆、浅滩/斑礁）、台缘礁/浅滩、台缘斜坡—陆棚。

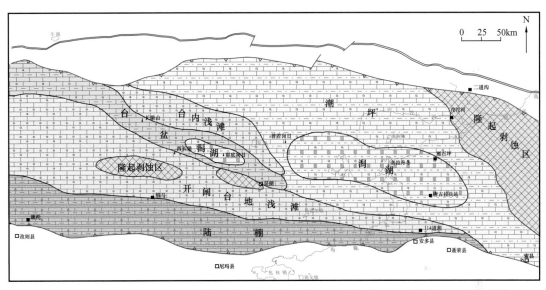

图2-3-10 羌塘盆地晚侏罗世牛津期—钦莫利期岩相古地理图（据王剑等，2009）

1）陆源剥蚀区

该时期盆地东部发生明显抬升，形成盆地内范围较大的剥蚀期。此外，根据地层中陆源碎屑沉积物含量统计发现，在中央隆起带西段局部地区也存在陆源剥蚀区。总体上，盆地内陆源碎屑沉积物含量低，说明该时期整个羌塘地区已大大夷平，剥蚀强度大为减弱。

2）局限台地

盆地东浅西深格局十分明显，在盆地东北部广大地区均发育局限台地相沉积物。主要发育潮坪和潟湖亚相，二者在剖面上交替出现，纵向上没有明显优势相，说明该时期地形较缓，潟湖可能具有棋盘状分布面貌。沉积物为泥晶灰岩、钙质泥岩、粉砂岩和少量砂岩，局部夹膏岩透镜体。膏岩有两种产出类型：一是潟湖相膏岩，作为钙质泥岩、泥灰岩中夹层产出，产于潟湖环境高盐度地区；二是萨布哈相膏岩，产于近陆源区潮上部位，与紫色粉砂岩、泥岩或白云岩共生，说明当时仍以干热气候为主。沉积物中富含双壳类生物，但生物分异度低，种属单调，说明环境局限、海水盐度异常。

3）开阔台地

开阔台地位于盆地中西部，沿布若岗日、黑尖山、尖头山一带呈北西—南东向带状展布，北西部较宽，向南东方向在双湖—尖头山一带尖灭。总体上，范围较巴通期小，分布也向西南方向迁移。带内包括台内浅滩和台盆亚相。

（1）台盆。沿独雪山、西长梁、双湖一带分布，台盆内沉积物以大套灰色厚层—块状泥晶灰岩为主夹深灰色泥灰岩，双壳类化石较少，但普遍含有丰富的海百合茎，可能反映该时期水体较浅。局部地带含膏岩，如黑尖山南胜利河、向阳湖一带。但在白龙冰河一带，沉积水体较深，沉积物以薄—中层状泥晶灰岩、泥灰岩为主，夹深灰色页岩，其中见较丰富的菊石类浮游生物化石。

（2）台内浅滩。分布于元宝湖、青尖山、半岛湖一带，以发育碳酸盐岩浅滩为主，点礁体星散状分布其中。浅滩由生物碎屑、球粒、鲕粒、核形石等内碎屑物质堆积而成，以泥晶方解石或灰泥质胶结为主，亮晶方解石胶结物少见，属低能滩。滩上点礁十分发育，据初步统计，目前已发现出露地表的点礁近 20 个。

4）台缘浅滩

台缘浅滩大致沿中央隆起带分布，向东尖灭。沉积物主要为亮晶灰岩或微晶灰岩、生物碎屑灰岩、鲕粒灰岩、核形石灰岩等，地层多呈厚层状、块状，生物碎屑十分破碎，具明显的高能环境沉积特征。

5）台缘生物礁

台缘生物礁分布于台缘浅滩的南缘，地表见于磨盘山、扎美仍和北雷错等地，以珊瑚礁为主，单个礁体规模大，最大厚度可达 200m，延伸数千米。

6）台缘斜坡—陆棚

台缘斜坡—陆棚位于盆地南部，斜坡相发育较差，主要为生物屑灰岩、砂屑灰岩夹粉砂岩，局部见角砾状灰岩；陆棚相较发育，以 114 道班沉积为例，发育一套灰色—深灰色薄—中层状泥晶灰岩、泥灰岩，夹泥岩、页岩，富含菊石化石。

三、早白垩世

该时期是班公湖—怒江洋盆最终消亡时期，区内发生大规模海退，北侧造山带、中央隆起带和盆地东部地区迅速隆起。盆地内由晚三叠世以来北浅南深首次转变为南浅北深格局，海侵来自盆地西北方向（图 2-3-11）。盆地南部，除中央隆起带东段附近以外，目前为止尚未发现相当的地层，推测南羌塘地区已迅速转变为陆地。从沉积物发育情况看，北羌塘地区总体为一个向北西开口的相对闭塞的巨大海湾，其余周围均向其内部提供物源，尤以东部最盛，反映东部可能处于区域性最高部位。

该时期膏岩层并不发育，说明古气候相对湿润，从东湖附近硅化木的发现（谭富文等，2003），以及地层中富含孢粉来看，中央隆起带附近应当有大片森林。早白垩世晚期，海水迅速退出羌塘地区，转变为陆内河湖沉积环境，发育陆相磨拉石和广泛膏岩沉积，古气候再次处于干热状态。

该时期发育索瓦组上段、白龙冰河组、雪山组和扎窝茸组等地层，它们属侏罗世末至早白垩世的同期异相沉积物（谭富文等，2004）。据此认识得出岩相古地理见图 2-3-11。古地理单元有：陆源剥蚀区、河流—三角洲、海湾（潮坪—潟湖）和浅海—陆棚。

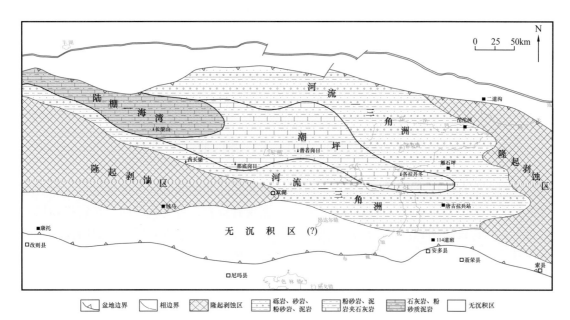

图 2-3-11　羌塘盆地晚侏罗世提塘期—早白垩世岩相古地理图（据王剑等，2009）

1. 陆源剥蚀区

陆源剥蚀区位于盆地北缘可可西里造山带、盆地东缘及中央隆起带。盆缘沉积砾石成分主要由石英岩、变质岩、火山岩、花岗岩和少量碳酸盐岩、砂岩组成，磨圆度好，与碳酸盐岩和砂岩砾石占绝对优势的古近系—新近系砾岩明显不同，说明该时期造山作用幅度不大。

2. 河流—三角洲

河流—三角洲沿隆起区外缘分布，沉积雪山组。近源区发育河流相，沉积特征以星罗河剖面雪山组上部为代表，在独山、乌兰乌拉湖、102道班、达卓玛、长梁山等地均十分发育；近海区发育三角洲相，沉积特征相当于星罗河剖面雪山组下部和雀莫错剖面扎窝茸组，同样的沉积还见于半岛湖北、多格错仁、温泉、雁石坪、依仓玛、巴斯康根、那底岗日等地。总体上，该相区表现出十分明显的海退沉积。随着盆地萎缩，河流向盆内进积，叠覆在前期三角洲之上，如多格错仁、雁石坪、依仓玛等剖面上部或顶部沉积。

3. 潮坪—潟湖

潮坪—潟湖呈狭长状位于盆地中部，发育索瓦组上段，分布在半岛湖北、祖尔肯乌拉山、温泉、依仓玛、巴斯康根一带，沉积物为石灰岩、钙质泥岩夹粉砂岩，具潟湖相、潮坪相沉积构造特征。

4. 陆棚

陆棚位于盆地的西北部，现今的分布呈狭长状，考虑到该地区现今地壳的缩短量已达50%左右，其复原面貌应相对开阔。沉积地层为白龙冰河组，主要为一套灰色、深灰色薄层状泥灰岩夹页岩组合。在长龙梁一带地层出露较为齐全，整体特征表现为向上变浅的沉积序列，早期陆棚相为泥灰岩、泥岩，生物含量少，可见大个体菊石，保存完整；晚期出现多层生物碎屑灰岩，反映水动力加强，水体变浅。在横向上，沉积水体向北西方向加深，在西北部的拜若布错一带，整体为一套陆棚相深灰色薄层状泥岩、页岩夹泥灰岩、泥晶灰岩。

该时期沉积物以泥岩、页岩、粉砂岩为主，边缘相带虽然发育河道砂体，但多以成熟度较高的致密砂岩为主。

第三节　沉　积　演　化

羌塘盆地位于特提斯构造域东段，具有前寒武系泛非结晶基底（谭富文等，2009）。自古生代以来，经历了十分复杂的演化过程，据现有资料，古生代期间，东特提斯域先后经历了原特提斯洋和古特提斯洋盆的打开与关闭过程。在羌塘地区，自奥陶系—二叠系各岩石地层单元之间沉积相对连续，表现为稳定被动大陆边缘沉积（包括二叠纪被动大陆边缘裂陷）。二叠纪末期，古特提斯洋盆最后关闭，劳亚（北）大陆与冈瓦纳（南）大陆拼合。据现有资料，自二叠纪末期至三叠纪中期，青藏地区南、北大陆间可能存在一个洋盆。三叠纪晚期，随着班公湖—怒江洋盆快速扩张，相应形成羌塘被动大陆边缘盆地，此时由于羌塘地块已与北侧劳亚大陆拼合为一整体，故羌塘盆地属劳亚大陆南缘被动大陆边缘盆地。

一、古生代

羌塘地区沉积演化发生在泛非运动之后，泛非运动形成了冈瓦纳超级古大陆，也是羌塘盆地的结晶基底，之后地壳活动趋于平静，可能经历了寒武纪长期的风化剥蚀、夷平化地质作用。由于古生界出露有限，而且经历了强烈构造改造，难以复原该时期演化历史，推测古生界沉积盖层与前奥陶系变质岩基底之间为角度不整合接触，该不整合界面是泛非挤压造山运动的产物。奥陶纪，羌塘地区发生海侵，冈瓦纳大陆北缘总体上表现为一个向北倾斜的古生代被动大陆边缘沉积格局，沉积环境以陆棚和碳酸盐岩台地为主，沉积建造发育陆源细碎屑岩建造和碳酸盐岩建造，含丰富的头足类、笔石类、腕足类、珊瑚类、双壳类化石。

晚石炭世—早二叠世，在羌塘盆地中部发生裂谷事件，相当于查桑—查布裂谷（王成善等，1987），发育深水复理石沉积。晚二叠世末期，随着古特提斯洋盆（可可西里—金沙江洋盆）关闭，北羌塘地区形成前陆盆地，沿查桑—查布裂谷发生隆起，形成前陆隆起，南羌塘地区为隆后地区，大部分处于剥蚀区，仅西部改则一带接受早三叠世沉积。

二、中生代

羌塘盆地中生代演化比古生代更为复杂，对其性质认识，也存在不同看法。先后有弧后盆地（周祥等，1984）、冒地槽（黄汲清等，1987）、前陆盆地（王成善等，1996；潘桂棠等，1997；李勇等，2001）和被动大陆边缘盆地（易积正等，1996）等多种认识。

通过对盆地形成的区域构造背景分析、深部地球物理资料、沉积充填过程、沉积相与沉积体系、古流向等研究、古地理环境分析、盆地结构与构造沉降分析、火山岩及其构造环境分析以及沉积地层的叠置关系等方面的综合研究，本书认同王剑等（2004，

2009）的认识，认为羌塘盆地中生代为一个叠合盆地。早三叠世—晚三叠世中期，盆地仅限于北羌塘地区，属可可西里造山带的前陆沉积盆地；晚三叠世晚期—早白垩世，属被动大陆边缘裂陷—坳陷盆地。

基于羌塘盆地地层、沉积相以及岩相古地理等方面特征，羌塘中生代盆地的演化过程可划分为6个演化阶段：前陆盆地阶段、初始裂谷阶段、被动大陆边缘裂陷阶段、被动大陆边缘坳陷阶段、被动大陆向活动大陆转化阶段和羌塘盆地萎缩阶段。演化模式见图2-3-12。

1. 前陆盆地阶段

该阶段大致发生在早三叠世初—中三叠世晚期（图2-3-12a）。据资料推测，在该时期，现今中央隆起带以南可能处于大陆剥蚀区，因此，盆地范围仅限于北羌塘地区。盆地形成是羌塘地块向北俯冲以及可可西里造山带的崛起并向南逆冲共同作用的产物。目前尚无确切资料限定该盆地的形成时间，最有可能在早三叠世已经开始发育，主要依据为：（1）金沙江洋盆在二叠纪末期已经关闭，向造山带转换（边千韬等，1997）。（2）可可西里造山带前缘发育巨厚的暗色深水相细复理石沉积，推测属中、下三叠统（西藏区调队，1986）；而在盆地南缘热觉茶卡一带，下三叠统以角度不整合向南超覆于中央隆起带北缘，主要为一套河流—三角洲相碎屑沉积物，其上为中三叠统浅海碳酸盐岩。可见，早—中三叠世，北羌塘地区已具备前陆盆地的基本特征，即：造山带前缘快速挠曲、下沉，接受早期复理石沉积；盆地呈南浅北深的箕状；沉降中心向前陆隆起方向迁移等。

晚三叠世卡尼期，该前陆盆地迅速萎缩，盆地内广泛发育三角洲相碎屑含煤沉积，诺利晚期，羌塘地区构造性质全面发生反转，北羌塘前陆盆地萎缩，发育一套滨岸碎屑岩、缓坡和台地相碳酸盐岩。

2. 初始裂谷阶段

该阶段发生在晚三叠世（图2-3-12b），相当于那底岗日组沉积期。在现今羌塘盆地南侧班公湖—怒江一带地壳受拉张（或剪切）破裂，产生裂谷作用，并迅速扩张成洋盆。在色林错、兹格塘错等地保留有裂谷早期沉积，即基性火山岩、紫红色粗碎屑岩、膏岩等（周祥等，1984）；在申扎县巫嘎附近也发现有基性火山岩、紫红色粗碎屑岩、泥灰岩、膏岩组合，时代为晚三叠世（赵政璋等，2001c）。在南羌塘肖茶卡、北雷错一带，北羌塘南部菊花山、石水河一带，北羌塘北部湾湾梁一带伴生有小型裂谷（陷）盆地，初期发育火山喷发—喷溢相角砾状中基性火山岩，伴随河流相砾岩、砂岩、泥岩。

3. 被动大陆边缘裂陷阶段

该阶段裂陷发生在早侏罗世—中侏罗世巴柔期（图2-3-12c）。裂陷作用主要发生在羌塘盆地北部，使前期的大陆剥蚀区下陷成为沉积盆地，从而真正意义上形成了羌塘盆地内部两坳一隆的格局。

北坳陷为裂陷盆地，以狭窄通道经中央隆起带与南侧外海相通，形成较封闭的陆缘近海湖泊环境。其内部呈地堑—地垒结构，下部发育厚度0～640m冲洪积相砂砾岩；上部发育红色碎屑岩夹少量石灰岩和石膏，厚度400～1800m。坳陷内部发育三个呈北西向展布的裂陷槽，分别位于湾湾梁、雀莫错和菊花山—那底岗日—玛威山一带，始终是该阶段的沉积和沉降中心。北坳陷沉积物具有多物源特点，主要来自可可西里造山带和中央隆起带，其次为坳陷内部相对隆起区，如乌兰乌拉山、半咸河、沃若山等地。在裂陷区，具有沉降速度快、沉积速率高、沉积厚度巨大的特点，最大沉积厚度达2400m以上。

南坳陷为被动大陆边缘近海开阔盆地，发育滨岸—浅海相砂岩、粉砂岩和页岩，整合于三叠系之上，呈北浅南深单斜式盆地，沉积厚度600～1200m，单向物源来自中央隆起带。

4. 被动大陆边缘坳陷阶段

该阶段为中侏罗世巴通期（图2-3-12d），相当于布曲组沉积期。整个羌塘地区发生了相对稳定的均匀沉降作用，盆地内发生大规模海侵，海水淹没中央隆起带，将南北坳陷连接成一个统一的被动大陆边缘坳陷盆地，整体上呈北浅南深的单斜结构，总沉积厚度500～1200m。沉积环境也相应由陆缘近海湖泊向正常广海过渡，陆缘碎屑沉积逐渐减少，过渡为稳定的碳酸盐岩台地沉积。沉积体自北向南发育潮坪—潟湖—局限台地—开阔台地—台缘浅滩（礁）—台缘斜坡—陆棚—盆地相（图2-3-8）。这一阶段也是班公湖—怒江洋盆扩张至最大的时期，表明了班公湖—怒江洋的扩张对羌塘盆地演化的控制作用。

5. 被动大陆向活动大陆转化阶段

中侏罗世卡洛夫期，区内发生了一次快速的海平面下降，盆地内主要表现为陆源碎屑沉积物急剧增加。晚侏罗世牛津期—钦莫利期，羌塘盆地发生第二次海侵，发育上侏罗统索瓦组下段。区内发生了又一次海平面的快速上升，剥蚀区被海水淹没，陆源碎屑迅速减少，全盆地转为碳酸盐沉积，形成北东部较高，向西南部倾斜的古地理面貌。沉积环境自北东向西南方向依次发育潮坪、潟湖、碳酸盐岩台地和陆棚，底部发育一明显的初始海泛面，表现为碳酸盐岩超覆在砂岩、泥岩之上。

位于羌塘盆地南部的中特提斯洋盆该时期则发生了洋内俯冲，在班公湖—怒江缝合带的蛇绿岩中，发现了167Ma的玻安岩（高镁安山岩）。玻安岩暗示洋内俯冲，也代表了成熟的洋岛，表明洋内俯冲的存在。因此，从这种意义来说，玻安岩也表示沿南羌塘边缘，与俯冲有关的弧前裂谷较好地发育。班公湖—怒江洋的再次扩张导致了羌塘盆地晚侏罗世的第二次大规模海侵，羌塘盆地性质也由被动大陆边缘盆地向活动大陆边缘盆地转换（图2-3-12e）。

6. 羌塘盆地萎缩阶段

该阶段发生在晚侏罗世提塘期—早白垩世晚期。提塘期，随着班公湖—怒江洋盆关闭，羌塘盆地南部迅速抬升，南羌塘地区和盆地北东部分迅速隆升成陆地，海域萎缩至北羌塘坳陷中西部（图2-3-12f），海水逐步向西北部退缩，形成一个向北西开口的海湾—潟湖环境，其内部发育石灰岩、泥岩和粉砂岩，沉积厚度600～1600m，向东南部外缘地区发育河流—三角洲相紫红色碎屑沉积。大约在早白垩世晚期，海水退出羌塘地区，结束中生代海相盆地的演化历史。

三、新生代

晚白垩世以后，羌塘地区完全进入陆—陆碰撞后造山隆升演化阶段，即喜马拉雅造山运动新阶段。在该阶段演化过程中，印度板块不但没有停止向欧亚板块俯冲碰撞，而

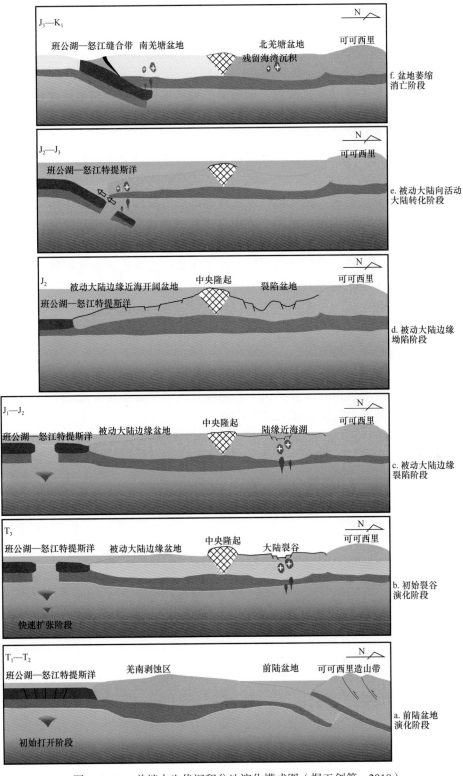

图 2-3-12　羌塘中生代沉积盆地演化模式图（据王剑等，2018）

且以更强烈的继生性陆内俯冲形式继续进行造山活动。强烈的喜马拉雅造山运动，不但表现在构造逆冲和构造形迹的叠加，而且还表现在岩浆活动等方面。地壳浅层变形，主要表现为渐新世以前地层（如康托组等）褶皱、构造的逆冲推覆，如二叠系和三叠系被推覆到中—上侏罗统之上；中—上侏罗统被推覆到始新统之上。渐新世以前地层被鱼鳞山组高钾碱性中酸性火山喷发不整合覆盖。

陆—陆碰撞后造山隆升演化阶段，最明显的地质事件包括：构造逆冲作用、地壳构造南北向水平挤压缩短和垂直增厚事件、青藏高原隆升事件，以及由于不均匀隆升，在高原内部产生一系列粗碎屑陆相山间红色磨拉石建造（康托组）沉积、内陆湖泊相细碎屑岩建造（唢呐湖组）沉积、古近纪大规模高钾碱性中酸性火山喷发、新近纪小规模钾玄质火山喷发作用等。

古近纪始新世晚期以来，羌塘地区发生持续的陆内碰撞和挤压造山作用，导致地壳缩短并不断被加厚。地壳加厚的结果一方面直接导致藏北高原的快速隆升；另一方面可以产生地壳物质的部分重熔，从而导致新的岩浆活动，形成鱼鳞山组火山岩脉动式期次活动。岩浆岩的频繁活动，不但形成了以古近系鱼鳞山组为代表的高钾碱性中酸性火山喷发，而且也形成了以新近系石坪顶组为代表的粗安质中酸性火山喷发。中酸性火山喷发是在大陆碰撞过程中派生出来的伸展构造环境中形成的。一些重要（含盆地边界）断裂带构造岩的 ESR 年龄数据多在 5～8Ma 之间，标志着中新世晚期陆内冲断造山作用达到高峰时期（王成善等，2001）。

第四纪以来，羌塘地区遭受了进一步的陆内变形，包括藏北羌塘地区在内的青藏高原隆升迅速，并最终成为世界屋脊。关于高原隆升机制尽管还在争论之中，但可以肯定的是，高原的隆升是呈多期次、脉动式隆升的。

第四章　石油地质条件

位于特提斯构造域东段的羌塘盆地，因其特殊的大地构造位置与油气地质条件而被认为其油气资源潜力巨大，也是我国目前最有希望首先取得突破的油气勘探新区（乔德武等，2011；刘池洋等，2016）。自20世纪90年代以来，相继在羌塘盆地开展了区域勘查、资源潜力评价、战略选区、靶区预测及实施科探井等工作，在烃源岩、保存条件及油气发现等方面取得了一系列新进展：通过实施地质调查井和羌科1井，在北羌塘坳陷发现1套优质烃源岩、2套巨厚的区域性膏泥岩封盖层及3层重要含气层；新发现胜利河—长蛇山下白垩统海相优质油页岩带；查明中侏罗统布曲组隆鄂尼—昂达尔错—鄂斯玛油砂带等。本章在收集和总结20世纪90年代以来的新资料、新成果、新技术及新认识基础上，系统介绍羌塘盆地烃源岩、储层、盖层、油气保存条件和生储盖组合等石油地质条件。

第一节　烃源岩

羌塘盆地具有多套烃源岩，其中，主要烃源岩包括上三叠统肖茶卡组（或同期异相的巴贡组、土门格拉组，下同）黑色泥页岩及泥灰岩、下侏罗统曲色组灰黑色泥页岩；次要烃源岩包括中—下侏罗统雀莫错组暗色泥灰岩和深灰色泥灰岩、中侏罗统布曲组泥灰岩、夏里组泥岩及碳质页岩、上侏罗统索瓦组泥灰岩和泥页岩；此外，古生界下二叠统展金组、上二叠统那益雄组也有一定的生烃潜力（王剑等，2009）。目前，除少量地质调查井及1口科探井以外，羌塘盆地烃源岩评价资料主要集中在南、北羌塘坳陷的边缘带露头剖面上，盆地内部地覆区还缺乏系统的评价资料。

一、主要烃源岩

1.上三叠统肖茶卡组

除中央隆起带缺失外，上三叠统肖茶卡组及其同期异相巴贡组、土门格拉组在盆地广泛分布，沉积厚度1500～2500m，烃源岩以暗色泥（页）岩、含煤泥（页）岩及暗色泥灰岩为主。烃源岩主要受沉积环境控制：藏夏河至各拉丹冬玛曲一带前三角洲相泥质烃源岩、中央隆起带两侧到盆地东部前三角洲—浅海陆棚相泥质烃源岩，以及南羌塘坳陷陆棚—滨岸沼泽相碳酸盐岩与煤系地层烃源岩。

1）烃源岩分布

上三叠统肖茶卡组泥质烃源岩主要分布于盆地土门—色哇一带、藏夏河—岗盖日和沃若山东—各拉丹冬地区，厚度在41.2～645.8m之间（表2-4-1）。在北羌塘坳陷北部藏夏河和中西部沃若山东剖面地区形成2个烃源岩分布中心（图2-4-1），前者暗色泥

（页）岩厚度大于304.9m，后者含煤系泥质烃源岩厚度为562.69m。上三叠统巴贡组前三角洲相黑色泥岩是羌塘盆地最重要的烃源岩（王剑等，2009；陈文彬等，2015；Wang等，2017；宋春彦等，2018；Yu等，2019），羌资-7井巴贡组黑色泥岩TOC最高达3.56%，大于2%和大于1%的烃源岩厚度达36m和70m。土门格拉组泥质烃源岩广泛分布，厚度为38～420m。

表2-4-1　羌塘盆地上三叠统肖茶卡组烃源岩数据统计表

剖面	岩性	厚度/m	TOC/%	S_1+S_2/mg/g	氯仿沥青"A"/%	有机质类型	R_o/%
才多茶卡	泥岩	152.36	0.59		0.0071	III	0.94
孕尔曲	泥岩	408.6	$\frac{0.52\sim2.09}{0.87（24）}$	$\frac{0.02\sim0.14}{0.05（13）}$	$\frac{0.0013\sim0.0057}{0.0037（8）}$	III$_2$	$\frac{1.36\sim1.75}{1.6（13）}$
查郎拉	泥岩	206.7					
麦多茶卡	泥灰岩	280.7					
肖茶卡	泥岩	280.68	$\frac{0.78\sim0.83}{0.8（4）}$	$\frac{0.027\sim0.04}{0.031（4）}$	0.0005（1）	II$_2$	$\frac{1.24\sim1.7}{1.55（3）}$
	泥灰岩	29.87	$\frac{0.03\sim0.1}{0.044（17）}$	$\frac{0.011\sim0.141}{0.027（17）}$	0.0009（1）	II$_2$	
明镜湖东	泥岩	645.8	$\frac{0.64\sim1}{0.81（23）}$	$\frac{0.042\sim0.21}{0.104（23）}$		II$_1$—II$_2$	$\frac{2.6\sim3.56}{2.98（12）}$
索布查	泥岩	>273.4	$\frac{0.41\sim0.48}{0.45（11）}$	$\frac{0.03\sim0.07}{0.04（9）}$	$\frac{0.0012\sim0.0016}{0.00139（40）}$	II$_2$	$\frac{2.76\sim3.47}{3.05（10）}$
	泥灰岩	>173.3	$\frac{0.1\sim0.31}{0.18（7）}$				
吓先错	泥灰岩	>284.75	$\frac{0.1\sim0.18}{0.14（9）}$	$\frac{0.028\sim0.05}{0.039（9）}$		II$_1$	$\frac{1.02\sim3.88}{2.64（7）}$
土门格拉	泥灰岩		$\frac{0.10\sim0.31}{0.21（7）}$				
	泥岩	420	$\frac{0.23\sim24.45}{4.29（22）}$				
藏夏河	泥岩	>304.92	$\frac{0.42\sim1.85}{0.7（8）}$	$\frac{0.040\sim0.2}{0.088（8）}$	$\frac{0.0091\sim0.0235}{0.0152（5）}$	II$_2$—III	$\frac{2.95\sim3.27}{3.1（7）}$
多色梁子	泥岩	>116.14	$\frac{1.52\sim2.43}{1.84（4）}$	$\frac{0.385\sim0.76}{0.5（4）}$	$\frac{0.0106\sim0.0109}{0.0107（2）}$	II$_1$	$\frac{1.29\sim1.51}{1.48（2）}$
沃若山东	泥岩	562.69	$\frac{0.64\sim3.29}{1.61（9）}$	$\frac{0\sim0.06}{0.023（9）}$	$\frac{0.0006\sim0.0015}{0.0009（9）}$	II$_2$—III	

剖面	岩性	厚度/m	TOC/%	S_1+S_2/mg/g	氯仿沥青"A"/%	有机质类型	R_o/%
日阿莎	泥灰岩	404	$\dfrac{0.14\sim0.58}{0.24（22）}$				
砸桑里王	泥灰岩	130.18					
扎那陇巴	泥岩	＞227	$\dfrac{0.4\sim1.57}{0.84（8）}$	$\dfrac{0.02\sim0.82}{0.26（8）}$	$\dfrac{0.0043\sim0.0117}{0.0066（6）}$	Ⅲ	$\dfrac{1.08\sim1.52}{1.38（8）}$
雀莫错	泥岩	594	$\dfrac{0.53\sim1.66}{1.03（11）}$			Ⅱ$_2$	$\dfrac{1.30\sim1.46}{1.40（11）}$
羌资-6	泥岩	35.15	$\dfrac{0.54\sim3.33}{1.07（9）}$				
羌资-7	泥岩	167	$\dfrac{0.53\sim3.56}{1.20（18）}$				
羌资-16	泥岩	41.2	$\dfrac{0.40\sim1.09}{0.68（16）}$				

注：表中 TOC、S_1+S_2、氯仿沥青"A"及 R_o 数据，上排表示含量变化范围，下排表示平均值及统计样品数。

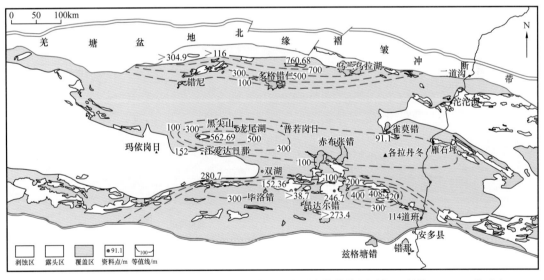

图 2-4-1　羌塘盆地上三叠统肖茶卡组泥质烃源岩厚度等值线图（据王剑等，2009，修改）

纵向上，泥质烃源岩分布在北羌塘坳陷北部藏夏河一带、北羌塘坳陷南部中央隆起带及其潜伏隆起带，主要产出于上三叠统肖茶卡组上部，与过渡相砂岩互层（图 2-4-2）。

上三叠统肖茶卡组碳酸盐岩烃源岩主要分布在南羌塘坳陷内，烃源岩厚度为29～404m（表 2-4-1），日阿莎剖面陆棚相暗色泥灰岩，厚度为404m，向北逐渐减薄（图 2-4-3）。

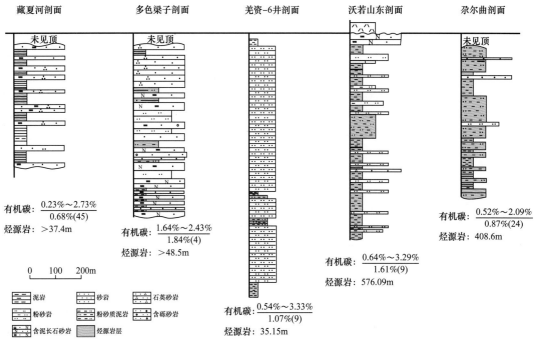

图 2-4-2　羌塘盆地上三叠统肖茶卡组烃源岩纵横向分布图

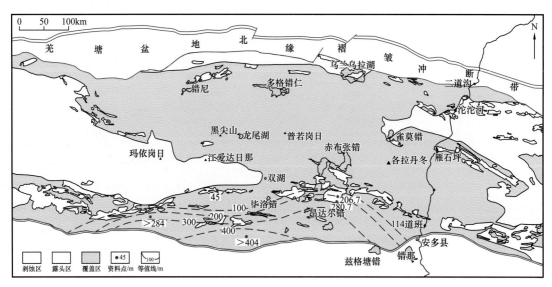

图 2-4-3　羌塘盆地上三叠统肖茶卡组碳酸盐岩烃源岩厚度等值线图（据王剑等，2009，修改）

2）有机质丰度

20世纪90年代羌塘盆地全面预查—普查阶段及战略选区初期获得的资料表明，上三叠统肖茶卡组碳酸盐岩烃源岩各剖面平均有机碳含量为0.14%～0.24%，泥质烃源岩各剖面平均有机碳含量为0.45%～4.29%；泥质烃源岩各剖面生烃潜量平均值为0.023～0.5mg/g，碳酸盐岩烃源岩各剖面生烃潜量平均值为0.027～0.039mg/g。泥质烃源岩各剖面氯仿沥青"A"平均值为0.0005%～0.01529%，大部分低于0.001%。

战略选区科探井及地质浅钻揭示，上三叠统肖茶卡组或同期异相巴贡组、土门格拉组黑色泥页岩及泥灰岩烃源岩有机质丰度和品质优于上述数据。雀莫错剖面上三叠统巴贡组黑色泥质岩样品有机碳含量为0.53%～1.66%，均值为1.03%，均属于中等—好烃源岩（图2-4-4）。羌资-7井有机碳含量为0.53%～3.56%，均值为1.20%（表2-4-1），其中好烃源岩厚度为36m，中等烃源岩厚度为61m，差烃源岩厚度为70m（图2-4-5）。沃若山剖面获得的9件含煤泥质岩样品中，有机碳含量为0.64%～3.29%，平均为1.6%，属于中等—好烃源岩。多色梁子—藏夏河地区，暗色泥（页）岩有机碳含量最大值达到2.43%，多色梁子剖面4件样品有机碳含量平均值为1.84%，属于好烃源岩；藏夏河剖面有机碳含量为0.42%～1.85%，均值为0.7%，均属于中等烃源岩。此外，南羌塘坳陷东部、中部均发育较差—中等—好的烃源岩，有机碳含量为0.45%～2.51%，特别是土门地区碳质泥岩有机碳含量为0.23%～24.45%，平均为4.29%，为南羌塘坳陷有机碳丰度高值区，属于好烃源岩（图2-4-4）。

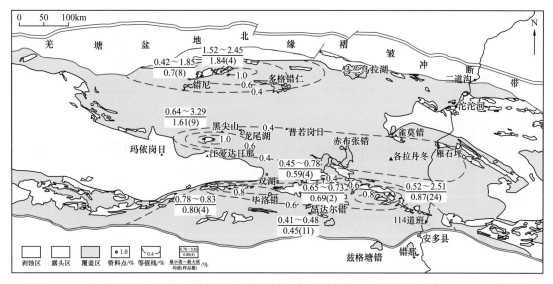

图2-4-4　羌塘盆地上三叠统肖茶卡组泥质烃源岩有机碳含量等值线图（据王剑等，2009，修改）

上三叠统肖茶卡组碳酸盐岩烃源岩有机碳含量普遍较低，且分布较为局限，主要见于南羌塘坳陷，在北羌塘坳陷区基本不发育（图2-4-6），如北羌塘坳陷西部菊花山和照沙山剖面地区有机碳含量分别在0.03%～0.27%和0.06%～0.10%之间，平均值分别为0.05%和0.07%，属非烃源岩，仅局部层位具备生烃能力。南羌塘坳陷有机碳含量一般在0.10%～0.15%之间，属于较差烃源岩；中等—好烃源岩仅分布在索布查和日阿莎剖面地区，剖面上有机碳含量分别在0.1%～0.31%和0.14%～0.58%之间，平均达到0.18%和0.24%；在土门格拉剖面有机碳含量为0.1%～0.31%，平均为0.21%。

3）有机质类型

上三叠统肖茶卡组烃源岩干酪根显微组分以腐泥组为主（图2-4-7），含量为53%～73%，各剖面腐泥组平均含量为54%～63%。惰质组含量为15%～45%，各剖面平均含量为19.5%～38.16%。镜质组含量普遍偏低，仅0～21%，扎那陇巴剖面镜质组含量较高，为14%～21%，平均值18.16%。各剖面类型指数介于8.5～46，说明该组烃源岩有机质类型以Ⅱ₁型和Ⅱ₂型为主。

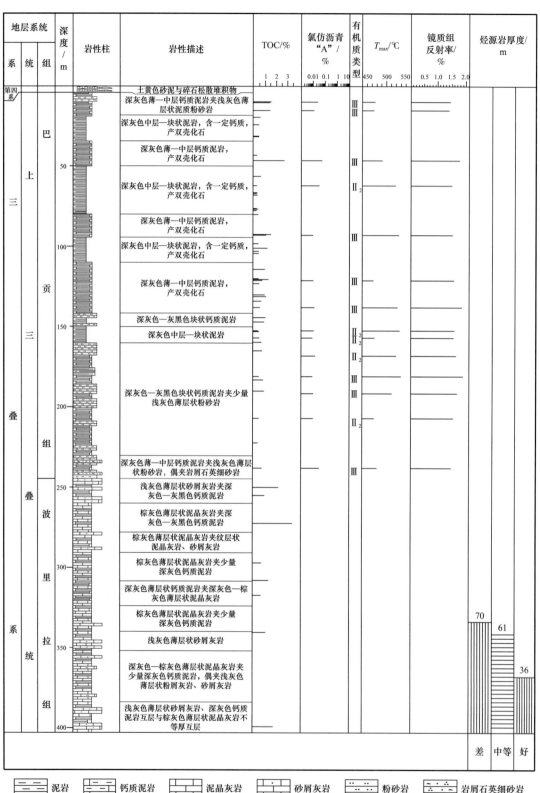

图 2-4-5 羌塘盆地上三叠统肖茶卡组羌资 -7 井烃源岩综合评价图

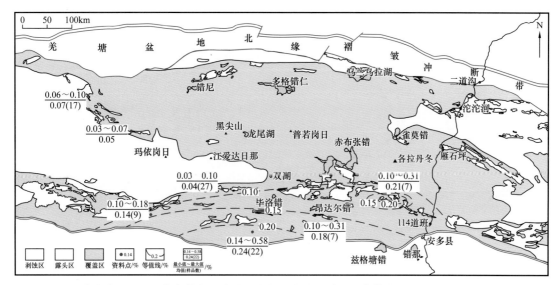

图 2-4-6　羌塘盆地上三叠统肖茶卡组碳酸盐岩烃源岩有机碳含量等值线图（据王剑等，2009，修改）

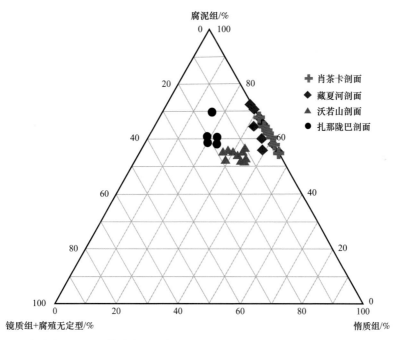

图 2-4-7　羌塘盆地上三叠统肖茶卡组烃源岩干酪根显微组分三角图（据陈文彬等，2015）

从岩性上看，该组碳酸盐岩烃源岩有机质类型要优于泥质烃源岩有机质类型。碳酸盐岩烃源岩有机质类型以 II_1 型为主，个别为 I 型；泥质岩烃源岩有机质类型则以 II_2 型和 III 型为主，少量 II_1 型。

4）有机质热演化程度

上三叠统肖茶卡组烃源岩热演化程度较高，各剖面有机质镜质组反射率（R_o）平均值为 0.94%～3.0%，多数样品 R_o 值大于 1.3%（图 2-4-8）；岩石最高热解峰温各剖面均值为 447～562℃；干酪根颜色也以棕褐色、褐黑色为主，反映有机质热演化程度为高成熟—过成熟阶段。

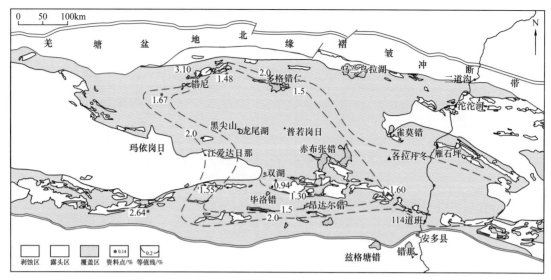

图 2-4-8 羌塘盆地上三叠统肖茶卡组烃源岩镜质组反射率平面图（据王剑等，2009，修改）

2. 下侏罗统曲色组

下侏罗统曲色组烃源岩分布范围仅限于南羌塘坳陷（图 2-4-9），烃源岩主要为一套潟湖—陆棚相黑色泥（页）岩、深灰色泥灰岩等。毕洛错剖面有厚度达 171.89m 的泥（页）岩烃源岩，其中含有 35.3m 灰黑色薄层状含油气味页岩，一般称之为"毕洛错油页岩"；同时，该剖面灰黑色、深灰色碳酸盐岩烃源岩厚度为 26.83m。木苟日王—扎加藏布地区，泥质烃源岩厚度为 900m，碳酸盐岩烃源岩厚度为 50～150m。松可尔剖面黑色泥（页）岩烃源岩厚度达 625.28m（表 2-4-2）。

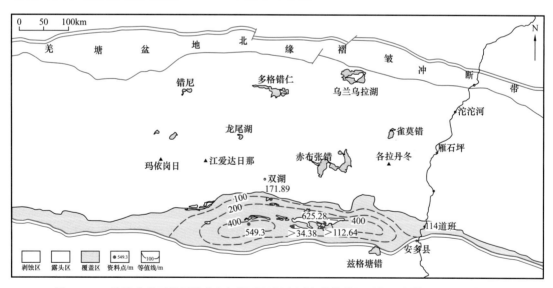

图 2-4-9 羌塘盆地下侏罗统曲色组泥质烃源岩厚度等值线图（据王剑等，2009，修改）

曲色组烃源岩有机质含量变化大（表 2-4-2；王剑等，2004，2009；Fu 等，2014，2016）。毕洛错剖面泥（页）岩有机碳含量为 1.87%～26.12%，平均值为 8.34%；残余生烃潜量为 1.79～91.45mg/g，平均值为 29.93mg/g；残余氯仿沥青"A"含量为 0.0608%～1.8707%，均值为 0.6614%；属好烃源岩，厚度为 171.89m（图 2-4-10）。

该剖面灰黑色、深灰色碳酸盐岩烃源岩有机碳含量均值为0.35%；残余生烃潜量为0.122～0.195mg/g，平均值为0.158mg/g。木苟日王—扎加藏布地区泥质烃源岩有机碳含量为0.4%～0.51%，属较差烃源岩；碳酸盐岩烃源岩有机碳含量为0.1%～0.35%，属较差—好烃源岩（图2-4-11）。

表2-4-2　羌塘盆地下侏罗曲色组烃源岩数据统计表

剖面	岩性	厚度/ m	TOC/ %	S_1+S_2/ mg/g	氯仿沥青"A"/ %	有机质 类型	R_o/ %
木苟日王	页岩	549.34	0.349	0.036		II_1—II_2	2.91（2）
买马乡	泥岩	112.64	0.39（10）	0.068			
毕洛错	油页岩、泥岩	171.89	$\dfrac{1.87\sim26.12}{8.34（10）}$	$\dfrac{1.787\sim91.446}{29.929（8）}$	$\dfrac{0.0608\sim1.8707}{0.6614（8）}$		0.4～1.3
	泥灰岩	26.83	$\dfrac{0.28\sim0.41}{0.35（2）}$	$\dfrac{0.122\sim0.195}{0.158（2）}$	0.0218（1）		
嘎尔敖包	泥岩	34.38	$\dfrac{0.41\sim0.6}{0.505（2）}$	$\dfrac{0.06\sim0.20}{0.13（2）}$	$\dfrac{0.0037\sim0.0052}{0.0044（2）}$	II_2—III	
	泥灰岩	4.67	0.1（1）	0.19（1）	0.0025（1）		
松可尔	泥（页）岩	625.28	$\dfrac{0.401\sim0.581}{0.47（24）}$	$\dfrac{0.02\sim0.07}{0.04（15）}$	$\dfrac{0.0006\sim0.0039}{0.0014（6）}$	II_2	$\dfrac{2.3\sim2.38}{2.33（3）}$

注：TOC、S_1+S_2、氯仿沥青"A"及R_o数据，上排表示含量变化范围，下排表示平均值及统计样品数。

曲色组泥岩干酪根镜检检测出的显微组分主要有腐泥组、壳质组、镜质组及惰质组。其中，腐泥组含量为36%；壳质组含量为33%；镜质组含量为8%～40%，平均为29%；惰质组含量为0.30%～3.56%，平均为2.0%。通过干酪根显微组分含量计算它们的类型指数发现，类型指数为15～81，说明该地区有机质存在有I型、II_1型和II_2型，但总体以II_1型为主，其次为II_2型，还有少量I型（表2-4-2）。

毕洛错地区含油页岩段R_o为0.4%～1.3%，岩石热解峰温数值为430～446℃，平均为437℃，总体含油页岩处于成熟阶段。嘎尔敖包剖面及木苟日王剖面泥岩R_o为1.78%～2.15%，平均为1.94%，处于高成熟—过成熟阶段；岩石热解峰温为527～609℃，平均为589℃，反映出演化程度较高的特点（表2-4-2）。

二、次要烃源岩

1. 中—下侏罗统雀莫错组

中—下侏罗统雀莫错组沉积厚度一般为1000～2000m。北羌塘坳陷以潟湖或三角洲沉积为主，烃源岩岩性以暗色泥灰岩和深灰色泥岩为主，分布范围较为局限（图2-4-12）。北羌塘坳陷石水河剖面见214.9m的深灰色泥岩和35.4m的暗色泥灰岩，至向阳湖南剖面分别减为33m和18.6m。此外，羌科1井揭示雀莫错组烃源岩厚60余米。与雀莫错组同期异相的南羌塘坳陷色哇组烃源岩主要是一套陆棚—盆地沉积，烃源岩主要分布于坳陷中部地区，如改拉、嘎尔敖包和松可尔剖面分别发育了246.5m、263.13m和298.69m的暗色泥岩、页岩（表2-4-3）。

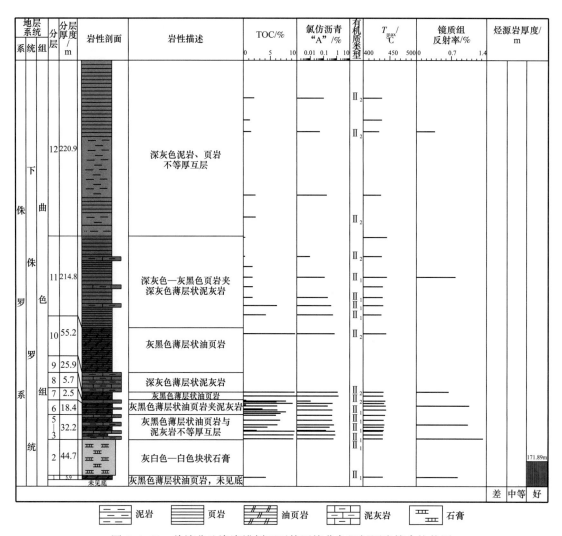

图 2-4-10　羌塘盆地毕洛错剖面下侏罗统曲色组烃源岩综合柱状图

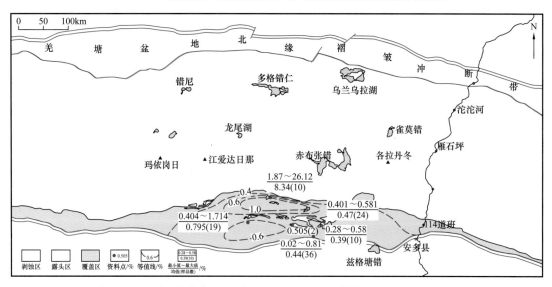

图 2-4-11　羌塘盆地下侏罗统曲色组泥质烃源岩有机碳含量等值线图（据王剑等，2009，修改）

表 2-4-3　羌塘盆地中—下侏罗统雀莫错组（色哇组）烃源岩数据统计表

剖面名称	岩性	厚度/m	TOC/%	S_1+S_2/mg/g	氯仿沥青"A"/%	有机质类型	R_o/%
向阳湖南	泥岩	33	0.56	0.02		Ⅱ₂	
	泥灰岩	18.64	0.19	0.05			
石水河	泥岩	214.9	$\dfrac{0.58\sim1.07}{0.83（2）}$	$\dfrac{0.04\sim0.06}{0.05（2）}$	0.011（1）		$\dfrac{1.78\sim2.21}{2.0（2）}$
	泥灰岩	35.4	0.11（1）	$\dfrac{0.03\sim0.05}{0.04（4）}$	$\dfrac{0.0069\sim0.0351}{0.021（2）}$	Ⅰ—Ⅲ	
卓普	泥灰岩	2.88	$\dfrac{0.33\sim0.47}{0.4（2）}$	$\dfrac{0.056\sim0.088}{0.072（2）}$		Ⅱ₂	
	泥岩	49.33	$\dfrac{0.47\sim0.8}{0.64（2）}$	$\dfrac{0.047\sim0.06}{0.054（2）}$	0.0036（1）		1.46
扎目纳	泥灰岩	31.25	$\dfrac{0.17\sim0.23}{0.2（2）}$	$\dfrac{0.057\sim0.064}{0.061（2）}$	$\dfrac{0.01\sim0.012}{0.011（2）}$	Ⅱ₂	4.38（1）
	泥岩	1012.6	$\dfrac{0.47\sim0.77}{0.62（7）}$	$\dfrac{0.047\sim0.06}{0.054（7）}$			
雀莫错	泥灰岩	63.5	0.25				
改拉	泥（页）岩	246.5	0.34（4）	0.29（4）		Ⅰ—Ⅱ₂	
松可尔	泥（页）岩	298.69	$\dfrac{0.407\sim0.515}{0.446（8）}$			Ⅱ₂	$\dfrac{2.20\sim2.61}{2.41（8）}$
土门	泥灰岩	9.17	0.22	0.09	0.0004	Ⅱ₂	1.32
嘎尔敖包	泥岩	263.13	$\dfrac{0.5\sim0.57}{0.54（3）}$	$\dfrac{0.07\sim0.11}{0.93（3）}$	$\dfrac{0.0039\sim0.0065}{0.0054（3）}$	Ⅱ₁—Ⅲ	
羌科 1 井	泥岩	60	$\dfrac{0.51\sim1.58}{0.62（23）}$				

注：TOC、S_1+S_2、氯仿沥青"A"及 R_o 数据，上排表示含量变化范围，下排表示平均值及统计样品数。

该组泥岩烃源岩有机碳含量不高，剖面采样分析其有机碳含量均值为 0.4%～0.83%（图 2-4-13，表 2-4-3）。北羌塘坳陷泥质烃源岩石水河剖面有机碳含量为 0.58%～1.07%，平均达到 0.83%，属中等烃源岩；向阳湖南剖面有机碳含量平均值为 0.56%，属较差烃源岩。南羌塘坳陷有机碳含量多数小于 0.6%，属于较差烃源岩；松可尔剖面有机碳含量为 0.407%～0.515%；嘎尔敖包剖面有机碳含量为 0.5%～0.57%，平均为 0.54%。碳酸盐岩烃源岩各剖面平均有机碳含量为 0.11%～0.40%，大部分属较差烃源岩，仅卓普剖面有机碳含量为 0.33%～0.47%，平均为 0.4%。

中—下侏罗统雀莫错组（色哇组）烃源岩有机质类型总体为 Ⅱ₂ 型，部分 Ⅱ₁ 型、Ⅰ 型和 Ⅲ 型（表 2-4-3）。松可尔剖面色哇组泥岩干酪根显微组分主要有腐泥组、惰质组和镜质组。其中，腐泥组含量为 63%～69%；惰质组含量为 31%～37%，平均为 34%；

镜质组含量为0～2%；干酪根显微组分类型指数为26～38，说明松可尔地区有机质类型为Ⅱ₂型。

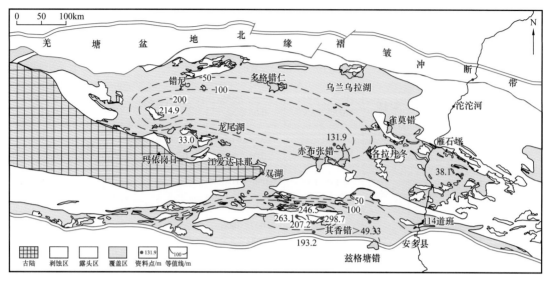

图2-4-12　羌塘盆地中—下侏罗统雀莫错组（色哇组）泥质烃源岩厚度等值线图（据王剑等，2009，修改）

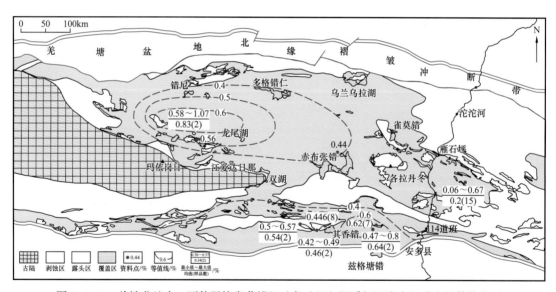

图2-4-13　羌塘盆地中—下侏罗统雀莫错组（色哇组）泥质烃源岩有机碳含量等值线图
（据王剑等，2009，修改）

中—下侏罗统雀莫错组（色哇组）烃源岩热演化程度高（表2-4-3），松可尔剖面 R_o 为2.20%～2.61%，处于过成熟阶段；石水河剖面 R_o 为1.78%～2.21%，处于高成熟—过成熟阶段；卓普和土门剖面 R_o 为1.46%和1.32%，处于高成熟阶段。

2. 中侏罗统布曲组

1）烃源岩分布

中侏罗统布曲组在盆地内分布最广泛，该时期羌塘地区发生了一次侏罗纪最大规模海侵，前期大部分物源区被海水淹没，为一套十分稳定的碳酸盐沉积，以潮坪、潟湖、开阔台地及台盆相为主，沉积厚度一般为 400～1600m，烃源岩岩性以泥灰岩及含泥灰岩为主，厚度为 67～631.3m（表 2-4-4）。羌科 1 井揭示，布曲组 TOC 大于 1% 的烃源岩厚度约 64m。

表 2-4-4　羌塘盆地中侏罗统布曲组烃源岩厚度及有机质丰度统计表

剖面名称	岩性	厚度 /m	TOC/%	$S_1+S_2/$（mg/g）	氯仿沥青 "A" /%
牛湖	泥灰岩	205.5	0.2135（19）	0.14（19）	0.0006
阿木岗日Ⅲ	泥灰岩	230.37	0.1775	0.0755（4）	0.0044
达卓玛	泥灰岩	365.08	0.1986	0.04223	0.0032
黄山南坡	泥灰岩	220.8	0.225（11）	0.47（11）	0.0032
甜水河	泥灰岩	>217.51	$\dfrac{0.1\sim0.19}{0.12（13）}$	$\dfrac{0.029\sim0.101}{0.055（13）}$	$\dfrac{0.0004\sim0.0027}{0.0012（4）}$
长水河西	泥灰岩	621.45	0.55	0.375	
多涌	泥灰岩	502.16	$\dfrac{0.04\sim0.82}{0.11（31）}$	0.3546（13）	$\dfrac{0.0025\sim0.0079}{0.0038（12）}$
雀莫错	泥灰岩	225.9	$\dfrac{0.14\sim0.45}{0.23（5）}$		
改拉曲	泥岩	537.78	$\dfrac{0.47\sim0.61}{0.5525（4）}$		
	泥灰岩		0.68	0.055	
卓裁宁日	泥灰岩	92.06	$\dfrac{0.08\sim0.14}{0.117（3）}$	$\dfrac{0.05\sim0.16}{0.123（3）}$	$\dfrac{0.0006\sim0.0012}{0.0009（2）}$
董杯桑	泥灰岩	>223.76	$\dfrac{0.11\sim0.86}{0.12（7）}$	$\dfrac{0.048\sim0.081}{0.061（7）}$	$\dfrac{0.0001\sim0.0019}{0.0008（3）}$
	泥岩	76.29	$\dfrac{0.4\sim0.47}{0.44（2）}$	$\dfrac{0.051\sim0.071}{0.061（2）}$	0.0008（1）
祖尔肯乌拉山	泥灰岩	577.99	$\dfrac{0.11\sim0.58}{0.22（21）}$	$\dfrac{0.026\sim0.082}{0.049（21）}$	$\dfrac{0.0023\sim0.0082}{0.0038（5）}$
	泥岩	61.83	0.44（1）	0.057（1）	0.0033（1）
曲瑞恰乃	泥灰岩	275.88	$\dfrac{0.1\sim0.33}{0.187（20）}$		
野牛沟	泥灰岩	>420.54	$\dfrac{0.1\sim0.33}{0.16（27）}$	$\dfrac{0.03\sim0.165}{0.059（27）}$	$\dfrac{0.0007\sim0.0125}{0.0031（6）}$
唢呐湖	泥灰岩	>126	$\dfrac{0.11\sim0.39}{0.218（4）}$	$\dfrac{0.051\sim0.217}{0.175（5）}$	$\dfrac{0.0044\sim0.0061}{0.0053（2）}$

剖面名称	岩性	厚度 /m	TOC/%	S_1+S_2/（mg/g）	氯仿沥青 "A" /%
分水岭	泥灰岩	>67.2	$\dfrac{0.11\sim0.39}{0.22（6）}$	$\dfrac{0.06\sim0.31}{0.15（6）}$	$\dfrac{0.0146\sim0.0392}{0.0233（3）}$
黄山	泥灰岩	>85.12	$\dfrac{0.1\sim0.24}{0.155（4）}$	$\dfrac{0.039\sim0.32}{0.139（4）}$	$\dfrac{0.0038\sim0.0051}{0.0046（4）}$
那底岗日	泥灰岩		$\dfrac{0.1\sim0.25}{0.14（7）}$		$\dfrac{0.0003\sim0.0015}{0.0007（8）}$
半岛湖南	泥灰岩		0.2（13）		
石门沟北	泥灰岩	79.45	$\dfrac{0.1\sim0.49}{0.24（7）}$	$\dfrac{0.01\sim0.02}{0.015（2）}$	
石门沟	泥灰岩	>425.17	$\dfrac{0.1\sim1.54}{0.34（30）}$	0.03（3）	$\dfrac{0.0002\sim0.0017}{0.0005（30）}$
虎尾岭	泥灰岩	>147.47	$\dfrac{0.1\sim0.56}{0.25（7）}$	0.01（1）	$\dfrac{0.0001\sim0.0006}{0.0003（7）}$
向阳湖南	泥灰岩	328.26	$\dfrac{0.1\sim0.18}{0.126（12）}$	$\dfrac{0\sim0.04}{0.023（12）}$	
千秋岭	泥灰岩		$\dfrac{0.54\sim0.94}{0.68（9）}$	$\dfrac{0.02\sim0.1}{0.03（9）}$	0.0025（9）
长蛇山南	泥岩	3.7	$\dfrac{0.88\sim7.52}{4.64（3）}$	$\dfrac{0.1\sim1.81}{0.83（3）}$	0.2773
	泥灰岩	166.78	$\dfrac{0.1\sim1.83}{0.38（7）}$	$\dfrac{0\sim1.24}{0.2（7）}$	$\dfrac{0.0004\sim0.0058}{0.0023（3）}$
羌资 -2	泥灰岩		$\dfrac{0.1\sim0.46}{0.18（26）}$	$\dfrac{0.01\sim0.05}{0.02（26）}$	$\dfrac{0.0008\sim0.0054}{0.0027（26）}$
羌科 1 井	泥岩	64	$\dfrac{0.50\sim0.87}{0.59（24）}$	$\dfrac{0.04\sim0.23}{0.113（24）}$	$\dfrac{0.0029\sim0.012}{0.008（24）}$

注：TOC、S_1+S_2 及氯仿沥青 "A" 数据，上排表示含量变化范围，下排表示平均值及统计样品数。

平面上碳酸盐岩烃源岩广泛分布在南、北羌塘坳陷内，累计厚度最厚位于北羌塘坳陷中部，其次是北羌塘坳陷西部。北羌塘坳陷中部长水河西支沟、长水河西和石门沟等剖面暗色泥灰岩累计厚度分别达 463.5m、621.5m 和大于 425.2m，向周缘呈逐渐减薄趋势。北羌塘坳陷西部分水岭—野牛沟—向阳湖南—长蛇山—那底岗日西一带烃源岩厚度在 67.2～501m 之间，烃源岩厚度中心为野牛沟地区（图 2-4-14）。南羌塘坳陷中东部加那南—多涌—破岁抗巴一带烃源岩厚度大，形成两个烃源岩厚度中心，向四周减薄。两个烃源岩厚度中心的鞍部曲瑞恰乃地区烃源岩厚度为 276m，其余烃源岩厚度一般大于400m，厚度最大的为鲁雄错剖面，达到 1092.4m。

纵向上布曲组碳酸盐岩烃源岩主要分布于该组上、下部（图 2-4-15）。

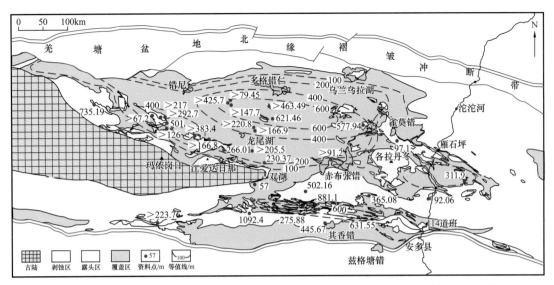

图 2-4-14　羌塘盆地中侏罗统布曲组碳酸盐岩烃源岩厚度等值线图（据王剑等，2009，修改）

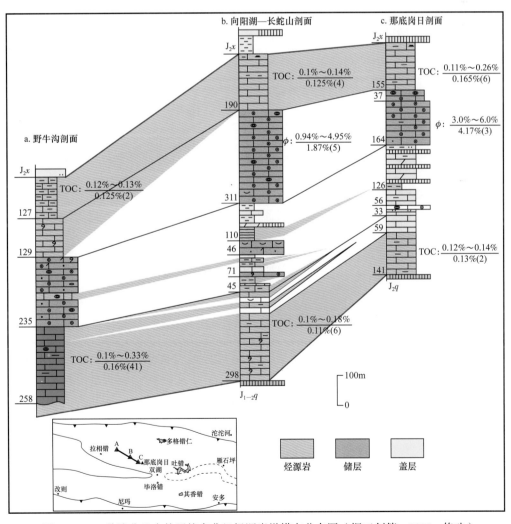

图 2-4-15　羌塘盆地中侏罗统布曲组烃源岩纵横向分布图（据王剑等，2009，修改）

布曲组泥（页）岩烃源岩多呈分散状分布于南、北羌塘坳陷内，北羌塘坳陷依仓玛地区、独雪山—分水岭地区以及那底岗日地区的泥（页）岩烃源岩厚度为35～220m，洞错—祖尔肯乌拉山地区厚61～438m。南羌塘坳陷见于破岁抗巴地区，烃源岩厚度为54～291m。

2）有机质丰度

布曲组碳酸盐岩烃源岩各剖面平均有机碳含量为0.117%～0.68%，氯仿沥青"A"平均值为0.0005%～0.0233%；泥质烃源岩各剖面平均有机碳含量为0.44%～4.64%，氯仿沥青"A"平均值为0.0008%～0.2773%；以中等—好烃源岩为主，少数为差烃源岩（表2-4-4）。

南、北羌塘坳陷大部分地区碳酸盐岩有机碳含量为0.15%～0.25%，处于中等烃源岩分布范围。北羌塘坳陷中东部长水河西剖面碳酸盐岩烃源岩有机碳含量平均值为0.55%，属于北羌塘坳陷内最大值；向西至石门沟、虎尾岭剖面地区有机碳含量逐渐减为0.34%、0.25%，但均属好烃源岩；沿黄山南坡、半岛湖南、祖尔肯乌拉山等剖面地区逐渐降低，烃源岩级别也降至中等—差烃源岩。中央隆起带北侧分水岭—喷呐湖—长蛇山南的北西向狭长地区平均有机碳含量大于0.2%，属中等烃源岩（图2-4-16）。南羌塘坳陷东部剥蚀区域改拉曲—卓普剖面有机碳含量全盆最高，平均值达0.68%，属好—很好烃源岩。

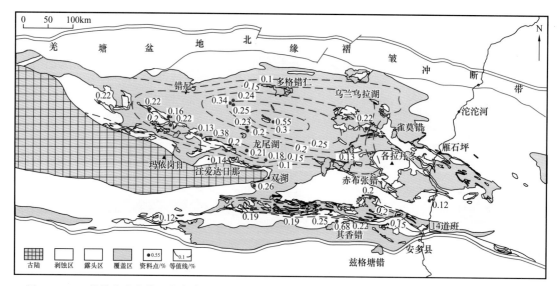

图2-4-16 羌塘盆地中侏罗统布曲组碳酸盐岩烃源岩有机碳含量等值线图（据王剑等，2009，修改）

泥质烃源岩有机碳含量为0.17%～9.83%。北羌塘坳陷东部、东北部洞错—祖尔肯乌拉山地区，有机碳含量平均值较低，仅0.44%；西部独雪山有机碳含量为0.17%～1.85%，平均为0.45%，属较差烃源岩。中央隆起带北侧那底岗日剖面地区和长蛇山南剖面地区，有机碳含量很高，前者碳质泥岩有机碳含量高达9.83%，后者泥岩夹层有机碳含量为0.88%～7.52%，平均为4.64%，均属很好烃源岩。南羌塘坳陷东部改拉曲剖面，有机碳含量平均大于0.55%；破岁抗巴剖面有机碳含量为0.25%～2.54%，平均为0.8%，属中等烃源岩。

3）有机质类型

布曲组烃源岩干酪根显微组分大部分以腐泥组为主，各剖面腐泥组平均含量为62%～88%；次为惰质组，含量为8%～40%，平均含量为11.4%～25%；镜质组含量为0～55%，平均含量为0～18.75%；几乎不含壳质组。依据烃源岩各剖面样品干酪根显微组分计算的类型指数为3.8～84，平均为28.7～77.2，其中碳酸盐岩烃源岩有机质类型以Ⅱ₁型为主，部分Ⅰ型和少量Ⅱ₂型；泥质烃源岩以Ⅱ₂型为主，少量Ⅱ₁型。因此仅从有机质类型上看，布曲组碳酸盐岩生烃能力好于泥质烃源岩。

4）有机质热演化程度

布曲组烃源岩 R_o 平均值为0.98%～2.39%，有机质处于成熟—过成熟阶段。从分布来看，呈现由盆地中部向边缘呈环带状逐步增高趋势（图2-4-17）。R_o 小于1.3%区域主要分布在中央潜伏隆起带、北羌塘坳陷东部中—南部、东北缘斜坡西部；如多涌剖面地区、长水河西剖面地区、祖尔肯乌拉山剖面地区及卓裁宁日剖面地区 R_o 分别为1.07%、1.18%、1.17%和1.24%。R_o 介于1.3%～2.0%的高成熟区域主要分布在上述成熟区之外的大部分地区。南、北羌塘坳陷西、东端和南、北断裂带附近 R_o 大于2%，达到过成熟阶段。

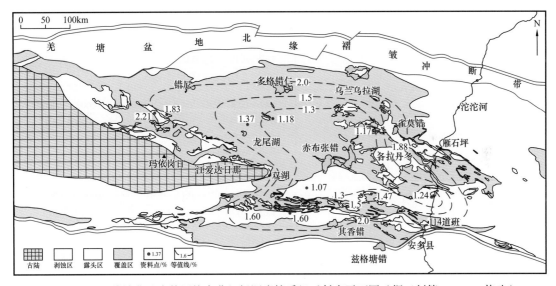

图2-4-17 羌塘盆地中侏罗统布曲组烃源岩镜质组反射率平面图（据王剑等，2009，修改）

3. 中侏罗统夏里组

1）烃源岩分布

夏里组沉积期，盆地内发生了大规模海退，夏里组沉积厚度一般在600～1000m之间，最厚可达2000m，烃源岩分布受沉积相控制，以潟湖相和浅海陆棚为主，烃源岩岩性以泥岩、碳质页岩等为主，次为泥灰岩，厚度十几米到几百米不等（表2-4-5）。北羌塘坳陷泥质烃源岩主要发育在西部和中部靠近中央隆起带地区，西部以山隘湖为中心，烃源岩累计厚度为493m，向南、向东逐渐减薄，至马牙山剖面地区厚度仅为35.6m（图2-4-18）。靠近中央隆起带那底岗日—长蛇山南—龙尾湖南西地区发育一套深灰色、灰色泥岩、碳质泥岩，厚度为3.7～53.9m。赤布张错剖面见潟湖相泥质烃源岩，厚度为

84.9m。南羌塘坳陷多为剥蚀残留块体，仅在南羌塘坳陷南部存在一个大面积的陆棚相覆盖区域。露头剖面烃源岩厚度以赛仁夏玛剖面最厚，达262.4m；曲瑞恰乃剖面烃源岩厚度累计为178.9m。根据沉积相及露头剖面推测，覆盖区域应该存在厚度较大、有机质丰度较高的泥质烃源岩分布。

表2-4-5 羌塘盆地中侏罗统夏里组烃源岩厚度及有机质丰度统计表

剖面名称	岩性	厚度/m	TOC/%	S_1+S_2/（mg/g）	氯仿沥青"A"/%
达卓玛	泥灰岩	144.29	0.62	0.68	0.0368
洒地赛日保	泥岩	69.16	$\frac{0.03\sim0.95}{0.15（19）}$		$\frac{0.0025\sim0.0048}{0.0036（4）}$
阿木雀爬	泥灰岩	28.71	0.09	0.08	0.0005
107道班	泥灰岩	29.21	$\frac{0.32\sim0.66}{0.49（3）}$	$\frac{0.08\sim0.29}{0.13（3）}$	$\frac{0.0005\sim0.001}{0.0008（3）}$
休冬日	泥灰岩	94.67	$\frac{0.12\sim0.24}{0.18（2）}$	$\frac{0.08\sim0.11}{0.095（2）}$	$\frac{0.0008\sim0.0064}{0.0036（2）}$
赛仁夏玛	泥（页）岩	262.4	0.31（13）	0.038（13）	0.0006（13）
那底岗日	碳质页岩		$\frac{4.77\sim9.83}{7.3（2）}$	$\frac{0.148\sim0.199}{0.1735（2）}$	0.0015（1）
	泥灰岩		$\frac{0.11\sim0.26}{0.165（6）}$	0.027	$\frac{0.0003\sim0.0009}{0.0006（5）}$
曲瑞恰乃	泥岩	178.9	$\frac{0.428\sim0.678}{0.545（14）}$		
山隘湖	泥岩	>493.9	$\frac{0.55\sim1.58}{1.05（10）}$	$\frac{0.11\sim0.30}{0.19（10）}$	$\frac{0.0096\sim0.0217}{0.0171（10）}$
阿木查跃	泥灰岩	>13.1	0.10	0.052	0.0024
马牙山	泥灰岩	70.67	$\frac{0.1\sim0.19}{0.11（5）}$	0.006	0.0071
	泥岩	35.62	0.88	0.079	
龙尾湖南西	泥岩	13.4	0.98（1）	1.62	0.1032
	泥灰岩	183.8	$\frac{0.1\sim0.14}{0.12（5）}$	$\frac{0\sim0.05}{0.02（5）}$	$\frac{0.0002\sim0.0009}{0.0005（2）}$
加那	页岩	120.2	$\frac{0.12\sim1.7}{0.75（8）}$		
千秋岭	泥灰岩	>118.1	$\frac{0.54\sim0.94}{0.68（9）}$	$\frac{0.02\sim0.1}{0.06（8）}$	0.0025（9）

注：TOC、S_1+S_2及氯仿沥青"A"数据，上排表示含量变化范围，下排表示平均值及统计样品数。

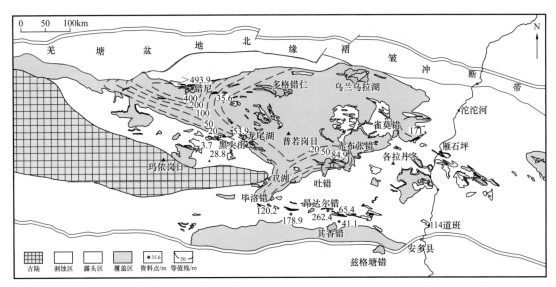

图 2-4-18 羌塘盆地中侏罗统夏里组泥质烃源岩厚度等值线图（据王剑等，2009，修改）

夏里组碳酸盐岩烃源岩出露范围局限。北羌塘坳陷主要分布在马牙山、长水河西支沟、龙尾湖南西和兄弟泉西、赤布张错等地区，出露烃源岩厚度以龙尾湖南西剖面183.8m 最厚，向四周逐渐减薄，至马牙山厚度仅为 70.67m（图 2-4-19）。南羌塘坳陷碳酸盐岩烃源岩多呈残块状分布，达卓玛剖面深灰色泥灰岩厚度为 144.29m；107 道班至休冬日地区深灰色、灰色泥灰岩厚度几十米。

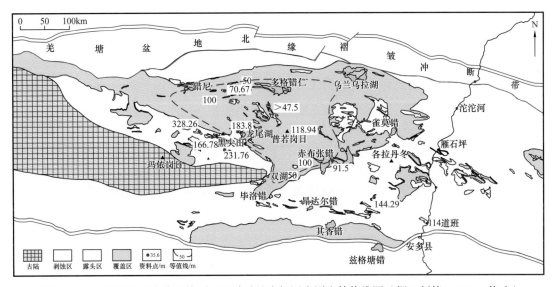

图 2-4-19 羌塘盆地中侏罗统夏里组碳酸盐岩烃源岩厚度等值线图（据王剑等，2009，修改）

2）有机质丰度

夏里组泥质烃源岩各剖面平均有机碳含量为 0.55%～7.3%；碳酸盐岩烃源岩各剖面平均有机碳含量为 0.1%～0.68%。生烃潜量普遍偏低，泥质烃源岩各剖面生烃潜量平均值为 0.079～1.62mg/g；碳酸盐岩烃源岩各剖面生烃潜量平均值为 0.006～0.68mg/g。

泥质烃源岩主要分布在北羌塘坳陷北部山隘湖为中心的区域内，有机碳含量的分布与其厚度的分布基本保持一致，中心区域为0.55%～1.58%，平均为1.05%，呈向南、向东逐渐减小趋势，至龙尾湖西和马牙山剖面地区分别减小为0.98%和0.88%，在山隘湖—龙尾湖西剖面一带的大面积地区发育好—中等烃源岩（图2-4-20）。在中央隆起带北侧那底岗日剖面零星出露的碳质泥岩有机碳含量较高，为4.77%～9.83%，平均值为7.3%；生烃潜量偏低，仅为0.174mg/g，仅达到中等烃源岩标准，这可能与该地区夏里组大部分被剥蚀有关，残余地表的碳质泥岩由于风化作用使氢元素流失和氧元素增加，导致生烃潜量偏低。南羌塘坳陷泥质烃源岩均为该组的地层残块，其有机碳含量均值为0.4%～0.75%，属较差—中等烃源岩。

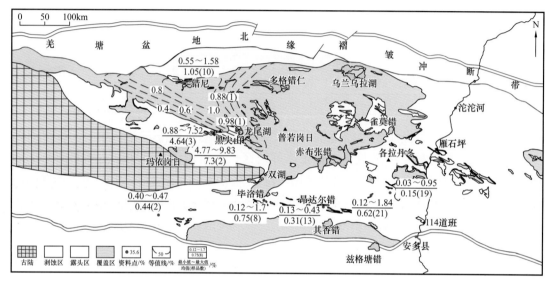

图2-4-20 羌塘盆地中侏罗统夏里组泥质烃源岩有机碳含量等值线图（据王剑等，2009，修改）

碳酸盐岩烃源岩有机碳含量高值主要集中在北羌塘坳陷中部长水河—河湾山剖面地区，有机碳含量为0.15%～1.63%，平均为0.75%，属盆地在该时期好烃源岩（图2-4-21）。在北羌塘坳陷其余地区，碳酸盐岩烃源岩有机碳含量为0.1%～0.15%，属于较差烃源岩，如马牙山、龙尾湖南剖面地区。南羌塘坳陷碳酸盐岩烃源岩有机碳含量较低，分布范围分散，好烃源岩主要分布在达卓玛剖面地区和107道班剖面地区，前者有机碳含量平均值为0.62%，后者有机碳含量也较高，平均值为0.49%，而其他地区有机碳含量为0.1%～0.145%，为较差烃源岩。

3）有机质类型

夏里组烃源岩干酪根显微组分分析结果显示：干酪根显微组分以腐泥组为主，含量为36%～87%，各剖面腐泥组平均含量为50%～82%；次为惰质组，含量为5%～30%，平均含量为15%～25%；镜质组含量为3%～27%，平均含量为3.7%～22.5%；而壳质组含量较低，仅为1%～5%，各剖面平均含量为2%～2.5%。该组烃源岩各剖面样品类型指数为-9.75～74，各剖面平均类型指数为10.9～64，该组烃源岩有机质类型存在Ⅱ₁型、Ⅱ₂型和Ⅲ型，以Ⅱ₁型为主，部分Ⅱ₂型和少量Ⅲ型，有机质类型较好。

具体落实到岩性上，该组碳酸盐岩烃源岩样品全部为Ⅱ₁型，泥质烃源岩以Ⅱ₂型为主，部分Ⅱ₁型和少量Ⅲ型，前者有机质类型明显好于后者。

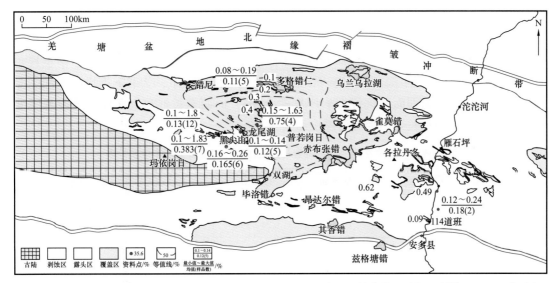

图 2-4-21　羌塘盆地中侏罗统夏里组碳酸盐岩烃源岩有机碳含量等值线图（据王剑等，2009，修改）

4）有机质热演化程度

中侏罗统夏里组和布曲组 R_o 在平面上的展布非常相似，总体均呈现由盆地中部向边缘呈环带状逐步增高趋势（图 2-4-22）。但夏里组 R_o 比布曲组 R_o 低一些，R_o 小于 1.3% 成熟油分布区比布曲组成熟油分布区广，长水河剖面地区、达卓玛剖面地区 R_o 值分别为 1.28% 和 1.06%，同时，龙尾湖羌资 -1 井夏里组 R_o 值也在 1% 左右。

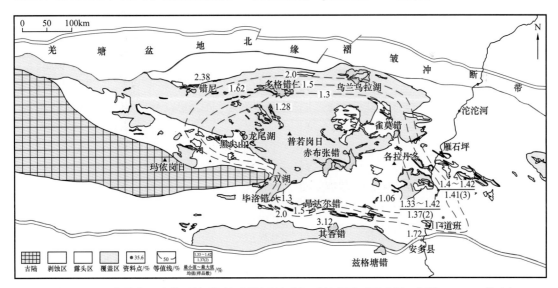

图 2-4-22　羌塘盆地中侏罗统夏里组烃源岩镜质组反射率平面图（据王剑等，2009，修改）

4. 上侏罗统索瓦组

1）烃源岩分布

上侏罗统索瓦组沉积期为侏罗纪以来第二次大规模海侵，烃源岩主要分布于北羌塘坳陷中西部，以局限台地相碳酸盐岩为主，厚度为 40～782m（表 2-4-6），岩性以灰色到深灰色、灰黑色泥灰岩、泥质灰岩为主，局部地区发育有泥质烃源岩、油页岩层。索瓦组碳酸盐岩烃源岩主要分布在北羌塘坳陷中部东湖—河湾山—长水河地区和西部白龙冰河—长龙梁地区，具有中心厚，向四周逐渐减薄趋势（图 2-4-23）。西部烃源岩最厚为甜水河北岸，烃源岩累计厚度为 782m，向西至圆锥山剖面减至 535m，向东南至长龙梁剖面大于 560m 和野牛沟剖面大于 174m。在长龙梁地区以东，为北羌塘坳陷中部烃源岩发育区，其中东湖剖面地区烃源岩厚度达 779m，向西至长虹河剖面地区烃源岩厚度大于 50.16m，向南在长梁山烃源岩厚度减薄至 86m。

表 2-4-6　羌塘盆地上侏罗统索瓦组烃源岩厚度及有机质丰度统计表

剖面名称	岩性	厚度 /m	TOC/%	S_1+S_2/（mg/g）	氯仿沥青"A"/%
东湖	泥灰岩	759.92	$\dfrac{0.11\sim0.82}{0.24（39）}$	$\dfrac{0.01\sim3.75}{0.28（22）}$	$\dfrac{0.002\sim0.017}{0.0074（9）}$
雀姆东达	泥灰岩	28.49	0.15	0.49	0.0059
长梁山	泥灰岩	86.79	$\dfrac{0.1\sim0.37}{0.18（8）}$		
雀姆东达北	泥灰岩	44.61	0.18（4）	0.3625（4）	0.0057
尕尔琼多卡	泥灰岩	62.7	$\dfrac{0.1\sim0.2}{0.144（8）}$	$\dfrac{0.09\sim0.3}{0.11（3）}$	$\dfrac{0.0044\sim0.0047}{0.0045（2）}$
洒地赛日保	泥灰岩	498.97	$\dfrac{0.1\sim0.32}{0.14（25）}$	$\dfrac{19\sim109}{40.5（11）}$	$\dfrac{0.0004\sim0.0013}{0.0008（6）}$
107 道班	泥灰岩	120.885	$\dfrac{0.17\sim0.27}{0.22（6）}$	$\dfrac{0.03\sim0.18}{0.1（6）}$	$\dfrac{0\sim0.00001}{0.00001（6）}$
休冬日	泥灰岩	209.54	$\dfrac{1\sim3.7}{1.94（5）}$	$\dfrac{0.15\sim0.42}{0.24（5）}$	$\dfrac{0.0007\sim0.0015}{0.001（3）}$
赛仁夏玛	泥灰岩	365.85	0.07（25）	0.074（35）	0.0017（5）
114 道班	泥灰岩	263.8	$\dfrac{0.29\sim2.15}{1.1（74）}$	$\dfrac{0.06\sim10.84}{2.78（74）}$	
哈日埃乃	泥灰岩	824.2	$\dfrac{0.11\sim0.321}{0.159（26）}$		
雷音沟	泥灰岩	174.4	$\dfrac{0.1\sim0.43}{0.22（7）}$	0.08（2）	
野牛沟	泥灰岩	>253.18	$\dfrac{0.1\sim0.43}{0.21（6）}$	$\dfrac{0.031\sim0.08}{0.05（6）}$	
长龙梁	泥灰岩	>560.69	$\dfrac{0.11\sim0.34}{0.25（5）}$	$\dfrac{0.04\sim0.06}{0.042（5）}$	$\dfrac{0.0049\sim0.0051}{0.005（3）}$
独星湖	泥灰岩	>80.53	$\dfrac{0.13\sim0.76}{0.35（3）}$	$\dfrac{0.03\sim0.08}{0.05（3）}$	$\dfrac{0.006\sim0.0098}{0.0082（4）}$
毛毛山 J_3s_1	泥灰岩	>120.6	$\dfrac{0.12\sim0.27}{0.16（4）}$	$\dfrac{0.047\sim0.10}{0.0635（4）}$	$\dfrac{0.0002\sim0.0013}{0.0007（2）}$

剖面名称	岩性	厚度 /m	TOC/%	S_1+S_2/（mg/g）	氯仿沥青"A"/%
毛毛山 J_3s_2	泥灰岩	>153.33	$\dfrac{0.1\sim0.21}{0.138（6）}$	$\dfrac{0.036\sim0.07}{0.053（6）}$	$\dfrac{0.0011\sim0.0056}{0.0033（2）}$
	泥岩	>9	0.45	0.18	
阿木查跃 J_3s_1	泥灰岩	>123.12	$\dfrac{0.1\sim0.12}{0.11（3）}$	$\dfrac{0.059\sim0.11}{0.0875（2）}$	0.0014（1）
曲龙沟 J_3s_2	泥灰岩	39.28	$\dfrac{0.1\sim0.22}{0.148（5）}$	$\dfrac{0.002\sim0.025}{0.0158（2）}$	$\dfrac{0.0028\sim0.0048}{0.0038（3）}$
长虹河 J_3s_1	泥灰岩	>50.16	0.12	0.029	
	泥岩	>1.4	0.64	0.077	
乌兰乌拉湖	泥灰岩	37.1	0.1（2）	$\dfrac{0.033\sim0.034}{0.0335（2）}$	
祖尔肯乌拉山	泥灰岩	93.19	$\dfrac{0.1\sim0.13}{0.11（6）}$	$\dfrac{0.032\sim0.046}{0.045（6）}$	
托纳木藏布西南岸	油页岩泥岩	47.38	$\dfrac{0.99\sim25.68}{9.32（4）}$		
羌资 –3	泥灰岩		$\dfrac{0.11\sim0.34}{0.25（3）}$		$\dfrac{0.0013\sim0.0052}{0.0033（3）}$
	泥岩		$\dfrac{0.42\sim1.26}{0.67（9）}$		$\dfrac{0.0009\sim0.0151}{0.0044（9）}$

注：TOC、S_1+S_2 及氯仿沥青"A"数据，上排表示含量变化范围，下排表示平均值及统计样品数。

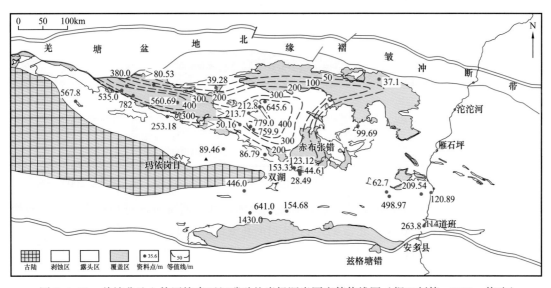

图 2-4-23　羌塘盆地上侏罗统索瓦组碳酸盐岩烃源岩厚度等值线图（据王剑等，2009，修改）

南羌塘坳陷索瓦组烃源岩主要分布于坳陷东部107道班—114道班一带和中部北雷错—哈日埃乃一带，其厚度为100～800m。

索瓦组烃源岩中见很好油气显示，主要在南羌塘坳陷东部和北羌塘坳陷西部，如安多114道班剖面，灰黑色泥灰岩厚度在200m以上，其裂缝中见到固体沥青和液态油苗显示。西长梁剖面见含油石灰岩、含稠油石灰岩。

索瓦组泥质烃源岩分布局限，仅在北羌塘坳陷中部和西部有所分布，如中部毛毛山、长虹河、托纳木藏布西南岸剖面石灰岩中夹泥质烃源岩分布，厚度分别为9m、1.4m和47.38m。西部西长梁剖面石灰岩中夹厚度为39.98m的潟湖相灰黑色泥质烃源岩，其中油页岩累计12m，较稳定延伸，目前已在西长梁附近多处发现该套油页岩。

2）有机质丰度

索瓦组以碳酸盐岩烃源岩为主，碳酸盐岩烃源岩各剖面平均有机碳含量为0.10%～1.94%，生烃潜量为0.0158～40.5mg/g，氯仿沥青"A"为0～0.0082%。

碳酸盐岩烃源岩有机碳含量在平面上的分布特点与烃源岩厚度分布范围具备一致性，表现为南、北羌塘坳陷各存在多个有机碳含量高值分布区（图2-4-24）。北羌塘坳陷中西部有2个烃源岩有机碳含量高值分布区：（1）白龙冰河—长龙梁剖面地区，其中独星湖剖面地区有机碳含量平均值高达0.35%，向东野牛沟、长龙梁、曲龙沟剖面地区平均有机碳含量逐渐过渡为0.21%、0.25%、0.15%；（2）长水河—长梁山剖面地区，有机碳含量平均值中等，最高达到0.51%。北羌塘坳陷有机碳含量高值分布区烃源岩属于好烃源岩，并向四周逐渐过渡为中等—较差烃源岩。

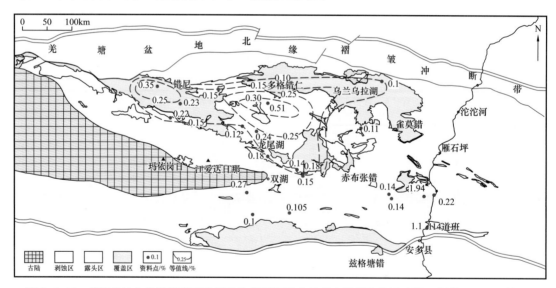

图2-4-24　羌塘盆地上侏罗统索瓦组碳酸盐岩烃源岩有机碳含量等值线图（据王剑等，2009，修改）

南羌塘坳陷索瓦组分布区多为地层剥蚀残留体，其残留部分同样也存在2个碳酸盐岩烃源岩残余厚度分布区：北雷错地区和114道班地区。北雷错剖面发育石灰岩烃源岩，有机碳含量为0.10%～0.58%，平均值为0.27%，向周缘逐渐降低。114道班剖面发育一套灰色、深灰色泥晶灰岩、泥灰岩，并见液态油苗显示，烃源岩有机质丰度高，有机碳含量为0.29%～2.15%，平均值为1.1%，生烃潜量为0.06～10.84mg/g，平均值为

2.78mg/g。

索瓦组泥（页）岩烃源岩分布较零星，以北羌塘坳陷西部西长梁剖面地区台地相油页岩为代表，有机碳含量为3.71%～28.14%，平均达11.75%，平均生烃潜量为207.79mg/g，平均氯仿沥青"A"为2.9240%，各项烃源岩评价指标均达到好烃源岩标准。

3）有机质类型

索瓦组烃源岩干酪根显微组分以腐泥组为主，含量为65%～95%，各剖面腐泥组平均含量为70%～92%；次为惰质组，含量为4%～30%，各剖面平均含量为9.75%～30%；镜质组含量为0～16%，各剖面平均含量为0～12.25%；含极少量壳质组，平均含量仅为1%。根据干酪根各显微组分含量分析及干酪根类型指数分析认为：该组有机质类型较好，以II$_1$型为主，II$_2$型和I型也占一定比重。

值得重视的是西长梁剖面油页岩，显微组分腐泥组、壳质组、镜质组、惰质组含量分别为64%～90%、1%～2%、5%～18%、1%～18%，类型指数为35～82，有机质类型I型、II$_1$型和II$_2$型均有分布，结合地表岩石在遭受长时间风化剥蚀时富氧贫氢导致有机质类型变差的事实，说明该套油页岩有机质类型好，原始岩石有机质类型可能以I型、II$_1$型为主。

4）有机质热演化程度

索瓦组各剖面烃源岩中有机质 R_o 平均值为0.94%～2.7%，处于成熟—过成熟阶段，产物以高成熟湿气为主，成熟油次之。最高热解峰温 T_{max} 均值为425～561℃，与镜质组反射率反映的处于成熟—过成熟阶段一致（图2-4-25）。干酪根颜色以棕黄色为主，少量棕褐色、棕黑色，反映有机质为成熟—高成熟阶段，比 R_o 偏低。

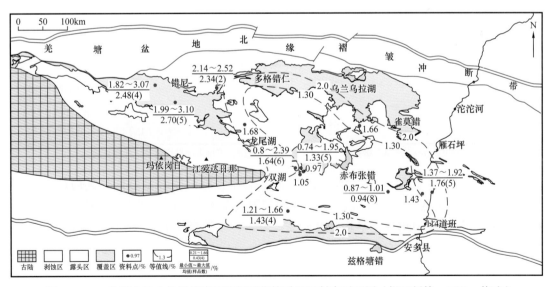

图 2-4-25 羌塘盆地上侏罗统索瓦组烃源岩镜质组反射率平面图（据王剑等，2009，修改）

索瓦组烃源岩有机质成熟度平面展布情况：盆地中心部位 R_o 小于1%，以南羌塘坳陷中东部尕尔琼多卡剖面地区最低，为0.94%，向盆地四周镜质组反射率逐渐增加。盆内 R_o 小于1.3%的成熟阶段的生油区，主要位于南羌塘坳陷中部、东部，和北羌塘坳陷中部地区。R_o 为 1.3%～2.0% 的高成熟凝析油湿气区，主要分布在成熟生油区之外的大部分地区。只有北羌塘坳陷最西部和南北断裂带附近 R_o 大于 2%，达到过成熟阶段。

5. 二叠系

二叠系主要为一套大陆边缘沉积，以稳定台地—三角洲沉积为主，地层出露广泛，但露头剖面少见烃源岩，仅在中央隆起带和盆地东部地区露头剖面可见，主要为局限台地相泥灰岩和三角洲相暗色泥岩。烃源岩主要有下二叠统展金组、中二叠统鲁谷组（龙格组）、上二叠统那益雄组（热觉茶卡组）。

在中央隆起带热觉茶卡地区发育有上二叠统热觉茶卡组含煤系烃源岩，厚度大于81m。在盆地中部依布茶卡地区，发育有一套灰黑色、深灰色含生屑碳酸盐岩烃源岩，其厚度大于 100m；在中央隆起带角木茶卡地区，发育一套黑色、深灰黑色含凝灰质泥质烃源岩，厚度 50m 左右。盆地东部开心岭—沱沱河地区，上二叠统那益雄组碎屑岩中夹厚度较大碳质泥岩及煤线，烃源岩在开心岭剖面和贡日乡剖面厚度分别为 146.2m 和122.8m（表 2-4-7）。

表 2-4-7　羌塘盆地二叠系烃源岩厚度及有机质丰度统计表

剖面	层位	岩性	厚度 /m	TOC/%	氯仿沥青 "A" /%	S_1+S_2/（mg/g）
依布茶卡	P_2l	泥灰岩	>100	$\dfrac{0.04～0.11}{0.07（7）}$	$\dfrac{0.0012～0.0021}{0.0017（7）}$	$\dfrac{0.02～0.05}{0.04（7）}$
角木茶卡	P_1z	泥岩	50	$\dfrac{0.35～0.98}{0.62（10）}$	$\dfrac{0.0142～0.0849}{0.0353（10）}$	$\dfrac{0.6077～0.8311}{0.6901（10）}$
羌资 -5	P_1z	泥岩	318	$\dfrac{0.62～1.42}{1.15（12）}$		
热觉茶卡	P_3r	泥岩	>81	$\dfrac{0.25～0.56}{0.35（11）}$	$\dfrac{0.0021～0.0428}{0.0091（11）}$	$\dfrac{0.0100～0.4132}{0.1134（11）}$
开心岭	P_3n	泥岩	146.2	$\dfrac{0.34～1.28}{0.77（11）}$	$\dfrac{0.0014～0.0336}{0.0069（11）}$	$\dfrac{0.4372～0.6744}{0.5329（11）}$
贡日	P_3n	泥岩	122.8	$\dfrac{0.42～2.87}{0.99（15）}$	$\dfrac{0.0033～0.0124}{0.0065（15）}$	$\dfrac{0.1445～0.3424}{0.1973（15）}$

注：TOC、S_1+S_2 及氯仿沥青 "A" 数据，上排表示含量变化范围，下排表示平均值及统计样品数。

二叠系泥质烃源岩有机碳含量较高，而碳酸盐岩有机碳含量很低，氯仿沥青 "A"含量和生烃潜量更低（表 2-4-8）。中央隆起带附近角木茶卡地区展金组泥质烃源岩，有机碳含量为 0.35%～0.98%，平均为 0.62%，为差—中等烃源岩；该地区实施的羌资 -5井钻遇展金组烃源岩，有机碳含量明显高于地表样品，其含量为 0.62%～1.42%，平均值为 1.15%，以好烃源岩为主。热觉茶卡西的热觉茶卡组泥质烃源岩，有机碳含量为 0.25%～0.56%，平均为 0.35%，仅少部分达到差烃源岩标准。盆地东部开心岭—贡日一带，那益雄组烃源岩有机碳含量较高，前者有机碳含量为 0.34%～1.28%，平均为0.77%；后者有机碳含量为 0.42%～2.87%，平均为 0.99%，为中等—好烃源岩。盆地中部依布茶卡地区，鲁谷组碳酸盐岩烃源岩有机碳含量为 0.04%～0.11%，平均为 0.07%，仅 1 件样品达到差烃源岩标准。

表 2-4-8 羌塘盆地二叠系烃源岩有机质类型

剖面	层位	岩性	干酪根显微组分 /%			类型指数 TI	有机质类型	R_o/%
			腐泥组	镜质组	惰质组			
依布茶卡	P_2l	碳酸盐岩	87（1）	1（1）	12（1）	75.25（1）	II$_1$	1.60（1）
角木茶卡	P_1z	泥岩	$\dfrac{12\sim58}{46（10）}$	$\dfrac{18\sim30}{22（10）}$	$\dfrac{17\sim70}{32（10）}$	$\dfrac{-71.50\sim22.25}{-3.63（10）}$	II$_2$—III	$\dfrac{1.54\sim1.59}{1.57（10）}$
羌贤-5钻井	P_1z	泥岩				$-9.75\sim3$	II$_2$—III	$\dfrac{0.89\sim1.44}{1.1（8）}$
热觉茶卡	P_3r	泥岩	$\dfrac{25\sim75}{57（11）}$	$\dfrac{6\sim45}{15（11）}$	$\dfrac{13\sim44}{28（11）}$	$\dfrac{-38.75\sim51.50}{16.91（11）}$	II$_2$为主，少量III和II$_1$	$\dfrac{1.57\sim1.98}{1.68（11）}$
开心岭	P_3n	泥岩	$\dfrac{42\sim68}{56（11）}$	$\dfrac{7\sim22}{14（11）}$	$\dfrac{22\sim41}{29（11）}$	$\dfrac{-10.75\sim38}{15.93（11）}$	II$_2$为主，少量III	$\dfrac{2.25\sim2.34}{2.28（11）}$
贡日	P_3n	泥岩	$\dfrac{48\sim66}{60（15）}$	$\dfrac{5\sim28}{14（15）}$	$\dfrac{12\sim32}{25（15）}$	$\dfrac{1.00\sim33.50}{24.43（15）}$	II$_2$	$\dfrac{2.06\sim2.25}{2.16（15）}$

注：干酪根显微组分、类型指数及 R_o 数据，上排表示含量变化范围，下排表示平均值及统计样品数。

二叠系烃源岩样品干酪根显微组成以腐泥组为主，其次是惰质组和镜质组，不含壳质组和沥青组（表 2-4-8）。鲁谷组干酪根显微组分中，腐泥组含量为 87%，惰质组含量为 12%，镜质组含量为 1%；展金组腐泥组含量为 12%~58%，惰质组含量为 17%~70%，镜质组含量为 18%~30%；那益雄组腐泥组含量为 42%~68%，惰质组含量为 12%~41%，镜质组含量为 5%~28%；热觉茶卡组腐泥组含量为 25%~75%，惰质组含量为 13%~44%，镜质组含量为 6%~45%。鲁谷组碳酸盐岩烃源岩有机质类型指数为 75.25，有机质为 II$_1$ 型；展金组类型指数为 -71.50~22.25，热觉茶卡组类型指数为 -38.75~51.50，那益雄组类型指数为 -10.75~38，有机质类型以 II$_2$ 型为主，其次为 III 型，还有少量 II$_1$ 型有机质。

从 R_o 和 T_{max} 情况来看，二叠系烃源岩热演化程度较高（表 2-4-8）。盆地中部角木茶卡地区地表展金组烃源岩 R_o 值为 1.54%~1.59%，处在高成熟阶段，而井下样品低于地表样品，为 0.89%~1.44%，平均值为 1.1%，处在成熟—高成熟阶段；中央隆起带热觉茶卡组烃源岩 R_o 值为 1.57%~1.98%，处在高成熟阶段；中部依布茶卡石灰岩一件样品 R_o 值为 1.60%，处在高成熟阶段；盆地东部开心岭剖面和贡日剖面，前者 R_o 值为 2.25%~2.34%，后者 R_o 值为 2.06%~2.25%，已达过成熟阶段。

三、油气显示及油源分析

1. 油气显示类型

羌塘盆地发现油气显示已达 200 多处（图 2-4-26，表 2-4-9），其中液态油苗 6 处、古油藏带 1 条、油页岩带 2 条、喷气泥火山群多个等。大量油气显示发现为我们提供了有关羌塘盆地油气生成、运移和聚集方面的丰富信息，为油气勘探提供了重要依据。油气显示主要有以下 4 种类型。

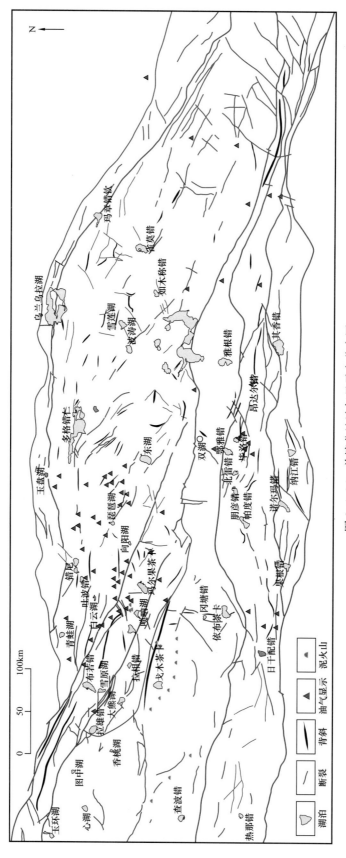

图 2-4-26 羌塘盆地油气显示点分布图

（1）沥青与液（气）态油苗。沥青是羌塘盆地最常见、最普遍的油气显示形式，主要分布在南、北羌塘坳陷边缘带和中央隆起带。几十口地质调查井岩心中，发现大量沥青脉，包括软沥青和硬沥青；它们通常以缝合线、裂缝脉或裂隙脉形式充填。羌塘盆地也偶见液态油苗，20 世纪 90 年代曾在南羌塘坳陷东部 114 道班上侏罗统索瓦组石灰岩裂缝中共发现 4 处稠油显示点；21 世纪新一轮战略选区工作，在各拉丹冬玛曲—雀莫错一带上三叠统波里拉组石灰岩中发现轻质液态油苗点 2 处；战略选区工作在羌科 1 井、羌资 -6 井、羌资 -7 井及羌资 -8 井中，发现了侏罗系布曲组、雀莫错组、上三叠统那底岗日组及波里拉组等 13 层含气层，其中布曲组、波里拉组及巴贡组 3 层为重要含气层，气测录井全烃值高达 10% 以上。此外，羌地 -17 井在古近系唢呐湖组膏灰岩之下也发现了液态油苗显示，岩心具有浓烈油气味，荧光检测对比级别为 5.2，油性指数为 0.8，初步判断为轻质油油苗。

（2）含油白云岩（油砂）。含油白云岩与古油气藏破坏有关，最著名的是南羌塘坳陷隆鄂尼—昂达尔错—鄂斯玛中侏罗统布曲组含油白云岩。该含油白云岩带西起隆鄂尼—昂达尔错，东至鄂斯玛地区，东西长约 150km，南北宽约 40km，仅隆鄂尼—昂达尔错地区控制和预测的油砂资源量就达八十多亿吨。自西向东，该含油白云岩带可划分为西部隆鄂尼含油白云岩区、中部昂达尔错含油白云岩区和东部赛仁含油白云岩区；自北向南可划分为昂达尔错—赛仁北部含油白云岩带、隆鄂尼—格鲁关那南部含油白云岩带。此外，在中央隆起带角木茶卡还发现了二叠系龙格组含油白云岩，在北羌塘坳陷西部西梁山发现了上侏罗统索瓦组含油石灰岩及含油泥质白云岩。

（3）油页岩。20 世纪 90 年代，石油地质调查在南羌塘坳陷发现了毕洛错油页岩；21 世纪初，油气资源战略选区工作在北羌塘坳陷发现了胜利河优质海相油页岩。胜利河油页岩呈薄纸片状，颜色为黑褐色、灰色—灰褐色、灰黑色，油浸状、土状光泽；新鲜面用指甲刻划会出现油脂条痕；明火可点燃，冒浓烟并带有浓烈沥青燃烧焦油味；将油页岩放入水中，水面上漂浮一层油花。样品测试含油率最高达 16.3%，平均值为 6.24%。Re-Os 同位素定年测定及孢子化石证实，油页岩形成时代为晚侏罗世—早白垩世（付修根等，2007）。胜利河油页岩分布于西长梁—胜利河—长蛇山一带，东西长 60 多千米，简易山地工程和露头剖面控制与预测的资源量应大于 $10 \times 10^8 t$。此外，在南羌塘坳陷双湖县托纳木藏布地区也发现了少量油页岩露头点。

（4）泥火山。主要分布在南、北羌塘坳陷西部和中央隆起带两侧，表现为正在喷发天然气的泥火山。战略选区工作首次在羌塘盆地唢呐湖地区发现了现代喷气泥火山群，该泥火山群沿中央隆起带北侧东西延伸长大于 10km。泥浆中吸附烃类气体以甲烷为主，其含气量达 459～2279μL/kg（背景值为 0.17～2.88μL/kg），甲烷碳同位素为 -47.2‰～ -45.0‰，显示热解成因气的特征（付修根等，2015）。

2. 油气显示分布

按照时代归属，油气显示 97% 以上都集中出露在侏罗系布曲组、索瓦组和三叠系中（表 2-4-9），其他地层则零星分布，这也反映出它们是羌塘盆地油气聚集的主要层系。

（1）上三叠统中共发现油苗点 26 处（表 2-4-9），其中 14 处产于石灰岩中，9 处产于砂岩中。主要分布在北羌塘坳陷吐波错—白滩湖地区、雀莫错地区以及南羌塘坳陷蒂让碧错—土门地区（赵政璋等，2001d），此外，在盆地北部边缘缝合带附近砂泥岩中也见油气显示。石灰岩中油气显示多呈固态干沥青充填于石灰岩裂缝、裂隙、缝合线中，与方解石脉共生，颜色为灰黑色、褐黑色。砂岩中油气显示也为固态干沥青，呈粒状，不均匀分散于砂岩颗粒之间，部分呈断续脉状充填于砂岩裂缝或裂隙之中，颜色为黄褐色、褐黑色，岩石敲碎后散发出浓烈油味。

表 2-4-9 羌塘盆地地表油苗层位分布情况统计表

系	统	组	油苗点数	占总数 /%		
				组	统	系
古近系	古新统	唢呐湖组（E_1s）	5	2.42	2.42	2.42
白垩系	下白垩统	雪山组（K_1x）	10	4.83	48.31	84.06
侏罗系	上侏罗统	索瓦组（J_3s）	90	43.48		
	下—中侏罗统	夏里组（J_2x）	15	7.25	35.75	
		布曲组（J_2b）	53	25.60		
		雀莫错组（$J_{1-2}q$）	6	2.90		
三叠系	上三叠统	T_3	26	12.56	12.56	13.04
	下三叠统	康鲁组（T_1k）	1	0.48	0.48	
二叠系	上二叠统	龙格组（P_2l）	1	0.48	0.48	0.48
合计			207			

（2）布曲组中共发现油苗点 53 处（表 2-4-9），集中分布于龙尾湖、吐波错—白滩湖、雀尔茶卡、帕度错—纳江错、洞错—葫芦湖等地区，产出岩性主要为石灰岩（赵政璋等，2001d）。泥晶灰岩中，干沥青常呈脉状充填于裂缝、裂隙、缝合线中，脉宽 0.5～1.0cm 不等，与方解石脉共生，颜色为灰黑色、褐黑色；礁灰岩中，干沥青则主要充填于石灰岩溶孔或溶洞中，颜色以深黑色为主。石头河—甜水河一线连续分布 14 个油气显示点，这些油气点沿北西西向延伸的断裂带产出，反映了断裂对油气的破坏作用。

（3）索瓦组中共发现 90 处油苗点（表 2-4-9），油气显示产出岩性主要为石灰岩，在膏盐岩、油页岩以及粉砂岩中也见油气显示。这些油气显示主要分布在吐波错—白滩湖地区（62 处），其分布特征受断裂或褶皱控制（赵政璋等，2001）。此外，在胜利河—西长梁地区，也发现大量油气显示，产出形式多样，见有软沥青、干沥青、稠油、液态油等。

3. 油气显示地球化学特征及油源对比

前人（赵政璋等，2001d；王剑等，2004）对羌塘盆地地表油气显示地球化学特征及油源对比做过详细对比研究工作，结果表明油气显示以自生自储为主。此处主要分析井下油气显示地球化学特征及油源对比，同时对扎仁区块内发现的布曲组白云岩古油藏、中央隆起带二叠系含油白云岩以及鄂斯玛地区沥青的地球化学特征及油源进行研究。

1）羌资 –1 井油气显示

羌资 –1 井位于北羌塘坳陷龙尾湖地区，钻遇地层为中侏罗统夏里组和布曲组。岩心中油气显示丰富，主要有以下几种形式：（1）呈有机包裹体形式分布于方解石脉以及石英脉中，此外，在白云岩中也见有少量有机包裹体。这些包裹体常以气—液混合相存在，单独的气、液包裹体仅少量分布。包裹体以发淡蓝色荧光为主，间夹蓝灰绿色、蓝绿色、蓝色、亮蓝色及蓝灰色荧光；荧光强度以弱—中等为主，偶尔较强，说明油气类型为轻—中质型（以轻质型为主）的低成熟油—成熟油，热演化程度为中—高成熟阶段。（2）以油浸石膏形式存在，该类油气显示主要分布于夏里组中，石膏油浸后呈棕色，具淡黄色、浅黄色荧光显示。（3）呈干沥青分布于裂隙、裂缝和缝合线中，沥青多分布于裂缝表面，薄膜状，具油脂光泽；少部分层理面上可见淡黄色荧光显示。此外，在溶孔中也偶见沥青分布。

（1）饱和烃图谱对比。羌资 –1 井中沥青的正构烷烃系列，主要有三种不同的分布模式（图 2-4-27）。第一种为前峰型，该类型沥青主要分布在布曲组上部，主峰碳为 $n\text{-}C_{16}$（或 $n\text{-}C_{15}$），碳数范围 $n\text{-}C_{13}\text{—}n\text{-}C_{33}$，$C_{21-}/C_{21+}$ 比值为 1.27～1.39，这种特征常被解释为以水生生物为主的生物母质的贡献。第二种为后峰型，广泛分布于夏里组上部以及布曲组中下部，主峰碳为 $n\text{-}C_{23}$（或 $n\text{-}C_{22}$、$n\text{-}C_{24}$、$n\text{-}C_{25}$），碳数范围为 $n\text{-}C_{14}\text{—}n\text{-}C_{33}$，$C_{21-}/C_{21+}$ 比值为 0.08～0.65，显示重烃组分占优势的特征；井下沥青正构烷烃的这种后峰型不同于典型的后峰型，其主峰碳以中等碳数正构烷烃为主，结合其他生物标志化合物参数，除了部分高等植物的贡献外，可能更主要地反映以细菌为主的有机质生物母源的输入。第三种为介于上述两类之间的双峰型，该类型的沥青主要分布于夏里组下部以及布曲组顶部和中部，前峰为 $n\text{-}C_{16}$（或 $n\text{-}C_{14}$），后峰为 $n\text{-}C_{25}$，碳数范围为 $n\text{-}C_{13}\text{—}n\text{-}C_{33}$（或 $n\text{-}C_{35}$），C_{21-}/C_{21+} 比值为 0.35～0.52，反映了水生生物以及陆源高等植物的双重贡献；井下沥青样品正构烷烃的这种分布模式，完全可与对应层位烃源岩正构烷烃分布模式相对比，表明沥青并未经长距离运移，是烃源岩自生自储产物。

（2）生物标志化合物综合参数对比。在油源对比中，生物降解对原油或烃源岩中各生物标志化合物参数有重要的影响，烃中的成分不同，抗生物降解作用的能力也不同。研究表明，生物降解难易顺序为：正构烷烃 > 无环异戊二烯烷烃 > 藿烷（有 25- 降藿烷）≥ 甾烷 > 藿烷（无 25- 降藿烷）> 重排甾烷 > 芳香甾烷 > 卟啉（Peters 等，1991）。在轻度生物降解情况下，首先是正构烷烃被消耗，其次是类异戊二烯烷烃；轻度到中等程度生物降解并不能引起甾、萜烷类化合物组成的变化。因此，在油源对比中，单一的饱和烃图谱对比并不可取，生物标志化合物综合参数对比成为油源对比的有效手段。在图 2-4-28 中，尽管井下沥青样品与烃源岩在 C_{21-}/C_{21+} 参数上存在较大的差异，但总体上，二者具有较好的相关性，并且对于不同 C_{21-}/C_{21+} 比值范围的沥青样品，井下均有对应 C_{21-}/C_{21+} 比值范围的烃源岩存在，表明这些沥青并未经过长距离运移，是井下烃源岩自生自储的产物。

（3）单体烃碳同位素对比。图 2-4-29 给出了羌资 –1 井沥青正构烷烃及姥鲛烷、植烷碳同位素组成分布曲线，可归纳为以下四种不同分布模式。

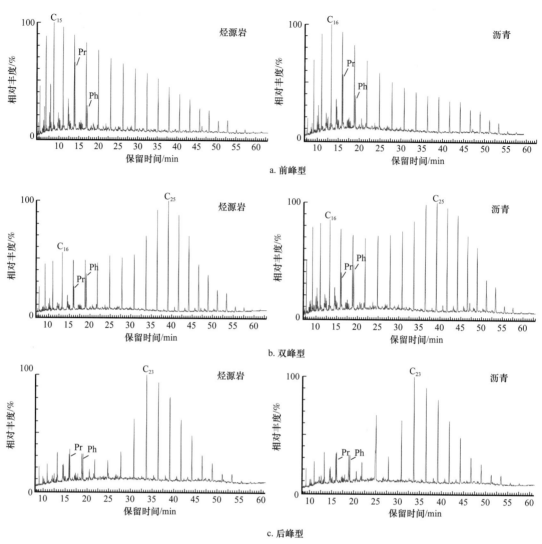

图 2-4-27　羌资 -1 井沥青与井下烃源岩饱和烃图谱对比图

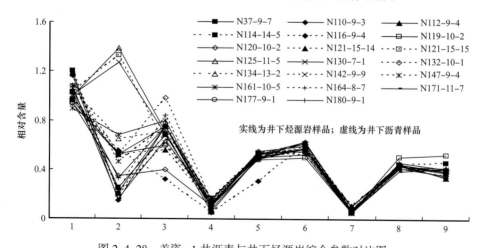

图 2-4-28　羌资 -1 井沥青与井下烃源岩综合参数对比图

1—OEP；2—C_{21-}/C_{21+}；3—Pr/Ph；4—伽马蜡烷 /$\alpha\beta$-C_{30} 藿烷；5—Ts/（Ts+Tm）；6—C_{31}-22S/（$S+R$）；7—C_{29} 三环萜烷 /（C_{29} 三环萜烷 +C_{30} 藿烷）；8—C_{29} 甾烷 20S/（20S+20R）；9—C_{29} 甾烷 $\beta\beta$/（$\alpha\beta$+$\beta\beta$）

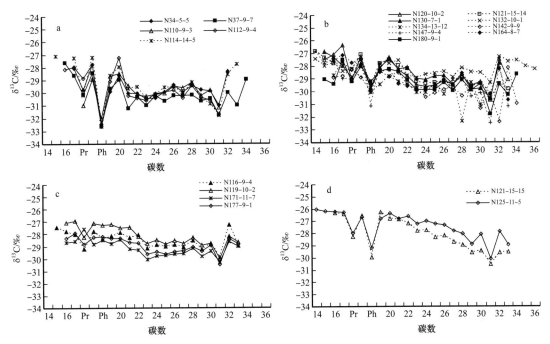

图 2-4-29　羌资 -1 井中沥青与烃源岩正构烷烃及姥鲛烷、植烷碳同位素分布模式对比图
图中实线为烃源岩样品，虚线为沥青样品

第一类碳同位素（正构烷烃）组成的分布范围为 -31.76‰～-27.09‰（图 2-4-29a），具有偏负的姥鲛烷、植烷碳同位素组成（分别为 -30.96‰～-28.85‰ 和 -32.65‰～-32.01‰），包括样品 N114-14-5，主要分布于夏里组下部。第二类相对富 ^{13}C（图 2-4-29b），正构烷烃 δ^{13}C 分布范围为 -32.49‰～-26.01‰，姥鲛烷和植烷碳同位素组成分别为 -29.19‰～-27.74‰ 和 -31.12‰～-29.22‰，包括样品 N121-15-14、N132-10-1、N134-13-12、N142-9-9、N147-9-4 和 N164-8-7，主要分布于布曲组中上部和底部。第三类碳同位素（正构烷烃）组成的分布范围为 -30.47‰～-27.06‰，姥鲛烷和植烷碳同位素相对富 ^{13}C（分别为 -29.21‰～-27.58‰ 和 -28.40‰～-27.29‰）（图 2-4-29c），包括样品 N116-9-4，该类烃源岩主要分布于夏里组底部。第四类碳同位素（正构烷烃）组成的分布范围为 -30.55‰～-26.01‰，明显富 ^{13}C，随着链烷烃碳数增加，碳同位素值明显偏负（图 2-4-29d），属典型右倾型，姥鲛烷和植烷碳同位素组成分别为 -28.30‰～-27.99‰ 和 -29.97‰～-29.18‰，包括样品 N121-15-15，主要分布于布曲组顶部。

与之相对应，井下烃源岩正构烷烃及姥鲛烷、植烷碳同位素组成分布曲线也显示四种不同分布模式（图 2-4-29），并且，沥青的单体烃碳同位素曲线与井下烃源岩的单体烃碳同位素曲线几乎完全重合，显示沥青与井下烃源岩之间具有较好的相关性，这从另外一个角度证实了这些沥青并未经过长距离运移，是井下烃源岩自生自储的产物。

2）羌资 -2 井油气显示

羌资 -2 井位于南羌塘坳陷扎仁地区，钻遇地层为中侏罗统布曲组和色哇组，其油气显示除在布曲组碳酸盐岩缝合线（或裂缝）中以及色哇组碎屑岩裂缝中发现大量沥青外，还在荧光录井、荧光薄片、包裹体研究中发现大量油气显示。沥青大多呈薄膜状分布于裂缝（或缝合线）表面，偶尔在溶孔中有沥青发现，但这些沥青多充填于溶孔表面。部分石灰岩岩心具有明显油浸特征，荧光灯下呈橙黄色。岩心中有机包裹体主要为气—液混合相包裹体，气或液单相包裹体较为少见。这些包裹体主要产在方解石脉中，少量产在石膏晶体中，另外，在鲕粒灰岩的亮晶方解石胶结物中也发现有不少烃类包体，3 种包裹体特征明显，形成于不同的期次中。包裹体荧光以淡蓝色为主，间夹蓝灰绿色、蓝绿色、蓝色、亮蓝色及蓝灰色荧光，荧光强度以弱—中等为主，偶尔较强，表明羌资 -2 井的油气类型为轻—中质型（以轻质型为主）的低成熟油—成熟油，热演化程度为成熟—高成熟阶段。

（1）饱和烃图谱对比。与北羌塘坳陷井下沥青相比，南羌塘坳陷井下（羌资 -2 井）沥青正构烷烃分布模式更为单一，均为前低后高的单峰型，主峰碳为 $n\text{-}C_{25}$，碳数范围为 $n\text{-}C_{14}$—$n\text{-}C_{33}$，C_{21}/C_{21+} 比值为 0.10～0.24。羌资 -2 井中沥青正构烷烃的这种分布模式完全可与井下布曲组烃源岩正构烷烃分布模式相对比（图 2-4-30），表明这些沥青并未经长距离运移，是烃源岩自生自储的产物。

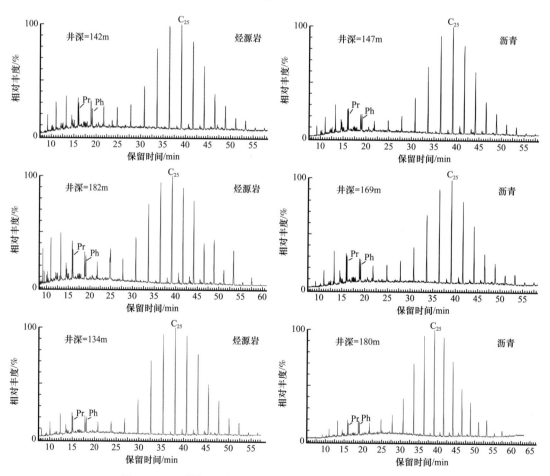

图 2-4-30　羌资 -2 井沥青与井下烃源岩饱和烃图谱对比图

（2）生物标志化合物综合参数对比。生物标志化合物综合参数分析表明，羌资 -2 井中沥青可能存在两种不同的油源。一种以样品 169 为代表，具有高的 Pr/Ph 值（1.48）和明显偏低的三环萜烷 / 藿烷比值（1.03）；另外一种以样品 147 和 180 为代表，这些沥青具有相对较低的 Pr/Ph 值（0.60～0.89）和高的三环萜烷 / 藿烷比值（2.07～2.08）。羌资 -2 井中沥青的各生物标志化合物参数与井下布曲组烃源岩各生物标志化合物参数是完全一致的（图 2-4-31），反映了该井中沥青来自布曲组烃源岩，是烃源岩自生自储的产物。

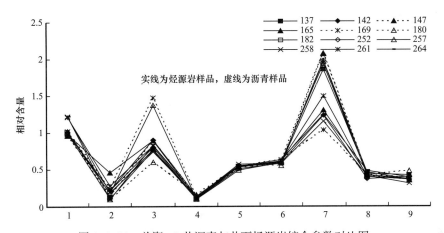

图 2-4-31　羌资 -2 井沥青与井下烃源岩综合参数对比图

1—OEP；2—C_{21-}/C_{21+}；3—Pr/Ph；4—伽马蜡烷 /$\alpha\beta$-C_{30}藿烷；5—Ts/（Ts+Tm）；6—C_{31}-22S/（$S+R$）；7—C_{29} 三环萜烷 /（C_{29} 三环萜烷 +C_{30} 藿烷）；8—C_{29} 甾烷 20S/（20S+20R）；9—C_{29} 甾烷 $\beta\beta$/（$\alpha\beta+\beta\beta$）

（3）单体烃碳同位素对比。羌资 -2 井中，沥青正构烷烃碳同位素分布范围为 -31.91‰～-27.44‰，姥鲛烷和植烷碳同位素组成分别为 -29.90‰～-29.58‰ 和 -30.29‰～-29.96‰，总体上各沥青样品之间正构烷烃碳同位素的差异并不明显，反映了油源的相对单一，这一特征与饱和烃图谱所反映的特征是一致的。沥青的单体烃碳同位素曲线与井下布曲组烃源岩的单体烃碳同位素曲线几乎完全重合（图 2-4-32），也表明这些沥青主要来源于布曲组烃源岩，是烃源岩自生自储的产物。

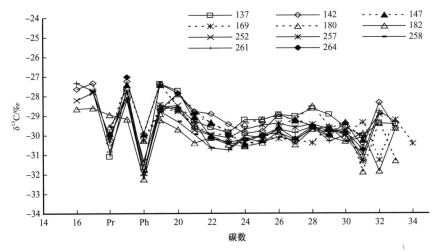

图 2-4-32　羌资 -2 井中沥青与烃源岩正构烷烃及姥鲛烷、植烷碳同位素分布模式对比图

图中实线为烃源岩样品，虚线为沥青样品

3）中央隆起带二叠系含油白云岩

二叠系含油白云岩位于羌塘盆地中部角木茶卡地区，构造上处于羌塘盆地中央隆起

带。该地区出露地层以二叠系为主，包括下二叠统展金组和中二叠统龙格组，二者呈整合接触。在该地区共发现有 3 处含油白云岩出露点，野外实地观测白云岩残余厚度 10m 左右，主要为细—粉晶白云岩，其颜色较黑，含油白云岩断面呈砂状、黑色，敲开后散发出浓烈油气味，荧光薄片中具浅绿色荧光显微脉。

（1）氯仿沥青"A"含量与族组成。白云岩油苗样品氯仿沥青"A"含量普遍较低，为 0.0041%～0.0249%，平均值为 0.0125%。族组成分析结果表明：饱和烃质量分数最高，含量为 41.73%～54.45%，平均值为 52.01%；芳香烃含量为 8.53%～16.41%，平均值为 11.27%；非烃含量为 24.88%～39.08%，平均值为 32.39%；沥青质质量分数最低，含量为 2.43%～6.62%，平均值为 4.25%；饱芳比较高，为 3.32～6.17，均大于 1。

（2）饱和烃特征。10 个白云岩油苗样品中正构烷烃主要为单峰型，碳数分布范围为 $n\text{-}C_{15}$—$n\text{-}C_{36}$，主峰碳数较低，为 $n\text{-}C_{17}$—$n\text{-}C_{20}$（图 2-4-33），（$n\text{-}C_{21}+n\text{-}C_{22}$）/（$n\text{-}C_{28}+n\text{-}C_{29}$）比值为 1.56～3.08，轻重比 $n\text{-}C_{21}/n\text{-}C_{22}$ 值为 1.0～4.56，均大于 1，显示白云岩油苗中轻烃组分占优势。一般认为，以陆生植物为主的有机质中具有奇碳优势，尤其富含 $n\text{-}C_{27}$、$n\text{-}C_{29}$ 和 $n\text{-}C_{31}$，它们主要来源于表皮角质蜡，由高等植物直接合成；奇偶优势不明显的中等分子量（$n\text{-}C_{15}$—$n\text{-}C_{21}$）的正构烷烃可能只是藻类等低等水生生物来源。白云岩油苗中轻烃占主要优势，反映出其生烃母质以藻类等低等水生生物为主的特征。奇偶优势值（OEP）为 0.88～1.06，平均值为 0.99，接近平衡值 1，反映出白云岩油苗具有成熟有机质特征。

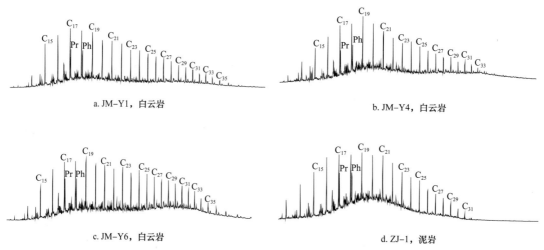

a. JM-Y1，白云岩

b. JM-Y4，白云岩

c. JM-Y6，白云岩

d. ZJ-1，泥岩

图 2-4-33　白云岩油苗及可能烃源岩饱和烃色谱图（据陈文彬等，2017）

（3）甾烷萜烷特征。白云岩油苗样品抽提物鉴定出的甾烷主要包括 $C_{21}+C_{22}$ 孕甾系列，C_{27}—C_{28}—C_{29} 规则甾烷系列，还检测出很少量的重排甾烷（图 2-4-34）。白云岩油苗样品 C_{27} 规则甾烷含量为 30.9%～41.9%，均值 37.4%；C_{29} 甾烷含量较高，为 32.7%～49.1%，均值 41.3%；C_{28} 甾烷含量为 12.9%～28.1%，均值 21.6%。总体上，C_{27}、C_{28} 和 C_{29} 规则甾烷呈不对称"V"字形分布特征，分布在一个较小范围内（图 2-4-35）；除个别样品外，白云岩油苗样品表现出 C_{29} 规则甾烷占优势，这种 C_{29} 甾烷优势也常见于下古生界和更老时代的石油与烃源岩中，可能来源于浮游绿藻，而现生浮游绿藻的确具有 C_{29} 甾醇优势。

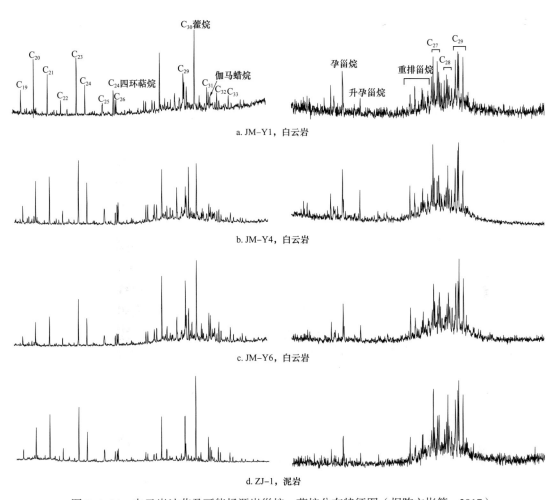

图 2-4-34　白云岩油苗及可能烃源岩甾烷、萜烷分布特征图（据陈文彬等，2017）

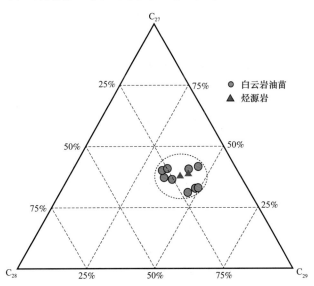

图 2-4-35　白云岩油苗与烃源岩规则甾烷相对组成图（据陈文彬等，2017）

白云岩油苗甾烷成熟度参数 $C_{29}\alpha\alpha\alpha20S/（20S+20R）$ 比值为 0.47～0.51，平均值为 0.49，$C_{29}\alpha\beta\beta/（\alpha\alpha\alpha+\alpha\beta\beta）$ 比值为 0.53～0.60，平均值为 0.56（图 2-4-36），$C_{31}22S/（22S+22R）$ 值为 0.49～0.63，平均值为 0.56；芳香烃标志物成熟度参数计算出的等效镜质组反射率为 0.82%～1.04%，平均值为 0.97%，总体反映出白云岩油苗处在成熟阶段。

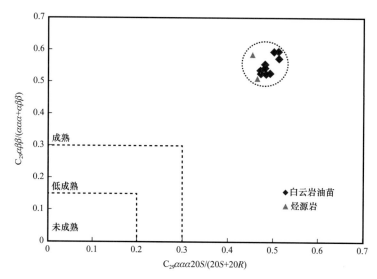

图 2-4-36　白云岩油苗和烃源岩 $C_{29}\alpha\alpha\alpha20S/（20S+20R）$ 与 $C_{29}\alpha\beta\beta/（\alpha\alpha\alpha+\alpha\beta\beta）$ 关系图
（据陈文彬等，2017）

（4）单体烃碳同位素特征。白云岩油苗 3 件样品单体烃碳同位素组成普遍较轻，并且它们具有基本相似的分布形式，从 C_{16} 到 Ph，白云岩油苗 $\delta^{13}C$ 值呈现逐渐变轻趋势；从 Ph 到 C_{24}，白云岩油苗 $\delta^{13}C$ 值呈现先变重而后又变轻趋势；C_{24} 之后，白云岩油苗 $\delta^{13}C$ 值又有变重的趋势，说明白云岩油苗可能具有相同来源（图 2-4-37）。

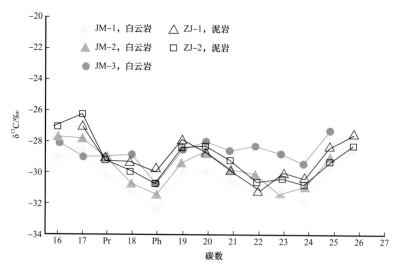

图 2-4-37　白云岩油苗与展金组烃源岩单体烃碳同位素对比图（据陈文彬等，2017）

（5）油源对比。二叠系白云岩油苗族组成均以较高饱和烃含量和高饱芳比为特征，主峰碳和 Pr/Ph 较低，均具前高单峰型的正构烷烃分布形态；生物标志化合物成熟度参

数 $C_{29}\alpha\alpha\alpha 20S/（20S+20R）$、$C_{29}\alpha\beta\beta/（\alpha\alpha\alpha+\alpha\beta\beta）$ 和 $C_{31}17\alpha（H）$-升藿烷的 $22S/（22S+22R）$ 及芳香烃成熟度参数表明，白云岩油苗处在成熟阶段。从二叠系展金组烃源岩与白云岩油苗的生物标志化合物参数的对比来看（图 2-4-33、图 2-4-34、图 2-4-35 和图 2-4-36），它们具有较好的对比性，表明白云岩油苗可能来自二叠系展金组烃源岩。

从展金组烃源岩样品和白云岩油苗样品的单体烃碳同位素分布特征曲线对比图（图 2-4-37）可以看出，展金组烃源岩样品的单体烃碳同位素组成也较轻，并且与白云岩油苗的分布形式和变化趋势基本相似，但是 n-C_{17}、Ph 的碳同位素组成的差别比较大，其超过 3‰ 的差别表明白云岩油苗混合来源的特征，即白云岩油苗除主要来自二叠系展金组烃源岩外，还可能存在其他来源，需要进一步研究。

4）南羌塘坳陷鄂斯玛地区索瓦组沥青

沥青点位于南羌塘坳陷安多县扎曲乡鄂斯玛地区，赋存层位为索瓦组。沥青总体与岩层顺层产出，多呈细脉状分布于岩石中，局部可见其充填于石灰岩晶洞之中，沥青脉宽 1～5mm，长 2～30mm。其镜下单偏光及荧光显微镜观察，显示砂质生屑灰岩镜下微裂缝中见褐色沥青充填，生屑间充填方解石间见发亮黄色荧光油浸染，显示该地区发生过油气成藏。

（1）氯仿沥青"A"含量与族组成。含沥青石灰岩有机碳含量为 3.42%～7.30%，纯沥青有机碳含量为 75%。含沥青石灰岩氯仿沥青"A"含量普遍较低，为 0.0195%～0.0276%，但是纯沥青氯仿沥青"A"含量较高，为 0.4583%。重组分（非烃＋沥青质）质量分数最高，含量为 50%～68.75%；其次为芳香烃，含量为 24.26%～31.54%；饱和烃质量分数最低，为 6.99%～19.57%。

（2）饱和烃特征。沥青总离子图谱上均存在一定程度的"鼓包"现象，并且图谱中 C_{15} 以前正构烷烃有部分损失（图 2-4-38），说明样品遭受了一定程度生物降解；但是沥青样品 C_{15} 以后的正构烷烃损失较小，且均能检测到丰富的姥鲛烷和植烷，说明沥青受到生物降解作用程度轻微。

沥青样品正构烷烃主要为单峰型，碳数分布范围为 n-C_{16}—n-C_{36}，主峰碳为 n-C_{19}—n-C_{21}（图 2-4-38），奇偶优势值（OEP）为 0.97～1.07，碳优势指数（CPI）值为 1.02～1.17，$（n$-$C_{21}+n$-$C_{22}）/（n$-$C_{28}+n$-$C_{29}）$ 值在 1.73～3.44 之间，n-C_{21-}/n-C_{22+} 值为 0.54～0.94，均小于 1，显示重烃组分占优势。Pr/Ph 比值为 0.57～0.92，均小于 1，Pr/n-C_{17}—Ph/n-C_{18} 相对关系图（图 2-4-39），沥青样品落于 Ⅱ 型（混合型）有机质区域内，表明其母质来源除了海相低等水生生物输入外，还可能有少量陆源高等植物。

（3）甾烷萜烷特征。沥青样品抽提物鉴定出的甾烷主要包括 $C_{21}+C_{22}$ 孕甾烷系列、C_{27}—C_{28}—C_{29} 规则甾烷系列，还检测出很少量的重排甾烷（图 2-4-40）。沥青样品中 C_{27} 甾烷含量为 28%～39%，均值为 34.1%；C_{29} 甾烷含量较高，为 41%～48%，均值为 44.5%；C_{28} 甾烷含量为 19%～25%，均值为 21.3%。沥青样品中规则甾烷呈不对称"V"字形分布，且表现为 $\Sigma（C_{27}+C_{28}）>\Sigma C_{29}$ 的分布特征。所有沥青样品基本落在海湾河口范围内（图 2-4-41），表明沥青样品有机质为混合来源。甾烷成熟度参数 $C_{29}\alpha\alpha\alpha 20S/（20S+20R）$ 比值为 0.38～0.50，平均值为 0.44；$C_{29}\alpha\beta\beta/（\alpha\alpha\alpha+\alpha\beta\beta）$ 比值为 0.40～0.51，平均值为 0.46；均已达到或者接近异构化的终点（图 2-4-42），说明鄂斯玛地区沥青处在成熟阶段。

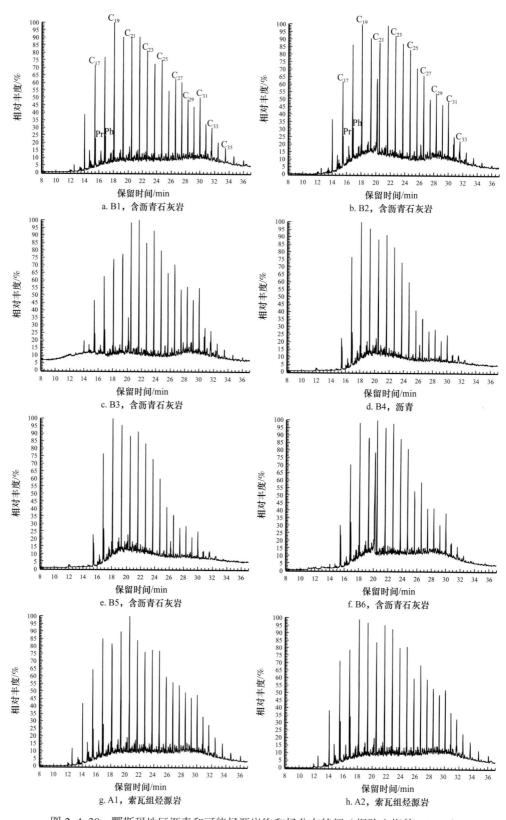

图 2-4-38　鄂斯玛地区沥青和可能烃源岩饱和烃分布特征（据陈文彬等，2017）

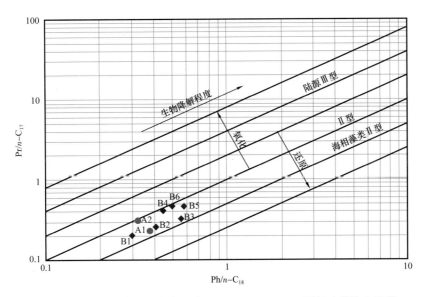

图 2-4-39　鄂斯玛地区沥青及可能烃源岩 Pr/n-C$_{17}$—Ph/n-C$_{18}$ 图解（据陈文彬等，2017）

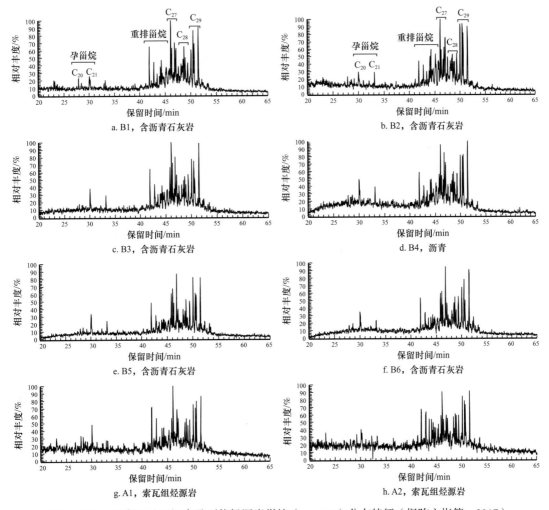

图 2-4-40　鄂斯玛地区沥青及可能烃源岩甾烷（m/z 217）分布特征（据陈文彬等，2017）

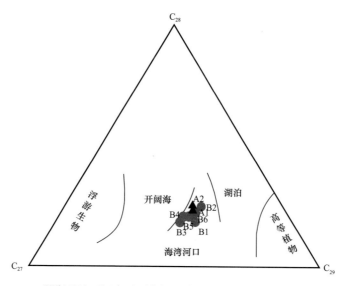

图 2-4-41　鄂斯玛地区沥青及可能烃源岩甾烷三角图（据陈文彬等，2017）

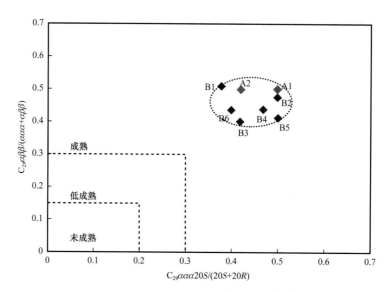

图 2-4-42　鄂斯玛地区沥青及可能烃源岩 $C_{29}\alpha\alpha\alpha 20S/$（$20S+20R$）与 $C_{29}\alpha\beta\beta/$（$\alpha\alpha\alpha+\alpha\beta\beta$）关系图
（据陈文彬等，2017）

　　鄂斯玛沥青样品中藿烷以 C_{30} 占优势，升藿烷从 C_{31}—C_{35} 均有检出（图 2-4-43），
且相对丰度依次降低，表明有机质中菌藻类低等生物的贡献。$C_{31}17\alpha$（H）- 升藿烷的
$22S/$（$22S+22R$）值为 0.40～0.50，平均值接近 0.50。一般认为，其值在 0.50～0.54 范围
内表明进入生油阶段，当比值为 0.57～0.62 则表明已达到或超过主要的生油阶段。沥青
样品该参数大多接近平衡值，反映沥青成熟度较高。藿烷类化合物 17β，21α（H）- 藿
烷与其相应的 17α,21β（H）- 藿烷比值随着成熟度的增加而降低，从未成熟沥青的约 0.8
到成熟烃源岩的小于 0.15，原油则可能低至 0.05。鄂斯玛地区下白垩统沥青样品 17β，
21α（H）- 藿烷 $/17\alpha$，21β（H）- 藿烷比值为 0.10～0.17，也表明沥青有机质处在成熟
阶段。沥青样品中均检测出了一定含量的伽马蜡烷（图 2-4-43），伽马蜡烷是来源于原
生动物和光合作用细菌的四膜虫醇被还原的产物，可以表征海相和非海相沉积环境中的

分层水体，而分层水体常常是高盐度环境沉积所致。样品中的伽马蜡烷含量总体不高，伽马蜡烷 / $[C_{31}(22S+22R)/2]$ 值为 0.13～0.29，表明沥青母源沉积水体盐度较低。

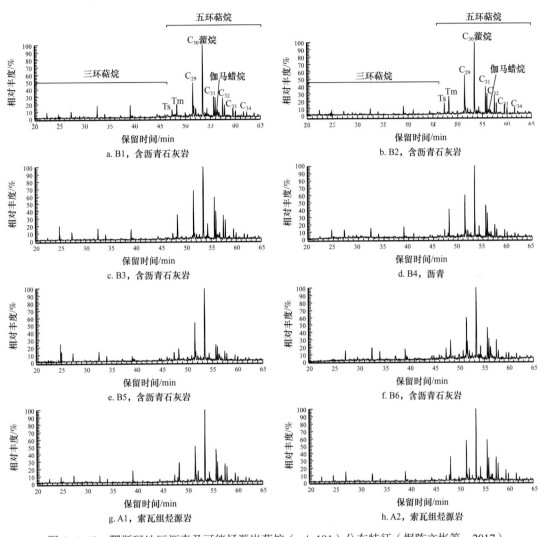

图 2-4-43　鄂斯玛地区沥青及可能烃源岩萜烷（m/z 191）分布特征（据陈文彬等，2017）

（4）沥青来源。鄂斯玛地区位于南羌塘坳陷，区内主要发育索瓦组泥质烃源岩。对取自索瓦组的 2 件黑色泥岩样品分析表明，其正构烷烃、甾烷及萜烷分布规律均与沥青较为相似，具有较好的亲缘关系。第一，泥岩色谱图与沥青色谱图较为相似（图 2-4-38），为单峰型，其主峰碳数较低（$n\text{-}C_{20}$—$n\text{-}C_{21}$），OEP 值为 1.01～1.02，CPI 值为 0.98～1.07，$n\text{-}C_{21}/n\text{-}C_{22+}$ 值在 0.78～0.90 之间，显示重烃组分占优势。Pr/Ph 均值为 0.89～0.98，在 Pr/$n\text{-}C_{17}$—Ph/$n\text{-}C_{18}$ 相对关系图中，泥岩样品基本与沥青样品落在同一区域内（图 2-4-39），表明其可能具有相同来源。第二，泥岩样品甾烷及萜烷图谱与沥青样品也具有较强相似性（图 2-4-40、图 2-4-43），泥岩样品中 C_{27} 甾烷含量为 30%～31%；C_{29} 甾烷含量较高，为 45%～46%；C_{28} 甾烷含量为 23%～25%，且在 C_{27}—C_{28}—C_{29} 规则甾烷三角图中，泥岩样品与沥青样品均落于海湾河口区域（图 2-4-43），具有较好亲缘性。第三，成熟度参数 $C_{29}\alpha\alpha\alpha 20S/(20S+20R)$、$C_{29}\alpha\beta\beta/(\alpha\alpha\alpha+\alpha\beta\beta)$、

$C_{31}\alpha\beta22S/$（$22S+22R$）和 $Ts/$（$Ts+Tm$）差异较小（图 2-4-42），它们之间的相关性表明，鄂斯玛地区沥青脉与烃源岩处于相同的成熟演化阶段。

前人也曾对安多 114 道班索瓦组油苗、西长梁索瓦组含油石灰岩油苗做过研究，通过碳同位素、单体烃同位素、生物标志化合物、沥青"A"族组成、饱和烃、荧光光谱、三芳甾类烃和有机质成熟度等 8 种方法的对比，结果表明安多 114 道班索瓦组油苗来自该地区上侏罗统索瓦组深灰色、灰黑色泥晶灰岩，西长梁索瓦组含油石灰岩油苗来源于索瓦组泥晶灰岩（赵政璋等，2001d）。

以上资料分析表明，无论地表样品还是井下样品，羌塘盆地各油气显示均具有自生自储特征，各油苗或油气显示点的油苗（沥青）均未经过长距离运移。但部分油苗（沥青）并不具有单一油源特征，其他层位烃源岩可能对这些油苗（或沥青）的形成也有一定影响。

第二节 储 层

羌塘盆地储层具有发育层位多、分布面积广、厚度大、岩石类型复杂、储集空间类型和孔喉结构多变等特点，整体上以低孔低渗为特征，物性特征差异明显。布曲组礁滩相碳酸盐岩、雀莫错组和上三叠统碎屑岩及部分颗粒碳酸盐岩储集性相对较好，可能发育较优质储层。按储层发育层位及主要岩石类型分为 8 种（据王剑等，2009）：上三叠统碎屑岩、上三叠统碳酸盐岩、下侏罗统碎屑岩、中侏罗统碎屑岩、中侏罗统碳酸盐岩、上侏罗统碎屑岩、上侏罗统碳酸盐岩，以及上三叠统少量的火山岩。针对羌塘盆地储层发育情况，基于 20 世纪 90 年代羌塘盆地油气普查评价标准，对储层进行分类与评价（表 2-4-10）。

表 2-4-10 羌塘盆地常规储层分类与评价标准

类型	碎屑岩		碳酸盐岩		评价
	孔隙度 /%	渗透率 /mD	孔隙度 /%	渗透率 /mD	
中孔、中渗	15~25	10~500	>12	10	好（有利）
低孔、低渗	12~15	1~10	6~12	0.25~10	
近致密层	8~12	0.5~1	2~6	0.002~0.25	较好（有利）
致密层	5~8	0.05~0.5	<2	<0.002	

一、岩石类型及分布

1. 上三叠统肖茶卡组

上三叠统肖茶卡组储层，主要发育碎屑岩和碳酸盐岩两种类型。碎屑岩储层主要分布在北羌塘坳陷北部和中央隆起带北侧地区（图 2-4-44）。中央隆起带地区岩性为分流河道相砾岩、三角洲前缘相砂岩和坳陷北部深水浊积砂岩。厚度为 47.3~1419.9m，平均为 283.8m。碳酸盐岩储层分布在北羌塘坳陷中南部，岩性为"滩岩"，局部为礁灰岩（照沙山），厚度为 18.5~225.5m，平均为 86.6m。南羌塘坳陷碳酸盐岩储层分布在肖茶卡西、吓先错、日阿莎等地，岩性为生物碎屑灰岩、核形石灰岩、鲕粒灰岩，局部为礁灰岩（肖茶卡南），厚度为60～376.5m。

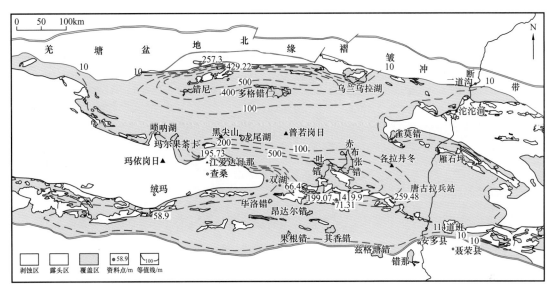

图 2-4-44　羌塘盆地上三叠统碎屑岩储层厚度等值线图（据王剑等，2009，修改）

2. 中—下侏罗统雀莫错组

雀莫错组主要发育碎屑岩储层，分布在北羌塘坳陷周缘和中央隆起带南缘（图 2-4-45）；为一套过渡相碎屑岩，以细砂岩、中砂岩为主，亦可见砾岩和含砾砂岩；中央隆起带北侧咸水河、石水河、阿木岗日和北羌塘坳陷东部雀莫错一带以及南羌塘坳陷土门日阿最为发育。厚度从十几米到一千多米不等，平均厚 272.18m。

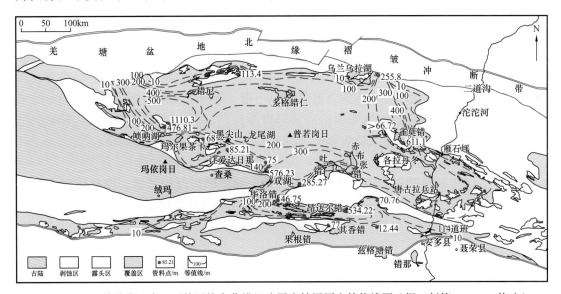

图 2-4-45　羌塘盆地中—下侏罗统雀莫错组碎屑岩储层厚度等值线图（据王剑等，2009，修改）

3. 中侏罗统布曲组

中侏罗统布曲组除在北羌塘坳陷中部长水河、尖头山以西和南羌塘坳陷土门破岁抗巴等地区有少量碎屑岩储层出露，其余地区储层几乎全为碳酸盐岩（图 2-4-46）。碳酸盐岩储层厚度从十几米到六七百米不等，平均厚度为200m。其中以北羌塘坳陷中部黄山（厚度大于524.26m）、中央隆起带多涌（厚度710.27m）和南羌塘坳陷加那南（厚度496.1m）最为发育。岩性包括粒屑灰岩、生物碎屑灰岩、砂屑灰岩、鲕粒灰岩、核形石灰岩、藻礁灰岩、珊瑚礁灰岩和白云岩。

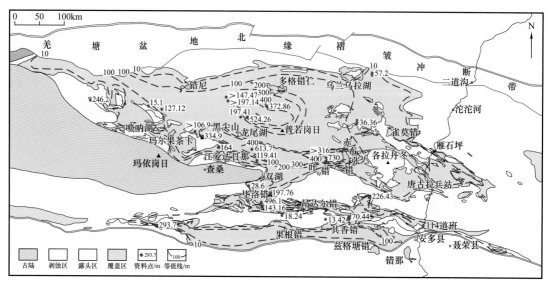

图 2-4-46　羌塘盆地中侏罗统布曲组碳酸盐岩储层厚度等值线图（据王剑等，2009，修改）

白云岩是布曲组碳酸盐岩中物性最好的储层，也是羌塘盆地最优质的储层（伊海生等，2004，2014），多在古油藏带出露。依据其对先驱石灰岩原始组构的保存程度（万友利等，2017a，2017b），将其分为保留先驱石灰岩原始组构白云岩［如微粉晶白云岩、纹层状白云岩及可见颗粒幻影（残余结构）白云岩］和不保留原始组构白云岩（晶粒白云岩以及白云石充填物）。晶粒白云岩依据白云石晶粒大小及晶粒边界分为细晶、自形晶白云岩，细晶、半自形晶白云岩及中—粗晶、半自形—他形白云岩；白云石充填物包括细—中晶、自形—半自形白云石充填物和鞍形白云石充填物。白云岩主要发育在南羌塘坳陷隆鄂尼—昂达尔错—鄂纵错及鄂斯玛一带，并呈东西向展布，具南北向分带特征。南羌塘坳陷古油藏带剖面布曲组白云岩以晶粒白云岩为主，多呈松散"砂糖状"，且多为古油藏产出层位，前人将其称作"油砂"。

4. 中侏罗统夏里组

夏里组以碎屑岩储层为主，岩性主要为中、细粒砂岩及粉砂岩。储层厚度主要在100～300m之间，北羌塘坳陷龙尾湖、山脉湖和长龙梁等处厚度较大，分别为667.84m、774.8m和815.8m。全区碎屑岩储层平均厚度达255.92m（图2-4-47）。

5. 上侏罗统索瓦组

索瓦组储层以碳酸盐岩为主，主要分布在盆地中部和北羌塘坳陷西部（图2-4-48），向东有少量碎屑岩储层。碳酸盐岩储层以北羌塘坳陷长龙梁—半岛湖一带以及东湖区域和南羌塘坳陷洒地赛尔保一带厚度最大，多在300～800m之间；盆地中部毛毛山、雀姆东达一带储层厚度也可达300m左右。全区平均厚度大于225m。储层岩性以颗粒（核形石、生物碎屑）灰岩为主，局部见礁灰岩（如北雷错）和白云岩（阿木查跃）。

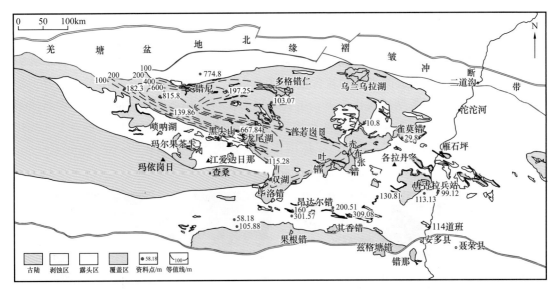

图 2-4-47　羌塘盆地中侏罗统夏里组碎屑岩储层厚度等值线图（据王剑等，2009，修改）

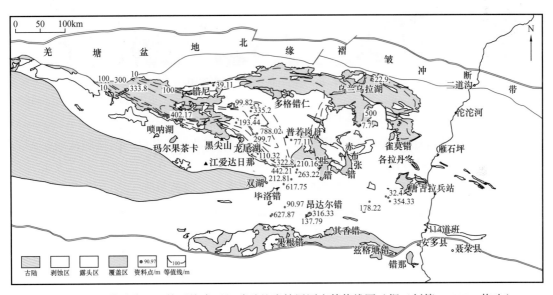

图 2-4-48　羌塘盆地上侏罗统索瓦组碳酸盐岩储层厚度等值线图（据王剑等，2009，修改）

6. 下白垩统雪山组

雪山组储层主要分布于北羌塘坳陷，以碎屑岩为主。储层岩性主要是中细砂岩、粉砂岩及少量砾岩。中西部以半岛湖东北—长龙梁一带最发育，一般厚度在 500m 以上，长龙梁剖面储层厚度为 821.1m；东部以雀莫错一带最发育，厚度为 800m 左右。南羌塘坳陷仅在加改地区有所分布，厚度为 334.25m。

二、成岩作用及成岩阶段

1. 成岩作用类型

羌塘盆地储层包括碎屑岩和碳酸盐岩两大类。影响碎屑岩储层质量的成岩作用包括：压实（压溶）作用、胶结作用、交代作用和溶蚀作用；影响碳酸盐岩储层质量的成岩作用包括：重结晶作用、胶结作用、压溶作用、白云石化作用及溶蚀作用。

1）碎屑岩储层

（1）压实（压溶）作用。碎屑岩主要为长石岩屑砂岩，或含长石（岩屑）石英砂岩等。由长石和石英等组成的骨架颗粒含量在80%以上，碎屑分选性多为中等—较好，黏土杂基含量不高。在长期压实作用下，主要表现为长石颗粒普遍呈定向排列，岩屑等塑性颗粒大量被压扁（图2-4-49a），甚至挤入孔隙呈伪杂基形态，颗粒间大量为点—线接触，部分为凹凸接触（图2-4-49b）；压溶作用仅表现为少数颗粒凹凸接触和部分砂岩中的微缝合线。

图 2-4-49　砂岩的压实和压溶作用

a. 岩屑石英砂岩中岩屑被压扁，并呈半定向分布，–N，5×6.3（托纳木藏布雪山组）；b. 长石石英砂岩，压溶作用使颗粒间呈凹凸及缝合线状接触，+N，5×6.3（托纳木藏布索瓦组）

上三叠统碎屑岩储层整体遭受压实作用强烈，颗粒间大多以点—线接触或线接触为主，局部压实作用强烈的地区颗粒间以线—凹凸接触为主，在东部地区储层线接触较多，西部次之，中部以线—凹凸接触较多，中部遭受压实改造最强（表2-4-11）。

表 2-4-11　羌塘盆地上三叠统碎屑岩储层颗粒接触关系统计表

地层	剖面名称	薄片数	接触类型相对量 /%				分区
			点	点—线	线	线—凹凸	
上三叠统肖茶卡组	肖茶卡	9	—	33	33	34	西部
	沃若山东	4	—	50	25	25	
	才多茶卡	—	5	25	30	40	中部
	土门地卖多日阿	6	14	46	30		东部
	土门格拉	—	44	7	49		

影响压实作用的因素很多，颗粒形状、圆度、粗糙度、分选性对其都有影响。碎屑岩压实作用较强的储层一般具有以下两特点：① 岩屑含量较高，胶结物少。② 基质含量高。岩屑一般为火山岩及变质岩，易受压实变形；而杂基含量高，不仅可堵塞孔隙，而且在压实过程中还可起润滑作用，加速压实的破坏。岩屑、杂基含量与孔渗一般呈负相关关系（图2-4-50）。

（2）胶结作用。对研究区碎屑岩储层孔渗性起破坏作用的主要是胶结作用，胶结物类型包括方解石、白云石、铁方解石、硅质、泥质和铁质等（表2-4-12），其中最为主要的是方解石和硅质胶结物。成分以方解石为主的胶结作用曾发育三期，主要为中、晚期，埋藏中期亦即早成岩期方解石，部分或完全地充填原生孔隙，再经晚期的再次胶结，进一步充填原有的孔隙或次生孔隙。这种长期的压实和多期次的胶结作用是导致研究区碎屑岩储层普遍特别致密，物性呈特低孔、特低渗的主要原因。① 方解石胶结物是该套储层中主要的碳酸盐胶结物，含量相对较高，一般为细片状或粒状集合体，沿颗粒边缘充填，并交代碎屑颗粒。方解石胶

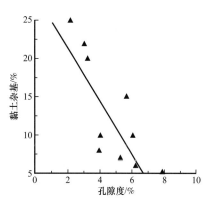

图 2-4-50　黏土杂基含量与孔隙度呈负相关关系（据赵政璋等，2001）
明镜湖上三叠统剖面

结物一般分为 3 个期次：早期为粒间孔隙中的灰泥胶结，属沉积作用范畴，或同生期、准同生期成岩产物；中期表现为晶粒状方解石胶结，主要为粉晶或细晶结构，为埋藏中期成岩产物；晚期为连生结构（铁）方解石胶结或中粗晶马鞍状热液型方解石胶结。该套储层方解石胶结物大多以中期为主，极少一部分出现晚期铁方解石胶结。白云石胶结物含量较少，小于 3%，分布较局限，主要见于中部扎那陇巴和东北部明镜湖储层中，白云石多呈泥晶结构，充填于粒间孔中。铁方解石分布局限，且含量少，主要在中部扎那陇巴、东部土门格拉发育。镜下呈泥晶—粉晶结构，常见铁方解石交代方解石、白云石，铁方解石形成较晚。菱铁矿在肖茶卡、土门格拉剖面均有分布，含量为 1%～3%，一般呈粒状集合体，围绕碳酸盐碎屑边缘充填或成其包裹边，局部呈串珠状分布。从成分和产状上看，研究区碎屑岩储层碳酸盐胶结作用主要发生在早成岩期，成分以方解石为主。早期碳酸盐胶结作用对储层物性具很大影响，可以部分充填残余的原生孔隙和次生孔隙，也可以完全充填所有的次生孔隙，使储层孔隙度降低。② 硅质胶结作用在研究区碎屑岩储层中较为发育，主要为石英次生加大，但一般含量较小，只在南部日阿莎地区较为发育。石英次生加大与碳酸盐胶结物呈消长关系；并常见铁方解石交代次生石英加大，表明铁方解石形成较晚。此外，石英次生加大对孔隙空间有明显影响（图2-4-51），次生加大石英含量与孔隙度呈明显负相关。③ 研究区碎屑岩储层其他类型胶结物以铁质胶结物为主，但含量较低，包括黄铁矿、赤铁矿和褐铁矿等，其主要呈胶状、斑块状充填于粒间孔隙中，并围绕碎屑颗粒形成铁质环边。铁质胶结物类型主要与沉积环境有关，还原环境下主要形成黄铁矿，氧化环境下形成赤铁矿和褐铁矿。此外，黏土胶结只在土门格拉发育，黏土矿物沿颗粒边缘分布，并包围颗粒，形成黏土边，或交代其他碎屑颗粒。

（3）交代作用。研究区碎屑岩储层中交代作用较为发育，主要包括以下几种：① 碳酸盐交代碎屑颗粒。常见方解石交代石英、长石等交代作用，颗粒边缘呈锯齿状，甚至呈残骸状，有些颗粒完全交代，形成交代假象。② 方解石、白云石的相互交代作用。主要为方解石胶结物的白云石化、含铁白云石对方解石、白云石交代等。③ 黏土矿物交代砂岩中的各种组分。主要为自生黏土矿物沿石英、长石、方解石等碎屑颗粒边缘交代。

表 2-4-12　羌塘盆地上三叠统碎屑岩储层胶结物含量统计表（据赵政璋等，2001）

地层	剖面	碳酸盐 /%				石英加大 /%	长石加大 /%	铁质 /%	黏土矿物 /%	位置
		方解石	白云石	铁方解石	菱铁矿					
上三叠统肖茶卡组	土门格拉	3.32		4	1.3	1.68		1.2	1.4	东部
	日阿莎	13				13				南部
	肖茶卡	8.9		1.7		1		2.6		中部
	多长河		2.5			0.6				中部
	扎那陇巴	5	3	2		1		1.5		中部
	明镜湖		1.6					3.18		东北

（4）溶蚀作用。溶蚀作用是研究区对储层起重要作用的另一种成岩作用。它溶蚀碎屑岩的颗粒、岩屑形成溶孔，溶蚀碎屑岩的胶结物（表 2-4-13）形成晶间（内）溶孔（图 2-4-52），也可沿缝隙形成溶缝，构成主要的储集空间，而大大改善储集物性。对储集而言，埋藏溶蚀期的晚期成岩阶段溶蚀作用最为重要。① 碎屑颗粒如长石、岩屑及石英均有不等程度的溶蚀，特别是长石、石灰岩岩屑等更易溶蚀，形成粒间溶孔及粒内孔。扫描电镜下常见长石被淋滤成筛状，石英相对溶蚀稍弱，一般见其边缘被溶蚀成港湾状。② 沿裂缝溶蚀形成溶缝，其主要溶蚀的为石灰岩岩屑和长石。

溶蚀作用大大改善了储层物性，溶蚀作用的平面差异造成了物性平面分布差异性。其中在羌塘盆地东部，上三叠统肖茶卡组就是典型的高孔、高渗发育带。

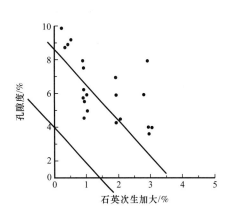

图 2-4-51　石英次生加大与孔隙度呈负相关关系
（据赵政璋等，2001）
多茶卡肖茶卡组

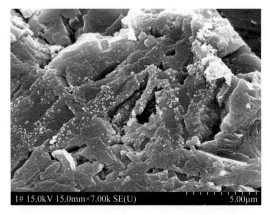

图 2-4-52　长石岩屑砂岩中含铁方解石被溶蚀
龙尾湖黑石河剖面夏里组

表 2-4-13　羌塘盆地上三叠统碎屑岩储层溶蚀作用统计表（据赵政璋等，2001）

地层	剖面	被溶组分	溶蚀孔隙度 /%	剖面位置
上三叠统肖茶卡组	土门地卖多尔河	长石、岩屑	0.9～5.6	东部
	土门格拉	长石、石英、岩屑	6.0	东部

2）碳酸盐岩储层

（1）重结晶作用。研究区重结晶作用主要为进变重结晶作用。区内重结晶作用十分普遍，主要发育在生物碎屑灰岩中，生物碎屑颗粒均已大部分重结晶，原始结构、构造遭到严重破坏。在滩相颗粒灰岩中则表现为弱的重结晶作用，通常为颗粒间的泥晶方解石填隙物微晶化，少量结晶为粉晶。深埋藏环境中形成白云石化后再重结晶现象亦有所见，但不普遍。

（2）胶结作用。研究区滩相颗粒灰岩中最重要的成岩作用之一。粒间孔隙多因胶结物的沉淀而全部充填。胶结作用有多期性，海底胶结在沉积颗粒边缘发育一世代的纤状、马牙状方解石胶结物，以及孔隙中心发育的二世代粒状或板状方解石，部分还可见充填的亮晶方解石胶结物在表生期作用下形成溶蚀孔和缝。

（3）压溶作用。滩相岩沉积速度大，上覆静压力增长快，当压力达到一定程度时，矿物随晶格能降低而发生溶解，形成颗粒间的压溶接触和缝合线构造。初期压溶阶段，缝合线连续性差，晚期缝合线除具较大振幅外，可直接切割颗粒，破坏原岩结构。研究区缝合线大多属初期压溶阶段，振幅一般，很少破坏颗粒；缝合线内常见有机质、亮晶方解石、铁和泥质等充填。

（4）交代（云化）和溶蚀作用。研究区对储层起促进作用，最为重要的是交代（云化）和溶蚀作用，目前在羌塘盆地隆鄂尼布曲组已发现的白云岩古油藏，其白云岩都是白云石交代石灰岩中方解石的产物，可分为准同生阶段白云石化作用、浅埋藏阶段白云石化作用、中—深埋藏阶段白云石化作用及与构造热事件有关的白云石化作用。其中，浅埋藏阶段形成的细晶、自形白云岩晶间孔隙最为发育，是目前羌塘盆地最为有利的储层。

颗粒灰岩的溶蚀作用主要可分为早期大气淡水淋滤作用和深埋藏溶解作用。早期大气淡水淋滤作用发生在最早的胶结作用之后，由于滩岩经常暴露出海面，受到富含 CO_2 的大气淡水淋滤，溶解颗粒本身和先期胶结物，形成一些充填剩余孔的溶蚀扩大孔、铸模孔隙和晶模孔隙等，该期溶蚀作用在研究区并不十分发育。深埋藏溶解作用主要与有机质有关，只在少量样品中可见。表生期淋溶作用对早期孔隙充填物的溶解起很大作用，并可沿构造裂隙、节理缝等溶蚀（图 2-4-53），主要产生次生溶孔，包括不规则溶孔、构造缝、成岩缝和缝合线等扩大溶蚀。该期溶蚀作用为研究区滩岩的主要溶蚀作用，是形成孔隙性储集空间的主要机制。

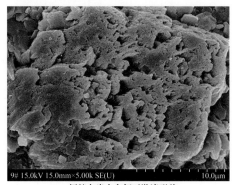
a. 鲕粒灰岩中方解石淋滤形貌
（龙尾湖黑石河剖面布曲组）

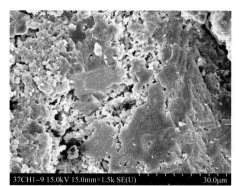
b. 亮晶鲕粒灰岩中方解石溶蚀微孔
（扎仁哈日阿隆根剖面索瓦组）

图 2-4-53　碳酸盐岩的溶蚀作用

2. 成岩相及其展布

在羌塘盆地碎屑岩储层中识别出 4 种成岩相，碳酸盐岩储层中识别出 5 种成岩相。

（1）碎屑岩成岩相。划分出机械压实成岩相、碳酸盐胶结成岩相、强压实压溶成岩相和不稳定组分溶解溶蚀成岩相等 4 种成岩相类型。其中以第 4 类较为重要，其特点是次生孔隙发育，被溶解的物质多为长石、岩屑、钙质胶结物等。一般产出于三角洲前积砂体、浅湖相砂体、河流相和滨浅海相砂体中。主要分布在北羌塘坳陷、中央隆起带周缘和东部土门等地区。上三叠统肖茶卡组储层中，机械压实和强压实压溶成岩相主要分布于双湖及其以东地区，碳酸盐胶结成岩相主要分布于多格错仁及其以东广大地区，溶解溶蚀成岩相主要分布于土门以南地区。

（2）碳酸盐岩成岩相。划分出压实成岩相、重结晶成岩相、亮晶胶结成岩相、白云岩化成岩相、不稳定组分溶蚀成岩相等 5 类成岩相类型，其中以后两类较为重要。① 白云岩化成岩相：形成于白云岩或灰质白云岩中，白云石晶体一般较大，微—粉、细晶—中晶，自形、半自形、他形均有发育，晶间孔、晶内溶孔发育，其间见轻质油或沥青。孔渗性好，孔隙度为 2.14%～26.2%，平均为 9.02%，渗透率为 0.004～116mD，平均为 22.58mD，多属 II 类储层。这种白云岩化成岩相主要见于潮坪相，南羌塘坳陷隆鄂尼、如日夏玛等地区布曲组，北羌塘坳陷那底岗日的雀莫错组等均有分布。② 不稳定组分溶蚀成岩相：次生孔隙发育的碳酸盐岩储层，由方解石胶结物、晶粒、颗粒、裂缝、缝合线溶蚀而使储层孔渗性变好。其孔隙度一般为 0.3%～10.5%，平均为 3.35%，渗透率为 0.1～172.13mD，平均为 9.94mD，属 II 类、III 类储层。这类成岩相多见于台地边缘的礁滩相、台地相中，主要发育于布曲组和索瓦组中。

3. 成岩阶段

在研究有机质成熟度指标、黏土矿物组合面貌、自生矿物组合面貌、岩石结构特征与成岩阶段关系的基础上，研究区储层成岩阶段划分及演化关系见表 2-4-14。

表 2-4-14 储层成岩阶段划分及演化

埋藏成岩		有机质				黏土岩		砂岩固结程度	砂岩中自生矿物											溶解作用		接触类型	孔隙类型	主要成岩相
期	亚期	古地温/℃	R_o/%	孢粉颜色 SCI	成熟度	I/S中层/%	混层类型分带		蒙皂石	I/S混层	高岭石 K	伊利石 I	绿泥石 C	石英加大	长石加大	方解石	铁方解石	白云石	石膏硬石膏	长石及岩屑	碳酸盐			
晚成岩期	A	90～140	1.09～1.32	橘黄色—棕色 2.5～3.7	成熟	15～50	有序混层带	固														点线	次生孔隙	不稳定组分溶蚀相
	B	140～170	1.73～2.03	棕色—棕黑色 3.7～4	高成熟	<15	伊利石带	结														线—凹凸接触	少量次生孔隙—裂缝	晚期碳酸盐胶结相强压实压溶成岩相
	C	>170	2.31～3.79	棕黑色—黑色 >4	过成熟		绿泥石伊利石带 伊利石带																	

（1）晚成岩阶段A亚期。有机质演化进入成熟阶段，镜质组反射率为1.09%～1.32%，孢粉颜色为橘黄色—棕色，高岭石含量加大。其他自生矿物主要见次生加大石英及方解石、含铁方解石、含铁白云石、黄铁矿、菱铁矿等，主要分布于西部菊花山一带。

（2）晚成岩阶段B亚期。有机质处于高成熟阶段，镜质组反射率为1.73%～2.03%，孢粉颜色为棕色—棕黑色，颜色指数为3.7～4.0，黏土矿物组合中高岭石含量大大减少。主要分布于北部多色梁子、藏夏河、明镜湖和南部肖茶卡、东部土门格拉。

（3）晚成岩阶段C亚期。有机质处于生气阶段，孢粉颜色为棕黑色—黑色，颜色指数为4.84，镜质组反射率为2.31%～3.79%，黏土矿物以伊利石或绿泥石为主，主要分布于中部沃若山地区、中东部索布查地区。

显然A亚期为最有利成岩阶段，C亚期显著不利。综合盆地各剖面资料，储层成岩阶段总的特征是：层位越新，其所处成岩阶段就越有利。索瓦组、雪山组属A亚期；反之层位越老，成岩阶段就越处不利阶段，如雀莫错组、肖茶卡组就以C亚期为主。

落实到平面上也因地而异。西部（曲龙沟、长龙梁等地区）索瓦组成岩演化已进入B—C亚期，由西往东依次过渡为B、A—B、B—A亚期；夏里组成岩阶段基本处于A—B亚期，西部（马牙山、长龙梁）已进入C亚期，往东又依次过渡为B亚期、A亚期；布曲组大部分地区进入B亚期，西部分水岭、花梁山、石心湖已进入C亚期，而往东雀姆东达、多涌可达A亚期。总的羌塘盆地成岩阶段的分布普遍存在南、北两缘及盆地西部成岩阶段较高，而由西向东成岩阶段渐次转好的特征。

三、物性特征及孔隙结构

1. 物性特征

1）上三叠统肖茶卡组

上三叠统储层物性总体表现为低孔、低渗的特点。主要为碎屑岩储层，大面积分布于盆地中部，以多色梁子到普若岗日再向南至查郎拉一线储层厚度最为发育，最厚可达1000m以上。孔隙度平均值为3.72%，各剖面平均孔隙度最小值为0.9%，最大值为6.4%（安多县姜尼乡查郎拉）；其中实测孔隙度小于5%的非有效储层样品占66.7%，仅有1.2%的样品实测孔隙度大于10%，属于超低孔储层。渗透率平均值为2.2477mD，最大值达13.73mD（明镜湖东），最小值几乎为零；总体以0.001～0.01mD之间的样品为主，占总样品数的49.4%，由于95.2%的样品实测渗透率小于1mD，因此属于超低渗储层，部分样品渗透率实测为异常高值，是受裂缝发育的影响。在中央潜伏隆起带土门格拉尕尔曲和北羌塘坳陷北部多色梁子剖面物性稍好，孔隙度、渗透率分别为5.78%、4.1%和13.73mD、8.9mD。中央潜伏隆起带两侧碎屑岩孔渗性总体具有向南、北羌塘坳陷由高变低趋势（图2-4-54、图2-4-55、图2-4-56）。在盆地中北部错尼和多格错仁等地区，及盆地中部吐错、赤布张错至毕洛错一带，平均孔隙度多大于5%，渗透率均大于1mD，多在10mD左右，为储层物性相对有利区。沿此向周边辐射，物性平均孔隙度达3%左右，平均渗透率一般在0.1mD以上，是较致密的储层发育地区。

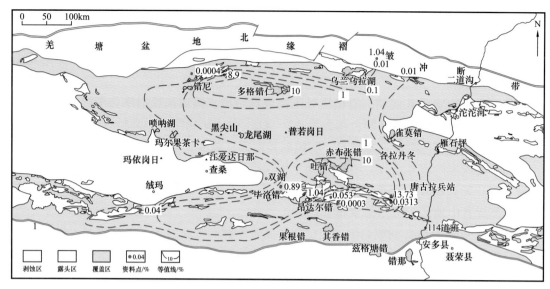

图 2-4-54 羌塘盆地上三叠统碎屑岩储层孔隙度等值线图（据王剑等，2009，修改）

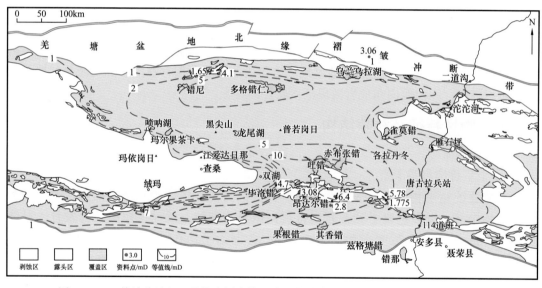

图 2-4-55 羌塘盆地上三叠统碎屑岩储层渗透率等值线图（据王剑等，2009，修改）

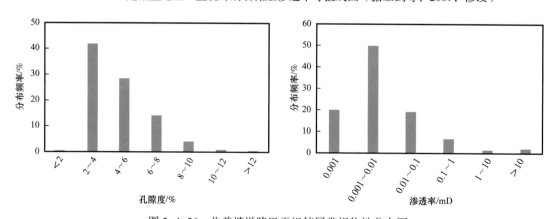

图 2-4-56 北羌塘坳陷巴贡组储层常规物性分布图

常规物性实测结果交会图（图2-4-57）可见，砂岩储层孔渗分布大致呈正相关关系，即随着孔隙度增大，渗透率也呈增大趋势。图中左上部分样品孔隙度较低而渗透率较高，图中右下部分样品孔隙度较高而渗透率较低，说明研究区砂岩储层样品非均质性较强。造成储层物性非均质性的原因可能为微裂缝和微孔隙的发育：图中左上部分低孔隙度样品中发育微裂缝，会造成低孔高渗；图中右下部分高孔隙度样品的储集空间发育有一定的溶蚀孔隙，但由于连通性差，有效喉道细小，无法对渗透率提供同比例的贡献，形成高孔低渗结果。

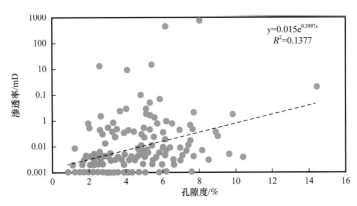

图2-4-57　北羌塘坳陷三叠系碎屑岩储层孔渗交会图

2）中—下侏罗统雀莫错组

雀莫错组碎屑岩孔隙度均值为3.54%，渗透率均值为1.3537mD。东部除雀莫错剖面较好之外，一般都较低，西部相对较好；北羌塘坳陷相对好（图2-4-58、图2-4-59）。中央隆起带西段北缘从多格错仁—石水河到咸水河—龙尾湖一带、北羌塘坳陷东部乌兰乌拉湖至吐错以东覆盖区，以及南羌塘坳陷昂达尔错至扎目纳一带，孔隙度均值为4%～8%、渗透率均值为0.74～13.6mD，为储层相对有利区；中央隆起带西段北缘向盆边及中央隆起延伸区域，孔隙度均值为1%～5%、渗透率为0.01～12.9mD，一般大于1mD，为相对较有利区。

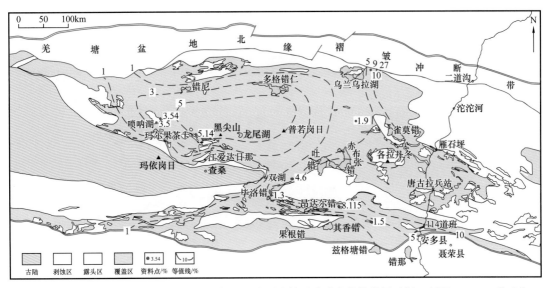

图2-4-58　羌塘盆地中—下侏罗统雀莫错组碎屑岩储层孔隙度等值线图（据王剑等，2009，修改）

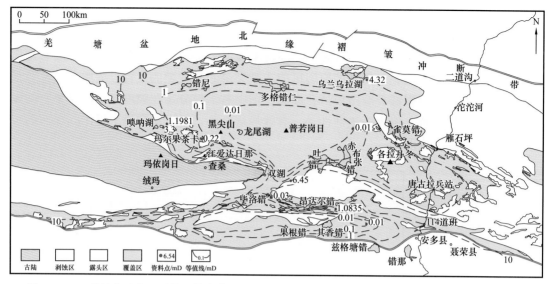

图 2-4-59　羌塘盆地中—下侏罗统雀莫错组碎屑岩储层渗透率等值线图（据王剑等，2009，修改）

3）中侏罗统布曲组

布曲组碳酸盐岩孔隙度均值为2.98%，平均孔隙度范围为0.76%～8.41%，多在1%～3%之间。渗透率平均值为4.434mD，最小为0.0002mD，最大为64.58mD（图2-4-60、图2-4-61）。南羌塘坳陷隆鄂尼地区物性最好，孔隙度最大值为15.5%，孔隙度均值可达8.76%，渗透率一般大于10mD。北羌塘坳陷野牛沟地区、那底岗日以西孔隙度较高，向东到东湖地区孔隙度仅为0.665%。东部雀莫错、唢呐湖等剖面物性也较好，其他地区较差，孔隙度一般为1%～5%，渗透率一般小于0.1mD。沿中央隆起带北侧，礁间和潮坪—潟湖相发育，孔隙度一般为2%～6%，渗透率仅0.01～0.2mD，可发育Ⅲ类储层，加上这些区域地层厚度多小于100m，为相对较有利区。北羌塘坳陷西北部浩波湖、半岛湖一带地区，长龙梁—龙尾湖一线与中央隆起带之间广大区域，礁间

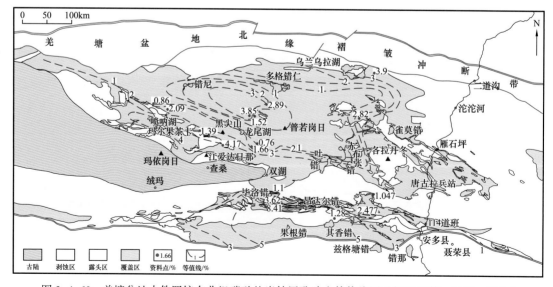

图 2-4-60　羌塘盆地中侏罗统布曲组碳酸盐岩储层孔隙度等值线图（据王剑等，2009，修改）

潮坪发育，广泛分布有布曲组上部白云岩，孔隙度为2%～9%，渗透率从0.1～1mD不等，属Ⅱ、Ⅲ类储层，综合评价该区域为有利储层分布区。

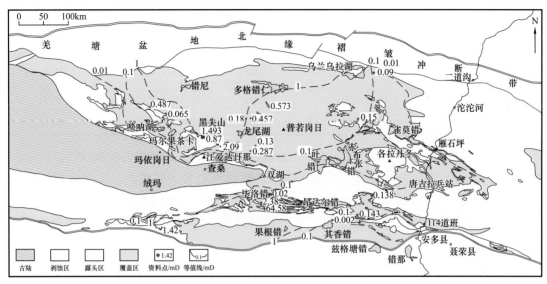

图2-4-61　羌塘盆地中侏罗统布曲组碳酸盐岩储层渗透率等值线图（据王剑等，2009，修改）

南羌塘坳陷中部地区广泛发育白云岩，白云岩孔隙度为2.37%～14.2%，均值7.188%；渗透率为0.058～14.572mD，均值为5.250mD。根据碳酸盐岩储层评价标准，上述白云岩储集性能属Ⅰ—Ⅱ型优质储层。该地区可分为：隆鄂尼、赛仁、昂达尔错3个分布区（表2-4-15）。

表2-4-15　隆鄂尼—昂达尔错地区地表布曲组碳酸盐岩储层常规物性

层位	剖面	样品编号	岩性	孔隙度/%	渗透率/mD
J_2b	德如日	LP03-10CH1	砂糖状白云岩	4.66	1.764069
J_2b	德如日	LP03-09CH1	核形石灰岩	7.82	3.436487
J_2b	德如日	LP03-06CH1	砂屑灰岩	1.64	0.080674
J_2b	德如日	LP03-05CH1	生物碎屑灰岩	1.71	1.178447
J_2b	德如日	LP03-04CH1	砂糖状白云岩	6.35	45.118845
J_2b	德如日	LP03-02CH1	砂糖状白云岩	14.61	
J_2b	扎仁东	ZP03-10CH1	白云化灰岩	3.81	0.272323
J_2b	扎仁东	ZP03-09CH1	砂糖状白云岩	5.00	1.498001
J_2b	扎仁东	ZP03-08CH1	白云岩	3.32	5.535816
J_2b	扎仁东	ZP03-05CH1	砂糖状白云岩	4.64	0.085675
J_2b	扎仁东	ZP03-04CH1	含生物碎屑白云岩	3.35	0.242528
J_2b	扎仁东	ZP03-03CH1	砂糖状白云岩	2.31	0.464652
J_2b	扎仁东	ZP03-01CH1	砂糖状白云岩	3.68	0.485536

层位	剖面	样品编号	岩性	孔隙度 /%	渗透率 /mD
J₂b	赛仁	SP02-09CH1	白云岩	8.77	3.571542
J₂b	赛仁	SP02-07CH1	白云岩	8.78	4.286377
J₂b	赛仁	SP02-06CH1	石灰岩	1.75	0.437693
J₂b	赛仁	SP02-05CH1	白云岩	9.13	10.176821
J₂b	赛仁	SP02-04CH1	石灰岩	2.94	3.074287

　　隆鄂尼地区总体属于低孔中渗储层，为较好—好储层。其中白云岩储层孔隙度和渗透率参数均远优于石灰岩储层，砂糖状白云岩储层为中等—好级别，石灰岩储层为较差—较好级别，前者剖面累计厚度为 20.02m，占 16.30%，后者为 102.83m，占 83.7%。

　　昂达尔错地区属于低孔低渗、特低孔特低渗储层，为中等—较好储层。剖面以白云岩为主，白云岩储层厚度累计为 54.31m，占 53.48%。

　　赛仁地区总体属于低孔中渗储层，为较好—好储层。其中白云岩储层孔隙度和渗透率参数均远优于石灰岩储层，砂糖状白云岩储层为较好级别，石灰岩储层为较差—中等级别，前者剖面累计厚度为 48.26m，占 35.58%，后者为 87.38m，占 64.42%。

　　中国石油在日尕日保实施的羌 D2 井为羌塘盆地首口钻遇侏罗系布曲组白云岩储层的探井，设计井深 1300m，完钻深度 847.47m，主要钻遇地层为中侏罗统布曲组。碳酸盐岩储层样品物性分析测试结果（表 2-4-16），储层孔隙度为 0.92%～17.48%，平均为 5.25%，集中分布在 2%～6% 之间，占分析样品总数的 61%，其次分布在 6%～12% 之间，占分析样品总数的 28%，以中、低孔隙度为主；渗透率为 0.002～1.77mD，平均为 0.243mD，主要分布在 0.002～0.25mD 之间，约占分析样品总数的 76%，其次分布在 0.25～1.00mD 之间，约占分析样品总数的 11%，大于 1.00mD 的约占分析样品总数的 11%，以低—特低渗透性为主。

　　羌 D2 井布曲组储层总体属于低孔低渗、特低孔特低渗储层（表 2-4-16），其中 Ⅱ 类（较好）储层占 31%、Ⅲ 类（中等—较差）储层占 64%、Ⅳ 类（差）储层占 5%，相比之下，白云岩储层优于石灰岩储层。

表 2-4-16　羌 D2 井布曲组碳酸盐岩储层常规物性

岩类	孔隙度			渗透率			
	样品数	平均值 /%	最大值 /%	最小值 /%	样品数	平均值 /mD	最大值 /mD	最小值 /mD
白云岩	26	6.53	17.48	2.06	22	0.2886	1.77	0.0029
石灰岩	32	4.56	12.53	0.92	23	0.199	1.13	0.0017
碳酸盐岩	58	5.25	17.48	0.92	45	0.2432	1.77	0.0017

　　中国地质调查局成都地质调查中心在巴格底加日剖面附近布置羌资 -11 井、羌资 -12 井两口地质调查井，其中在羌资 -11 井底部 576～600m 井段钻遇针孔状白云

岩，在羌资 -12 井 4.2～216m 井段钻遇砂糖状含油白云岩，岩心较为破碎，多为白云岩角砾。

依据对 68 件样品（含羌资 -11 井、羌资 -12 井）的石灰岩、白云岩以及过渡性岩类的实测结果表明，白云岩主要为Ⅲ类储层和Ⅱ类储层，石灰岩多为Ⅲ类储层或Ⅳ类储层，白云岩孔隙度和渗透率的最大值、最小值和平均值均高于石灰岩的值，同时白云岩孔隙度相较于石灰岩相对集中分布在较高孔隙度区域，渗透率分布亦有类似规律。因此，白云岩储层各项参数均优于石灰岩，亦说明白云岩储层物性比石灰岩储层要好。羌资 -11 井、羌资 -12 井储层总体属于低孔低渗、特低孔特低渗储层，其中Ⅱ类（较好）储层占 32%、Ⅲ类（中等—较差）储层占 59%、Ⅳ类（差）储层占 9%，相比之下，白云岩储层优于石灰岩储层（图 2-4-62、图 2-4-63、图 2-4-64）。表明白云石化作用在一定程度上能够改善储层质量，但即使在白云岩中，其物性仍具有较大差异，有些物性较好，但仍有物性较差的白云岩储层；结合薄片鉴定结果，物性好的白云岩储层主要为晶间孔、晶间溶孔发育的细晶、自形白云岩和细晶、半自形白云岩储层。

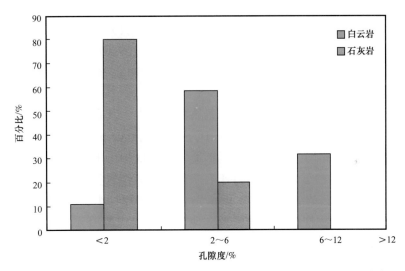

图 2-4-62 羌资 -11 井、羌资 -12 井白云岩、石灰岩实测孔隙度分布频率直方图

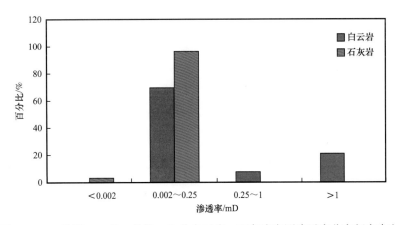

图 2-4-63 羌资 -11 井、羌资 -12 井白云岩、石灰岩实测渗透率分布频率直方图

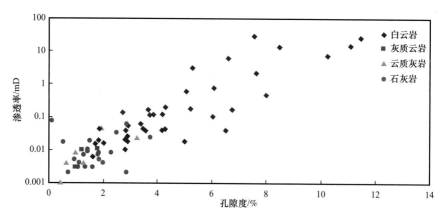

图 2-4-64　羌资 -11 井、羌资 -12 井白云岩、石灰岩实测孔渗物性交会图

按照不同结构类型对白云岩物性进行分类统计分析，结果表明保留先驱组构的白云岩（RD1）孔隙度为 1.701%～6.239%，渗透率为 0.015～0.041mD；其中发育溶蚀孔隙的 RD1 白云岩孔隙度较不发育溶蚀孔隙的 RD1 白云岩要高，但其渗透率变化不大。细晶、自形白云岩（RD2）孔隙度为 3.477%～11.447%，平均为 7.322%，渗透率为 0.043～24.874mD，平均为 7.17mD。细晶、半自形白云岩（RD3）孔隙度为 1.854%～7.634%，平均为 3.97%，渗透率为 0.01～2.109mD，平均为 0.378mD。中—粗晶、他形白云岩（RD4）孔隙度为 1.851%～3.638%，平均为 2.596%，渗透率为 0.016～0.159mD。

本次测试的石灰岩样品为颗粒灰岩、亮晶颗粒灰岩，其孔隙度为 0.559%～2.862%，平均为 1.685%，渗透率为 0.002～0.046mD，平均为 0.013mD；过渡性岩类孔隙度为 0.436%～2.943%，平均为 1.163%，渗透率为 0.001～0.02mD，平均为 0.007mD（图 2-4-65）。结果说明白云岩物性要好于石灰岩及过渡性岩类；细晶、自形白云岩物性最好，细晶、半自形白云岩物性次之，保留先驱石灰岩原始组构的白云岩物性与中—粗晶、他形白云岩储层的物性相当，若保留先驱石灰岩组构的白云岩能够保存溶蚀孔隙，则也能够形成好的储层。

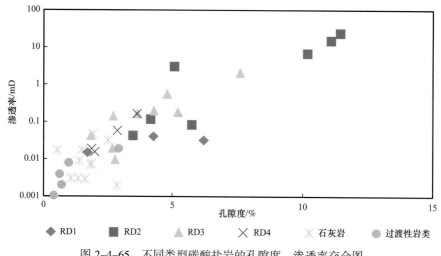

图 2-4-65　不同类型碳酸盐岩的孔隙度、渗透率交会图

4）中侏罗统夏里组

夏里组储层以碎屑岩为主，各剖面平均孔隙度均在0.84%～8.3%之间，平均为3.47%；渗透率在0.0059～54.79mD之间，平均为5.80879mD。野牛沟和龙尾湖南西等剖面较好，孔隙度、渗透率分别为8.3%、3.4%和54.79mD、19.88mD（图2-4-66、图2-4-67）；盆地东部雀莫错、西部尖头山，平均孔隙度分别达到7.05%、4.79%，其他剖面一般为1%～3%，渗透率除尖头山均值为66mD，其余均小于1mD。

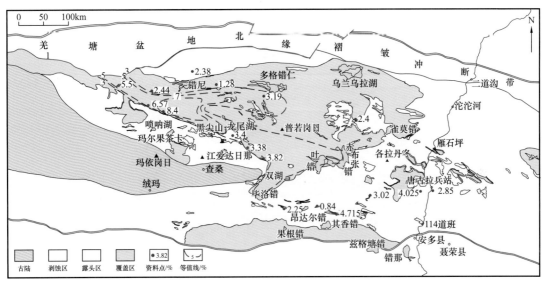

图2-4-66　中侏罗统夏里组碎屑岩储层孔隙度等值线图（据王剑等，2009，修改）

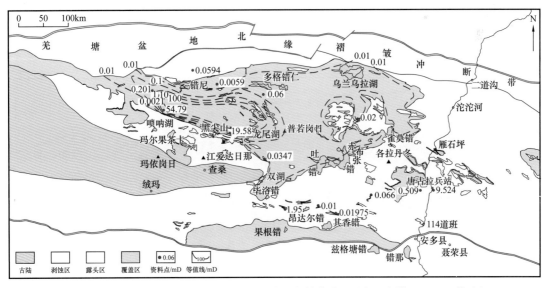

图2-4-67　中侏罗统夏里组碎屑岩储层渗透率等值线图（据王剑等，2009，修改）

西部布若错至龙尾湖一线区域以北—龙梁山至吐波错一线以南的带状区域，孔隙度平均值为2.0%～8.3%，渗透率均值在0.54～66.34mD之间，地层厚度达200m以上，为储层相对有利区。盆地中部毕洛错—那底岗日—赤布张错三角形区域和北羌塘坳陷中北部长水河—马牙山周边地区，孔隙度均值为1.94%～7.65%，渗透率一般小于1mD，最大为7.1mD（马牙山），为储层相对较有利区。

5）上侏罗统索瓦组

索瓦组储层以碳酸盐岩为主，且礁灰岩和白云岩较为发育，储层类别一般均为碳酸盐岩Ⅲ、Ⅳ类储层，在阿木查跃、雀姆东达、东湖见Ⅱ类储层。碎屑岩在多格错仁、雀姆东达剖面物性较好，平均孔隙度分别为6.62%和6.7%。阿木查跃、东湖孔隙度最高值可达16.9%和12.6%（图2-4-68、图2-4-69）。碳酸盐岩储层孔隙度一般为2%～4%，渗透率雀姆东达剖面最大，平均为96.108mD，最大达386mD；阿木岗日和乌兰乌拉湖物性较好，渗透率分别为4.353mD、20.559mD，其他地区除西部白龙冰河南及东北部祖尔肯乌拉山剖面较好，大于1.0mD外，其余均较低。

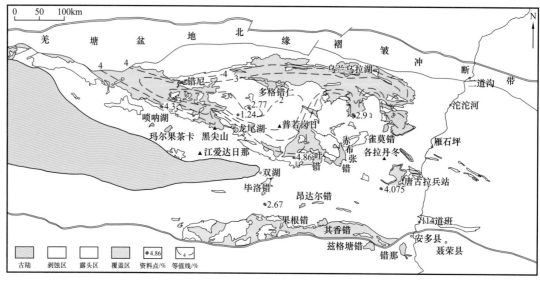

图2-4-68 上侏罗统索瓦组碎屑岩储层孔隙度等值线图（据王剑等，2009，修改）

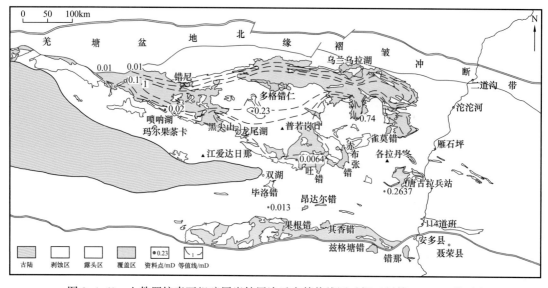

图2-4-69 上侏罗统索瓦组碎屑岩储层渗透率等值线图（据王剑等，2009，修改）

碳酸盐岩储层在索瓦组较为发育，各剖面平均孔隙度为0.50%～8.36%，平均为2.97%；渗透率为0.0010～47.4650mD，平均为7.7015mD（图2-4-70、图2-4-71）。南羌塘坳陷如日夏玛和日尕尔保剖面白云岩储层物性条件最佳，北羌塘坳陷东部和西部均好于中部地区。

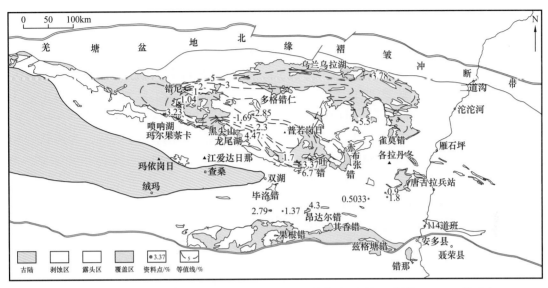

图2-4-70　上侏罗统索瓦组碳酸盐岩储层孔隙度等值线图（据王剑等，2009，修改）

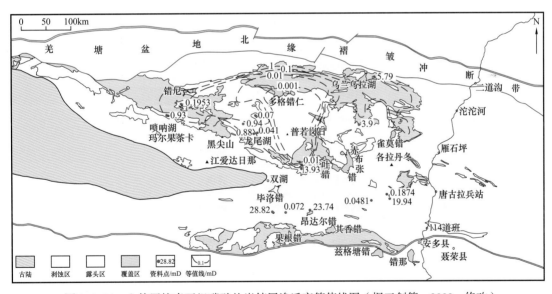

图2-4-71　上侏罗统索瓦组碳酸盐岩储层渗透率等值线图（据王剑等，2009，修改）

在北羌塘地层覆盖区大部向盆边扩展区域，在双湖阿布山、雀姆东达、阿木查跃直到东部的土门地区均见10～40m的白云岩，且孔隙度均值在3%～6%之间，最高可达16.9%（阿木查跃），渗透率一般大于0.1mD，但在雀姆东达、阿木查跃分别也可达到384mD和55.8mD，区域广泛见有礁灰岩分布，为盆内该地层最有利的相区。在有利区向盆中延伸的狭窄区域，其孔隙度一般均在2%～3%之间，且也广泛见有礁灰岩和云化现象，综合评价为较有利地区。

索瓦组碎屑岩储层仅在北羌塘中部半岛湖东地区有一定发育，厚度在 200m 以上，剖面平均孔隙度近 3%，渗透率也超过 0.1mD。大致可划入碎屑岩的Ⅵ类储层，属中等—差的储层。

6）下白垩统雪山组

雪山组储层以碎屑岩为主，东部物性较好，孔隙度一般大于 5%，平均为 6.2%；西部除中央隆起带周缘、那底岗日物性较好，渗透率分别为 1.06mD、23.7mD 外，其余各剖面均较差，为 0.01～0.1mD。盆地东—东北部，包括多格错仁、祖尔肯乌拉山、休冬日、雀莫错、依仓玛等地，孔隙度为 0.5%～9.5%，均值为 5.49%，渗透率为 0.05～491mD，均值为 0.34mD，孔隙类型以粒间溶孔为主，孔喉结构为细喉型，为Ⅱ—Ⅰ类储层。那底岗日、东湖、长梁山等地区，孔隙度为 0.78%～3.54%，最大达 13%，渗透率为 0.18～4.0mD，最大达 42.8mD；以长梁山为例，储层厚达 1350m，为辫状河相岩屑砂岩，孔隙度均值为 3.54%，渗透率均值为 5.05mD，以小孔—中细喉组合为主，为Ⅱ—Ⅲ类储层。

2. 储集空间类型与孔隙结构特征

1）储集空间类型

储集空间包括孔隙、裂缝两大类。碎屑岩和碳酸盐岩储层储集空间各划分为 13 个和 12 个亚类（表 2-4-17）。对储层起重要作用的，碎屑岩中是颗粒溶孔、粒间溶孔和溶蚀扩大缝三类；碳酸盐岩中是白云岩晶间孔隙及各类溶蚀孔缝。

表 2-4-17　储集空间类型表

储集空间类型		碎屑岩	碳酸盐岩	备注
孔隙		粒间孔（原生孔隙）	原生孔隙	以次生孔隙为主
		颗粒溶孔	粒间孔	
		粒内溶孔	粒内孔	
		粒间溶孔	晶间孔	
		超大孔	铸模孔	
		铸模孔	骨架孔	
		晶间孔	体腔孔	
		破裂孔	溶孔	
		杏仁孔		
裂缝		原生收缩缝	构造缝	
		构造缝	构溶缝	
		贴粒缝	溶蚀缝	
		溶蚀缝	压溶缝	

（1）颗粒溶孔。主要指石英、长石、岩屑等碎屑颗粒边缘部分溶解或溶蚀形成的孔隙。中部多格错仁剖面为火山岩岩屑溶蚀形成，而东部土门格拉、雀莫错等碎屑岩储层长石普遍被溶解，形成溶孔。

（2）粒间溶孔。指粒间胶结物及晶内溶孔和杂基溶解形成的孔隙。镜下常见粒间方解石胶结物被溶解。一般沿颗粒边缘分布，连通性较好。该类孔隙主要发育在北羌塘坳陷西部、中央隆起带边缘、东部雀莫错等地区。大多粒间溶孔形状不规则，孔径较大，连通性好。

（3）溶蚀扩大缝。沿各类裂缝边缘溶蚀或缝内胶结充填物溶蚀使原缝隙扩大，连通性变好。虽多又有再充填现象，但仍有一定残余，对孔渗改善起积极作用。

（4）晶间孔。指碳酸盐晶体之间的孔隙、晶间残余孔和晶间溶蚀孔，由碳酸盐重结晶及白云石化作用形成，常见于晶粒灰岩及白云岩储层中。溶蚀可形成晶间溶孔，形状多呈不规则状或多角状，孔隙连通性好。对布曲组白云岩储层来说，粉—细晶白云岩中，该类孔隙非常细小，仅在扫描电镜下可发现晶间孔非常发育；受自形白云石晶面限制，孔隙呈密集多面体蜂巢状，但连通性差。在中细晶白云岩中较发育，形态规则，呈多面体或板状，大小为 0.05～0.3mm，分布均匀。镜下晶间孔所占比例大于 3%，大者 8%～10%（表 2-4-18）。

表 2-4-18　白云岩孔隙成因类型

地层	样号	岩性	晶间孔/%	晶间溶孔/%	裂缝/%
J_2b_2	ZRP-6CH1	中—细晶白云岩	3	3～5	
	ZRP-7CH1	中—粗晶白云岩	5～8	>3	>1
	ZRP-8CH1	细—粉晶白云岩	5	>3	1～2
	ZRP-10CH1	细—粉晶白云岩	8～10	>10	
	BP-12CH1	中—细晶白云岩	5～8	>5	
	BP-14CH1	粉—细晶白云岩	>5	>3	1～2
	YP-16CH1	中晶白云岩	3～5	>3	<1
	YP-15CH1	细晶白云岩	3～5	>2	<1
	YP-14CH1	不等粒白云岩	>3	<1	1
	YP-13CH1	中—细晶白云岩	8～10	1～4	1～2
	YP-1CH1	粒屑白云岩	3～5	>3	<0.5

（5）碳酸盐岩中各类溶孔、缝。研究区该类孔隙主要有晶间溶孔（图 2-4-72a、b）、粒间溶孔（图 2-4-72c）、粒内溶孔（图 2-4-72d）、不规则溶孔和沿泥纹发育的溶蚀扩大、溶蚀扩大缝等。该类孔、缝主要为表生期淋滤溶蚀作用产物。研究区主要是不规则溶孔和溶蚀扩大缝。虽大部分被亮晶方解石或有机质、泥、铁质等充填，但仍见有一定量剩余孔、缝，该类溶孔、缝为研究区碳酸盐岩中的主要有效孔隙。

（6）原生孔隙。① 粒间孔。碎屑岩中的石英、长石、岩屑等碎屑颗粒间的经机械压实作用和胶结物充填后残余的孔隙，研究区几乎被杂基和方解石胶结物充填，少见残余。在碳酸盐岩中该类孔隙为颗粒灰岩颗粒间的孔隙，研究区几乎全被方解石胶结物充填，极少未充填满的剩余孔。② 碳酸盐岩中的格架孔。主要为藻类的遮蔽孔和藻粘结形成的窗状孔等，形状不规则，大小不等，大部分被亮晶方解石充填，仅见少量剩余。该类孔隙连通性极差。

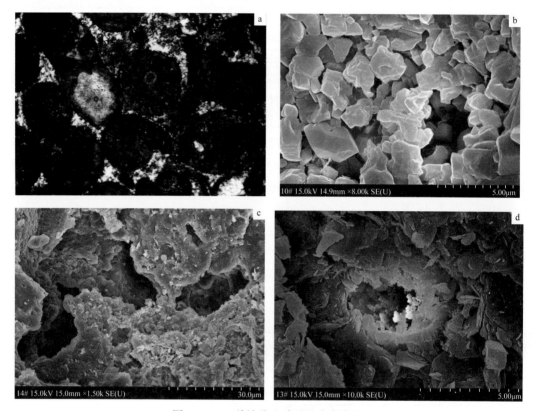

图 2-4-72　羌塘盆地碳酸盐岩类溶孔

a. 鲕粒灰岩中方解石胶结物晶间孔（扎仁日阿梗剖面布曲组），单偏光，50倍；b. 白云岩化灰岩中发育晶间溶孔（龙尾湖黑石河剖面布曲组）；c. 白云岩化灰岩中发育粒间溶孔（龙尾湖黑尖山剖面布曲组）；d. 鲕粒灰岩中发育鲕粒内溶孔（龙尾湖黑尖山剖面布曲组）

2）孔隙结构特征

（1）储层孔隙、喉道特征。孔喉分级标准见表2-4-19。① 孔喉类型。研究区喉道有粗、中、细、微四种喉道类型。385个压汞样品测试，以微—细喉为主，粗喉、中喉均极少见。表2-4-20中可见碎屑岩储层中，微—细喉达到80.6%，碳酸盐岩中达到81.1%；而粗喉一般在5%以下，碳酸盐岩中由于地表白云岩样品的关系，可达10%以上。喉道分布上，以中侏罗统布曲组为最佳，其次为索瓦组；平面上以中央隆起带附近多尔索洞错、赤布张错、双湖隆鄂尼、昂达尔错为最佳。西部喷呐湖、东部依仑玛也较好。② 孔隙类型。区内孔隙类型以小孔隙为主，很少见大孔。③ 孔喉配置及分选性。孔喉类型极为多样，以布曲组配置最好，大多为中孔细喉和大孔微喉，其次为索瓦组和夏里组。分选性较差。

表 2-4-19　储层孔隙、喉道分级标准

喉道级别	中值喉道半径 /μm	孔隙级别	平均孔径 /μm
粗喉	1～3	大孔隙	＞50
中喉	0.303～1	中孔隙	30～50
细喉	0.05～0.303	小孔隙	10～30
微喉	＜0.05	微孔隙	＜10

表 2-4-20　喉道类型样品统计表

喉道类型	碎屑岩储层		碳酸盐岩储层	
	样品数	百分率 /%	样品数	百分率 /%
粗喉	4	2.7	29	12.3
中喉	23	15.5	16	6.8
细喉	52	35.1	39	16.6
微喉	69	46.6	151	64.3
总计	148	100	235	100

（2）储层孔隙结构类型及特征。① 碎屑岩储层孔隙结构类型及特征。根据毛细管压力曲线、孔隙结构参数、物性特征，碎屑岩储层的孔隙结构可分出四类。其孔隙结构类型及特征见表 2-4-21。其中 Ⅰ 类只占碎屑岩统计总数的 2.3%，Ⅱ 类占 14%，Ⅲ 类占 40.5%，Ⅳ 类占到 43.2%。Ⅲ—Ⅳ 类占绝对优势，而 Ⅰ、Ⅱ 类所占比例极小，也仅分布于中部和东部雀莫错一带。② 碳酸盐岩储层孔隙结构及特征。用孔隙度、渗透率、平均喉道半径、中值喉道半径、排驱压力和孔隙结构系数，进行聚类分析，结合毛细管压力曲线等，碳酸盐岩储层孔隙结构可分出六类。Ⅰ 类：粗喉—中低曲型，占 2.6%。喉道粗，中值喉道半径大于 1.0μm，孔隙度、渗透率高。Ⅱ 类：中喉—中低曲型，占 19%。喉道较粗，中值喉道半径为 0.1318～1.858μm，平均喉道半径为 1.9077～7.125μm，排驱压力低，物性好，结构系数较小。Ⅲ 类：细中喉—中低曲型，占 5.2%。喉道中偏细，中值喉道半径为 0.024～3.59μm，平均喉道半径为 2.583～5.21μm，孔隙度为 5.2%～17%，渗透率为 8.1～136mD，结构系数小，排驱压力低（0.014～0.06MPa）。Ⅳ 类：细喉—高曲型，占 15%。喉道细而复杂，结构系数大于 50，物性差，孔隙度为 0.96～3.9%，渗透率小于 0.011mD，排驱压力较高。Ⅴ 类：微细喉—中低曲型，占 40.4%。喉道较细，中值喉道半径为 0.02944～0.2026μm，平均喉道半径为 1.199～1.276μm，物性较差，孔隙度为 1.0%～5.5%，渗透率为 0.43～2.76mD，排驱压力为 0.059～0.082MPa，孔喉结构系数较低。Ⅵ 类：微喉—较低曲型，占 17.8%。喉道较细，中值喉道半径为 0.024～0.449μm，平均喉道半径为 2.2692～5.67μm，物性差，排驱压力高，喉道结构复杂，结构系数大。

表 2-4-21　羌塘盆地碎屑岩储层孔隙结构类型分类表

类别	孔隙结构类型	储集空间类型	物性特征		结构参数		毛细管曲线类型
			孔隙度 /%	渗透率 /mD	中值喉道半径 /μm	结构系数	
I	粗喉—中低曲型	粒间溶孔、颗粒溶孔	10.5	5.22	>1	1.2266	A
II	中喉—中低曲型	粒间溶孔、粒内孔	3.5～8	0.19～10	0.0332～0.1656	<1	B
III	细喉—低曲型	粒间溶孔、粒内溶孔	1.7～5	0.0041～6.58	0.05～0.709	1	C
IV	微细喉—中高曲型	粒间溶孔、粒内溶孔	0.78～2.75	0.002～1.1	0.026～2.08	1～25.135	D

布曲组白云岩排驱压力均值为 0.9655MPa，最小值为 0.0628MPa，最大值为 5.2297MPa；中值压力均值为 8.15115MPa，最小值为 0.173MPa，最大值为 40.6693MPa；S_{min}（最小非饱和的孔隙体积）均值为 12.273%，最小值为 4.54%，最大值为 32.487%。具有孔喉分选、连通较好，排驱压力、中值压力较低的特点。

从时代上，布曲组最好，其次为索瓦组。平面上，双湖地区东侧隆鄂尼、如日夏玛以及中部广大地区孔隙结构类型好，见表 2-4-22，羌塘东部以及西北地区孔隙结构类型普遍较差。

表 2-4-22　羌塘盆地碳酸盐岩储层孔隙结构分类分布表

层位	VI类 微喉—较低曲	V类 微细喉—中低曲	IV类 细喉—高曲	III类 细中喉—中低曲	II类 中喉—中低曲	I类 粗喉—中低曲
$J_{1-2}q$		依仑玛	依仑玛	土门二道班		
J_2b	买马乡、雅斗搭木欠			买马乡、雅斗搭木欠	隆鄂尼南、如日夏玛	隆鄂尼南、隆鄂尼西、如日夏玛
J_3s	毛毛山	毛毛山 休冬日		哈日埃乃、扎那陇巴、雀姆东达、阿木岗日	雀姆东达、休冬日	阿木岗日

第三节　盖　　层

羌塘盆地发育 7 套主要盖层，其中，雀莫错组膏岩层和夏里组泥质膏岩层是羌塘盆地最重要的两个区域性封盖层，其他盖层发育层位还有上三叠统巴贡组、下侏罗统曲色组、中侏罗统布曲组、上侏罗统索瓦组及下白垩统雪山组。

从平面分布上看，盆地沉积格局决定其盖层主要分布于南北羌塘坳陷内，中央隆起带为古陆和隆起剥蚀区，区域性盖层主要形成于三个时期，分别是巴柔期（雀莫错组和色哇组）、卡洛夫期（夏里组）和提塘期—贝里阿斯阶（索瓦组上段—白龙冰河组），其余时期的盖层主要局限于潮坪、潟湖、台盆、陆棚等较低能沉积环境区。

盖层岩石类型主要有膏岩、泥质岩、页岩、致密灰岩等，其中，膏岩、泥质岩及泥页岩为最佳区域性封盖层。膏岩盖层主要分布于中—下侏罗统雀莫错组、布曲组、夏里组、索瓦组和白龙冰河组中，其中雀莫错组和夏里组中膏岩最为发育。

一、主要盖层

1. 中—下侏罗统雀莫错组（色哇组）

该时期北羌塘坳陷演变为局限海环境，周缘沉积了三角洲—潮坪相碎屑岩夹石灰岩和膏岩，坳陷中心则为潟湖相膏岩夹泥质岩、石灰岩；而南羌塘坳陷则为正常开阔海环境，坳陷北部为滨岸—潮坪相碎屑岩夹膏岩，中南部为浅海相碎屑岩、石灰岩。

盖层主要分布于北羌塘坳陷大部分地区和南羌塘坳陷毕洛错—达卓玛及果根错—其香错—安多一带，中央隆起带、盆地东部、北羌塘坳陷北缘鸭子湖—长颈湖一带为古陆和隆起剥蚀区（图 2-4-73），盖层岩性主要为膏岩、泥质岩和泥灰岩。

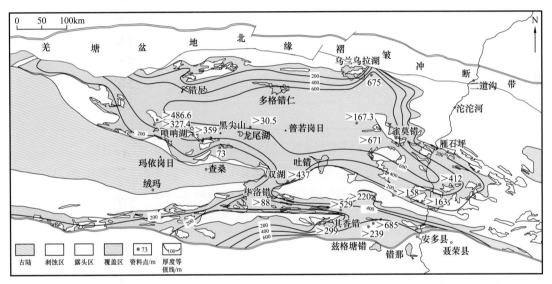

图 2-4-73　羌塘盆地中—下侏罗统雀莫错组盖层分布及厚度等值线图（据王剑等，2009，修改）

北羌塘坳陷盖层具有坳陷边缘薄中心厚的特点，坳陷边缘厚度一般大于 200m，多在 400m 之上，坳陷中部地区厚度大于 600m。向阳湖南盖层累计厚度大于 358.8m，最大单层厚度为 29.6m；石水河地区盖层累计厚度大于 486.6m，最大单层厚度为 53.9m；雀莫错地区厚度为 671m，最大单层厚度达 192m；乌兰乌拉湖地区厚度为 67m。

通过地质调查井及羌科 1 井证实北羌塘坳陷半岛湖—万安湖地区雀莫错组膏岩封盖层大于 360m，结合地震资料解译与沉积相分析，这一封盖层在一定范围内侧向延伸连续、稳定，具区域性分布特征，是羌塘盆地重要的区域性封盖层。北羌塘坳陷东北各拉丹冬雀莫错地区，羌资 -16 井揭示雀莫错组石膏层厚度累计达 372m；西南部唢呐湖—黑尖山地区和东部巴格日陇巴—乌兰乌拉湖地区，雀莫错组膏岩层累计厚度在 5～50m 之间，局部地区厚度增加，如巴格日陇巴剖面膏岩层厚 440m。

南羌塘坳陷盖层主要由薄层状粉砂质泥岩、页岩、泥灰岩组成，厚度一般大于 200m，最厚达 658m（扎目纳剖面），盖层厚度分布具两个中心：（1）毕洛错—土门日阿一带，盖层厚度在 400m 以上，如土门日阿剖面盖层厚度大于 529m，最大单层厚度达 14m。（2）果根错—卓普一带，厚度大于 600m。该套盖层中的泥岩平均孔隙度为

1.24%，渗透率为 0.0028mD，突破压力为 8.74MPa。

2. 中侏罗统夏里组

夏里组泥（页）岩、泥质岩夹膏岩盖层主要分布在北羌塘坳陷，南羌塘坳陷夏里组多呈残块分布，仅在其香错—果根错一带有出露（图 2-4-74）。

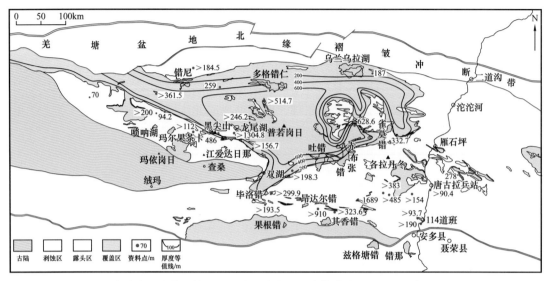

图 2-4-74　羌塘盆地中侏罗统夏里组盖层分布及厚度等值线图（据王剑等，2009，修改）

夏里组沉积期为羌塘盆地海退期，北羌塘坳陷以潮坪—潟湖和三角洲沉积为主，南羌塘坳陷从北到南具滨岸—三角洲—浅海—斜坡盆地相展布特征，地层岩石类型以陆源细碎屑岩为主夹碳酸盐岩和膏岩。作为盖层的地层岩性以泥（页）岩为主，次为泥质岩夹膏岩层。夏里组膏岩非常发育，大面积分布于北羌塘坳陷周缘的西南部、东部和南羌塘坳陷毕洛错—土门—安多一带。北羌塘坳陷膏岩盖层单层厚度为 0.02～7m，累计厚度为 10～60m。南羌塘坳陷膏岩盖层单层厚度为 0.02～6m，累计厚度一般为 10～20m，局部厚度增加，如毕洛错膏岩层厚 175m；达卓玛石膏层厚 40.6m。

北羌塘坳陷夏里组盖层厚度一般在 200m 以上，坳陷中部大于 600m，如祖尔肯乌拉山地区泥岩盖层累计厚度达 628m，最大单层厚度达 39.8m；龙尾湖南西地区泥岩夹泥晶灰岩盖层累计厚度大于 1304m，最大单层厚度为 56.6m。其中，该层位泥岩盖层平均孔隙度为 1.42%，渗透率为 0.0012mD，饱和水突破压力为 18.37MPa。

地质调查井羌地 -17 井及羌科 1 井证实夏里组膏泥岩封盖层厚 260 余米，结合地震资料解译与沉积相分析预测，这些封盖层在一定范围内侧向延伸连续、稳定，具区域性分布特征，同时，在这一层区域封盖层之下，羌地 -17 井及羌科 1 井都发现了高浓度硫化氢与甲烷气体显示，录井全烃值在 10% 以上，从而肯定了羌塘盆地北部具有良好油气保存条件，改变了羌塘盆地"保存条件差"的传统认识。

3. 上侏罗统索瓦组

盆地晚侏罗世发生大规模海侵，北羌塘坳陷主要表现为台地相碳酸盐岩沉积，仅盆地北缘见潮坪相碎屑岩沉积；南羌塘坳陷从北向南具碳酸盐岩台地—台缘斜坡相泥（页）岩和石灰岩沉积格局。

该时期地层遭受大面积剥蚀，仅在北羌塘坳陷中心部位深坳地区和南羌塘坳陷南部边缘被保存，因此该时期盖层主要分布于北羌塘坳陷中心部位地区和南羌塘坳陷果根错、其香错一带（图2-4-75）。

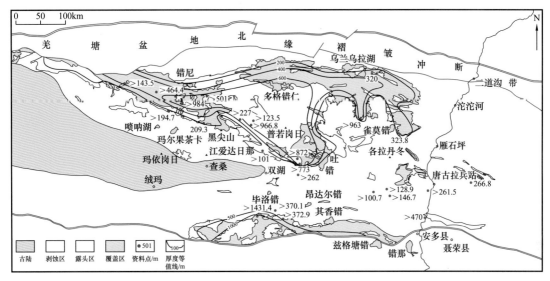

图2-4-75　羌塘盆地上侏罗统索瓦组盖层分布及厚度等值线图（据王剑等，2009，修改）

北羌塘坳陷盖层岩性以致密灰岩为主，其次为粉砂质泥（页）岩和膏岩。盖层厚度普遍大于200m，坳陷中部大于600m，部分地区盖层厚度大于900m，如祖尔肯乌拉山地区盖层厚度大于962m，长龙梁地区石灰岩盖层厚度大于984m，东湖北地区泥岩、石灰岩盖层厚度大于966m。

南羌塘坳陷盖层岩性以泥（页）岩和致密灰岩为主；现保存的盖层主要分布于坳陷南部果根错—其香错—兹格塘错一带，坳陷中北部多被剥蚀，仅少量零星分布，坳陷南部盖层厚度多大于500m，局部大于1000m，如鲁雄错盖层厚度大于1431m。

该时期膏岩盖层不发育，主要见于北羌塘坳陷南缘那底岗日—阿木查跃—依仓玛一线和南羌塘坳陷茸鄂柔曲—达卓玛一带，北羌塘坳陷膏岩盖层单层厚度为0.02～1.4m，累计厚度为1.5～24m；南羌塘坳陷膏岩盖层单层厚度为0.2～1m，累计厚度一般为1～10m。

该套盖层岩性主要是泥晶灰岩，平均孔隙度为1.22%，平均渗透率为0.0420mD，突破压力为10.68MPa。

二、其他盖层

1. 上三叠统巴贡组

该时期中央隆起带两侧主要为浅海—三角洲相碎屑岩夹石灰岩沉积，向北依次过渡为缓坡相碳酸盐岩（菊花山、照沙山一带）和斜坡盆地相复理石沉积（藏夏河、多色梁子一带）；向南过渡为浅海相碎屑岩、碳酸盐岩混合沉积。

上三叠统盖层主要分布于南、北羌塘坳陷大部分地区，中央隆起带西部和盆地东部沱沱河—仓来拉一带为隆起剥蚀区。

北羌塘坳陷盖层岩性具有南、北以泥质岩盖层为主，中部以石灰岩盖层为主的特点。盖层厚度总体在 200m 以上，多数地区大于 400m；厚度中心有两个，一个分布于坳陷南部黑尖山—雀莫错—各拉丹冬，如雀莫错剖面盖层累计厚度大于 589m，最大单层厚度达 179m；另一个分布于坳陷北部多色梁子一带，如多色梁子地区累计盖层厚度大于 529m，最大单层厚度为 45.5m；主要为泥质岩盖层。

南羌塘坳陷盖层岩性主要为北部（中央隆起带南侧）泥质岩和中、南部泥质岩、石灰岩。盖层厚度一般大于 400m，最厚可达 600m 以上，如土门查郎拉地区盖层累计厚度大于 770m，最大单层厚度达 79m；索布查地区盖层累计厚度大于 683m，最大单层厚度达 103m。该套盖层中泥质岩平均孔隙度为 3.57%，平均渗透率为 0.0223mD，突破压力为 11.7MPa。

2. 下侏罗统曲色组

北羌塘坳陷受金沙江洋关闭影响而隆升为陆；南羌塘坳陷受怒江洋打开的控制，发育一套从北向南变深的泥质岩、石灰岩，但以泥质岩为主。

盖层主要分布于南羌塘坳陷内，盖层岩性为泥（页）岩和致密灰岩，厚度多在 500m 以上，且从北向南，盖层厚度增加，如色哇松可尔、改拉地区盖层累计厚度大于 900m，最大单层厚度为 133.8m；木苟日王地区盖层累计厚度达 1683m，最大单层厚度达 94m。

该套盖层中泥岩平均孔隙度为 2%，渗透率为 0.0033mD，突破压力为 11.7MPa。

3. 中侏罗统布曲组

布曲组沉积期是羌塘盆地最大的海侵期，除南羌塘坳陷南部为台缘斜坡—盆地相泥（页）岩及石灰岩沉积外，其他地区均为台地相碳酸盐岩沉积，故该套地层盖层以致密灰岩为主，次为膏岩和泥（页）岩。后期隆升使盆地东部和中央隆起带两侧大面积剥蚀，因而现今盖层主要分布于北羌塘坳陷大部分地区和南羌塘坳陷毕洛错—昂达尔错和果根错—其香错一带。

北羌塘坳陷盖层厚度在坳陷边缘多大于 200m，坳陷中部多在 600m 以上，如野牛沟泥晶灰岩盖层累计厚度大于 311.9m，最大单层厚度为 127.8m；长水河地区泥晶灰岩和泥灰岩盖层累计厚度大于 644m，最大单层厚度为 153.4m；多尔索洞错地区致密灰岩和泥岩盖层累计厚度大于 749m，最大泥岩单层厚度达 189m，最大石灰岩单层厚度达 151m。

南羌塘坳陷盖层岩性在北部以致密灰岩和膏岩为主，中、南部为泥（页）岩和致密灰岩。盖层厚度在北部毕洛错—昂达尔错一带大于 200m，最厚可达 905m（曲瑞恰乃剖面）；在中南部厚度多大于 400m，如懂杯桑地区泥（页）岩盖层和石灰岩盖层累计厚度大于 427m，最大泥岩单层厚度达 76.3m，最大石灰岩单层厚度达 45.7m。

膏岩盖层主要分布北羌塘坳陷周缘和南羌塘坳陷毕洛错—土门一带。北羌塘坳陷膏岩盖层单层厚度为 0.03~16m，累计厚度为 2~50m，尖头山泥灰岩所夹石膏层，单层厚度达 16m，累计厚度达 59m。南羌塘坳陷膏岩盖层单层厚度为 0.15~1m，累计厚度为 1.5~30m，局部地区厚度增大，茸鄂柔曲剖面石膏厚度为 82m（盐丘），安多达卓玛剖面石膏厚度为 125m（盐丘）。

该套盖层中泥晶灰岩孔隙度均值为 1.39%，渗透率均值为 0.065mD，饱和水突破压力为 7.21MPa，排替压力为 10.34MPa。

4.上侏罗统—下白垩统雪山组

晚侏罗世晚期，盆地大面积隆升，仅部分坳陷见湖相泥岩沉积，因此，该时期盖层分布局限，仅乌兰乌拉湖、祖尔肯乌拉山、雀莫错一带的泥质盖层保存较好。

综合上述，羌塘盆地中—新生界各层位盖层中，以上三叠统和中侏罗统盖层分布面积广、厚度大，具备作为区域盖层的条件。下侏罗统曲色组、上侏罗统索瓦组分别在南、北羌塘坳陷有一定的分布面积，也可作为区域盖层。而雪山组和新生界盖层具有分布局限或厚度小或岩类欠理想等而作为局部盖层。平面上以北羌塘坳陷盖层最发育，除下侏罗统外各海相盖层均有大面积分布；而南羌塘坳陷仅有上三叠统和下侏罗统曲色组盖层广泛分布，其他层位分布局限。优质膏岩盖层在北羌塘坳陷西南部及东部和南羌塘坳陷毕洛错—土门一带大面积分布，且多个层位出现，显示该区封盖条件良好。

第四节　油气保存条件

20世纪90年代，中国石油对羌塘盆地开展了首轮大规模油气地质预查与普查工作，在油气保存条件方面获得了大量第一手资料。基于高原隆升剥蚀及构造破坏作用等因素，通常认为羌塘盆地油气保存条件较差，构造隆升与挤压已使整个羌塘盆地都成了"破碎的羌塘"（赵政璋，2001）。21世纪以来，青藏高原重点沉积盆地油气资源潜力分析工作在保存条件方面不断获得新资料，提出尽管盆地边缘及中央隆起带构造改造强烈，但南、北羌塘坳陷中部存在构造弱改造区，油气保存条件相对较好的观点（王剑等，2004，2009）。近年来完成的两轮战略选区油气地质调查工作，发现北羌塘坳陷中西部地区油气保存条件相对较好，通过二维地震、地质调查井及羌科1井，发现雀莫错组及夏里组两套区域性膏岩和泥质岩封盖层，从而提出羌塘盆地北部具有较好油气保存条件。

一、盖层、圈闭与油气保存

1.盖层封盖性评价

羌塘盆地经历多次构造运动后，盖层的封闭性和圈闭的完整性是决定油气保存的重要条件。盆地主要盖层发育在中生界各组地层内，盖层岩性主要为泥（页）岩、泥灰岩、泥晶灰岩、膏岩、致密砂岩等。各组盖层厚度在平面上具有由坳陷边缘向坳陷中心增厚的特点，坳陷边缘一般在200m之上，坳陷中心多在600m之上，物探和钻探结果显示夏里组和雀莫错组两套盖层连续稳定、厚度大、岩性品质好。

1）夏里组

夏里组盖层主要分布在夏里组下部，为一套泥岩为主、夹石膏（含石膏）的地层，泥岩单层连续厚度可达65m，石膏单层厚度在2～5m之间，泥岩夹石膏连续累计厚度达230m（图2-4-76）。羌地-17井及羌科1井揭示夏里组膏泥岩封盖层厚度260余米，地震剖面资料上显示为一弱反射层，在一定范围内侧向延伸连续、稳定，具区域性分布特征；局部地层呈平缓褶皱形态，构造完整，无大规模破碎和错断，通常构成圈闭构造的盖层，显示该套盖层受构造活动改造小（图2-4-77）。

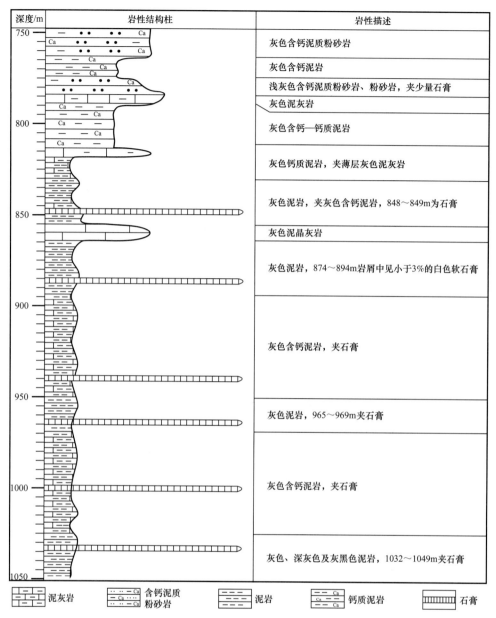

图 2-4-76 羌塘盆地夏里组盖层段沉积岩性柱状图

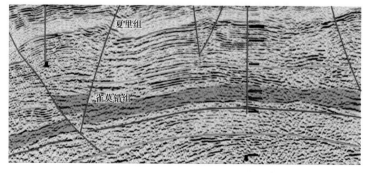

图 2-4-77 羌塘盆地半岛湖地区二维地震剖面

2）雀莫错组

雀莫错组盖层主要分布在雀莫错组中下部，为一套石膏为主的地层，中间夹泥晶灰岩及少量泥质岩。膏岩单层3～180m不等，中间泥晶灰岩5～15m不等。该套盖层连续累计厚度达469m（图2-4-78）。羌资-16井揭示雀莫错组石膏层累计厚度达372m，羌科1井揭示雀莫错组膏岩封盖层厚度大于360m。与夏里组相比，雀莫错组盖层的封盖性更好，除地震剖面资料显示其区域延伸连续、稳定以外，作为圈闭构造的盖层，雀莫错组膏岩层具有比夏里组更好的封闭性、延展性及更高的突破压力。

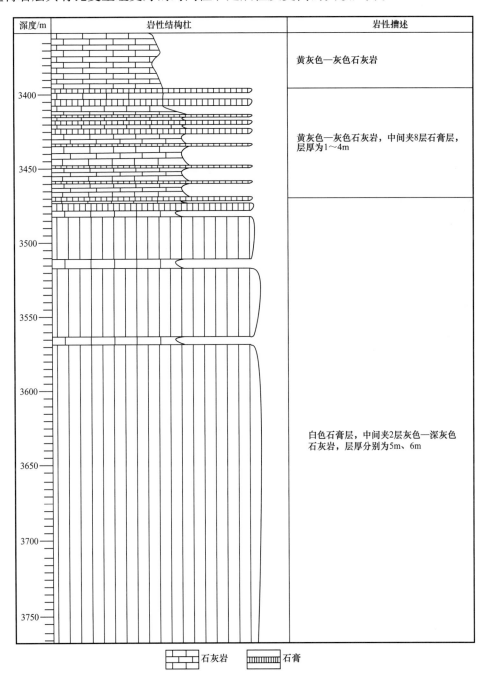

图2-4-78　羌塘盆地雀莫错组盖层段沉积岩性柱状图

2. 圈闭

羌塘盆地经历多期构造运动的改造，但仍发育有较好的圈闭构造。勘探成果表明地腹圈闭构造完整性好，物探资料确定的圈闭构造有 15 个，主要类型为断块、断鼻、断背斜和背斜构造，累计圈闭面积为 700km²。其中，半岛湖地区分布 9 个圈闭，最大圈闭面积 144km²；托纳木地区 6 个，最大圈闭面积 55km²。圈闭构造没有受多期构造运动改造出现挤压性破碎，地层连续性好，圈闭面积较大（图 2-4-79）。

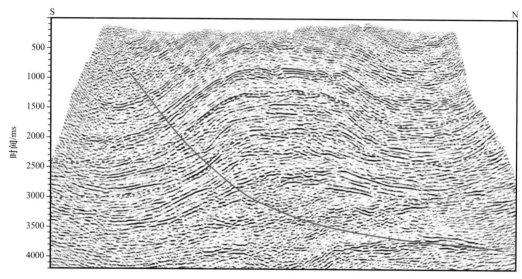

图 2-4-79 羌塘盆地托纳木地区圈闭构造

羌塘盆地中生代圈闭构造受构造影响较小，具有较好的完整性，且面积大；夏里组、雀莫错组两套盖层最为发育，岩性以泥岩、膏岩层为主，厚度大，受多期构造运动影响小，区域分布较广。圈闭的完整性为油气提供了良好的封闭空间，优质区域的盖层提供了优质的封闭性，二者的结合使羌塘盆地保存条件良好。

二、断裂与油气保存

羌塘盆地众多油气显示中，除少数沿背斜、节理等构造产出外，大多数沿断层破碎带成群、成带分布。断层与油气的关系主要表现为断层使早期油气藏破坏和形成新的断层圈闭油气藏。羌塘盆地经历了多次构造运动，形成了一系列不同时代、不同性质和不同规模的断层。这些不同性质、不同规模的断层，对油气的影响各不相同。

1. 断裂基本特征

羌塘盆地内，正断层地表倾角一般为 70°～80°，其值在深部变化较小，且承受的断面压力小于零，所承受的总压应力最小，封堵性最差。走滑断层倾角较大，向深部变化较小；在断层活动期间，承受了一定的区域主应力引起的断面压力，且休眠期断面压力约为零；但考虑到该类断层岩致密且未错开区域性盖层，因而封闭性相对较正断层好。逆断层所承受的断面压力最大，其封堵性最好；该类断层在垂向上倾角变化较大，某些区域性断层具有上陡、下缓的特征，深部承受上覆沉积物载荷重量引起的断面压力比浅部大，因而深部封堵性较浅部好；值得指出的是，该种上陡下缓的断层在间歇期或休眠期，因下部产状相对较平缓，上覆岩层静压力大致等于断层面所承受的压应力，致使上覆岩层静压力对断层封闭性的贡献重大；因而，对该类上陡下缓断层的研究具有重大的石油地质意义。

羌塘盆地除发育断至地表的断层外，还发育未断至地表的断层—隐伏断层（图2-4-80）。前者沟通了多套生储盖组合，在漫长的演化过程中，发生多次力学性质的转换，往往是油气泄漏于地表的通道，对油气保存具有破坏作用。后者由于未断至地表，不能造成油气向地表散失，因而该类断层的构造破碎带或相邻区域可成为油气运移和聚集的场所，具有重要的石油地质意义。

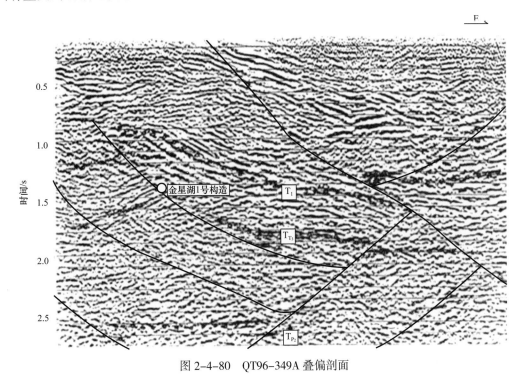

图2-4-80　QT96-349A叠偏剖面

2. 断层封闭性

羌塘盆地主要发育近东西向—北西西向、北西向、北东向和近南北向断层，这几组断层不仅在力学性质、三维几何形态等方面存在着差异，而且具有多世代、多期次演化的特征，因此对油气保存条件影响程度也不同。

1）近东西向—北西西向断层

该类断层包括作为盆地边界的一级断裂和构造单元的二级断裂，还有长达30～100km的三级断裂和长度小于30km的小型断层。这些不同级别的断层不仅具有宽度不等的构造破碎带，而且其几何形态存在一定程度的差异。因而，它们的封闭性能有所不同。

（1）一级断裂。属于卷入基底的盆地边界断层。该断层在燕山期、喜马拉雅期活动强烈，不仅使古生界构造层、中生界构造层的下部层位暴露出来，还具有宽达数百米的构造破碎带且构造岩为脆韧性，因而这些断层对油气的封闭性能较差。

（2）二级断裂。该类断裂均为上陡下缓的犁式断层，一般具有数十米至数百米宽的断层破碎带，在燕山期和晚新生代以逆冲活动为主，古近纪以正断活动为主。这些断层在地壳浅部断层面所受到的总压应力较小，向深部逐渐加大，表明浅部封闭性能较弱，深部则相对较强。断层的活动强度还与上、下盘有直接的联系，燕山期活动上盘的三叠系、古生界暴露地表，而侏罗系油藏基本遭受剥蚀；下盘地带不仅盆地充填体剥蚀程度小，而且强大的构造应力在其中产生了众多裂缝，增强了储集性能，有利于后期油气的聚集和成藏。

（3）三级断裂。该类断层指区域性断裂，主要发育于坳陷中部，倾角相对较大，一般具有较宽的断层破碎带，封闭性能较差。但该类断层向下多延伸至滑脱面，局限于破坏地表—中上侏罗统和古近系，因此地表封闭性差，深部封闭性相对较好。

（4）四级断层。该类断层广泛发育，长度一般为几千米到10km，倾角为45°~70°，一般不发育断层破碎带，少数具有几米至十余米宽的断层破碎带，发育沥青、高温—低温温泉、冷泉和方解石脉，流体交替较强，封闭性能差。但由于该类断层垂向延伸较小，故对深部油气藏破坏不大。

2）北西向与北东向断层

北西向断层和北东向断层是喜马拉雅构造运动期南北向挤压体制下形成的共轭断层，一般断至基底，故对燕山期形成的油藏具有一定破坏作用。但由于该类断层以走滑活动为主，垂直断距较小，未破坏区域性封盖层，未使油藏抬升遭受氧化，未造成烃源岩抬升而停止热演化。因此其破坏性不强。

3）近南北向断层

从近南北向断层的形成机制可知，该类断层向下归并于滑脱面上，且在燕山期表现为走滑—逆冲性质，新近纪以来以张性活动为主。可见，近南北向断层在不同时期封闭性能不尽一致。但是，燕山期是羌塘盆地的主要生烃—排烃期，与该时期的走滑和逆冲活动相匹配；考虑到该类断层在该时期垂向位移量不大，推测对油气藏破坏不大。近南北向断层于晚新生代表现为正断层性质，强烈的张性活动往往塑造了较宽的、产状相对较陡的张性构造角砾岩带。因此该类断层总体封闭性能较差，但由于其垂向延伸深度较小，故对深层油气藏破坏不大。

3. 断裂活动与油气的关系

前面讨论了羌塘盆地各类断层的封闭性能，但由于该盆地自晚侏罗世以来，经历了多次构造运动，形成了一系列不同时代的断层，造成这些断层呈现出活动期和休眠期交替演化的特征，因而断层的封闭性能随构造演化发生变化。

断层的活动时期，使地下深处高压条件下的油气藏与地表常压环境相连通，巨大的压力差使油气沿纵向开启的断层通道迅速散逸到地表（图2-4-81）；在休眠期，断层碾细物堵塞断层，造成流体不容易迅速向地表散失，常可形成断层遮挡油气藏；张性断层遮挡性能较差。值得指出的是，近东西—北西西向展布的断裂浅部倾角相对较大的部位，断面承受的压应力较小，封闭性能差些；而深部倾角相对较小的部位，不管是在活动期还是在休眠期，断面承受的压应力均较大，对深层油气具有良好的遮挡作用。对于那些隐伏断层而言，在活动期，它是油气再次运移的通道；而在休眠期，它往往构成油气藏运移的遮挡条件。

除了上述构造运动造成断层复活或形成新的断层，进而导致油气藏遭受破坏外；对于先期形成的断层遮挡油气藏而言，随着地质条件和地质环境的变化（如差异剥蚀、大气降水下渗），断层的纵向、横向封闭性能变差，会造成油气在垂向上再次运移或泄漏于地表，或造成油气在侧向上运移（图2-4-81）。

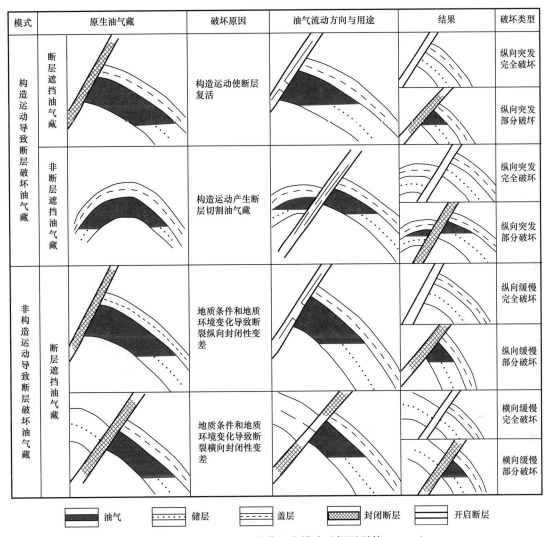

模式		原生油气藏	破坏原因	油气流动方向与用途	结果	破坏类型
构造运动导致断层破坏油气藏	断层遮挡油气藏		构造运动使断层复活			纵向突发完全破坏
						纵向突发部分破坏
	非断层遮挡油气藏		构造运动产生断层切割油气藏			纵向突发完全破坏
						纵向突发部分破坏
非构造运动导致断层破坏油气藏	断层遮挡油气藏		地质条件和地质环境变化导致断裂纵向封闭性变差			纵向缓慢完全破坏
						纵向缓慢部分破坏
			地质条件和地质环境变化导致断裂横向封闭性变差			横向缓慢完全破坏
						横向缓慢部分破坏

图例：油气　储层　盖层　封闭断层　开启断层

图2-4-81　断层破坏油气藏基本模式（据罗群等，2000）

三、构造抬升与油气保存

中生代羌塘地区经历了印支、燕山和喜马拉雅等多期次构造运动。由于不同期次构造运动，其应力方向和大小等方面存在着差异，造成盆地在不同时代、不同地区改造程度存在着差异。因此，研究盆地构造运动期次及性质对盆地改造的认识具有重要意义。

1. 构造改造强度分区

根据盆地基本地质特征，以构造变动强度指数（SDI）为主要参数，同时结合盆地地层剥蚀程度、岩浆岩分布、变质岩时代及空间展布等实际情况，将SDI<15的区域划为弱改造区，15<SDI<20的区域为中强改造区，20<SDI<25的区域为强改造区，SDI>25的区域为极强改造区（图2-4-82）。

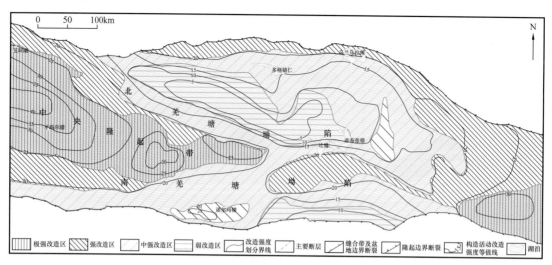

图 2-4-82　羌塘盆地构造改造强度平面图

1）极强改造区

盆地极强改造区集中在两个区域。

（1）中央隆起带极强改造区。分布范围大致与盆地中央隆起带相当。该区经历了多次构造运动，变形、变质程度都很深；出露最老地层为前寒武系中深变质岩系，广泛分布的是古生界—三叠系；不同时代的岩浆活动强烈，断裂规模大、数量多。

（2）东部当雄—本尼—索县极强改造区。为多条区域性断裂集中发育的地带，后期北东向断层错断近东西向断层；发育大面积花岗（斑）岩岩体，走向东西的褶皱密集分布。SDI 大于 25，最高达 40。

2）强改造区

盆地强改造区大致包括两个区域。

（1）中央隆起带周边强改造区。分布于中央隆起带南北两侧。该区三叠系广泛出露；侵入岩体和火山岩广泛发育；褶皱、断层发育，褶皱多为复背斜，其幅度、频率均较大，变形较强；在构造上为一强烈的逆冲推覆构造带。构造变动指数 20<SDI<25。

（2）东部康果—乌兰乌拉湖强改造区。分布在可可西里—金沙江缝合带南部及北羌塘坳陷东部地区。构造变形强烈，褶皱和断层展布密集，以规模较大的逆冲断层为主，常构成逆冲推覆断褶带；乌兰乌拉湖附近出露古生界，局部岩体较多，而东部变质程度较高，三叠系发育。20<SDI<25。

3）中强改造区

中强改造区在盆地内广泛分布，呈环带状，东段较宽，面积较大，15<SDI<20。该种改造区构造出露地层以侏罗系为主，局部见上三叠统；岩浆岩主要集中在多格错仁、雪莲湖、如木称错一带；断层数量多，但规模一般较小；褶皱数量多，以长轴褶皱为主。

4）弱改造区

弱改造区主要集中于北羌塘坳陷和南羌塘坳陷中部，SDI 小于 15。弱改造区以大片分布古近系—新近系及侏罗系为特征；岩浆活动、构造变形相对较弱，褶皱以宽缓的背斜、向斜为主，其中背斜转折端较开阔，两翼产状较缓，断层规模相对较小。

2. 构造抬升与剥蚀状况

一般认为，构造抬升对油气的影响主要表现在：（1）造成烃源岩演化停滞。（2）强烈的构造卸载作用在区域性盖层内产生释重裂缝和构造裂缝，造成盖层压力封闭性减弱。（3）强烈的剥蚀作用使油气藏暴露地表，遭受风化剥蚀。因此，构造抬升与油气关系的研究对于找寻油气藏具有极其重要的意义。

羌塘盆地中生代发育有多套生储盖组合，发现各类油气显示表明不同层位均有一定的成藏潜力。但由于构造抬升和剥蚀程度差异造成盆地不同地区，其油气保存状况差异较大。

1）北羌塘坳陷

从北羌塘坳陷各时代地层出露程度和侵入体分布状况来看，坳陷在横向和纵向上其构造抬升具有一定规律性。

横向上，坳陷南、北边缘地带的布若错—达尔沃错过渡构造带和亚克错—乌兰乌拉湖冲断带由于构造抬升程度较强，使盆地下部的上三叠统和中侏罗统揭顶暴露出来，而坳陷腹地羌中舒缓褶皱带广泛残留上侏罗统。可见坳陷边缘地区剥蚀程度较强，中部较弱。

纵向上，构造抬升强度表现为西弱东强特征，其中羌中舒缓褶皱带表现最为明显。大致在乌兰乌拉湖—雪莲湖—赤布张错以西地带，构造抬升程度较小，上侏罗统得到大量残留，残留厚度一般在600m以上，局部达1500m。而在该线之东，构造抬升程度逐渐增高，上侏罗统逐渐减薄，局部呈"残留顶盖"状态，相应中侏罗统被暴露出来，表明剥蚀程度明显加强。至该坳陷东部边缘地带，强烈构造抬升作用不仅使上三叠统、古生界构造层和深成中酸性侵入体暴露出来，局部地带还使盆地基底抬升于地表。

2）中央隆起带

该构造单元构造抬升作用以西部地区最强，强烈的揭顶减载作用造成古生界甚至结晶基底暴露出来，三叠系、侏罗系仅分布于南北边缘地带。东部地区则抬升程度相对较弱，使得上三叠统得以大量残留，局部地带侏罗系相对较发育。可见，该构造单元剥蚀程度极不均衡，总体表现为西部地区剥蚀较强、东部较弱特征。

3）南羌塘坳陷

从地层出露情况看，该坳陷构造抬升和剥蚀程度在不同地带存在较大差异。

（1）帕度错—扎加藏布褶皱带。纵向上，东部边缘地带抬升和剥蚀最强，上三叠统普遍暴露于地表；西部地区构造抬升作用相对较弱，中侏罗统布曲组得以残留，厚度一般大于200m，其下的雀莫错组、曲色组和日干配错组保留基本完整。横向上，抬升作用以该构造单元南、北边缘地带相对较强，上三叠统、曲色组揭顶暴露出来。

（2）诺尔玛错—其香错断褶带。西部构造抬升作用相对较弱，上侏罗统得到大量残留，其中甲布热错—果根错一带厚度逾1500m。而在其香错以东，构造抬升作用相对较强，中侏罗统揭顶暴露出来。

由此可见，该坳陷总体具有东部地区剥蚀强、西部弱，靠近深大断裂部位剥蚀强、远离断裂部位剥蚀弱的特点。

3. 构造抬升与油气保存的关系

羌塘盆地经历了多次构造运动的抬升和剥蚀，在每次抬升—剥蚀过程中，不仅使较深构造层次的盆地充填体向地壳浅部运移，还由于构造减载作用在区域性盖层内产生释重裂缝，加速了油气向地表泄漏和大气降水的下渗作用。同时，该盆地于晚三叠世、侏罗纪末期和上新世分别经历了一次生烃排烃作用。因此，羌塘盆地构造抬升与保存之间的关系十分复杂。基于该种情况，重点在厘定构造抬升—剥蚀作用时限的基础上，仅对各次抬升—剥蚀作用与油气保存之间的关系作概略分析。

1）晚三叠世构造抬升

该时期构造抬升—剥蚀作用以坳陷南、北两侧较强，中部较弱。因此南、北边缘地带的上三叠统由于劈理发育，便于油气泄漏和大气降水的下渗，对油气保存不利；中部地带的上三叠统不发育轴面劈理，盖层封闭有效性相对较好，对油气保存有利。

2）侏罗纪末期构造抬升

（1）北羌塘坳陷。该次构造抬升以坳陷南、北边缘地带相对较大，使中—下侏罗统和上三叠统暴露，侏罗系油气藏可能剥蚀殆尽；中部地带抬升作用相对较弱，充填体遭受剥蚀程度相对较小，侏罗系油气藏可能得到一定程度的保留；但由于构造减载产生了释重裂缝，使大气降水得以下渗，加速了油气的氧化。该区西部以普遍出露上侏罗统为特征，东部地带见白垩系角度不整合于中侏罗统之上，反映出东部地区抬升较强、西部地区剥蚀较弱的特征，而且也说明侏罗系油气藏在西部地区保留较好、东部地区遭受剥蚀的特征。

（2）南羌塘坳陷。抬升作用由南向北逐渐增强，造成坳陷南部地带上侏罗统广泛残留，而北部地带强烈的揭顶作用使中侏罗统甚至上三叠统暴露出来，说明该坳陷具有南部地区上三叠统—侏罗系油气藏保存相对较好、北部地区相对较差的特征。

3）早白垩世末期构造抬升

从下白垩统多构成宽缓褶皱这一情况来看，该次构造运动表现相对较弱，据此可推测该时期构造抬升—剥蚀幅度相对较小，对油气破坏不大。

4）晚白垩世末期—古新世构造抬升

从尼日阿错改南、玛尔果茶卡和甲布热错等地见始新统角度不整合于上白垩统花岗岩体之上来看，该时期构造抬升幅度较大，使较深层次的地质体揭顶暴露出来。另外，从南羌塘坳陷查曲卓玛一带靠近东西—北西西向断层带的阿布山组变形极其强烈推测，该区断层逆冲活动较强，差异抬升程度较大。该次构造抬升—剥蚀作用，可能使侏罗系油气藏遭受一定的剥蚀，还可产生释重裂缝，加速油气藏的氧化。

5）古近纪构造抬升

古近纪康托组沉积期，区内近东西向断层以正断活动为主，从受其控制的康托组厚度来看，下盘抬升达数百米以上。至唢呐湖组沉积期，上盘地带以碳酸盐沉积为主，表明差异抬升作用减弱，下盘抬升程度渐趋缓慢。

发生于渐新世的构造运动造成该区普遍遭到抬升—剥蚀，这可从渐新世末期—中新世火山岩以熔岩被的形式角度不整合覆于褶皱变形的古近纪沉积层之上得到说明。另从近东西—北西西向逆冲断层在羌塘盆地中西部被古近纪沉积层掩盖或在其中断续出露，而在盆地东部广泛穿截古近纪沉积层这一情况来看，该种断层活动表现为西弱东强特征，相应的差异抬升作用也表现为西弱东强特征。由此看来，古近纪抬升—剥蚀幅度相对较大，对上三叠统—侏罗系油气藏的保存可能具有较大影响。

6) 新近纪—第四纪构造抬升

该时期羌塘地区处于南北向挤压、东西向伸展的构造应力场中，使近东西—北西西向断层再度表现为强烈的逆冲活动，南北向断层则表现为正断活动，造成先期形成的准夷平面解体，在不同地带形成了海拔高程大于5600m的一级夷平面、海拔高程在5200～5600m间的二级夷平面以及4800～5100m的三级夷平面。该种地貌状况造成该区强烈的差异剥蚀，不仅使侏罗系油气藏向浅部抬升，还使以毕洛错—昂达尔错古油气藏为代表的一系列油气显示揭盖暴露出来，同时在盖层中产生一系列释重裂缝，加速了大气降水的下渗，使油气藏氧化界面加深。

四、岩浆活动与油气保存

羌塘盆地中东部岩浆岩广泛发育区一直被认为是石油勘探的禁区。近年来，随着国内外岩浆岩中油气的发现，岩浆岩型油气藏普遍受到石油地质工作者的关注。因此，研究羌塘盆地岩浆岩基本特征及岩浆活动与油气的关系，对于该区油气资源勘探具有重要的意义。

1. 岩浆岩基本特征

羌塘盆地岩浆活动具有期次多、分布广等特征（图2-4-83），但从盆地油气特点来看，对油气藏起破坏作用的岩浆活动主要发生在中—新生代，因此本书仅分析中生代以来的岩浆活动。

1) 火山岩

羌塘盆地的火山活动总体可分为晚三叠世、晚白垩世、始新世、渐新世—中新世和上新世等5个大的喷发阶段，但各期喷发活动在强度、岩石特征等方面有较大差异。

（1）晚三叠世火山岩。该时期火山岩不论在北羌塘坳陷、中央隆起带，还是在南羌塘坳陷均有分布，但在不同地带火山岩特征具有一定差异。北羌塘坳陷以及中央隆起带北缘地带，该时期火山岩以溢流相—喷发相的中酸性火山熔岩、火山碎屑岩为主，少量为基性火山熔岩，多以夹层状产于那底岗日组陆源碎屑岩中，显示出间歇式多旋回喷发特征。熔岩的岩石类型主要有玄武岩、粗面安山岩和流纹岩等，发育杏仁、气孔构造。南羌塘坳陷火山岩见于肖茶卡南至毕洛错及附近地区，总体上表现为两个大的喷溢（夹爆发）喷发韵律，岩石类型以中厚层—块状气孔—杏仁状玄武岩为主，夹玄武质火山角砾岩和玄武质安山岩。

（2）晚白垩世火山岩。以透镜状、夹层状赋存于昂达尔错—土门煤矿和冈玛错之北的阿布山组砂砾岩中，厚度可达726m。岩石组合以溢流相英安岩—流纹岩和粗面岩为主，少量喷发相角砾熔岩、角砾凝灰熔岩、熔结凝灰岩等；黏土矿化、方解石化、褐铁矿化、硅化相对较强。

（3）始新世火山岩。该时期火山岩规模不大，零星分布。在兹格塘错地区洗夏日举一带，以中性火山岩为主，厚度为50～150m，岩性为深灰色、紫红色层状安山岩、杏仁状安山岩、岩屑晶屑凝灰岩夹火山角砾岩，夹于牛堡组紫红色砂岩中。在中央隆起带北缘心湖一带，该时期火山岩为沉凝灰岩、凝灰质泥岩等，呈夹层状、透镜状赋存于牛堡组中。在其东部长梁湖一带，主要表现为杏仁拉斑玄武岩、交织安山岩、含杏仁安山岩、火山角砾岩和凝灰角砾岩，它们均产于康托组底部。

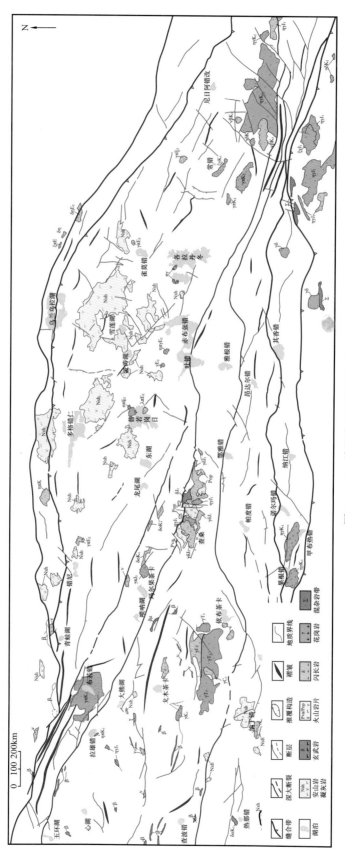

图 2-4-83　羌塘盆地岩浆岩分布图

（4）渐新世—中新世火山岩。该时期火山岩在盆地普遍发育，主要集中在浩波湖—玛章错钦之间的广大地区。该套岩系总体上为钙碱性系列火山岩和碱性系列火山岩，厚度逾千米，岩石类型主要有玄武安山岩、英安岩、流纹岩、粗面玄武岩、粗面安山岩、碱玄岩和响岩等。该时期火山岩总体上表现为平缓的熔岩被，常常构成熔岩台地或平顶山等地貌，局部地带火山机构保存较好，地表可见火山口和火山颈等，显示出明显的中心式火山喷发特征。

（5）上新世火山岩。该时期火山岩主要发育于北羌塘坳陷北部玉盘湖—永波湖一带，以大面积熔岩被形式产出，厚几十米至几百米。岩性主要为粗安岩、黑色粗面岩和凝灰岩，致密块状，隐晶结构，多呈玻璃质，以喷溢相粗面质熔岩为主，局部地带显示出明显的中心式喷发特征。

2）侵入岩

羌塘盆地侵入岩分布较广、规模大小不等，侵入时期主要有晚三叠世、早侏罗世、中—晚侏罗世、早白垩世、晚白垩世、古近纪和新近纪等多个阶段。

（1）晚三叠世中酸性侵入岩。主要分布于双湖西边的中央隆起带上，侵入石炭系—二叠系中，多呈岩基、岩株产出，岩体边缘普遍见到片麻理和较多的捕虏体，片麻理走向大致与岩体边界平行，表明该时期岩体为强力侵位。岩石类型主要有闪长玢岩、巨斑状黑云母花岗岩、似斑状二云母花岗岩和二云母花岗岩。

（2）早侏罗世侵入岩。主要分布于中央隆起带恰岗错、香桃湖一带，以岩基、岩株状侵位于元古宇结晶岩系及石炭系—二叠系中，岩石类型主要有中细粒二长花岗岩、似斑状中细粒二长花岗岩和细粒花岗闪长岩。另外，北羌塘坳陷东部边缘唐古拉山南坡下侏罗统花岗闪长岩基呈北西西向展布，中—下侏罗统雀莫错组不整合于其上，显示该坳陷于早侏罗世末期发生剧烈抬升，相继揭顶作用使深成岩体暴露出来，随后又发生沉降，接受中—晚侏罗世沉积。

（3）中—晚侏罗世侵入岩。主要出露于北羌塘坳陷南部布若错—达尔沃错过渡构造带上，多以岩株、岩枝状侵位于中侏罗统布曲组和夏里组中。岩石类型既有浅成—超浅成相的流纹斑岩、花岗斑岩、二长花岗斑岩、石英二长闪长岩、花岗闪长斑岩和闪长玢岩，还有中深成相的中细粒二长花岗岩、二长闪长岩和石英闪长辉绿岩等。上述岩体对围岩具有不同程度热烘烤作用，其中烘烤强度与岩体大小、侵位深度呈正相关关系。

（4）早白垩世中酸性侵入岩。该时期侵入体主要分布于南羌塘坳陷佣钦错—甲热布错和北羌塘坳陷东部地区。佣钦错—甲热布错一带的该类岩体呈岩基状，岩石类型主要有中细粒似斑状黑云母二长花岗岩；外接触带上侏罗统普遍发生角岩化，宽度一般在1000m以上。北羌塘坳陷东部地区，该类侵入体具有自各拉丹冬向东逐渐增多、规模变大趋势，岩石类型主要有粗粒黑云母二长花岗岩、中粒似斑状黑云母二长花岗岩、细粒似斑状二长花岗岩、中细粒黑云母二长花岗岩和中粗粒二长花岗岩等。这些侵入体的围岩普遍发生不同程度热烘烤作用。

（5）晚白垩世中酸性侵入岩。该时期侵入体在羌塘盆地零星出露，均侵位于侏罗系中。按岩相、结构、构造可分为超浅成相（潜火山岩）、浅成相和中深成相。

（6）古近纪侵入岩。主要出露于北羌塘坳陷普若岗日、赛多浦、美日切错、劳日特错、错尼、雀莫错和马料山等地，以岩株、岩枝状侵位于中—上侏罗统中，岩体边缘往往以脉岩形式与围岩相互交织。岩石类型主要有浅成—超浅成相的正长斑岩、闪长玢岩、似斑状中—粗粒黑云二长花岗岩、流纹斑岩和二长花岗斑岩等，以及中深成相的二长花岗岩、花岗闪长岩。

（7）新近纪侵入岩。该时期侵入岩仅见于南羌塘坳陷虾别错以西，呈小岩株或岩瘤状侵位于下白垩统花岗岩体中。岩石类型为灰白色花岗斑岩，呈灰白色斑状结构和块状构造。

（8）脉岩。羌塘盆地脉岩数量较少，主要有基性岩脉、中性岩脉、酸性岩脉、石英脉和方解石脉等类型。分布特点有：① 在中央隆起带相对较发育，南、北羌塘坳陷则相对稀少。② 从层位上看，古生界内脉岩较发育，三叠系次之，侏罗系中仅见于靠近侵入体的部位，白垩系以上的层位基本不发育。③ 方解石脉在断层、节理等次级裂隙中均发育，而其他几种脉岩主要发育于断层尤其是规模较大的断裂中。

2. 岩浆活动与油气保存的关系

1）火山活动与油气保存

随着国内外在火山岩中发现许多油气藏，火山岩型油气藏也受到越来越多的关注。一般认为，发生于生烃、排烃前的火山活动对油气成藏具有积极作用，主要表现为具有良好储集性能。对于发生于成藏期后的火山活动，一方面对已经形成的油藏具有破坏作用，另一方面是提供的热能可促使烃源岩二次成熟。羌塘盆地存在三叠纪末期、侏罗纪末期和上新世等生烃、排烃期；但由于盆地存在晚三叠世、早侏罗世、晚白垩世、渐新世—中新世和上新世等多次火山活动，使得羌塘盆地火山活动与油气保存条件之间的关系较为复杂。同时，不同期次火山活动在分布、强度和岩石特征等方面有一定的差异，使得它们对油气保存条件的影响不尽一致。

（1）上三叠统火山岩形成时期为晚三叠世末期，具有活动较强烈、分布较广的特点。它与油气的关系主要体现在以下几方面：① 该时期火山活动提高了地壳热流值、地温梯度，加速了下伏三叠纪沉积层中烃源岩的热演化。② 该时期火山活动具有间歇性喷发特征，形成多套分布较广的、致密的、坚硬的溢流相熔岩，致密程度远高于泥岩，它们可构成上三叠统油气藏良好的区域性盖层。③ 该时期火山活动不仅形成多套火山角砾岩、火山碎屑岩、凝灰岩和弱熔结凝灰岩，还在间歇期形成相对较厚的沉火山碎屑岩。这些岩石一般相对于熔岩具有较大的孔隙度，可以成为较好的储层。④ 该时期火山岩不仅普遍发育原生气孔构造、杏仁状构造，而且局部地带还发育枕状节理和放射状节理等。同时，由于这些火山岩在后期构造运动中常形成多组剪节理，使气孔、杏仁体、溶孔和原生节理等相互连通，改善了储集性能。

上述火山岩储层和火山岩盖层形成于主生烃—排烃期（侏罗纪末期）前，特别是由于后期构造运动造成盆地基底差异抬升，侏罗系烃源层的油气可以进入火山碎屑岩，为火山岩型（或基底型、上生下储型）油气藏形成创造了条件。

（2）晚白垩世和渐新世—中新世火山作用发生于主生烃—排烃期后，与油气的关系如下：① 该时期火山作用具有水上喷发、溢流的特点。炽热的熔浆沿侏罗系风化面流动时，在其接触面附近往往形成厚达数米的褪色带，向下基本无影响。可见，该时期熔岩流对侏罗系烃源岩和原生油气藏影响不大。② 该时期火山作用具有中心式喷发的特点。岩浆沿火山通道向地表运移时，必然穿切生、储、盖地层组合；同时，强大的岩浆上侵力不仅在火山通道周围形成众多的裂隙，还使先期的断层、节理等裂隙再次活动，打破了原先的油气平衡系统，可造成油气再次向有利的构造部位运移、聚集，形成次生油气藏。③ 高温岩浆释放出的巨大热能使分散在火山通道附近侏罗系内的油气再次运移、聚集。④ 火山通道内的岩浆提供的热能可造成相邻地区侏罗系烃源岩过成熟。但由于火山通道相岩浆一般在 $10 \times 10^4 \sim 50 \times 10^4 a$ 冷却，因此对油气影响不大。冯乔等（1997）认为，离火山口或次火山口 $1 \sim 2km$，即可免除直接破坏。

由上看来，晚白垩世和渐新世—中新世火山作用对油气破坏不大。

（3）上新世火山作用主要集中于油气保存条件较差的亚克错—乌兰乌拉湖冲断带内，表明该时期火山作用对羌塘盆地油气保存条件影响不大。

综上看来，上三叠统火山岩对油气保存具有积极作用；白垩纪以来的火山活动对油气保存条件虽有一定的破坏作用，但影响不大。

2）侵入活动与油气保存

侵入活动与油气保存的影响主要表现在以下两方面：一方面岩浆释放的巨大热能加速了接触带附近烃源岩的热演化，使其达到过成熟；另一方面，冷却后的侵入体与油气的关系更为复杂，有的可作为岩体遮挡圈闭，有的可作为储层（包括侵入体的风化面）。

（1）侵入活动对围岩烃源层成熟度的影响。为了了解侵入体对其周围地层的蚀变程度，对侵入体外接触带岩石特征进行了分析，发现侵入活动对围岩普遍发生了烘烤作用，并使其具有不同程度的硅化和矿物重结晶等现象；其中，在大多数岩体外部 $0 \sim 3km$ 的范围内，围岩普遍被角岩化、矽卡岩化（表 2-4-23），表明该区域温度可达 $600℃$，造成了烃源岩的过成熟，对油气保存极其不利。

表 2-4-23　羌塘盆地侵入体外接触带特征简表

序号	岩体类型	岩体规模	外接触带侏罗系蚀变特征	备注
1	龙亚上白垩统似斑状中—粗粒黑云角闪二长花岗岩	由 4 个长 4~5km，宽 1~2km 的侵入体构成	宽约1500m 的热接触变质石英角岩带	锆石 U—Pb 法同位素年龄值 69.87Ma ± 2.0Ma
2	巴亚楼下白垩统似斑状中—粗粒黑云钾长花岗岩	长 30~40km，宽 2~3.5km	雀莫错组内发育的围岩中形成宽约1500m 的热接触变质石英角岩带	锆石 U—Pb 法同位素年龄为 69.87Ma ± 2.0Ma
3	日龙玛下白垩统微—细粒黑云钾长花岗斑岩	由 2 个直径 1~2km 的侵入体构成	雀莫错组中发育宽 1300~2800m 的热接触变质石英角岩带	侵入体边部见较多棱角状的围岩捕房体
4	布曲上白垩统似斑状二长花岗岩	由 5 个北西向展布的长一般为 2~10km、宽 0.3~1km 的小岩体构成	雀莫错组中发育宽 100~500m 的热接触变质石英角岩带	侵入体边部见较多棱角状的围岩捕房体
5	赛日涌上白垩统细粒粗斑状黑云石英二长岩	由 3 个长 2~5km、宽 1km 左右的小侵入体构成	雀莫错组—雪山组中发育宽 600~800m 的热接触变质石英角岩带	侵入体边部见较多棱角状的围岩捕房体

序号	岩体类型	岩体规模	外接触带侏罗系蚀变特征	备注
6	赛多浦岗日古近系似斑状中粗粒黑云二长花岗岩	由3个长5km、宽2~3km的侵入体组成	雀莫错组—索瓦组内发育宽130~350m的热接触变质石榴子石、董青石、红柱石长英质角岩带	锆石U—Pb同位素年龄为40.6Ma±3.1Ma
7	甲布热错似斑状黑云二长花岗岩	由2个岩体构成，一个长45km、宽10km，另外一个长22.5km、宽12.5km	在上侏罗统中发育宽约1000m的角岩化带，岩浆侵位于上侏罗统时的温压条件：0.3~0.8GPa，575~640℃	
8	玛尔果茶卡北东石英闪长岩体		外接触带发育宽约500m的热接触蚀变带	

为了进一步确定侵入活动对烃源层热演化的影响程度和影响范围，成都地质矿产研究所、四川碳酸盐岩油气田技术开发研究中心（1996）等，对北羌塘坳陷中西部白垩系中酸性侵入体周围的侏罗系进行了热演化研究。① 从玛尔果茶卡燕山中晚期花岗闪长岩体外接触带 T_{max}—R_o 剖面（图2-4-84）上看，随着距离岩体由近至远，T_{max} 和 R_o 值有降低的趋势，岩浆侧向传导热的影响范围在20~80m之间，从而反映岩浆活动对围岩的热解作用和镜质组反射率影响不大。② 在劳日特错燕山晚期二长花岗斑岩体外接触带的索瓦组中采集3件热解样品（图2-4-85）结果显示：距岩体较近（700~800m）的2件样品 T_{max} 值分别为481.8℃和488.3℃，超过有机质过成熟界限值（480℃）；而距岩体2.5km以外的样品 T_{max} 值仅为426.9℃，接近有机质成熟下界限（435℃）。③ 在G17048流纹斑岩体外接触带夏里组采集5件热解样品结果显示：随着距离岩体由近及远，R_o 值有逐渐减小趋势，影响范围在25m左右（图2-4-86）。④ 在蚌壳坡东侧正长斑岩热蚀变带按照一定距离间隔在索瓦组上部地层中进行了烃源岩系统采样，研究发现离热蚀变带越近，其有机质丰度越低，而热解峰温则无明显变化。

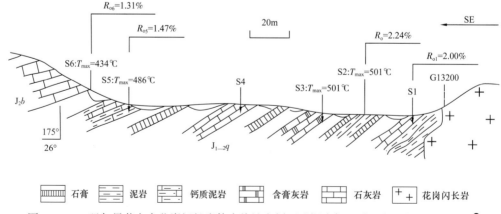

图2-4-84 玛尔果茶卡东花岗闪长岩体南热蚀变剖面（据成都地质矿产研究所，1997）❶

---

❶ 成都地质矿产研究所，1997.青藏地区羌塘盆地区域石油地质调查报告（上、下册）.中国石油青藏项目内部报告.

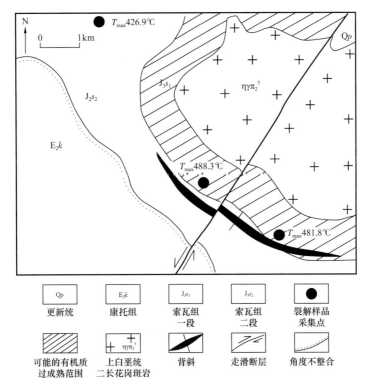

图 2-4-85　劳日特错上白垩统二长花岗斑岩体外接触带索瓦组烃源岩热演化变化平面图
（据四川碳酸盐岩油气田技术开发研究中心，1996）

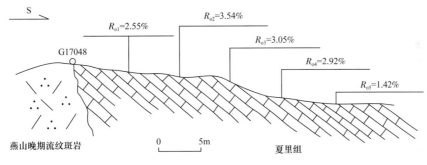

图 2-4-86　G17048 点处热演化剖面

因此，岩浆活动对烃源岩成熟度有影响，但一般来说影响不大。

由上分析看来，侵入体对围岩热解影响范围存在较大差异。中国石油天然气总公司青藏新区勘探事业部（1997）研究认为，对于直径 10km 的中酸性岩体，能使围岩受热温度升高至 450℃ 以上的最大距离不超过 1.8km（图 2-4-87 中 a 点）；岩体直径 4km 时，距离则更小，约 650m（图 2-4-87 中 b 点）。劳日特错二长花岗斑岩体平均直径 5～6km，规模不大，加热效应持续时间短，因此，其影响力较小，导致索瓦组围岩中有机质过成熟的范围不应超过 1km，与图 2-4-87 所示实际情况完全一致。可见，岩体愈大，影响范围愈大。

（2）侵入活动与油气保存的关系。岩浆侵入活动能产生很高的热流，并可持续一定时间，从而加速有机质热演化程度，使生油门限变浅，造成外接触带烃源岩达到高成熟或过成熟，降低烃源岩中残余有机质丰度值。另外，冷却后侵入体往往可作为岩体遮挡油气藏，但不同规模、不同产状侵入体之中心部分冷却到80～100℃所需时间不尽一致（表2-4-24）。羌塘盆地不仅存在晚三叠世、早侏罗世、晚侏罗世、早白垩世、晚白垩世、古近纪和新近纪等多期不同强度的岩浆侵入活动，而且还存在晚三叠世、侏罗纪末期和上新世等多次生烃、排烃期。可见，不同时代、不同产状侵入体与油气关系不尽一致。

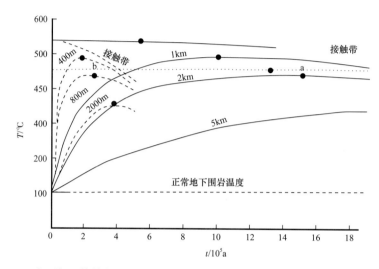

图2-4-87　离开侵入体特定距离的各点随时间推移其温度变化曲线（据Turner，1981）
岩浆温度800℃，围岩正常温度100℃；实线表示岩体直径10km，虚线表示岩体直径4km

表2-4-24　侵入体中心冷却到原始温度10%所需时间（据Mundry，1968）

岩浆岩体		时间/10⁴a
深成岩体（球状）	$R=1km$	2.0
	$R=2km$	10.5
火山颈圆柱形 $R=1km$		10.0
岩株 $R=2km$		50.0
岩脉（板状）$W=10m$		0.015
岩脉（岩床）$W=100m$		0.2
岩脉（岩床）$W=200m$		0.6

注：表中 R 为岩浆岩半径，W 为其厚度。

晚三叠世侵入体仅发育于中央隆起带，与油气的关系不大。早侏罗世侵入体不论中央隆起带，还是在北羌塘坳陷均存在，无疑降低了三叠系烃源岩生烃，对三叠系油藏具有破坏作用。考虑到该时期侵入体多为岩株，冷却时间大约为 50.0×10^4a ，可作为侏罗纪末期和上新世油气运移的圈闭构造。另外，从在北羌塘坳陷东部该时期岩体被雀莫错组不整合覆盖这一情况来看，该时期侵入体大致在早侏罗世末期—中侏罗世初期被抬升到地表，遭受风化剥蚀，晚侏罗世、上新世成熟的油气有可能在花岗岩风化壳聚集成藏。关于这一点，越南大陆架白虎花岗岩和花岗岩风化壳型油气田就是典型的实例。晚侏罗世侵入岩主要发育于北羌塘坳陷南部地区，与该坳陷主生烃—排烃期同步，穿切多套生储盖组合，无疑对油气具有破坏作用。但从该时期岩体（岩株或岩枝）冷却时间大致不超过 50.0×10^4 a 这一情况来看，它可作为后期油气运移的侧向遮挡。早白垩世—古近纪侵入体大致体现在两个方面，一方面，岩浆释放的巨大热力驱使侏罗纪末期形成的、分散在围岩中的油气向背离岩体的方向运移；另一方面，岩体强力侵位往往在靠近岩体的部位形成构造高点，它可能成为上新世成熟的油气聚集的场所。新近纪以来的侵入体虽与上新世生烃—排烃期同步，但由于该时期侵入体极不发育，因此对油气破坏不大。岩脉基本上沿区域性断裂发育，对油气藏破坏不大。

五、地下水与油气保存

羌塘盆地地下水主要有地层水和泉水两种类型。一般认为地层水可以反映氧化—还原环境和水动力条件，泉水对大气降水下渗深度具有一定的指示作用。因此分析研究其特征，对油气保存条件的研究具有重要意义。

1. 地下水基本特征

1）地层水

（1）地层水类型。按照苏林地下水的分类标准，对羌塘盆地 13 件地层水化学特征进行统计，可分为硫酸钠型、碳酸氢钠型和氯化钙型等 3 种水型。其中，硫酸钠型、碳酸氢钠型水分别为 6 件和 6 件，各占 46.15% 和 46.15%；氯化钙型水 1 件，占 7.69%（表 2-4-25）。

（2）矿化度。羌塘盆地地层水矿化度高低悬殊，最高的达 106179mg/L，最低的只有 508.56mg/L。其中，矿化度为 1000～10000mg/L 的中层水 7 件，约占 38.89%；矿化度小于 1000mg/L 的浅层水 9 件，约占 50%；矿化度大于 10000mg/L 的深层水 2 件，约占 11.11%。由上可见，该区地层水矿化度总体较低，可能是由于样品采自地表，大气降水使其稀释之故。

（3）脱硫系数（$SO_4^{2-}/Cl^- \times 100$）、变质系数（$\gamma_{Na}/\gamma_{Cl}$）和碳酸盐平衡系数。前人研究表明，脱硫系数和碳酸盐平衡系数反映了地层水化学环境和水动力条件，与油气藏的分布和保存有密切关系。现代海水变质系数为 0.87。地层水变质系数若小于该值，表明发生了浓缩变质作用，代表保存条件好；反之，为保存条件差。羌塘盆地 18 件地层水样品中，变质系数一般为 0.9～2.0，个别高达 10.902。可见，该区地层水变质系数变化范围较大，此种情况可能是大气降水混染造成的。脱硫系数越小，表示地下水脱硫作用越强，处于还原环境，保存条件较好，地层水中 SO_4^{2-} 和 Cl^- 的变化直接影响脱硫系数的变化。该区脱硫系数差异较大，在 18 个采自地表的样品中，脱硫系数小于 10 的样品有 4 件，10～50 的样品有 3 件，50～100 的样品有 4 件，大于 100 的样品有 7 件；此种情况与羌塘盆地侏罗系中发育多套膏岩层，地层水使其溶蚀有关。碳酸盐平衡系数值越小，表明保存条件越好，越靠近油气藏。18 件地层水样品中，碳酸盐平衡系数小于 1 的样品有 6 件，2 件为 0，1～2 的样品有 5 件，大于 2 的样品有 5 件，其中最大的为 4.03。可见，该区碳酸盐平衡系数总体较小，油气保存条件较好。

表2-4-25 羌塘盆地地下水分析数据及特征表

水样点	温度/℃或层位	TDS/mg/L	水型	离子含量/(mg/L)								γ_{Na}/γ_{Cl}	$SO_4^{2-}/Cl^- \times 100$	地层水成因类型	资料来源
				K^+	Na^+	Ca^{2+}	Mg^{2+}	Cl^-	SO_4^{2-}	CO_3^{2-}	HCO_3^-				
S37	5.5	544	碳酸氢钠	0.13	3.22	7.16	3.16	1.06	1.56	0.48	4.0	3.16	147		
S42	7	526	碳酸氢钠	0.13	3.02	4.84	2.48	1.02	1.3		6.15	3.09	127		
	湖水	56200	氯化镁	18.93	778.3	33.24	130.9	814.93	117.2	5.04	3.43	0.98	14		
S21	湖水	627300	氯化镁	21.46	818.9	34.68	43.89	871.94	174.3	5.5	3.17	0.96	20		
	11	785	碳酸氢钠	0.47	5.65	2.48	175.6	1.37	0.86	5.24	8.84	4.47	63		
S35	72	1490	碳酸氢钠	1.82	20.43	0.84	1.84	4.59	1.68	2.5	14.55	4.85	37		仝伟，2000
	72	1521	碳酸氢钠	1.64	16.19	0.7	1.4	4.05	1.5	8.3	6.14	4.40	37		
S32	7	1900	硫酸钠	0.33	21.3	4.36	16.38	13.07	10		6.66	1.65	77		
S31	6.4	1200	硫酸钠	0.06	0.66	10，24	4.76	0.53	17.08		2.26	1.36	3223		
S14	40	3434	氯化镁	6.65	41.26	0.66	9.84	49.69	4.16	3.86	0.36	0.96	8		
S12	15	2630	硫酸钠	0.29	8.26	5.14	9.72	7.75	36.16		5.05	1.10	467		
S60	45	2648	碳酸氢钠	1.14	38.63	2.78	1.92	3.06	1.28	5.68	35.55	13.00	42		
S30	26	307	碳酸氢钠	0.19	2.32	1.94	1.24	0.92	0.88	0.48	3.32	2.73	96		
S25	39.5	3595	氯化镁	0.38	50.43	7.34	1.84	50.96	2.5		8.29	1.00	5		
S6	30	1076	碳酸氢钠	0.64	11.87	1.94	2.98	8.38	3.28		7.77	1.49	39		
S4	35.5	1170	碳酸氢钠	0.36	13.61	4.1	2.54	1.26	1.9		18.20	11.99	151		
S3	27	4050	碳酸氢钠	1.64	66.09	3.62	1，78	8.37	4.36		6.15	8.09	52		
S5	73.5	1570	碳酸氢钠	0.87	22.17	0.34	1.36	3.55	3.16	3.36	14.95	6.49	89		

续表

水样点	温度/℃或层位	TDS/mg/L	水型	K⁺	Na⁺	Ca²⁺	Mg²⁺	Cl⁻	SO₄²⁻	CO₃²⁻	HCO₃⁻	γ_{Na}/γ_{Cl}	SO₄²⁻/Cl⁻×100	地层水成因类型	资料来源
							离子含量/（mg/L）								
S68	73	2.94	碳酸氢钠	2.39	38.70	0.27	0.42	7.79	21.35	1.33	12.50	5.27	274		佟伟，2000
S71	11	1230	氯化镁	0.26	0.06	15.39	3.51	0.34	1.63		22.95	0.94	479		
S72	31	3800	碳酸氢钠	1.84	58.26	1.18	2.21	6.37	7.56		53.28	9.43	119		
S15-1	>40	1118	碳酸氢钠	0.12	10.30	2.035	1.0	3.93	1.58		0.66	2.65	40		成都地质矿产研究所，2005
S18	10	594	碳酸氢钠	0.10	1.90	1.61	0.75	1.17	0.855		4.26	1.71	73		
S28	30～50	2831	碳酸氢钠	0.79	34.08	2.825	0.80	27.99	1.675		8.85	1.25	6		
S19	冷泉	649	碳酸氢钠	0.14	5.87	0.87	0.345	3.89	0.525		3.60	1.54	13		
S20	7.5	4170	碳酸氢钠	0.38	41.30	6.125	1.425	19.3	5.765		18.0	2.16	30		
S81	1	160	硫酸钠	1.61	16.5	50.35	31.43	14.88	25.83	0	58.71	1.22	174		西藏区调队，1/100万改则幅区域地质调查报告，1986
S82	2.5	1930	碳酸氢钠	6.15	77.04	6.98	8.54	15.57	6.34	0	77.89	5.34	41		
S83	0.1	1680	碳酸氢钠	3.90	84.08	3.81	7.72	29.48	13.95	8.34	48.23	2.98	47		
S84	7.5	310	硫酸钠	1.84	59.44	8.51	29.75	56.01	27.42	0	16.16	1.09	49		
S85	16	4010	硫酸钠	1.64	46.48	14.93	36.96	27.07	65.13	0	7.47	1.78	241		
S88	8.9	1150	硫酸钠	0.63	8.6	65.99	24.78	4.32	82.07	1.46	12.15	2.14	1900		
S89	7.2	1410	碳酸氢钠	95.4		3.60	1.0	51.0	5.60	0	43.40	1.87	11		
S90	8.15	35500	硫酸钠	1.30	21.59	53.28	22.83	14.31	43.21	0	42.13	1.60	302		
S91	9.4	980	硫酸钠	26.4		22.60	50.0	11.30	21.15	0	64.20	2.34	187		
S92	3.0	2000	氯化钙	2.0	81.0	1.20	4.0	87.90	5.60	0	5.90	0.94	6		

水样点	温度/℃或层位	TDS/mg/L	水型	K⁺	Na⁺	Ca²⁺	Mg²⁺	Cl⁻	SO₄²⁻	CO₃²⁻	HCO₃⁻	γ_{Na}/γ_{Cl}	SO₄²⁻/Cl⁻ ×100	地层水成因类型	资料来源
S93	4.0	2900				66.14	33.86	11.55	6.83	0	11.50	0	665		
S94	3.0	2350				68.80	31.14	15.67	72.48	0	11.85	0	463		
S95	2.0	1440	硫酸钠	1.6	47.0	37	14.0	24.0	56.0	0	20.9	2.03	233		西藏区调队，1/100万改则幅区域地质调查报告，1986
S96	20	360	硫酸钠	2.0	29.0	45	24.0	16.3	17.4	0	65.8	1.90	107		
S97	20.9	210	硫酸钠	1.43	15.88	69.35	13.34	8.03	13.35	7.05	71.53	2.16	166		
S98	1.2	310	硫酸钠		28.6	35.7	35.57	11.9	23.8	0	64.3	2.40	200		
S99	14.5	13790	碳酸氢钠	3.92	90.12	5.53	0.37		55.22	0	35.68				
S100	1.2	1510	硫酸钠	8.1		35.74	54.5	3.6	64.0	0	32.4	2.25	1778		
S101	5.0	240	硫酸钠	1.9	23.5	31.1	43.4	15.8	27.6	16.7	37.8	1.61	175		
S102	2.7	1060	氯化镁		8.2	51.0	40.0	26.3	44.1	0	29.6	0.31	168		
S103	2.2	890	硫酸钠		5.8	70.6	23.7	4.5	78.0	0	17.3	1.29	1733		
S104	11.0	1130	碳酸氢钠		62.3	1.9	35.8	15.1	19.5	10.3	54.7	4.13	129		
S105	不明	520	碳酸氢钠		38.1	40.3	21.6	12.2	25.5	0	61.9	3.12	209		
S106	10.0	640				32.61	67.37	13.07	15.67	0	71.26	0	120		
S107	15.0	6990	硫酸钠	3.08	67.94	14.43	13.23	43.08	46.12	0	10.66	1.65	107		
S108	15.0	640				32.61	67.37	13.07	15.67	0	71.26	0	120		
S79	72	1850	碳酸氢钠	2.01	25.52	0.06	3.64	3.64	2.35	7.91	17.73	7.65	65		佟伟，2000

离子含量/（mg/L）

续表

资料来源：中国石油天然气总公司，1997

水样点	温度/℃ 或层位	TDS/(mg/L)	水型	K⁺	Na⁺	Ca²⁺	Mg²⁺	Cl⁻	SO₄²⁻	CO₃²⁻	HCO₃⁻	γNa/γCl	SO₄²⁻/Cl⁻×100	地层水成因类型
Sh1	地层水	2279.70	碳酸氢钠	17.77		10.06	0.81	1.63	3.42		23.59	10.90	210.00	NaHCO₃ 型中层水
Sh2	地层水	795.04	碳酸氢钠	5.84		3.46	1.38	1.14	3.62		5.92	5.10	318.00	NaHCO₃ 型中层水
Sh3	地层水	9603.26	碳酸氢钠	88.55		16.50	27.81	25.94	40.51		66.42	3.40	156.00	NaHCO₃ 型中层水
G29020	泉水	1125.85	氯化镁	0.45	12.87	3.28	1.65	8.96	2.98		4.42	1.40	33.20	
G22584	泉水	17061.2	氯化钙	6.16	251.72	17.76	12.45	280.41	8.61		4.91	0.90	3.0	
1	泉水	742.16	碳酸氢钠	0.14	9.98	0.28	0.99	3.77	1.96		4.32	2.60	52.00	
G240476	泉水	2618.58	碳酸氢钠	1.15	35.86	1.72	0.72	27.87	3.98		8.85	1.30	14.30	
G29020	泉水	2751.44	硫酸钠	1.14	32.91	5.64	3.23	29.03	6.81		7.74	1.10	23.50	
G22530	泉水	17366.82	氯化钙	6.27	262.28	18.03	12.66	282.89	9.09		3.93	0.90	3.20	
W1349sh	泉水	357.69	碳酸氢钠	0.27	3.49	3.92	2.43	1.93	1.71	1.56	3.70	1.80	88.60	
W1624sh	泉水	1683.76	硫酸钠	0.25	12.65	9.45	3.75	0.31	19.83		3.00	40.70	6396.8	
G60011sh	J₁₋₂g	1577.36	碳酸氢钠	0.78	10.74	6.95	2.31	4.06	5.04		12.28	2.70	124.00	
G60019sh	J₂x	1077.48	碳酸氢钠	0.22	7.39	3.17	0.03	3.85	2.32		7.92	1.90	60.20	
W1359sh	泉水	346.40	硫酸钠	0.13	1.31	3.32	0.79	1.10	0.90		2.46	1.20	81.30	
W0041sh	泉水	707.20	硫酸钠	0.10	5.57	3.22	2.18	3.49	2.58	0.79	3.47	1.60	73.90	
W0783sh	泉水	1232.49	氯化镁	0.50	6.61	8.05	2.31	6.80	1.71		9.04	1.00	25.10	
Wo1	地层水	8388.63	硫酸钠	67.06		50.18	6.67	47.05	41.38		35.43	1.40	87.90	NaCl 型中层水
Wo2	地层水	106179.38	碳酸氢钠	1474.97		156.8	43.07	1267.4	18.75		388.68	1.20	1.50	深部地层水

水样点	温度/℃或层位	TDS/mg/L	水型	离子含量/(mg/L)								γ_{Na}/γ_{Cl}	SO_4^{2-}/Cl^- ×100	地层水成因类型	资料来源
				K^+ / Na^+	Ca^{2+}	Mg^{2+}	Cl^-	SO_4^{2-}	CO_3^{2-}	HCO_3^-				
Wo3	地层水	649.30	氯化钙	7.79	3.24	0.95	8.50	3.48		0.00	0.90	40.90	NaCl型浅层水	中国石油天然气总公司,1997
Wo1sh1	泉水	16030.00	硫酸钠	216.06	29.98	16.26	208.47	20.10		33.73	1.00	9.60		
Wo3sh1	泉水	23900.00	氯化镁	317.55	55.99	21.75	320.83	35.88		38.59	1.00	11.20		
Wo4sh1	泉水	18680.00	硫酸钠	268.77	24.18	21.21	264.15	35.91		14.09	1.00	13.60		
Wo5sh1	泉水	19800.00	硫酸钠	287.44	16.70	29.06	280.88	34.30		18.02	1.00	12.20		
Wo6sh1	泉水	580.00	硫酸钠	5.23	2.65	0.56	4.70	1.61		2.12	1.10	34.20		
W670W1	地层水	848.35	硫酸钠	1.67	7.10	4.38	0.71	12.44		0.00	2.40	1752.0	CaSO₄型浅层水	
W683（2）	地层水	5370.86	碳酸氢钠	66.16	15.50	3.42	62.86	2.96		19.26	1.10	4.70	NaCl型中层水	
W656W1	地层水	8796.38	硫酸钠	62.98	24.00	31.67	16.57	22.50		79.58	3.80	135.0	NaHCO₃型中层水	
W664W2	地层水	860.81	硫酸钠	4.58	3.50	3.43	1.91	0.63		8.97	2.40	32.90	Ca（HCO₃）₂型浅层水	
W657W2	地层水	508.56	硫酸钠	2.13	2.81	2.46	1.74	2.40		3.26	1.20	138.0	NaHCO₃型浅层水	

（4）地层水成因分类标准。根据羌塘盆地内地层水的实际特征，主要利用矿化度、阳离子排列的次序和阴离子排列的次序等三个方面的数据来对羌塘盆地进行地层水成因分类。① 在地层如果不受岩矿层、可溶矿物、海水、盐湖水等影响下，矿化度一般来讲与地层水的深度有关，地层水的埋深越大，其矿化度越高，因此将矿化度大于 10000mg/L 的视为深层水，1000～10000mg/L 的为中层水，小于 1000mg/L 的为浅层水。但由于盆地处于油气勘探初级阶段，深层水、中层水及浅层水的具体埋深，现在还不清楚。② 阳离子的排列顺序与原始水的阳离子成分及尔后地层中溶解和交替密切相关，海水中的阳离子浓度次序一般为 $Na^+>K^+>Ca^{2+}>Mg^{2+}$，陆相成因的水中常常是 $Ca^{2+}>Na^+>Mg^{2+}$，而与岩浆活动有关的热水以 $Na^+>Ca^{2+}>Mg^{2+}$ 的规律出现为特征，与咸水湖有关的水往往是 $Na^+>Mg^{2+}>Ca^{2+}$ 或 $Mg^{2+}>Na^+>Ca^{2+}$。③ 阴离子的排列次序也与原始水的成分及尔后地层中溶解和交替有关，海水中阴离子排列次序为 $Cl^->SO_4^{2-}>HCO_3^-$，淡水湖中以 $HCO_3^->SO_4^{2-}>Cl^-$ 为特征，深层的原始水或岩浆水以 $Cl^->SO_4^{2-}>HCO_3^-$ 为特征，其中 K^+ 和 SO_4^{2-} 相对增高。

（5）地层水成因分类。根据以上地层水成因分类标准，将该盆地地层水分为深层水、中层水和浅层水（淡水）三大类。其中，深层水又可分为深部高温地层水和深部地层水；中层水又可分为 NaCl 型中层水、$NaHCO_3$ 型中层水；浅层水又分为 NaCl 型浅层水、$CaSO_4$ 型浅层水、$Ca(HCO_3)_2$ 型浅层水和 $NaHCO_3$ 型浅层水。

2）泉水

羌塘盆地泉点星罗棋布，主要有冷泉（温度0～10℃）、低温温泉（温度10～20℃）、中低温温泉（温度20～30℃）、中温温泉（温度30～40℃）、中高温温泉（温度40～50℃）和高温温泉（温度＞50℃，包括喷泉）。此外，盆地尚发育钙华等温泉遗迹，反映该区昔日水热活动强烈。

温泉一般与特定的地质构造关系密切。区域上，羌塘盆地水温大于10℃的温泉以南羌塘坳陷最发育，中央隆起带次之，北羌塘坳陷最少且主要集中于其南部地区。横向上，总体表现为西部地区相对冷泉集中，向东温泉逐步增多的特点。区内大多数温泉主要发育于断裂带上，尤其以南北向断层最为发育。

羌塘盆地泉水成因类型较复杂，大气降水有一定程度参与。对盆内30个温度大于30℃泉水的化学分析数据进行 $Cl—SO_4—HCO_3$ 三元图解投影（图2-4-88）。9个温泉落入"加热蒸汽类/蒸汽冷凝水"区域，反映地下存在局部性热体；3个样品落入"深部 Cl 水类"区域；10个样品落入"稀释 $Cl—HCO_3$ 水类"区域与"Cl、SO_4 混合水/火山冷凝水"的过渡区域。

2. 地下水与油气保存关系

羌塘盆地由于遭受了强烈的构造运动，使上三叠统—侏罗系盆地充填体暴露出来，造成地层水由原来的还原状态变为弱还原或弱氧化环境，相应的水动力条件由交替阻滞变为交替缓慢或交替较强，造成矿化度很小、脱硫系数和变质系数很大，反映保存条件变差。但从上述18件地层水样品碳酸盐平衡系数，部分样品具有矿化度很大、脱硫系数和变质系数很小的特点来看，盆地在抬升以前具有较好的保存条件。另外，考虑到羌塘盆地仍具有较大的上三叠统—侏罗系盆地充填体，尤其是其内发育多套封闭性较好的膏岩、泥岩，它们对水体交替具有良好的阻滞作用，所以说深部保存条件较好。

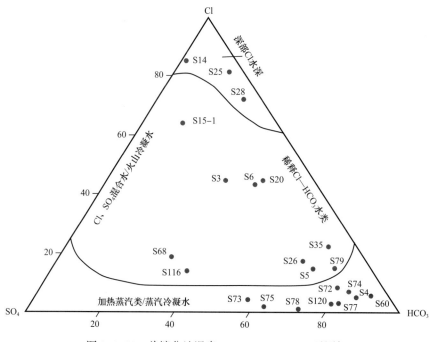

图 2-4-88　羌塘盆地温泉 Cl—SO₄—HCO₃ 三元图解

从大气降水下渗深度来看，泉水温度越高，大气降水下渗深度越大，氧化界面越深。由此看来，南羌塘坳陷、北羌塘坳陷南部和东部中高温温泉、高温温泉发育，大气降水下渗深度大，浅部油气保存条件较差，应寻找深部油气藏。

另外，从发育于中央隆起带东部上三叠统内的温泉水中具有气苗和温泉受断层控制等情况来看，靠近断层部位大气降水下渗深度较大，对油气保存条件破坏较强。

第五节　生储盖组合

一、生储盖组合划分

如本章前几节所述，根据盆地中生界各层系的烃源岩、储层和盖层岩类的发育状况和时空配置关系，可以划分出三套完整的生储盖组合：中侏罗统布曲组—中侏罗统夏里组组合（Ⅲ）、下侏罗统曲色组—中侏罗统夏里组组合（Ⅱ）、上三叠统肖茶卡组—中—下侏罗统雀莫错组组合（Ⅰ）（图 2-4-89）。

二、生储盖组合特征

1. 上三叠统肖茶卡组—中—下侏罗统雀莫错组组合（Ⅰ）

该套生储盖组合烃源岩以肖茶卡组碳质泥岩、泥岩、泥晶灰岩、泥灰岩等为主，在中央隆起带两侧上三叠统中见有煤线；储层以肖茶卡组中砂岩、细砂岩、生物碎屑灰岩、核形石灰岩、鲕粒灰岩，局部礁灰岩等为主；肖茶卡组泥岩、泥晶灰岩、微晶灰岩和中—下侏罗统雀莫错组泥岩、页岩为盖层，构成连续的生储盖组合方式（图 2-4-89）。

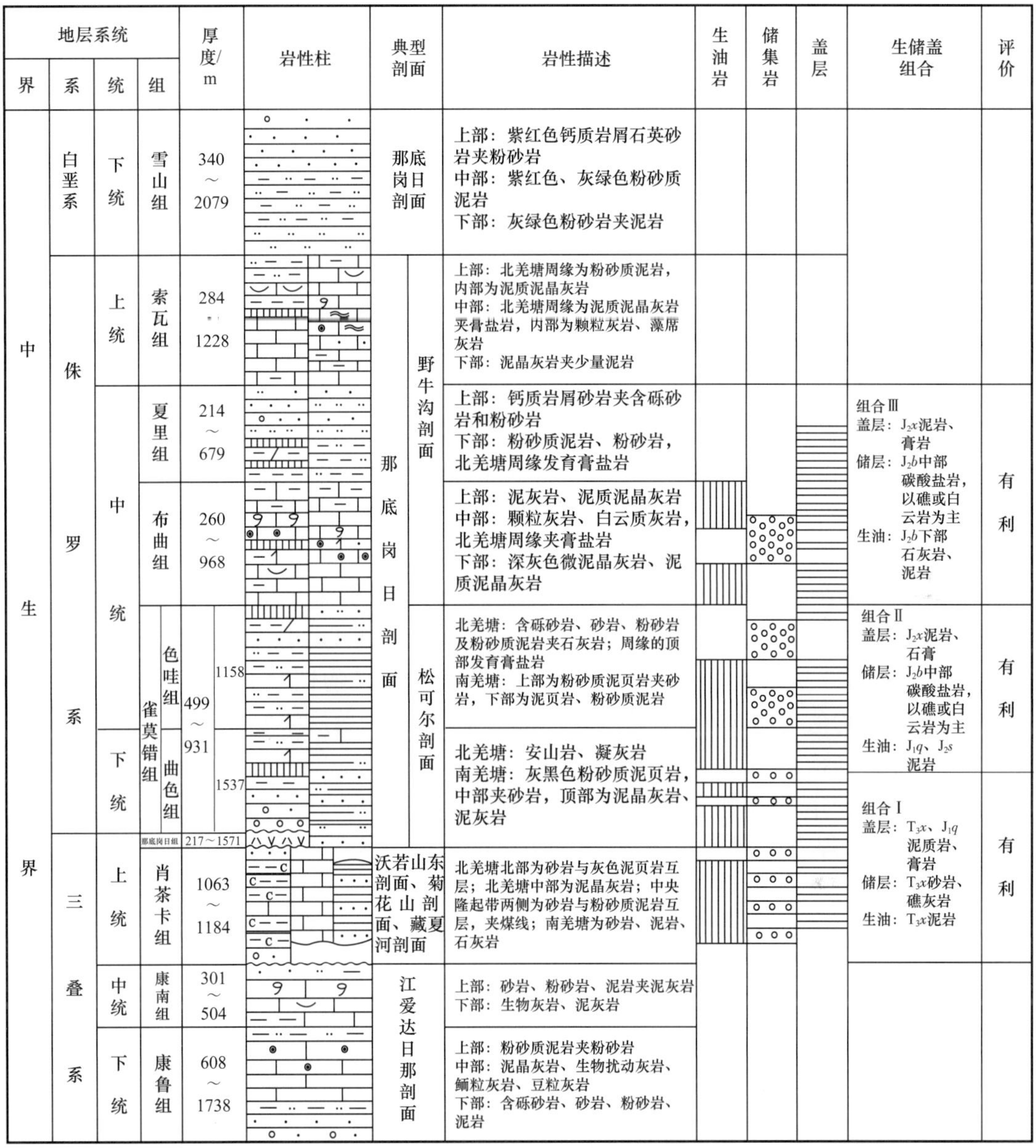

地层系统				厚度/m	岩性柱	典型剖面	岩性描述	生油岩	储集岩	盖层	生储盖组合	评价
界	系	统	组									
中生界	白垩系	下统	雪山组	340~2079		那底岗日剖面	上部：紫红色钙质岩屑石英砂岩夹粉砂岩 中部：紫红色、灰绿色粉砂质泥岩 下部：灰绿色粉砂岩夹泥岩					
	侏罗系	上统	索瓦组	284~1228		野牛沟剖面	上部：北羌塘周缘为粉砂质泥岩，内部为泥质泥晶灰岩 中部：北羌塘周缘为泥质泥晶灰岩夹骨盐岩，内部为颗粒灰岩、藻席灰岩 下部：泥晶灰岩夹少量泥岩					
		中统	夏里组	214~679		那底岗日剖面	上部：钙质岩屑砂岩夹含砾砂岩和粉砂岩 下部：粉砂质泥岩、粉砂岩，北羌塘周缘发育膏盐岩				组合Ⅲ 盖层：J₂x泥岩、膏岩 储层：J₂b中部碳酸盐岩，以礁或白云岩为主 生油：J₂b下部石灰岩、泥岩	有利
			布曲组	260~968			上部：泥灰岩、泥质泥晶灰岩 中部：颗粒灰岩、白云质灰岩，北羌塘周缘夹膏盐岩 下部：深灰色泥微晶灰岩、泥质泥晶灰岩					
		下统	色哇组 雀莫错组 曲色组	1158 499~931 1537		松可尔剖面	北羌塘：含砾砂岩、砂岩、粉砂岩及粉砂质泥岩夹石灰岩；周缘的顶部发育膏盐岩 南羌塘：上部为粉砂质泥页岩夹砂岩，下部为泥页岩、粉砂质泥岩 北羌塘：安山岩、凝灰岩 南羌塘：灰黑色粉砂质泥页岩，中部夹砂岩，顶部为泥晶灰岩、泥灰岩				组合Ⅱ 盖层：J₂x泥岩、石膏 储层：J₂b中部碳酸盐岩，以礁或白云岩为主 生油：J₁q、J₁s泥岩	有利
界	三叠系	上统	那底岗日组 217~1571			沃若山东剖面、菊花山剖面、藏夏河剖面					组合Ⅰ 盖层：T₃x、J₁q泥质岩、膏岩 储层：T₃x砂岩、礁灰岩 生油：T₃x泥岩	有利
			肖茶卡组	1063~1184			北羌塘北部为砂岩与灰色泥页岩互层；北羌塘中部为泥晶灰岩；中央隆起带两侧为砂岩与粉砂质泥岩互层，夹煤层；南羌塘为砂岩、泥岩、石灰岩					
		中统	康南组	301~504		江爱达日那剖面	上部：砂岩、粉砂岩、泥岩夹泥灰岩 下部：生物灰岩、泥灰岩					
		下统	康鲁组	608~1738			上部：粉砂质泥岩夹粉砂岩 中部：泥晶灰岩、生物扰动灰岩、鲕粒灰岩、豆粒灰岩 下部：含砾砂岩、砂岩、粉砂岩、泥岩					

图 2-4-89　羌塘盆地生储盖组合划分及综合评价图（据王剑等，2009，修改）

北羌塘坳陷北部藏夏河—多色梁子一带，烃源岩为泥（页）岩、碳质泥岩，厚度为116~700m，平均有机碳含量为0.7%~1.84%；储层为砂岩，孔隙度为4.1%，渗透率为8.9mD；盖层以泥岩、膏岩为主，厚度大，多色梁子地区盖层厚度大于529m（单层厚度可达45.5m）；生、储、盖三者之间的配置型式以互层式、上覆式、下伏式为主。

中央隆起带及中央潜伏隆起带两侧查郎拉、孕尔曲和才多茶卡地区，泥（页）岩、碳质泥岩烃源岩厚度分别为206.7m、408.6m、152.39m，平均有机碳含量为0.73%，盆地东部地质浅钻羌资-7井显示，18件岩心样品有机碳含量为0.53%~3.56%，均值为1.20%，大部分属于中等—好烃源岩，厚度可达167m；储层为砂岩，平均孔隙度为3.0%~8.4%，查郎拉地区最高可达21.8%，渗透率平均为1mD，才多茶卡地区平均渗透率最高可达 38.05mD，表明储集条件优越；区域盖层厚度大于 700m，最大单层厚度可达 79m；生、储、盖三者多以互层式叠置。

因此，该套生储盖组合烃源岩厚度大，有机碳含量较高，储层储集性能优越，盖层也很发育。但是，有机质类型较差，碳酸盐岩烃源岩有机质类型以 II_1 型为主，个别为 I 型，泥质烃源岩有机质类型则以 II_2 型和 III 型为主，有机质热演化程度达高成熟—过成熟。综合定性评价认为，该生储盖组合为盆地有利生储盖组合。

2. 下侏罗统曲色组—中侏罗统夏里组组合（II）

曲色组仅分布于南羌塘坳陷，所以该生储盖组合主要发育于南羌塘坳陷。其中，以曲色组、色哇组泥（页）岩和泥晶灰岩为烃源岩；布曲组碳酸盐岩（礁或白云岩为主）为储层，还有色哇组的少量砂岩；盖层则是夏里组泥岩、膏岩（图 2-4-89）。

该组合烃源岩在局部地区厚度大，有机质含量高，毕洛错地区下侏罗统曲色组烃源岩厚度为 198m，泥质烃源岩平均有机碳含量为 8.34%，碳酸盐岩烃源岩平均有机碳含量为 0.35%，松可尔地区泥质烃源岩厚度达 625m，平均有机碳含量为 0.47%；中侏罗统色哇组烃源岩在松可尔地区厚度为 298.7m，有机碳含量为 0.46%。南羌塘坳陷储层主要分布在中西部和东部，储层孔隙度均值为 2.53%，各剖面孔隙度平均值为 0.76%～8.41%，多在 1%～3% 之间；渗透率平均值达到 4.434mD，最小为 0.0002mD，最大为 64.58mD；区域展布上以南羌塘坳陷隆鄂尼地区物性最好，孔隙度最大值为 15.5%，孔隙度均值可达 8.76%，渗透率一般大于 10mD。盖层主要分布于北羌塘坳陷大部分地区和南羌塘坳陷毕洛错—土卓玛及果根错—其香错—安多一带，中央隆起带、盆地东部、北羌塘坳陷北缘鸭子湖—长颈湖一带为古陆和隆起剥蚀区，缺失有效盖层，但北羌塘坳陷盖层厚度一般大于 400m，坳陷中部地区厚度大于 600m，封盖性能好；另外，在北羌塘中西部还发育一定厚度的膏岩盖层。

该生储盖组合仅发育于盆地局部地区，分布范围有限，厚度分布变化大，有机质丰度局部非常高，有机质类型 II_1 型、II_2 型和 III 型均有分布，热演化程度也较高，三者的配置在局部分布地区组合较好，综合定性评价认为，该生储盖组合为盆地有利生储盖组合。

3. 中侏罗统布曲组—中侏罗统夏里组组合（III）

该套组合烃源岩为中侏罗统布曲组泥灰岩、泥质灰岩、泥晶灰岩，局部地区见一定厚度的泥质烃源岩；储层以中侏罗统布曲组粒屑灰岩、生物碎屑灰岩、砂屑灰岩、鲕粒灰岩、核形石灰岩、藻礁灰岩、珊瑚礁灰岩、白云质灰岩和白云岩为主；盖层为中侏罗统布曲组上部泥灰岩、泥质灰岩、泥晶灰岩和中侏罗统夏里组下部的泥岩和膏岩（图 2-4-89）。

碳酸盐岩烃源岩主要分布在北羌塘坳陷中西部河湾山—长水河—多尔索洞错地区及分水岭—啵呐湖—长蛇山南地区，烃源岩厚度为 92～621m，有机质丰度以中部最高，各剖面平均有机碳含量为 0.117%～0.68%；储层北羌塘坳陷那底岗日以西孔隙度较大，其孔隙度一般都在 3%～5% 之间（最大为 16.91%）；盆地区域盖层发育，盖层厚度多在 400m 以上，坳陷中部多在 600m 以上，盖层岩性以致密灰岩、泥（页）岩和膏岩为主。

该组合烃源岩厚度大，有机质丰度高，有机质类型以 II_1 型为主，部分为 II_2 型，具有较好的生烃能力，热演化程度以成熟—高成熟为主。烃源岩、储层和盖层在纵向上配置较好，横向上展布稳定，在布曲组内部存在着互层式、上覆式和自生自储的组合型式。综合三者的分布、厚度及评价指标定性评价认为，该套生储盖组合为盆地有利生储盖组合。

纵观上述生储盖组合的发育状况和空间展布特征，盆地存在三套生储盖组合：其中北羌塘坳陷为中侏罗统布曲组—中侏罗统夏里组组合Ⅲ、上三叠统肖茶卡组—中—下侏罗统雀莫错组组合Ⅰ；南羌塘坳陷为下侏罗统曲色组—中侏罗统夏里组组合Ⅱ。

第五章 非常规油气资源

羌塘盆地非常规油气资源主要包括油页岩和油砂，本章主要介绍胜利河油页岩、毕洛错油页岩及隆鄂尼—鄂斯玛油砂的基本地质特征及其资源潜力。天然气水合物开展了一些地质调查工作，但目前还没有取得实质性发现。

20 世纪 90 年代，石油地质调查在南羌塘坳陷发现了毕洛错油页岩和隆鄂尼—昂达尔错古油藏。21 世纪初，油气地质调查评价证实隆鄂尼—昂达尔错古油藏形成的油砂矿向东延伸到了鄂斯玛地区，其分布长约 150km、宽约 40km，地质浅钻及露头剖面控制的资源量为 86.46×10^8t。近年来，油气资源战略选区工作在北羌塘坳陷还发现了胜利河优质海相油页岩，它主要分布于西长梁—胜利河—长蛇山一带，东西长大于 60km、宽约 30km，简易山地工程和露头剖面控制的胜利河油页岩资源量为 4.49×10^8t，地球物理勘探和沉积相预测胜利河油页岩资源量应大于 10.00×10^8t。

第一节 油 页 岩

油页岩（又称油母页岩）是一种高灰分含可燃有机质沉积岩。它和煤的主要区别是灰分超过 40%，与碳质页岩的主要区别是含油率大于 3.5%。本节主要介绍北羌塘坳陷胜利河油页岩和南羌塘坳陷毕洛错油页岩的基本地质特征及资源潜力。

一、胜利河油页岩

胜利河油页岩呈薄纸片状，颜色为黑褐色、灰色—灰褐色、灰黑色，油浸状、土状光泽，新鲜面用指甲刻划会出现油脂条痕，明火可点燃，冒浓烟并带有浓烈沥青燃烧焦油味。将油页岩放入水中，水面上漂浮一层油花，样品测试含油率最高达 16.3%，平均值为 6.24%。

1. 产出特征

1）露头剖面特征

胜利河油页岩包括西长梁、东长梁、胜利河—长蛇山等多个油页岩出露点（图 2-5-1）。2006 年成都地质矿产研究所在开展野外油气地质调查时，在北羌塘坳陷胜利河地区相继发现了胜利河—长蛇山油页岩带，并通过简易山地工程揭示它们与东、西长梁油页岩连成一片，东西向延伸约 60km（图 2-5-1）。Re—Os 同位素定年测定及孢子化石证实，这些油页岩的形成时代为晚侏罗—早白垩世（付修根等，2007）。

（1）西长梁油页岩。主要出露于西长梁山地区，油页岩产于灰色中层状、薄层状生物碎屑微晶灰岩、生物碎屑泥晶灰岩、泥晶灰岩、泥灰岩、泥质灰岩中（图 2-5-2），油页岩单层厚度为 2～6cm，页理极为发育，外观显叶片状。油页岩表面发育大量腕足类、腹足类等化石，纹饰多不清楚，化石含量为 60%～80%。

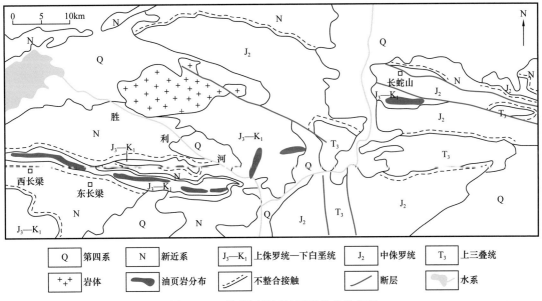

图 2-5-1 胜利河地区油页岩地表分布图

图例：

Q 第四系　　N 新近系　　J₃—K₁ 上侏罗统—下白垩统　　J₂ 中侏罗统　　T₃ 上三叠统

岩体　　油页岩分布　　不整合接触　　断层　　水系

（2）东长梁油页岩。东长梁油页岩新鲜面为深灰色、灰黑色、灰褐色、褐黑色等，风化后略显灰色，弱油脂光泽；岩石较为疏松，能用指甲划出光滑条痕，油页岩呈薄叶片状或薄片状，可用小刀剥离出毫米级页片，油页岩易碎，破碎后断口呈贝壳状。敲开油页岩后有明显油气味，油页岩可燃烧，发出浓烈焦油臭味。该地区油页岩单层厚度较小，一般为 2～8cm，累计厚度为 15～70cm。野外露头呈东西向延伸。油页岩产出层位上下均为石灰岩，仅少量出露，大面积为第四系覆盖。

（3）胜利河—长蛇山油页岩。胜利河—长蛇山油页岩分布于东长梁以东至胜利河、长蛇山一带，油页岩露头总体呈东西向展布，最大累计厚度达 10.47m，平均厚度约 2.85m（图 2-5-3）。其中，该油页岩带西侧油页岩有 5～7 层，单层厚度为 0.59～0.93m；中部油页岩有 3～5 层，单层厚度为 0.40～0.90m；东侧油

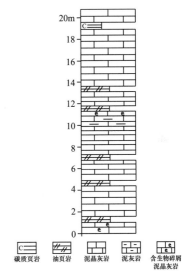

图例：

C 碳质页岩　　油页岩　　泥晶灰岩　　泥灰岩　　含生物碎屑泥晶灰岩

图 2-5-2 西长梁油页岩纵向充填基本序列

页岩有 3 层，单层厚 0.60～5.24m。油页岩新鲜面为灰黑色、褐黑色等，风化后略显灰色；油页岩易碎，油页岩表面见有大量生物化石，以双壳类为主，偶见鱼类化石，这些双壳呈层状分布于油页岩岩层面，由于受后期构造（挤压）影响，双壳化石多呈扁平状，化石个体较小，以 1.0cm 左右为主。将新鲜油页岩放入水中，水面上可见油花，油页岩燃烧时火焰高 1～2cm，烟浓黑，并发出浓烈焦油味。

2）探槽剖面特征

21 世纪初新一轮油气资源战略选区工作对胜利河油页岩开展了简易山地工程槽探揭露工作。槽探揭示油页岩近东西向展布，断断续续延伸在 60km 以上，油页岩露头宽

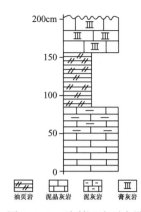

图2-5-3　胜利河油页岩纵向充填基本序列

（图例）油页岩　泥晶灰岩　泥灰岩　膏灰岩

150～250m。油页岩地层产状较为平缓，常被新近系康托组、第四系覆盖。按照探槽工程揭露情况，胜利河—长蛇山地区油页岩特征描述如下。

（1）油页岩西段。工程揭露油页岩有5～7层，最大厚度为1.07m，最小厚度为0.44m，一般厚度为0.59～0.93m；油页岩顶底板为泥晶灰岩、生物碎屑泥晶灰岩，最上一层油页岩顶板为厚度几十米的膏灰岩夹膏岩。

（2）油页岩中段。工程揭露油页岩有3～5层，最大厚度为0.98m，最小厚度为0.13m，一般厚度为0.40～0.90m；油页岩顶底板为泥晶灰岩、生物碎屑泥晶灰岩。

（3）油页岩东段。工程揭露油页岩有3层，一般厚度为0.60～1.20m，最大厚度为3.27m，最小厚度为0.20m；油页岩顶底板为泥晶灰岩、生物碎屑泥晶灰岩。

3）油页岩地下分布

战略选区项目对胜利河油页岩开展了音频大地电磁测量（AMT）工作，目的是查明其地下分布特征，分析、预测其资源潜力。

剖面路线地质调查与AMT之间的联合反演结果显示，低阻地层主要在地表显示为油页岩或膏岩。通过AMT与地表剖面联合解译，初步反演出该套油页岩埋深较浅，埋深一般为300～500m；并且该套低阻油页岩地层在胜利河地区4条AMT剖面上均呈区域性分布，初步确定油页岩主要分布在西长梁—长蛇山龙尾湖凹陷，面积约200km²，平均厚度约2.85m。

2. 时代归属

胜利河油页岩出露于该地区白龙冰河组地层序列中部，采自该地层中大量的孢粉化石揭示其时代归属为早白垩世，同时，胜利河油页岩Re—Os同位素定年为113Ma±29Ma（付修根等，2007），因此，胜利河油页岩的时代归属应为早白垩世中晚期（巴雷姆期—阿普特期）。

（1）白龙冰河组下部。孢子包括：*Cyathiditesminor*、*Brevilaesuraspora orbiculata*、*Todisporitesminor*、*Cyclogranisporites* sp.、*Densoisporites* sp.、*Osmundacidites* spp.。裸子植物花粉包括：*Pinuspollenites* sp.、*Classopollis* spp.、*C.annulatus*、*C.minor*、*C.classoides*、*Dicheiropollis etruscus*、*Perinopollenites* sp.、*Vitreisporites* sp.。其中，*Dicheiropollis*是典型的早白垩世分子，广泛分布于特提斯和北冈瓦纳。

（2）白龙冰河组中部。孢子包括：*Apiculatisporites* sp.、*Biretisporites* sp.、*Cicatricosisporites* sp.、*C.ludbrooki*、*Densosporites* sp.、*Lygodiumsporites subsimplex*、*Reticulisporites* sp.。裸子植物花粉包括：*Classopollis* sp.、*Cerebropollenites* sp.、*C.cf.papilloporus*、*Chasmatosporite* sp.、*Ephedripites* cf.*notensis*、*Jiaohepollis* sp.、*Perinopollenites* sp.。被子植物花粉：*Triporopollenites* sp.、*Tricolporopolenites* sp.。

（3）白龙冰河组上部。孢子包括：*Cyclogranisporites* sp.、*Doltoidospora regularis*、*Lygodiumsporites subsimplex*、*Osmundacidites* spp.、*Senegalosporites* sp.、*Waltzispora* sp.。裸子植物花粉包括：*Cycadopites* sp.、*C.adjectus*、*C.balmei*、*Classopollis* sp.、

C.annulatus、*C.classoides*、*C.granulatus*、*C.minor*、*Steevesipollenites* sp.。*Steevesipollenites* sp. 和 *Senegalosporites* sp. 的出现及低的 *Lygodiumsporites subsimplex* 含量，表明该地层时代为早白垩世晚期（阿尔布期）。

3. 有机地球化学特征

胜利河油页岩有机碳含量为4.31%～21.37%，平均值为9.76%；氯仿沥青"A"含量为0.12%～2.1375%，均值为0.7173%；生烃潜量（S_1+S_2）为5.66～111.1mg/g，均值为40.17mg/g；产油指数 $[S_1/(S_1+S_2)]$ 为0.019～0.063，均值为0.035。油页岩干酪根以腐泥组为主，含量为58%～77%，均值为67.24%；次为镜质组，含量为11%～25%，均值为17.88%；惰质组含量为10%～17%，均值为13.24%；壳质组少量。

油页岩中饱和烃含量为12.75%～34.69%，均值为20.88%；芳香烃含量为17.07%～29.37%，均值为22.79%；饱/芳比值为0.53～1.57，均值为0.93。数据表明饱和烃、芳香烃含量较为接近，且芳香烃含量略高于饱和烃，反映出油页岩有机质类型以混合型的腐泥—腐殖质型为主。因此，油页岩有机质类型为腐殖腐泥型（II₁）和腐泥腐殖型（II₂）。

油页岩干酪根镜质组反射率（R_o）值为0.37%～0.9%，均值为0.58%，说明油页岩有机质处于未成熟—低成熟阶段。油页岩热解峰温 T_{max} 平均值为446℃，最大值为460℃，最小值为433℃，也表明油页岩热演化程度处于低成熟阶段。

4. 工业分析

胜利河油页岩样品均采自地表露头，分析测试项目主要包括：低温干馏、工业分析、发热量、全硫、元素分析（硫、氢、氮、锗、镓）、真相对密度、视相对密度等。分析结果（图2-5-4）显示，油页岩样品最高含油率达16.3%，平均值为6.24%，高于茂名、抚顺、桦甸等地的油页岩含油率。按照油页岩含油率评价油页岩等级的相关标准（赵隆业等，1991），再考虑到地表露头风化淋滤作用，胜利河地区油页岩应属中等以上含油率油页岩。

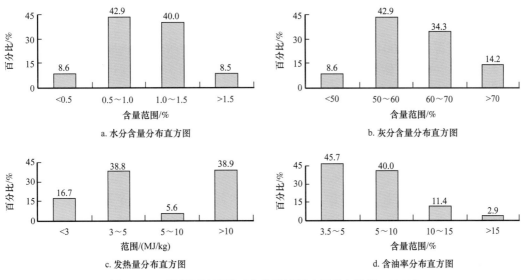

图 2-5-4　胜利河油页岩工业分析特征（据李忠雄等，2010）

油页岩灰分质量分数为 46%～89.3%，平均值为 62.4%，以低灰分为主，少量属高灰分油页岩。油页岩发热量值为 0.9～13.91MJ/kg，均值为 3.81MJ/kg，相对较小。油页岩密度为 1.74～2.45×10^3kg/m^3，均值为 2.07×10^3kg/m^3。油页岩含硫量在 0.12%～0.6% 之间，平均值为 0.26%，为特低硫型油页岩。胜利河地区油页岩总体含油率较高，灰分较低，是低灰分特低硫型油页岩。

综合油页岩工业分析及有机地球化学特征分析，胜利河地区油页岩品质较好，与我国抚顺、茂名等其他地区的油页岩相比，胜利河油页岩含油率相对较高、灰分较低。

5. 成矿条件

胜利河油页岩形成条件包括良好的母质来源、适宜的气候条件和沉积环境及相对稳定的构造背景，其中，沉积环境和气候条件对油页岩成矿起决定性作用。

1）沉积环境

古潟湖环境是控制胜利河油页岩空间展布和规模的关键因素。晚侏罗世—早白垩世，胜利河地区位于北羌塘残留海相盆地南端与羌塘盆地中央隆起带交接部位，由于较为靠近陆地，偶尔有淡水注入影响。晚侏罗世—早白垩世时期，北羌塘总体为一个向北西开口的相对闭塞的巨大海湾，发育河流—三角洲、海湾（潮坪—潟湖）和浅海—陆棚等沉积组合。油页岩沉积期，胜利河地区处于潮湿的热带—亚热带环境，大量淡水注入及高生产力等因素，控制了油页岩的形成，其分布主要位于局限海湾—潟湖的边缘带，膏岩层（段）则发育于相对干旱、炎热气候条件下的闭塞环境。

2）气候条件

胜利河油页岩中的孢粉化石显示胜利河油页岩形成于湿热气候环境中，这样的气候条件有利于有机质生成与产出。胜利河油页岩沉积后期，孢粉化石组合中以裸子植物花粉占优势，蕨类植物孢子居次，显示此时气候条件由湿热逐渐转为炎热干燥，沉积环境也由潟湖转化为干旱蒸发潟湖，发育大量膏岩、膏灰岩，厚度大于 348m。因此，湿热气候环境中沉积的有机质，在后期炎热干燥气候条件更容易保存，油页岩顶部巨厚层膏岩可能为有机质保存与演化、形成油页岩提供了良好保存条件。

6. 远景资源量

以国土资源部《2004 年油页岩资源评价实施方案》为依据，选取含油率（ω）边界品位为 3.5%，单层矿体最小可采厚度确定为 0.7m，油页岩密度通过勘探资料与钻井、探槽分析资料估算平均值为 2.00×10^3kg/m^3，采用体积丰度法计算油页岩地质资源量，计算公式：

$$Q_{油页岩}=S \times H \times D$$

$$Q_{页岩油}=Q_{油页岩} \times \omega$$

式中，$Q_{油页岩}$为油页岩地质资源量，t；$Q_{页岩油}$为油页岩含油量，t；S 为油页岩面积，m^2；H 为油页岩厚度，m；D 为油页岩密度，t/m^3；ω 为油页岩含油率，%。

按照含油率的高低划分为 $\omega>10\%$、$5\%<\omega<10\%$、$3.5\%<\omega<5\%$ 三个等级，胜利河油页岩三个等级资源量为：

$\omega>10\%$ 的资源量：$Q_{油页岩1}=0.04\times10^8$t；$Q_{页岩油1}>0.004\times10^8$t。

$5\%<\omega<10\%$ 的资源量：$Q_{油页岩2}=0.15\times10^8$t；0.0075×10^8t$<Q_{页岩油2}<0.015\times10^8$t。

$3.5\% < \omega < 5\%$ 的资源量：$Q_{油页岩3} = 4.30 \times 10^8 t$；$0.1505 \times 10^8 t < Q_{页岩油3} < 0.215 \times 10^8 t$。$Q_{油页岩1+2+3} = 4.49 \times 10^8 t$；$Q_{页岩油1+2+3} > 0.234 \times 10^8 t$。

由此可以看出，简易山地工程和露头剖面控制的胜利河油页岩资源量为 $4.49 \times 10^8 t$；对应页岩油当量大于 $0.234 \times 10^8 t$。

根据地球物理勘探预测，结合该地区油页岩纵横向沉积相展布特征，分布于龙尾湖凹陷胜利河地区地表及地下的隐伏油页岩面积约为 $200km^2$，平均累计厚度约为 2.85m，由此估算出胜利河油页岩资源量应大于 $10.00 \times 10^8 t$。

综上所述，已有工作已查明胜利河油页岩达中小型油页岩矿床规模。

二、毕洛错油页岩

1.产出特征

毕洛错油页岩位于双湖东南方向约 20km 的董布拉背斜北翼，地层倾角约 40°。剖面位置为：32°49′48.09″N，88°55′06.86″E，高度为 4985m±5m。油页岩露头呈东西向断续延展，长度约 2km，出露地层为下侏罗统曲色组，常与膏岩伴生。

曲色组主要由泥晶灰岩、含生物碎屑泥晶灰岩、钙质页岩、油页岩、泥岩、含砾泥岩、泥灰岩以及石膏组成（图 2-5-5）。

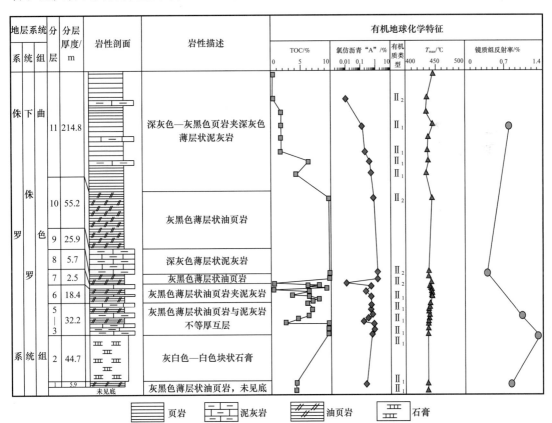

图 2-5-5　羌塘盆地毕洛错地区曲色组油页岩段综合柱状图

油页岩页理发育，多呈薄叶片状或极薄片状，可用小刀剥离出毫米级页片，新鲜面以黑色为主，风化后略显褐色，弱油脂光泽；岩石相对较为致密，常与下部泥晶灰岩伴生产出，可燃，燃烧烟为黑色，并发出浓烈沥青燃烧的焦油味。毕洛错油页岩中化石相对较少，以单一双壳类化石为主，偶见菊石化石，化石保存均较差，变形严重。

2. 沉积特征

毕洛错油页岩为灰黑色具纹层状构造的页岩，夹生物碎屑泥晶灰岩或与泥灰岩呈不等厚互层。层位上位于巨厚层膏岩之上，油页岩层系下部夹薄层状膏岩或膏溶角砾岩，表明油页岩沉积环境与该时期石膏沉积的海湾潟湖环境密不可分，为低能还原沉积。泥灰岩中小型薄壳瓣鳃类生物生态特征表明潟湖已周期性开放，封闭条件变差。随着泥灰岩的加厚，油页岩逐渐消失。

毕洛错油页岩剖面自上而下依次为泥灰岩（泥晶灰岩）—油页岩与泥灰岩、页岩互层夹薄层膏岩的沉积序列。

3. 有机地球化学特征

毕洛错油页岩有机碳含量均较高（图 2-5-5），一般介于 5%～9%，少量油页岩有机碳含量达到 26.12%。氯仿沥青 "A" 为 0.01%～1.41%，平均值为 0.41%，生烃潜量为 1.79～91.45mg/g，平均值为 29.93mg/g。有机质类型以腐殖腐泥型（II_1）为主，少量腐泥腐殖型（II_2）。油页岩热解峰温 T_{max} 平均值为 437℃，最大值为 446℃，最小值为 432℃，表明毕洛错油页岩热演化程度较低。油页岩干酪根镜质组反射率（R_o）为 0.4%～1.3%，有机质演化阶段处于未成熟—成熟阶段，与油页岩热解峰温结果一致。

4. 工业分析

毕洛错油页岩含油率一般在 2.7%～5.8% 之间，平均为 4.06%，；灰分范围为 60.21%～88.25%，平均为 69.8%，为高灰分油页岩；毕洛错油页岩含硫量范围为 0.12%～0.62%，平均值为 0.28%。毕洛错油页岩属于含油率较低的高灰分特低硫型油页岩。同时，毕洛错油页岩局部层段热演化程度较高，少量达到成熟阶段，属页岩油特征。

第二节　油　　砂

隆鄂尼—鄂斯玛油砂由两个矿带组成：昂达尔错—赛仁北部油砂带、隆鄂尼—格鲁关那南部油砂带，它们主要出露于南羌塘坳陷中侏罗统布曲组白云岩中，其形成和分布主要受燕山晚期形成的大型古隆起带控制。

一、分布

南羌塘坳陷隆鄂尼—鄂斯玛油砂，西起隆鄂尼—昂达尔错，东至鄂斯玛地区，东西长约 150km，南北宽约 40km，呈明显的 "东西分区、南北分带" 特征。油砂带自西向东可划分为西部隆鄂尼油砂区、中部昂达尔错油砂区和东部赛仁油砂区；自北向南可划分为南北两个油砂带：昂达尔错—赛仁北部油砂带、隆鄂尼—格鲁关那南部油砂带（图 2-5-6）。该油砂带三叠系在盆地内相当于日干配错组上部，油砂赋存于中侏罗统布曲组，其下伏地层为中侏罗统莎巧木组（相当于色哇组上部）。

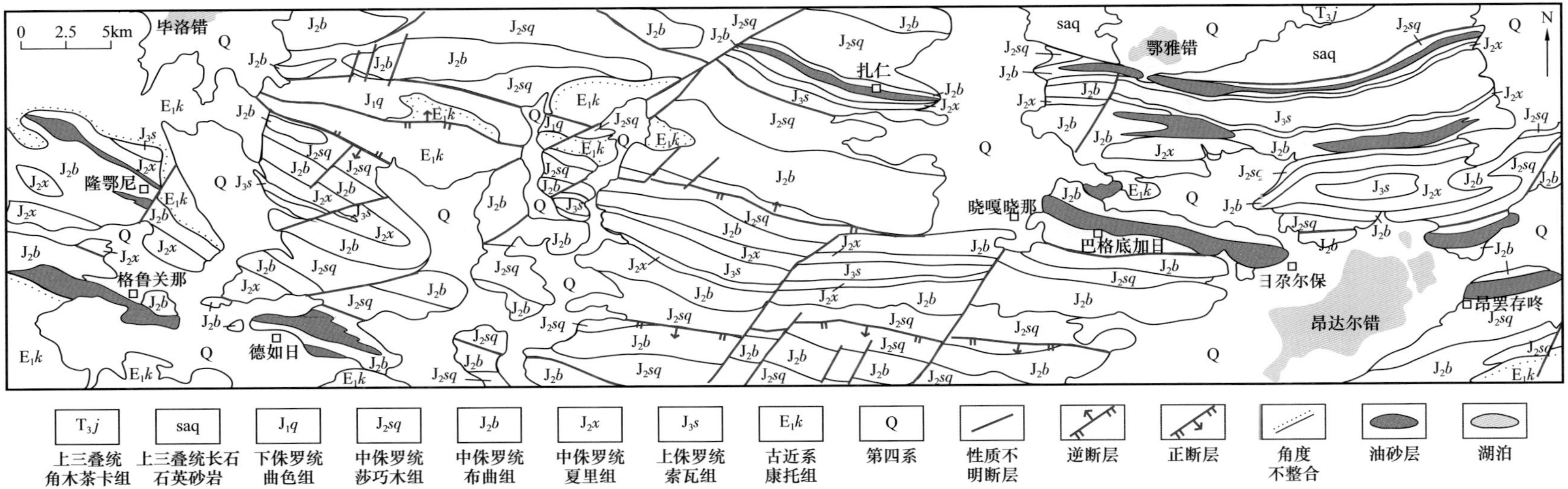

0 2.5 5km
N
毕洛错
隆鄂尼
格鲁关那
德如日
扎仁
晓嘎晓那
巴格底加日
鄂雅错
㺨尕尔保
昂达尔错
昂罢存咚
T3j 上三叠统角木茶卡组
saq 上三叠统长石石英砂岩
J1q 下侏罗统曲色组
J2sq 中侏罗统莎巧木组
J2b 中侏罗统布曲组
J2x 中侏罗统夏里组
J3s 上侏罗统索瓦组
E1k 古近系康托组
Q 第四系
性质不明断层
逆断层
正断层
角度不整合
油砂层
湖泊

图 2-5-6 羌塘盆地南部油砂分布图

1.昂达尔错—赛仁北部油砂带

该油砂带位于南羌塘坳陷东部，呈近东西向条带状出露，主要分布于昂达尔错和赛仁两个地区。自西向东又可以分为5个主要的油砂分布区：扎仁油砂分布区、晓嘎晓那油砂分布区、巴格底加日油砂分布区、日尕尔保油砂分布区、赛仁油砂分布区。

1）扎仁油砂分布区

扎仁油砂分布区位于扎仁山脉南侧山脊，主要分布于扎仁、碾砸、日阿梗等地，该带油砂沿扎仁山脉连续出露，油砂延伸稳定，东西延伸约15km。其中扎仁山和其南部碾砸地区是该地区油砂富集区，尤以碾砸最佳，其厚度较大，且含油品质相对较好。整体而言，扎仁油砂分布区含油层品质一般。

该地区油砂剖面岩性组合较为复杂，油砂储层以砂糖状白云岩、鲕粒灰岩、介壳灰岩为主，并见有泥晶灰岩、砂屑灰岩、生物碎屑灰岩以及砾屑灰岩。白云岩中局部见藻纹层，藻纹层多见灰黑色条带，放大镜下观察为黑色碳质颗粒，颗粒均呈线性顺层分布，单层厚度为0.3～0.7cm，油气味明显。该油砂剖面出露5层含油白云岩层，单层厚度分别为6.3m、15.04m、17.95m、7.65m、16.32m，累计厚度为63.26m。油砂层顶部岩性为生物碎屑灰岩、鲕粒灰岩和介壳灰岩，底部常为生物碎屑灰岩和鲕粒灰岩，显示产出于介壳滩、鲕粒滩沉积环境。

2）晓嘎晓那油砂分布区

晓嘎晓那油砂分布区位于羌塘盆地南部，昂达尔错西北，主要位于晓嘎晓那山顶区域，紧邻双湖县—色哇乡公路。油砂带储层岩性主要为灰黑色厚层—块状细晶白云岩（砂糖状白云岩）夹灰色、深灰色中—薄层状藻灰岩，整体呈现出较为明显的潮坪相沉积特征；藻纹层局部弯曲呈似叠层石状。该油砂带内发育多条近东西向顺层破碎带，破碎带内裂缝主要被白云岩充填，局部被方解石脉体充填；破碎带内砾石发育，砾石多杂乱排列，无明显定向性。

该油砂分布区内砂糖状白云岩、藻纹层状白云岩及破碎带中灰黑色砂糖状白云岩的新鲜面中均有较为明显的油味。

3）巴格底加日油砂分布区

巴格底加日油砂剖面位于羌塘盆地南部，昂达尔错西北，晓嘎晓那山脉以东约5km处，共划分3个含油白云岩层，油砂剖面基岩出露情况良好，沉积层序清晰，地层倾角为70°～80°，倾向为南，顶部与夏里组呈整合接触。

该油砂剖面岩性主要为中—细晶白云岩、藻纹层状白云岩、泥晶灰岩、微晶灰岩与砂屑灰岩。其中以深灰色藻纹层状白云岩为储层的油砂层厚度为1～2m，有明显的汽油味。白云岩储层呈砂糖状，孔渗性较好，晶洞发育；见较多干沥青，沥青多呈颗粒状，部分为团块状，呈浸染状分布于白云岩颗粒之间。该剖面砂糖状白云岩中见有少量双壳类生物化石，多为方解石交代。部分微晶灰岩含生物碎屑，岩石新鲜色多为灰色，风化面为灰白色，晶粒结构，厚层块状构造，生物碎屑以介壳、海百合茎秆为主，保存多不完整，较破碎，分布杂乱，含量在30%左右。

巴格底加日剖面可见3层厚度较大的油砂层，油砂层厚度分别为16.98m、38.44m、42.83m，累计厚度为98.25m。此外，顶部油砂层距上覆夏里组462.91m，明显位于布曲组中部层位。

4) 日尕尔保油砂分布区

日尕尔保油砂剖面位于昂达尔错以北约2km的日尕尔保山南坡，剖面露头良好，地层产状较陡，近于直立，沉积层序清晰，油砂出露规模较大。

该剖面出露岩性主要为灰黑色中—厚层状含油中—细晶白云岩（砂糖状白云岩）、藻纹层状白云岩、泥晶灰岩；夹多层生物碎屑灰岩，生物以腕足类、双壳类为主，多为方解石交代；见数层藻纹层状白云岩，与石灰岩直接接触，藻纹层多为黑色，放大镜下观察均为黑色碳质颗粒，碳质颗粒均呈线状顺层分布。石灰岩新鲜面无明显油气味；深灰色、灰黑色白云岩被风化多呈深灰色，表面见暗红色斑点，新鲜面呈灰黑色，具有明显的油气味，部分白云岩含沥青。

日尕尔保油砂剖面可见上下两个主要含油砂白云岩层，厚度为39.20m和32.64m；两套含油砂白云岩之间被一层厚度达8.11m的灰白色厚层块状泥晶灰岩夹层分割。油砂层顶部见有砂屑灰岩、介壳灰岩，剖面顶部则为介壳灰岩、藻灰岩，说明其产出于碳酸盐岩台地礁滩沉积环境。

5) 赛仁油砂分布区

赛仁油砂分布区位于昂达尔错工区东部，该油砂带基本呈南北分带趋势，且以南部扎东来玛、昂罢存咚、赛仁等分布较好，油砂层发育稳定，且油砂厚度较大；而北部姜日玛日足、宗木以及巴各塞玛尔果等有油砂零星出露，多呈透镜状产出，在数百米范围内就急促尖灭，发育规模较小。

该油砂分布区在昂罢存咚、赛仁等地出露良好，出露地为山顶及两侧山坡，地层产状较为清晰。主要出露岩性为灰黑色、深灰色中—厚层状细—中晶白云岩（砂糖状白云岩）与灰色、浅灰色中—厚层状泥晶灰岩、微晶灰岩，夹少量生物碎屑灰岩。白云岩中局部见藻纹层发育，纹层多为灰黑色、黑色，放大镜下观察其为黑色碳质颗粒，颗粒多呈线状分布，藻纹层厚度为0.2~0.8cm，新鲜面油气味明显。白云岩孔渗性较好，孔洞发育，见少量双壳类化石，多为方解石交代，化石排列无明显定向性。

昂罢存咚剖面含油砂层4层，厚度分别为7.47m、2.46m、30.96m和43.11m，向上油砂层厚度逐渐增大，油砂层侧向延伸较为稳定。油砂带出露岩性为一套灰黑色晶粒白云岩，以中—粗粒结构为主，呈厚层状产出，敲击新鲜面，油气味浓，油砂带顶底板地层岩性主要为生物碎屑灰岩、内碎屑灰岩等，显示出其沉积环境整体处于碳酸盐岩台地沉积。

2.隆鄂尼—格鲁关那南部油砂带

该油砂带位于南羌塘坳陷西南部，主要分布于隆鄂尼和格鲁关那两个地区。隆鄂尼油藏带最早由大庆石油学院在进行1:10万石油地质调查中发现，当时称之为"隆鄂尼古油藏"，东西长约16km，南北宽约1.5km。

1) 隆鄂尼油砂分布区

隆鄂尼油砂分布区主要在孔日热跃—压宁日加跃—隆鄂尼罗达日加那一线，含油层为灰白色白云岩，多风化呈灰黑色，地表露头白云岩呈砂糖状，地貌上为一条沿北西—南东向展布的巨大山脊。其中隆鄂尼油砂剖面古油藏出露情况最好，含油品质最高，地层产状也较为清晰。该点主要出露灰黑色中—厚层状细—中晶白云岩（砂糖状白云岩）与灰色、深灰色中—厚层状泥晶灰岩、微晶灰岩。

该剖面白云岩、微晶灰岩、生物灰岩不等厚互层，夹少量生物碎屑灰岩。白云岩孔渗性较好，晶洞发育，局部晶洞中见油浸现象；化石以双壳类为主，多为方解石交代，化石排列定向性不明显，显示局限台地相的沉积特征。砂糖状白云岩中具有较为明显的油气味，初步推测其具有一定资源潜力。同时，钻井已证实该白云岩油砂层段的存在，但剖面处断层发育，油藏破坏时间及其破坏机理有待深入研究。

隆鄂尼剖面中白云岩、白云质灰岩以及灰质白云岩中均见有油迹和油斑，见含油层4层，单层厚度分别为15.24m、29.27m、7.07m、9.78m，累计厚度为61.36m。油砂多呈层状产出，常与介壳灰岩、鲕粒灰岩、生物碎屑灰岩、砂屑灰岩伴生，主要产于白云岩化的碳酸盐岩台地鲕粒滩和介壳滩中，其中剖面第3含油层底部的角砾状白云岩即为该环境的最好指示，应属于台缘斜坡相角砾岩。油砂新鲜面多呈黄褐色、深褐色，风化面呈深黑色，砂糖状结构，白云石晶粒十分发育，以中—粗晶为主，中—厚层块状构造，岩石多疏松，风化成砂状，局部风化面上可见油迹和油斑；敲击油气味十分浓，污手。

2）格鲁关那油砂分布区

格鲁关那油砂带近东西向延伸出露，向东延伸约25km，尤以德如日、格鲁关那两地出露较好，但该带厚度变化较大，局部呈透镜状产出。油砂可分为南北两支。

德如日油砂剖面位于羌塘盆地南部，隆鄂尼古油藏东南（位置坐标：32°41.330′N；88°55.377′E）。剖面基岩出露情况较好，沿山底到山顶出露约200m，仅较少部分被第四纪浮土覆盖，地层产状较为清晰。油砂储层主要为灰黑色厚层—块状细晶白云岩（砂糖状白云岩），顶底板为灰白色生物碎屑灰岩、核形石灰岩、砂屑灰岩夹深灰色、黑色中—薄层状藻灰岩。剖面中含油白云岩单层厚度为50～130cm，白云岩中颗粒粒径多为0.2～0.4mm，藻纹层单层厚度为10～60cm，放大镜下观察藻纹层内发育黑色颗粒，呈线状顺层分布；含油砂白云岩风化后呈灰黑色，表面被溶蚀后多形成溶蚀孔，孔洞较为发育。生物碎屑灰岩多呈灰色，生物碎屑含量约为40%，主要以介壳、藻类和少量有孔虫为主，偶见珊瑚、腹足类。核形石灰岩多呈灰白色，碎屑结构，块状构造，核形石含量占70%，生物碎屑占20%以上，含少量生物碎屑，生物碎屑较破碎，类型主要为珊瑚、腹足类、双壳类等。

格鲁关那油藏带中藻纹层状白云岩、砂糖状白云岩的新鲜面中均有较为明显的汽油味，且含油砂白云岩厚度较大，该地含油砂白云岩具备较好资源潜力。通过对该含油砂白云岩剖面进行实地调查和研究，发现格鲁关那油藏带与隆鄂尼古油藏带距离较近，但前者油砂发育规模却相对较小，说明油砂在该区横向分布差异较大。

3. 油砂浅井钻探

21世纪初，中国石油大庆油田分公司和青海油田分公司分别在昂达尔错、隆鄂尼、格鲁关那等油砂带实施了10余口浅井，为全面了解羌塘盆地油砂分布及资源评价奠定了基础。

1）羌D2井

该井由中国石油大庆油田分公司2006年组织实施完成，位于昂达尔错北西的日尕尔保，主要钻遇地层为中侏罗统布曲组，完钻深度为847.47m，取心359回次，岩心采收率为80%。通过岩心现场观察、编录和室内薄片鉴定，按照岩石类型、结构、构造等特点，将羌D2井划分为12个岩性段。

（1）井深 36.77～93.6m；浅灰色、暗红色微晶灰岩。

（2）井深 93.6～220.23m；浅灰色藻屑灰岩。

（3）井深 220.23～226.21mm：紫红色砂糖状白云岩，对比标志层。

（4）井深 226.21～295.27m；浅灰色碎斑状藻屑灰岩。

（5）井深 295.27～300.01m；黄灰色砂糖状白云岩，对比标志层。

（6）井深 300.01～435.37m：灰白色、肉红色粗晶灰岩互层。

（7）井深 435.37～474.73m；浅灰色碎斑状藻屑灰岩。

（8）井深 474.73～530.00m：井深 474.73m 开始出现透镜状砂糖状晶粒白云岩，对应地表第一含油层顶部。该段主体岩性为黄灰色砂糖状细晶白云岩，间夹灰色生物碎屑灰岩，油斑、油迹显示明显，荧光显示为蓝白色、亮黄色。

（9）井深 530.00～611.51m：深灰色藻屑灰岩、生物介壳灰岩间夹细晶白云岩，油斑、油迹明显，荧光显示强，呈蓝白色、亮黄色。

（10）井深 611.51～711.26m：灰色、黄灰色砂糖状细晶白云岩，油斑、油迹显示明显，荧光显示为蓝白色、亮黄色。

（11）井深 711.26～768.37m：黄灰色砂糖状白云岩与肉红色细晶灰岩，间夹青灰色微晶灰岩，岩石破碎，裂隙发育。

（12）井深 768.37～847.47m：顶部青灰色微晶灰岩，中下部棕红色晶粒灰岩，细晶—中晶结构，溶孔溶缝发育，部分被方解石充填。

砂糖状晶粒白云岩油砂主要出现在第 146 回次井深 317.82m 处，最大深度见于第 324 回次底部 770.18m，累计井段长度 452.36m，可划分为 11 个油砂段。

第 1 段：146～147 回次，进尺 7.7m，白云岩岩心长度 2.7m，灰白色、灰红色晶粒白云岩。顶板为红灰色微晶灰岩，溶洞溶缝发育，现场检测见荧光显示，是羌 D2 井第一次见荧光显示的层位；底板为角砾状灰白色、灰红色方解石胶结的灰色藻砂屑灰岩。

第 2 段：206～208 回次，进尺 9.63m，白云岩岩心长度 1.85m，黄褐色砂糖状晶粒白云岩，呈斑块状出现，溶洞溶缝发育，油斑、油迹明显。顶板为灰黑色藻砂屑灰岩、核形石灰岩；底板为黑色生物碎屑灰岩。

第 3 段：210～212 回次，进尺 9.4m，白云岩岩心长度 2.20m，黄褐色砂糖状晶粒白云岩与灰黑色藻砂屑灰岩、生物碎屑灰岩、核形石灰岩互层，油斑、油迹明显。顶板为黑灰色生物碎屑灰岩；底板为黑灰色核形石灰岩，角砾状构造。

第 4 段：222～229 回次，进尺 19.22m，白云岩岩心长度 11.35m，黄褐色砂糖状晶粒白云岩，白云岩化部分呈斑块状出现，间夹黑灰色藻屑灰岩、核形石灰岩，孔洞发育，油斑、油迹明显。顶板为肉红色方解石胶结的黑灰色微晶灰岩角砾；底板为黑灰色藻砂屑灰岩、藻团块灰岩和粗晶晶粒灰岩，角砾状构造。

第 5 段：239～242 回次，进尺 13.62m，白云岩岩心长度 5.40m，白云岩化藻屑灰岩、白云岩化生物介壳灰岩，角砾状构造。顶板为黑灰色藻屑灰岩，角砾状构造；底板为黑灰色核形石灰岩、黑灰色生物介壳灰岩。

第 6 段：259～286 回次，进尺 78.02m，白云岩岩心长度 54.33m。该段为羌 D2 井白云岩最厚的层段，上部主要岩性为深灰色细晶白云岩，间夹黑灰色生物介壳灰岩、藻砂屑灰岩或二者呈薄互层状产出；白云岩呈斑块状、透镜状、条带状或薄层状。下部为砂糖状晶粒白云岩，溶孔溶洞发育，溶洞占岩石面积的10%～20%，最高可达30%～70%，油斑、油迹显示明显，荧光强度高。该段白云岩顶板为1.2m厚灰色生物介壳灰岩；底板为棕红色结晶灰岩。

第7段：288～294回次，进尺16.13m，白云岩岩心长度11.56m，深灰色砂糖状晶粒白云岩，油斑、油迹显示明显，打开岩心可闻到强烈油气味，荧光发光强。顶板为棕红色粗晶灰岩；底板为深灰色细晶灰岩。

第8段：297～302回次，进尺9.94m，白云岩岩心长度8.12m，深灰色砂糖状晶粒白云岩，溶孔溶洞占岩石面积的10%～15%，最高可达40%～80%，打开岩心可闻到强烈油气味。顶板为深灰色细晶灰岩；底板为棕灰色细晶灰岩。

第9段：304～307回次，进尺10.6m，白云岩岩心长度3.51m，深灰色砂糖状晶粒白云岩，夹深灰色细晶灰岩，溶孔溶洞发育，呈蜂窝状产出，孔洞占岩石面积的5%～30%，最高可达30%～70%，岩心可闻到强烈油气味。顶板为灰色、棕红色细晶灰岩；底板为棕灰色细晶灰岩。

第10段：309～310回次，进尺5.58m，白云岩岩心长度3.69m，灰色、棕红色砂糖状细晶白云岩，孔洞占岩石面积的5%～10%，偶尔可达20%，油气味浓。顶板为青灰色细晶灰岩；底板为棕灰色细晶灰岩。

第11段：322～324回次，进尺4.58m，白云岩岩心长度2.70m，该段是羌D2井白云岩出现的最下部层位，岩性为棕灰色砂糖状细晶白云岩，孔洞占岩石面积的6%～30%，油气味浓。底板为青灰色泥微晶灰岩；顶板为棕灰色细晶灰岩。

2）隆鄂尼—格鲁关那地区浅井钻探

2010年，中国石油青海油田分公司在羌塘盆地隆鄂尼—格鲁关那地区共钻10口浅钻孔，其中6口（隆鄂尼地区有4口、格鲁关那地区有2口）取到含油白云岩岩心，含油白云岩最多的是隆鄂尼的LK-4和LK-5两个浅钻孔。

隆鄂尼区块LK-5井钻遇含油白云岩层厚度最大，视厚度173.76m，含油白云岩层单层视厚度1.8～84.77m；其次为LK-4井，视厚度113.89m，含油白云岩层单层视厚度0.66～42.4m。

二、油砂特征

1.物性特征

羌塘盆地油砂储层为布曲组砂糖状白云岩。出露地表的布曲组砂糖状白云岩普遍遭受较强风化作用，表现为疏松、溶蚀孔洞状，敲击露头新鲜面可闻到较强烈汽油味。

1）岩性特征

隆鄂尼油砂带储层以布曲组顶部白云岩为主，其次为石灰岩。据前人研究（赵政璋等，2002），隆鄂尼剖面布曲组中白云岩累计厚度达400.9m，占该组地层总厚度的78%，隆鄂尼西剖面白云岩累计厚度达183.2m，占该组地层总厚度的84%。白云岩中几乎均含油。白云岩一般都比较疏松，主要为深灰色中—厚层介壳灰质白云岩、微晶白云岩以及中晶白云岩。石灰岩一般都比较致密，主要为薄层生物碎屑灰岩、泥灰岩、中层白云质结晶灰岩等。

白云岩储层主要可分为孔隙和裂缝两种类型。孔隙类型储层主要有晶间孔、晶间溶孔、晶内溶孔三种孔隙类型，在油砂带中晶间溶孔是其白云岩储层中主要的储集空间。晶间溶孔形态规则，呈多面体或板状，大小为0.05~0.3mm，分布均匀；大部分晶间溶孔由多个白云石晶体部分或全部溶解形成，形态不规则，孔隙外缘晶面为港湾状，孔径一般为0.02~0.05mm，连通性较好。晶内溶孔在白云石受淋滤、溶蚀过程中形成，大小数微米。裂缝主要有构造缝、压溶缝、溶蚀缝三种类型。构造缝形状较规则，组系分明，缝壁平直，延伸较远，大多被方解石充填，少有泥质、有机质、沥青、氧化铁等充填或半充填。压溶缝沿缝合线溶蚀，形成许多断续、串珠状溶孔。溶蚀强烈者形成溶蚀缝，多为锯齿状、波状和不规则状。溶蚀缝一般沿早期构造缝和纹层发育，多为方解石等所充填，部分为有机质所充填。

2）成岩作用

昂达尔错及扎仁地区白云岩的成岩经历了白云石化作用、压实—压溶作用、胶结作用、溶蚀作用、重结晶作用、构造应力作用等6个主要的成岩作用。

（1）白云石化作用。白云石交代泥晶灰岩形成白云岩，阴极发光显微镜下，白云石发红棕色光，白云石晶内残留泥晶方解石发雾状橙黄色光。云雾状的黄色斑团为交代作用残留下的杂质元素Mn^{2+}所显示的痕迹。

（2）压实—压溶作用。镜下白云石晶体间呈缝合线状接触，压溶作用为压实作用的延续，其主要标志为压溶缝合线，是后期溶蚀作用的通道，常见沿缝合线发生溶蚀而形成的断续溶孔（甚至溶缝）中被有机质充填，说明这类缝隙在油气运移中充当有效的通道，极好地改善了储层的储集性能。

（3）胶结作用。基本上是淡水方解石胶结，表现为大部分溶孔、溶缝及构造裂缝被亮晶方解石充填。

（4）溶蚀作用。溶蚀作用发生于各个成岩阶段，是该区最为重要的成岩作用。按成岩过程中时间先后大致可以分为两期：第一期为早期大气淡水溶蚀作用，白云石晶间的泥晶方解石残余淋滤、溶解，产生大量的晶间孔和晶间溶孔；第二期为溶蚀孔、溶蚀洞、溶蚀缝、压溶缝形成期，发生在有机质大规模成熟前或成熟过程中，有机质释放出大量有机酸、CO_2等酸性成分的地层水，溶解、溶蚀白云石，形成溶蚀孔、溶蚀洞、溶蚀缝以及压溶缝等。

（5）重结晶作用。广泛发育于碳酸盐沉积物的成岩过程中。该成岩作用过程使晶体变粗，孔径增大，使晶间孔隙变大，有利于形成溶蚀孔隙，从而改善渗透性能。

（6）构造应力作用。发生于成岩晚期及表生期，白云岩中微裂隙大量发育。成岩晚期裂缝为油气提供了储集空间及运移通道。

3）储层物性特征

羌塘盆地油砂储层白云岩排驱压力较小，通常小于0.0739MPa，而p_{c50}在0.353~1.156MPa之间，反映了砂糖状白云岩储层的大孔喉较多，孔隙结构较好。镜下白云岩储层孔隙、裂缝较发育。含油砂白云岩孔隙度为1.79%~10.97%，一般在5%左右，渗透率一般在5.08mD左右。在孔渗半对数坐标图上，孔渗关系良好，基本上呈线性相关。白云岩储层均质性良好，属于裂缝—孔隙（洞）型储层。此外，南羌塘盆地隆鄂尼地区油砂储层孔隙度为0.6%~15.5%，平均为14.7%，渗透率为0.01~283mD，平均为223mD。该区油砂储层类型以低孔低渗为主（占50%左右），其中优质油砂储层

（中孔中渗型）占 19% 左右。

2. 油源对比

南羌塘坳陷油砂油源问题一直存在争议，主要有下侏罗统曲色组烃源岩、中侏罗统夏里组烃源岩和布曲组烃源岩以及多源混合来源等四种观点。现在通常认为，南羌塘坳陷白云岩油砂油源可能来自下侏罗统曲色组页岩，生物标志化合物对比和单体烃碳同位素特征的相似性支持二者之间具一定亲缘性。

1）生物标志化合物特征

（1）油砂三降新藿烷含量（Ts）较高，三降藿烷含量（Tm）较低，Ts/Tm 比值及甾烷热成熟度参数值较高，含油样品中 Ts/Tm 比值在 1.12～10.37 之间变化，平均值为3.36。下侏罗统曲色组页岩 Ts/Tm 比值在 1.66～1.78 之间变化，平均值为 1.71，这种现象可能是油砂和烃源岩样品地表风化蚀变作用差异引起的。相对于含油样品和油页岩，南羌塘坳陷侏罗系其他地层单元中三降新藿烷含量较低，体现在 Ts/Tm 比值基本小于1.1，尤其是中侏罗统夏里组 Ts/Tm 比值仅 0.74，可以较为明显地与油砂样品进行区分。

（2）油砂甾烷相对含量为 $C_{27} > C_{29} > C_{28}$，呈不对称"V"字形分布特征，且异构化成熟度参数较高。含油样品中具有较高的 C_{27} 含量，较低的 C_{29} 含量，C_{27}/C_{29} 比值在1.05～2.01 之间，均值为 1.52；而中侏罗统布曲组烃源岩具有相对较低的 C_{27} 含量，C_{27}/C_{29} 比值在 0.98～1.20 之间，因此，含油样品与布曲组烃源岩之间生物标志化合物特征存在较为明显的差异，它们可能没有同源关系。

2）单体烃碳同位素特征

单体烃碳同位素分析表明，中侏罗统布曲组烃源岩单体烃碳同位素为 -34.761‰～-28.725‰（表 2-5-1），并随单体烃碳数由低到高变化，单体烃碳同位素具有由低—高—低分布的趋势；夏里组烃源岩单体烃碳同位素分布在 -32.928‰～-29.966‰之间，各碳数同位素含量相对稳定，普遍相对较低。下侏罗统曲色组油页岩单体烃碳同位素不但与含油白云岩原油一样，在 C_{27}、C_{30} 处具有碳同位素偏重特征，同时其单体烃碳同位素与含油白云岩原油具有相似变化趋势，体现出二者具有一定亲缘性。

表 2-5-1 南羌塘坳陷昂达尔错地区油苗及可能烃源岩饱和烃单体烃碳同位素　　单位：‰

碳数	布曲组烃源岩	夏里组烃源岩	曲色组烃源岩	巴格底加日油苗	隆鄂尼油苗
C_{13}	—	—	—	−30.075	—
C_{14}	−32.922	—	−30.771	−28.254	−28.596
C_{15}	−33.237	−31.563	−30.12	−29.253	−31.809
C_{16}	−31.106	−30.541	−30.331	−29.548	−29.54
C_{17}	−34.761	−32.574	−30.61	−29.363	−30.315
C_{18}	−30.096	−31.587	−30.947	−29.896	−30.429
C_{19}	−28.725	−29.966	−29.662	−29.231	−29.162
C_{20}	−30.049	−31.515	−29.377	−29.65	−30.906
C_{21}	−29.647	−31.444	−29.471	−29.97	−31.451

碳数	布曲组烃源岩	夏里组烃源岩	曲色组烃源岩	巴格底加日油苗	隆鄂尼油苗
C_{22}	−30.908	−31.386	−28.732	−30.214	−29.166
C_{23}	−30.204	−31.33	−28.238	−30.585	−27.557
C_{24}	−30.487	−31.377	−30.595	−31.065	−28.756
C_{25}	−31.238	−32.456	−30.789	−32.693	−26.855
C_{26}	−34.286	−32.928	−30.875	−30.419	−27.509
C_{27}	—	−31.454	−29.021	−28.836	−26.977
C_{28}	—	−31.564	−28.459	−27.777	−26.374
C_{29}	—	−31.583	−32.278	−27.556	−31.036
C_{30}	—	−30.854	−29.826	−27.376	−29.821
C_{31}	—	—	−32.267	−29.249	−30.062
C_{32}	—	—	−29.074	−28.658	−31.594
C_{33}	—	—	−30.339	−29.986	—
C_{34}	—	—	—	−31.346	—
C_{35}	—	—	—	−29.987	—
C_{36}	—	—	—	−29.872	—

综上所述，南羌塘坳陷白云岩油砂与下侏罗统曲色组页岩生物标志化合物对比和单体烃碳同位素特征具有一些相似特征，应该具有一定亲缘性，而它们与中侏罗统布曲组及夏里组烃源岩特征差异较大。

3.油砂成藏特征

1）生储盖组合特征

油源对比分析可知，羌塘盆地油砂油源可能为下侏罗统曲色组，因此，可将形成油砂矿的古油藏归纳为下侏罗统曲色组油页岩（源）—中侏罗统布曲组砂屑灰岩、细—中晶白云岩、藻白云岩（储）—布曲组泥灰岩（盖）组合，构成下生上储的生储盖组合。资料表明，该组合中烃源岩累计厚度达171.89m，白云岩储层累计厚度大于50.84m，盖层厚度大于100m；该组合中曲色组烃源岩生油条件较好，油页岩有机碳均值为8.34%，S_1+S_2达29.929mg/g。综合分析认为该组合烃源岩厚度大、有机碳含量高、储层物性好、盖层封盖性强、空间配置合理，为较好的生储盖组合类型。

2）油气充注特征

（1）流体包裹体荧光特征。流体包裹体荧光颜色反映含油层有两个期次油气充注过程。隆鄂尼油砂荧光颜色单调，主要呈亮蓝色、淡黄色，少数为淡绿色，荧光强度高，以油质沥青为主，且油质较轻，通常分布于岩石的孔、洞、缝中，可能为经过二次运移后富集。早期形成的沥青呈浸染状或弥散状分布于白云石晶粒之中，通常发褐色和棕褐色荧光。巴格底加日地区油砂荧光颜色以蓝绿色为主，蓝色次之，表明该段可能发生两幕高成熟油充注，油质沥青几乎遍布岩石的各类孔、洞、缝中；同时，含油层中烃类包裹体丰富，观察到液态烃相、气态烃相及二者共同组成的有机包裹体。

（2）流体包裹体均一温度与充填期次。包裹体均一温度、盐度及荧光观测结果表明，昂达尔错地区中侏罗统布曲组油砂至少存在两期油气包裹体：第一期为中—高成熟生油充注阶段，主要是晚侏罗世晚期到早白垩世早期（150—140Ma），该时期形成的油包裹体较少，多见于胶结物中，以盐水包裹体和液态烃包裹体为主，均一温度为80～100℃。第二期为中新世（20Ma）至今，该阶段大部分烃源岩已经达到高成熟—过成熟阶段，捕获的包裹体以气态单相、气—液两相为主，由于深度的增加，布曲组变得十分致密，该时期捕获的包裹体数量有所减少，均一温度为165～190℃。

3）成藏模式

羌塘盆地昂达尔错油砂带在构造上是一个以下侏罗统曲色组和中侏罗统色哇组、莎巧木组为核部，以中侏罗统布曲组为两翼，被断层错断的背斜构造。在背斜南翼发育的压扭性逆冲断层，控制了昂达尔错油砂古油藏的南部边界，该断层的东北盘为上升盘，由于断层活动，背斜核部的布曲组含油白云岩逆冲到地表被剥蚀掉，下部莎巧木组出露地表，残留的背斜南翼含油白云岩带即为羌塘盆地油砂分布带。

该地区烃源岩存在两次生油过程，第一次生油发生在150—140Ma的晚侏罗世，第二次生油从20Ma至今，而古油藏可能为第一次生油的产物。羌塘盆地中生界的褶皱构造形成于晚侏罗世末—早白垩世早期，昂达尔错古油藏背斜即为其中之一。昂达尔错背斜构造与烃源岩构成了良好的生、储、盖组合，而且构造圈闭的形成时间略晚于第一次大规模生烃期，圈闭形成期与生烃期时间配置合理，烃源岩进入第一次生烃期后，生成的油气经过运移在昂达尔错背斜聚集，形成昂达尔错古油藏的雏形。喜马拉雅构造运动对昂达尔错古油藏进行了改造和破坏，南北向挤压使昂达尔错背斜逆冲顶部被剥蚀，仅残留的南翼含油白云岩带构成了现今油砂的分布形态。

三、资源潜力分析

1. 计算方法

油砂储量是指油砂中含油的量。油砂储量计算通常采用容积法和含油率法两种，当已知含油饱和度及孔隙度时，采用容积法；当已知含油率及岩石密度时，采用含油率法。由于羌塘盆地油砂勘探尚处于调查评价与潜力分析阶段，主要工作量仅限于露头剖面测量和地质浅钻，且含油率参数较容易获得，因此采用含油率法开展资源潜力分析。

含油率法是用实验室测定的油砂岩石密度和含油率直接计算石油地质储量的方法，其计算公式为

$$N = Ah\rho_r C_o \qquad (2-5-1)$$

式中，N 为石油地质储量，10^4t；A 为含油面积，km^2；h 为油砂平均有效厚度，m；ρ_r 为岩石密度，t/m^3；C_o 为油砂含油率，%（质量分数）。

2. 计算参数确定

1）油砂面积

昂达尔错、隆鄂尼油砂带主要分布于东西长约 100km、南北宽 20km 的范围内。隆鄂尼油砂带东西长 16km，南北宽约 1.5km；昂达尔错油砂带东西长约 35km，南北宽约 1km。

根据昂达尔错、隆鄂尼矿带构造特征及钻井资料，对其埋深 0～100m 和 100～500m 的油砂进行含油层投影，确定隆鄂尼 0～100m、100～500m 的油砂分布面积分别为 33.07km²、141.14km²，昂达尔错 0～100m、100～500m 的油砂分布面积分别为 59.93km²、149.13km²。

2）油砂厚度

隆鄂尼油砂带（南带）主要分布于孔日热跃—压宁日加跃—隆鄂尼罗达日加那一线，油砂厚度主要依据前人实测的格鲁关那、压宁日举、孔日热跃等油砂剖面（周文等，2007）资料来确定。昂达尔错油砂带（北带）主要分布于晓嘎晓那—巴格底加日—日孕尔保一带，油砂厚度主要依据昂达尔错油砂厚度。

格鲁关那油砂剖面见含油白云岩 14 个层位，单层最大厚度为 2m。根据剖面油砂层组合特征，可划分两个油砂层序，下部油砂层组含油白云岩层累计厚度为 15m，上部油砂层组含油白云岩层累计厚度为 8.5m，上下油砂层组间距为 2.5m。

压宁日举油砂剖面发育最好的油砂层厚度为 6.5m，其他层位未见较好油砂发育。

孔日热跃油砂剖面见含油白云岩 4 层，厚度分别为 17.30m、5.53m、6.67m 和 13.67m。

昂达尔错西日孕尔保剖面中含油白云岩厚度较大的有 4 层，累计油砂层厚度为 32.6m；厚度较小的有 2 层，分别为 2.9m 和 1.5m。

计算资源量时所用厚度为平均厚度，0～100m 深度域，隆鄂尼油砂平均垂直厚度为 24.65m，昂达尔错油砂平均垂直厚度为 54.2m；100～500m 深度域，隆鄂尼油砂平均垂直厚度为 23.37m，昂达尔错油砂平均垂直厚度为 16.6m。

3）油砂密度

隆鄂尼油砂密度测试结果为 2.69～2.74g/cm³，平均值为 2.72g/cm³。昂达尔错地区巴格底加日、日孕尔保、晓嘎晓那油砂密度结果为 2.34～2.61g/cm³，平均值约 2.51g/cm³。

4）油砂含油率

由于地表油砂露头风化较严重，地表露头含油率值多不准确。2010 年青海油田在隆鄂尼地区所实施的 4 口钻井共计 233 件油砂含油率测试数据，其含油率最大为 10.45%，平均值为 3.58%，明显大于地表剖面样品的含油率。本次计算含油率数据采用隆鄂尼地区油砂含油率平均值 3.58%，且其中有 170 块样品含油率大于 2.5%，如果去掉所有钻井中小于 2.5% 的油砂样品数据，则平均含油率为 4.436%。考虑浅层油砂受风化作用影响，含油率测定值偏小。

3. 油砂地质储量

根据前文所确定的计算参数，按照式（2-5-1）进行地质储量估算，分 0～100m、100～500m 两个不同深度段进行，0～100m 技术可采系数为 0.60，100～500m 技术可采系数为 0.16。通过计算得到昂达尔错地区油砂地质储量约为 58.78×10⁸t，隆鄂尼地区油砂地质储量为 27.68×10⁸t，羌塘盆地南部合计油砂地质储量为 86.46×10⁸t（表 2-5-2）。

表 2-5-2　储量计算参数及结果

深度 / m	位置	面积 / km²	厚度 / m	密度 / g/cm³	可采系数	油砂地质储量 / 10⁸t	昂达尔错油砂地质储量 / 10⁸t	隆鄂尼油砂地质储量 / 10⁸t	油砂总地质储量 / 10⁸t
0～100	隆鄂尼	33.07	24.65	2.7223	0.6	13.31	58.78	27.68	86.46
	昂达尔错	59.93	54.2	2.50	0.6	48.85			
100～500	隆鄂尼	141.14	23.37	2.72	0.16	14.37			
	昂达尔错	149.13	16.6	2.51	0.16	9.93			

第三节　天然气水合物

天然气水合物被视为 21 世纪潜在的新能源，在低温高压条件下形成，广泛分布于海底沉积物和陆域冻土层中。羌塘盆地冻土条件、气源条件和构造条件应具有良好的天然气水合物找矿前景。21 世纪以来，虽然中国地质调查局针对天然气水合物在青藏高原开展了一些地质调查工作，祁连山木里冻土区也曾成功钻获天然气水合物实物样品，但羌塘盆地目前还没有取得实质性发现。羌塘盆地天然气水合物已完成的地质调查工作包括：1：5 万区块调查、地球物理调查、地球化学调查、钻探试验井工程及综合研究。开展的区域包括：毕洛错、胜利河、鸭湖、戈木错、唢呐湖、土门、开心岭等，并在上述地区实施完成了 8 口天然气水合物地质浅钻调查井。

一、基本条件

青藏高原冻土区是我国最大的冻土区，面积达 $150 \times 10^4 km^2$，特别是羌塘盆地，是青藏高原四个低温中心中温度最低的一个，也是青藏高原年平均地表地温较低的地区，年平均地表地温多介于 -6～-5℃，其多年冻土最为发育，基本呈连续分布或大片分布，如半岛湖地区的 QK-4 井和 QK-5 井揭示，永久性冻土层厚达 150m 左右，显示出羌塘盆地具有较好的冻土条件。

祁连山木里地区天然气水合物气源为热解成因气（黄霞等，2011），而羌塘盆地实施完成的天然气水合物 QK-1 井井顶气体中烃类 $\delta^{13}C_1$ 值为 -55.9‰～-37.8‰，平均为 -43.2‰，$C_1/（C_2+C_3）$ 值小于 10，也显示出明显的热解气特征（杨开丽等，2013）。从气源分析来看，羌塘盆地应该具有非常充足的烃类热解气源，包括：上二叠统那益雄组、上三叠统肖茶卡组、下侏罗统曲色组、中—下侏罗统雀莫错组、中侏罗统色哇组、中侏罗统布曲组、中侏罗统夏里组、上侏罗统索瓦组等 10 多套烃源层。同时，地球物理证实，羌塘盆地深达 9km 的生烃凹陷有 3 个，7km 深的生烃凹陷有 6 个，5km 深的生烃凹陷有 8 个；面积大于 $30km^2$ 的背斜圈闭构造有 71 个，显示了巨大的生烃潜力（王成善等，2001）。尤其是上二叠统那益雄组和上三叠统肖茶卡组两套含煤系地层，烃源岩厚度较大，前者厚度在 122～146m 之间，主要分布在盆地东部地区，后者厚度在 42～645.8m 之间，在盆地广泛分布，并且有机碳含量均较高，二者的有机质类型也主要

为 II_2 型和 III 型，热演化程度均较高，上二叠统烃源岩目前处在过成熟阶段，上三叠统烃源岩处在高成熟—过成熟阶段，这些条件都有利于天然气的生成，可以为天然气水合物形成提供丰富的气源。

二、前景分析

虽然羌塘盆地目前还没有发现天然气水合物，但是发现了一些找矿新线索。在羌塘盆地中央隆起带南缘的戈木错、唢呐湖、胜利河以及吐错地区发现大规模泥火山群，其中唢呐湖地区现代泥火山中还有气体正在冒出，泥火山泥浆吸附气体以甲烷为主，其含量在 459～2279μL/kg 之间，平均含量可达 1042μL/kg（表 2-5-3）；吐错地区的泥火山中泥浆甲烷含量在 126～147μL/kg 之间，平均含量为 136.5μL/kg；乙烷含量在 9.46～12.6μL/kg 之间，平均含量为 11.03μL/kg。甲烷碳同位素 $\delta^{13}C_1$ 位于 -47.2‰～-45.0‰ 之间，平均值为 -46.3‰；乙烷碳同位素 $\delta^{13}C_2$ 位于 -30.6‰～-28.1‰ 之间，平均值为 -29.27‰，显示热解成因气的特征，初步推断烃类气体来自上三叠统土门格拉组和上二叠统那益雄组，为青藏高原天然气水合物找矿提供了新线索。

中国地质调查局在羌塘盆地实施的天然气水合物钻探试验井 QK-6 井和 QK-7 井，在上三叠统土门格拉组中发现强烈的烃类气体显示，也证实了羌塘盆地冻土区有较好的气源条件（王平康等，2017）。研究初步认为羌塘盆地可能存在两种类型的天然气水合物：一是以戈木错和唢呐湖泥火山为代表的残余型天然气水合物矿藏；二是以上二叠统和上三叠统煤系地层为代表的高有机碳类型的气源条件较好的天然气水合物矿藏。

表 2-5-3　唢呐湖地区泥火山泥浆测试数据

序号	位置	样品编号	测试结果 /（μL/kg）							备注
			甲烷	乙烷	丙烷	异丁烷	正丁烷	异戊烷	正戊烷	
1	N04	S-1C	1194	86.300	35.300	4.350	5.840	3.670	2.420	泥火山泥浆
2	N05	S-2C	684	36	13	1.660	2.090	1.310	0.970	
3	N06	S-4C	2279	471	218	25	33	19.300	15.900	
4	N08	S-11C	594	37.900	14	1.890	2.250	1.600	1.180	
5	N12	S-12C	459	27.100	10.500	1.270	1.580	1.160	0.740	
6	N03	S-7C	0.170	0.006	0.003	0.005	0.003	0.002	0.002	泥火山湖水
7	N09	S-9C	0.200	0.005	0.005	0.003	0.002	0.005	0.005	
8	N11	S-10C	0.470	0.006	0.006	0.004	0.006	0.004	0.004	
9	Q18	S-3C	2.380	0.100	0.041	0.011	0.006	0.006	0.006	泥火山附近地区
10	Q20	S-5C	0.270	0.008	0.005	0.005	0.008	0.008	0.005	
11	Q21	S-6C	1.440	0.004	0.004	0.006	0.006	0.002	0.006	
12	Q02	S-8C	58.200	0.007	0.010	0.007	0.010	0.007	0.010	
13	Q24	S-13C	2.880	0.100	0.039	0.016	0.013	0.013	0.013	非泥火山地区
14	Q16	S-14C	0.100	0.004	0.002	0.002	0.002	0.002	0.002	

第六章　油气资源潜力与勘探方向

全国第三次油气资源评价资料估算羌塘盆地石油远景资源量为 $86×10^8$t。近年来，石油地质调查及战略选区评价工作查明，羌塘盆地存在三套重要的生储盖组合：（1）上三叠统巴贡组（肖茶卡组）—中—下侏罗统雀莫错组组合；（2）下侏罗统曲色组—中侏罗统夏里组组合；（3）中侏罗统布曲组—中侏罗统夏里组组合。采用有机碳法估算羌塘盆地油气远景资源量为 $104×10^8$t，半岛湖、光明湖—沙土湾湖和托纳木等三个区块是羌塘盆地未来油气勘探最有利的区块。

第一节　远景资源量估算

羌塘盆地远景资源量估算主要采用有机碳法和类比法，但在估算过程中，由于估算方法及参数的选取不同，估算的远景资源量结果差异较大（表2-6-1）。本节主要介绍21世纪初完成的两轮油气资源地质调查与战略选区工作所开展的远景资源量估算结果（王剑等，2004，2009）。

表2-6-1　羌塘盆地远景资源量估算结果统计表

数据来源	估算方法	估算远景资源量的层位	总远景资源量 / 10^8t	北羌塘坳陷 /10^8t		南羌塘坳陷 /10^8t	
				西部	东部	西部	东部
赵政璋等（2001）	有机碳法、生烃潜量法	中生界	52.95	9.54	19.85	11.00	12.56
王成善等（2001）	有机碳法	中生界	40.3～54.6	12.4～17.0	17.5～23.2	4.5～5.4	5.9～9.0
第三次全国油气资源评价（2007）	有机碳法、类比法	古生界、中生界	盆地石油远景资源量 $86.35×10^8$t；天然气远景资源量 $12553.55×10^8$m^3				
王剑等（2004）	有机碳法	中生界	113.3	36.1	50.4	26.8	
王剑等（2009）	有机碳法	中生界	104.4	60.8		43.6	

一、估算方法及参数选取

1. 估算方法

有机碳法计算公式如下：

$$Q_生 = S × H × d × C × K_{恢复} × K_{转化} × K_{排聚}$$

式中，$Q_生$ 为油（气）远景资源量，10^8t；S 为有效烃源岩面积，km^2；H 为有效烃源岩厚度，m；d 为烃源岩密度，10^8t/km^3；C 为烃源岩有机碳含量；$K_{恢复}$ 为有机碳恢复系数；$K_{转化}$ 为有机碳转化率；$K_{排聚}$ 为排聚系数。

2. 参数选取

通过野外调查和前期资料收集分析，对盆地烃源岩厚度、有机质丰度等进行了确定。

（1）烃源岩面积确定。主要依据盆地各时代地层的岩相古地理展布特征，以及各层位的覆盖区、出露区、剥蚀区分布特征来确定盆地不同层位烃源岩面积。

（2）烃源岩厚度确定。首先统计各剖面烃源岩厚度；其次依据岩相古地理控制烃源岩分布及发育特征来确定生烃凹陷及厚度；最后通过盆地烃源岩厚度分布特征来计算南、北羌塘坳陷各层位烃源岩的平均厚度。

（3）有机质丰度确定。首先统计各剖面烃源层平均有机质丰度；其次依据岩相古地理展布特征确定盆地各层位烃源层有机质丰度分布特征；最后估算盆地各层位平均有机质丰度。

（4）有机碳恢复系数选取。由于羌塘盆地烃源岩成熟度较高且地表风化严重，其恢复系数确定比较复杂，本次有机碳恢复系数选取主要依据赵政璋等（2001d）选取的有机碳恢复系数。

（5）运聚系数选取。由于羌塘盆地构造改造较强，因此，参照塔里木盆地和国外含油气盆地运聚系数最低标准，油气运聚系数保守选择为1%。

二、远景资源量

1. 各层系远景资源量

羌塘盆地中生界各层系总远景资源量为 $104.4 \times 10^8 t$（表 2-6-2）。

肖茶卡组（T_3x）油气远景资源量最大，达 $34.2785 \times 10^8 t$；曲色组（J_1q）仅局限南羌塘坳陷，为 $8.5444 \times 10^8 t$；雀莫错组（$J_{1-2}q$）远景资源量仅次于肖茶卡组，达 $24.6514 \times 10^8 t$，布曲组（J_2b）和夏里组（J_2x）远景资源量大体相当，分别为 $14.4639 \times 10^8 t$ 和 $16.5371 \times 10^8 t$，索瓦组（J_3s）远景资源量为 $5.9135 \times 10^8 t$（表 2-6-2）。

表 2-6-2　羌塘盆地各时代烃源层远景资源量统计表

烃源层	生烃量 /$10^8 t$	远景资源量 /$10^8 t$
J_3s	591.3505	5.9135
J_2x	1653.7143	16.5371
J_2b	1446.3916	14.4639
$J_{1-2}q$	2465.1413	24.6514
J_1q	854.4409	8.5444
T_3x	3427.8525	34.2785
总计	10438.8911	104.3888

2. 南、北羌塘坳陷远景资源量

南羌塘坳陷远景资源量合计为 $43.5480 \times 10^8 t$，北羌塘坳陷远景资源量为 $60.8409 \times 10^8 t$，具体到各个层系，因烃源岩面积、厚度及有机地球化学指标等方面的差异，同一时代南、北羌塘坳陷远景资源量差异较大（表 2-6-3、表 2-6-4）。

表 2-6-3　芜塘盆地中生界各层系油气远景资源量计算表

坳陷	烃源层	面积/km² 露头面积	面积/km² 覆盖面积	面积/km² 总面积	岩性	有效经源岩厚度/m	岩石密度/t/m³	TOC/%	S_1+S_2/mg/g	K_c	HI_o/mg/g	HI_p/mg/g	生烃量/10^8t	远景资源量/10^8t	合计远景资源量/10^8t
北芜塘坳陷	J_3s	29463	28224	57687	石灰岩	168.0200	2.6500	0.1740	0.0789	2.1000	400	45.3448	332.8585	3.3286	60.8409
	J_2x J_2b	3954	64432	68386	石灰岩	89.1900	2.6500	0.2350	0.0260	1.8900	400	11.0638	279.2140	14.1145	
					泥岩	180.9700	2.5600	0.7825	0.6610	1.7200	350	84.4728	1132.2322		
	$J_{1-2}g$	6406	83879	90285	石灰岩	272.7900	2.6500	0.2360	0.1100	1.8900	400	46.6102	1028.7688	10.2877	
	J_1q	8599	97209	105808	石灰岩	31.6800	2.6500	0.1930	0.0600	1.8900	400	31.0881	119.5340	15.0403	
					泥岩	123.9500	2.5600	0.6950	0.0350	1.7200	350	5.0360	1384.4971		
	J_3s	4322	121526	125848	泥岩	394.8600	2.5600	1.2400	0.1790	1.6900	150	14.4355	1806.9821	18.0698	
南芜塘坳陷	J_3s	5177	6839	12016	石灰岩	319.5500	2.6500	0.4850	0.6698	2.0000	400	138.1031	258.4918	2.5849	43.5480
	J_2x J_2b	859	11879	12738	石灰岩	73.2100	2.6500	0.3060	0.2460	1.9400	400	80.3922	46.8876	2.4227	
					泥岩	181.2000	2.5600	0.5940	0.0990	1.6700	350	16.6667	195.3804		
	$J_{1-2}g$	6041	23330	29371	石灰岩	338.8000	2.6500	0.2470	0.1456	1.8800	400	58.9474	417.6228	4.1762	
	J_1q	5183	35495	40678	泥岩	374.0500	2.5600	0.5170	0.3320	1.6700	350	64.2166	961.1102	9.6111	
	T_3x J_3s	1271	38705	39976	石灰岩	15.7500	2.6500	0.2250	0.1740	1.8800	350	77.3333	19.2441	8.5444	
					泥岩	298.7100	2.5600	0.4285	0.0780	1.6700	400	18.2030	835.1968		
	J_2x	8197	62740	70937	石灰岩	234.5200	2.6500	0.1685	0.0270	1.9600	350	16.0237	486.2618	16.2087	
					泥岩	226.7400	2.5600	1.2820	0.1220	1.5300	150	9.5164	1134.6086		
总计															104.3889

注：K_c 为有机碳恢复系数；HI_o 为生烃前氢指数；HI_p 为生烃后氢指数。

表 2-6-4　南、北羌塘坳陷各烃源层远景资源量

烃源层	南羌塘坳陷		北羌塘坳陷	
	生烃量 /10⁸t	远景资源量 /10⁸t	生烃量 /10⁸t	远景资源量 /10⁸t
J_3s	258.4918	2.5849	332.8585	3.3286
J_2x	242.2680	2.4227	1411.4462	14.1145
J_2b	417.6228	4.1762	1028.7688	10.2877
$J_{1-2}q$	961.1102	9.6111	1504.0311	15.0403
J_1q	854.4409	8.5444	0	0
T_3x	1620.8704	16.2087	1806.9821	18.0698
合计	4354.8041	43.5480	6084.0867	60.8409

第二节　综　合　评　价

　　羌塘盆地处于构造活动带内相对稳定地块之上，具有大隆大坳构造格局。盆地内沉积厚度大，烃源岩发育，存在多套生储盖组合，构造圈闭较多，构造圈闭与油气主要生成期配置关系良好，显示出良好的油气资源勘探潜力。然而油气综合评价是一项复杂的系统工程，基于羌塘盆地现有资料和研究程度，本节主要从盆地性质、沉积充填序列、生储盖油气地质特征、油气圈闭及烃源岩埋藏演化分析简述如下。

一、盆地性质及沉积充填

　　羌塘盆地是建立在前奥陶系变质结晶基底和古生界褶皱基底之上的中生代盆地，古生代羌塘地区经历了克拉通性质的碳酸盐岩及碎屑岩沉积，厚度巨大，为中生代羌塘盆地油气藏的形成奠定了稳定的基底。

　　中生代羌塘盆地演化主要受特提斯可可西里—金沙江造山带的形成和班公湖—怒江洋盆的扩张、关闭、碰撞造山的制约。在三叠纪末期之前形成了前陆盆地，在三叠纪末期—侏罗纪时期形成了被动大陆边缘盆地，而这两类盆地都是世界上大型油气田分布的重要盆地。因此从盆地性质上看，羌塘盆地具有形成大型油气田的地质背景。

　　羌塘盆地在中生代的沉积演化过程中，充填了三叠系和侏罗系两大海相沉积旋回，在北羌塘坳陷，两旋回之间为不整合接触；在南羌塘坳陷为整合过渡。三叠纪末期之前，主要受可可西里—金沙江洋的闭合、碰撞控制作用，盆地形成了北深南浅的前陆盆地结构，从北到南充填了以藏夏河—多色梁子剖面为代表的前渊深水浊积砂岩及黑色泥（页）岩，以菊花山为代表的缓坡相微泥晶灰岩、颗粒灰岩及以沃若山东剖面为代表的前陆隆起带（中央隆起带）过渡相到浅海相含煤碎屑岩夹石灰岩。三叠纪末期至侏罗纪时期，受班公湖—怒江洋扩张及关闭影响，南羌塘坳陷形成北浅南深的被动大陆边缘盆地，北羌塘坳陷受中央隆起带的阻隔而成为半局限盆地，从下到上充填了下侏罗统曲色组黑色泥（页）岩夹石灰岩（限于南羌塘坳陷）、中—下侏罗统雀莫错组（色哇组）砂

（泥）岩夹石灰岩、中侏罗统布曲组深灰色微泥晶灰岩和浅灰色颗粒灰岩—礁灰岩及白云岩、中侏罗统夏里组砂（泥）岩、上侏罗统索瓦组微泥晶灰岩及颗粒灰岩—礁灰岩、上侏罗统—下白垩统雪山组砂（砾）岩、泥（页）岩。这些沉积体在盆内分布稳定、厚度较大，烃源岩非常发育，储集体分布广泛，具备形成大型油气田的沉积环境。

二、油气地质特征

1. 生烃条件

是否存在有效烃源岩是羌塘盆地油气资源潜力评价的另一个关键性科学问题。过去通常认为羌塘盆地没有优质烃源岩，或者说烃源岩品质较差，甚至缺乏烃源岩，1994—1997 年，中国石油在羌塘盆地先后分析了 2400 余件烃源岩样品，其总有机碳含量通常小于 0.5%（赵政璋等，2001）。21 世纪开展的油气地质调查与战略选区工作，首先开展了两轮岩相古地理精细编图，分析预测可能的生烃凹陷分布区；其次开展了重、磁、电、震地球物理探测，分析覆盖区可能的优质烃源岩分布；最后开展了地质调查井及科探井验证。通过上述工作，发现了北羌塘坳陷上三叠统巴贡组前三角洲相优质烃源岩，该套烃源层厚度大、有机质丰度高，在羌塘盆地东部地区实施的羌资–7 井和羌资–8 井，证实巴贡组有机碳含量大于 1.0% 的泥质烃源岩厚度为 96m，有机碳含量大于 2.0% 的泥质烃源岩厚度为 36m，有机碳含量最高达 3.76%。同时，地质—地球物理资料还证实，该套烃源岩侧向延伸连续、稳定，具有一定的区域性展布特征，如藏夏河—多色梁子一带的深水黑色碳质泥岩的厚度在 100m 之上，有机碳含量在 0.7% 之上，最高达 2.43%；中央隆起带北侧沃若山东剖面，过渡相泥（页）岩烃源岩厚度达 576m，单剖面平均有机碳含量达 1.61%，最高为 3.29%。此外，2013 年以来，战略选区项目先后在羌资–6 井、羌资–7 井、羌资–8 井、羌地–17 井及羌科 1 井等发现了 13 层含气层，揭示了盆地存在 3 层重要含气层，气测录井全烃值高达 10% 以上，首次实现了在羌塘盆地地覆构造中通过钻井获得油气战略发现的重要科学目标。

此外，羌塘盆地还分布有下侏罗统曲色组黑色泥（页）岩及泥晶灰岩烃源岩、中侏罗统色哇组泥（页）岩和泥晶灰岩烃源岩、中侏罗统夏里组泥（页）岩烃源岩及上侏罗统索瓦组微泥晶灰岩烃源岩，如南羌塘坳陷下侏罗统曲色组黑色泥页岩，其有机碳含量最高可达 10%（王剑等，2004，2009；Fu 等，2014，2016）。

除了上述常规烃源岩外，羌塘盆地还发现了规模巨大的油砂与有机质含量极其丰富的油页岩。21 世纪初地质调查与战略选区发现，南羌塘坳陷中侏罗世巴通期隆鄂尼—昂达尔错白云岩油砂的形成与古油气藏破坏有关，而白云岩由台地边缘生物礁滩相礁灰岩及生物碎屑灰岩经白云岩化作用形成。2004—2014 年先后新发现了扎仁、晓嘎晓那、巴格底加日、日尕尔保、赛仁、鄂斯玛等多个油砂点，通过地质浅钻及槽探剖面，结合地球物理勘探资料，证实南羌塘坳陷布曲组油砂带西起隆鄂尼，东至鄂斯玛地区，东西长约 150km，南北宽约 40km，采用含油率计算法，仅隆鄂尼—昂达尔错地区露头剖面和地质浅钻控制的油砂资源量就达 $86.46 \times 10^8 t$，地质调查评估达到特大型油砂矿规模。此外，战略选区项目还在北羌塘坳陷新发现了胜利河海相优质油页岩，按照结构—成因岩相古地理预测理论，结合高光谱遥感地质解译资料，通过音频大地电磁测量（AMT）、剖面路线地质核查与槽探工程验证，新发现长达 60 余千米的胜利河下白垩统海相优质油页岩带，它们主要分布于龙尾湖凹陷西长梁—长蛇山地区，出露宽度大于 30km，油页岩平均厚度约 2.85m；地表样品含油率最高达 16.3%，平均值为 6.24%，槽探及露头剖面控制的资源量在 10.00×10^8t 以上，地质调查评估达中型以上规模，这是目前我国规模最大的海相油页岩矿床。

2. 储集条件

羌塘盆地发育多套储集岩，层位多、分布广、厚度大，整体上以低孔低渗为特征。地质调查与战略选区项目发现，布曲组礁滩相碳酸盐岩（白云岩化）、雀莫错组和上三叠统碎屑岩及部分颗粒碳酸盐岩的储集性相对较好，可能发育较优质储层。例如，扎仁剖面地表白云岩孔隙度为 2.14%~12.67%，平均为 6.717%，渗透率为 0.00396~28.3mD，平均为 5.88mD；隆鄂尼西剖面白云岩（赵政璋等，2001d）孔隙度为 0.60%~15.5%，平均为 14.00%，渗透率为 0.01~283mD，平均为 223.00mD。此外，布曲组和索瓦组台地边缘生物礁相碳酸盐岩单个礁体厚度为 5~200m，延伸 10~3000m 不等，造礁生物以珊瑚为主，次为海绵和藻类，是非常不错的储集岩。肖茶卡组储集岩则为碎屑岩和碳酸盐岩，储层厚度总体在百米以上，平面上具有由中央隆起带向南、北羌塘坳陷中心减薄的分布趋势。

除了上述常规储层外，三叠纪前那底岗日组沉积期形成的不整合面及古风化壳，可能是盆地另一类十分重要的勘探目的层（王剑等，2007），这一研究还有待进一步深入。

3. 封盖条件

21 世纪初地质调查与战略选区工作在系统编制断层、断裂、褶皱、逆冲推覆等相关构造要素关系图的基础上，采用盆地分析热年代学方法，依据"古大陆裂解制约原型盆地隆坳格局"原理，通过盆地隆坳格局与变形机制调查研究，提出了尽管盆地边缘及中央隆起带构造改造强烈，但南、北羌塘坳陷中部存在构造弱改造区，油气保存条件相对较好的观点（王剑等，2004）。第一轮战略选区（2004—2008 年）油气地质调查在地质走廊大剖面调查、结构—成因岩相古地理编图、地质浅钻、重磁电震地球物理勘探等工作基础上，进一步明确北羌塘坳陷中西部地区油气保存条件最为有利（王剑等，2008）。2008 年以来，在第二轮战略选区调查评价项目实施中，通过实施地球物理及地质调查井验证，证实了弱改造区地覆构造具有稳定地层层序和完整连续的构造形态；特别是按照结构—成因岩相古地理方法预测的蒸发岩相膏岩层，在相继实施的地质调查井及羌科 1 井中得到了证实，揭示了盆地两套重要的区域性封盖层。其中，雀莫错组膏岩封盖层厚度大于 360m，夏里组膏泥岩封盖层厚度大于 260m；结合地震资料解译与沉积相分析，这两套封盖层在一定范围内侧向延伸连续、稳定，具区域性分布特征，构成圈闭构造的盖层，从而肯定了羌塘盆地北部具有良好的油气保存条件，改变了羌塘盆地保存条件差的传统认识。

4. 生储盖组合

地质调查与战略选区项目查明了羌塘盆地存在上三叠统巴贡组（肖茶卡组）—中—下侏罗统雀莫错组、下侏罗统曲色组—中侏罗统夏里组、中侏罗统布曲组—中侏罗统夏里组等 3 套重要的生储盖组合。其中，上三叠统巴贡组（肖茶卡组）—中—下侏罗统雀莫错组组合、中侏罗统布曲组—中侏罗统夏里组组合最为重要，两大组合之上有多套封盖层，保存条件相对较好，且埋深适中；下侏罗统曲色组—中侏罗统夏里组组合总体生储质量相对较差，分布局限，为盆地较差组合。此外，羌塘盆地还存在索瓦组—雪山组组合，主要分布于北羌塘坳陷中西部地区，多遭受后期剥蚀而出露地表，仅在局部地区保存，且埋藏较浅。

三、油气圈闭及烃源岩埋藏演化

盆地内圈闭类型发育，有构造圈闭（包括背斜圈闭、断层圈闭）、岩性圈闭、生物礁圈闭、地层不整合遮挡圈闭和刺穿接触圈闭等类型，但以构造圈闭为主。

盆地背斜构造十分发育，据地面资料不完全统计，盆地中—新生代背斜大小共计235个，形态上多表现为复式褶皱、穹隆构造，平面上多成群、成带分布。据赵政璋等（2001d）统计，盆地背斜面积为50～100km²的有39个，100～300km²的有18个，大于300km²的特大背斜有7个。依据地质调查和地球物理资料分析，盆地褶皱呈现出上强下弱的趋势，即地面上多为复式褶皱、短轴背斜及穹隆构造，地下多变为较大规模的背斜或向斜。这对寻找地下完好的油气圈闭构造十分有利。

构造期次研究表明，盆地主要背斜定型于燕山中晚期。根据烃源岩的埋藏演化史分析，上三叠统烃源岩在布曲组沉积之后进入生油门限，侏罗纪末达到高成熟阶段，古近纪进入过成熟阶段；布曲组烃源岩在晚侏罗世早期进入生油门限，侏罗纪末处于生油高峰期；索瓦组烃源岩在侏罗纪末至白垩纪进入生油门限，古近纪进入成熟阶段。由此可见，构造圈闭形成时间与主要排烃期同期或在主要排烃期之前，二者时间配置良好，有利于油气聚集成藏。

第三节　勘　探　方　向

20世纪90年代，通过羌塘盆地油气普查工作，以生储盖组合面积叠加法及多种信息叠合法为依据，通过含油气系统分析、油气保存单元划分及非震早期评价等综合评价方法，优选出羌塘盆地两个有利含油气远景区（赵政璋等，2001d）：北羌塘坳陷中西部金星湖—东湖—托纳木地区、南羌塘坳陷毕洛错—土门地区。21世纪以来，通过油气资源战略选区与调查评价工作，以地质地球物理资料、盆地性质、生储盖特征、构造圈闭、保存条件及油气显示等为依据，优选出羌塘盆地金星湖—半岛湖、白云湖—龙尾湖、托纳木—吐错、错尼—多格错仁、达卓玛—土门和隆鄂尼—昂达尔错六个有利含油气远景区带。其中，半岛湖、光明湖—沙土湾湖、托纳木是三个最有利区块（王剑等，2004，2009）。

区块优选的具体思路：（1）根据烃源层厚度、有机质含量、有机质类型、热演化程度等平面叠置优选出盆地有利生油区带；根据储层厚度、孔隙度、渗透率等平面叠置优选出盆地有利储层区带；根据盖层分布特征及优质石膏盖层分布区域，优选出盆地有利盖层分布区带。（2）根据有利烃源层区带、有利储层区带、有利盖层区带的相互叠置，优选出盆地有利生—储—盖区带。（3）根据盆地圈闭发育程度、基底特征、古地理位置与有利生—储—盖区带结合，优选出盆地有利油气地质条件区带及区块。（4）根据盆地断层特征、岩浆岩分布及规模、地下泉水活动情况、盆地抬升剥蚀状况等综合研究，优选出盆地有利保存区带。（5）根据盆地有利油气地质条件区带及区块与有利保存区带的平面叠置，最终优选出盆地有利油气资源勘探潜力的区带及区块。

在区带及区块的优选过程中，充分考虑了盆地深部结构特征（包括盆地基底特征、深部岩浆活动和深部断裂分布等）、盆地基础地质（包括盆地性质、盆地古地理面貌、古隆起、古风化壳等）、油气地质（包括生储盖石油地质特征、生储盖配置、圈闭特征、圈闭形成与油气生成的匹配关系、化探异常特征等）、油气保存条件方面（包括断层发育情况、高原隆升、岩浆作用、地下泉水、油气苗分布等）等因素。

一、有利区优选

根据上述优选思路，用前述主要层系有利生油区带、有利储层区带和有利构造保存区带，结合盖层发育情况，进行叠置（图2-6-1、图2-6-2、图2-6-3），优选出主要层系有利油气资源远景区带。最后综合各层系有利区带，将羌塘盆地油气资源潜力优选出6个有利区带（表2-6-5），并进一步优选出3个最有利区块、4个有利区块和2个较有利区块（图2-6-4）。

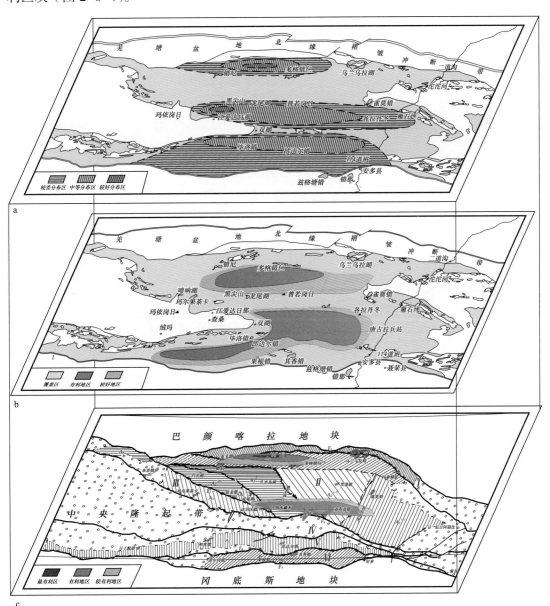

图 2-6-1 羌塘盆地上三叠统有利油气区带优选

a.烃源岩有利区；b.储层有利区；c.有利油气区带

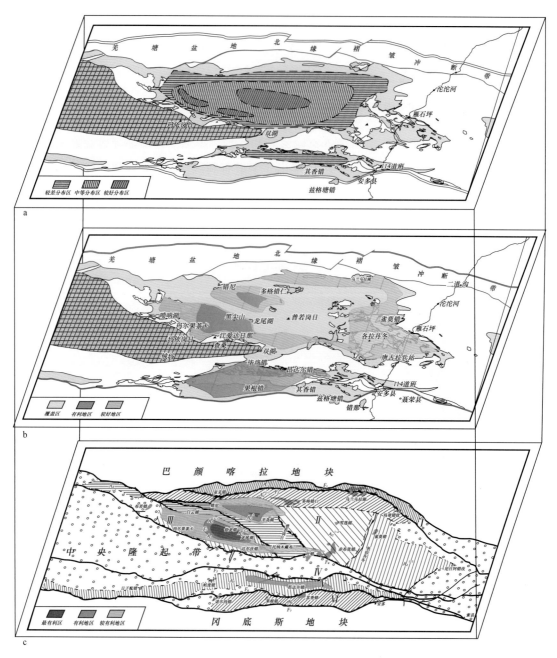

图 2-6-2　羌塘盆地中侏罗统布曲组有利油气区带优选
a.烃源岩有利区；b.储层有利区；c.有利油气区带

表 2-6-5　羌塘盆地有利区带及区块优选表

优选区	区带名称	区块名称
最有利区	金星湖—半岛湖区带、白云湖—龙尾湖区带、托纳木—吐错区带	半岛湖区块、光明湖—沙土湾湖区块、托纳木区块
有利区	错尼—多格错仁区带、达卓玛—土门区带	金星湖区块、龙尾湖区块、长湖区块、达卓玛区块
较有利区	隆鄂尼—昂达尔错区带	扎仁区块、胜利河区块

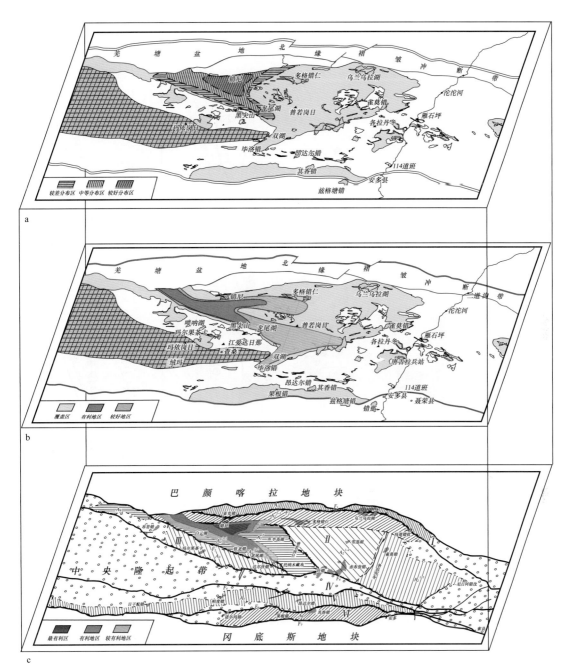

图 2-6-3　羌塘盆地中侏罗统夏里组有利油气区带优选

a.烃源岩有利区；b.储层有利区；c.有利油气区带

二、有利区带特征

1.白云湖—龙尾湖区带

白云湖—龙尾湖区带位于北羌塘坳陷西南部，北东大致以元宝湖南—长龙梁—琵琶湖—东湖南断裂为界，南西大致以长梁山北—黑尖山南—牛肚湖南—达尔沃错断裂为界。区带总体沿白云湖—向阳湖—龙尾湖—牛肚湖一线呈北西向延伸（图 2-6-4）。

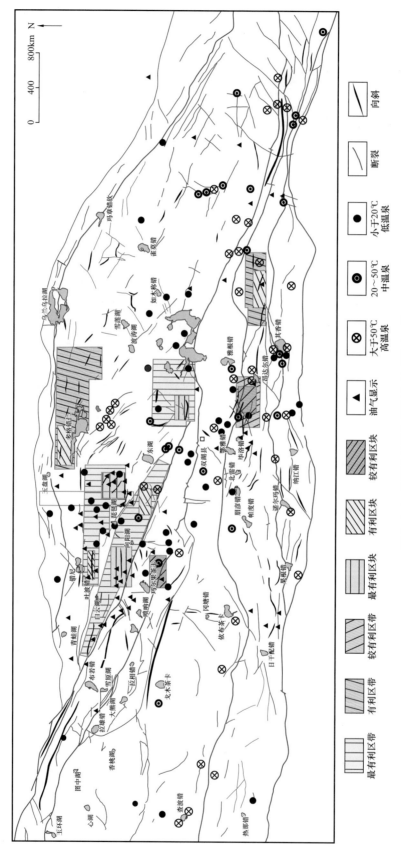

图 2-6-4 羌塘盆地油气勘探有利区带及区块

地表出露地层主要为上侏罗统索瓦组和新生界，少量出露中侏罗统布曲组和夏里组。盆地古地理显示，北羌塘坳陷中部在早—中侏罗世时期为潟湖相—半局限的台盆相环境，而该区带则处于台盆凹陷—浅滩相（布曲组沉积期和索瓦组沉积期）或古陆（雀莫错组沉积期和夏里组沉积期）之间的过渡区；早三叠世时期则为前陆坳陷—前陆隆起转折部位。该带是油气地质条件发育的地区。

油气地质条件显示，盆地主力烃源层布曲组泥晶灰岩在该区带内广泛分布，且厚度大于200m；此外还存在中—下侏罗统雀莫错组、中侏罗统夏里组和上三叠统泥质岩烃源岩。区带内储层有中—下侏罗统雀莫错组、中侏罗统布曲组和夏里组，岩性有砂（砾）岩和颗粒灰岩，各层位储层与烃源岩在空间上配置良好。区带内区域盖层分布广泛，盖层有中侏罗统布曲组、夏里组和上侏罗统索瓦组，岩性有泥（页）岩、（微）泥晶灰岩、膏岩及致密砂岩等，特别是优质石膏盖层在布曲组、夏里组和索瓦组均有露头出露，且分布广泛。

区带内背斜圈闭构造发育，多呈开阔—舒缓的复式背斜或穹隆构造产出。其中光明湖背斜、龙尾湖背斜等地表面积均在100km²之上，具备形成大型油气田的空间。区域重力显示，该区带位于凸、凹基底过渡带上；航磁基底（王剑等，2004）显示，该区带处于嘎尔孔茶卡—龙尾湖凹陷与吐波错深凹陷之间的长梁山—玛尔果茶卡凸起之上，是油气运移指向区。

区带内地表断裂分布很少且规模小，未见岩浆活动；区域重磁为平缓的弱负异常带，显示深部可能无深大断裂和岩浆岩体；地下泉水多为浅层冷泉和低温泉，表明该区带内构造、岩浆破坏较弱。地表油气点分布较少，且多沿区带南北边界断裂分布，表明区带内油气泄漏程度很弱。该区为盆地后期改造最弱地区之一，也是盆地保存条件最好区带之一。

综合上述，该区带古地理条件优越，生—储—盖地质条件良好，圈闭构造发育，油气成藏有利，保存条件较好，评价认为该区带是盆地油气勘探最有利区带之一，龙尾湖是有利区块，其中光明湖—沙土湾湖是相对最有利区块，可作为近期勘探目标，进一步开展工作。

2. 金星湖—半岛湖区带

金星湖—半岛湖区带位于北羌塘坳陷中心地区，北部边界为错尼南—白滩湖—长水河断裂，南部边界为元宝湖南—琵琶湖—东湖南断裂（图2-6-4），区带大致沿错尼—浩波湖—半岛湖一线呈近东西向展布，呈西端小东端大的特点。

地表出露地层主要为上侏罗统索瓦组，次为新近系和第四系，少量出露中侏罗统夏里组和布曲组。古地理面貌显示该区带处于潟湖（雀莫错组）、三角洲相（夏里组）和半局限的台盆相（布曲组）、浅滩相（索瓦组），内部发育大量礁滩相，因此该区带具有极佳的油气地质背景。

盆地主要烃源岩中侏罗统布曲组泥晶灰岩在该区带内广泛分布，厚度一般大于200m，多在400m之上；有机碳含量一般大于0.15%，部分地区在0.35%以上，属于中—好烃源岩。此外，该区带还广泛分布有中—下侏罗统雀莫错组泥质岩、泥晶灰岩烃源岩和中侏罗统夏里组泥质岩烃源岩。储层以布曲组颗粒灰岩和礁灰岩为主，厚度多在100～400m之间，次为雀莫错组和夏里组砂砾岩。区带内区域盖层发育，包括中侏罗统布曲组、夏里组及上侏罗统索瓦组，各层位的盖层厚度都在 600m 之上，其主要目的层布曲组盖层厚度累计在 2500～3000m 之间。

区带内圈闭发育，主要有背斜圈闭和生物礁圈闭。区带内分布有数十个背斜构造，其中规模较大的有金星湖背斜群和半岛湖背斜群，背斜面积都在 100km² 以上，这些背斜构造具备形成大型油气田的空间。区带北缘断裂带一线见有数十个生物礁露头点，万安湖一带地震剖面显示（赵政璋等，2001a）地下仍有生物礁分布，表明该区存在生物礁圈闭。

区带内地表断裂分布较少，且多为规模很小的逆冲断层；地表岩浆活动不发育，仅在区带东缘和北缘见少量新生界火山岩分布；区域重磁为宽缓弱负异常带，可能表明深部无大断裂和显著岩浆活动；地下泉水多为浅层冷泉和低温泉；地表油气点分布很少，且主要沿断裂分布，显示油气泄漏很弱。以上表明区带构造、岩浆破坏较弱。该区带为盆地新构造改造最弱地区之一，也是保存条件最好地区之一。

综合上述基础地质特征、油气地质条件、油气圈闭及保存条件，认为该区带是羌塘盆地油气勘探最有利区带之一，其中金星湖区块是有利区块，半岛湖最有利区块可作为近期重点勘探目标。

3. 托纳木—吐错区带

托纳木—吐错区块位于北羌塘坳陷中部南缘，即中央潜伏隆起带北缘。地表露头主要为上侏罗统索瓦组、下白垩统雪山组和第四系，少量出露中侏罗统夏里组。

盆地中生代古地理面貌显示，晚三叠世处于前陆盆地的前陆隆起带上，沉积了大量过渡相含煤碎屑岩，侏罗纪处于潟湖（台盆）凹陷—障壁岛（滩）的过渡区，发育泥（页）岩、砂岩及微泥晶灰岩、颗粒灰岩，具备极佳的油气地质背景。

上三叠统泥质岩烃源岩在该区带大面积分布，厚度在 100m 之上，有机碳含量在 0.4%～1.0% 之间，属差—中等烃源岩；盆地主力烃源岩中侏罗统布曲组泥晶灰岩在该区广泛分布，厚度在 200m 之上，有机碳含量为 0.15%～0.3%，属中—好烃源岩；此外该区还存在中—下侏罗统雀莫错组和中侏罗统夏里组泥质岩烃源岩。上三叠统肖茶卡组、中—下侏罗统雀莫错组和中侏罗统夏里组砂（砾）岩储层及中侏罗统布曲组颗粒灰岩储层在该区广泛分布，各组储层厚度均在 200m 之上；此外，上三叠统顶部还存在不整合面及古风化壳储层。该区带区域盖层发育，层位有中—下侏罗统雀莫错组和中侏罗统夏里组泥（页）岩盖层，中侏罗统布曲组和上侏罗统索瓦组泥晶灰岩、泥灰岩盖层，直接盖层厚度均在 400m 之上，其主要目的层布曲组盖层累计厚度大于 2500m；此外，该区还发育夏里组、索瓦组优质石膏盖层。各组的生—储—盖在空间上配置良好，主要组成自生自储体系和下生上储体系。

区带内背斜圈闭构造发育，规模较大的主要有笙根背斜、托纳木背斜（面积为 224km²）、普若岗日南背斜等。此外，从盆地西部中央隆起带南北两侧发育古风化壳的溶蚀孔洞、残积堆积层推测，该区还存在古风化壳圈闭。因此该区带具备形成大型油气田的储集空间。区域重力显示为凸、凹基底过渡带，有利于油气聚集成藏。

区带内地表断裂构造不发育，仅见少量规模较小的逆冲断层；地表未见岩浆活动；区域重磁为弱负异常带，可能表明深部无大断裂和显著岩浆活动；地表泉水露头点很少，且全为来自地下浅层的冷泉。表明该区带构造、岩浆破坏作用较弱。地表沥青露头显示，油气点主要分布于区带外的南北断裂带附近，区带内很少，表明油气泄漏程度很低。该区带位于盆地构造改造强度最弱地区，也是保存条件最好地区之一。

综合上述基础地质背景、油气地质特征、成藏圈闭及保存条件，认为该区带为盆地油气勘探最有利区带之一，其中托纳木区块是最有利区块，可作为近期勘探目标。

4. 错尼—多格错仁区带

错尼—多格错仁区带位于北羌塘坳陷北部，北部边界为亚克错—玉盘湖—乌兰乌拉湖断裂，南部边界为错尼南—白滩湖断裂；区带总体沿错尼—多格错仁一线呈近东西向长条形展布（图2-6-4）。

区带地表露头地层主要为上侏罗统索瓦组、下白垩统雪山组和新生界，少量见中侏罗统夏里组。盆地中生代古地理面貌显示，晚三叠世时期处于前陆盆地凹陷地区，沉积了大量深水黑色泥（页）岩和浊积砂岩，油气地质背景较好；侏罗纪时期处于潟湖（雀莫错组沉积期、夏里组沉积期）、台盆（布曲组沉积期、索瓦组沉积期）凹陷到北部古陆的过渡相带，沉积了巨厚的砂（砾）岩、泥（页）岩（雀莫错组沉积期、夏里组沉积期）和微泥晶灰岩、泥灰岩、颗粒灰岩、礁灰岩等（布曲组沉积期、索瓦组沉积期），具有良好的油气地质背景。

上三叠统肖茶卡组黑色泥（页）岩和中侏罗统布曲组泥晶灰岩烃源岩在该区带分布广泛。其中上三叠统烃源岩厚度为300～700m，有机碳含量为0.42%～2.45%；布曲组烃源岩厚度为100～400m，多大于200m，有机碳含量为0.1%～0.2%。此外该区还分布有中—下侏罗统雀莫错组和中侏罗统夏里组泥（页）岩烃源岩。该区储层发育，层位有上三叠统、中—下侏罗统雀莫错组、中侏罗统布曲组和夏里组，岩性有深水浊积砂岩（肖茶卡组）、冲积扇—三角洲相砂（砾）岩（雀莫错组、夏里组）和颗粒灰岩、礁灰岩（布曲组）。这些储层厚度均较大，如肖茶卡组砂（砾）岩储层厚度为200～400m，雀莫错组砂（砾）岩储层厚度为200～300m，布曲组颗粒灰岩和夏里组砂岩储层厚度均大于100m。区带内区域盖层发育，有上三叠统、中—下侏罗统雀莫错组、中侏罗统布曲组和夏里组及上侏罗统索瓦组，岩性有泥（页）岩、泥晶灰岩、致密砂岩、膏岩等，特别是夏里组和索瓦组石膏在该区带广泛分布，且厚度较大，如区带北部冬布列山夏里组石膏点厚度大于200m，玉盘湖东南索瓦组石膏点（34°47′34″N，88°22′06″E）厚度大于100m。这些石膏层对大型油气田形成有良好封堵作用。以上表明该区带的油气地质特征良好，具备形成大型油气田的物质基础。

该区带背斜圈闭构造极为发育，大小背斜有20余个，这些背斜主要集中分布于长湖的周围，有利于油气的集中勘探。此外，从区带周围生物礁分布特征来看，该区带内可能存在生物礁圈闭。

区带内地表分布规模较小的逆冲断层，未见岩浆活动；区域重磁为宽缓弱异常带，可能表明深部无大断裂和显著岩浆活动；地下泉水点和地表油气显示点很少。表明该区构造、岩浆破坏较弱。该区带处于中强改造区和较好保存条件区带内，因此该区带油气保存处于较有利区。

综上所述，该区带的基础地质背景、油气地质特征和成藏圈闭条件较好，但该区带的保存条件中等，因此优选为羌塘盆地油气勘探有利区带，其中长湖区块可作为勘探有利区块。

5. 达卓玛—土门区带

达卓玛—土门区带位于南羌塘坳陷东部与中央潜伏隆起带斜接部位。大致沿达卓玛、土门一带呈东西向分布。

区带内出露地层主要为中侏罗统布曲组、夏里组、上侏罗统索瓦组和新生界，区带周围见上三叠统分布。古地理面貌显示，该区带在晚三叠世至侏罗纪时期均处于以过渡相为主的浅海相区，沉积了肖茶卡组含煤碎屑岩，曲色组、色哇组和夏里组砂岩、泥（页）岩，布曲组和索瓦组微泥晶灰岩、颗粒灰岩夹石膏层。其沉积体内生、储、盖层发育，具备良好油气地质背景。

上三叠统肖茶卡组含煤泥（页）岩、下侏罗统曲色组灰黑色泥（页）岩和中侏罗统布曲组泥晶灰岩、泥灰岩等烃源岩均在该区带内广泛分布。其中上三叠统肖茶卡组含煤泥（页）岩烃源岩厚度大于300m，有机碳含量大于0.6%，镜质组反射率小于1.5%；布曲组石灰岩烃源岩厚度在300m左右，有机碳含量大于0.1%。该区储层发育，主要层位有上三叠统、中侏罗统色哇组和布曲组，岩性有滨岸、三角洲相砂岩（肖茶卡组、色哇组）和浅滩相砂屑灰岩、鲕粒灰岩及生物碎屑灰岩（布曲组）；其中肖茶卡组砂岩储层厚度大于200m，孔隙度大于5%，渗透率在0.1mD左右。区带内区域盖层发育，层位有上三叠统、下侏罗统曲色组、中侏罗统色哇组和布曲组，岩性有泥（页）岩、泥晶灰岩、致密砂岩、膏岩等。以上表明该区带油气地质特征良好，具备形成大型油气田的物质基础。

该区带背斜圈闭构造发育，大小背斜有10余个，多组成背斜群，其中达卓玛复背斜规模较大，由8个次级背斜组成。

区带内地表分布有少量规模较小的逆冲断层，但区带的南、北边界为较大逆冲断层；地表未见岩浆活动；区域重力为弱负异常带，航磁为弱磁异常区，可能表明深部无显著岩浆活动；地下泉水点和地表油气显示点很少，但周围见高温泉分布；构造改造强度为强改造区；该区位于中等保存条件区带内，因此该区带油气保存处于较有利区。

综上所述，该区带基础地质背景、油气地质特征和成藏圈闭条件较好，但该区带保存条件一般，综合评价认为是油气勘探有利区带，该区带达卓玛区块可作为进一步勘探的有利区块。

6. 隆鄂尼—昂达尔错区带

隆鄂尼—昂达尔错区带位于南羌塘坳陷中部、中央潜伏隆起带南缘，大致沿桑嘎尔塘、昂达尔错一带分布。

地表出露地层主要为中侏罗统布曲组、夏里组和上侏罗统索瓦组。古地理面貌显示，在晚三叠世至侏罗纪时期主要为过渡相，充填有上三叠统肖茶卡组和中侏罗统色哇组砂、泥岩，下侏罗统曲色组泥（页）岩，中侏罗统布曲组微泥晶灰岩、颗粒灰岩及白云岩等。沉积体内生、储、盖层发育，具备良好油气地质背景。

烃源岩层位主要有上三叠统肖茶卡组、下侏罗统曲色组和中侏罗统布曲组，岩性有灰黑色泥（页）岩和深灰色泥晶灰岩。其中肖茶卡组泥（页）岩烃源岩厚度大于200m，有机碳含量大于0.6%；曲色组泥（页）岩烃源岩厚度在200m左右，有机碳含量为0.6%～1.0%；布曲组石灰岩烃源岩厚度大于400m，有机碳含量多大于0.2%。储层主要层位有上三叠统肖茶卡组、中侏罗统色哇组和布曲组，岩性以砂岩、颗粒灰岩和白云岩为主；肖茶卡组砂岩储层厚度小于100m，孔隙度为5%～10%，渗透率为1.0～10mD；色哇组砂岩储层厚度为100～300m，孔隙度为1%～10%，渗透率为0.01～10mD；布曲组颗粒灰岩储层厚度为10～200m，孔隙度为1%～5%，渗透率大于1mD；此外该区发育有储集物性较好的布曲组白云岩。盖层主要有上三叠统肖茶卡组和下侏罗统曲色组泥（页）岩、中侏罗统布曲组泥晶灰岩，局部地区还有夏里组泥（页）岩盖层，盖层累计厚度大于3000m；此外该区发育布曲组和夏里组优质石膏盖层。因此该区具有形成大型油气田的石油地质条件。

该区发育多个背斜圈闭构造，背斜核部多由色哇组和布曲组构成，两翼为布曲组和夏里组。此外该区还存在藻礁白云岩圈闭，从地表出露的古油藏均位于白云岩内来看，白云岩可能是该带的主要目的层之一。

该区地表断裂构造发育，主要有东西向和北东向两组，多为逆冲断层；地表未见岩浆岩体分布；地下泉水显示区带边缘有高温泉分布，表示可能有深断裂分布；构造改造强度为强改造区；油气保存条件为中等保存区带。因此该区带保存条件较差。

综上所述，该区带基础地质背景、油气地质特征和成藏圈闭条件较好，但该区带保存条件相对较差，评价为油气勘探较有利区带，扎仁区块可作为进一步开展工作的较有利区块。

第七章　地震勘探技术进展

20世纪末，中国石油天然气总公司青藏项目经理部在羌塘盆地组织开展了二维地震勘探、航空磁测、重力测量、大地电磁探测、遥感地质及油气地球化学工作，其中完成二维地震两千多千米。21世纪以来，中国地质调查局及中国石化南方公司等在羌塘盆地开展了大量二维地震技术攻关，先后完成二维地震两千多千米。此外，还开展了大地电磁测深、剖面重磁测量、复杂电阻率法（CR法）测量及微生物油气地球化学探测工作。

羌塘盆地油气勘探技术进展主要体现在二维地震勘探方面，经过多年地震勘探技术攻关，基本攻克了羌塘高原冻土地质条件下地震资料信噪比低的难题，获得了一批高信噪比的二维地震资料。

第一节　地震勘探历史

中国石油、中国石化、延长油田、中国地质调查局等在羌塘盆地先后开展过二维地震勘探攻关，但限于高原冻土层发育，加之碳酸盐岩岩溶及膏岩地层等复杂构造地质条件，导致单炮记录上可连续追踪反射信息的道数少，地震资料信噪比低。从1994年到1998年，二维地震勘探主要由中国石油天然气总公司青藏项目经理部组织实施，完成二维地震勘探测线41条、2491.74km（60次覆盖为主）。由于对羌塘盆地冻土层、膏岩层、岩溶层等复杂地质条件认识不够、勘探技术和设备条件有限，加之当时对羌塘高原严酷的自然环境条件缺乏应对经验，所获得的地震资料绝大部分信噪比都非常低。

从21世纪开始到2015年，中国地质调查局成都地质调查中心在羌塘盆地托纳木—笙根、半岛湖地区及尼玛盆地共完成二维地震试验测线千余千米。2004—2009年期间，采用炸药激发、单线观测系统，覆盖次数通常只有60～92次；2010—2012年期间，除少数地震测线采用炸药激发的单线观测系统外，多数采用炸药激发1炮2线（1S2L）、2炮2线（2S2L）宽线观测系统，并进行了少量常规可控震源激发试验，覆盖次数普遍高于120次，部分试验段达480～720次。这一时期所获得的地震资料虽较前人有长足进步，但仍不能满足地质构造解释的要求。

2015年，由中国地质调查局成都地质调查中心等单位分别组织中国石油、中国石化的8个地震队，采用炸药震源和可控震源混合激发或单独激发方式，覆盖次数均在300次以上，最高达3960次；最复杂的为5炮3线的观测系统，在羌塘盆地及伦坡拉盆地共采集二维地震剖面46条，长度合计1360km。此外，中国石化南方公司在北羌塘坳陷也完成了二维地震剖面约600km。这一时期，由于采用了包括大吨位低频可控震源在内的大量新技术、新方法、新设备，同时加强了野外施工质量监控，藏北高原地震攻关取得了重要进展，研发形成了羌塘盆地二维地震激发与接收的方法技术体系，基本解决了藏北地区长达 20 余年未解决的高原冻土区地震资料信噪比低这一关键科学技术难题。

第二节　技术难点与解决措施

一、技术难点

导致羌塘盆地二维地震资料信噪比低、品质差的原因主要包括：面波、折射波、次生干扰波等干扰发育；冻土层、膏岩层和岩溶地层非常发育；盆地表层结构复杂，导致静校正困难；地下构造复杂，难以成像；目的层波阻抗差异小、反射能量弱。

1. 面波、折射波等干扰发育，原始单炮记录信噪比低

该区表层结构极为复杂，老地层出露，岩溶、山前砾石层、冻土层发育，且表层低速带厚度差异性大，最大厚度达到 300m 左右，大部分激发能量沿近地表传播，能量散失严重，并且造成线性干扰发育，原始地震资料信噪比低。

2. 冻土层、膏岩层和岩溶孔洞影响地震资料品质

羌塘盆地处于多年冻土和季节性冻土区内，从青藏公路沿线沱沱河—雁石坪—安多一带的冻土调查资料看，该区以发育连续多年冻土和岛状多年冻土为主，局部有融区；多年冻土厚度为 30～120m，最大季节融化深度为 0.9～3.2m。冻土带地表的低降速带极薄或缺失，季节性冻土（季节性河流、向阳山坡）和多年性冻土混合相间，速度高（4000m/s 以上）且空变性强，成层性极差，发育挂面状或锥状高速异常体。冻土带的存在给初至静校正带来了严重挑战，首先，初至波场复杂、混乱，分辨度不高，难以准确拾取；其次，速度波场复杂，横向上变化快，高速异常体发育，能够屏蔽掉大部分的地震激发下传能量，使得透射过该层的地震波能量弱，地面接收到目的层的能量反射信号极弱；最后，它影响了高频静校正的精度，降低了成像精度。

近年来在相继实施的地质调查井及羌科 1 井中发现，羌塘盆地至少发育了两套巨厚的膏岩层或含膏泥质岩层，其中，雀莫错组膏岩层厚度为 363m，夏里组膏泥岩层厚度大于 260m，且这些膏岩层或含膏泥质岩层在盆地范围内侧向延伸连续、稳定，具区域性分布特征。膏岩层及表层发育的岩溶孔洞的地层速度很低，与围岩相比岩溶孔洞成为较强的地质非均质体，造成绕射波、多次波发育，地震场更加复杂，影响地震剖面的成像效果。

3. 复杂表层结构导致静校正问题严重

低降速带起伏剧烈，表层结构厚度从几米、十几米至上百米变化，无稳定静校正界面，横向速度变化大。从共偏移距对比分析可以看出，表层地层在 100m 及 500m 偏移距时抖动剧烈，说明主要存在短、中波长静校正问题，同时 1000m 及 2000m 的共偏移距剖面也存在一定的抖动，说明该区也存在部分长波长静校正问题。

4. 构造复杂，成像难度大

地下构造复杂，褶皱及断层发育，地层倾角变化大，地震波场复杂，有效波、绕射波相互干涉，造成地震资料成像困难，尤其以中央隆起带表现最为突出。

当褶皱变形剧烈、地层倾角较大时（55°地层倾角），正演所获得的叠前深度偏移剖面仅构造高部位能够得到资料，两翼地震反射资料基本缺失，信噪比很低；当褶皱变形不大、地层倾角较小时（25°地层倾角），正演所获得的叠前深度偏移剖面能够很好地反映地质模型构造形态，两翼地震反射资料信噪比较高。

5. 目的层波阻抗差异小，反射能量弱

主要目的层侏罗系、三叠系内部，以及白垩系地层波组抗差异小，地震反射信号弱，信噪比低，地震成像困难。

二、应对措施

针对羌塘盆地地表—地下结构双复杂、反射信号弱、资料信噪比低的地震地质特征，近10多年来，开展了以提高资料信噪比和分辨率为目的的地震方法技术攻关，主要采取了以下技术措施：从表层结构精细调查和全方位干扰波分析入手，以宽频宽线高密度为理念，采用高密度—高覆盖次数—宽线—宽方位角的"双高双宽"观测系统；激发上，采用代表世界最新技术水平的以宽频（低频）、大吨位新型可控震源和常规可控震源采集设备为依托的激发方式，配合成熟的高速层下大药量激发技术，以及高密度—高覆盖—浅井—小药量试验方案。

1. 宽线高密度高覆盖采集

在宽线高密度二维采集中，使用小道距、宽线、高覆盖等方法能够提升观测系统的压噪效果，对区内广泛发育的干扰波进行很好压制，提高资料信噪比；同时增加地震波场的采样空间，提高地震波场的空间采样能力，对于褶皱发育、地层倾角大、逆掩断层发育的情况，能够提升其地震波场的归位效果；增加目的层有效覆盖次数，提高目标地质体弱反射信息的能量。

对2012年采集的实际资料进行了不同炮距和道距的对比分析，无论抽炮还是抽道，相对较小的采样点距对于各目的层的能量都有较大的提高，并且可以有效改善陡倾角地层成像效果，因此在采集过程中进一步缩小采样点距，大幅度提升炮道密度。

同时，通过高密度宽线观测大幅度提升目的层有效覆盖次数，增加空间激发点密度，能有效改善冻土层能量屏蔽，提高深层目的层弱反射信号能量。正演出来的叠前时间偏移剖面进行能量分析表明，通过增加空间激发点密度，目的层的有效反射能量明显增强。

通过宽线施工进行炮检点联合压噪，提升观测系统的压噪效果，提高资料信噪比。在采集参数的设计过程中详细论证宽线线距的选择，分析炮检点联合压噪响应，选择适合该区域的宽线观测系统。同时，宽线高密度二维观测系统的应用能有效增加地震波场采样空间，提高地震波场空间采样能力，提升中央隆起带区域的地震波场归位效果。宽线高密度二维观测系统的采用使复杂地区的地震资料品质有了大幅度的提高，有效增强了中深层反射的能量，改善了复杂构造区域陡倾角地层的成像效果，资料信噪比得到了较大的提升。

2. 宽频、大吨位可控震源激发

以往采集的单炮地震资料时频分析表明，地震波能量衰减很快，再加上冻土层、岩溶地层对能量的屏蔽作用，中深层目的层的有效反射能量弱，信噪比低。因此，针对侏罗系、白垩系目的层有效反射波能量弱且以低频响应为主的特点，需采用保护低频、提高弱反射能量的激发技术。

大吨位可控震源激发能量更强，也有利于改善资料品质。低频激发技术主要是指采用专门的低频可控震源进行激发，相对于常规可控震源，低频可控震源在低频端有很好的拓展，地震激发信号具备了更加丰富的低频能量，可以利用低频信号穿透性强、衰减慢的特点，较好克服上覆地层能量屏蔽及对有效反射能量的吸收衰减，提高地震波下传能量，提升对于中深层目的层的弱反射信息的识别能力，从而使接收到的目的层反射波的能量增强，较好地改善目的层的成像效果。

3. 冻土层处理

1）对低信噪比初至进行预处理

通过振幅域、频率域等方面处理，平衡冻土地表差异，剔除干扰，提高初至可辨度；通过与相邻炮对应道的垂直叠加，消除干扰，提高初至信噪比；对初至遇到随机噪声污染、衰减的单炮，借用自身或相邻炮对应道对初至进行延拓。

2）进行高精度约束层析反演

利用初至数据的空间连续性，在 CMP（共中心点）域选择合理的 CMP 段控制速度的快速变化，有效控制冻土带纵、横向速度变化；利用多尺度网格，以反演速度和界面为目标，提高层析反演的稳定性和精度；针对不同区域速度高、低特点，利用相应的初至偏移距范围进行反演，提高浅表层反演精度。

3）完成空变多域初至波剩余静校正

根据冻土带速度空间变化特点，选择不同的初至偏移距范围计算剩余静校正，解决冻土带不同偏移距存在的高频静校正问题；通过多域统计迭代，解决冻土带速度空间变化引起的高频静校正问题。

第三节　技术进展与效果

一、高密度高覆盖宽线采集试验

1. 观测系统

高密度高覆盖宽线地震勘探是羌塘盆地近 10 多年来另一项重要的方法技术试验，实践表明，这一方法能有效压制干扰波、增加有效覆盖次数、大幅度提高资料信噪比。

2015 年，中国地质调查局成都地质调查中心组织中国石油、中国石化三支地震队分别在北羌塘坳陷半岛湖地区、中央隆起带托纳木—笙根地区及南羌塘坳陷隆鄂尼—昂达尔错—鄂斯玛、玛曲地区开展了规模大、激发点密、覆盖次数高的高密度、高覆盖宽线采集试验。

半岛湖地区位于北羌塘坳陷构造稳定区，其 3 炮 3 线试验观测系统相对简单，3 条激发线和 3 条接收线重合，检波器为矩形面积组合，最高覆盖次数为 600 次。隆鄂尼地区位于南羌塘坳陷构造复杂区，其 5 炮 3 线（5S3L）试验观测系统最复杂，试验对比分析内容最丰富，5 条炮线中的 2 条为井炮激发，分别代表浅井小药量和中深井、中等药量激发，另外 3 条炮线为低频可控震源激发，3 条可控震源激发线中最小炮点距为 15m，3 条接收线分别设置了 3 种不同的检波器组合图形，最高覆盖次数为 3960 次（井炮激发最高覆盖次数 1080 次，低频可控震源激发最高覆盖次数 2880 次）。

2. 激发试验

1）低频可控震源激发试验

试验区除山地、丘陵处有基岩出露外，地表大部分为沼泽、河滩砂砾石层、第四纪残坡积物、山前厚砾石层，成井困难，炸药激发成本高昂且安全系数低，因此，采用低频、大吨位、常规三种可控震源方法能有效解决这些问题（表 2-7-1）。2015 年分别在隆鄂尼—鄂斯玛、玛曲、托纳木—笙根等地进行了大规模激发试验，重点总结振动台次（台数和次数组合）、振动出力（驱动幅度）、扫描频率和扫描长度四个方面的试验结论，寻找最佳激发组合，提高资料采集品质。以隆鄂尼—鄂斯玛地区低频可控震源激发试验为例介绍如下。

表 2-7-1　不同种类可控震源规格及参数

规格及型号	常规可控震源（KZ28）	低频可控震源（BV～620LF）	大吨位可控震源（KZ34）
额定振动出力	275kN（64100lb）	281kN（64100lb）	390kN（88000lb）
振动频率范围	6～250Hz	1.5～250Hz	6～200Hz
最大爬坡度	60°	60°	60°
整机质量	29000kg	29000kg	42500kg

（1）振动台次试验。固定驱动幅度为 60%，扫描频率为 1.5～84Hz，扫描长度为 16s，进行了 1 台 1 次、1 台 2 次、2 台 1 次、2 台 2 次振动台次对比试验（图 2-7-1a）。

从振动台次对比试验固定增益和分频记录中可以看出，2 台激发的单炮效果略好于 1 台激发，定量分析发现，不同台次激发的频谱无明显差距，2 台 2 次激发能量最强，1 台 2 次信噪比最高。综合考虑，振动台次选用 2 台 1 次较为合适。

（2）驱动幅度试验。固定振动台次为 1 台 1 次，扫描频率为 1.5～96Hz，扫描长度为 16s，进行了 50%、60%、65% 驱动幅度对比试验（图 2-7-1b）。

从驱动幅度对比试验固定增益和分频记录中可以看出，出力 50%，单炮记录相对较差，出力 60% 和 65% 时也无明显差距；定量分析发现，随着出力增大，单炮能量增强，频谱向低频端略有移动，而资料信噪比则无明显改善。综合考虑，驱动幅度选用 60% 较为合适。

（3）扫描频率试验。固定振动台次为 1 台 1 次，驱动幅度为 65%，扫描长度为 16s，进行了 1.5～96Hz、1.5～84Hz、1.5～72Hz 扫描频率对比试验（图 2-7-1c）。

从扫描频率对比试验固定增益和分频记录中可以看出，扫描频率对资料品质影响不明显；通过定量分析发现，随着扫描频率增加，单炮能量呈减弱趋势，但资料信噪比则无明显改善。综合考虑，扫描频率选用 1.5～84Hz 较为合适。

（4）扫描长度试验。固定振动台次为 1 台 1 次，驱动幅度为 65%，扫描频率为 1.5～96Hz，进行了 12s、16s、20s 扫描长度对比试验（图 2-7-1d）。

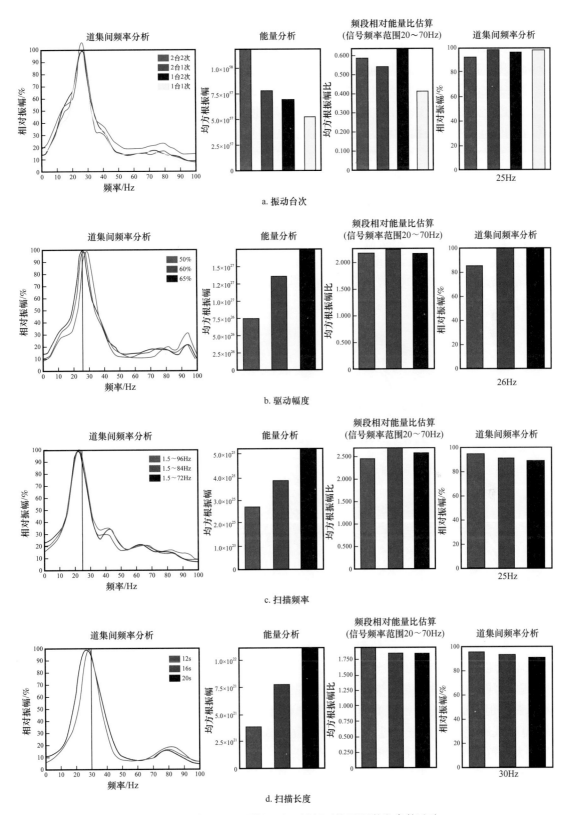

图 2-7-1　隆鄂尼—鄂斯玛地区低频可控震源激发参数试验

从扫描长度对比试验固定增益和分频记录中可以看出，扫描长度对单炮记录质量影响不大，在固定增益记录上可以看出随着扫描长度增加，记录能量略有提升；通过定量分析发现，随着扫描长度增加，单炮能量呈增强趋势，12s频带宽度略窄，16s、20s频谱基本一致，资料信噪比无明显改善。综合考虑，扫描长度选用16s较为合适。

通过上述试验可以看出，隆鄂尼—鄂斯玛地区低频可控震源为振动台次2台1次，驱动幅度为60%，扫描频率为1.5～84Hz，扫描长度为16s；玛曲地区大吨位可控震源为振动台次2台1次，驱动幅度为70%，扫描频率为6～84Hz，扫描长度为16s；托纳木—笙根地区常规可控震源为振动台次3台1次，驱动幅度为70%，扫描频率为6～84Hz，扫描长度为18s。

2）炸药激发试验

自2004年以来，在羌塘盆地针对砂岩区、河滩砾石区、丘陵区、山地基岩露头区、河滩坡积物区、平地第四系覆盖区等不同的地形地貌和岩石种类进行了大量炸药激发试验，探寻深井大药量、浅井小药量及组合井小药量等激发方式与资料品质之间的关系，获取了一系列最佳激发参数（图2-7-2）。

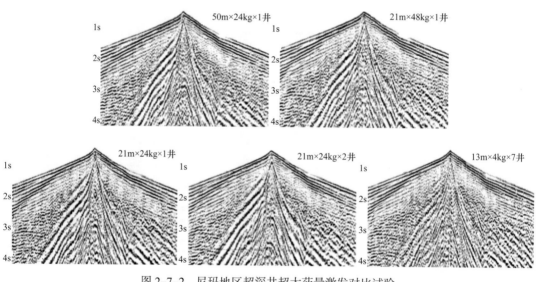

图2-7-2　尼玛地区超深井超大药量激发对比试验

（1）深井大药量激发。通过分析激发井深、激发药量、单井与多井组合试验，最佳激发参数为单井激发井深药包顶部距潜水面或高速层顶界面下3m，激发基本药量为18kg（山地为20kg，山顶增至22kg）。

（2）浅井小药量激发。浅井小药量激发是与深井大药量激发相对应的另一种采集技术思路，但它必须与高密度高覆盖采集技术相结合才能取得良好效果。中国石油20世纪90年代在羌塘盆地进行过浅井小药量激发试验，但由于当时采集技术方案中的炮间距过大、覆盖次数过低而未能获得满意效果。

高密度高覆盖采集技术条件下，羌塘盆地比较适合浅井小药量激发参数。井深对比试验采用过9m、11m、13m、15m，药量均为10kg，分频扫描单炮记录和定量分析表明：单深井激发井深为高速层下3m；浅井药量试验采用2kg、3kg、4kg进行对比，井数为1口，井深为6m，试验结果对比表明，3kg激发的单炮资料信噪比相对较高；中浅井药量试验采用 6kg、8kg、10kg、12kg 进行对比，井深为 12m 激发，试验结果对比表明，中浅井药量为 10kg 效果最好；组合井数试验采用口数为 1 口、3 口、5 口、7 口进行对比，井深为 6m，激发药量为 2kg，试验结果对比表明，单井效果相对较好。

二、资料处理

2012 年以前，由于地震资料信噪比较低，资料处理过程中仅进行了常规的层析静校正、叠前噪声衰减、子波一致性处理、速度精细分析、叠前信号加强、地表一致性反褶积、CDP（共反射点）叠加、叠后时间偏移。2015 年随着地震资料信噪比的逐渐提高，资料处理工作难度也随之加深，除常规处理外，针对信噪比较高的剖面还采用了复杂山地宽弯线处理、高海拔复杂地表静校正处理、波动方程基准面延拓静校正、复合多域噪声衰减处理、CRS（共反射面元）叠加处理、双复杂叠前叠后成像处理、叠前时间偏移处理和叠前深度偏移处理（RTM、高斯射线束、克希霍夫）等技术，并加强了井炮与可控震源匹配处理工作。

在主要处理方法参数测试及关键处理技术分析基础上，最终根据获得的资料处理参数（表 2-7-2）对羌塘盆地二维地震资料进行了室内精细处理。

表 2-7-2　羌塘盆地二维地震数据处理参数

试验项目	试验方法	试验内容	试验参数	采用参数
宽弯线	观测系统定义	二维、三维	二维、三维	二维宽弯线
静校正	层析静校正	不同计算方法	二维、三维	二维
		反演所用偏移距	2000m、2500m、3000m、3500m、4000m	3000m
		截取近偏移距	200m、400m、600m、800m	400m
		最大高频分量	5ms、10ms、20ms、30ms	10ms
浮动面	平滑半径	平滑半径	1000m、2000m、2500m、3000m、4000m	250m
噪声衰减	异常振幅衰减	去噪门槛值	3、5、7、9	7
反褶积	地表一致性预测	因子长度	160ms、200ms、240ms、280ms、320ms	240ms
		预测步长	16ms、20ms、24ms、28ms、32ms	28ms
		白噪系数	0.5%、1%、2%、3%	1%
	时窗	时窗	200～1500ms、200～2500ms、200～3500ms、200～4500ms	200～3500ms
叠加	叠加方法	CRS 叠加、CDP 叠加	CRS 叠加、CDP 叠加	CDP 叠加
叠后时间偏移	有限差分偏移	偏移速度百分比	85%、90%、95%、100%、105%	视情况定
叠前时间偏移		偏移孔径	4000m、5000m、6000m、7000m	6000m
	偏移倾角	偏移倾角	40°、50°、60°、70°	50°
	反假频参数	反假频参数	15m、22.5m、30m、45m	30m
	偏移距分组	偏移距分组	15m、30m、60m、90m	60m
叠前深度偏移	RTM	偏移孔径	5000m、6000m、7000m、8000m、9000m	8000m
		反假频因子	1、2、3、4	3

三、资料效果

对比分析就可以看出，2015 年以来，羌塘盆地二维地震勘探技术取得了长足进步，获得的两千余千米二维地震剖面信噪比显著提高。图 2-7-3（北羌塘坳陷托纳木—笙根 TS2015—南北 5 线）、图 2-7-4（半岛湖 QB2015—06 南北线）及图 2-7-5（南羌塘坳陷鄂斯玛 E2015～03 线）是 2015 年利用新技术采集的未经处理的野外监控剖面资料；而图 2-7-6（北羌塘坳陷托纳木—笙根 TS2012—03 线）、图 2-7-7（南羌塘坳陷鄂斯玛 981095 线）则是 2012 年之前采集的老地震剖面，二者对比明显可以看出，2015 年采集的地震剖面质量更加优异，反射同相轴清楚、连续，断层、断点清晰可见，基本上可用于地质构造解译。

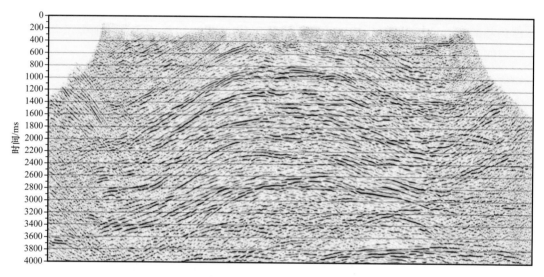

图 2-7-3　2015 年新资料：TS2015—SN5 试验线叠加剖面
观测系统 4L3S，井炮，960 次覆盖

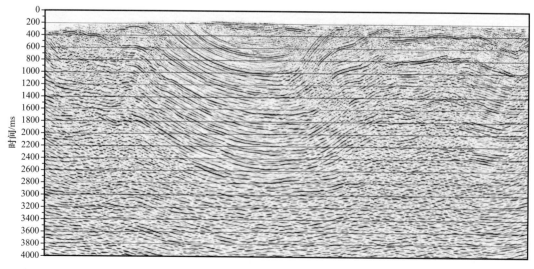

图 2-7-4　2015 年新资料：半岛湖 QB2015—06SN 叠前时间偏移剖面
观测系统 3L2S，井炮，覆盖次数 300 次

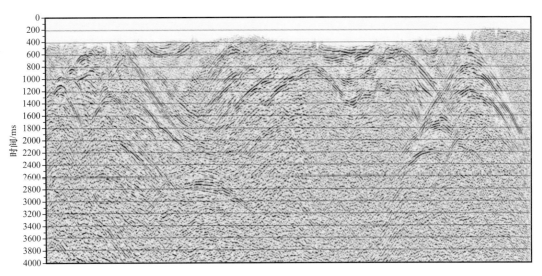

图 2-7-5　2015 年新资料：鄂斯玛 E2015—03 试验线叠加剖面

观测系统 2L2S，井炮，960 次覆盖

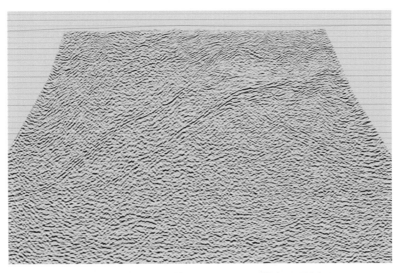

图 2-7-6　托纳木—笙根 TS2012—03 线老地震剖面

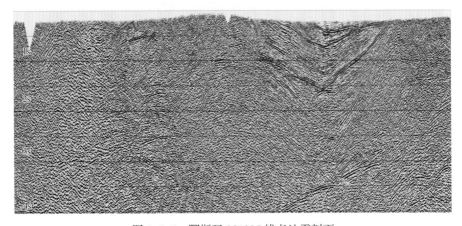

图 2-7-7　鄂斯玛 981095 线老地震剖面

第三篇
其他盆地

第一章　伦坡拉盆地

伦坡拉盆地位于唐古拉山南侧的藏北高原，是羌塘地块与冈底斯地块结合带（班公湖—怒江缝合带）上的一个古近纪陆相盆地，行政区域大部分属西藏自治区班戈县所辖，部分地区属安多、申扎县所辖。盆地范围为 88°30′E—90°30′E、31°20′N—32°20′N，呈东西狭长带状展布，东西长 200km，南北宽 10～30km，面积 3770km²。

第一节　勘　探　历　程

伦坡拉盆地油气勘探经历了前期调查、普查、评价和战略选区的过程。

一、前期调查阶段

1951—1953 年期间，李璞等在伦坡拉—班戈盆地发现了古近系—新近系石油构造和油苗，并提出伦坡拉穹隆构造可能是一个储油构造，在伦坡拉以北及以西都有分布，是一个值得进一步开展大规模普查的地区。同时，在丁青附近第四纪沉积物中也发现了油页岩和沥青，指出丁青的含油页岩地层在沿河岸地区分布相当广泛，有进一步勘探的价值。

1956—1966 年，地质部组织多支石油调查专业队伍，对伦坡拉盆地及周缘地区，进行了前期石油地质调查和含油气性评价研究工作。通过对伦坡拉盆地新生代地层属性和含油气性研究，基本肯定了伦坡拉盆地是一个含油气盆地，也是一个烃源岩较发育、具有油气勘查前景的盆地。其中：1956—1958 年，地质部青海石油普查大队（地质部石油地质局 632 队）黑河中队在青藏公路以西的唐古拉山与念青唐古拉山之间开展 1∶100 万石油地质概查和伦坡拉盆地 1∶20 万地质普查，对伦坡拉盆地周边中生代地层及盆地内新生代地层、构造特征、含油气性进行了专题研究，并测制了大量的地层剖面。1960 年西藏地矿局石油队在伦坡拉盆地丁青、牛堡一带开展了 1∶2.5 万石油地质细测。1961 年，西藏地矿局藏北地质队在伦坡拉盆地内进行了构造详查工作。同年，青海石油管理局地质处在伦坡拉盆地牛堡构造、伦坡拉构造、丁青构造、罗加林构造进行了石油地质踏勘，并对地表油气苗作了详细调查。1966 年，地质部石油地质局综合研究队青藏分队在藏北进行了石油地质调查，对伦坡拉盆地新生代含油气性进行了评价研究，在牛堡构造上发现了油砂、沥青脉等油气显示。

二、石油普查阶段

20 世纪 60 年代中后期到 70 年代，伦坡拉盆地进入了一个全面石油普查时期。1967 年，地质部成立了第四石油普查勘探大队（地质部西藏地矿局第四地质大队，即老四普），采用地质填图、1∶50 万航空磁测、1∶10 万重力普查、1∶2.5 万重力详查、二维地震、钻探等多种手段，开始对伦坡拉盆地中部、东部进行综合评价工作。钻井 52 口，总进尺 36895.49m；井深超过 1000m 的 10 口井；最大井深 2245.31m（红星 3 井）。但是大部分钻井位于长山、牛堡和红星梁等几个局部浅层构造上，中央坳陷区仅 7 口。该阶段勘探主要目标是浅层油气藏，取得主要成果有：（1）发现地表油气苗 43 处，初步揭示古近系牛堡组二、三段及丁青湖组一、二段等 4 个层段含油。（2）在地面发现牛堡、红星梁、长山等 22 个浅层含油气构造，在中央坳陷带发现 8 个断鼻构造。（3）在 50 口钻井中，有 45 口钻井是油气显示井，有 1 口井是工业油流井。（4）简易试油 8 井次，其中牛浅 2 井经土法试油获低产油流，日产原油 0.495m³；红星 6 井获工业油流，经测试评价计算，日产原油 1.8m³，无阻流量 6.8m³，为第一口工业油井。

三、盆地、区带及圈闭评价阶段

20 世纪 80 年代，伦坡拉盆地大规模的石油勘探工作基本上处于停滞状态，零星的调查与科研工作主要是系统总结前期工作成果。例如：石油工业部西藏石油地质考察队于 1981—1982 年对西藏进行了石油地质路线普查和遥感影像解译，进行了油气资源初步评价。1989 年由蒋忠惕等编写的《青藏高原北部地区含油气条件及前景预测》对青藏高原北部早期工作成果作了进一步总结。1990 年出版的《中国石油地质志·卷十四 青藏油气区》（第二篇，西藏地区），对西藏石油地质工作进行了全面总结（青藏油气区石油地质志编写组，1990）。

20 世纪 90 年代开始，伦坡拉盆地石油地质工作又开始重启，该时期的工作以盆地、区带及圈闭评价为主。1991 年，地质矿产部将伦坡拉盆地油气勘查列入了国家"八五"（1991—1995 年）油气勘查计划，由地质矿产部新星石油公司中南石油局组织实施，对伦坡拉盆地兼顾伦北盆地和班戈湖盆地等，开展了新一轮油气调查评价与勘查，工作一直持续至"九五"期间，投入实物工作有二维地震、三维地震、钻井等；其中钻井 13 口、总进尺 21860.87m、平均井深 1681.6m。取得的主要成果有：（1）初步落实中央坳陷带构造圈闭 32 个，地层圈闭 98 个，估算伦坡拉盆地中东部油气圈闭资源量为 0.8×10^8t。（2）13 口钻井有 7 口是油气显示井，有 4 口是工业油流井；藏 1 井、西伦 5 井钻获工业油气流；伦浅 3 井、伦浅 1 井热试采成功，放喷初期分别平均为 21.4m³/d 和 23.9m³/d。（3）评价伦坡拉盆地中东部生烃总量达 30.82×10^8t，资源总量为 1.507×10^8t。（4）提交控制石油地质储量。

四、战略选区阶段

进入 21 世纪初以后，伦坡拉盆地油气勘探以战略选区与重点攻关工作为主。2010 年，中国石油化工股份有限公司勘探分公司在伦坡拉盆地实施了 4 条南北向高精度二维地震采集。2011 年，中国地质调查局与中国石油化工股份有限公司合作设立项目组开展伦坡拉盆地油气勘探。2011—2012 年，重新开展了包括页岩油气调查在内的野外地质调查、老二维地震资料重新处理解释、老井岩心复查、综合研究等工作。2013 年开展了高精度二维地震采集处理技术攻关，完成了满覆盖长度 450km 共计 20 条测线（南北向 18 条主测线、东西向 2 条联络线）采集。2014—2015 年完成了 2 口参数井钻探（旺 1 井、旺 2 井），钻遇单层超 100m 厚的优质烃源岩及厚层白云岩和砂砾岩，并见到油气显示。该阶段取得的主要成果及认识有：（1）建立了一套适合伦坡拉盆地的二维地震采集方法，形成了一套适合高原环境的安全、高效钻探工程工艺技术。（2）明确了盆地沉积体系及沉积模式、储层沉积相特征及发育控制因素。（3）查明伦坡拉盆地烃源岩受沉积相带控制，主要发育于中东部中央坳陷带浅湖—半深—深湖相，主力烃源岩牛堡组二段及牛堡组三段有机质丰度高、转化率高。（4）确定了伦坡拉盆地油页岩的含油率高，有机质丰度较高，具有较好的生烃潜力，处于低成熟演化阶段。（5）深化了盆地成藏条件及成藏主控因素认识，明确伦坡拉盆地发育牛堡组二段和牛堡组三段两套成藏系统。（6）运用新老二维地震资料，识别出多个构造及岩性圈闭，其中长山、开巴、甲格3个岩性圈闭，面积173.92km^2，圈闭资源量9756.31×10^{4}t，地质资源量2227.62×10^{4}t；中央坳陷带10个构造目标，面积104.80km^2，圈闭资源量4289.16×10^{4}t；盆地南北两个冲断带10个构造目标，面积81.24km^2，圈闭资源量3324.92×10^{4}t。（7）根据构造区划及沉积相展布，将伦坡拉盆地划分为6个含油气区带，指出中央坳陷带长山地区的岩性圈闭为盆地有利勘探区带。(8)通过旺1井、旺2井钻探，结合已有资料，估算伦坡拉盆地油气资源总量为4.656×10^{8}t。

第二节　地层与沉积

一、地层

伦坡拉盆地是在燕山褶皱带基础上发展起来的新生代陆相断陷盆地，燕山末期的构造运动使中生代地层发生强烈褶皱变形，隆起遭受剥蚀，导致新生代地层均不整合于老地层之上（图3-1-1）。盆地内发育古近系始新统牛堡组（E_2n）、渐新统丁青湖组（E_3d），属内陆河湖沉积（艾华国等，1998）。根据地震资料分析，盆地中心古近系沉积厚度达5000m，牛堡组碎屑岩和丁青湖组暗色砂岩、泥（页）岩两套沉积地层，在区域上呈整合或不整合接触。地层厚度向东逐渐变薄，东部地层由南向北变厚。

1. 牛堡组（E_2n）

牛堡组在盆地内分布广泛，地表出露于盆地西部和北部的达页堡日贡、雅琼、鄂加卒、达玉山、那陇曲康等地区，有数十口钻井钻到牛堡组不同部位。该组沉积和沉降中心在盆地北侧中央坳陷区，最大厚度3000m；地层厚度向东逐渐变薄，东部地层由南向北变厚。牛堡组与下伏地层为不整合接触，超覆在古生界—中生界基底之上。

牛堡组地表出露以鄂加卒剖面最好，为一套棕红色碎屑岩夹灰绿色泥（页）岩、灰白色泥灰岩岩石组合。牛堡组构成一个粒度由粗—细—较粗、颜色由棕红色—灰绿色—棕红色的完整沉积旋回。根据沉积特征，将牛堡组分为3个岩性段。

1）牛堡组一段（E_2n_1）

牛堡组一段在盆地西部及北部边缘均有出露。盆地北侧红星17井、牛2井和南侧长9井、长10井、西伦2井等都钻遇该段。

牛堡组一段为盆地形成初期填平补齐阶段沉积体，岩石成分、粒度、厚度等变化大。主要由紫红色、棕红色中—厚层砾岩、砂砾岩、含砾岩屑砂岩、岩屑砂岩夹黄色砾岩、紫红色细粒石英砂岩、粉砂岩、棕红色泥岩等组成。砾石成分复杂，随地而异；砾石大小悬殊，分选差，以3~20cm为主，局部地区砾径可达2~3m；磨圆度为次圆—次

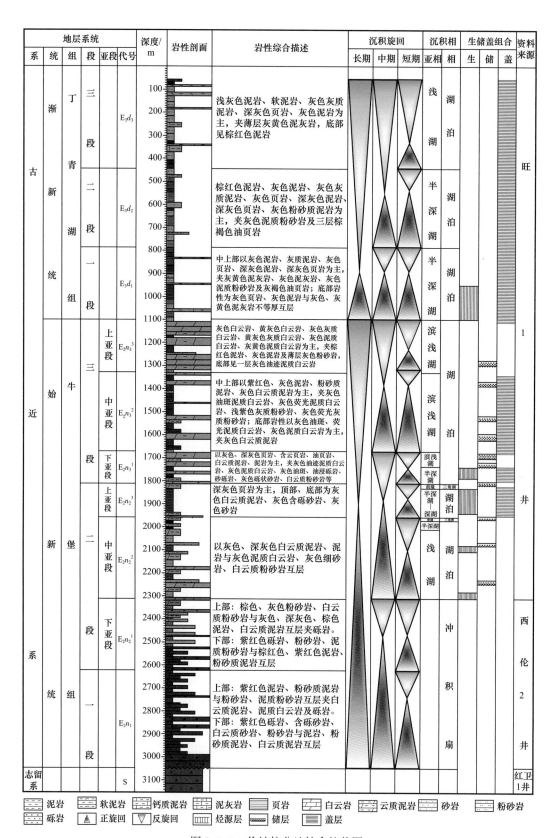

图 3-1-1 伦坡拉盆地综合柱状图

棱角状，泥质胶结。砂岩成分复杂，岩屑含量高，成分与砾岩相同。泥岩质不纯，含砂质，层理不发育。

该段岩性在纵横向上分布具有一定的规律性。从平面上看，从盆地边缘到盆地内部砾岩、砂砾岩等粗碎屑岩减少，粉砂岩、泥岩等细碎屑岩增多。如盆地南部长 10 井到西伦 2 井，砂砾岩明显减少、单层厚度变薄，粉砂岩、泥岩明显增多。长 10 井以棕色、灰色砾岩、砂砾岩、砂岩为主夹粉砂岩、泥岩组合；西伦 2 井紫红色粉砂岩、泥岩明显占优，砾岩、砂砾岩、砂岩明显减少。纵向上看，自下而上砾岩逐渐减少，砂岩、泥岩夹层增多，形成多个正韵律。如红星 17 井、西伦 2 井，下部的砂砾岩、砾岩等粗碎屑岩比例明显较上部大，总体构成下粗上细的韵律。该段与下伏地层呈不整合接触关系。

2）牛堡组二段（E_2n_2）

牛堡组二段在盆地内广泛分布。地表露头主要见于盆地北缘的梁扎鄂冒、鄂加卒、其凹孝低、帕陇腰玛一带。盆地内有十余口井钻遇该段。

岩性总体为灰色、灰绿色、深灰色泥岩、页岩互层，夹棕红色泥岩、棕灰色劣质油页岩、泥灰岩、薄层粉—细砂岩及砂砾岩。油气显示有油砂、油斑和油浸凝灰岩，在泥岩裂隙中也见原油和沥青。该段下部砂砾岩、砂岩较发育，上部以泥（页）岩为主，形成下粗上细的两个韵律段。砂岩发育交错层理和平行层理，粉砂岩中沙纹层理、水平层理、虫穴等发育。厚度 218.15～1392.89m。与下伏牛堡组一段呈整合接触关系，在机日骇地区超覆不整合于古生界志留系之上。牛堡组二段纵向上细分为下、中、上 3 个亚段。

（1）牛堡组二段下亚段（$E_2n_2^1$）。以灰绿色泥岩为主，夹页岩、翠绿色泥岩、细砂岩及砾岩。具下粗上细的沉积特征，砾岩在底部较发育，分选差，呈次圆—次棱角状，泥灰质胶结。厚度 97.65～614.86m。

（2）牛堡组二段中亚段（$E_2n_2^2$）。以灰色、深灰色白云质泥岩、泥岩、深灰色泥质白云岩、灰色细砂岩、白云质粉砂岩互层为主。厚度 354～550m。

（3）牛堡组二段上亚段（$E_2n_2^3$）。灰绿色泥岩夹灰色页岩、棕红色泥岩、薄层泥灰岩及粉细砂岩，局部见油浸凝灰岩夹层。下部砂岩层较集中，向上减少。厚度 120.5～778.03m。

3）牛堡组三段（E_2n_3）

牛堡组三段在盆地北部的改冬纳保、低鄂总、陇巴加果尔、其凹孝低、鄂加卒及盆地西部的梁扎鄂冒等地区都有大面积出露。盆地内有数十口井钻穿该段。

牛堡组三段岩性以棕红色泥（页）岩与灰绿色泥（页）岩为主，夹薄层状泥灰岩及粉砂岩、细砂岩。下部灰绿色粉砂岩、细砂岩较发育，与棕红色泥岩、灰绿色泥岩、页岩、薄层泥灰岩互层；中部为棕红色块状泥岩，局部夹细砂岩；上部为棕红色泥岩、灰绿色泥岩、页岩、钙质粉砂岩、细砂岩，向上砂岩增多，并有砾岩出现，构成反韵律旋回。在盆地南部，该段地层厚度薄、沉积粒度粗；在盆地中部，灰色泥岩、泥灰岩、石灰岩明显增多。牛堡组三段自下而上呈现细—粗的完整沉积旋回韵律特征，但其沉积特征及厚度变化大，厚度在 195～1532m 之间变化。纵向上分 3 个亚段。

（1）牛堡组三段下亚段（$E_2n_3^1$）。为紫红色、棕褐色泥岩与灰绿色泥岩、页岩互层，夹薄层泥灰岩、粉砂岩及细砂岩、油页岩。下部砂岩较发育，单层厚 20～30cm，具有斜层理、交错层理及波状层理；泥灰岩呈薄层状，波痕及节理发育。上部以棕红色泥岩为主，局部夹细砂岩；泥岩质纯，层理不发育，呈块状，沉积稳定，为盆内地层对比标志层。厚度 88.0～681.5m。

（2）牛堡组三段中亚段（$E_2n_3^2$）。为棕色、棕红色泥（页）岩、软泥岩夹少量灰色泥岩，含油迹、油浸粉砂岩、钙质泥岩等。厚度 55.5～427.5m。

（3）牛堡组三段上亚段（$E_2n_3^3$）。为灰绿色泥岩、棕红色泥岩夹灰色泥灰岩、页岩、钙质粉砂岩、细砂岩，夹多层砂砾岩及砾岩。砂砾岩斜层理、交错层理发育，单层厚 0.5～20m。下部棕红色泥岩发育，中部、上部灰绿色泥岩居多。自下而上，粉砂岩、细砂岩增多，粒度变粗，上部出现砂砾岩及砾岩层，显示反韵律沉积特征。厚度 51.5～423.0m。

2. 丁青湖组（E_3d）

丁青湖组分布范围明显小于牛堡组。地表露头主要分布于盆地北部红星梁断层南侧和南部蒋日阿错、伦坡日、爬爬等地区，在蒋日阿错南岸及伦坡日构造出露较好（邓涛等，2011）。盆地内有数十口井钻到丁青湖组不同部位，最大厚度达 1141.27m。地层厚度在江加错北部沉积中心最大，地层向东西南北四面超覆，呈楔状展布，逐渐尖灭。

丁青湖组为一套灰色、深灰色泥（页）岩为主的地层，夹油页岩、泥灰岩、细砂岩和砂砾岩。下部砂岩及砂砾岩较发育，上部夹有 2～7 层棕红色泥岩，纵向上具有下粗上细的韵律性沉积特征。根据岩性组合及沉积旋回，将丁青湖组划分为 3 个岩性段。

1）丁青湖组一段（E_3d_1）

丁青湖组一段主要出露于盆地北部红星梁断层南侧，呈东西向展布，在盆地中部帕格纳地区和南部蒋日阿错、伦坡日等地也有分布。盆地内有数十口钻井钻遇该段。

岩性为灰色、灰黑色泥（页）岩、油页岩，夹泥灰岩、姜黄色粉砂岩、细砂岩。下部钙质泥岩发育，夹多层粉细砂岩；中部及上部页岩、油页岩发育。总体呈下粗上细的韵律沉积特点，不同地区厚度变化较大，厚度 100.0～400.0m。

丁青湖组一段在盆地内部与下伏牛堡组呈整合接触。但在盆地南缘可见丁青湖组超覆现象，如机日骇地区和爬爬地区的地震剖面上均反映丁青湖组超覆在牛堡组之上，呈微角度不整合接触。

2）丁青湖组二段（E_3d_2）

丁青湖组二段上部多遭受剥蚀，出露不全，地表出露主要分布于盆地北部低鄂总南和南部蒋日阿错、伦坡日、爬爬一带；盆地内有数十口井钻遇该段。

岩性主要为灰色泥岩、页岩，夹油页岩及薄层粉砂岩、厚层细砂岩，局部见含鲕粒细砂岩及凝灰岩。下部砂岩发育，砂岩具斜层理，常夹含螺砾岩及多层黄灰色砾岩。页岩层理发育，呈纸状；上部以泥（页）岩为主。该段常含次生石膏。自下而上具有下粗上细的正韵律沉积特点，厚度 100.0～400.0m。在长山构造上该段油气显示较多，见油浸砂岩及裂隙沥青。丁青湖组二段与下伏丁青湖组一段为整合接触。

3）丁青湖组三段（E_3d_3）

丁青湖组三段主要分布于盆地中部和南部地区，沉积范围较丁青湖组二段明显缩小，上部地层多遭受剥蚀，出露不全。地表出露分布在盆地南部蒋日阿错、伦坡日、爬爬一带；盆地中东部有数口井钻遇该段。

丁青湖组三段岩性主要是灰色泥岩，夹页岩、泥灰岩、粉砂岩及凝灰岩。下部夹2～7层棕红色泥岩，上部及下部砂岩较发育，砂岩具平行层理，中部凝灰岩夹层较发育，局部地区近顶部为含砾细砂岩。该段自下而上呈反韵律沉积特征。丁青湖组三段与下伏丁青湖组二段呈整合接触，与上覆第四系呈角度不整合接触。

二、沉积与演化

伦坡拉盆地是新生代陆相沉积盆地，古近系牛堡组发育河流冲积扇（牛堡组一段—牛堡组二段下亚段）、扇三角洲（牛堡组二段上亚段—丁青湖组二段）、湖泊（牛堡组二段上亚段—丁青湖组）等沉积体系（马立祥等，1996；杜佰伟等，2004）。储层主要发育于扇三角洲相，烃源岩主要发育于半深湖—深湖相，次为滨浅湖相。

1. 沉积相

1）河流冲积扇相

河流冲积扇相主要发育于牛堡组一段、牛堡组二段（图3-1-2），通常由多个扇体相互衔接起来形成巨大的冲积扇体系，并与残坡积、河流等沉积物混积成冲积平原。冲积扇表面发育河道，在扇顶河道很少，在扇中和扇缘则分支成网状河，但多半为暂时性河道，河道之间则为树枝状浅水沟。岩性主要为泥石流、片状流及筛积物沉积的一些块状砾岩、含砾砂岩和砂泥岩。沉积物组分复杂而多变，砾石大小不等、杂乱排列，多呈棱角—次棱角状，砾石间多为砂岩充填。常见冲蚀充填构造，局部可见到斜层理、粒序层理、平行层理和砾石定向排列，厚度变化大。总体上具有从扇顶到扇缘变细的趋势；达玉山地区牛堡组一段中见带状棕红色砂砾岩体，东西长达10km，厚度达700m，间夹河流沉积。

2）扇三角洲相

在盆地周围陡峭地区或盆地成盆初期，由于山高湖深、断陷活动频繁或季节性洪水等作用，冲积扇直接进入湖盆内形成扇三角洲。其沉积特点是岩性粗、厚度大、砂砾岩含量高、砾石成分复杂、成熟度低，见交错层理、粒序层理。如西伦2井牛堡组二段，由灰色、棕褐色砂砾岩与粉砂岩、泥岩组成不等厚韵律沉积（图3-1-3），砾岩单层厚度较大，见粒序层理、交错层理、冲刷构造、滑动构造，具有下粗上细沉积韵律。

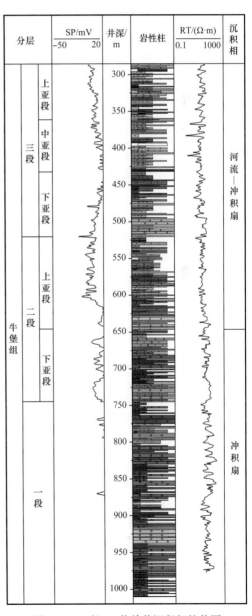

图3-1-2　长10井单井沉积相柱状图

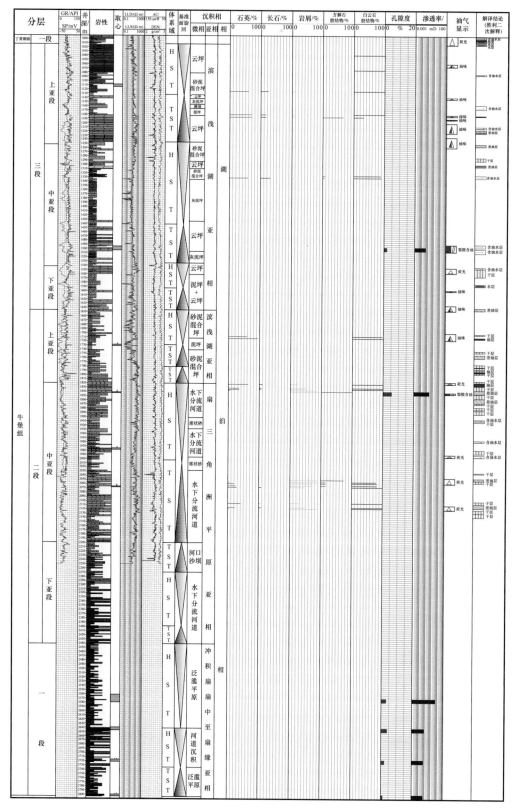

图 3-1-3　西伦 2 井单井沉积相柱状图

此外，在盆地内部浅湖—半深湖地区，常有三角洲砂体或扇三角洲砂体出现，如伦坡日剖面丁青湖组二段（图3-1-4）以及一些钻井岩心中。砂体呈透镜状或薄层状夹于深灰色泥（页）岩中，砂岩与泥（页）岩呈突变接触，砂体内具有单向斜层理、粒序层理、底冲刷构造和滑动构造，这些砂体通常为三角洲前缘或扇尾沉积。雨季山洪暴发时，河流携带大量陆源物质进入湖泊，湖泊中以三角洲或扇三角洲形式堆积，其前缘伸入浅湖或半深湖中，造成浅湖—半深湖暗色泥（页）岩中夹一些呈突变形式的砂岩沉积。

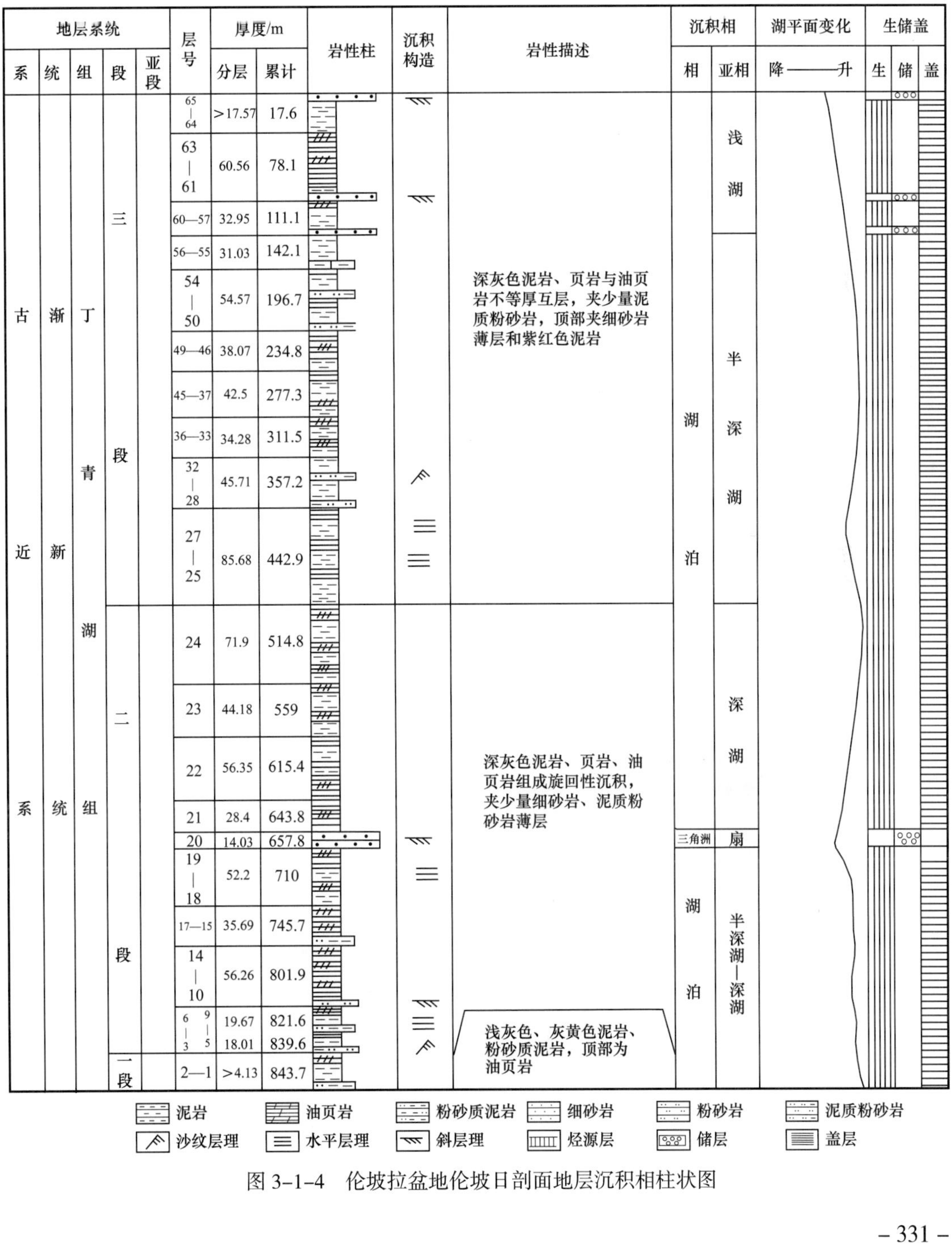

地层系统					层号	厚度/m		岩性柱	沉积构造	岩性描述	沉积相		湖平面变化	生储盖		
系	统	组	段	亚段		分层	累计				相	亚相	降——升	生	储	盖
古近系	渐新统	丁青湖组	三段		65 64	>17.57	17.6			深灰色泥岩、页岩与油页岩不等厚互层，夹少量泥质粉砂岩，顶部夹细砂岩薄层和紫红色泥岩	湖泊	浅湖				
					63 61	60.56	78.1									
					60—57	32.95	111.1									
					56—55	31.03	142.1					半深湖				
					54 50	54.57	196.7									
					49—46	38.07	234.8									
					45—37	42.5	277.3									
					36—33	34.28	311.5									
					32 28	45.71	357.2									
					27 25	85.68	442.9									
古近系	渐新统	丁青湖组	二段		24	71.9	514.8			深灰色泥岩、页岩、油页岩组成旋回性沉积，夹少量细砂岩、泥质粉砂岩薄层	湖泊	深湖				
					23	44.18	559									
					22	56.35	615.4									
					21	28.4	643.8									
					20	14.03	657.8				三角洲	扇				
					19 18	52.2	710					半深湖—深湖				
					17—15	35.69	745.7									
					14 10	56.26	801.9									
				一段	6 9 / 3 5	19.67	821.6			浅灰色、灰黄色泥岩、粉砂质泥岩，顶部为油页岩						
						18.01	839.6									
					2—1	>4.13	843.7									

图例					
泥岩	油页岩	粉砂质泥岩	细砂岩	粉砂岩	泥质粉砂岩
沙纹层理	水平层理	斜层理	烃源层	储层	盖层

图 3-1-4　伦坡拉盆地伦坡日剖面地层沉积相柱状图

3）湖泊相

湖泊相广泛分布于盆地大部分地区，由滨湖亚相、浅湖亚相、半深湖—深湖亚相组成。

（1）滨湖亚相。滨湖区水动力条件复杂，因为有水体能量较高的波浪作用，所以沉积物以砂和粉砂为主，有时有砾石出现。分选性和磨圆度均好，还有与湖岸平行的重矿物沉积。发育中—大型交错层理和沙纹层理，见干裂、雨痕、波痕、虫迹、冲刷等构造，砂体呈透镜状产出。如机日骇地区牛堡组三段，岩性主要是棕红色泥岩夹浅灰色泥岩、粉砂岩、细砂岩和砾岩；厚度小于200m，粗碎屑岩占总厚度的34%，其中砾岩占12.5%，单层厚度1～4m。

（2）浅湖亚相。位于滨湖沉积带以下至浪基面之间，该区水动力能量较低，沉积物以粉砂和泥为主，夹有细砂透镜体，生物化石丰富，保存完好。岩性以灰色、深灰色泥岩、粉砂质泥岩、粉砂岩为主，夹棕红色泥岩、细砂岩，碎屑含量占10%～20%。见菱铁矿、鲕状绿泥石等弱还原条件下形成的自生矿物。层理以不规则水平层理和沙纹层理为主，见交错层理、波状层理、浪成波痕。

（3）半深湖—深湖亚相。分布于盆地凹陷的大部分地区，出露地表的以牛堡组二段、牛堡组三段及丁青湖组一段为主。沉积物多为暗色泥质沉积，少量粉砂。层理主要为水平层理。可见浮游生物，缺乏底栖生物。如鄂加卒东、蒋日阿错等地区牛堡组二段，以一套灰色、深灰色泥岩为主，夹泥灰岩、细砂岩、棕红色泥岩、油页岩及凝灰质砂岩地层，碎屑含量占5%左右，岩层多见微细水平层理，见鱼类、介形虫等古生物化石。

2.沉积模式

以牛堡组为例，发育低位水下扇、高位扇三角洲、湖侵滩坝等储层微相，其中低位水下扇和高位扇三角洲主要分布于盆地边缘地带，扇三角洲前端往往发育小规模滩坝（图3-1-5）。在长山地区，由于坡度较缓，偶尔发育远岸水下扇；云坪主要发育在湖侵或高位体系域内，连片性较好（郝景宇等，2016）。

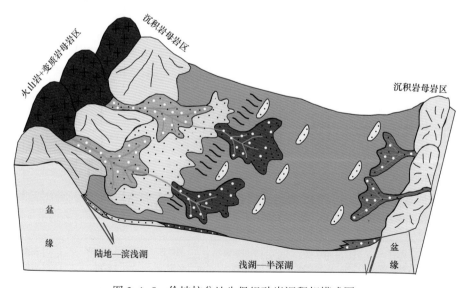

图3-1-5　伦坡拉盆地牛堡组砂岩沉积相模式图

3.沉积演化

1）牛堡组一段沉积期

牛堡组一段沉积期为盆地形成初期，水域范围较小，一些古隆起上未接受沉积。如红卫1井缺失牛堡组一段，地震资料显示为一局部古隆起，以古隆起为中心向盆地边界形成众多的环形冲积扇。由于盆地周围地势较陡，物源供给充足，搬运速度和沉积速度较快，沉积物为红色粗碎屑岩建造。该期沉积相主要有冲积扇相及网状河流相，靠近湖盆中心则为湖泊相（图3-1-6）。南北两侧拉分引起的断陷强烈，沿控盆正断层边界主要形成砾石堆积的水下扇沉积体系，同时，南北向调节断层下切作用在南北边界形成物源供给区，沿南边断层发育规模较大的冲积扇。这一阶段湖盆总体较小，未形成规模性的深湖沉积，沉积中心主要位于南北控边断层附近，浅湖相区分布于帕格纳、帕陇腰玛、伦坡日、爬错等地区。

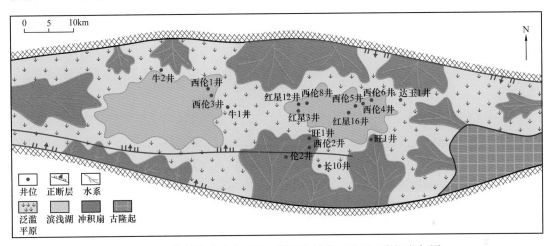

图3-1-6 伦坡拉盆地牛堡组一段至牛堡组二段下亚段沉积相图

2）牛堡组二段沉积期

（1）牛堡组二段下亚段沉积期。该期盆地处于稳定下沉时期，沉积格局基本继承牛堡组一段，但湖泛影响范围加大，盆地西部形成了面积更大的浅湖相区，而冲积平原相、滨湖相区有所后退。

（2）牛堡组二段中亚段沉积期。该期湖水进一步扩大和加深，湖岸线进一步后退，沉积物粒度进一步变细。冲积平原相区向陆地迁移，分布范围明显变窄，如北缘已迁移至类保鄂木保北，西部迁移至梁扎鄂冒附近。由于盆地下沉，前期隆起的红卫1井古隆起区也开始接受冲积扇相粗碎屑沉积。该时期是盆地物源供给最充足时期，盆地内部以对称发育、大规模展布的扇三角洲和水下扇为主要特征，扇三角洲平原与前缘是主要的沉积亚相类型；如低鄂总地区水下扇延伸到西伦5井以北，红星梁水下扇延伸至红星15井以北。南部爬错地区扇三角洲规模变大，在水体相对较深的旺1井区发育扇三角洲前缘砂砾岩体，在边缘斜坡带以氧化色系的扇三角洲平原相向还原色系的扇三角洲前缘相过渡，例如旺2井区（图3-1-7）；由于远离物源区，扇三角洲相的沉积物粒度变细，以砂砾岩、砂岩和含砾砂岩为主，纯砾岩较少见。

（3）牛堡组二段上亚段沉积期。该期为主要湖泛期，浅湖—半深湖环境是该时期的

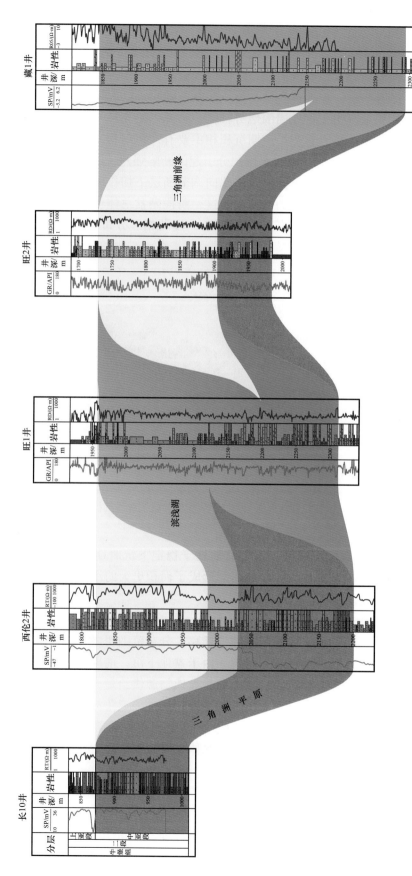

图 3-1-7 长 10 井—藏 1 井牛堡组二段中亚段沉积相对比图

主要特征。在盆地原有沉积构造格架基础上，形成明显的湖泛泥岩向东上超的格局；水下扇和扇三角洲发育规模均明显减小；该时期，旺1井区处于浅湖—半深湖过渡区，盆地西部为半深湖区；在洪水来临时，也形成小规模水下扇，盆地南部旺1井区斜坡处发育远岸水下扇，北部发育退积型的近岸水下扇（图3-1-8）。

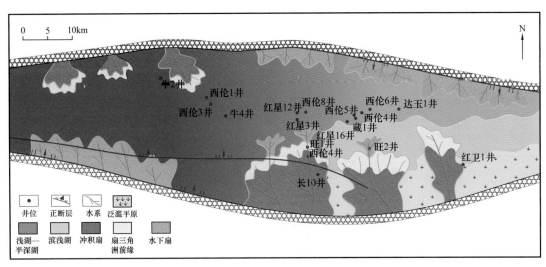

图 3-1-8　伦坡拉盆地牛堡组二段上亚段沉积相图

3）牛堡组三段沉积期

（1）牛堡组三段下亚段沉积期。该期基本继承牛堡组二段上亚段沉积期的沉积格局，以出现广泛发育的云坪和滩坝为主要特征。滩坝主要发育在红星16井附近，呈东西向展布；云坪主要发育在旺1井北部地区，呈东西向展布，面积较滩坝大。该时期，物源供给较牛堡组二段上亚段沉积期充足，盆地北部形成大面积展布的水下扇体系，呈东西向排列。旺1井区和旺2井区继续发育扇三角洲和远岸水下扇体系。

（2）牛堡组三段中亚段沉积期。该期湖盆处于下沉到抬升的转折期，由于物质供给减少和盆地调整作用，沉积体系发生了较大改变。由于物源减少，冲积平原相区呈窄条带展布在南北两端的缓坡区。扇三角洲相区分布位置与牛堡组三段下亚段沉积期相似，但物源区地势高差减小，供给物质减少，导致扇三角洲大规模退缩，除南北向调节断层和长轴方向发育规模较大外，整体规模较小。该期扇三角洲的岩石组成也变细，主要由含砾砂岩、砂岩与泥（页）岩组成，细粒物质明显增加。该期最显著特点是云坪规模性发育在浅湖—半深湖之间，位于最大浪基面附近，很少受到波浪及水流作用，形成高能云坪（图3-1-9）。

（3）牛堡组三段上亚段沉积期。该期沉积体系与牛堡组三段中亚段沉积体系类似，高能云坪主要继承性发育于长山附近，南北向调节断层依然具有微弱的沉积控制作用。冲积平原相仅发育在南北两端缓坡上，该相带大部分处于盆地改造剥蚀区，很少有保存。浅湖相区由红星梁—低鄂总地区迁移至红3井、藏1井以南地区，南部已迁移至伦坡日地区。

4）丁青湖组一段沉积期

丁青湖组一段沉积期处于始新世末喜马拉雅运动早期，盆地快速回升。构造快速抬

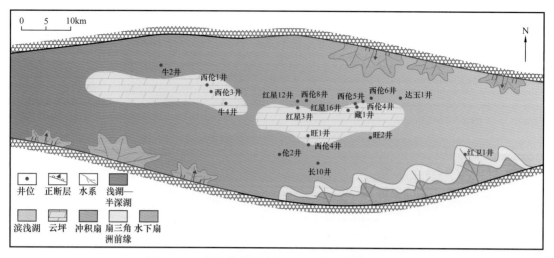

图 3-1-9 伦坡拉盆地牛堡组三段中亚段沉积相图

升结束后，盆地产生了一定的松弛伸展调整作用，致使渐新世早期（丁青湖组一段）盆地格局进行了微调，沉降中心迁移至江加错一带，该时期水体仍较深，沉积相区的展布仍保持始新世晚期的特点，主要发育有冲积平原相、扇三角洲相、滨湖相、浅湖相、半深湖—深湖相。

5）丁青湖组二段沉积期

丁青湖组二段沉积期湖盆再次处于稳定下沉阶段，湖盆中央以湖相泥（页）岩为主要沉积，两侧湖水比较动荡、砂体较多。沉积环境闭塞缺氧、物源供给不足，沉积物以暗色细碎屑为主。主要发育有冲积平原相、扇三角洲相、滨湖相、浅湖相、半深湖—深湖相。

6）丁青湖组三段沉积期

丁青湖组三段沉积期湖盆开始全面上升，湖水缩小变浅。主要发育有冲积平原相、滨湖相、浅湖相，由于该时期盆地为填平补齐阶段，盆地内深湖相、半深湖相区基本消亡。

总体而言，盆地发育初期以冲积相—浅湖相为主，盆地最大发育期湖盆中央多为湖泊相，最深处多偏向北侧。盆地南北两侧多为滨湖相—三角洲相—浅湖相交替区，北侧相带窄而长，南侧相带较宽缓。盆地发育后期盆地抬升，浅湖相较发育，仍保持湖盆最大发育期的特点。

第三节　构　　造

伦坡拉盆地在大地构造上位于班公湖—怒江缝合带中段，是在燕山褶皱带的基础上经过断陷、拉张、沉陷后接受沉积形成的新生代断陷盆地（罗小平，1993）。

一、构造单元划分

渐新世末期，强烈的喜马拉雅运动使伦坡拉盆地遭受挤压变形，古近系上部丁青湖组受到强烈的剥蚀，并造成现今伦坡拉盆地由北向南的三分构造格局和区内断裂发育，形成盆地南北分带、东西分块的"哑铃状"构造面貌。总体上，东部爬错地区为向北变深、向南逆冲的格局，中部江加错地区为南、北对冲格局，而西部则为向南加深、向北逆冲的格局。从北到南，伦坡拉盆地可划分为 3 个构造带：北部逆冲带、中央坳陷带和南部冲断隆起带（图 3-1-10）。

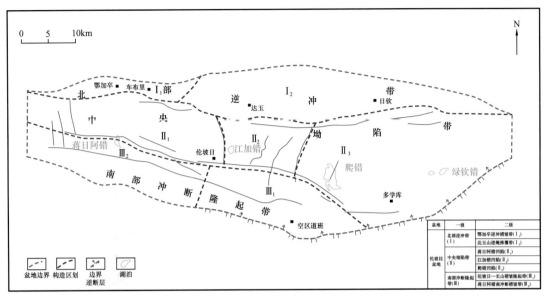

图 3-1-10　伦坡拉盆地构造区划图

1. 北部逆冲带

介于红星梁断裂带和盆地北部边界之间，由一系列北倾、自北向南逆掩的逆掩断层（如达玉山、红星梁、牛堡等逆掩断层）组成的地带，面积 496.42km²。带内主要发育压扭性和张扭性两种性质断裂，呈北西西向延伸，断面北倾或南倾，是盆地后期改造过程中新生断裂或由成盆期正断层反转而成。该带发育地层主要是始新统牛堡组，地层产状较陡。自西向东主要划分为鄂加卒逆冲褶皱带（Ⅰ₁）和达玉山逆掩推覆带（Ⅰ₂）2 个二级构造带。断裂主要有达玉山北逆断层（达 Fr1）、达玉山南逆断层（达 Fr2）、红星梁断层（红 Fr1）。

2. 中央坳陷带

位于红星梁断裂以南、丁青—长山逆断层以北地带，面积 1063.84km²。坳陷带由北北东向蒋 Fn1、江 Fn1 等平移断层分割成多个次级凹陷（蒋日阿错凹陷、江加错凹陷、爬错凹陷）组成。总体上，坳陷带内地层比较平缓，构造变形微弱、局部构造不甚发育。但受盆地南北缘逆冲断层活动的波及，有些地区，尤其是靠近边缘逆冲断层地区也有局部构造发育，如帕格纳至蒋日阿错一带发育的帕格纳断背斜、老丁青构造等，这些局部构造一般不卷入基底，仅限于古近系盖层，构造幅度一般也较小，轴向多为北西西向。中央坳陷带是盆地长期稳定下陷区，是盆地的主体部分，广泛发育古近系牛堡组和丁青湖组，其沉积厚度大且产状缓，分布面积广，烃源岩发育，有机质丰度高，是盆地主要生储盖组合分布区。

3. 南部冲断隆起带

丁青—长山逆断层以南到盆地南部边界区，是由一系列南倾、由南向北逆冲的逆冲断层和冲断块组成的基底卷入型冲断隆起带，面积 500.49km²。自西向东划分为蒋日阿错南冲断褶皱带（Ⅲ₁）和伦坡日—长山褶皱隆起带（Ⅲ₂）2 个二级构造带。由于受盆地形状及构造演化影响，该带牛堡组和丁青湖组厚度明显变薄，基底埋藏较浅。

二、褶皱和断裂

1. 褶皱

伦坡拉盆地已发现背斜构造22个，多分布在盆地南北两侧，形成两个构造带。褶皱轴向近东西向，两翼产状较陡，不对称，多数构造东半部在地表清晰可辨，西半部由第四系覆盖而难以辨认。轴部出露地层为古近系，自西而东逐渐变新，构造圈闭面积一般较小，多数4~5km²，最大可达10km²，局部构造常常被东西向和北北东向断裂复杂化。按局部构造形态可分为3种类型。

（1）长轴状背斜构造。其特征是褶皱较紧密，长轴、短轴之比相差较大，东西向褶皱常被北西西向逆断层切割。

（2）短轴状背斜构造。地层产状平缓、轴部较宽缓。如长山构造、老丁青构造等。

（3）断鼻构造。与红星梁断裂（红 Fr1）有关，一般与其呈锐角相交，是南北向挤压作用产物。早期褶皱形成背斜，继续受扭压后沿轴部断开形成断裂，在断裂形成过程中发生扭动又派生一系列褶曲构造。由北北东、近东西向两组断裂夹持，形成断鼻构造。

2. 断裂

伦坡拉盆地发育大小不等、性质不同的断层49条，其中正断层35条，逆断层14条。主要断层特征见表3-1-1（图3-1-11）。

平面上，断层按断层走向可分为北西西和北北东向两组。北西西向断层以逆断层为主，一般断距较大，延伸较长，对伦坡拉盆地构造形成发展具有控制作用。这些逆断层主要分布于盆地南部和北部，北部如达 Fr1、达 Fr2、红 Fr1—红 Fr5、鄂 Fr1、鄂 Fr2 断层等，控制了北部构造带发育；南部如长 Fr1—长 Fr16 断层等，控制南部构造带发育。北北东向断层主要分布于盆地中部，如蒋 Fn1、蒋 Fn2、蒋 Fn3 断层，江 Fn1、江 Fn2 断层等。

表 3-1-1 伦坡拉盆地主要断层特征要素表

名称	断层性质	长度/km	断距/m	倾角/(°)	断面倾向	断层走向	断穿层位
长 Fr2	逆断层	57.8	500	40	S	近 EW	E_2n_1—E_3d
长 Fr3	逆断层	57.4	600	50	S	近 EW	E_2n_1—E_3d
长 Fr4	逆断层	25.9	>600	40	S	NW	E_2n_1—E_3d
达 Fr1	逆断层	85.4	3000	30~50	N	近 EW	E_2n_1—E_3d
达 Fr2	逆断层	70	340	40	N	NEE	E_2n_1—E_3d
红 Fr1	逆断层	32.5	360	50	N	NEE	$E_2n_1^2$—$E_2n_3^2$
长 Fn1	正断层	34.6	420	75	N	NNW	E_2n_1—E_2n_3
江 Fn1	正断层	11.1	200	70	W	NS	E_2n_1—E_3d
江 Fn2	正断层	8.3	120	70	W	NS	E_2n_1—E_3d
蒋 Fn1	正断层	8.7	190	70	W	NS	E_2n_1—E_3d

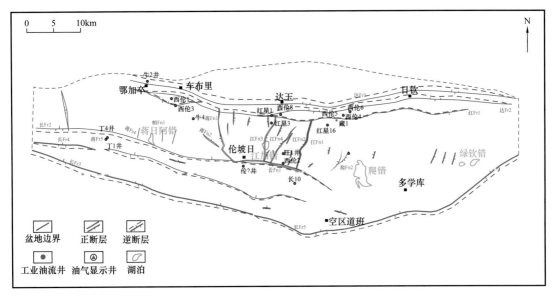

图 3-1-11 伦坡拉盆地断层分布图

剖面上，北部逆断层表现为断面北倾逆冲成叠瓦状构造样式，南部逆断层表现为断面南倾反冲及早期正断层晚期转变为逆断层的弧形反转构造样式，中部正断层多表现为断面直立或近似倒转，表现为"Y"字形断层及顺向断阶构造样式，具张扭特征。

1）北部叠瓦式逆冲断层

北部逆冲断层是现今盆地最发育的断层，其走向大多与盆地轴向一致。

北部逆冲带规模较大的逆冲断层有达 Fr1、达 Fr2、红 Fr1、红 Fr2、红 Fr3、红 Fr4、鄂 Fr1 等，这些断层由北往南逆冲，上陡下缓，各断层向下汇集成一条主断层，形成叠瓦式逆冲断层系，是北部逆冲带重要组成部分。红 Fr1、红 Fr2、红 Fr3 断层间地层形变最为剧烈，断层从北往南（达 Fr1、达 Fr2、红 Fr3、红 Fr1、红 Fr2、红 Fr4）依次覆盖，断层形成顺序是先南后北，北部逆冲带扩展方式为后展式。单个逆冲断层剖面形态，宏观上表现为上陡下缓犁式特征，但微观上，其断面呈阶梯状，由一系列长短、高低和倾角不等的断坡及断坪组成。在较塑性的岩石中（如泥岩）往往沿层或与层面呈小角度发育成断坪，而在较刚性的岩石中（如砂岩）则往往切过岩石形成较陡的断坡。

2）南部基底卷入式逆冲断层

（1）长 Fr1 断层是伦坡拉盆地南部冲断隆起带最先发育的逆冲断层，南部其他逆冲断层大都是其派生断层。断层从盆地东部一直延伸到西部，长 64km，断距 200m，倾向南西，产状平缓，断穿了牛堡组一段，消失在牛堡组二段下亚段中。后期形成的长 Fr2、长 Fr5、长 Fr3 等断层及牛堡组二段下亚段以上地层逆冲其上。

（2）长 Fr2 断层（丁青—长山逆断层）是南部冲断带与盆地内凹陷带的一条分界逆冲断层，蒋日阿错以西逆冲比较明显。断层长 70km，断距 300m，走向北西西，倾向南西，断穿牛堡组和丁青湖组三段，未出露地表。

（3）长 Fr3（汤女淌—长山逆断层）逆冲断层，从汤女淌延伸到长山，上陡下缓，蒋日阿错以西逆冲较为明显。延伸长度大于 50km，断距 350m，走向北西西，倾向南西，断穿牛堡组和丁青湖组三段，未出露地表。

（4）长 Fr4 断层（长山南逆断层）是盆地南部边界断层，断层以南主要是中生代或更老时代地层，之北为盆地内沉积的新生代地层，断距不大，但对地层控制作用十分明显。

3）长山正断层

长山正断层位于伦坡拉盆地东南部，为中央坳陷带与南部冲断隆起带分界断层。在剖面上表现为弧形形态，下部倾向北北东，为正断层，上部倾向南南西，为逆断层。断层从中生界基底一直断穿到牛堡组三段中亚段。在牛堡组一段、牛堡组二段，断层两盘地层厚度差别较大，中央坳陷带一侧地层厚度明显大于长山背斜一侧；牛堡组一段厚度差别更为明显，说明长山正断层对该地层沉积具有明显控制作用，为一同沉积断层。牛堡组一段沉积时期，长山正断层的活动速率较牛堡组二段沉积时期要大；牛堡组三段下、中亚段两盘地层厚度差异较小，说明长山正断层此时活动已不很活跃。根据该断层下正上逆弧形断面的特殊现象分析，早期北北东倾向正断层受喜马拉雅晚期挤压作用影响发生反转，变为南南西倾向逆断层，且沿早期正断层断面进一步发育，一直断穿到牛堡组三段中亚段。

4）中央坳陷带近南北向正断层

中央坳陷带发育一系列具有右行走滑特点北北东向、近南北向正断层（图 3-1-12）。

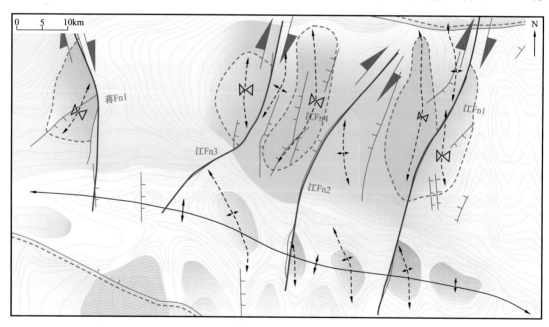

图 3-1-12　南北向走滑断层平面分布图

（1）走滑特征。在剖面上，具有花状构造典型特点。以江 Fn1 断层为例，该断层从北到南的东西向剖面显示，北部剖面呈现为负花状特点，中部剖面变为自立正断层，而南部剖面转换为正花状构造特征。在地震反射剖面上，断层两盘同一套地层地震反射波组特征存在较大差异。自西而东，牛堡组二段上亚段反射特征由连续较好、高频、强振幅转变为连续性差、低频、强振幅。断层两盘地层反射特征变化说明，走滑断层两盘地层岩性存在较大差异。在平面上，走滑断层主要表现为雁列式断层、构造轴向与断层走向锐角相交的断层相关褶皱。中央坳陷带发育一系列雁列式断层，断层周边存在一系列与断层相关的深凹、断背斜、断鼻构造，构造轴向与断层走向呈锐角相交，具有走滑断层特点。

（2）走滑量。走滑断层使地层沿着断层面发生水平位移，造成断层两盘地层突变接触，在与走滑断层走向近垂直的地震剖面上，断层两盘的地震反射特征存在差异。找到与断层一盘目标地层的地层厚度与地震反射特征一致的另一剖面，根据走滑断层与两剖面交线在水平面投影两点之间沿断层走向的距离，计算水平走滑位移量。计算表明，中央坳陷带走滑断层走滑水平位移量为 1.13～1.70km。

三、构造演化

伦坡拉盆地的构造演化受控于班公湖—怒江缝合带，经历了走滑、伸展、挤压、隆升的过程，西部与东部的构造演化成菱形斜对称特征（图 3-1-13）。以东部为例，其演化经历了初始断陷期、断陷扩张期、断陷萎缩期、隆升改造期 4 个阶段。

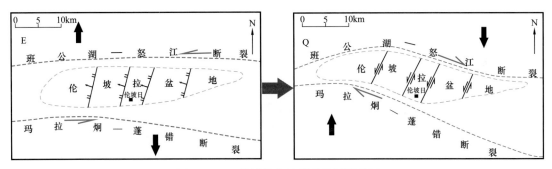

图 3-1-13　伦坡拉盆地形成机制示意图

1. 初始断陷期

始新世早期，盆地内发育牛堡组一段沉积，普遍接受了一套洪积相、河流相棕红色砂砾岩沉积。南边正断层控制盆地沉积的发育，沿正断层存在几个凹陷中心。盆地内也形成多物源和多沉降中心格局。西伦 2 井表明，该套地层下部岩性主要为紫红色砾岩、含砾砂岩，上部为紫红色泥岩，由下而上岩性由粗变细，反映出断陷初期快速堆积的沉积特点。

2. 断陷扩张期

牛堡组二段沉积期，南缘断层进一步发育，自南向北形成一缓坡带；北缘受达玉山断层影响，形成陡坡带。这一时期，主要是半深湖—深湖沉积，反映盆地扩展和凹陷特点，凹陷中心在红星梁一带。牛堡组三段沉积期，发生一次明显构造运动，经历一次快速沉积过程。主要表现为滨—浅湖沉积范围扩大，但总体上继承牛堡组二段沉积格局，凹陷中心位置变化不明显，蒋日阿错地区沉积厚度仍然最大，向东逐渐减薄。

3. 断陷萎缩期

经历始新世末期构造运动后，渐新世盆地转化为坳陷盆地，湖域面积显著缩小，沉积物供运减少，湖盆较闭塞，沉积较稳定，沉积一套以丁青湖组为代表的半深湖—深湖相暗色泥（页）岩，夹砂岩及泥灰岩，发育次生石膏晶体和粉末状黄铁矿。沉降中心位于江加错一带（刘皓等，2015）。沉积物具有向东上超特点，在爬错和机日骏地区出现尖灭现象。渐新世晚期，湖盆进一步萎缩，丁青湖组上部仅分布在中央坳陷区，岩性以灰绿色页岩为主，夹棕红色泥岩，具有砂岩向上增多特点，末期逐步沼泽化，出现泥炭沉积。

4. 隆升改造期

渐新世末，伦坡拉盆地受青藏高原整体构造变迁影响，断陷盆地结束沉积并经受改造。这种转变对南北缘影响最大，而且对北部影响较南部更大，形成一系列逆冲推覆断层。受压扭作用影响，盆地内部先期张性断层发生左旋走滑。同时，盆地也发生了差异隆升作用，使盆地内沉积物发生褶皱、剥蚀和地层切割，尤其盆地北缘，强烈逆冲推覆对盆地产生了强烈改造，缩小了原型盆地宽度（付孝悦等，2003）。

四、原型盆地结构特征

在盆地现今构造特征分析基础上，结合构造应力、断裂走滑关系、沉积充填，对原型盆地结构特征进行恢复，发现伦坡拉原型盆地具有东部北断南超、西部南断北超、箕状断坳、控盆断层呈台阶状的特征（图3-1-14），在原型盆地控制下发育多种沉积体系、储层和烃源岩，控制了盆地勘探大方向。

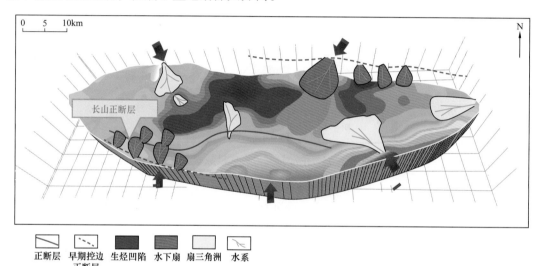

图 3-1-14　牛堡组二段中亚段沉积期古地貌图

第四节　石油地质条件

一、烃源岩

伦坡拉盆地烃源岩在牛堡组和丁青湖组都有分布（刘一茗等，2017），主要分布在牛堡组。盆地东部发育牛堡组二段中亚段、牛堡组二段上亚段、牛堡组三段下亚段 3 套烃源岩；盆地西部发育牛堡组二段下亚段、牛堡组二段中亚段、牛堡组二段上亚段、牛堡组三段下亚段 4 套烃源岩（雷清亮等，1996；顾忆等，1999）。

1. 有机质丰度

根据前人研究成果，结合中国新星石油公司前期在伦坡拉盆地烃源岩评价采用的标准，确定伦坡拉盆地烃源岩评价标准（表3-1-2）。

表 3-1-2　伦坡拉盆地烃源岩评价标准

级别	残余有机碳 TOC/ %	氯仿沥青 "A" / %	总烃含量 HC/ μg/g	A/C/ %	HC/C/ %	生烃潜量 S_1+S_2/ mg/g
好烃源岩	>1.0～2.0	>0.1～0.2	>500～1000	>20～25	8～20	>6.0～20
较好烃源岩	0.6～1.0	0.05～0.1	200～500	10～20	3～8	2.0～6.0
较差烃源岩	0.5～0.6	0.01～0.05	100～200	5～10	1～3	0.5～2.0
非烃源岩	<0.5	<0.01	<100	<5	<1	<0.5

1）烃源岩厚度和有机碳含量

（1）牛堡组二段下亚段。没有钻井钻穿牛堡组二段下亚段，只有西部蒋日阿错地区西伦 3 井牛堡组二段下亚段为灰色泥岩、页岩夹灰质泥岩、黄褐色油页岩。烃源岩分布范围较局限，围绕蒋日阿错沉积中心及周缘分布，烃源岩厚度最大达 500m，平均厚度 200m（图 3-1-15）。西伦 3 井烃源岩有机碳含量 0.5%～1.39%，平均 0.75%。

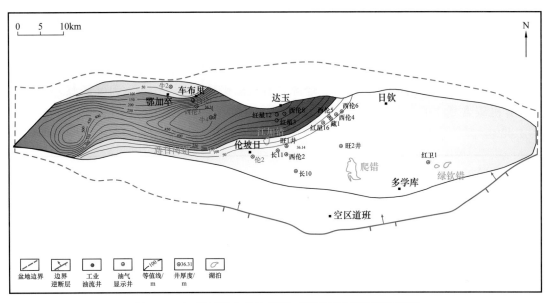

图 3-1-15　伦坡拉盆地牛堡组二段下亚段烃源岩厚度图

（2）牛堡组二段中亚段。随着湖水扩张，沉积中心逐渐扩大，延伸到江加错、爬错凹陷一带，烃源岩均有分布。蒋日阿错凹陷烃源岩最大厚度 400m，平均厚度 200m，平均有机碳含量 0.91%，其中西伦 1 井有机碳含量 0.52%～2.34%，平均 1.2%。

（3）牛堡组二段上亚段。旺 1 井钻探证实该段为一套优质烃源岩，岩性为灰色云质泥岩、粉砂质泥岩、褐色页岩，厚度 100m；西伦 1 井、西伦 3 井烃源岩岩性为灰色泥岩、页岩、油页岩；藏 1 井、西伦 5 井烃源岩为灰色泥岩、灰质泥岩、云质泥岩。该期对应盆地最大湖泛期，烃源岩分布范围最广，沉积中心仍然在蒋日阿错凹陷，烃源岩最大厚度 200m，平均厚度 100m（图 3-1-16）。烃源岩有机碳平均含量 1.03%，为好烃源岩。西伦 1 井有机碳含量 1.36%～2.81%，平均 1.95%；旺 1 井有机碳含量 0.50%～3.52%，平均 0.98%。

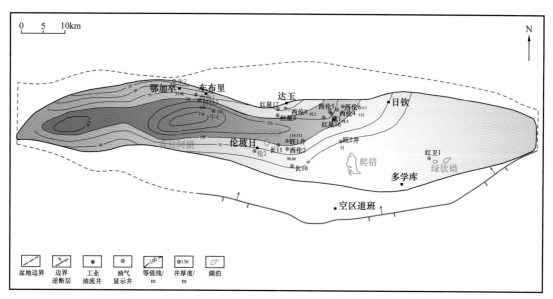

图 3-1-16　伦坡拉盆地牛堡组二段上亚段烃源岩厚度图

（4）牛堡组三段下亚段。烃源岩分布范围有所减小，最大厚度烃源岩仍然在蒋日阿错凹陷，最厚达 200m，平均厚度 150m（图 3-1-17）。西伦 2 井烃源岩为灰色云质泥岩、泥岩；西伦 1 井、西伦 3 井烃源岩为灰色泥岩、灰质泥岩；藏 1 井烃源岩为灰色泥岩、云质泥岩，夹少量粉砂质泥岩。烃源岩有机碳平均含量 1.01%，为好烃源岩。西伦 1 井有机碳含量 1.43%～2.69%，平均 1.88%；西伦 3 井有机碳含量 0.68%～2.67%，平均 1.42%。

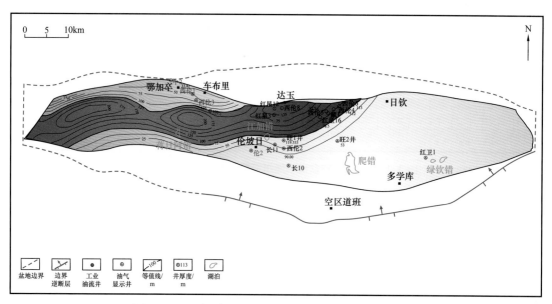

图 3-1-17　伦坡拉盆地牛堡组三段下亚段烃源岩厚度图

（5）牛堡组三段中亚段。该期湖水进一步退去，烃源岩仅在蒋日阿错—江加错凹陷及周缘分布，烃源岩最大厚度 325m，平均 100m 左右；西伦 3 井烃源岩厚度 100m，旺 1 井烃源岩厚度 77m，藏 1 井烃源岩厚度 139m。烃源岩岩性在全盆地差别不大，均为灰色泥岩、灰质泥岩、云质泥岩。烃源岩有机碳平均含量0.98%。西伦1井烃源岩有机碳含量0.59%～2.14%，平均1.28%；西伦5井烃源岩有机碳含量0.52%～1.90%，平均1.01%。

（6）牛堡组三段上亚段。该亚段烃源岩岩性与牛堡组三段中亚段一样，主要为灰色泥岩、灰质泥岩与云质泥岩，但分布范围明显缩小，最大厚度150m，平均厚度70m。西伦3井烃源岩厚度90m，旺1井烃源岩厚度10m。烃源岩有机碳平均含量0.86%，蒋日阿错地区有机碳含量仍然相对较高。

烃源岩有机碳含量，在不同构造部位、不同层位上有一定差异（图3-1-18至图3-1-20），有机碳含量较高的烃源岩主要分布在牛堡组二段中亚段、上亚段及牛堡组三段下亚段。

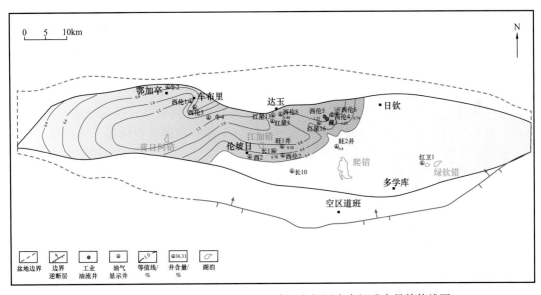

图3-1-18　伦坡拉盆地牛堡组二段中亚段烃源岩有机碳含量等值线图

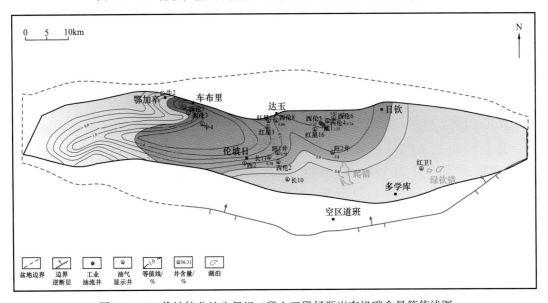

图3-1-19　伦坡拉盆地牛堡组二段上亚段烃源岩有机碳含量等值线图

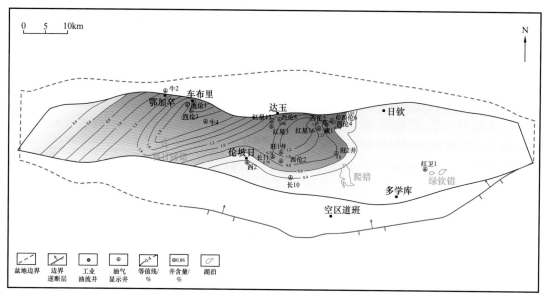

图 3-1-20　伦坡拉盆地牛堡组三段下亚段烃源岩有机碳含量等值线图

　　横向变化上，在东西方向，最西边西伦 3 井有机碳含量最高，往东呈现递减趋势；而南北方向，西伦 2 井有机碳含量相对较低，到旺 1 井有机碳含量增高，再往北，有机碳含量递减（图 3-1-21、图 3-1-22）。

　　2）氯仿沥青"A"

　　伦坡拉盆地烃源岩氯仿沥青"A"在纵向分布上具有明显规律性（图 3-1-23、图 3-1-24），氯仿沥青"A"高值主要分布在牛堡组三段下亚段，牛堡组二段上亚段、中亚段；在平面上，盆地西部西伦 1 井氯仿沥青"A"明显高于东部西伦 7 井，与有机碳在平面上的分布规律基本一致。

　　3）烃转化率

　　（1）牛堡组二段下亚段。烃源岩烃转化率平均 21.24%，达到好烃源岩标准。其中，西伦 3 井 10.71%～46.67%，平均 21.42%；藏 1 井 19.15%～28.58%，平均 23.86%。

　　（2）牛堡组二段中亚段。烃源岩烃转化率平均 26.2%（图 3-1-25），达到好烃源岩标准。其中，西伦 1 井 5.19%～167.87%，平均 32.31%；西伦 3 井 17.75%～27.78%，平均 20.47%；旺 1 井 25.67%～43.58%，平均 33.75%；旺 2 井 22.75%～55.58%，平均 35.66%。

　　（3）牛堡组二段上亚段。烃转化率平均 24.46%（图 3-1-26），达到好烃源岩标准。其中，西伦 1 井 11.85%～26.46%，平均 18.12%；旺 1 井 10.41%～64.86%，平均 36.69%；西伦 4 井 21.19%～39.82%，平均 27.86%；藏 1 井 24.19%～28.87%，平均 26.51%；西伦 5 井 14.87%～33.86%，平均 23.67%；西伦 7 井 27.68%～81.13%，平均 53.65%。

　　（4）牛堡组三段下亚段。烃源岩烃转化率平均 25.41%（图 3-1-27），达到好烃源岩标准。其中，西伦 1 井 15.75%～179.77%，平均 45.81%；西伦 4 井 25.49%～81.43%，平均 48.5%；西伦 5 井 30.77%～39.35%，平均 35.07%；西伦 7 井 17.95%～54.13%，平均 37.51%。

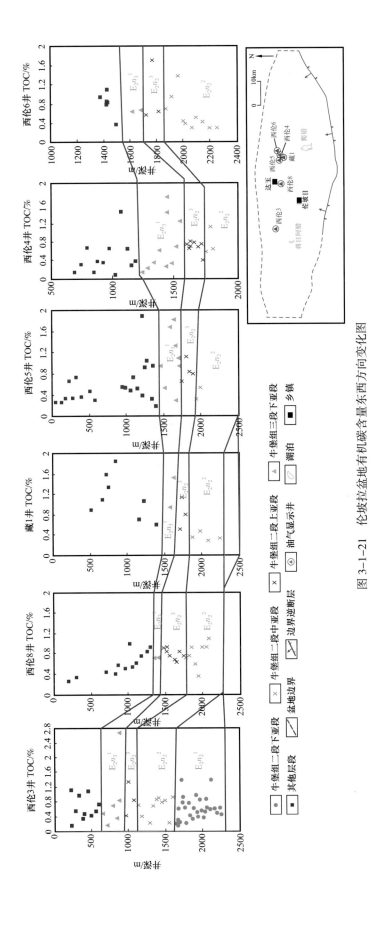

图 3-1-21 伦坡拉盆地有机碳含量东西方向变化图

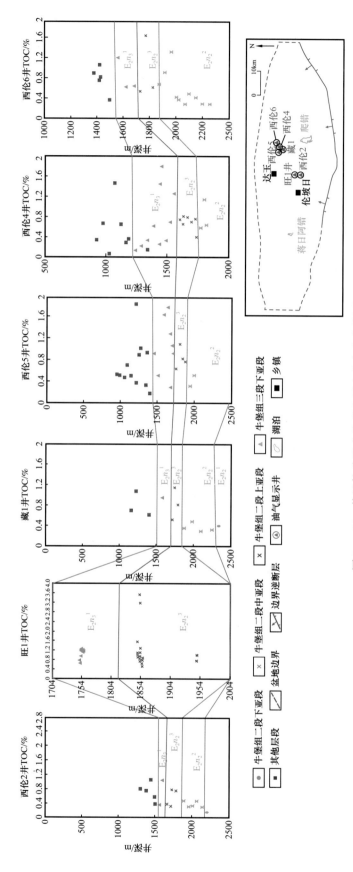

图 3-1-22 伦坡拉盆地有机碳含量南北方向变化图

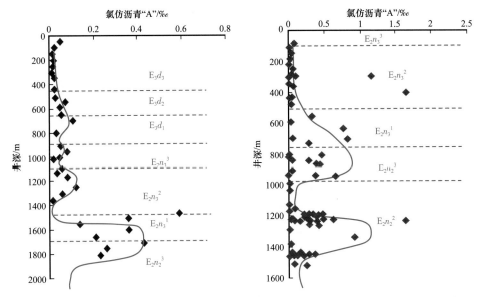

图 3-1-23 西伦 1 井氯仿沥青 "A" 分布图   图 3-1-24 西伦 7 井氯仿沥青 "A" 分布图

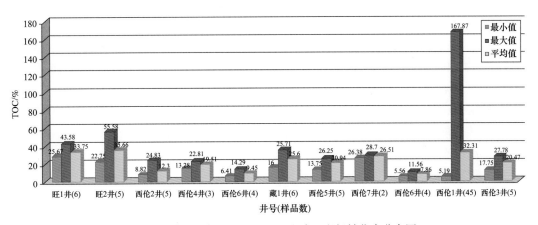

图 3-1-25　伦坡拉盆地牛堡组二段中亚段烃转化率分布图

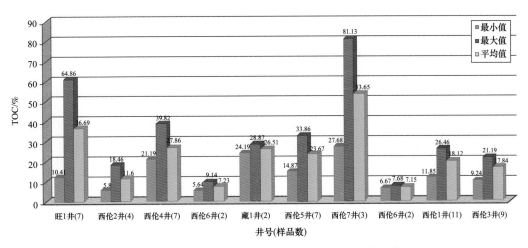

图 3-1-26　伦坡拉盆地牛堡组二段上亚段烃转化率分布图

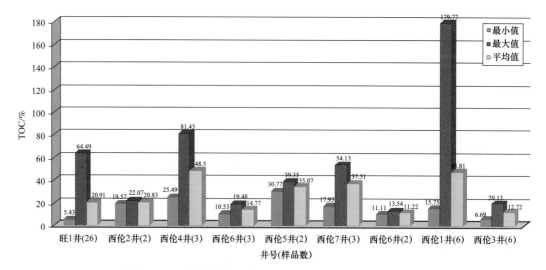

图 3-1-27 伦坡拉盆地牛堡组三段下亚段烃转化率分布图

（5）牛堡组三段中亚段。烃源岩烃转化率平均22.85%，达到好烃源岩标准。其中，西伦1井6.11%～143.15%，平均30.47%；西伦2井26.72%～57.86%，平均37.02%；西伦4井17.14%～46.77%，平均30.14%；藏1井31.74%～56.92%，平均44.33%。

（6）牛堡组三段上亚段。烃源岩烃转化率平均18.58%。西伦4井相对较高，22.89%～57.14%，平均33.36%；藏1井9.69%～39.7%，平均19.97%；西伦2井7.35%～32.12%，平均21.35%。

总体来看，伦坡拉盆地牛堡组烃源岩烃转化率平均在20%左右，说明伦坡拉盆地烃源岩油气转化能力很强，物质基础好。

2. 有机质类型

1）干酪根镜检

地面烃源岩样品干酪根镜检表明（表3-1-3），绝大多数样品干酪根类型为Ⅰ型。井下样品中，大部分干酪根类型定为Ⅰ型（表3-1-4），其腐泥质组分含量均超过90%，Ⅱ₁型样品腐泥质组分也在40%以上。

表 3-1-3　伦坡拉盆地烃源岩干酪根扫描电镜和显微组分

地区	层位	干酪根扫描电镜组分 /%				干酪根显微组分 /%				
		木质组分	木质降解无定形	无定形团块	干酪根类型	无定形	类脂组	镜质组	惰质组	干酪根类型
牛堡	E_2n_2	10	30	60	Ⅱ₁	76.56	22.64	0.64	0.16	Ⅰ
江加错	E_3d_2	5	20	75	Ⅰ	70.40	29.06	0.18	0.36	Ⅰ
	E_3d_1	5	35	60	Ⅱ₁	96.83	2.58	0.20	0.40	Ⅰ
伦坡日	E_3d_3	5	15	80	Ⅰ	96.58	1.14	0.57	1.71	Ⅰ
	E_3d_2	5	25	70	Ⅰ	86.08	12.71	0.76	0.45	Ⅰ
	E_3d_1	5	35	60	Ⅱ₁	97.09	2.41	0.24	0.24	Ⅰ

地区	层位	干酪根扫描电镜组分 /%				干酪根显微组分 /%				
		木质组分	木质降解无定形	无定形团块	干酪根类型	无定形	类脂组	镜质组	惰质组	干酪根类型
长山	E_3d_2		20	80	I	98.91	0.36	0.18	0.54	I
低鄂总	E_2n_2	5	5	90	I	91.76	7.58	0.49	0.16	I
其凹孝低	E_2n_2		20	80	I	80.10	19.55	0.17	0.17	I

表 3-1-4　伦坡拉盆地井下样品有机质显微组分

井号	井深 / m	层位	组分及含量 /%									干酪根类型
			菌类藻质体	类脂组	镜质组	惰质组	腐泥基质	混合基质	半丝半镜质组	荧光镜质组	壳屑体	
藏 1 井	1780	E_2n_2	9.30	2.10	3.68	0.88	80.00		1.05	2.11	0.88	I
	1994	E_2n_2	3.59	3.00	3.39	1.40	44.71	37.72	3	2.00	0.2	II_1
西伦 1 井	297.25	$E_2n_3^2$	6.53	9.42	2.69	0.96	73.32	3.46	1.34	1.34	0.96	I
	815	$E_2n_3^1$	4.67	2.91	3.11	0.78	85.22		0.78	2.34	0.19	I
	900	$E_2n_3^1$	0.18	2.57	3.67	2.57	44.04	42.57	1.84	1.47	1.10	II_1
西伦 2 井	940.32	E_3d_1	3.17	1.87	1.68	2.24	87.31		2.43	1.12	0.19	I
	1305	$E_2n_3^2$	0.18	2.17	2.66	0.71	90.94		1.07	1.78	0.53	I

2）干酪根元素分析

伦坡拉盆地井下样品烃源岩干酪根元素分析（图 3-1-28）显示，牛堡组烃源岩有机质类型为 I—II_2 型，少量为 III 型。

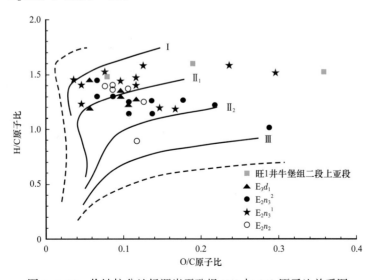

图 3-1-28　伦坡拉盆地烃源岩干酪根 H/C 与 O/C 原子比关系图

3. 有机质成熟度

1）镜质组反射率

牛堡组二段烃源岩镜质组反射率（R_o）为0.66%~1.14%，处于生烃高峰期；牛堡组三段烃源岩镜质组反射率（R_o）为0.58%~0.80%，为成熟阶段早中期（表3-1-5，图3-1-29、图3-1-30）。

表3-1-5 伦坡拉盆地镜质组反射率

层位			旺1井	藏1井	西伦3井	西伦1井	西伦8井	西伦6井
丁青湖组	一段			0.39%~0.6%/0.52%				
牛堡组	三段	上亚段		0.74%				
		中亚段						0.74%~0.77%/0.75%
		下亚段	0.68%~0.80%/0.75%	0.64%			0.58%~0.62%/0.6%	
	二段	上亚段	0.91%			0.7%	0.66%~0.69%/0.67%	
		中亚段	0.93%	0.92%		0.91%	0.71%~1.08%/0.93%	
		下亚段		1.14%	0.91%		1.1%	

注：最小值~最大值/平均值。

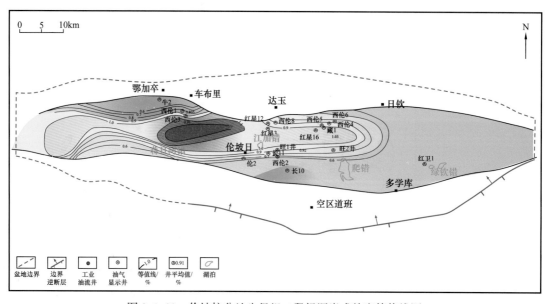

图3-1-29 伦坡拉盆地牛堡组二段烃源岩成熟度等值线图

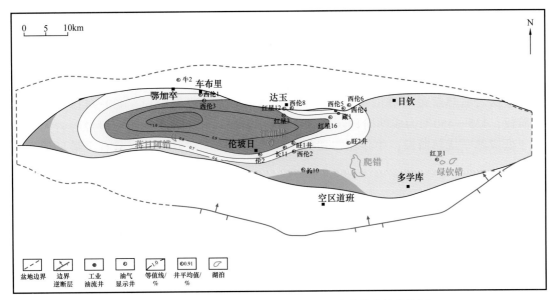

图 3-1-30　伦坡拉盆地牛堡组三段烃源岩成熟度等值线图

　　伦坡拉盆地井下烃源岩，干酪根镜质组反射率随深度而增加的变化规律十分明显（图 3-1-31）。根据烃源岩镜质组反射率（R_o）随深度演化曲线，以 R_o=0.6% 计算得到伦坡拉盆地现今生烃门限深度为 886m，生烃高峰期深度为 1200～1600m。这一结果，与藏 1 井烃源岩转化率随深度的变化曲线（图 3-1-32）得到的烃源岩生烃演化基本上一致。

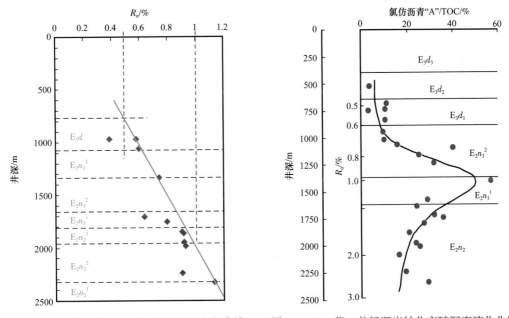

图 3-1-31　烃源岩镜质组反射率随深度演化曲线　　　图 3-1-32　藏 1 井烃源岩转化率随深度演化曲线

　　伦坡拉盆地现今生烃门限深度比一般拉张盆地要浅，主要原因有两个：一是地温梯度高，牛 3 井大地热流值为 140mW/m^2（沈显杰，1992），牛浅 2、红星 6、伦 2 井地温梯度为 4.6～6.6℃/100m，旺 1 井地温梯度为 5.5℃/100m；二是后期抬升剥蚀所致，如藏1井和西伦2井等均有后期抬升剥蚀（刘建等，2001），研究认为藏1井剥蚀厚度达400m（付孝悦等，2005）。由此推算，伦坡拉盆地原始生烃门限深度为1300m（袁彩萍等，2000）。

2）岩石热解峰温

依据岩石热解最高峰温度（T_{max}），小于430℃为未成熟阶段，430～435℃为低成熟阶段，435～450℃为成熟阶段。图3-1-33中看出，旺1井牛堡组三段烃源岩大部分处于低成熟—成熟阶段；牛堡组二段烃源岩大部分处于成熟阶段，只有少量显示为低成熟。

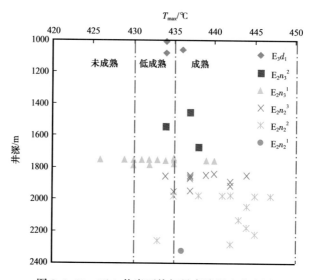

图3-1-33　旺1井岩石热解最高峰温度分布图

3）甾烷成熟度指标分析

旺1井甾烷成熟度划分图（图3-1-34）表明：牛堡组三段烃源岩大部分处于低成熟阶段，而牛堡组二段烃源岩大部分处于成熟阶段。

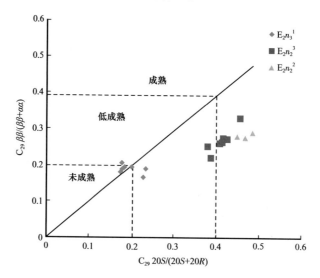

图3-1-34　旺1井烃源岩甾烷成熟度划分图

4.综合评价

钻井、地表露头等资料显示，伦坡拉盆地烃源岩分布比较广泛。烃源岩主要分布在牛堡组二段及牛堡组三段下部，岩性以灰色、深灰色泥岩、页岩、粉砂质泥岩为主，单层厚度最大达 100m 以上。烃源岩有机质类型主要为 Ⅰ—Ⅱ₁ 型。牛堡组二段烃源岩达到成熟阶段，处于生油高峰期；牛堡组三段烃源岩处于低成熟—成熟阶段，总体上为成熟阶段早期，以生油为主。

盆地西部共发育牛堡组二段下亚段、牛堡组二段中亚段、牛堡组二段上亚段、牛堡组三段下亚段 4 套烃源岩；东部只发育牛堡组二段中亚段、牛堡组二段上亚段、牛堡组三段下亚段 3 套烃源岩，与西部相比缺少牛堡组二段下亚段。

中西部烃源岩条件比东部更好。如西部西伦 3 井，4 套烃源岩都钻到了，其有机碳含量平均达 0.8%。同时，西伦 3 井在钻井过程中槽面油气显示非常活跃，普遍见油花、气泡，岩心含油率高，表明盆地西部蒋日阿错凹陷及周缘烃源岩发育，油源条件好。

综合评价表明，牛堡组二段烃源岩是伦坡拉盆地最好的烃源岩，是主力烃源岩。尤其以牛堡组二段上亚段、牛堡组二段中亚段为主，牛堡组二段下亚段次之。牛堡组三段下亚段烃源岩，虽然有机质类型和有机质丰度也都好，但成熟度较低，生烃能力较差，是盆地次要烃源岩。

二、储层

伦坡拉盆地发育多种沉积体系，原型盆地具有断陷盆地沉积模式，在其控制下伦坡拉盆地牛堡组发育两类储层：碎屑岩储层和白云岩储层。两类储层发育规模和展布情况主要受到构造、沉积相和成岩作用控制。碎屑岩储层主要发育在各类扇体中，如扇三角洲体系的水下分流河道、水下扇等；白云岩储层则主要发育在云坪中，按照能量高低和发育位置的不同，可进一步划分为近岸中—低能云坪和远岸低能云坪。

1.储层分布特征

1）纵向分布特征

碎屑岩储层主要发育在牛堡组一段、牛堡组二段、牛堡组三段下亚段；白云岩储层主要发育在牛堡组三段，储层分布受控于沉积。

（1）冲积扇相砂砾岩储层。主要发育于牛堡组一段和牛堡组二段下亚段，为冲积扇扇中水道和漫流沉积物。垂向普遍位于烃源岩下方，油气显示较差；冲积扇砂砾岩单层厚度一般 2～15m，横向连续性一般。

（2）扇三角洲相砂砾岩储层。该类型储层在伦坡拉盆地分布较广，亦是含油气显示最丰富的储层沉积相，主要分布于盆地南侧斜坡之上，在牛堡组二段、牛堡组三段均有发育。扇三角洲相可划分扇三角洲平原亚相和扇三角洲前缘亚相。扇三角洲平原主要发育在牛堡组二段中亚段下部及牛堡组二段中亚段；扇三角洲前缘主要发育在牛堡组二段中亚段和牛堡组三段下亚段。

（3）水下扇砂砾岩储层。集中发育在盆地北部牛堡组三段、牛堡组二段。受早期控盆正断层直接控制，岩性为含砾砂岩或砂砾岩，局部单层厚度可达 20m，砾石颗粒分选差，杂基支撑，常呈漂浮状；垂向上呈透镜体夹于湖相泥岩中。

（4）湖相白云岩储层。白云岩储层在各段均有发育，主要分布在牛堡组三段。受水体控制，水体下降末期和水体上涨初期，近岸容易形成云坪；水体上升末期，远岸地带由于长期处于安静水体环境，白云岩同样较发育。该类型储层分布较广，进一步可划分为近岸中低能云坪和远岸低能云坪。

2）横向分布特征

白云岩储层和碎屑岩储层均表现出一定横向连续性，局部地区纵向多期叠置，碎屑岩储层在近物源区表现出厚度加大特征，横向变化较快（黄宗和，1993）。

（1）牛堡组二段中亚段储层。牛堡组二段中亚段砂砾岩在盆地南部分布较广，厚度10~30m，扇三角洲主体厚度大，向前端和两侧厚度减小（黄宗和等，1997）。西伦2井区和旺2井区，砂砾岩储层叠加厚度达到峰值，表明西伦2井区和旺2井区为扇三角洲相对发育地区；此外，在盆地北部发育小规模水下扇砂砾岩体，厚度一般小于20m。

（2）牛堡组二段上亚段储层。长10井区发育规模较大扇三角洲砂砾岩储层，但在湖泛影响下，该扇体向北延伸较短，洪水泛滥时，南部西伦2井区和旺1井区发育一定规模水下扇砂砾岩储层，厚度一般10~25m。

（3）牛堡组三段下亚段储层。该段砂砾岩盆地南北均有分布，呈东西向展布，南部扇三角洲砂体发育规模大，集中在长10井区和旺1井区，砂砾岩厚度10~25m；北部红星梁地区水下扇厚度达40m以上。该段局部地区发育滩坝砂体，集中发育在红星16井附近，呈东西向展布。白云岩储层主要发育在牛堡组三段下亚段中上部，连续性较滩坝砂体好。

（4）牛堡组三段中亚段储层。该段白云岩集中发育在两个区域：盆地西部北侧和盆地东部中南侧。盆地西部厚度20~60m，呈东西向条带展布；盆地东部厚度20~82m，最厚处为旺1井区，呈东西向条带展布。该段白云岩主要发育在近岸滨浅湖环境和扇体前端相对低能环境。

（5）牛堡组三段上亚段储层。该段白云岩分布范围较牛堡组三段中亚段明显减小，主要继承发育在旺1井区，厚度50~150m，旺1井区厚度最大，呈东西向条带展布，位于盆地东侧中南部滨浅湖环境。

2. 储层微观特征

1）储层岩石学特征

储层主要有碎屑岩和白云岩两大类，前者以砂砾岩为主，后者以凝灰质泥晶—粉晶白云岩为主。

盆地南部碎屑岩储层主要为扇三角洲和远岸水下扇砂砾岩，岩石分选普遍差，水下扇砂砾岩多为杂基支撑，砾石常呈漂浮状，以点接触为主；扇三角洲砂砾岩多为颗粒支撑，以点—线接触为主。两种砂砾岩成分及结构成熟度均较低，反映近源沉积特征。砂砾岩胶结物主要为碳酸盐，胶结物含量0.5%~6.0%；白云石占胶结物总量的40%~90%，方解石占胶结物总量的10%~60%，泥质小于胶结物总量的15%。

盆地北部碎屑岩储层以砂砾岩、砾岩、岩屑砂岩及粉砂岩构成为主，成分成熟度及结构成熟度均较低。砂砾岩胶结物主要为碳酸盐，含量1.0%~5.0%；方解石占胶结物总量的40%~70%，白云石占胶结物总量的10%~40%，泥质胶结物较少，小于胶结物总量的20%。

白云岩储层在盆地广泛分布，岩石类型以泥晶—粉晶凝灰质白云岩为主。岩石多呈泥晶结构，少部分为粉晶结构，白云石晶粒细小，一般小于0.01mm，晶形差，嵌合紧密；火山碎屑颗粒零星分布，粒径0.03～0.15mm，多为棱角状，主要为石英晶屑，部分具一定磨蚀似陆源石英；凝灰质分布不均，为隐晶结构，部分被白云石交代；铁质分布不均，晶粒细小，一般0.01～0.02mm，晶形差。

2）储层储集空间类型

砂砾岩储层储集空间类型多样，有粒间溶孔、粒内溶孔、裂缝及极少量原生粒间孔；铸体薄片镜下鉴定面孔率0.5%～5.0%，平均3.5%。粒间溶孔多为不规则形，孔隙周围颗粒表面有明显溶蚀痕迹；粒间溶孔面孔率0.5%～4.5%，平均2.0%。粒内溶孔以岩屑粒内溶孔为主，常呈蜂窝状；粒内溶孔面孔率0.5%～3.0%，平均1.5%。裂缝分为构造缝和原生缝，构造缝以切穿碎屑颗粒为主要特征，原生缝主要发育在长石颗粒中。原生粒间孔遭受不同程度成岩破坏，呈扁三角形，孔内见少量胶结物。

白云岩储层铸体薄片镜下鉴定面孔率0.5%～10.0%，平均1.5%，孔隙具有集中发育特征，孔隙类型以粒间孔及粒内溶孔为主，溶孔都出现在凝灰质纹层中，具有定向性；显微镜下可见裂缝，裂缝宽度较小，但成像测井中见高角度裂缝呈雁行状排列。

3）储层物性

牛堡组碎屑岩储层孔隙度大多小于15%，平均7.12%，渗透率一般小于40.4mD，几何平均0.1031mD，储层较致密。分段统计显示，牛堡组二段孔隙度最大14%，最小0.5%，平均5.2%，渗透率最大3.61mD，最小0.04mD，几何平均0.08mD；牛堡组三段孔隙度最大32.6%，最小0.1%，平均7.73%，渗透率最大116mD，最小0.0005mD，几何平均0.12mD（表3-1-6）。从孔隙度直方图看，牛堡组二段孔隙度主要分布区间为4%～8%，渗透率主要分布区间为0.01～0.5mD；牛堡组三段孔隙度主要分布区间为4%～12%，渗透率主要分布区间为0.01～0.5mD（图3-1-35）。孔渗交会图表明，砂砾岩孔渗基本具有线性特征，但也存在裂缝的影响，总体表现为裂缝—孔隙型储层（图3-1-36）。

表3-1-6　伦坡拉盆地钻井碎屑岩储层物性统计表

层位	样品数/块	孔隙度/%	渗透率/mD
牛堡组三段	194	$\dfrac{0.1\sim32.6}{7.73}$	$\dfrac{0.0005\sim116}{0.12}$
牛堡组二段	62	$\dfrac{0.5\sim14.0}{5.2}$	$\dfrac{0.04\sim3.61}{0.08}$
平均		7.12	0.1031

注：$\dfrac{最小值\sim最大值}{平均值}$。

白云岩储层孔隙度0.73%～16.72%，平均4.13%；渗透率0.0023～1.5646mD，平均0.0115mD（图3-1-37）。盆地南部旺1井的白云岩储层，受裂缝和储层非均质性影响，导致孔渗不具线性特征，总体表现为裂缝—孔隙型储层。盆地北部藏1井牛堡组三段白云岩储层发育于云坪边缘地带，孔隙度0.3%～5.3%，平均2.03%。

根据砂砾岩储层压汞分析，排驱压力普遍接近10MPa，孔喉半径普遍小于0.5μm，

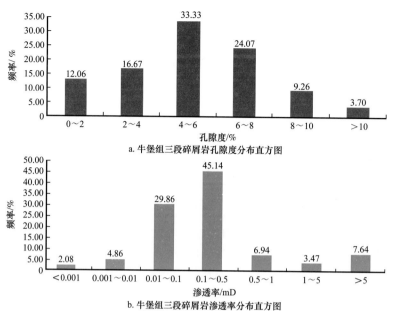

a. 牛堡组三段碎屑岩孔隙度分布直方图

b. 牛堡组三段碎屑岩渗透率分布直方图

图 3-1-35　伦坡拉盆地牛堡组三段碎屑岩物性特征统计

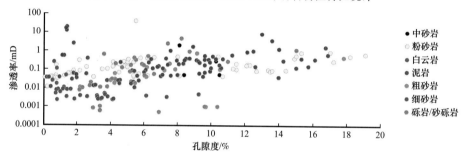

图 3-1-36　伦坡拉盆地牛堡组碎屑岩孔渗关系图

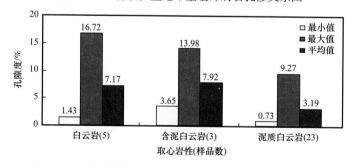

图 3-1-37　伦坡拉盆地牛堡组三段白云岩孔隙度分布直方图

反映岩石孔隙度较小，渗透性差；曲线平台斜率大，反映孔隙结构较差，孔隙分选性差；退汞率普遍小于 60%，反映孤立孔隙多，孔隙连通性差。砂砾岩储层压汞曲线，为高排驱压力、细歪度曲线（图 3-1-38）。

根据白云岩储层压汞分析，排驱压力大多小于 1MPa，少数 1~10MPa，孔喉半径普遍大于 0.5μm，最大 9μm，反映孔隙度较大，岩石渗透性较好；曲线平台斜率小，反映孔隙结构较好，孔隙分选性较好；退汞率普遍小于 60%，反映孤立孔隙多，孔隙连通性较差。白云岩储层压汞曲线，为中—低排驱压力、中—细歪度曲线（图 3-1-39）。

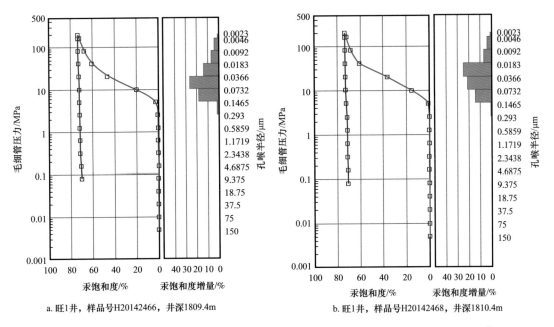

a. 旺1井，样品号H20142466，井深1809.4m

b. 旺1井，样品号H20142468，井深1810.4m

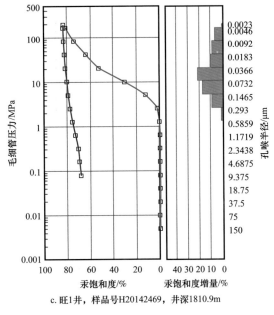

c. 旺1井，样品号H20142469，井深1810.9m

图 3-1-38　砂砾岩储层压汞曲线

3. 储层发育控制因素

构造、沉积及成岩作用是影响研究区牛堡组储层发育的三大因素。

1）构造作用

牛堡组二段—牛堡组三段沉积时期，构造活动强烈，伦坡拉盆地总体处于走滑拉张应力下，正断层大量发育，在靠近断层或者拉张强烈地方常形成大量伴生裂缝，这些裂缝多数是在张性应力下形成，因此呈开启状，有利于油气充注；同时，局部地区断层两侧形成断鼻或断背斜构造中可能含有砂体，加之断层通道作用，该类砂体常称为良好的储集体。

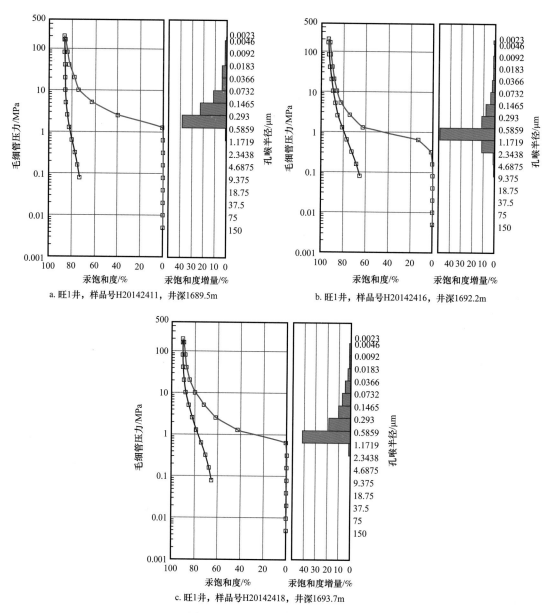

a. 旺1井，样品号H20142411，井深1689.5m

b. 旺1井，样品号H20142416，井深1692.2m

c. 旺1井，样品号H20142418，井深1693.7m

图 3-1-39 白云岩储层压汞曲线

2）沉积作用

（1）物源条件对储层发育的影响。盆地周缘及盆内地层中发现大量火山岩，盆地南北部砂砾岩储层中的火山碎屑主要来自于此，储层粒内溶孔主要是火山岩岩屑中的易溶组分被溶蚀，因此，存在火山碎屑是该区储层粒内溶孔形成的物质基础。

（2）沉积相与储层物性的关系。不同类型微相储集性能差异较大，主要体现在孔隙发育程度上。储层微相与孔隙度具有明显正相关关系（图 3-1-40）。近岸水下扇和滨浅湖沙坝储层微相孔隙较发育，平均孔隙度均达到 8% 以上，平均渗透率均达到 0.1mD 以上；云坪储层作为碳酸盐岩储层，孔隙度一般大于 4.0%，最大可达 10% 以上，是较好储层；而远岸水下扇储层微相孔隙度普遍小于 4%，渗透率普遍小于 0.05mD，储集性能差（表 3-1-7）。

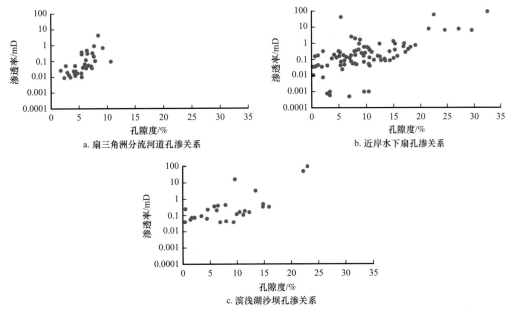

图 3-1-40　储层微相与孔隙度关系

表 3-1-7　各类微相与孔隙度关系统计表

沉积相	样点数量	孔隙度 /%			渗透率 /mD			综合评价
		最小	最大	平均	最小	最大	平均	
近岸水下扇水道	119	0.09	32.6	8.51	0.0005	85.8	0.14	较好
扇三角洲分流河道	39	1.7	10.5	5.4	0.01	4.74	0.06	较差
远岸水下扇水道	5	2.77	5.15	3.87	0.01	0.64	0.05	较差
滨浅湖沙坝	31	0.4	23.1	8.49	0.04	116	0.34	较好
云坪	41	0.3	16.7	4.13	0.0023	2.5	0.01	较好

（3）水动力条件与储层物性的关系。该区岩石杂基含量与储层物性呈线性关系，当水动力条件频繁变化时，杂基含量相对较高，堵塞粒间孔隙，造成储层物性下降；当杂基含量为 0～2% 时，储层物性随杂基含量增加急剧下降，当杂基含量大于 2% 时，线性相关性减弱。

统计不同粒径岩性与储层物性关系后发现，中砂岩和细砂岩物性较好，这是因为沉积该类岩性的水动力适中，携载岩石颗粒的水流类型以牵引流为主，牵引流具有水动力稳定特点，使得中、细砂岩往往具有较高成熟度和孔隙结构（图 3-1-41）。

3）成岩作用

（1）压实作用对储层发育的影响。大多数地区随着埋深的不断加大，压实作用对储层原生孔隙起持续性破坏作用，而伦坡拉盆地储层埋藏深度较浅，一般小于 3000m，压实作用对储层孔隙的破坏效应主要显现在 500～1300m，当埋藏深度超过 1300m，储层孔隙与埋藏深度没有明显相关性（艾华国等，1999），因此若储层埋深超过 1300m，压实作用对储层孔隙的影响程度很低（图 3-1-42）。

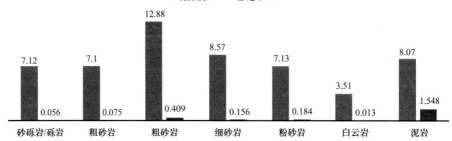

图 3-1-41　伦坡拉盆地牛堡组不同粒径岩石物性直方图

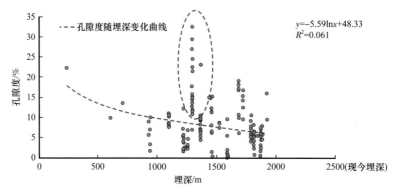

图 3-1-42　储层埋深与压实作用关系图

（2）胶结（交代）作用对储层发育的影响。该区牛堡组碳酸盐岩和碎屑岩胶结强烈，原生粒间孔隙基本被胶结物充填；胶结物类型以碳酸盐胶结物为主，其次是泥质胶结，硅质胶结物（以石英次生加大为产出形式）较少见；碳酸盐胶结物可分为两类，一类是早期部分胶结于粒间孔隙的方解石，另一类是后期胶结或交代方解石及部分岩石颗粒的白云石；早期方解石胶结物一般仅部分充填孔隙，起到稳固岩石结构的作用，且易被有机酸溶蚀；后期白云石胶结（交代）物会破坏储层孔隙，主要表现在对残余粒间孔的充填作用，该区白云石往往交代岩石中易溶组分，且不易被地下有机酸溶蚀。通过对该区 300 件薄片样品观察发现，盆地中西部牛堡组胶结物以方解石为主，南部及东部以白云石为主，中西部胶结物类型为形成溶蚀粒间孔隙奠定了基础，而南部及东部则不易产生后期溶孔。

（3）溶蚀作用对储层发育的影响。溶蚀作用是该区粒间及粒内孔形成的主要因素，该区砂砾岩和白云岩中大量夹杂火山岩组分，火山岩岩屑中常含有最易溶蚀的长石组分，在后期酸性流体进入地层后，火山岩岩屑或火山灰被选择性溶蚀，最终形成大量粒内溶孔；另外，部分砂砾岩胶结物以方解石为主，该类胶结物也被地下有机酸溶蚀，形成粒间溶孔。

4. 有利储层类型及分布

根据储层发育控制因素分析结果，从沉积学角度来看，该区优势储层类型主要是近岸水下扇、滩坝及扇三角洲分流河道的砂岩储层，该类储层岩石结构好，杂基含量低，物性较好；从成岩角度来看，盆地中部、北部以及西部碎屑岩储层含有大量灰质和火山组分，并且胶结类型以灰质为主，后期易形成溶蚀孔隙，是有利成岩相区。

结合沉积及成岩分析，综合认为牛堡组碎屑岩储层发育区集中在盆地中西部，寻找大面积展布、含大量火山碎屑、以灰质胶结为主的水下扇、滩坝及扇三角洲砂岩是下一步勘探方向；此外，本次新发现的云坪储层微相具有展布范围广、叠加厚度大、分布层系多、局部高孔高渗以及地震易识别等特征，亦是下一步重点勘探的碳酸盐岩储层类型。

三、盖层

伦坡拉盆地经历了晚期隆升剥蚀改造，在北部逆冲构造带和南部冲断隆起带广泛出露牛堡组或者中生界以及更老的地层，因此封盖条件是油气成藏的关键因素之一。

伦坡拉盆地在原型盆地阶段和盆地改造阶段沉积了较厚的深湖—半深湖相泥页岩，主要分布在牛堡组二段、丁青湖组。旺1井钻井揭示牛堡组二段上亚段发育一套100m厚的优质盖层，能对下部牛堡组二段或其本身油气成藏起到很好的封盖作用，旺1井牛堡组二段大部分荧光薄片均显示该套盖层以下为正常发蓝色光的稀油，同时录井显示全烃较上部地层明显升高，也佐证了对油藏的保存和封盖。此外，盆地还发育丁青湖组一套以泥页岩为主的优质区域盖层，除在盆缘遭受剥蚀外，在盆内广大地区连续分布，泥页岩累计厚度大于975m（西伦2井），单层厚度52.9m（表3-1-8，图3-1-43）。总体来看，构造相对稳定的中央坳陷带，2套盖层均较发育，总体盖层条件较好，有利于油气成藏和保存。

表 3-1-8　伦坡拉盆地古近系盖层宏观发育特征表

单层特征	牛堡组二段	牛堡组三段	丁青湖组
岩性	泥岩、页岩	泥岩、页岩	泥岩、页岩
沉积相	浅湖—半深湖—深湖相	浅湖—半深湖—深湖相	浅湖—半深湖—深湖相
最大累计厚度 /m	1258	790	975
最大单层厚度 /m	78	36.5	52.9
埋深 /m	1600～3000	800～1600	0～1400
形成时期	生油之前	生油之前	主力生油之前
可塑性	较好	较好	好
分布	稳定	稳定	较稳定
评价	好	好	较好

四、生储盖组合

在前人对伦坡拉盆地成藏组合（张克银等，2000）及油源分析基础上（付孝悦等，2005），结合新老钻井生储盖发育情况研究，认为伦坡拉盆地纵向上主要发育两种生储盖组合样式（图3-1-44）：牛堡组二段自生自储型和牛堡组三段自生自储—下生上储混合型。

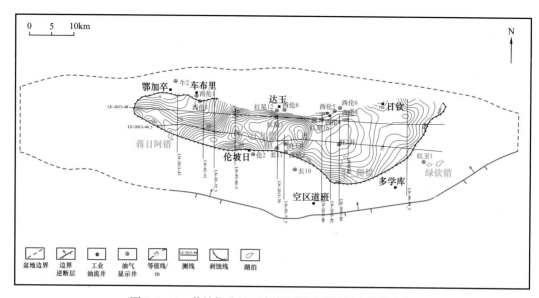

图 3-1-43 伦坡拉盆地丁青湖组泥岩盖层厚度等值线图

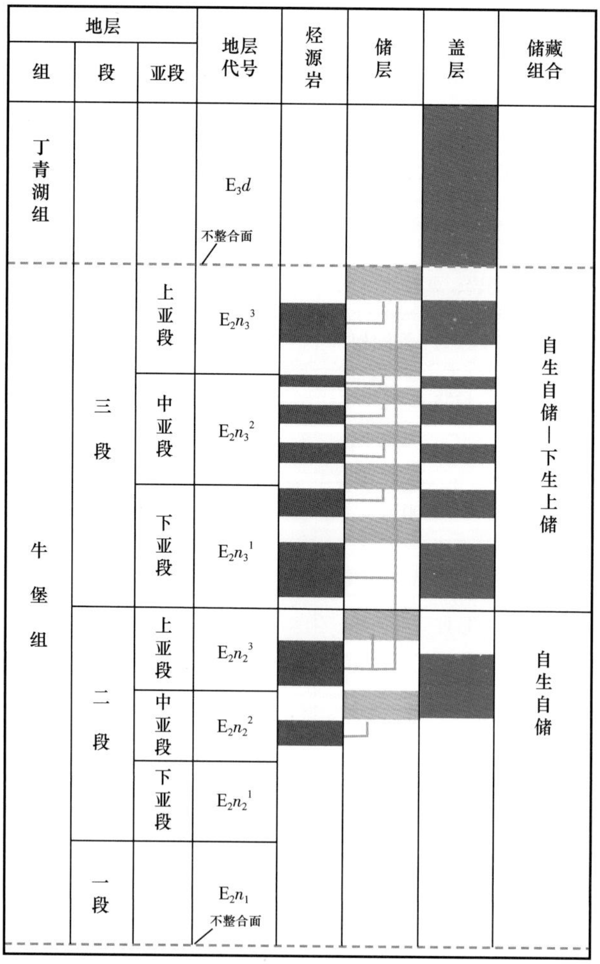

图例：盆地边界　边界逆断层　工业油流井　油气显示井　等值线/m　测线　剥蚀线　湖泊

地层			地层代号	烃源岩	储层	盖层	储藏组合
丁青湖组			E_3d				
			不整合面				
牛堡组	三段	上亚段	$E_2n_3^3$				自生自储—下生上储
		中亚段	$E_2n_3^2$				
		下亚段	$E_2n_3^1$				
	二段	上亚段	$E_2n_2^3$				自生自储
		中亚段	$E_2n_2^2$				
		下亚段	$E_2n_2^1$				
	一段		E_2n_1				
			不整合面				

图 3-1-44 伦坡拉盆地生储盖关系图

五、稠油

伦坡拉盆地早期两轮油气勘探主要针对构造圈闭进行，先后在中东部发现了红星梁稠油油田、罗马迪库常规油田和6个稠油藏。

1. 稠油物理性质

通过对9口井原油进行分析，原油密度在0.8755～0.9618g/cm³之间，平均为0.9277g/cm³；原油黏度在47.39～22727.65mm²/s之间，除藏1井、西伦5井牛堡组三段下亚段原油属于常规稀油外，其余原油都是稠油。原油物理性质的变化，既是原油成因类型的反映，又受原油运移、聚集、成藏保存条件、后生变化等诸因素影响。伦坡拉盆地不同构造位置、不同深度的井，其原油性质差异较明显，它们不同的成因特点，主要反映了后期遭受不同程度的次生改造。对旺1井原油色谱图进行对比发现，C_{15}之前的轻烃组分含量很低，轻烃组分有明显的散失，原油成熟度指标OEP为0.92，表明原油成熟度中等（李一腾等，2016），排除了低成熟度造成原油稠化的影响，分析认为原油受到生物降解、水洗等次生改造作用影响，致使油质变稠（李宇平等，2015）。

2. 空间分布特征

（1）横向分布特征。总体上，油藏（田）分布在与断层相关的圈闭中，平面上油藏主要集中在盆地三个地区。一是北部逆冲带，从鄂加卓至低鄂总，稠油主要分布在渐新世末形成的挤压推覆构造中，油层埋深仅200～500m。二是南部冲断隆起带，从伦坡日至长山，这是一个早期继承性发育的隆起，北部紧邻江加错和爬错生油凹陷，隆起带上牛堡组二段和丁青湖组一段长期发育扇三角洲沉积体系，碎屑岩储层发育，尤其是长山构造附近，控油构造为继承性隆起背斜。三是中央坳陷带北斜坡，包括蒋日阿错、江加错、爬错凹陷的北斜坡，从红山头到罗马迪库，已经发现了3个油藏：红山头稠油藏、塘奴陇果西稠油藏、罗马迪库常规油藏。江加错凹陷北部红星3井和伦4井，油气显示也较好。总体上，盆地南、北部构造带地表油气显示非常丰富，而中央坳陷带油气显示相对较弱。

（2）纵向分布特征。伦坡拉盆地受后期构造抬升剥蚀、水洗、氧化等次生改造作用影响，油气在纵向上分布具有明显分带性，推测伦坡拉盆地纵向上发育一个氧化界面，当油藏现今埋深大于1500m时油藏主要为稀油藏，埋深小于1500m为稠油藏。

3. 油藏形成及演化

在成藏条件研究及典型油藏解剖基础上，结合盆地构造演化史研究，以盆地东南部冲断隆起带长山地区、北部逆冲带红星梁断裂带发现的油藏为例（孙玮等，2015；范小军等，2015），其成藏过程可分成三个阶段（图3-1-45、图3-1-46）。

（1）古油藏形成阶段（始新世末—渐新世中晚期）。始新世末牛堡组二段烃源岩开始成熟，盆地南部长山地区开始发育古隆起，为烃源岩的优势运移区，可以捕获中央坳陷带牛堡组二段烃源岩生成的油气；而盆地北部红星梁地区就近捕获到北部牛堡组二段烃源岩生成的油气。由于始新世末期发育不整合面，油气可沿着微裂缝、断层、渗透性岩层进行立体输导；同时由于不整合面、裂缝的存在，容易发生散失、水洗、氧化等次生改造作用，导致原油变稠，如旺1井牛堡组三段下亚段。到丁青湖组沉积中晚期，牛堡组三段下亚段烃源岩进入生烃高峰期，而此时牛堡组二段烃源岩达到高成熟，共同进行充注。

（2）古油藏调整阶段（渐新世末期）。渐新世末期牛堡组二段已处于高成熟阶段，牛堡组三段仍然处于生油高峰，此时受南北向挤压应力影响，盆地南北两带相继逆冲推覆，北部红星梁古油藏中的油气开始向着该阶段形成的新高点（推覆体）运聚，原型盆地断陷期盆地北部形成的古油藏调整到浅层形成沥青塞；同时南部长山地区牛堡组油藏由于冲断褶皱作用（背斜形态仍然完整），其中的油气沿着微裂缝、不整合面、渗透性岩层向上覆丁青湖组运移。

（3）古油藏进一步调整和破坏阶段（晚中新世至今）。晚中新世以来，受青藏高原强烈隆升影响，伦坡拉盆地进一步全面抬升，受南北向逆冲推覆及剥蚀作用影响，南北古油藏被进一步调整和破坏，造成油气散失，长山古油藏经过一定程度水洗、氧化和弱的生物降解形成稠油藏，而中央坳陷带岩性圈闭及北部中深层构造圈闭仍然可以形成常规油气藏。

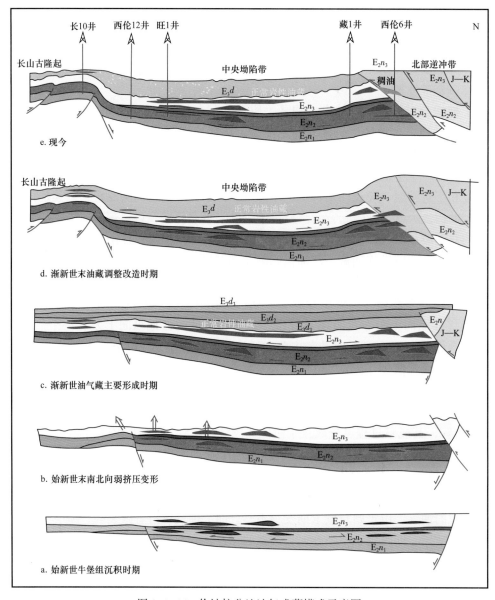

图 3-1-45　伦坡拉盆地油气成藏模式示意图

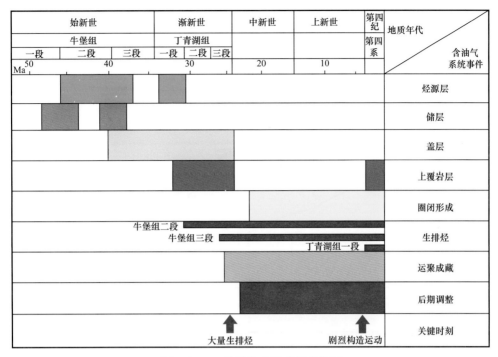

图 3-1-46　伦坡拉盆地成藏事件图

4.成藏主控因素

烃源岩、储层、保存条件，是伦坡拉盆地油气成藏的主控因素。烃源岩是油气成藏基础，陆相地层横向非均质性强，油气运聚主要靠垂向的近源聚集，纵向临灶是基础（范小军等，2015）。远离烃源岩油气显示变差，盆地中西部烃源岩条件好，成藏基础好；物性相对较好的储层直接控制了油藏分布，是成藏的关键。陡坡扇、白云岩、滩坝沉积相带储层物性较好，油气富集可能性更高。保存条件直接控制了油藏性质。中央坳陷带中西部地区烃源岩条件好，丁青湖组区域盖层与牛堡组二段上亚段直接盖层厚度大，只要发育碎屑岩或者白云岩储层，就有希望成为最有利油气富集区。

六、油页岩

伦坡拉盆地油页岩分布，西起蒋日阿错，东至爬错地区，主要见于伦坡日一带（图 3-1-47），油页岩出露带呈北西—南东向断续展布，倾向北东，倾角较缓，多为15°～25°。油页岩主要发育在丁青湖组二段，丁青湖组一、三段也有少量赋存。

1.分布特征

伦坡拉盆地油页岩主要有四个分布区：蒋日阿错、伦坡日、爬爬及爬错油页岩分布区。盆地中部油页岩层数最多，累计厚度最大（图 3-1-48）。

（1）蒋日阿错油页岩。分布在丁青湖组泥岩、页岩之间，厚度 0.70～6.91m，大于 0.70m 的油页岩共 19 层，累计厚度 41.18m。丁青湖组一段上部有 1 层油页岩，厚3.86m。丁青湖组二段中油页岩与泥岩互层，累计厚度 31.81m，出露宽度 800～1500m，0.70m 以上的油页岩共 15 层。丁青湖组三段中下部分布 3 层油页岩，厚度 0.70～1.15m。

（2）伦坡日地区油页岩。厚度大于 0.70m 的油页岩共 21 层，总厚度 45.25m。油页岩主要分布于丁青湖组二段，共 17 层，单层厚 1.00～2.00m，最厚 8.81m，累计厚度

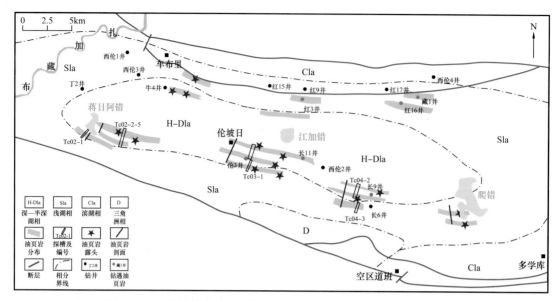

图 3-1-47 伦坡拉盆地丁青湖组油页岩分布图（据杜佰伟等，2016）

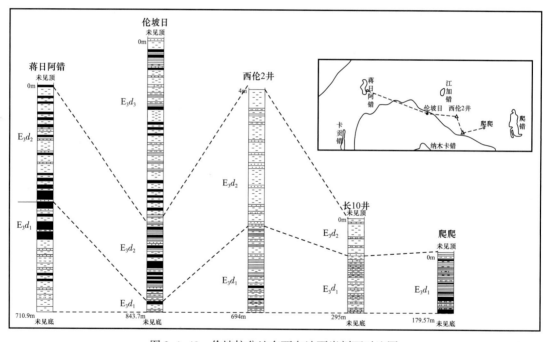

图 3-1-48 伦坡拉盆地东西向油页岩剖面对比图

39.80m。丁青湖组一段上部分布 4 层油页岩，厚 0.95～2.18m，倾向 15°～20°，倾角 40°左右。丁青湖组三段中下部也分布有少量油页岩，但厚度小，呈夹层状产出。

（3）爬爬油页岩。厚度大于 0.70m 的油页岩共 19 层，整体倾向北东，倾角 10°～15°，累计厚度 40.90m。油页岩主要赋存于丁青湖组二段，共 18 层，厚度 0.70～6.25m。丁青湖组三段中见 1 层油页岩，厚度 2.54m。

（4）爬错油页岩。出露于丁青湖组，东西长 50km，南北宽 6km，出露面积 300km²，共出露 22 层延伸较稳定的油页岩，单层厚度 0.70～6.91m，含油页岩地层厚度大于

600m。单层厚度大于 0.7m 的油页岩累计厚度 40.90～45.25m，剖面未见顶，为第四系所覆盖。钻井揭示，在盆地北部红星梁以及盆地中部地区深部地层中均见有油页岩（李亚林等，2010）。

2. 矿物成分特征

油页岩矿物成分主要为黏土矿物、石英、长石及碳酸盐。其中，黏土矿物含量 40.7%～61.2%，平均 49.7%；石英矿物含量 12.1%～24.7%，平均 19.3%；长石矿物含量 0～10.5%，平均 5.68%；碳酸盐矿物含量 8.9%～28.6%，平均 18.6%（Fu 等，2012）。根据 X 衍射和红外光谱分析，油页岩中黏土矿物以伊利石为主，含量 67.6%～81.2%，平均 74.6%；其次为绿泥石，含量 6.90%～17.6%，平均 13.3%；伊/蒙混层与高岭石含量平均为 5.75% 和 5.57%（Fu 等，2012）。

3. 有机地球化学特征

（1）有机质丰度。油页岩有机碳含量 2.40%～20.23%，平均 7.38%；氯仿沥青"A"0.09%～2.08%，平均 0.37%；生烃潜量（S_1+S_2）19.07～131.25mg/g，平均 68.79mg/g；产油指数 $[S_1/(S_1+S_2)]$ 0.01～0.11，平均 0.021。有机碳与生烃潜量、氯仿沥青"A"、含油率、发热量为正相关关系（图 3-1-49）。

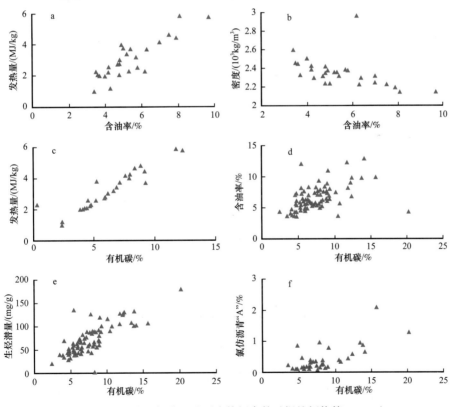

图 3-1-49　伦坡拉盆地油页岩特征参数（据杜佰伟等，2016）

（2）有机质类型。腐泥组显微组分含量明显比其他组分高，为 68.0%～99.0%，平均 93.6%；部分样品未检出壳质组和镜质组，检出含量为 1.0%～31%；惰质组含量极少，仅 1.0%。通过油页岩干酪根显微组分质量分数计算的类型指数均高于 85，有机质类型为腐泥型（Ⅰ型）（表 3-1-9）。

表 3-1-9 伦坡拉盆地油页岩有机地球化学分析数据（据杜佰伟等，2016）

| 样品编号 | TOC/ % | 氯仿沥青 "A" / % | 干酪根类型 | 族组成 /% | | | | 饱和烃 / 芳香烃 | T_{max}/ ℃ | R_o/ % |
				饱和烃	芳香烃	非烃	沥青质			
tc02-sh15	5.22	1.03	I	14.71	5.33	67.38	12.58	2.76	435	0.58
tc02-sh16	11.63	1.61	I	10.41	7.59	60.09	21.91	1.37	434	
tc02-sh18	11.82	1.49	I	10.28	5.85	51.21	32.66	1.76	434	0.52
tc02-sh33	6.58	0.82	I	10.06	6.78	71.45	11.71	1.48	431	
tc02-sh35	12.36	0.60	I	10.09	7.36	77.09	5.46	1.37	432	0.58
tc02-sh38	8.83	0.29	I	13.29	10.46	68.41	7.84	1.27	432	
tc02-sh39	8.89	0.40	I	14.32	9.98	64.64	11.06	1.43	433	
tc03-sh15	9.27	0.59	I	12.01	8.95	70.09	8.95	1.34	432	
tc04-sh9	8.03	0.61	I	11.81	10.14	59.21	18.84	1.16	433	
tc04-sh3	7.95	0.94	I	10.73	11.42	72.83	5.02	0.94	431	
lppm2-sh1	5.79	0.06	I	25.05	14.03	57.31	3.61	1.79	432	0.49
lppm2-sh4	10.14	0.62	I	18.22	17.35	59.87	4.56	1.05	431	0.51
G2504-sh1	7.99	1.01	I	14.87	11.46	69.21	4.46	1.30	428	0.49

油页岩氯仿沥青"A"族组分组成以非烃（51.21%～77.09%）为主，饱和烃（10.06%～25.05%）与沥青质（5.46%～32.66%）次之，芳香烃（5.33%～17.35%）最少。（非烃+沥青质）/总烃比值均大于1，介于1.56～5.60，饱和烃/芳香烃比值0.94～2.76，绝大多数大于1，反映油页岩有机质类型以腐泥型为主，这与干酪根镜检结果一致。

（3）有机质成熟度。油页岩镜质组反射率（R_o）0.43%～0.71%，平均0.52%；热解峰温 T_{max} 427～440℃，平均434℃；C_{31} 升藿烷 22S/（22S+22R）0.37～0.87，未达到平衡值。这些分析结果，均表明油页岩有机质处于未成熟—低成熟热演化阶段（杜佰伟等，2016）。

（4）饱和烃色谱特征。油页岩GC图谱呈单峰式，正构烷烃分布范围较广，碳数分布范围 n-C_{12}～n-C_{29}，主碳数为 n-C_{25}，轻重烃 Σ（n-C_{21-}）/Σ（n-C_{22+}）比值0.08～0.54，重烃组分占优势；碳优势指数（CPI）2.98～16.82，奇偶优势指数（OEP）1.14～5.34，均明显高于1.0。油页岩中类异戊二烯系列姥鲛烷（Pr）含量较低，植烷（Ph）含量较高，Pr/Ph比值0.03～0.17，平均值0.08，形成于还原环境的植烷具有明显优势。伦坡拉盆地油页岩形成于缺氧、还原的沉积环境。

（5）饱和烃质谱特征。油页岩含一定量萜类化合物，以藿烷系列为主，少量三环萜烷。三环萜烷以 C_{23} 为主峰，藿烷类化合物中 C_{30} 藿烷占据优势，碳数分布范围小于 C_{35}。油页岩均检测出伽马蜡烷（γ-蜡烷），γ-蜡烷/C_{30} 藿烷比值0.13～1.11（表3-1-10），平均0.17，说明形成于有一定盐度的还原环境（杜佰伟等，2016）。

表 3-1-10　伦坡拉盆地油页岩生物标志化合物参数（据杜佰伟等，2016）

| 样品编号 | 1 | 2 | 3 | 4 | 规则甾烷相对组成 /% | | | 5 | 6 |
					C_{27}	C_{28}	C_{29}		
tc02-sh15	0.16	0.06	0.37	0.22	32.66	45.39	21.95	3.56	1.49
tc02-sh16	0.54	0.03	0.74	0.40	14.9	58.14	26.96	2.71	0.55
tc02-sh18	0.08	0.09	0.72	0.24	36.12	35.18	28.7	2.48	1.26
tc02-sh33	0.15	0.09	0.57	0.15	28.81	28.02	43.16	1.32	0.67
tc02-sh35	0.30	0.10	0.58	0.15	26.57	26.65	46.78	1.14	0.57
tc02-sh38	0.33	0.10	0.64	0.16	21.73	23.72	54.45	0.83	0.40
tc02-sh39	0.15	0.08	0.59	0.15	27.02	23.6	49.39	1.02	0.55
tc03-sh15	0.12	0.05	0.69	0.32	24.23	20.13	55.65	0.80	0.44
tc04-sh9	0.24	0.06	0.65	0.13	26.51	25.88	47.61	1.10	0.56
tc04-sh3	0.27	0.07	0.66	0.23	22.68	24.34	52.98	0.89	0.43
lppm2-sh1	0.34	0.17	0.72	0.17	50.67	33.72	15.61	5.41	3.25
lppm2-sh4	0.34	0.04	0.76	1.08	25.81	38.58	35.61	1.81	0.72
G2504-sh1	0.50	0.04	0.87	1.11	25.91	24.22	49.87	1.01	0.52

注：1—Σ（n-C_{21-}）/Σ（n-C_{22+}）；2—Pr/Ph；3—C_{31} 升藿烷 22S/（22S+22R）；4—γ- 蜡烷 /C_{30} 藿烷；5—Σ（C_{27}+C_{28}）/ ΣC_{29}；6—ΣC_{27}/ΣC_{29}。

甾类化合物主要为规则甾烷、重排甾烷，少量孕甾烷。C_{27} 规则甾烷含量 19%~49%，C_{28} 规则甾烷含量 19%~31%，C_{29} 规则甾烷含量 28%~60%，平均 43%。C_{29} 甾烷含量一般高于 C_{28}、C_{27} 甾烷，Σ（C_{27}+C_{28}）/ΣC_{29} 比值 0.80~5.41，ΣC_{27}/ΣC_{29} 比值 0.40~3.25。

4. 含油率及元素分析

伦坡拉油页岩含油率最高 14.8%，平均 6.5%。其中，含油率介于 5.0%~10.0% 的油页岩占 59.6%，含油率高于 10.0% 的油页岩占 7.1%。按照以含油率划分油页岩的标准（赵隆业等，1991），伦坡拉油页岩为低、中含油率油页岩。

灰分含量 69.8%~89.2%，平均 81.1%，属于高灰分油页岩。全硫含量分布范围 0.19%~1.03%，平均 0.45%，为特低硫型油页岩（董清水等，2006）。此外，水分含量 0.50%~2.80%，平均 1.53%，主要分布在 1.00%~2.00% 之间。密度 1.96×10^3~$2.77 \times 10^3 kg/m^3$，平均 $2.19 \times 10^3 kg/m^3$。

发热量 2~5MJ/kg，最大值 6.15MJ/kg，平均 3.30MJ/kg，略低于油页岩低位发热量 4.18MJ/kg。含油率与发热量呈正相关关系（图 3-1-49a），同时，含油率与密度呈负相关关系（图 3-1-49b）。

相对于平均地壳含量，伦坡拉油页岩富集微量元素 As、Ba、Be、Bi、Cd、Ce、Cs、Hg、La、Li、Mo、Nd、Pb、Pr、Rb、Se、Sm、Th、U、W 和 Zr。其中，微量元素 As 是

平均地壳含量的 125 倍，Hg 是平均地壳含量的 5.73 倍，Mo 是平均地壳含量的 4.33 倍，Pb 是平均地壳含量的 6.16 倍，Se 是平均地壳含量的 9.91 倍，U 是平均地壳含量的 8.23 倍（Fu 等，2012）。

5. 成矿条件及控矿因素

（1）沉积环境。丁青湖组沉积时期，沿蒋日阿错—伦坡日—爬爬一带，主要处于半深湖相—深湖相或半深湖相与浅湖相过渡的沉积环境，水体较深，水动力能量低。丁青湖组以深灰色、灰色泥岩、页岩和油页岩夹黄灰色薄层粉砂岩为主，油页岩呈暗褐色、灰黑色，水平层理发育，产保存完好的鱼类化石、陆相介形虫及轮藻。油页岩中 Pr/Ph 为 0.03～0.17，反映形成于强还原水体环境。同时，油页岩微量元素中 Th/U 值为 0.97～3.38，V/（V+Ni）值为 0.59（谢尚克等，2014），油页岩中见大量粒径较小（<5μm）的莓球状黄铁矿（Fu 等，2015），反映油页岩形成环境为缺氧环境。另外，油页岩中检测出伽马蜡烷，反映油页岩沉积时湖泊水体存在一定盐度。

（2）有机母质来源。油页岩主碳数为 n-C_{25}，重烃组分占优势；Σ（C_{27}+C_{28}）/ΣC_{29} 比值为 0.80～5.41（表 3-1-10），平均为 1.82，反映有机母质中水生浮游植物贡献大的特点。C_{27}、C_{28} 和 C_{29} 甾烷三者之间的关系，显示油页岩母质具有多种来源特征，以浮游植物为主，次为混合来源（图 3-1-50）。在丁青湖组沉积期，湖盆内各种水生浮游植物、藻类在湖泊底部缺氧条件下堆积、腐烂，为油页岩形成提供了大量有机质来源，是油页岩形成的物质基础。

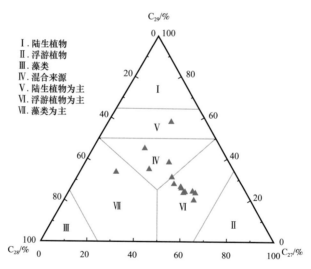

图 3-1-50　伦坡拉盆地油页岩饱和烃规则甾烷三角图（据杜佰伟等，2016）

（3）古气候与生产率。油页岩化学风化指数（CIA）68～75，平均 72，显示源区中等强度的化学风化。Sr/Ba 值 0.49～1.13，平均 0.74（Fu 等，2015），显示低的 Sr/Ba 比率和温暖潮湿的气候条件。油页岩具有高有机碳含量，对应于高 P（0.03%～0.34%，平均 0.11%，Fu 等，2015）和 Mo（1.52～5.88μg/g，平均 3.95μg/g）含量，显示油页岩沉积期高的生产率。

（4）构造条件。丁青湖组沉积经历了坳陷湖盆发育、成熟、萎缩三个阶段。丁青湖组一段沉积时期是喜马拉雅运动早期地壳快速回升基础上形成坳陷湖盆的早期，盆地经过快速抬升后，产生了一定的松弛伸展调整作用，致使渐新世早期（丁青湖组一段）盆地进行了微调，湖水范围没有明显缩小，水体仍较深，沉积相展布仍保持始新世晚期的特点。渐新世中期（丁青湖组二段）地壳逐渐趋于稳定，南北边界断层控盆作用减小，湖盆向四周扩展，盆地沉降也较始新世时期相对减慢，盆地处于欠补偿沉积状态，沉积中心明显向南东方向偏移，是坳陷湖盆成熟阶段，也是油页岩形成的主要时期。丁青湖组沉积晚期处于湖盆全面上升萎缩阶段，湖盆变小，水体变浅。渐新世末期，印度板块与欧亚板块碰撞，导致盆地整体抬升，结束沉积历史。

6. 油页岩资源量

依据国土资源部《2004 年油页岩资源评价实施方案》，按照油页岩资源量评价关键参数求取方法，在蒋日阿错、伦坡日、爬爬地区实测剖面及探槽等地质资料基础上，结合钻井资料，对伦坡拉盆地丁青湖组二段油页岩资源量进行估算，估算结果为 $104.61 \times 10^8 t$。

第五节　油气资源潜力与勘探方向

伦坡拉盆地已完成二维地震勘探 5065km、三维地震勘探 $183km^2$，钻井 68 口，提交控制储量 $721 \times 10^4 t$，具备一定资料基础；根据伦坡拉盆地形成、演化及石油地质条件等，采用有机碳法估算盆地资源量并进行综合评价，以此为依据提出下一步勘探方向。

一、资源量

伦坡拉盆地有大量地震资料和钻井数据，勘探程度相对较高，因此采用有机碳法估算盆地资源量。

1. 计算参数取值

1）烃源岩面积

主要通过地质、测井、物探相结合进行烃源岩分布面积预测。中央坳陷带烃源岩分布预测面积：牛堡组二段下亚段 $500km^2$、牛堡组二段中亚段 $750km^2$、牛堡组二段上亚段 $820km^2$、牛堡组三段下亚段 $756km^2$。

2）烃源岩厚度

牛堡组二段下亚段主要分布在盆地西部蒋日阿错，钻井资料统计及地震勘探预测其平均厚度为 100m；牛堡组二段中亚段和上亚段、牛堡组三段下亚段，在中央坳陷带均有分布，沉积中心在蒋日阿错凹陷，综合预测其厚度分别为 200m、120m、100m。

3）烃源岩密度及有机碳含量

结合伦坡拉盆地实际情况，将镜质组反射率 $\geq 0.6\%$、有机碳含量 $\geq 0.5\%$、氯仿沥青 "A" $\geq 0.05\%$ 的湖相泥岩定为烃源岩。有机碳含量取值分别为：牛堡组二段下亚段 0.75%，牛堡组二段中亚段 0.91%，牛堡组二段上亚段 1.03%，牛堡组三段下亚段 1.00%。

烃源岩密度取常数值 $26 \times 10^8 t/km^3$。

4）有机碳恢复系数

当烃源岩产生的油气为随生随排时，有机碳恢复系数（KC）的理论极限值 I 型为

2.62、Ⅱ型为1.85、Ⅲ型为1.30（夏新宇等，1998）。若中间产物未能排出烃源岩之外，原油在烃源岩内裂解，最终产物为甲烷时，则Ⅰ型烃源岩的KC最大值为1.57。实际上，地下烃源岩排烃效率随热演化程度上升而增加，不存在中间产物排不出去的情况，也不存在随生随排的理想状态，因此，KC应介于二者。结合大庆油田热模拟资料，确定不同类型有机质在不同演化阶段的KC值（表3-1-11）。根据上述规则，伦坡拉盆地烃源岩KC取值为：牛堡组二段下亚段1.2；牛堡组二段中亚段1.2；牛堡组二段上亚段1.45；牛堡组三段下亚段1.2。

表 3-1-11　不同类型有机质在不同演化阶段有机碳恢复系数

有机质类型	低成熟期	成熟期	高成熟期	过成熟期
Ⅰ	1.3	1.45	1.6	1.8
Ⅱ	1.1	1.2	1.3	1.5
Ⅲ	1.0	1.1	1.2	1.3

5）烃源岩产烃率

伦坡拉盆地烃源岩产烃率，根据热模拟实验结果，各测点之间的过渡区按线性插值方法求取，测点区间范围外的点按变化趋势进行适当外延（表3-1-12），各烃源岩层段产烃率取值为：牛堡组二段下亚段0.16t/t，牛堡组二段中亚段0.16t/t，牛堡组二段上亚段0.27t/t，牛堡组三段下亚段0.15t/t。

表 3-1-12　伦坡拉盆地烃源岩产烃率数据表

R_o/%	Ⅰ型		Ⅱ型	
	油 /（t/t）	气 /（m³/t）	油 /（t/t）	气 /（m³/t）
0.5	0.05	1	0.09	2
0.7	0.06	6	0.15	7
0.9	0.27	30	0.16	18
1.1	0.48	40	0.10	43
1.2	0.56	50	0.09	55
1.3	0.51	82	0.07	141
1.5	0.35	206	0.06	185
1.8	0.06	430	0.03	320
2.0	0	580	0	360

6）运聚系数

根据伦坡拉盆地古近系油气运聚系数研究（表3-1-13），参照陆相盆地石油排聚系数分级评价表（表3-1-14），结合伦坡拉盆地实际情况，确定牛堡组二段下亚段、中亚段油气排聚系数为0.08，牛堡组二段上亚段及牛堡组三段下亚段油气排聚系数为0.07。

表 3-1-13　伦坡拉盆地运聚系数取值表

评价单元	运聚条件分析	运聚系数
北部逆冲带	砂岩、断层输导作用强，可接受中央坳陷带中东部油气	0.07
中央坳陷带	除斜坡外，储层与断裂不发育，生储配置及运聚条件较差	0.06
南部冲断隆起带	砂岩、断层输导作用强，可接受中央坳陷带中东部油气	0.08

表 3-1-14　陆相盆地石油排聚系数分级评价表（据周总瑛，2009）

评价单元类型	烃源岩时代	关键时刻	烃源岩成熟度	圈闭发育程度	保存条件	排聚系数
中—新生代凹陷中央构造带、潜山型	中—新生代	古近纪—新近纪	成熟	圈闭发育，圈闭面积系数>50%	区域盖层无破坏，剥蚀次数1次	>0.1
中—新生代凹陷边缘构造型、岩性型	中生代	古近纪—新近纪	成熟	圈闭发育，圈闭面积系数>50%	区域盖层无破坏，剥蚀次数1次	0.08~0.1
古近纪—新近纪断陷、缓坡构造型	新生代	古近纪—新近纪	成熟	圈闭发育，圈闭面积系数20%~50%	区域盖层无破坏，剥蚀次数1次	0.05~0.08
古生代凹陷构造型	晚古生代	中生代	高成熟		区域盖层破坏中等，剥蚀次数2~3次	0.02~0.05
古生代残留型	早古生代	古生代	过成熟		区域盖层破坏强烈，剥蚀次数大于4次	<0.02

2. 资源量计算

通过上述参数的确定，计算伦坡拉盆地中央坳陷带常规油气总资源量为 1.66×10^8 t（表 3-1-15）。

表 3-1-15　伦坡拉盆地中央坳陷带资源量计算表

层位	面积/km²	烃源岩厚度/km	烃源岩密度/10⁸t/km³	有机碳含量/%	有机碳恢复系数	油气产率/t/t	运聚系数	资源量/10⁸t
$E_2n_2^{\,1}$	500	0.10	26	0.75	1.2	0.16	0.08	0.15
$E_2n_2^{\,2}$	750	0.20	26	0.91	1.2	0.16	0.08	0.55
$E_2n_2^{\,3}$	820	0.12	26	1.03	1.45	0.27	0.07	0.72
$E_2n_3^{\,1}$	756	0.10	26	1.00	1.2	0.15	0.07	0.25
合计								1.66

同时，结合钻井情况及地震资料，刻画出中央坳陷带优质烃源岩展布范围，参考上述计算方法及参数，计算伦坡拉盆地中央坳陷带优质烃源岩油气资源量为 0.76×10^8 t（表 3-1-16）。

表 3-1-16　伦坡拉盆地中央坳陷带优质烃源岩油气资源量计算表

层位	面积 / km²	优质烃源岩厚度 / km	烃源岩密度 / 10^8t/km³	有机碳含量 / %	有机碳恢复系数	油气产率 / t/t	运聚系数	资源量 / 10^8t
$E_2n_2^1$	295.98	0.03	26	1.28	1.45	0.39	0.08	0.13
$E_2n_2^2$	465.35	0.04	26	1.37	1.45	0.38	0.08	0.29
$E_2n_2^3$	448.14	0.04	26	1.55	1.4	0.31	0.07	0.22
$E_2n_3^1$	430.18	0.03	26	1.34	1.4	0.27	0.07	0.12
合计								0.76

二、综合评价

根据伦坡拉盆地形成、演化及石油地质条件，综合评价认为：伦坡拉盆地资源潜力较好，中央坳陷带为其有利勘探区带。

1. 有利区划分与原则

伦坡拉盆地有利区评价和划分主要根据烃源岩、储层、圈闭、生储盖组合及保存条件等成藏要素来开展。

1）构造沉积条件

伦坡拉盆地由北向南发育北部逆冲带、中央坳陷带及南部冲断隆起带三个大型构造带，自西向东被南北走向蒋 Fn1、江 Fn1 两条正断层分隔，发育蒋日阿错凹陷、江加错凹陷、爬错凹陷三个凹陷；自西向东具"南冲北超—南北对冲—北冲南超"构造格局；总体上，盆地具有"南北分带、东西分块"特征。这种构造格局控制牛堡组具"跷跷板"分布特征，西部牛堡组地层厚度大，其中蒋日阿错凹陷厚度最大；东部丁青湖组地层厚度大，主要发育在江加错和爬错两大凹陷之间。

2）烃源岩条件

古近系发育始新统牛堡组二段下亚段和上亚段、牛堡组三段下亚段两套主力烃源岩，靠近生烃中心且位于生烃高峰期油气运移聚集的有利部位，烃源岩条件评价为有利区；远离生烃中心或者在生烃高峰期位于油气运聚的不利部位，烃源条件评价为较有利区。

3）储层发育情况

牛堡组储层发育情况主要受沉积相带控制。盆地发育扇三角洲、水下扇、半深湖—深湖、滨浅湖等沉积体系，储层主要发育于扇三角洲、水下扇、湖泊沉积体系中，发育砂体或湖相白云岩的区带，评价为有利区。

4）圈闭发育情况

在牛堡组—丁青湖组中所发育的圈闭类型，既有构造圈闭，又有岩性圈闭。其中，岩性圈闭相对较落实，且规模较大。区带内岩性圈闭发育则勘探潜力相对较大，评价为有利区；岩性圈闭相对较少，则勘探潜力及目标相对较差，评价为较有利区。

5）保存条件

北部藏 1 井、红星 16 井及南部西伦 2 井钻探表明，北部逆冲带下盘隐伏构造、南部古隆起北部斜坡带往盆内构造变形强度逐渐减弱，破坏性断裂相应减少，为保存条件有利区；而位于北部推覆体上的西伦8井、南部冲断隆起带的长10井靠近盆缘断裂带，盖层被破坏或断裂通天，为保存条件不利区。

2. 有利区评价

勘探实践和地质认识表明，始新统牛堡组具有生、储、盖等优越的成藏条件，是伦坡拉盆地勘探潜力最大的一套成藏组合。以始新统牛堡组油气成藏组合为评价对象，综合分析后将伦坡拉盆地油气勘探区划分为Ⅰ类有利区、Ⅱ类有利区及Ⅲ类有利区（图3-1-51）。

1）Ⅰ类有利区

Ⅰ类有利勘探区主要分布在伦坡拉盆地中央坳陷带中西部岩性区带。

（1）构造沉积条件有利。中央坳陷带中西部岩性区带处于盆地构造相对稳定部位，构造变形强度较弱，靠近蒋日阿错、江加错沉积中心，具备较好的构造沉积条件。

（2）保存条件有利。中央坳陷带中西部岩性区带处于牛堡组二段上亚段直接盖层与丁青湖组区域盖层的叠合部位，盖层条件较好。

（3）烃源岩条件有利。中央坳陷带中西部岩性区带靠近蒋日阿错、江加错两大沉积中心和生烃中心，烃源岩条件较好（王剑等，2004；2009）。

（4）发育扇三角洲前缘砂岩体。中央坳陷带广泛发育水下扇、扇三角洲砂砾岩储层和湖相白云岩储层，具备形成规模性油气藏的储集条件。

（5）已识别出多个岩性圈闭。估算区带油气资源量1.95×10^8t，中西部5000×10^4t。

2）Ⅱ类有利区

Ⅱ类有利区主要分布在达玉山和蒋日阿错南构造—岩性区。

（1）构造沉积条件较有利。蒋日阿错南构造—岩性区带位于盆地南部冲断隆起带；达玉山构造—岩性区带位于北部逆冲带。从中央坳陷带向南北两个方向，构造作用逐渐变强，牛堡组沉积厚度逐渐变薄，构造沉积条件逐渐变差，比较而言蒋日阿错南地区构造沉积条件较好。

（2）保存条件较有利。盆地南部冲断隆起带的蒋日阿错南、北部逆冲带达玉山两个构造—岩性区带下伏的隐伏构造，保存条件相对较好。

（3）烃源岩条件较有利。从牛堡组烃源岩纵横向展布看，蒋日阿错南构造—岩性区带靠近盆地最大的生烃中心蒋日阿错凹陷，烃源岩条件优越；达玉山构造—岩性区带紧邻爬错、江加错凹陷北部，烃源岩条件较好。

（4）储层较为发育。蒋日阿错南和达玉山两个构造—岩性区带构造位置相对较陡，发育近岸水下扇砂砾岩，储层条件较好。在达玉山构造—岩性区带，已经发现红星梁稠油藏及罗马迪库油藏，但构造圈闭规模较小，说明盆地边缘发现规模性油藏有一定难度。同时，盆地边缘地震资料品质较差，增加了勘探难度。

3）Ⅲ类有利区

Ⅲ类有利区主要分布在伦坡拉盆地边缘长山南、鄂加卒构造区带。这两个区带，分别位于盆地南部冲断隆起带和北部逆冲带，构造变形强，盖层剥蚀严重，保存条件较差；长山南构造区带远离蒋日阿错、江加错两大生烃凹陷，鄂加卒构造区带远离生烃中心，烃源岩条件较差；这两个区带，以近物源的冲积扇—扇三角洲平原沉积为主，分选差，物性较差，储层欠发育，储集条件较差。

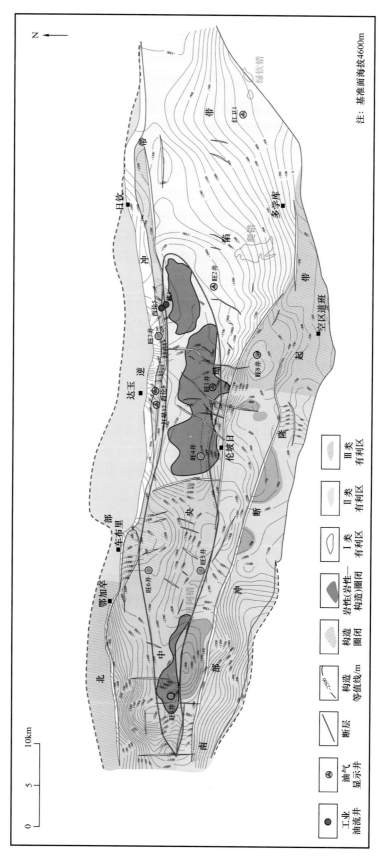

图 3-1-51 伦坡拉盆地区带综合评价图

三、有利区块及勘探方向

伦坡拉盆地有利区块划分及评价结果见表 3-1-17。

中央坳陷带中西部岩性区块是 I 类有利区块，区块面积 341.88km²，区块资源量 5000×10⁴t。蒋日阿错南和达玉山构造—岩性区是 II 类有利区块，面积 632km²，资源量 6000×10⁴t。长山南构造和鄂加卒构造是 III 类有利区块，面积 202.9km²，资源量 2300×10⁴t。

表 3-1-17　伦坡拉盆地区块评价表

区块	面积 / km²	构造带	圈闭条件	烃源岩条件	储层条件	保存条件	资源量 / 10⁴t	综合评价
中央坳陷带中西部岩性区块	341.88	中央坳陷带	岩性圈闭	蒋日阿错凹陷、江加错凹陷，临近生烃中心	扇三角洲前缘和水下扇砂岩、湖相白云岩	丁青湖组泥页岩厚度大	5000	I 类
长山南构造区块	144.0	南部冲断隆起带	构造圈闭	较差	冲积扇—三角洲平原砂砾岩	差	1500	III 类
蒋日阿错南构造—岩性区块	381.6		构造—岩性圈闭	蒋日阿错凹陷，临近生烃中心	水下扇砂砾岩	较好	2000	II 类
达玉山构造—岩性区块	250.4	北部逆冲带	构造—岩性圈闭	爬错凹陷、江加错凹陷，临近生烃中心	水下扇砂砾岩	较好	4000	II 类
鄂加卒构造区块	58.9		构造圈闭	较差	冲积扇—三角洲平原砂砾岩	差	800	III 类
合计	1176.78						13300	

从成藏条件、资源分布及勘探实践分析，中央坳陷带蒋日阿错凹陷北斜坡和南斜坡、爬错北斜坡以及江加错凹陷是油气有利勘探区（图 3-1-52）。

蒋日阿错凹陷长期处于盆地沉降—沉积中心，油源相对丰富，是油气勘探最有利地区；蒋日阿错凹陷北斜坡发育扇三角洲和滨浅湖砂岩储层，与凹陷南部主生油区构成良好的生储配置关系；另外，该凹陷已发现构造圈闭也集中分布在北斜坡区，因此蒋日阿错凹陷北斜坡是油气运移聚集有利地区。

江加错凹陷为双断地堑型，油源条件和保存条件较好，砂体主要发育在红星梁断层南侧和长山断层北侧，已发现的构造圈闭也主要分布在上述断层下降盘一侧，因此江加错凹陷的南北两侧是油气运聚有利地区。

爬错凹陷北斜坡也处在油气运移指向区，有利于油气聚集成藏，是一个值得重视的较有利勘探区块。

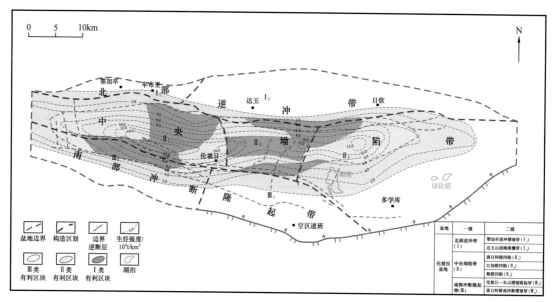

图 3-1-52 伦坡拉盆地资源评价选区分布图

通过有利区带划分对比、分析评价，认为伦坡拉盆地有利区带为临近生烃中心、保存较为有利的构造和岩性圈闭发育区。其中，蒋日阿错北斜坡、江加错南北两侧和爬错凹陷北斜坡是油气运聚指向区，也是伦坡拉盆地古近系油气勘探最有利区带。

第二章 尼玛盆地

尼玛盆地位于伦坡拉盆地西侧，与伦坡拉盆地同为班公湖—怒江缝合带之上的一个古近纪陆相盆地，行政区域大部分属西藏自治区尼玛县，部分地区属班戈县、申扎县所辖。盆地大致范围80°E—92°E，31°N—33°N，呈东西狭长带状展布，东西长约180km，南北宽15～25km，面积约3000km²。

尼玛盆地与毗邻的伦坡拉盆地、班戈盆地具有相同的地质演化历史与构造背景，地表也有丰富的油气显示，但勘探程度还相当低，处于前期油气地质调查阶段，许多制约油气勘探突破的关键地质问题尚需进一步开展工作。

第一节 地层与沉积

尼玛盆地基底为中生界，主要出露在盆地南部及北部边缘带、中部隆起区，包括班公湖—怒江缝合带内的变质岩系和两侧板块上的海相沉积地层，主要由中—上三叠统确哈拉群（$T_{2-3}Qh$），中—下侏罗统木嘎岗日群（$J_{1-2}M$），中侏罗统俄蒙勒组（J_2e）、去申拉组（J_2q），上侏罗统沙木罗组（J_3s），下白垩统多尼组（K_1d）、郎山组（K_1l），上白垩统竟柱山组（K_2j）等地层组成（河南地质调查院，2002；吉林地质调查院，2002；周小琳，2011）（图3-2-1）。

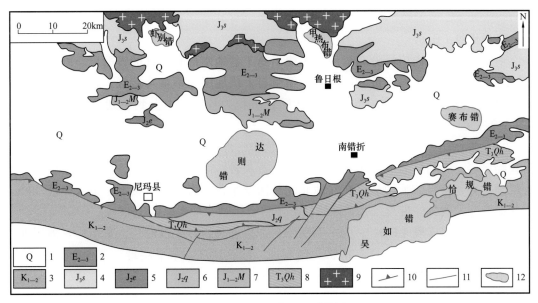

图 3-2-1 尼玛盆地地质简图

1—第四系；2—古近系牛堡组、丁青湖组；3—白垩系郎山组、多尼组及竟柱山组；4—侏罗系沙木罗组；5—侏罗系俄蒙勒组；6—侏罗去申拉组；7—中—下侏罗统木嘎岗日群；8—三叠系确哈拉群；9—花岗岩；10—逆断层；11—断层；12—湖泊

盆地内的新生界主要分布在中央隆起带南、北两侧。古近系主要发育始新统牛堡组（E_2n）和渐新统丁青湖组（E_3d），第四系沉积类型多而复杂、分布较广，包括冰碛及冰水沉积物、盐湖相沉积物、冲积相沉积物、洪冲积相沉积物、洪积相沉积物、钙华沉积、硅华沉积、山麓堆积、沼泽堆积等，是一套与高原抬升、河流切割、阶地形成有关的地层（河南省地质调查院，2002）。

一、地层

由于尼玛盆地与伦坡拉盆地具有相似的构造背景，地层岩性及组合特征相似，古近系划分为始新统牛堡组和渐新统丁青湖组（表3-2-1）。

表3-2-1　尼玛盆地古近系地层划分

李璞（1955）	青海石油队（1957）	藏北地质队（1961）		石油综合队（1966）	西藏第四地质队（1979）		南古所（1979）	西藏区调队（1983）	本书
古近系	丁青层	牛堡组	砂页岩	伦坡拉群	伦坡拉组	丁青组	丁青湖组	伦坡拉群	丁青群	渐新统丁青湖组
			泥页岩		丁青组					
	牛堡层		页岩		牛堡组	？	伦坡拉群			
	的欧层	宗曲口组	的欧段	的欧组	牛堡组		牛堡组	柴玛武巴组	牛堡组	始新统牛堡组
	宗曲口层		宗曲品段							

1. 牛堡组（E_2n）

牛堡组在盆地内广泛分布，地表主要出露于盆地南部和北部的查昂巴、虾别错、无多拉惹等地区，最大厚度近4000m。牛堡组与下伏地层为不整合接触，超覆在中生界基底之上。牛堡组以粗碎屑岩和红色、灰绿色沉积为特征，由上到下划分为三个岩性段（图3-2-2）。

（1）牛堡组一段（E_2n_1）。为一套棕红色中—厚层（含砾）砂岩、砾岩为主的中—粗粒碎屑岩，含粉砂岩、泥（页）岩，偶见石灰岩。槽状交错层理、楔状交错层理、平行层理发育，常见波痕构造。在盆地北侧与侏罗系花岗岩不整合接触，最大厚度900m；在盆地南部宋我日一带与三叠系确哈拉群不整合接触，最大厚度1600m。

（2）牛堡组二段（E_2n_2）。为一套灰绿色泥岩和页岩，夹棕红色、灰色中—薄层细砂岩、粉砂岩、石灰岩。发育有槽状交错层理、沙纹层理、水平层理。富含介形虫化石。厚度不一，多在150m以上。

（3）牛堡组三段（E_2n_3）。主要为一套棕红（褐红）色、灰绿色泥岩，或夹或与薄层细砂岩、粉砂岩甚至砾岩互层，下部夹泥灰岩、石灰岩。在盆地北部厚度较大，达到1100m。

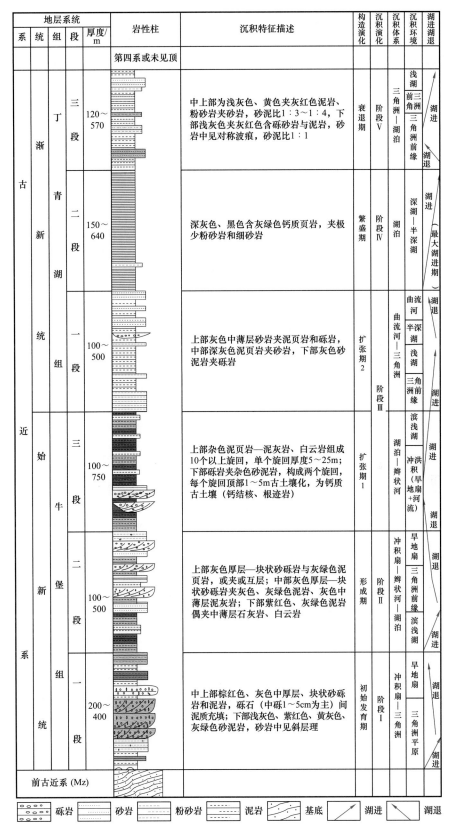

地层系统				厚度/m	岩性柱	沉积特征描述	构造演化	沉积演化	沉积体系	沉积环境	湖进湖退
系	统	组	段								

第四系或未见顶

古近系	渐新统	丁青湖组	三段	120～570		中上部为浅灰色、黄色夹灰红色泥岩、粉砂岩夹砂岩，砂泥比1:3～1:4，下部浅灰色夹灰红色含砾砂岩与泥岩，砂岩中见对称波痕，砂泥比1:1	衰退期	阶段V	三角洲—湖泊	浅湖 前三角洲 三角洲前缘	湖进 湖退
			二段	150～640		深灰色、黑色含灰绿色钙质页岩，夹极少粉砂岩和细砂岩	繁盛期	阶段IV	湖泊	深湖—半深湖	湖进（最大湖进期） 湖退
			一段	100～500		上部灰色中薄层砂岩夹泥页岩和砾岩，中部深灰色泥页岩夹砂岩，下部灰色砂泥岩夹砾岩	扩张期2	阶段III	曲流河—三角洲	曲流河 半深湖 浅湖 三角洲前缘	湖进 湖退 湖进
	始新统	牛堡组	三段	100～750		上部杂色泥页岩—泥灰岩、白云岩组成10个以上旋回，单个旋回厚度5～25m；下部砾岩夹杂色砂泥岩，构成两个旋回，每个旋回顶部1～5m古土壤化，为钙质古土壤（钙结核、根迹岩）	扩张期1	湖泊—辫状河	滨浅湖 冲积（旱地扇+河流）	湖进 湖退
			二段	100～500		上部灰色厚层—块状砂砾岩与灰绿色泥页岩，或夹或互层；中部灰色厚层—块状砂砾岩夹灰色、灰绿色泥岩、灰色中薄层泥灰岩；下部紫红色、灰绿色泥岩偶夹中薄层石灰岩、白云岩	形成期	阶段II	冲积扇—辫状河—湖泊	旱地扇 三角洲前缘 滨浅湖	湖进 湖退
			一段	200～400		中上部棕红色、灰色中厚层、块状砂砾岩和泥岩，砾石（中砾1～5cm为主）间泥质充填；下部浅灰色、紫红色、黄灰色、灰绿色砂泥岩，砂岩中见斜层理	初始发育期	阶段I	冲积扇—三角洲	旱地扇 三角洲平原	湖退 湖进

前古近系 (Mz)

砾岩　　砂岩　　粉砂岩　　泥岩　　基底　　湖进　　湖退

图 3-2-2　尼玛盆地古近系综合地层柱状图

2. 丁青湖组（E_3d）

丁青湖组分布范围明显小于牛堡组。主要分布于盆地南部和北部的虾别错、赛布错等地。主要为灰色碎屑岩夹粉砂岩、石灰岩与油页岩的岩性组合，厚度可达 200m 以上（图 3-2-2）。丁青湖组可划分为三个岩性段。

（1）丁青湖组一段（E_3d_1）。主要岩性为灰色泥岩、灰黑色页岩及灰色砂（砾）岩。与上覆二段、三段的差别是含粗粒碎屑岩。

（2）丁青湖组二段（E_3d_2）。岩性主要为灰色泥岩、页岩，夹油页岩、薄层状粉砂岩、厚层状细砂岩。与三段的差别是不含棕红色泥岩。化石丰富，如介形类、孢粉、螺化石等。

（3）丁青湖组三段（E_3d_3）。主要是灰色泥（页）岩夹泥灰岩、粉砂岩、砂岩及（沉）凝灰岩，并以夹 2～7 层棕色泥岩为识别特征。产介形类化石、孢粉及鱼类化石。

丁青湖组与牛堡组一个重要差别是颜色上整体为灰色调，粒度偏细，发育有油页岩。

二、沉积相

根据岩石的岩性、结构、构造、颜色与沉积组合等综合分析，牛堡组发育两种类型沉积相：扇三角洲相、湖泊相（武景龙等，2011），进一步划分出扇三角洲平原、扇三角洲前缘、前扇三角洲、滨湖、浅湖、半深湖六个亚相。

1. 扇三角洲相

牛堡组扇三角洲是由冲积扇或辫状河直接提供物源入湖，主要发育于水下的中—粗碎屑楔状沉积体，以向上变粗的进积型沉积旋回为特征。划分为扇三角洲平原、扇三角洲前缘、前扇三角洲三个亚相。

（1）扇三角洲平原亚相。是扇三角洲的陆上部分，可分为辫状河道与河道间湾两个沉积微相。辫状河道微相岩石类型主要为巨厚层砾岩与薄—中层砂岩，以砂岩与石灰岩砾石为主，磨圆差—好，砾径以 10～15cm 为主，局部见泥砾，最大砾岩 15m，砾岩底部发育冲刷面；砂岩中沙纹层理、平行层理、槽状交错层理、板状交错层理发育。河道间湾微相岩石类型以紫红色砂质泥岩、泥岩为主，为洪泛期悬移质沉积。

（2）扇三角洲前缘亚相。是扇三角洲平原亚相水下延伸部分，二者岩性极为相似，但岩层厚度明显变薄、粒度明显变细，分选、磨圆变好。主要包括水下分流河道、水下分流间湾两个沉积微相。水下分流河道微相岩石类型为紫色砾岩、砂岩与紫灰色砂岩夹砾岩透镜体，砾石成分以石英砂岩、火山岩、石灰岩与脉石英为主，砾径 1～3cm 为主，次棱角—次圆状，砾岩单层厚度多为 40～80cm；砂岩中发育沙纹层理、大型槽状交错层理，单层厚度 10～20cm，层面见剥离线理与不对称流水波痕。水下分流间湾微相以紫色砂质泥岩、泥岩为主。

（3）前扇三角洲亚相。发育于扇三角洲前缘与浅湖过渡的宽广地带，岩性与浅湖相泥岩过渡，难以区分，主要为黄灰色、紫红色薄层泥岩、黄灰色中层钙质砂砾岩、深灰色页岩与灰色泥灰岩；泥灰岩中发育水平层理，泥灰岩敲击油味浓重且节理面上见沥青脉。

2. 湖泊相

湖泊相沉积体系的岩石组合以浅灰色薄层泥灰岩、杂色页岩与黄绿色薄—中层砂岩为主。依据岩石组合与沉积构造分析，将湖泊相划分为滨湖、浅湖、深湖—半深湖三个亚相。

（1）滨湖亚相。位于湖泊洪水面与枯水面之间，季节性暴露地表，水体动荡，发育紫红色、褐黄色细砂岩、含砾砂岩与紫红色泥岩夹泥灰岩，砂岩中发育沙纹层理与平行层理。

（2）浅湖亚相。位于枯水面与正常浪基面之间，为水下弱氧化与弱还原环境，发育浅灰色、灰色薄层泥灰岩，杂色页岩、砂岩，紫红色泥岩。泥灰岩中发育水平纹层，砂岩发育沙纹层理、波状层理与斜层理，具向上变细的特征，层面见与层面垂直的虫迹，见剥离线理；砂岩节理面及泥灰岩的方解石脉中见沥青脉。

（3）深湖—半深湖亚相。位于正常浪基面之下，发育杂色页岩与青灰色、深灰色薄层泥灰岩。泥灰岩中泥质含量较高，见水平纹层，层面见生物扰动构造。

三、沉积演化

古近纪开始，随着雅鲁藏布江带由南向北的俯冲，冈底斯岩浆弧主体形成并大幅抬升，与此同时，班公湖—怒江带内包括尼玛盆地、班戈盆地和伦坡拉盆地在内的一系列近东西向延伸的内陆湖泊盆地形成。尼玛盆地的南北两侧成为盆地内沉积物质的物源区，盆地内冲积扇、古湖泊等相互联系的沉积体系开始出现，逐渐形成独立的沉积中心。古近纪末期地壳快速抬升，湖水大幅度萎缩以致沉积结束。

尼玛盆地从下至上按沉积顺序先后，发育了扇三角洲相、湖泊相、三角洲相、冲积扇相，分别反映了该盆地在不同演化阶段产生的沉积类型。根据盆地沉积充填序列的垂向变化，将尼玛盆地的沉积演化划分为五个不完全的湖进—湖退旋回。

1. 阶段 I

该阶段的基本特点是沉积物总体表现为粗粒建造，即形成以冲积扇为特征的沉积体系，其他如三角洲、辫状河与湖泊沉积体系发育程度不一。根据沉积体系的纵向组合关系，该阶段在相序上表现为滨湖—浅湖砂泥岩相、三角洲砂泥岩相、冲积扇（旱地扇）砂砾岩相，构成一个完整的湖进—湖退旋回，且表现为湖进相厚度小、湖退相厚度大的结构特点，湖进湖退沉积厚度比例为 1∶3。

牛堡组一段下部的滨湖—浅湖相、三角洲相位于盆地沉降中心或主断裂位置附近，范围相对局限，是初期湖进序列的主要记录。一段中部构成整个湖退序列的主体，冲积扇是主要的沉积体系，而且以扇根和中扇的棕红色厚层、块状杂砾岩、粗砂岩为主，夹含粉砂岩、泥岩透镜体。一段上部则是冲积扇的中扇和外扇部分，部分为辫状河、滨湖—浅湖相，是湖退过程的后期记录。

2. 阶段 II

该阶段总体特点与阶段 I 相似，但冲积扇不是主要的沉积体系，而由湖泊、三角洲、冲积扇沉积体系共同组合而成。该阶段由三个次级湖进—湖退旋回组成，其中，第一、二旋回为牛堡组二段，第三个旋回属于牛堡组三段下部。单个次级旋回由滨湖—浅湖亚相—三角洲相—冲积扇相组成，厚度 100～300m。次级旋回厚度结构一般是湖进相厚度大、湖退相厚度小，厚度比大致为 2∶1，但整体湖进—湖退相结构是前者小于后者，比例约为 1∶2。

对于三个次级湖进—湖退旋回结构，前面两个与后面一个总体上相似，但稍有差别。前两个的湖进相序表现为下部滨湖—浅湖亚相—三角洲相，上部辫状河、冲积扇相；后面一个则为下部滨湖—浅湖亚相，上部辫状河、冲积扇相，下部的三角洲相不甚发育。

牛堡组二段上部在部分地区发现扇间古土壤化的细粒沉积，表明在冲积扇发育地区和期间，存在长时期暴露。

3. 阶段Ⅲ

牛堡组三段中上部和丁青湖组一段下部，由湖泊、三角洲沉积体系组成，构成湖进层序，丁青湖组一段上部以河流沉积体系为主，构成湖退层序。相序结构表现为湖进层序厚度大，湖退层序厚度小，比例约为3∶1。湖泊相仍然以滨湖、浅湖亚相构成，深湖亚相少见，构成湖进层序的早期部分。三角洲相构成该沉积演化阶段湖进序列的晚期部分，总体上显示三角洲前缘、前三角洲序列结构。

4. 阶段Ⅳ

该阶段与之前相比出现了明显差异，主要沉积体系为湖泊相，其次为三角洲相，构成一个完整湖进—湖退序列，分别属于丁青湖组的二段和三段下部。相序结构上，湖进层序厚度大，湖退层序厚度小，比例约为4∶1。湖泊相可以区分滨湖、浅湖和（半）深湖亚相，但（半）深湖亚相是湖进层序的主体。在湖退层序中，滨湖—浅湖亚相是常见类型，特别是滨湖亚相较多出现在丁青湖组沉积阶段，在湖退层序中分布更为广泛。虽然三角洲相是该沉积演化阶段湖退序列的组成部分之一，但与前述三个演化阶段相比相对不发育。

5. 阶段Ⅴ

该阶段主要由湖泊和三角洲沉积体系构成，但与阶段Ⅳ不同的是湖相主体为浅湖亚相，深湖亚相不发育。滨湖—浅湖亚相的岩性主要为灰色、绿灰色偶含红色泥岩，与之前的沉积阶段相比，薄层泥灰岩、微晶灰岩含量大大减少。三角洲相在盆地消亡阶段虽然不甚发育，但也是该阶段的主要岩相类型。

第二节　构　　造

一、构造单元划分

根据盆地地层展布、岩浆岩、变质及变形特征，结合二维地震和电磁测深资料，尼玛盆地具有"南北坳陷、中部隆起"两坳一隆的构造格局，总体可划分为三个一级构造单元，即北部坳陷区、南部坳陷区和中央隆起带，坳、隆沿北西—南东向呈雁列式展布，并具有南深北浅、西深东浅的特征（图3-2-3）。

1. 中央隆起带

中央隆起带位于盆地中部，西起妈儿顶惠玛，向东经鲁雄当玛，至于字康倾没，东西长130余千米。北界位于嘎如勒、字康东一带；南界西起错哇，向东经珠岔我蒙，东至那木顶。北界断层较为清晰，南界由于大部分被第四系覆盖，断层接触关系不清。隆起带地层主要由木嘎岗日群、俄蒙勒组、去申拉组和沙木罗组组成。在曲玛日商地区木嘎岗日群向北逆冲于牛堡组之上，接触带发育断层破碎带，同时牛堡组变形强烈，地层倾角较陡。隆起带内部构造以东西向紧闭褶皱为主，包括日阿向斜、百里列仁背斜、普许错向斜、无巴娥月日背斜、查拉约向斜等。隆起带内断层以东西向逆断层为主，规模不大，东西延伸不长，主要断层有日阿勒断层、鲁雄当玛断层、下弄拉断层。

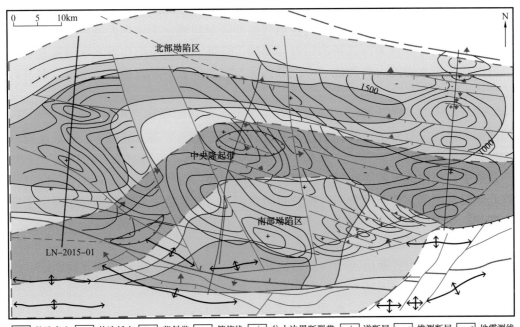

图 3-2-3　尼玛盆地构造区划图

2. 北部坳陷区

北部坳陷区西起江龙—格干玛果一线，向东经甲若错、夺加俄玛、窝虾、康蒙拉多，东至果若纳保，东西长 207km，南北宽 10～20km。坳陷区南北边界以超覆（沉积）边界为主，局部为（后生）断层边界。西部大片被第四系覆盖，零星出露牛堡组，中东部广泛出露牛堡组和第四系。北部构造较简单，褶皱以东西向开阔向斜为主，规模较大的有江穷勒向斜，展布于坳陷中段隔巴那波、尖硬则颠、江穷勒、次汝勒纤一带，发育于牛堡组中。坳陷区内断层不发育，已查明的有班公湖—怒江缝合带北部边界断层，从坳陷区东段中部通过，大部被第四系覆盖，仅局部出露地表；为断层面南倾的逆断层，上盘（南盘）俄蒙勒组逆冲于下（北）盘康托组之上，康托组沉积之后仍有活动。另外，在坳陷区中段那若曲一带发育一断层面倾向东的南北向正断层。

3. 南部坳陷区

南部坳陷区西起多仁拉，向东经达则错，东至赛布错，东西长 130km。中部达则错地区最宽，约 25km，西段较窄，约 6km，平均约 15km。北部边界以超覆（沉积）边界为主，南部边界以断层边界为主。坳陷区几乎全被第四系覆盖，仅南部边缘出露竟柱山组和牛堡组。

二、构造变形特征

尼玛盆地是叠加发育在班公湖—怒江缝合带南部边缘的陆相盆地，现今构造格局主要受始新世末期构造运动改造所致，总体上呈现东、西分段，南、北分带的构造格局，受喜马拉雅期南北向挤压应力作用，主要构造包括背斜、断鼻、断块等，构造轴线基本呈东西向展布，但北西向的压扭断层也很发育，把东西向构造带分割成不同区段，使之进一步复杂化。

盆地南部中生界基底表现为断块向山前抬升的特征，北部表现为一个斜坡状态。盆地中部基底发育中生代末期隆起，与盆地西南部隆起连成一个北东向基底隆起带。盆地北部和东南部边界呈现为古近系的超覆与剥蚀带特征，而西南部边界表现为被北东向隆起分隔的块段隆起剥蚀边界特征。中生界基底与新生界盖层界面清楚，地震反射具有明显的角度不整合特征。

尼玛盆地西部南侧边界断层南倾，内部两侧断层相向倾斜，控制生烃凹陷的分布，凹陷两侧和内部发育局部反转构造，呈断背斜和断鼻圈闭形态，北侧下古近系超覆沉积于中生界基底之上。

盆地中部南侧边界断层南倾，北侧边界断层北倾，内部断层以南倾为主，同时伴随系列北倾反冲断层，控制断背斜、断块圈闭发育。同时盆地中部南侧发育始新世末期局部古隆起，牛堡组沉积末期抬升，牛堡组三段、丁青湖组向北超覆沉积于古隆起之上，控制了古近系局部凹陷边界。

盆地东部北侧边界断层清晰，基底抬升较高，盆地内部发育一系列北倾断层，控制一系列断背斜、断块圈闭的发育。南部发育一系列北北西向断层，控制局部古隆起的发育，分割局部残留沉积凹陷，晚期反转构造呈东西分段特征。南部凹陷中心位于西侧，基底向盆地东部抬升。

三、构造演化

早白垩世末—晚白垩世，特提斯洋壳演化结束，冈底斯板块拼合到古欧亚板块上，班公湖—怒江缝合带闭合，形成了一套棕红色磨拉石沉积建造。古近纪开始，随着雅鲁藏布江带的由南向北俯冲，冈底斯岩浆弧主体形成并大幅抬升，与此同时，包括尼玛盆地和伦坡拉盆地在内的一系列近东西向延伸的内陆湖泊盆地形成，随后相继沉积了牛堡组和丁青湖组陆相碎屑岩建造。这一时期南羌塘陆块也相对比较活动，在始新世末期发生了偏碱性的基性—中性火山喷发，地球化学特征显示为大陆板内碱性玄武岩。古近纪末期，由于地壳的快速抬升，湖水大幅度萎缩以致各盆地结束沉积。

根据盆地西部南北向地震剖面（LN-2015-01）（图3-2-4）的解释分析，将尼玛盆地的构造演化划分为坳陷期、微改造期和隆升改造期三个阶段。

1. 坳陷期

该阶段发生在始新世早期，构造活动微弱，坳陷型湖盆发育，盆地内发育牛堡组一段至二段，普遍接受了一套冲积扇相、河流相、湖泊相的碎屑岩沉积。盆地南部中生界基底起伏较大，牛堡组沉积前，已经存在一组近南北向基底隐伏断裂。

2. 微改造期

该阶段为牛堡组三段沉积期，主要发育半深湖—深湖沉积，反映盆地扩展和坳陷特点。构造活动稍有增强，开始发育幅度很小的水下低隆起，盆地南、北形成两个坳陷中心。

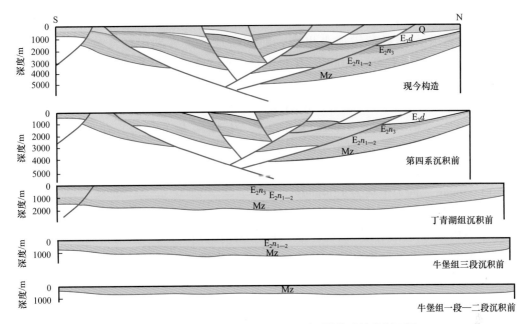

图 3-2-4　尼玛盆地 LN-2015-01 地震测线构造演化剖面图

3. 隆升改造期

渐新世开始丁青湖组沉积，之后受青藏高原整体构造变迁的影响，盆地结束沉积遭受改造，第四系覆盖于区域不整合面之上。

第三节　石油地质条件

在尼玛盆地南部坳陷和北部坳陷，牛堡组和丁青湖组均有油气显示（蒋忠惕等，2006），显示多处于局部构造和断裂中，反映盆地具有一定的油气勘探远景。

一、烃源岩

1. 有机质丰度

根据前人研究，确定尼玛盆地烃源岩的评价标准（《陆相烃源岩地球化学评价方法》，1995）（表 3-2-2）。

表 3-2-2　尼玛盆地烃源岩有机质丰度等级划分标准

参　数		好烃源岩	中等烃源岩	较差烃源岩	非烃源岩
有机碳 /%	泥岩	>1.0	0.6~1.0	0.4~0.6	<0.4
	碳酸盐岩	>0.6	0.4~0.6	0.2~0.4	<0.2
生烃潜量 /（mg/g）		>6	2~6	1~2	<1
氯仿沥青 "A" /（μg/g）		>0.1	0.05~0.1	0.015~0.05	<0.015
总烃 /（μg/g）		>500	200~500	100~200	<100

（1）丁青湖组为灰黑色油页岩和泥岩，属半深湖—深湖沉积，分布范围较小，仅在北部虾别错及南部赛布错地表出露。虾别错地区丁青湖组烃源岩有机碳含量在0.15%～16.0%之间，平均为5.06%；生烃潜量（S_1+S_2）为0.052～23.35mg/g，平均值为6.81mg/g。

（2）牛堡组为灰黑色、深灰色（页）泥岩和（泥）石灰岩。泥质烃源岩有机碳含量在0.10%～2.97%之间，平均为0.72%；生烃潜量（S_1+S_2）在0.07～18.97mg/g之间，平均为3.32mg/g；达到中等—好烃源岩标准的占样品总数的37.50%。碳酸盐岩烃源岩有机碳含量在0.13%～2.16%之间，平均为0.52%，生烃潜量（S_1+S_2）在0.09～13.65mg/g之间，平均为1.54mg/g。

2. 有机质类型

为减小热演化和风化作用影响，将干酪根显微组分作为尼玛盆地古近系烃源岩有机质类型判定的主要指标，并辅以干酪根元素、干酪根稳定碳同位素$\delta^{13}C$等对烃源岩有机质类型进行综合分析。

1）干酪根显微组分

（1）丁青湖组以腐泥组为主，含量39%～65%，平均48.38%；其次为镜质组，含量18%～42%，平均31.63%；类型指数TI多在0～40之间。反映有机质类型以II_2型干酪根为主，其次为III型。

（2）牛堡组泥质烃源岩显微组分以腐泥组占优势，含量35%～89%，平均69.14%；其次为惰质组，含量7%～53%，平均25.0%；镜质组含量0～12%，平均5.86%。类型指数TI多在4～79之间（表3-2-3）。有机质类型以II_1—II_2型干酪根为主，个别III型。石灰岩（含泥灰岩）烃源岩以腐泥组为主，含量48%～97%，平均74.25%；惰质组其次，含量3%～46%，平均18.63%；类型指数TI在多个类型范围均有分布。有机质类型以II型干酪根为主，含有I型及少量III型。

表3-2-3　尼玛盆地烃源岩干酪根类型

位置	层位		干酪根显微组分 /%				类型指数 TI	干酪根元素		干酪根 $\delta^{13}C$/ ‰（PDB）	有机质类型
			腐泥组	腐殖组	镜质组	惰质组		H/C	O/C		
虾别错	丁青湖组	油页岩	39～65 48.38（8）		18～42 31.63（8）	8～34 20（8）	−12～36.75 4.66（8）	0.77～0.87 0.82（6）	0.21～0.25 0.23（6）	−26.5～−24.6 −25.5（10）	II_2 III
查昂巴	牛堡组	泥岩（含页岩）	35～89 69.14（14）		0～12 5.86（14）	7～53 25（14）	−27～79 39.75（14）	0.51～1.51 1.09（13）	0.13～0.35 0.19（13）	−28.2～−23.6 −25.6（19）	II_1 II_2 III（1）
		石灰岩（含泥灰岩）	48～97 74.25（16）		0～20 7.13（16）	3～46 18.63（16）	−2.5～94 50.28（16）	0.79～1.77 1.32（15）	0.18～0.32 0.25（15）	−28.4～−25.0 −26.1（9）	I II_1 II_2（4） III（1）

注：表中数据，分子为参数范围，分母为平均值，括号内为样品数。

2）干酪根元素分析

（1）丁青湖组 H/C 原子比介于 0.77～0.87，平均 0.82。牛堡组泥（页）岩 H/C 原子比介于 0.51～1.51，多分布于 0.8～1.5，平均 1.09；石灰岩（含泥灰岩）H/C 原子比介于 0.79～1.77，集中分布于 1.2～1.5 之间，平均 1.32。按 H/C 比划分标准，丁青湖组多属 II$_2$ 型干酪根，个别样品落入 III 型干酪根范畴，与干酪根显微组分鉴定结果一致。

（2）牛堡组（页）泥岩和（泥）石灰岩有机质类型复杂，前者主要为 II$_1$ 型干酪根，含量占 46.15%，其次为 III 型，还有少量 II$_2$ 型、I 型；后者则以 I 型和 II$_1$ 型干酪根为特征，且以 II$_1$ 型占主导，含量占 56.25%，与干酪根显微组分划分结果相一致。

3）干酪根碳同位素

（1）丁青湖组 δ^{13}C 值在 −26.5‰～−24.6‰ 之间，属 II$_1$、II$_2$ 型干酪根，含量各占样品总数的 50%，与干酪根显微组分和元素分析划分的有机质类型稍有不同。

（2）牛堡组泥（页）岩 δ^{13}C 值介于 −28.2‰～−23.6‰，平均 −25.6‰，属 II$_1$、II$_2$ 型干酪根；（泥）石灰岩 δ^{13}C 值介于 −28.4‰～−25.0‰，平均 −26.1‰，II$_1$ 型干酪根占总样品的 70%，处于优势地位，不含 I 型和 III 型干酪根，与干酪根显微组分和元素分析鉴定结果相似。

3. 有机质成熟度

1）镜质组反射率

（1）丁青湖组烃源岩镜质组反射率（R_o）介于 0.53%～0.59%，平均 0.57%，表明烃源岩处于低成熟阶段，以生成低成熟重质油为主。

（2）牛堡组泥（页）岩 R_o 介于 1.21%～1.78%，平均 1.52%；（泥）灰岩 R_o 介于 1.17%～1.83%，平均 1.51%。表明牛堡组烃源岩处于成熟—高成熟阶段，以生气为主。

2）岩石热解峰温

（1）丁青湖组烃源岩岩石热解峰温（T_{max}）介于 427～578℃，平均 472℃，50% 的样品处于低成熟—成熟阶段，处于未成熟和高成熟阶段的样品各占 25%。因此，丁青湖组烃源岩主要集中在低成熟阶段，其次为未成熟和高成熟阶段。

（2）牛堡组泥（页）岩 T_{max} 介于 434～453℃，平均 442℃，78% 样品落入生油高峰期的成熟阶段范围，其次为低成熟。石灰岩（含泥灰岩）T_{max} 在 430～511℃ 之间，平均 445℃，成熟阶段占 68.18%，其次为高成熟和低成熟阶段。

4. 综合评价

尼玛盆地牛堡组烃源岩厚度在 25m 左右，泥（页）岩有机质丰度较高，查昂巴、朗弄巴等地区平均有机碳含量达到了 2.07%，有机质类型以 II$_1$ 型为主，多处于生油高峰期的成熟阶段，其次为低成熟阶段。泥灰岩厚度 21m，有机碳含量较高，查昂巴、朗弄巴地区的平均有机碳含量分别达到了 0.66%、0.45%，多处于低成熟阶段和成熟阶段。整体而言，牛堡组泥质烃源岩为好烃源岩，生烃潜力大，碳酸盐岩烃源岩为中等—好烃源岩，生烃潜力较大（表 3-2-4）。

在虾别错附近，丁青湖组出露多层油页岩，有机质丰度较高，有机碳含量在 0.15%～16.0% 之间，平均 5.06%，且有机质类型好，以 II$_2$ 型干酪根为主，烃源岩主要处于高成熟热演化阶段，丁青湖组整体评价为中等烃源岩。

表 3-2-4　尼玛盆地烃源岩综合评价表

地区	剖面	层位		有机质丰度/%	有机质类型	有机质成熟度		烃源岩厚度/m			烃源岩等级
						R_o/%	T_{max}/℃				
虾别错	BNP	丁青湖组	油页岩	$\dfrac{0.15\sim16.0}{5.06}$	II₂	$\dfrac{0.53\sim0.59}{0.57}$	$\dfrac{427\sim578}{472}$	1.8		2.13	中等
新秃拉若	XTP		泥岩	$\dfrac{0.13\sim1.03}{0.33}$			$\dfrac{425\sim484}{445}$			2	差
拉惹	LZP		泥灰岩	$\dfrac{0.19\sim0.81}{0.41}$			$\dfrac{430\sim439}{435}$	0.3	1.8	0.3	差—中等
查昂巴	CNP+CNP1	牛堡组	泥岩（含页岩）	$\dfrac{0.10\sim2.97}{0.83}$	II₁—II₂（II₁为主，少量I）	$\dfrac{1.21\sim1.78}{1.52}$	$\dfrac{434\sim453}{442}$	7.71	12.71	12.5	好
			石灰岩（含泥灰岩）	$\dfrac{0.13\sim2.16}{0.66}$		$\dfrac{1.17\sim1.83}{1.51}$	$\dfrac{436\sim494}{449}$		7.96	13.68	中等
朗弄巴	CNP2		泥岩（含页岩）	$\dfrac{0.71\sim2.89}{2.07}$			$\dfrac{433\sim437}{435}$		20.89	3.05	好
			石灰岩（含泥灰岩）	$\dfrac{0.25\sim0.72}{0.45}$			$\dfrac{443\sim511}{467}$	0.76	0.44	1.47	中等
尼玛县	尼1井		泥灰岩	$\dfrac{0.12\sim0.41}{0.26}$			$\dfrac{432\sim455}{437}$	0.65	1.7		差—中等

注：表中数据，分子为参数范围，分母为平均值。

二、储盖层及生储盖组合

1. 储层

尼玛盆地发育碎屑岩储层，主要为牛堡组中—细砂岩夹少量的粗砂岩和细砾岩。根据野外地质观察及铸体薄片鉴定结果，碎屑岩储层储集空间主要包括原生孔隙、次生孔隙及裂缝等三种类型。其中以次生孔隙最为发育，且多以粒间溶孔、粒内溶孔及溶蚀裂缝为主；其次是裂缝，发育最差的是原生孔隙。孔隙度介于3.20%～9.70%，平均5.82%，渗透率介于0.01652～1.00674mD，平均0.12519mD。综合评价牛堡组碎屑岩储层为致密—很致密储层。

2. 盖层

尼玛盆地盖层发育在丁青湖组，岩性为灰绿色泥岩、紫红色泥岩夹页岩，纵向上发育多层盖层，最小单层厚度1m，最大单层厚度39m，总厚650m。丁青湖组泥岩盖层抗压强度15～40MPa，硬度250～500MPa，塑性系数1.5～2，封盖性能良好。从地层分布情况看，丁青湖组泥（页）岩只能作为局部盖层，缺乏区域性盖层。

3. 生储盖组合

从出露的地层综合分析，牛堡组二段为烃源层，牛堡组三段、丁青湖组一段为储层，丁青湖组二段、三段为局部盖层的生储盖组合。但尼玛盆地与伦坡拉盆地属同一类型的盆地，沉积环境基本相似，生储盖组合可以类比，可能像伦坡拉盆地一样发育两套生储盖组合：牛堡组二段为烃源层，牛堡组二段、三段为储层，牛堡组三段为区域性盖层的牛堡组生储盖组合；丁青湖组一段为烃源层，丁青湖组二段为储层，丁青湖组三段为区域性盖层的丁青湖组生储盖组合。

第三章　可可西里盆地

位于昆仑山和唐古拉山之间的可可西里盆地是青藏高原北部最大的新生代盆地，盆地面积 $4.68 \times 10^4 km^2$，海拔 4800～5000m，近东西向展布。行政区划上横跨青海、西藏及新疆三个省 / 自治区，大地构造位置上横跨巴颜喀拉地体和羌塘地体北部，是发育在前新生界海相地层基底之上的新生代陆相盆地。

由于可可西里盆地恶劣的自然环境和复杂的地质背景，盆地石油地质调查研究程度很低，其石油地质调查历程可以划分为两个阶段。第一阶段为初始调查阶段（1950—1997 年），石油工业部青海局、北京石油勘探开发研究院、成都理工大学、成都地质矿产研究所等单位对可可西里盆地进行了石油地质调查，对盆地新生代地层、沉积取得了较为全面的认识，并在卓乃湖地区发现油页岩（张以茀等，1994）。1997 年，中国石油天然气总公司青藏油气勘探项目经理部，对盆地开展了进一步路线石油地质调查工作，初步查明了盆地烃源岩、储层和盖层的层位及分布等特征。第二阶段为深化调查阶段（2001—2008 年），以国土资源部组织的青藏高原油气资源战略选区调查与评价、中国地质调查局开展的青藏高原空白区地质填图工作为代表，对可可西里盆地开展了石油地质调查和路线重磁测量，建立了盆地地层剖面，完成地层和构造单元区划，明确了沉积充填序列和沉积演化史，确定了盆地生、储、盖层分布特点，基本查明盆地地质结构和油气地质条件，完成初步评价与优选，并对盆地资源量进行评价与估算，提出可可西里盆地为具有前陆盆地性质的中—大型含油气盆地。

第一节　地层与沉积

盆地南北两侧分别为唐古拉山逆冲断裂和昆仑山南缘断裂，东西两侧为超覆沉积边界，地层区划主体属于巴颜喀拉地层区羊湖—可可西里地层分区（表 3-3-1）。

一、地层划分

构成可可西里盆地基底的地层是羌塘地块和巴颜喀拉地块古生代、中生代海相地层，包括石炭系、二叠系、三叠系和侏罗系，以及分布于两地块之间的可可西里—金沙江缝合带古生界蛇绿构造混杂岩。大致以二道沟断裂为界，可划分为南、北两区，两区出露地层及其沉积特征迥然不同：北区为松潘甘孜褶皱系，主体由三叠系巴颜喀拉山群复理石沉积组成；南区为羌塘地块北部唐古拉山地层分区，时代从石炭系至侏罗系均有发育，包括上石炭统上部—下二叠统开心岭群、上二叠统乌丽群、上三叠统结扎群以及侏罗系雁石坪群稳定型碎屑岩、碳酸盐岩和火山岩。

可可西里盆地位于巴颜喀拉地层区的东南部，盆地内自下而上发育的沉积地层有古新统—中新统，其地层划分沿革见表 3-3-1，本书采用刘志飞等（2001）的地层划分方案。

表 3-3-1　巴颜喀拉地层区羊湖—可可西里地层分区地层划分沿革

地层系统		中英青藏高原综合地质考察（1990）	青海省区域地质志（1991）	青海可可西里及邻区地质概论（1994）	青海省岩石地层（1997）	刘志飞等（2001）
新近系	上新统	查保马群	上新统		查保马组	
新近系	中新统	查保马群	查保马群	中新统	查保马组	五道梁组
古近系	渐新统	风火山群	下第三系	渐新统	沱沱河组	雅西措组
古近系	始新统	风火山群	下第三系		沱沱河组	风火山群
古近系	古新统	风火山群	下第三系		沱沱河组	
白垩系	上白垩统		上白垩统	风火山群（上岩组）	风火山群（桑恰山组／洛力卡组）	
白垩系	下白垩统		上白垩统	风火山群（下岩组）	风火山群（错居日组）	

二、地层分述

1. 风火山群（E_2F）

风火山群创名于格尔木市唐古拉山乡风火山二道沟，青海省区调综合地质大队（1989）将其划为上白垩统，分为砂岩夹石灰岩组、砂岩组、砂砾岩组。孔崇仁（1997）将原风火山群定义为："一套杂色碎屑岩夹石灰岩、泥岩，局部地区夹含铜砂岩、页岩、白垩、石膏及次火山岩组成的地层体"，其含义为不整合于结扎群之上、雅西措组之下，一套由砖红色、紫红色、黄褐色复成分砾岩、含砾砂岩、砂岩、粉砂岩，局部夹泥岩、石灰岩组合成的地层序列，顶部以雅西措组石灰岩出现与其分界。产介形虫、轮藻、孢粉等化石。古地磁研究表明风火山群发育时代为 56—31.5Ma（刘志飞等，2001），主要为一套紫红色、砖红色、褐紫色、灰色、灰白色、灰紫色巨—厚层状复成分砾岩夹灰质不等粒岩屑砂岩、钙质长石岩屑砂岩、砂质灰岩和生物碎屑微晶灰岩、粉砂泥质岩等。主要见于盆地沱沱河坳陷与错仁德加坳陷，在桑恰地区厚度最大，达 5395.14m。

2. 雅西措组（E_3y）

青海省区调综合地质大队（1989）于格尔木市唐古拉乡雅西措建立"雅西措群"，指"整合于沱沱河群之上渐新统灰白色、浅灰色碳酸盐岩及紫红色砂岩为主，夹石膏岩层、泥灰岩、含石膏黏土岩层组成的地层"。孔崇仁（1997）改名为雅西措组。刘志飞等（2001）对雅西措组的古地磁研究，将雅西措组时代确定为渐新世，岩性为紫红色、砖红色中厚—厚层状粉砂质细粒长石石英砂岩、长石岩屑砂岩、粉砂岩、泥岩夹灰绿色泥灰岩、泥晶灰岩及含膏泥岩和石膏层。该组在横向上变化较大，在卓乃湖地区发育油页岩，在盆地南部泥晶灰岩与泥灰岩发育，厚度 161.89～1320.43m。

3. 五道梁组（N_1w）

五道梁组系青海省区调综合地质大队（1989）于格尔木市唐古拉山乡五道梁创名的"五道梁群"，孔崇仁（1997）改群为组。五道梁组区域上与西侧的羊湖盆地及羌塘地层分区的唢呐湖组属同时代沉积，超覆在雅西措组、风火山群及三叠系之上，主要岩性为灰白色、浅灰绿色、灰黄色薄—中厚层状泥灰岩、泥晶灰岩、生物碎屑灰岩夹浅灰色含灰质泥岩、粉砂岩、岩屑砂岩、岩屑砾岩和膏岩，厚度大于 761.25m。

三、沉积相与古地理

1. 沉积相

可可西里盆地始新世—中新世沉积包括冲积扇相、曲流河相、湖泊相、三角洲相和扇三角洲相五种沉积相类型。

（1）冲积扇相广泛分布于沱沱河坳陷、错仁德加坳陷以及可可西里湖地区的风火山群和雅西措组。

（2）曲流河相在雅西措组多见，可进一步划分为河床亚相和河漫滩亚相。

（3）湖泊相在可可西里湖地区构成了风火山群中部主体，二道沟地区是风火山群沉积水体深度最大的湖泊中心，与风火山群湖泊沉积相比，雅西措组湖泊沉积的规模、范围均较小，主要发育在错仁德加坳陷贡冒日玛地区，不发育半深湖和深湖沉积，主要为浅湖泥岩相、滨湖砂泥岩相和含膏盐湖相；五道梁组湖泊相主要分布于卓乃湖凹陷和库塞湖凹陷，为一套碳酸盐岩湖泊沉积，卓乃湖凹陷以泥质沉积为主，库塞湖凹陷中主要为碳酸盐岩。

（4）三角洲相发育于可可西里湖地区风火山群中上部，是在开阔湖泊沉积背景下发展起来的，为一套向上变粗的碎屑岩。

（5）扇三角洲相分为扇三角洲平原亚相、扇三角洲前缘亚相和前扇三角洲亚相。扇三角洲平原亚相分布于桑恰地区风火山群上部，以厚—巨厚层中—粗砾岩为主；扇三角洲前缘亚相分布于桑恰地区风火山群中部；前扇三角洲亚相分布于桑恰地区风火山群下部，与泥质湖泊沉积相伴产出。

2. 古地理

依据 43 条实测剖面编制始新统（风火山群）和渐新统（雅西措组）沉积相平面展布图，五道梁组由于实测剖面资料有限，未作沉积相平面分布图。

（1）始新世（风火山群沉积期）古地理。风火山群沉积期古地理显示沉积区主要分布在盆地中部和西部的沱沱河坳陷及错仁德加坳陷（图 3-3-1），东部和北部大部分区域为未接受沉积的古陆区。浅湖沉积主要分布在沱沱河坳陷青藏公路以东、错仁德加坳陷东南部二道沟地区和西金乌拉湖地区，辫状河—洪泛平原沉积发育在扎多日山，扇三角洲和冲积扇沉积发育在盆地南北两侧，东西向上河湖交互三角洲沉积发育。

（2）渐新世（雅西措组沉积期）古地理。渐新世雅西措组沉积区范围覆盖整个可可西里盆地（图 3-3-2），说明这一时期盆地向北扩展到昆仑山南侧，该时期盆地内存在着两隆三坳古地理格局。隆起带主要为古陆区；湖泊沉积分布在三个坳陷带内，其中卓乃湖地区存在着发育油页岩的深湖沉积；辫状河—洪泛平原沉积主要发育在沱沱河坳陷与错仁德加坳陷西侧和海丁诺尔坳陷南侧；冲积扇与扇三角洲沉积主要发育在各坳陷带南缘。

（3）中新世（五道梁组沉积期）古地理。中新世五道梁组在海丁诺尔坳陷最为发育，厚度超过 700m，在错仁德加坳陷和沱沱河坳陷内也均有发育，但地层厚度一般不超过 200m，沉积相为湖泊石灰岩相，根据露头剖面研究推测当时盆地沉积中心在海丁诺尔坳陷。

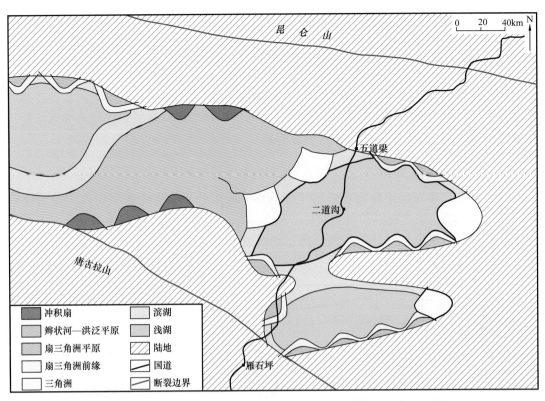

图 3-3-1 可可西里盆地始新世（风火山群沉积期）沉积古地理图

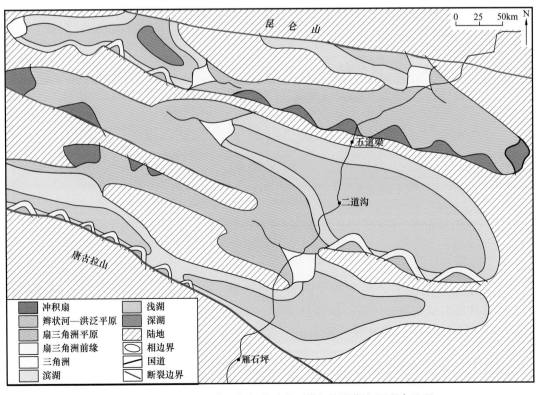

图 3-3-2 可可西里盆地渐新世（雅西措组沉积期）沉积古地理

第二节 构 造

可可西里盆地沉积厚度巨大，其形成演化受唐古拉山逆冲断裂系由南向北扩展动力学机制制约，区内发育的多个断裂系控制了盆地边界和次级构造展布，盆地变形特征及构造演化对油气成藏影响和控制作用十分明显。

一、构造单元划分

可可西里盆地深部地球物理资料十分有限，有限的研究也主要集中在青藏公路沿线。现以区域地质调查资料和沉积盆地分析为基础，结合有限的地球物理研究，对可可西里盆地进行构造单元划分，共划分出三坳两隆5个一级构造单元和16个二级构造单元（凹陷与凸起）（图3-3-3）。

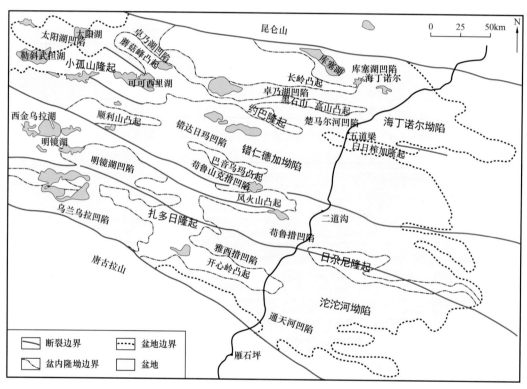

图 3-3-3　可可西里盆地构造单元展布

1. 海丁诺尔坳陷

海丁诺尔坳陷位于盆地北部太阳湖、卓乃湖、海丁诺尔、盐湖、巴拉大才曲一带，内部基底起伏明显，可进一步划分为6个二级构造单元，由南到北分别为：太阳湖凹陷、楚玛尔河凹陷、蘑菇峰—黑石山—高山凸起、卓乃湖凹陷、长岭凸起、库塞湖凹陷。

太阳湖凹陷位于勒斜武担湖至可可西里湖以北，东西向带状展布，面积1400km²，凹陷内主要发育雅西措组和五道梁组，地表表现为一东西向复式向斜，发育一系列线状和短轴状褶皱。

楚玛尔河凹陷位于约巴—白日榨加隆起之北，东西长 150km，南北宽 15～20km，面积 3350km²，构造上为一东西向复式向斜。

蘑菇峰—黑石山—高山凸起西起蘑菇峰，向东经约巴、黑石山、高山至青藏公路西，东西长 180km，向东和向西倾没，凸起内出露三叠系巴颜喀拉群，构造上为一东西向大型复背斜。

卓乃湖凹陷面积达 3370km²，凹陷内主要出露雅西措组、五道梁组，有第四系大面积分布，构造上为一东西向复向斜。

长岭凸起位于卓乃湖凹陷之北，东西长 130km，南北宽 10km，面积 1300km²，向东于海丁诺尔倾没，构造上为一东西向复背斜。

库塞湖凹陷位于长岭凸起以北，面积 2940km²，凹陷内出露五道梁组及大面积分布的第四系，根据昆仑山推覆构造带上发育的雅西措组分析，在该凹陷带的北部五道梁组之下可能存在厚度大于 1500m 的雅西措组沉积地层。

2. 小孤山—约巴—白日榨加隆起

该隆起西起勒斜武担湖，东止于白日榨加以东，东西向横贯盆地，其中，小孤山隆起与约巴隆起相连，约巴隆起与白日榨加隆起之间大致沿楚玛尔河流域有 20km 的地段被盆地盖层覆盖，南北向呈西宽（20km）东窄（10km）。隆起中主要出露巴颜喀拉群，构造上为一复式背斜，由一系列北北西—近东西向背斜、向斜组成。隆起南北边界均为北西西—近东西向逆断层，构成背冲组合。隆起内部褶皱、断层发育，并有花岗闪长岩侵入。

3. 错仁德加坳陷

错仁德加坳陷位于错达日玛、错仁德加、勒玛曲河一带，为一东西向坳陷。坳陷南北宽 80～120km，东西长 380km。坳陷内部出露地层以风火山群、雅西措组和五道梁组为主，表现为一巨型复式背斜，其槽部位于错仁德加、君日玛塔玛、勒玛曲一线。坳陷可分为错达日玛、苟鲁山克措、苟鲁措、明镜湖 4 个凹陷和顺利山—巴音乌玛和风火山 2 个凸起。

错达日玛凹陷位于坳陷带的北部，带状展布，东西长约 350km，南北宽 20～50km，面积 11760km²。顺利山—巴音乌玛凸起分隔了错达日玛凹陷和苟鲁山克措凹陷，凸起东西向展布，基底地层均为巴颜喀拉群浅变质岩。

苟鲁山克措凹陷位于风火山凸起和巴音乌玛凸起之间，凹陷面积 3150km²，地表为一向斜，主要由雅西措组和风火山群组成。

风火山凸起西起西金乌拉湖，东至风火山二道沟一带，东西长 200km，南北宽 10～30km，向西抬起，东部隐伏于盆地盖层之下，主要由石炭系—二叠系变质岩和三叠系巴颜喀拉群组成，南北两侧发育逆冲断裂。

苟鲁措凹陷位于错仁德加坳陷南部，面积 5030km²。构造上为复式向斜，主要发育风火山群、雅西措组和五道梁组。

明镜湖凹陷位于乌兰乌拉湖北部、明镜湖以东，东西向展布，东西长近 90km，南北宽约 50km，面积 2840km²，主要发育风火山群和雅西措组。

4. 扎多日—日尕尼隆起

扎多日隆起位于乌兰乌拉湖至扎多日山，呈东西走向，出露地层主要为石炭系和二叠系变质岩，隆起带内东西走向逆断层发育。日尕尼隆起西起青藏公路乌丽，东至盆地边界，呈东西带状分布，主要是由二叠系和三叠系巴颜喀拉群构成的构造复背斜，北部为断层边界。

5. 沱沱河坳陷

沱沱河坳陷位于可可西里盆地南部，其南侧为唐古拉山脉，坳陷内划分出通天河、雅西措、乌兰乌拉 3 个凹陷和开心岭凸起。

通天河凹陷南部边界为唐古拉山北缘逆冲断裂，呈东宽西窄的东西向带状，面积 3820km²，凹陷内主要发育风火山群、雅西措组和五道梁组。

开心岭凸起位于通天河凹陷的北侧，呈东西向带状分布，为复式背斜构造，核部出露二叠系，南北翼部为巴颜喀拉群。

雅西措凹陷位于沱沱河坳陷北部，东西长 200km，南北宽 30～45km，面积 600km²，构造上为复式向斜，分布地层有风火山群、雅西措组和五道梁组。

乌兰乌拉凹陷呈东西向带状分布，面积约 3150km²，构造上为不对称复式向斜，向斜南翼陡，北部缓，凹陷内地层以雅西措组为主。

二、褶皱和断裂

可可西里盆地现今构造表现为南北边界断层相向对冲，其内部表现为对冲和背冲推覆构造特征，盖层褶皱构造表现为纵弯褶皱特征，其深部推测可能存在推覆滑脱现象，盆地总体构造样式表现为由逆冲断层和隐伏逆冲断层组成逆冲构造。

1. 褶皱构造特征

可可西里盆地内褶皱构造发育，褶皱构造特征如下：（1）褶皱主要为北西西—南东东到近东西向，偶见北东向褶皱。（2）褶皱规模较大，沿轴向延长均达数千米到数十千米。（3）褶皱形态多为线状褶皱，部分为短轴状褶皱。褶皱长短轴之比大多超过 10。褶皱多较开阔，且背斜相对向斜紧闭，背斜两翼夹角多在 70° 左右，而向斜两翼夹角多在 120° 左右，呈"类隔挡"式褶皱。褶皱类型多为直立水平褶皱，部分为直立倾伏褶皱。盖层中褶皱影响深度不大，多为表层褶皱。盖层中褶皱和基底中褶皱不协调，为薄皮构造特征，表明盖层和基底之间可能存在一大型滑脱面，盖层可能沿滑脱面运动独自发生变形。（4）盖层褶皱普遍较基底褶皱开阔，新构造层中褶皱一般较老构造层中褶皱开阔。平面上，背斜褶皱的剧烈程度由边缘向盆地内部逐渐减弱。靠近边缘的褶皱多为线状，平面上呈平行状或 S 形，且与逆断层平行，盆地内褶皱接近短轴状。（5）平行盆地边缘的褶皱山脉成排分布。边缘地带常伴有向盆地内部推覆的逆断层或逆冲断层。背斜圈闭多呈长条状，面积较小，闭合高度一般较大。盆地内褶皱具继承性发展特征，不同构造层中褶皱方向基本一致。

2. 断裂特征

1）边界断裂

可可西里盆地南北两侧为断裂边界，南北两侧断裂活动时间具有持续性，其中昆仑山南缘断裂现今仍具有很强活动性。在昆仑山南缘断裂北侧和唐古拉山北缘推覆断裂南侧有零散的、与盆地内相同的新生界沉积地层，说明两条断裂现在的位置不是盆地发育期的边界断裂位置。

盆地南缘唐古拉山北缘逆冲断裂，平面上与唐古拉山脉走向基本一致，整个逆冲变形带近东西延伸长度大于320km，南北宽60～80km（图3-3-4），根据其变形特点与构造组合样式可以分为前锋带、中带和根带3个构造变形带，其中推覆构造根带为可可西里盆地的南部边界断裂，同时沉积学研究表明该逆冲断裂构造控制了可可西里盆地形成与发育（李亚林等，2006）。

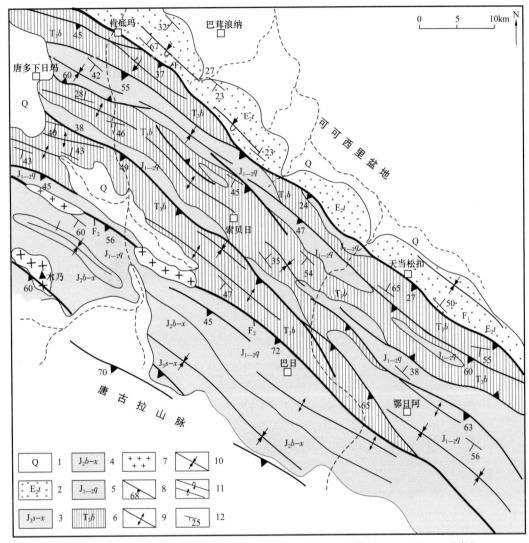

1—第四系；2—沱沱河组；3—索瓦组—雪山组；4—布曲组—夏里组；5—雀莫错组；6—巴贡组；7—花岗岩；
8—逆断层；9—背斜轴迹；10—向斜轴迹；11—倒转褶皱；12—地层产状

图3-3-4 唐古拉山逆冲推覆构造地质图（据李亚林等，2006）

盆地北缘昆仑山南缘断裂由数条近东西走向、倾角50°～70°的压性压扭（顺）断层组成，主断层为博卡雷克塔格断层，该断层西起库塞湖北，向东经昆仑山口、玛多北至阿尼玛卿山（又称玛沁—略阳断裂），该断裂经历多次活动，在古生代、中生代、新生代都曾强烈活动过，现今仍在活动。

2）断层特征

盆地基底中断层形成较早，在印支晚期已开始活动，在盆地南部边缘见有印支期黑云母花岗岩、石英闪长岩沿东西向断裂带侵入，在燕山期和喜马拉雅期断裂均发生继承性活动；盆地内断层同样具多次活动特征，同时盖层中断层受基底断层影响。

盆地内及其周边东西向断层以压性为主，兼具右旋扭动，显示为继承性复合断层，是南北向继承性挤压条件下的产物。而北东向断层以右旋扭动为主兼具压性特征，而且明显切割东西向断层。盆地内断层总体具有以下特征：（1）北西西—南东东到东西向为主，少数北西向和北东向断层，倾角一般都在 50°～70° 之间。（2）在平面分布上，靠近盆地边缘（特别是盆地南缘）和中央隆起南北两侧断层较发育，规模大，构成断裂带，而坳陷中断层数量相对较少。（3）北西西—近东西向断层以压性—压扭（顺）为主，北东向断层以扭（反）压为主，说明盆地内断层经历多次活动。（4）在平面上断层常平行延伸或沿走向分叉或合并，构成断裂带，另外，不同方向断层交叉构成网格状组合；在剖面上断层常构成叠瓦状、背冲、对冲和"Y"字形或倒"Y"字形组合。

三、盆地形成与演化

可可西里盆地的地层和沉积相展布表明，在不同阶段形成几个次级沉积盆地，包括南部风火山和汉台山两个次级盆地以及北部五道梁和卓乃湖两个次级盆地（图3-3-5）。

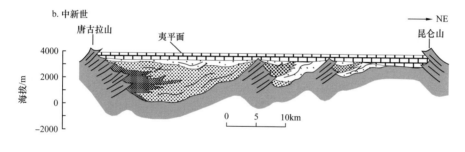

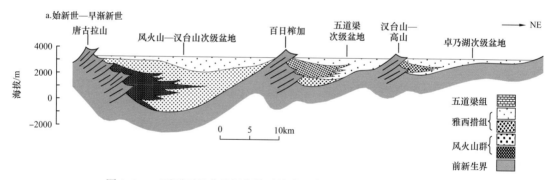

图 3-3-5　可可西里盆地沉积构造演化示意图（据刘志飞等，2001）

风火山和汉台山次级盆地沉积厚度巨大，持续时间最长，发育了从风火山群下部扇三角洲相砾岩沉积、雅西措组湖泊相砂泥岩沉积，到五道梁组湖泊相碳酸盐岩沉积（图3-3-5）。

北部五道梁次级盆地中发育以雅西措组为主的扇三角洲相砂砾岩和河流湖泊相砂泥岩，下部含有少量风火山群上部的始新世晚期湖泊相砂泥岩地层，上部发育较多五道梁组湖泊相碳酸盐岩。

北部卓乃湖次级盆地中发育以五道梁组为主的中新世早期湖泊相碳酸盐岩，下部发育有雅西措组湖泊相砂泥岩。

可可西里盆地沉积物源区和充填序列表明，盆地的沉积中心在始新世时以南部风火山和汉台山次级盆地为主，然后向东向北迁移，在渐新世早期，盆地沉积中心已迁移至北部五道梁次级盆地中（刘志飞等，2001）。

在始新世—渐新世风火山群和雅西措组沉积时期，沉积厚度由西南向北东逐渐变新和变薄，沉积中心位于逆冲断层前缘，表明盆地演化呈现出向北推移、前展，盆地逆冲断层不断向北前展，控制了次级盆地形成与演化，渐新世早期整个地区发育大规模夷平作用，到中新世重新接受沉积，形成较稳定的五道梁组碳酸盐岩沉积（图3-3-5）。

第三节　石油地质条件

可可西里盆地烃源岩发育的层位包括风火山群、雅西措组和五道梁组，烃源岩类型有灰色、灰绿色、灰黑色泥灰岩，灰黑色、黑色微晶灰岩，深灰色、灰黑色、黑色泥岩、泥页岩和褐黑色油页岩等；储集岩类型主要为风火山群和雅西措组砂岩；雅西措组膏层、泥岩和五道梁组泥质灰岩构成盆地区域盖层。

一、烃源岩

1. 有机质丰度

可可西里盆地风火山群、雅西措组、五道梁组烃源岩的有机质丰度存在着一定的差异（表3-3-2）。所采样品均来自地表，考虑到盆地地表岩石风化强烈，并主要对烃源岩有机质丰度产生严重影响，同时考虑到不同岩性样品风化程度存在着明显差别，对烃源岩有机碳进行了风化校正，校正参照赵政璋等（2001b）对羌塘盆地烃源岩的研究成果，泥质岩有机碳恢复系数采用1.5，石灰岩有机碳恢复系数采用1.8。

（1）风火山群烃源岩。岩性为灰色、灰绿色泥岩、泥灰岩和灰黑色石灰岩。泥岩有机碳含量0.03%～0.43%，平均0.15%，恢复后有机碳含量0.05%～0.77%，平均0.27%；氯仿沥青"A"2μg/g；生烃潜量0.04～0.07mg/g，平均0.05mg/g。泥灰岩有机碳含量0.14%～0.24%，平均0.18%，恢复后有机碳含量0.25%～0.43%，平均0.32%；氯仿沥青"A"31μg/g；生烃潜量0.06mg/g。石灰岩有机碳含量0.15%～0.54%，平均0.30%，恢复后有机碳含量0.27%～0.97%，平均0.54%；氯仿沥青"A"21～31μg/g，平均26μg/g；生烃潜量0.05～0.08mg/g，平均0.06mg/g。按烃源岩有机质丰度评价标准，风火山群泥岩属于非—较差烃源岩，泥灰岩属于较差烃源岩，石灰岩属于中等烃源岩。

（2）雅西措组烃源岩。以深灰色泥岩和灰黑色油页岩为主，其次为灰色、灰黑色石灰岩和灰黑色泥灰岩。油页岩有机碳含量0.19%～14%，平均7.30%，恢复后有机碳含量0.34%～25.2%，平均13.14%；氯仿沥青"A"125～5991μg/g，平均3014.20μg/g；生烃潜量0.2～140.71mg/g，平均43.88mg/g。泥岩有机碳含量0.13%～8.06%，平均1.75%，恢复后有机碳含量0.23%～14.51%，平均3.15%；氯仿沥青"A"52～2438μg/g，平均818.50μg/g；生烃潜量0.05～60.49mg/g，平均11.10mg/g。泥灰岩有机碳含量0.15%～5.43%，平均1.08%，恢复后有机碳含量0.27%～9.77%，平均1.94%；氯仿沥青"A"36～160μg/g，平均101.25μg/g；生烃潜量0.04～37.45mg/g，平均6.44mg/g。石灰岩有机碳含量0.15%～0.82%，平均0.32%，恢复后有机碳含量0.27%～1.48%，平均0.58%；氯仿沥青"A"27～194μg/g，平均79.71μg/g；生烃潜量0.07～1.54mg/g，平均0.33mg/g。按烃源岩有机质丰度评价标准，雅西措组油页岩属于好烃源岩，泥岩属于中等—较好烃源岩，泥灰岩属于较差—中等烃源岩，石灰岩属于中等—较好烃源岩。

（3）五道梁组烃源岩。岩性为灰色、灰绿色泥灰岩和黄灰色叠层石。泥灰岩有机碳含量0.13%～0.50%，平均0.32%，恢复后有机碳含量0.23%～0.9%，平均0.58%；氯仿沥青"A"481μg/g，平均481μg/g；生烃潜量0.07～0.72mg/g，平均0.40mg/g。叠层石有机碳含量0.10%～0.14%，平均0.12%，恢复后有机碳含量0.18%～0.25%，平均0.22%；氯仿沥青"A"58μg/g；生烃潜量0.15～0.16mg/g，平均0.16mg/g。按烃源岩有机质丰度评价标准，五道梁组泥灰岩属于中等—好烃源岩，叠层石属于较差烃源岩。

作为盆地基底出露的上三叠统结扎群，为一套含煤碎屑建造，属海陆交互相，其有机碳含量为2.20%，恢复后高达3.96%，氯仿沥青"A"为399μg/g，而生烃潜量仅为0.06mg/g，属于较差烃源岩。

表3-3-2 可可西里盆地烃源岩有机质丰度

地层	岩性	有机碳 /%	恢复后有机碳平均值 /%	氯仿沥青"A"/μg/g	族组成 /%				生烃潜量 /mg/g
					饱和烃	芳香烃	非烃	沥青质	
E_3y	油页岩	0.19～14/7.30（41）	0.34～25.2/13.14（41）	125～5991/3014.20（7）	2.8（9）	9.37（9）	78.38（9）	13.67（9）	0.2～140.71/43.88（41）
	泥岩	0.13～8.06/1.75（41）	0.23～14.51/3.15（41）	52～2438/818.50（5）	8.12（5）	8.97（5）	66.43（5）	16.47（5）	0.05～60.49/11.10（41）
	泥灰岩	0.15～5.43/1.08（41）	0.27～9.77/1.94（41）	36～160/101.25（6）	16.98（3）	5.17（3）	62.05（3）	15.79（3）	0.04～37.45/6.44（41）
	石灰岩	0.15～0.82/0.32（41）	0.27～1.48/0.58（41）	27～194/79.71（15）	20.37（7）	10.44（7）	58.70（7）	10.49（7）	0.07～1.54/0.33（41）
E_2F	泥岩	0.03～0.43/0.15（5）	0.05～0.77/0.27（5）	2（1）	10.59（1）	19.87（1）	53.69（1）	15.85（1）	0.04～0.07/0.05（5）
	泥灰岩	0.14～0.24/0.18（3）	0.25～0.43/0.32（3）	31（1）	40.15（1）	12.27（1）	43.15（1）	4.45（1）	0.06/0.06（3）
	石灰岩	0.15～0.54/0.30（3）	0.27～0.97/0.54（3）	21～31/26（2）	59.15（2）	5.94（2）	28.04（2）	6.87（2）	0.05～0.08/0.06（3）
N_1w	泥灰岩	0.13～0.50/0.32（2）	0.23～0.9/0.58（2）	481/481（1）	6.82（1）	6.70（1）	72.81（1）	13.67（1）	0.07～0.72/0.40（1）
	叠层石	0.10～0.14/0.12（2）	0.18～0.25/0.22（2）	58/58（1）	2.52（1）	痕量	60.00（1）	37.48（1）	0.15～0.16/0.16（2）

注：表中数据，分子为参数范围，分母为平均值，括号内为样品数。

2. 有机质类型

可可西里盆地烃源岩有机质类型，主要根据干酪根显微组分、干酪根元素组成、干酪根 $\delta^{13}C$ 分布、正构烷烃分布特征等指标参数进行综合分析（表 3-3-3）。

表 3-3-3 可可西里盆地烃源岩有机质类型

地层	岩性	干酪根显微组分						干酪根元素组成		
		腐泥组	壳质组	镜质组	惰质组	类型指数	主要类型	H/C	O/C	类型
E_3y	石灰岩	65～82/70.10（10）	1～5/30（6）	2～37/8.6（10）	8～30/19.50（10）	19.25～68.25/44.53（10）	II_1	1.05（10）	0.11（10）	II_2
	油页岩	58～90/73.31（13）	1～4/2.2（5）	1～24/10.85（13）	1～30/15（13）	19～80.25/49.26（13）	II_1	1.48（13）	0.11（10）	
E_2F	石灰岩	50～90/70（4）		0～9/5（3）	9～41/25（4）	2.25～80.25/41.25（4）	II_1	0.48（4）	0.07（4）	II_2
N_1w	灰色泥灰岩	65（1）	3（1）	14（1）	18（1）	38.00（1）	II_2	1.29（1）	0.12（1）	II_1
T_3J	碳质泥页岩	54（1）		19（1）	27（1）	12.75（1）	II_2	0.59（1）	0.09（1）	II_2

地层	岩性	干酪根 $\delta^{13}C/‰$	正构烷烃				甾烷 C_{27}/C_{29}	$\gamma-$蜡烷/$[C_{31}(22S+22R)/2]$	有机质类型
			碳数范围	主峰碳数	轻/重平均值	$(C_{21}+C_{22})/(C_{28}+C_{29})$ 平均值			
E_3y	石灰岩	$-25.6～-21.5/-23.5$（11）	$n-C_{14}-n-C_{33}$	$n-C_{23}-n-C_{27}$	0.42（11）	1.30（11）	0.45（10）	0.41（10）	II_1 型为主，少量 II_2 型
	油页岩	$-27.8～-17.7/-23.56$（12）			0.11（12）	0.69（12）	1.70（3）	1.27（3）	
E_2F	石灰岩	$-27.5～-24.4/-23.6$（4）	$n-C_{14}-n-C_{30}$	$n-C_{25}$	0.79（4）	28.04（4）	0.79（4）	0.52（4）	II_1-II_2 型
N_1w	灰色泥灰岩	-21.7（1）	$n-C_{14}-n-C_{30}$	$n-C_{25}$	0.29（1）	0.67（1）	3.23（1）	0.80（1）	II_1 型
T_3J	碳质泥页岩	-24.8（1）	$n-C_{15}-n-C_{30}$	$n-C_{25}$	0.20（1）	4.20（1）	1.60（1）	0.71（1）	II_2 型

注：表中数据，分子为参数范围，分母为平均值，括号内为样品数。

1）干酪根显微组分

风火山群、雅西措组、五道梁组烃源岩干酪根显微组分中腐泥组占有一定优势，总体显示有机质类型为混合 II 型。

风火山群烃源岩干酪根组分中，腐泥组 50%～90%，镜质组 0～9%，惰质组

9%～41%；镜检类型指数 2.25～80.25，以Ⅱ₁型干酪根为主，少量Ⅰ型和Ⅱ₂型。雅西措组烃源岩干酪根组分中，腐泥组 55%～90%，壳质组 0～5%，镜质组 1%～37%，惰质组 1%～30%；镜检类型指数 19～80.25，以Ⅱ₁型干酪根为主，少量Ⅱ₂型。五道梁组烃源岩干酪根组分中，腐泥组 65%，壳质组 3%，镜质组 14%，惰质组 18%；镜检类型指数 38.00，以Ⅱ₂型干酪根为主。结扎群烃源岩干酪根组分中，腐泥组 54%，镜质组 19%，惰质组 27%；镜检类型指数 12.75，干酪根类型为Ⅱ₂型。

2）干酪根元素组成

风火山群、雅西措组、五道梁组烃源岩干酪根元素组成反映的有机母质类型有明显的差异（图 3-3-6）。

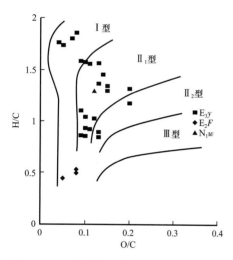

图 3-3-6　干酪根元素 Van-Krevelen 图解

风火山群烃源岩干酪根 H/C 原子比 0.44～0.52，O/C 原子比 0.05～0.08，处于Ⅱ₂型区间。雅西措组烃源岩干酪根 H/C 原子比 0.84～1.85，O/C 原子比 0.04～0.2，显示以Ⅱ₂型干酪根为主。五道梁组烃源岩干酪根 H/C 原子比 1.29，O/C 原子比 0.12，处于Ⅱ₁型区间。

3）干酪根 $\delta^{13}C$ 分布

风火山群烃源岩干酪根 $\delta^{13}C$ 介于 -27.5‰～-24.4‰；雅西措组烃源岩干酪根 $\delta^{13}C$ 为 -27.8‰～-17.7‰；五道梁组烃源岩干酪根 $\delta^{13}C$ 为 -21.7‰；盆地基底结扎群烃源岩干酪根 $\delta^{13}C$ 值为 -24.8‰。总体显示有机质类型为混合Ⅱ型。

4）正构烷烃分布

风火山群、雅西措组、五道梁组烃源岩正构烷烃碳数范围 $n\text{-}C_{14}$—$n\text{-}C_{30}$，具有一定低碳数优势，主峰碳数分布于 $n\text{-}C_{23}$—nC_{27} 之间，但以 $n\text{-}C_{25}$ 为主。轻重组分都占有相当的比例，显示有机质类型具有混合型的基本特征。通过对比，不同层位正构烷烃系列分布存在一些差异。

风火山群烃源岩正构烷烃呈前高后低的单峰型分布，$(C_{21}+C_{22})/(C_{28}+C_{29})$ 比值大，介于 15.47～40.61；轻/重组分比值（$n\text{-}C_{21\text{-}}/n\text{-}C_{22+}$）一般大于 0.75，轻烃组分占有明显优势，显示有机母质中水生生物来源比例较高。

雅西措组烃源岩中正构烷烃呈前高后低的单峰型分布，$(C_{21}+C_{22})/(C_{28}+C_{29})$ 比值大，介于 1.05～2.31；轻/重组分比值（$n\text{-}C_{21\text{-}}/n\text{-}C_{22+}$）为 0.29～0.77，说明轻烃组分占有一定优势，有机母质中具有一定份额的水生生物来源。K04 和 ZP03 剖面正构烷烃呈后高前低的单峰型分布，$(C_{21}+C_{22})/(C_{28}+C_{29})$ 比值小，介于 0.08～2.88，平均值为 0.62；轻/重组分比值（$n\text{-}C_{21\text{-}}/n\text{-}C_{22+}$）为 0.04～0.22，重烃组分占优势，说明有机母质中具有较高份额的腐殖输入。

五道梁组烃源岩正构烷烃呈后高前低的单峰型分布，$(C_{21}+C_{22})/(C_{28}+C_{29})$ 比值为 0.67；轻/重组分比值（$n\text{-}C_{21\text{-}}/n\text{-}C_{22+}$）为 0.29，说明有机母质中具有较高的腐殖输入。

综合分析表明，风火山群、雅西措组烃源岩有机质类型主要为混合型，有机母质构成中，既有较高份额的高等植物，又有一定比例的低等水生生物混合输入的特点。其中风火山群为Ⅱ₁—Ⅱ₂型，雅西措组以Ⅱ₁型为主，少量Ⅱ₂型，烃源岩有机质类型较好。

3. 热演化特征

根据镜质组反射率（R_o）、岩石热解峰温（T_{max}）、正构烷烃分布、干酪根中腐泥组分颜色共4项指标分析结果，对可可西里盆地烃源岩有机质成熟度作如下综合评价（表3-3-4）。

表3-3-4　可可西里盆地烃源岩有机质成熟度

地层	样品数	R_o/%	T_{max}/℃	OEP	Pr/n-C$_{17}$	Ph/n-C$_{18}$	腐泥组颜色
E₃y	23	0.29~0.82/0.528	344~533/413.75	1.03~12.65/5.17	0.22~3.65/1.243	0.4~4.54/1.64	黄色或棕黄色
E₂F	4	0.78/0.78	505~527/520.5	0.99~1.05/1.017	0.54~1/0.8075	0.72~0.93/0.8225	棕黄色
N₁w	1	0.52	407	1.79	3.04	24.43	黄色
T₃J	1	1.23	459	1.12	0.48	1.24	棕黄色

地层	样品数	$\alpha\alpha\alpha$-C$_{29}\dfrac{20S}{20S+20R}$/%	$\beta\beta$-C$_{29}/\sum$C$_{29}$/%	$\alpha\alpha\alpha$-C$_{31}\dfrac{22S}{22S+22R}$/%
E₃y	9	16.58~34.25/24.99	17.03~38.27/25.42	53.05~60.16/57.60
E₂F	4	27.81~40.05/33.26	33.33~41.81/38.81	55.16~58.51/56.82
N₁w	1	17.76	47.65	34.64
T₃J	1	38.83	51.74	57.81

注：表中数据，分子为参数范围，分母为平均值。

1）镜质组反射率

风火山群烃源岩 R_o 值0.78%，雅西措组烃源岩 R_o 值0.29%~0.82%，五道梁组烃源岩 R_o 值0.52%。从 R_o 值看，风火山群和雅西措组烃源岩处于成熟阶段，五道梁组烃源岩处于未成熟阶段。

2）岩石热解峰温

风火山群、雅西措组、五道梁组烃源岩 T_{max} 值存在明显差异。风火山群烃源岩 T_{max} 值除了个别（1件）样品偏低外（310℃），大部分样品 T_{max} 值均介于429~527℃，且多数高于500℃。雅西措组烃源岩 T_{max} 值除了少数几件样品偏低以外，大部分样品 T_{max} 值介于412~466℃。五道梁组烃源岩 T_{max} 值407℃。

3）正构烷烃分布

风火山群烃源岩正构烷烃碳数范围 n-C$_{14}$—n-C$_{30}$，主峰碳数 n-C$_{24}$ 或 n-C$_{25}$，OEP 值介于0.99~1.05，平均1.02，接近平衡值1.0，奇碳优势不明显，轻/重组分比值一般大于0.75。雅西措组烃源岩正构烷烃碳数范围 n-C$_{14}$—n-C$_{35}$，主峰碳数 n-C$_{23}$—n-C$_{27}$，但以 n-C$_{23}$ 和 n-C$_{25}$ 为主，大多数样品 OEP 值介于1.03~1.54，略具奇碳优势，轻/重组分比值多数介于0.11~0.77，平均0.33。五道梁组烃源岩正构烷烃碳数范围 n-C$_{14}$—n-C$_{30}$，主峰碳数 n-C$_{25}$，OEP 值1.79，奇碳优势突出，轻/重组分比值0.29。

4）干酪根中腐泥组分颜色

风火山群烃源岩干酪根腐泥组（无定形组）颜色为棕黄色；雅西措组烃源岩干酪根腐泥组颜色为黄色、棕黄色；五道梁组烃源岩干酪根腐泥组颜色为黄色。盆地基底结扎群烃源岩干酪根腐泥组颜色为棕黄色。

上述四项指标参数分析，特别是 R_o 值和 T_{max} 值反映特征明显，综合评价风火山群烃源岩处于高成熟阶段；雅西措组烃源岩处于成熟阶段，五道梁组烃源岩处于未成熟阶段。

4. 总体评价

可可西里盆地风火山群烃源岩有机质丰度偏低，有机质类型主要为 $Ⅱ_1$—$Ⅱ_2$ 型，烃源岩主体处于高成熟阶段。五道梁组烃源岩有机质丰度偏低，有机质类型以 $Ⅱ_1$ 型为主，烃源岩主体处于未成熟阶段。雅西措组烃源岩，特别是灰色石灰岩和深灰色油页岩及灰色泥（页）岩为中等—好烃源岩，有机质类型较好，以 $Ⅱ_1$ 型为主，烃源岩主体处于成熟阶段。所以，雅西措组烃源岩为盆地主力烃源岩。

二、储层

可可西里盆地储层较发育，主要分布层位是雅西措组，其次是风火山群；储层以碎屑岩储层为主。雅西措组储层厚度大，横向分布较稳定。

1. 物性特征

储层物性分析表明，不同层位储层物性有明显差异，雅西措组储层物性明显好于风火山群（表 3-3-5）。

表 3-3-5　可可西里盆地储层物性参数

岩性	地层	样品数	岩石密度 / (g/cm³)	孔隙度 /%	渗透率 /mD	储层类别	储层评价
砂岩	E_3y	19	1.97～2.62/2.35	3.18～26.16/12.06	0.0594～653.53/40.0958	以Ⅲ为主	中等—好
砂岩	E_2F	3	2.6294～2.7152/2.66	1.25～2.18/1.65	0.03～0.3810/0.1548	Ⅵ	差—很差

风火山群储层，孔隙度 1.25%～2.18%，平均 1.65%；渗透率 0.0300～0.3810mD，平均 0.1548mD。为致密—很致密储层，属差—很差储层。

雅西措组储层，孔隙度主要分布在 3.18%～26.16% 之间，平均 12.06%；渗透率 0.0594～653.5392mD，平均 40.0958mD。从孔、渗分析数据来看，雅西措组储层以中孔中渗和低孔低渗为主，总体评价为中等—好储层。

2. 孔隙结构

根据储层岩石压汞分析，结合铸体薄片鉴定资料，对可可西里盆地碎屑岩储层孔隙结构特征进行分析，不同层位砂岩储层孔隙结构参数和不同层位、不同储层具有不同的毛细管压力曲线及相应的孔隙结构参数特征（表 3-3-6）。

雅西措组储层的排驱压力在 0.0341～2.6927MPa 之间，平均 0.7629MPa；对应的最大连通喉道半径在 0.2785～22.0006μm 区间，平均 4.6615μm。饱和度中值压力分布在 0.1370～3.424MPa 之间，平均 3.0138MPa；对应的中值喉道半径在 0.0781～5.4741μm 区间，平均 1.1479μm。雅西措组储层毛细管压力曲线大致可分三种类型。

表 3-3-6　可可西里盆地储层孔隙结构参数

地层	样品数	地质混合经验分布参数平均值				毛细管压力曲线特征参数范围值/平均值							>0.2μm 孔喉体积/%
						$S_{Hg}=10\%$		$S_{Hg}=30\%$		$S_{Hg}=50\%$		$S_{min}/$%	
		均值	分选	变异系数	歪度	$p_d/$MPa	$R_d/$μm	$p_{c30}/$MPa	$R_{c30}/$μm	$p_{c50}/$MPa	$R_{c50}/$μm		
E_3y	7	11.318	2.656	0.246	0.673	0.0341~2.6927/0.7629	0.2785~22.006/4.6615	0.0658~4.7981/1.4115	0.1563~11.4018/2.4279	0.137~3.424/3.0138	0.0781~5.4741/1.1479	1.529~11.639/6.105	24.0845~86.0238/59.4383
E_2F	1	15.116	1.509	0.100	−0.280	9.5881	0.0782	17.8211	0.0421	39.7460	0.0189	28.487	1.0062

（1）粗—偏粗歪度型。孔喉分选中等—较好，排驱压力（p_d）和饱和度中值压力（p_{c50}）较小，p_d 一般小于 0.2MPa，p_{c50} 小于 1.0MPa；对应的最大连通喉道半径大于 5μm，中值喉道半径大于 1μm，最小非饱和孔隙体积分数小于 5%；孔喉分布集中且偏于大喉道一侧。铸体薄片显示这类岩石以连通性较好的粒间孔隙为主要储集空间，其次为粒内溶孔和铸模孔。

（2）偏粗歪度型。孔喉分选中等，排驱压力（p_d）和饱和度中值压力（p_{c50}）中等，p_d 一般大于 0.4MPa，小于 1.0MPa，p_{c50} 位于 1.0~5.0MPa 之间；对应的最大连通喉道半径大于 0.5μm，中值喉道半径大于 0.1μm、小于 1μm，最小非饱和孔隙体积分数一般小于 10%；孔喉分布较集中，较大喉道对渗透率贡献大。铸体薄片显示这类岩石为粒间孔隙较发育的砂岩，孔隙连通性较好。

（3）细歪度型。孔喉分选中等—较好，排驱压力（p_d）和饱和度中值压力（p_{c50}）呈现较高值，p_d 一般大于 2.5MPa，p_{c50} 大于 9.0MPa；对应的最大连通喉道半径小于 0.3μm，中值喉道半径小于 0.08μm，最小非饱和孔隙体积分数一般大于 5%；孔喉分布集中在细小喉道一侧。这类曲线代表的岩石物性较差。铸体薄片显示这类岩石内孔隙以小的溶蚀孔隙为主，孔隙间喉道窄。

风火山群储层毛细管压力曲线属于细歪度型，具有很高的排驱压力和饱和度中值压力，排驱压力值 9.5881MPa，饱和度中值压力值达 39.740MPa；对应的最大连通喉道半径仅 0.0782μm，中值喉道半径值 0.0189μm，小于 0.2μm 孔喉体积分数大于 98%，最小非饱和孔隙体积分数达 28.487%。储层物性较差。

3. 总体评价

可可西里盆地储层类型为碎屑岩储层。风火山群储层物性较差，以近致密—很致密储层为主，属差—很差储层；孔隙结构类型以小的溶蚀孔隙为主，孔隙间喉道窄。雅西措组储层以中孔中渗和低孔低渗为主，总体为中等—好储层；孔隙结构类型以连通性较好的粒间孔隙为主，其次为粒内溶孔和铸模孔。雅西措组储层物性明显好于风火山群。

三、生储盖组合

根据烃源岩、储层、盖层的分析和时空展布，可可西里盆地从下向上划分出三套生储盖组合（图 3-3-7）。

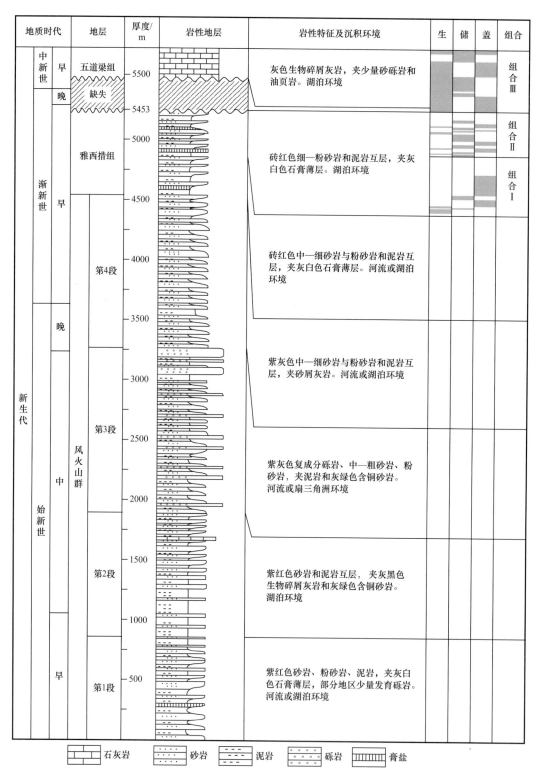

地质时代			地层	厚度/m	岩性地层	岩性特征及沉积环境	生	储	盖	组合
新生代	中新世	早	五道梁组	5500		灰色生物碎屑灰岩，夹少量砂砾岩和油页岩。湖泊环境				组合Ⅲ
		晚	缺失	5453						
	渐新世	早	雅西措组	5000 4500		砖红色细—粉砂岩和泥岩互层，夹灰白色石膏薄层。湖泊环境				组合Ⅱ 组合Ⅰ
	始新世	晚	风火山群	第4段	4000 3500		砖红色中—细砂岩与粉砂岩和泥岩互层，夹灰白色石膏薄层。河流或湖泊环境				
		中		第3段	3000 2500		紫灰色中—细砂岩与粉砂岩和泥岩互层，夹砂屑灰岩。河流或湖泊环境				
					2000		紫灰色复成分砾岩、中—粗砂岩、粉砂岩，夹泥岩和灰绿色含铜砂岩。河流或扇三角洲环境				
		早		第2段	1500 1000		紫红色砂岩和泥岩互层，夹灰黑色生物碎屑灰岩和灰绿色含铜砂岩。湖泊环境				
				第1段	500		紫红色砂岩、粉砂岩、泥岩，夹灰白色石膏薄层，部分地区少量发育砾岩。河流或湖泊环境				

石灰岩　　砂岩　　泥岩　　砾岩　　膏盐

图 3-3-7　可可西里盆地生储盖组合

（1）组合Ⅰ。位于雅西措组中下部，烃源岩以灰黑色薄—中层状泥岩和泥灰岩为主，储层为薄—中层状中—细砂岩，直接盖层为泥岩和石膏岩层。该组合烃源岩厚度较薄、品级相对较差，储层较薄、砂体分散，评价为较差生储盖组合。

（2）组合Ⅱ。位于雅西措组中部，烃源岩为灰色、灰黑色薄—中层状泥岩、泥灰岩、灰黑色石灰岩，储层为薄—中层状中—细砂岩，直接盖层为泥岩和石膏岩层，形成下生上储式生储盖组合。该组合具有一定的烃源岩厚度，烃源岩品级一般，储层砂体较分散，评价为中等—较差生储盖组合。

（3）组合Ⅲ。位于雅西措组上部和五道梁组，烃源岩以灰黑色中层状石灰岩和油页岩为主，储层为薄—中层状中砂岩，直接盖层为雅西措组泥岩和石膏岩层，区域性盖层为五道梁组泥岩、泥灰岩，形成互层式生储盖组合。该组合烃源岩厚度大，烃源岩品级较好，储层厚度大，砂体连续，上部石膏岩层封盖性能好，为较好生储盖组合。

四、资源潜力评价

可可西里盆地有沱沱河、错仁德加、海丁诺尔 3 个坳陷，其油气资源量按 3 个坳陷分别计算；油气资源量计算分别采用有机碳法和面积丰度类比法；然后进行加权平均计算，得出可可西里盆地油气资源总量为 $11.46 \times 10^8 t$。

1. 有机碳法

有机碳法计算的可可西里盆地远景油气资源量总计为 $14.42 \times 10^8 t$。

沱沱河坳陷雅西措组有效泥质岩烃源岩油气资源量为 $9.53 \times 10^8 t$、石灰岩烃源岩油气资源量为 $1.59 \times 10^8 t$；风火山群有效泥岩烃源岩油气资源量为 $0.01 \times 10^8 t$。沱沱河坳陷远景油气资源量合计为 $11.13 \times 10^8 t$。

错仁德加坳陷风火山群有效石灰岩烃源岩油气资源量为 $0.3336 \times 10^8 t$、泥岩烃源岩油气资源量为 $0.0290 \times 10^8 t$；雅西措组有效泥岩烃源岩油气资源量为 $0.7263 \times 10^8 t$、石灰岩烃源岩油气资源量为 $1.4637 \times 10^8 t$。错仁德加坳陷远景油气资源量合计为 $2.553 \times 10^8 t$。

海丁诺尔坳陷雅西措组有效泥岩烃源岩油气资源量为 $0.5619 \times 10^8 t$、石灰岩烃源岩油气资源量为 $0.1770 \times 10^8 t$。海丁诺尔坳陷远景油气资源量合计为 $0.739 \times 10^8 t$。

2. 面积丰度类比法

可可西里盆地古生代、中生代为浅海台盆阶段，新生代为前陆盆地阶段，其含油气特点也应与其他前陆盆地相似，而塔西南坳陷是国内典型的前陆盆地沉积，从大地构造背景来看，其与可可西里盆地是一致的，因此将其与可可西里盆地进行类比。可可西里盆地与塔西南坳陷的类比系数为 0.66，根据可可西里盆地面积（ $4.68 \times 10^4 km^2$ ）以及塔西南坳陷油气面积丰度（ $2.53 \times 10^4 t/km^2$ ），类比出可可西里盆地的油气资源量为 $7.82 \times 10^8 t$。

可可西里盆地用有机碳法计算的油气资源量为 $14.42 \times 10^8 t$，用面积丰度类比法得到的油气资源量为 $7.82 \times 10^8 t$。对两种方法得到的油气资源量进行加权平均计算，有机碳法权重取 0.4，类比法权重取 0.6，得到可可西里盆地的油气资源总量为 $10.46 \times 10^8 t$，具有较好油气勘探远景。

第四章　措勤盆地

措勤盆地位于西藏探区中南部，北以班公湖—怒江缝合带与羌塘地块为界，南以扎西岗—许如错—雪古拉断裂与冈底斯岩浆弧为邻，东以当雄断裂与比如盆地为界，盆地总体呈东西—北西西向展布，面积 $16.16 \times 10^4 km^2$，是西藏探区仅次于羌塘盆地的第二大盆地，行政区划上自西向东地跨狮泉河、革吉、改则、措勤、申扎、班戈、尼玛等地区。

20 世纪 90 年代，中国石油天然气总公司青藏油气勘探项目经理部组织开展了措勤盆地石油地质预查工作，完成了包括地质路线调查、地质填图、大地电磁及航磁重力勘探等非常有限的工作量；2001—2004 年，成都地质矿产研究所组织完成了措勤盆地油气资源潜力分析科研项目，对措勤盆地地层、沉积、构造和油气资源作了系统总结。2004—2018 年，国土资源部和中国地质调查局成都地质调查中心再次组织国内十多家科研院所、地质院校及石油企业，对措勤盆地措勤—洞错等地区开展了新一轮石油地质调查与资源评价工作，补充完成了包括路线地质调查、区块评价、重磁和 MT 测量、资源量预测等一系列工作。

第一节　地层与沉积

措勤盆地是发育在念青唐古拉群变质岩系之上的多期次、多旋回叠合型盆地，其中，中生代盆地是西藏探区油气勘探的主要目标，其次是古生代盆地，现今措勤盆地大部分为中新生代地层所覆盖。措勤盆地沉积地层包括自奥陶系至新近系的一套海相和陆相沉积岩系，总厚度大于 15000m。

一、地层

措勤盆地地层区划上属于冈底斯—念青唐古拉山地层区，根据盆地内的地层发育特征、古生物群组合特征可将盆地由北而南划分为三个地层分区，即北部木嘎岗日分区、中部日松—革吉—川巴分区（班戈—八宿分区）和南部措勤—申扎分区，各分区地层发育情况见表 3-4-1 和图 3-4-1。盆地内二叠系、侏罗系和白垩系目的层系主要分布于北部和中部分区。

1. 木嘎岗日分区

该分区位于班公湖—怒江缝合带南侧和日松—革吉—川巴分区之北的日土—东巧一带，呈东西向狭窄条带状分布。地层单元主要有中—上三叠统确哈拉群、中—下侏罗统木嘎岗日群、中侏罗统沙木罗组、上白垩统竟柱山组。该区侏罗系多残缺不全，通常是上不见顶、下不见底，以中薄层浅变质复理石碎屑岩为主，内夹老地层外来块体。

表 3-4-1　冈底斯—念青唐古拉山地层区划分对比表

系	统	噶尔—日喀则		隆格尔—南木林	措勤—申扎	班戈—八宿	木嘎岗日
古近系	始新统	未名海相始新统岩石地层？		林子宗群	帕那组 / 牛波组	茶里错群	美苏组	牛堡组
	古新统	错江项群	加拉孜组		典中组			
			曲下组					
白垩系	上统	日喀则群	曲贝亚组	?		竞柱山组		
			帕达那组					
			品仁组					
	下统	冲堆组		桑日群	比马组 / 麻木下组	捷嘎组 / 则弄群	郎山组 / 多尼组	
侏罗系	上统	蛇绿岩群				仁多组 / 接奴群	拉贡塘组	
	中统						桑卡拉拥组	沙木罗组 / 木嘎岗日群
	下统						马里组	
三叠系	上统	?			江让组 / 多布日组	确哈拉群	
	中统						
	下统						
二叠系	上统			?	坚扎弄组 / 敌布错组	桑穷组 / 木纠错组	
	中统				下拉组		
	下统			拉嘎组	昂杰组		

确哈拉群（$T_{2-3}Qh$ 为一套以红色为基调（包括紫红色、砖红色、灰红色、棕红色等）的砾岩、粗砂岩、中细粒长石石英砂岩、岩屑砂岩夹少量泥灰岩、泥板岩及薄层石膏等，未见顶底，剖面可见厚度大于 4289m。

木嘎岗日群（$J_{1-2}M$）主要为一套浅变质的复理石相砂岩、板岩夹石灰岩、硅质岩、火山岩及火山碎屑岩；厚度巨大，分布面积大，约占全区面积的一半，以狭窄的条带广泛分布于西起班公湖，向东经改则、尼玛等地，直至安多县东巧；未见顶底，中间还有

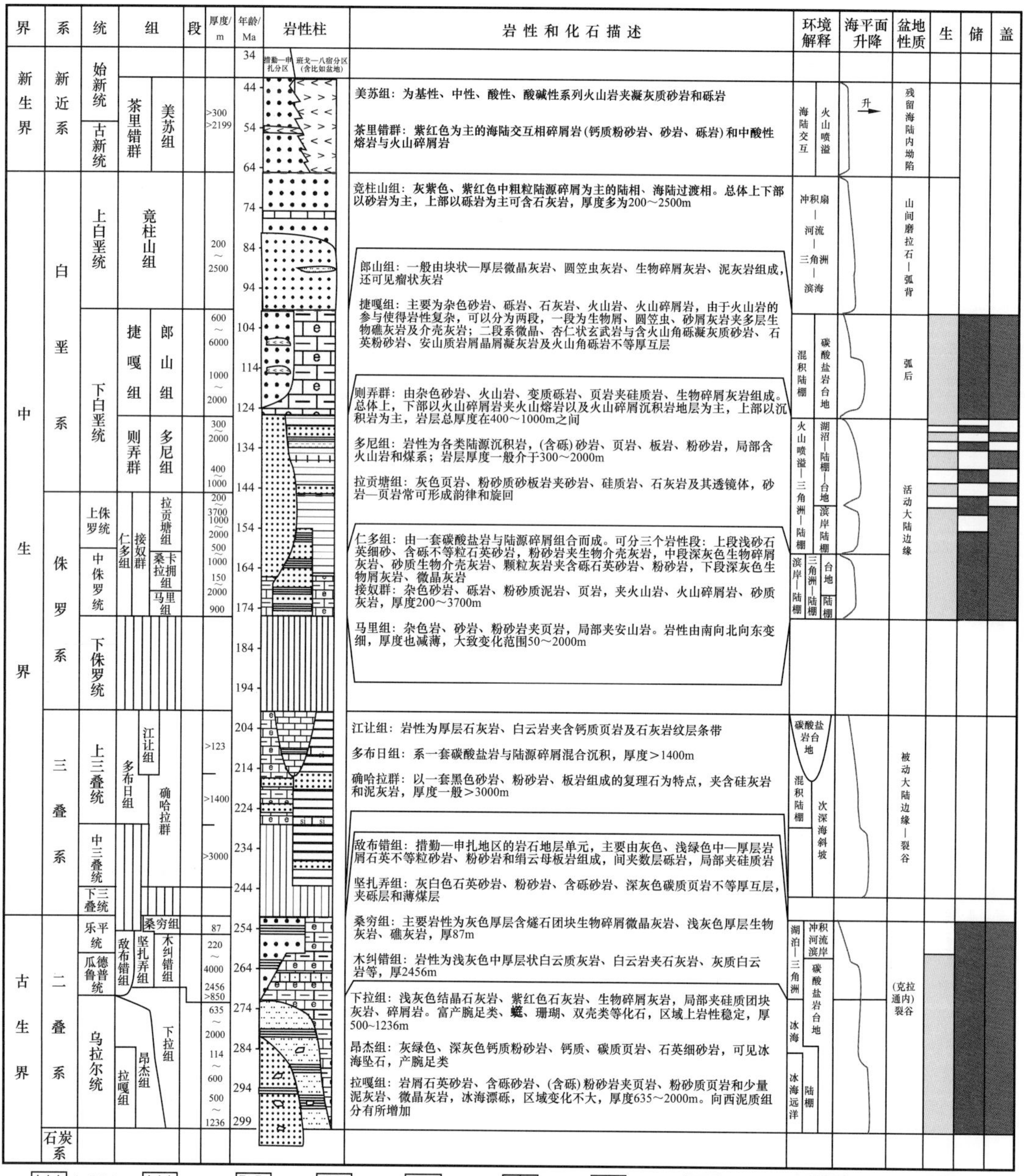

界	系	统	组	段	厚度/m	年龄/Ma	岩性和化石描述	环境解释	盆地性质
新生界	新近系	始新统 / 古新统	茶里错群（美苏组、茶里错群）		>300 ~2199	34 / 44 / 54 / 64	美苏组：为基性、中性、酸性、酸碱性系列火山岩夹凝灰质砂岩和砾岩。茶里错群：紫红色为主的海陆交互相碎屑岩（钙质粉砂岩、砂岩、砾岩）和中酸性熔岩与火山碎屑岩	海陆交互	残留海陆内坳陷
中生界	白垩系	上白垩统	竟柱山组		200 ~2500	74 / 84	竟柱山组：灰紫色中粗粒陆源碎屑为主的陆相、海陆过渡相。总体上下部以砂岩为主，上部以砾岩为主可含石灰岩，厚度多为200~2500m	冲积扇—河流—三角洲—滨海	山间磨拉石—弧背
		下白垩统	郎山组 / 捷嘎组 / 则弄群（多尼组、拉贡塘组）		600~6000 / 1000~2000 / 300~2000 / 400~2000	94 / 104 / 114 / 124 / 134 / 144	郎山组：一般由块状—厚层微晶灰岩、圆笠虫灰岩、生物碎屑灰岩、泥灰岩组成，还可见瘤状灰岩。捷嘎组：主要为杂色砂岩、砾岩、石灰岩、火山岩、火山碎屑岩，由于火山岩的参与使得岩性复杂，可以分为两段，一段为生物碎屑、圆笠虫、砂屑灰岩夹多层生物礁灰岩及介壳岩；二段泥微晶、杏仁状玄武岩与含火山角砾凝灰质砂岩、石英粉砂岩、安山质碎屑岩屑凝灰岩与火山角砾岩不等厚互层。则弄群：由杂色砂岩、火山岩、变质岩类、页岩硅质岩、生物碎屑灰岩组成。总体以中基火山碎屑岩夹火山熔岩以及火山碎屑沉积岩地层为主，上部以沉积岩为主，岩层总厚度在400~1000m之间。多尼组：岩性为各类陆源沉积岩，（含砾）砂岩、页岩、板岩、粉砂岩，局部含火山岩和煤系；岩层厚度一般介于300~2000m。拉贡塘组：灰色页岩、粉砂岩夹砂岩砂质砂岩、硅质岩及其透镜体，砂岩—页岩常可形成韵律和旋回	碳酸盐岩台地 / 混积陆棚 / 湖沼—陆棚斜坡—台地滨岸陆棚 / 火山喷溢—三角洲—陆棚 / 滨岸—陆棚	弧后 / 活动大陆边缘
	侏罗系	上侏罗统 / 中侏罗统 / 下侏罗统	拉贡塘组 / 仁多组 / 接奴组 / 桑卡拉组 / 马里组		200~3700 / 1000~2000 / 500~2000 / 150~1000 / 900	154 / 164 / 174 / 184 / 194	仁多组：由一套碳酸盐岩与陆源碎屑岩组合而成。可分三个岩性段：上段浅砂石英细砂、含砾不等粒石英砂岩，陆源砂岩夹生物介壳岩，中段深灰色生物碎屑灰岩、泥质碳酸盐岩夹生物介壳岩；颗粒灰岩夹含深灰色石英砂岩、粉砂岩，下段深灰色生物屑灰岩、微晶灰岩。接奴组：杂色岩、粉砂质泥岩、页岩，夹火山岩、火山碎屑岩、砂质灰岩，厚度200~3700m。马里组：杂色岩、砂岩、粉砂岩夹页岩，局部夹安山岩。岩性由南向北向东变细，厚度也减薄，大致变化范围50~2000m		
	三叠系	上三叠统 / 中三叠统 / 下三叠统	江让组 / 多布日组 / 确哈拉群		>123 / >1400 / >3000	204 / 214 / 224 / 234 / 244	江让组：岩性为厚层石灰岩、白云岩夹含钙质页岩及石灰岩纹层条带。多布日组：系一套碳酸盐岩与陆源碎屑混合沉积，厚度>1400m。确哈拉群：以一套黑色石灰岩、粉砂岩、板岩组成的复理石为特点，夹含硅质岩和泥灰岩，厚度一般>3000m。敌布错组：措勤—申扎地区的岩石地层单元，主要由灰色、浅绿色中—厚层屑石英不等粒砂岩、粉砂岩和绢云母板岩组成，间夹数层硅质岩，局部夹硅质岩。坚扎弄组：灰白色石英砂岩、粉砂岩、含砾砂岩、深灰色碳质岩不等厚互层，夹砾层和薄煤层	碳酸盐岩台地 / 混积陆棚 / 次深海斜坡	被动大陆边缘—裂谷
古生界	二叠系	乐平统 / 瓜德鲁普统 / 乌拉尔统	桑穷组 / 木纠错组 / 敌布错组 / 坚扎弄组 / 下拉组 / 昂杰组 / 拉嘎组		87 / 220~4000 / 2456 / >850 / 635~1236 / 114~600 / 500~1236	254 / 264 / 274 / 284 / 294 / 299	桑穷组：主要岩性为灰色厚层含燧石团块生物碎屑微晶灰岩、浅灰色厚层生物灰岩、礁灰岩，厚87m。木纠错组：岩性为浅灰色中厚层状白云质岩、白云岩夹石灰岩、灰质白云岩等，厚2456m。下拉组：浅灰色结晶石灰岩、紫红色石灰岩、生物碎屑灰岩，局部夹硅质团块灰岩，富产腕足类、蜓、珊瑚、双壳类等化石，区域上岩性稳定，厚500~1236m。昂杰组：灰绿色、深灰色钙质粉砂岩、钙质、碳质页岩、石英细砂岩，可见冰海坠石、腕足类。拉嘎组：岩屑石英砂岩、含砾砂岩、（含砾）砂岩夹泥岩、粉砂质页岩和少量泥灰岩、微晶灰岩，冰海漂砾，区域变化不大，厚度635~2000m。向西泥质组分有所增加	湖泊—三角洲滨岸 / 冲积河流滨岸 / 碳酸盐岩台地 / 冰海 / 陆棚 / 冰海远洋	（克拉通内）裂谷
	石炭系								

图例：含砾砂岩 / 砂岩 / 泥岩 / 页岩 / 煤线 / 石灰岩 / 泥灰岩 / 生物碎屑灰岩 / 含硅质灰岩 / 火山岩

图 3-4-1 措勤盆地地层综合柱状图及生储盖组合图

断层，厚度达 13880m；产少量腹足类及珊瑚等化石。

沙木罗组（J_2s）分布在西部革吉县盐湖区，为一套滨浅海相碎屑岩、碳酸盐岩，岩性为灰色薄—中层含生物碎屑砂质灰岩夹鲕粒灰岩、细粒岩屑石英砂岩夹泥质粉砂岩、灰色泥（页）岩，泥（页）岩有浅变质，厚度大于 500m。

竟柱山组（K_2j）下部以角度不整合覆于则弄群、多尼组和郎山组之上，主要是一套紫红色夹灰色岩屑石英砂岩、长石岩屑砂岩、含砾砂岩、石英粉砂岩、泥质粉砂岩、粉砂质泥岩互层，夹砾岩、火山质砾岩、深灰色石灰岩透镜体，底部以褐红色、褐灰色厚层—块状砾岩为主，沉积环境主要为河流—湖泊相。

2. 日松—革吉—川巴分区

日松—革吉—川巴分区又称班戈分区（《西藏自治区区域地质志》，1993）、班戈—八宿分区或日土—班戈分区。该分区以且坎—古昌—阿索断裂带为界，细分为北部甲岗—日松小区和南部革吉—它日错小区（与前述相同的地层单元不再重复叙述，下同）。

拉嘎组（C_2—P_1l）岩性为灰色、灰绿色中—厚层状含砾不等粒长石石英杂砂岩、长石石英砂岩、含砾砂岩与灰绿色薄层状粉砂质（钙质）泥岩的不等厚互层，夹灰色中—厚层状砾岩、石英粉砂岩。与下伏永珠组及上覆昂杰组皆为整合接触，厚度1520m。

昂杰组（P_1a）岩性为灰色、深灰色石英砂岩、岩屑石英砂岩、长石石英砂岩、含砾粗砂岩、粉砂质（钙质）泥岩、碳质泥岩互层，夹灰色、深灰色中—薄层石灰岩、生物碎屑灰岩。与下伏拉嘎组、上覆下拉组整合接触，地层厚度变化较大，厚度40～200m。

下拉组（P_2x）为一套碳酸盐沉积，以灰色、深灰色中—厚层微晶灰岩、生物碎屑灰岩、燧石结核灰岩、砂（砾）屑灰岩互层为主，在中仓乡西南部，可见其中发育白云岩或白云质灰岩。与下伏昂杰组、拉嘎组多为整合接触，厚度大于1200m。

木纠错组（P_3m）分布于申扎县城东南木纠错南东岸附近，以白云岩、白云质灰岩为主，厚度达2348m，该组在层位上相当于中国南方上二叠统吴家坪组。

桑穷组（P_3s）主要发育于改则县下东乡阿多嘎布，分布范围极有限，主要为灰色厚层含燧石团块生物碎屑微晶灰岩；富含层孔虫、珊瑚、海绵、苔藓虫等化石，厚度仅87m。

多布日组（T_3d）主体为一套陆相—海陆交互相—滨浅海沉积，下部以碎屑岩为主夹石灰岩，上部以石灰岩、生物碎屑灰岩为主，底部夹少量细碎屑岩；含珊瑚、海参、腹足类、藻类、介形虫、植物及植物孢粉等化石，厚度1425m。

江让组（T_3j）命名于措勤县江让地区，以碳酸盐沉积为主、泥质较为发育，顶部为白云质灰岩，顶界以白云质灰岩与上覆马里组碎屑岩不整合接触，底界出露不全；含有高舟牙形石 *Epigondolella* sp.，时代为晚三叠世诺利期。

马里组（J_2m）岩性为浅灰黄色、浅灰色中粒岩屑石英砂岩、紫红色长石石英砂岩、紫红色和黄色含砾白云质中粒岩屑砂岩、泥（页）岩、长石细砂岩、泥质粉砂岩、粉砂岩。

桑卡拉拥组（J_2s）命名于洛隆县马里乡，为一套石灰岩。《西藏自治区区域地质志》将相当于马里组和桑卡拉拥组统称为桑巴群，《西藏自治区岩石地层》（1997）采用马里组和桑卡拉拥组，定义为整合于马里组碎屑岩之上和拉贡塘组页岩之下的一套碳酸盐岩组合。

拉贡塘组（$J_{2-3}l$）创名地点位于洛隆县腊久西卡达至藏卡扎乌沟，主要为浅海相粉砂质泥岩与水下扇含砾岩屑砂岩，时代为中—晚侏罗世。

多尼组（K_1d）下部（川巴段）为海陆交互相砂岩及页岩夹透镜状石灰岩，局部夹薄煤层，东巧一带，厚仅100余米，底部为底砾岩，不整合于侏罗系超基性岩体之上，向上为砂岩、含砾砂岩、夹碳质页岩、煤线和石灰岩；上部（多巴段）与下部川巴段相比，石灰岩、泥灰岩层厚度相对增大，主要岩性为杂色含砾火山岩、砂岩及泥、碳质泥岩，夹圆笠虫灰岩、生物碎屑灰岩及安山岩、安山质凝灰岩。

郎山组（K_1l）创名于班戈县郎钦山，岩性主要为灰色、深灰色、灰黑色石灰岩、生物灰岩和泥质灰岩；产圆笠虫、固着蛤、海娥螺等化石。

3. 措勤—申扎地层分区

该分区位于盆地中南部，东部以念青唐古拉山东缘大断裂与拉萨分区毗邻，南以雅鲁藏布江缝合带与噶尔—日喀则分区相邻，北以狮泉河—吉瓦—当雄一线与日松—革吉—川巴分区相隔，现将发育与前两个分区地层不同的地层单元概述如下。

坚扎弄组（P_3j）为一套含煤碎屑岩地层，又称尖扎辽旺组，《西藏自治区岩石地层》（1997）采用坚扎弄组一名，该组岩石组合与措勤县北部夏康坚雪山坚赞罗马以西一带出露的敌布错组一致，属于同一地层单元。

接奴群（$J_{2-3}Jn$）下部主要为灰白色、灰色、浅灰色及紫红色中—厚层状砾岩、粗砂岩，以及灰白色、灰绿色、紫红色中—薄层状粉砂质泥岩、泥岩，常夹灰色、深灰色、黄褐色泥灰岩、石灰岩层及石灰岩透镜体，含生物碎屑；上部为灰白色、灰褐色、灰绿色长石石英砂岩、含砾石英砂岩、粉砂岩，以及浅灰色、灰白色、淡红色流纹岩、灰绿色、黄绿色晶屑凝灰岩、中基性火山岩，含生物碎屑。厚度大于2500m。

则弄群（K_1Z）为一套由杂成分砾岩、凝灰岩、火山角砾岩、砂岩、页岩夹生物碎屑砂岩和石灰岩组成的地层体，《西藏自治区岩石地层》（1997）定义则弄群为由杂色砂岩、火山岩、变质砾岩、页岩夹硅质岩、生物碎屑灰岩组成的地层体。

捷嘎组（K_1jg）创名于西藏革吉县捷嘎，指下白垩统的火山岩、碎屑岩夹石灰岩的地层体。岩性主要为一套杂色砂岩、砾岩、石灰岩夹火山岩及火山碎屑岩。

二、沉积相

措勤盆地可划分出3种沉积体系组、12种沉积体系和若干个沉积相、亚相（表3-4-2）。

1. 陆相

陆相包括风化残积沉积体系、冲—洪积沉积体系、河流沉积体系和内陆湖泊沉积体系。

（1）风化残积沉积体系。以残积相为主，出现于几大不整合面之上，分布广泛。岩性组合主要为下伏地层风化剥蚀、就地堆积的一些角砾岩、砂岩、泥岩等，残积岩颗粒大小不一，杂乱排列，多呈棱角状，颜色和充填物与风化期气候、风化作用等有关；另外，在部分地区郎山组顶部出现少量的古岩溶相。

（2）冲—洪积沉积体系。主要见于中—上侏罗统接奴群底部、下白垩统则弄群、多尼组底部、上白垩统竟柱山组下部、古近系和新近系等地层中，岩性主要为泥石流、片状流及筛积沉积的一些块状砾岩、含砾砂岩。沉积物组分复杂而多变，主要取决于附近物源区母岩的成分，砾石大小不等、杂乱排列，多呈棱角—次棱角状，砾石间多为砂岩充填；局部可见到斜层理、粒序层理、平行层理、流水波痕和砾石定向排列，厚度变化大。

（3）河流沉积体系。较发育，通常与冲—洪积体系共生，除下白垩统郎山组和捷嘎组外，其余各组均有分布，晚白垩世以前的海相盆地主要发育于邻近南北古陆地区；晚白垩世及其以后陆相盆地分布广泛，岩性为紫红色、褐红色、灰色中—厚层状、透镜状砾岩、含砾粗砂岩、细砂岩、粉砂岩及泥岩。沉积体通常呈透镜状产出，底部具冲刷面与下伏地层突变，河道砂体下部常见底冲刷而形成的泥砾片，可见到下部河床粗砂岩、含砾砂岩和上部堤岸及洪泛平原细砂岩、粉砂岩、粉砂质泥岩组成半韵律的二元结构。

表 3-4-2　沉积体系、沉积相及发育的主要层位

环境	沉积体系		主要沉积相、亚相	代表分布层位	典型分布地区
陆相	风化残积沉积体系		古风化壳、古岩溶等	接奴群、郎山组、竟柱山组、古近系、新近系	尼玛、革吉、班公湖东岸
	冲—洪积沉积体系		扇头、扇中、扇尾	接奴群、则弄群、多尼组、竟柱山组、古近系、新近系	狮泉河、革吉、改则、措勤等
	河流沉积体系		河道、边滩、心滩、堤岸等	接奴群、则弄群、竟柱山组、古近系、新近系	措勤、尼玛等
	内陆湖泊沉积体系		滨湖、浅湖、深湖	竟柱山组、古近系、新近系	措勤、尼玛等
海陆过渡相	三角洲沉积体系		三角洲平原、三角洲前缘、前三角洲	接奴群、则弄群、多尼组、郎山组、捷嘎组、竟柱山组	日土、改则、尼玛、措勤、申扎
	扇三角洲沉积体系		扇头、扇中、扇尾	多尼组、则弄群	改则、措勤、申扎
海相	海岸沉积体系	无障壁海岸体系—滨岸体系	后滨、前滨、临滨	接奴群、沙木罗组、多尼组（去申拉组）等	日土、革吉、改则等
		障壁海岸体系（碎屑岩沉积）	潮坪、潟湖、潮汐通道、障壁岛等	多尼组下部	改则、尼玛等
	碳酸盐岩沉积体系	碳酸盐岩台地体系	局限台地、开阔台地、台地边缘礁滩、	郎山组、捷嘎组	措勤盆地大部
		碳酸盐岩缓坡体系	浅缓坡、中缓坡、深缓坡	沙木罗组、接奴群、多尼组	措勤、狮泉河、改则、尼玛等
	浅海沉积体系	碎屑岩陆棚体系	内陆棚、外陆棚	接奴群、多尼组、则弄群	改则、尼玛等
	次深海、深海沉积体系			沙木罗组	且砍、阿索等

（4）内陆湖泊沉积体系。主要发育于中、新生界陆内山间盆地中，岩性主要为泥（页）岩、粉砂岩、砂岩及少量的石灰岩、泥灰岩，局部夹火山凝灰岩；含陆相化石介形虫、孢粉等。湖泊沉积体系可进一步细分为滨湖、浅湖和深湖沉积亚相。

2.海陆过渡相

海陆过渡相包括三角洲沉积体系和扇三角洲沉积体系。

（1）三角洲沉积体系。海相沉积时期比较发育，平面上分布广泛，纵向上产出层位较多，可识别出河控、浪控和潮控 3 种类型的三角洲体系，如下白垩统则弄群以河控为主，尼玛中仓藏布等地的多尼组底部三角洲以潮控为主，改则吉朗勒多尼组下部以浪控为主。每一种类型包括发育程度不一的前三角洲、三角洲前缘和三角洲平原亚相。河口湾沉积在措勤盆地较少，仅见于中仓藏布多尼组下部层位，由河道砂岩、间湾沼泽含煤泥（页）岩及潮汐砂（泥）岩等组成。滨岸沉积见于中—上侏罗统接奴群、中侏罗统沙木罗组、下白垩统多尼组等地层中。潮坪与潟湖沉积主要见于尼玛中仓查尔嘎一带的多尼组中下部，由潮道、潮间潮下坪的灰绿色、灰色中—薄层状岩屑石英细砂岩、含砾砂岩等和潟湖粉砂质泥岩组成，发育脉状层理、平行层理、沙纹交错层理、水平层理和

虫迹。

（2）扇三角洲沉积体系。发育较少，见于措勤县聂木纳—厂马努多尼组下部和革吉县亚热乡列马勒则弄群上部，由扇头、扇中、扇尾组成。多尼组岩性主要为杂色厚—块状复成分砾岩与薄—中层状中细粒钙质岩屑石英砂岩互层或灰绿色薄层状石英粉砂岩。则弄群岩性主要为深灰色砂岩、红色砂岩、灰绿色含砂质泥岩、灰色凝灰质砾岩，其中灰色、紫灰色细砾岩、灰色粗砂岩、紫红色、紫灰色细砂岩组成韵律层。

3. 海相

海相包括海岸、碳酸盐岩缓坡、浅海陆棚碎屑岩和次深海、深海 4 种沉积体系。

（1）海岸沉积体系。见于接奴群、沙木罗组、多尼组、则弄群等地层中。接奴群分布于尼玛中仓字岗、学晏安—卡布学、改则洞错卡马等地，由灰白色、灰色中—厚层状中细粒石英砂岩、长石石英砂岩、石英粉砂岩等组成；砂岩的成分成熟度和结构成熟度均高，发育平行层理、交错层理、沙纹层理等；产少量双壳类、植物碎片。沙木罗组见于革吉盐湖、沙木罗一带，由灰白色中层状中粗粒石英砂岩及粉砂岩组成；产双壳类、有孔虫、珊瑚、菊石等碎片。多尼组分布于日土热帮界哥拉、改则呷龙扒匀巴沟、洞错次热、尼玛中仓藏布等地，岩性为灰白色、灰绿色、灰色薄—厚层状中粗、中细粒石英砂岩、含碳质石英细砂岩等；发育平行层理、冲洗层理、沙纹层理；见植物碎片及双壳类化石。则弄群主要见于革吉捷嘎、茶里错一带，岩性为灰白色中层状粗粒石英砂岩、含砾石英砂岩夹薄层粉砂岩。

（2）碳酸盐岩缓坡沉积体系。见于川巴—它日错一带的多尼组和郎山组底部，接奴群、沙木罗组发育的石灰岩、泥灰岩段可能亦为缓坡沉积。以改则扎贡龙巴多尼组顶部到郎山组底部演化序列为例，该剖面多尼组顶部为陆棚相灰绿色粉砂质泥（页）岩，郎山组底部为浅海相泥质瘤状灰岩，向上演化为含生物泥微晶灰岩和浅滩相生物碎屑灰岩，显示了海平面下降期的碳酸盐岩缓坡叠置序列。

（3）浅海陆棚碎屑岩沉积体系。主要发育于接奴群和多尼组中，平面上分布于革吉罗尔根藏布南岸、改则绒果—麦堆、尼玛中仓字岗、学晏安—卡布学等地的接奴群中下部和改则扎贡龙巴、尼玛军仓查尔嘎、措勤雪上勒等地的多尼组中上部。岩性为灰绿色、深灰色粉砂质泥（页）岩、钙质粉砂岩、细砂岩等，局部夹泥灰岩；发育水平层理、沙纹层理；产菊石、双壳类、海百合等化石。

（4）次深海、深海沉积体系。见于且坎—古昌—阿索断裂带内的沙木罗组中，岩性为岩屑杂砂岩、含砾杂砂岩、粉砂岩、泥板岩等组成的复理石韵律，内夹放射虫硅质岩，发育鲍马序列。

三、古地理

措勤盆地勘探目的层为中生界海相沉积层系，沉积相类型丰富，基于地层分布和勘探目的层系分布特点，本节重点分析中侏罗世—白垩纪古地理特征。

1. 侏罗纪

中侏罗世措勤盆地呈现出北海南陆格局。南部革吉县东—申扎县罗扎乡出露大面积古陆，其中中部措勤县邦多区—申扎县卓瓦乡之间古陆呈突起状展布，使得措勤盆地北部沉积出露范围和厚度较小，仅发育内陆棚和滨岸相；西部从北到南岩相依次为外陆棚、内陆棚和滨岸相，出露厚度较小；东部依次为斜坡相、外陆棚、内陆棚、滨岸和河流相，出露厚度较大。就措勤盆地岩相的整体分布而言，内陆棚贯穿措勤盆地东、西部，并在东部安多县城—班戈县城一带广泛发育，出露厚度大；西部革吉县城—措勤县达雄区北出露厚度相对较小；外陆棚则在措勤盆地西界—改则县罗玛、改则县罗玛东—达雄区北、安多县多勒乡—硼砂厂乡一带沿盆地北界出露，其出露厚度与该区域的内陆棚相当或较小。

晚侏罗世措勤盆地南部革吉县东—申扎县罗扎乡出露大面积的古陆，中部措勤县邦多区—申扎县卓瓦乡之间古陆呈突起状展布，使得措勤盆地北部沉积出露范围和厚度减小，仅发育滨岸相；尼玛县中仓—吉瓦亦有隆起剥蚀区出露，但出露范围较小，剥蚀区南部发育大面积的滨岸相。盆地西部革吉县—措勤县达雄区之间从北到南依次发育盆地、海底扇、斜坡、陆棚和滨岸相；中部措勤县达雄区西—尼玛县吉瓦南主要发育滨岸相，局部可见河流和三角洲相；东部申扎县申亚乡—班戈县赛名龙乡一带，从北到南依次发育深缓坡、中缓坡、浅缓坡、滨岸相、三角洲前缘和河流相，但后两者出露范围（仅在申扎县庆布乡一带）和厚度较小。就岩相展布整体而言，唯一贯穿盆地的是滨岸相，西部出露厚度较小，措勤县达雄区北—邦多区出露厚度巨大，东部次之。综上所述，晚侏罗世措勤盆地东西部呈现出北海南陆格局，中部呈现出陆夹海格局（图3-4-2）。

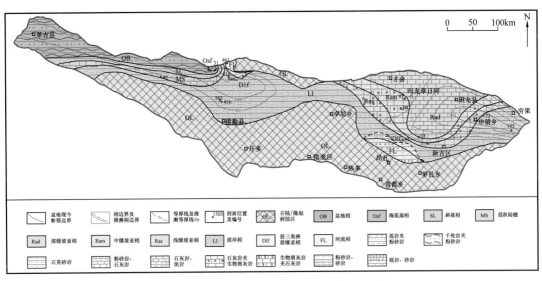

图3-4-2 措勤盆地晚侏罗世岩相古地理图

2. 白垩纪

早白垩世措勤盆地南部措勤县西—申扎县罗扎乡出露大面积的古陆，古陆北部、革吉县东—措勤县西、中部措勤县城—申扎县罗扎乡发育大面积的火山喷发相，后者在措勤县邦多区—申扎县卓尼乡之间呈突起状分布，使得措勤县邦多区—尼玛县岗龙乡之间沉积出露范围和厚度减小，仅发育三角洲前缘和滨岸相。盆地西部，从北到南依次发育局限台地、开阔台地和前滨；中部，从北到南依次发育开阔台地、混积陆棚、前滨和三角洲前缘；东部，从北到南依次发育开阔台地、前滨、河流、冲积扇相，班戈县新吉乡东可见混积陆棚。就盆地整体而言，开阔台地和前滨出露比较连续，厚度较大，后者除在措勤县邦多区北东被火山岩相替代外，几乎横向贯穿整个盆地。早白垩世措勤盆地呈现出北海南陆，其间夹杂火山喷发相和过渡相格局（图3-4-3）。

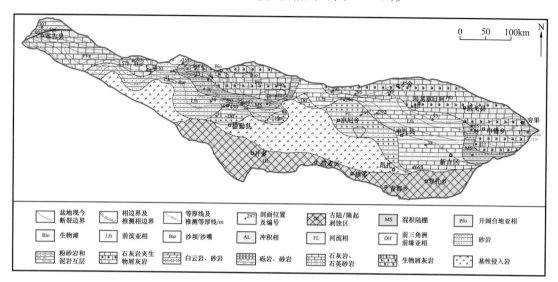

图3-4-3　措勤盆地早白垩世岩相古地理图

晚白垩世措勤盆地南部革吉县东—申扎县罗扎乡出露大面积的古陆，中部仲巴县仁多—申扎县申亚可见隆起剥蚀区，北部班戈县城—赛名龙乡一带见侵入岩出露。盆地内大面积分布河流相和洪积扇相，其中河流相贯穿盆地东、西部，且出露厚度较大。盆地东部措勤县邦多区—班戈县新吉区一带出露湖泊相，并见三角洲相。晚白垩世措勤盆地呈现出陆相夹杂侵入岩相格局（图3-4-4）。

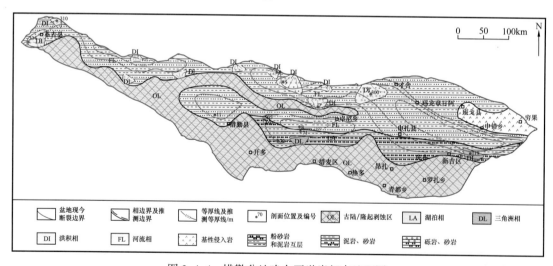

图3-4-4　措勤盆地晚白垩世岩相古地理图

四、沉积演化

措勤盆地演化比较复杂，古生代是在前寒武系褶皱基底上发展起来的陆棚浅海开阔台盆。早石炭世后期—早二叠世早期沿古昌—永珠—那曲曾一度拉张，形成一套灰黑色砂板岩、含砾板岩等厚度达1000～2200m的深水裂谷复理石盆地沉积。早二叠世中晚期深水裂谷闭合，变为浅海开阔台地沉积。从晚二叠世早期开始，全区大部分缺失上二叠统，局部见陆相含煤线碎屑岩。表明早二叠世晚期有一次区域性的抬升运动，导致大部分地区缺失中二叠统—下三叠统。

从三叠纪早中期开始，盆地北缘沿日土—改则—丁青一线，出现快速强烈拉张，形成一套陆坡深水复理石沉积，包括确哈拉群和木嘎岗日群；措勤盆地内部基本缺失三叠系—下侏罗统，成为剥蚀区。

中侏罗世，在盆地北部发育陆棚—滨岸海相碎屑岩和碳酸盐岩、三角洲—河流过渡相和陆相碎屑岩；晚侏罗世，冈底斯陆块与羌塘陆块碰撞拼合，中特提斯洋消亡，班公湖—怒江缝合事件发生后，就开始了该区白垩纪古地理格局雏形构成阶段：主体隆升为陆，北部部分为陆相盆地，南部则为提供物源的暴露区，但在西北仍发育一狭长海相盆地，东部发育一范围较广的海相盆地。陆相盆地主要由接奴群和木嘎岗日群顶部中、粗粒陆源碎屑冲—洪积、河流及冲积平原沉积组成。西北海相盆地介于昂龙岗日、雄巴、多桑、盐湖、阿翁错，呈狭长条带状，发育一套碳酸盐岩和陆源碎屑岩混合的浅海相组合（沙木罗组）。东部海相盆地为一套以粉砂质泥岩和粉砂岩为主的深海相组合（拉贡塘组）。

早白垩世早—中期，大面积接受海侵，深受南边雅鲁藏布缝合作用影响，火山岛弧、弧前、弧背盆地发育。措勤—申扎以南火山活动强烈，岛弧特征明显，含系列火山岩如则弄群流纹岩、安山岩、粗玄岩、凝灰岩等，陆源碎屑海相—陆相间夹，向北碳酸盐沉积增多。以北地区多为中—细粒陆屑含煤建造，构造背景相对稳定，以多尼组下部为代表。早白垩世中—晚期，西部捷嘎组火山沉积巨厚；在措勤—申扎一带基本上为一套稳定碳酸盐沉积。木嘎岗日分区转而为碳酸盐岩与陆源中、细粒沉积相混。中部措勤—申扎以南基本上为隆起的弧背暴露区，零星有一些火山及陆相沉积；北部日土—班戈分区和木嘎岗日分区表现为较稳定台地沉积，属于接受充填的弧背或弧后盆地。弧背盆地总体充填开阔台地相，含生物碎屑滩、生物礁、滩间相。生物滩相星散状分布于西部革吉、改则—古昌及东部班戈一带，生物礁相仅见于革吉以北有限范围。

晚白垩世，中部弧背暴露区扩大，在西部局部发育中基性火山岩相；北部弧后盆地已龟缩到革吉—古昌—尼玛—班戈以北，且以冲—洪积和河流沉积为主，由竟柱山组构成。萎缩弧后盆地在尼玛—班戈一带主体为冲—洪积沉积，其北为海水退出后形成的（残留）湖泊，尼玛、班戈有扇三角洲沉积发育。

中生代均为活动的弧后或弧背盆地混合沉积建造。新生代除西部、西南部局部有少量海相古新统—始新统露头外，绝大多数已经转变为陆相弧内盆地。

第二节 构 造

措勤盆地处于拉萨地块北部，其北以日土—改则—尼玛—崩错断裂为界，与班公湖—怒江缝合带毗邻；其南以扎西岗—许如错—雪古拉断层为界，与冈底斯岩浆弧毗邻，其东界为北东—北北东向当雄断裂。

一、构造单元划分

1.基底构造单元

措勤盆地基底由念青唐古拉群变质岩系组成，其时代归属通常认为是前震旦纪，主要由混合岩、黑云二长片麻岩、阳起斜长大理岩、长石石英砂岩、透辉石大理岩和黑云斜长片麻岩组成。总体呈南隆北坳，南浅北深（南高北低）特点，可划分为北部坳陷带（洞错—阿苏坳陷带）、北部隆起带（拉果错—仁错隆起带）、中部坳陷带（狮泉河—扎日南木错—纳木错坳陷带）、南部隆起带（塔若错—罗扎隆起带）4个一级构造单元，呈东西向相间展布，构造单元内部据其起伏可划若干次级凸起和凹陷（图3-4-5）。

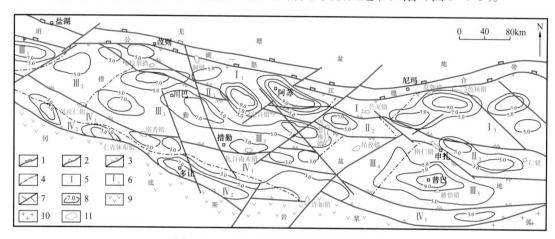

图3-4-5 措勤盆地基底构造单元划分图

1—区域构造单元边界断裂；2—盆地边界断裂；3—盆地内基底隆坳边界断裂；4—盆地内凹陷、凸起边界断裂；5—盆地内一级（隆坳）构造单元编号（Ⅰ—北部坳陷；Ⅱ—北部隆起；Ⅲ—中部坳陷；Ⅳ—南部隆起）；6—盆地内二级构造单元（凹陷、凸起）编号（Ⅰ₁—它日错—阿苏凹陷；Ⅰ₂—芒戈错凸起；Ⅰ₃—色林错凹陷；Ⅱ₁—拉果错凸起；Ⅱ₂—当穹错凹陷；Ⅱ₃—仁错凸起；Ⅲ₁—革吉凹陷；Ⅲ₂—果普错凸起；Ⅲ₃—达瓦错—当惹雍错凹陷；Ⅲ₄—昂孜错凸起；Ⅲ₅—越恰错凹陷；Ⅳ₁—昂拉仁错—措麦区凸起；Ⅳ₂—仁青休布错—措麦区凹陷）；7—基底断裂；8—磁性基底埋深/km；9—火山岩；10—侵入岩；11—湖泊

（1）北部坳陷带。位于盆地北部边缘带，可细分为它日错凹陷、芒戈错凸起、色林错凹陷3个亚一级单元，与地表北部坳褶带基本对应，基底最大埋深9km。

（2）北部隆起带。西起拉果错，东至纳木错，呈东西向狭长条带状展布，基底最大埋深5.6km，可分为拉果错—中仓凸起、孜桂错—仁错凸起、当穹错凸起等次级构造单元。

（3）中部坳陷带。规模大，东西向横贯全盆地，基底埋深大于9.0km，可细分为革吉凹陷、果普错凸起、达瓦错—当惹雍错凹陷、昂孜错凸起、越恰错凹陷。

（4）南部隆起带。位于盆地南部，呈东西向狭长条带状分布，最大埋深5.0km，其中可细分为昂拉仁错—措麦区凸起、仁青休布错—措麦区凹陷。

2.盖层构造单元

根据措勤盆地沉积建造、火山建造、岩浆建造、变质建造和构造变形特征综合分析，采用建造和构造相结合的原则，以盆地构造变形样式和组合特点为主，在对盆地大量构造要素统计分析和变形规律综合研究基础上，将措勤盆地盖层划分为北部坳褶带、北部断隆带（冲断隆起带）、中部坳褶带、南部断隆带（冲断隆起带）和南部坳褶带5个一级构造单元（图3-4-6）。

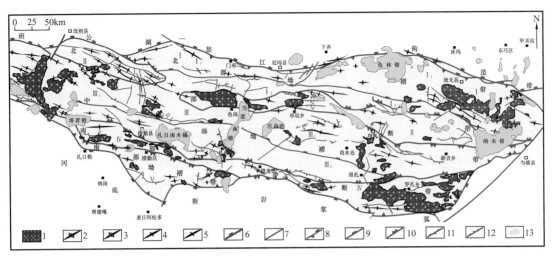

图 3-4-6 措勤盆地盖层构造单元划分图

I—北部坳褶带；I₁—北部复式褶皱带；I₂—南部断褶带；II—北部冲断带（隆起带）；III—中部坳褶带；III₁—革吉—它日错—越恰错复式褶皱带；III₂—扎日南木错—昂扎断褶带；IV—南部冲断带（隆起带）；V—南部坳褶带；1—侵入体；2—复背斜轴迹；3—复向斜轴迹；4—背斜轴迹；5—向斜轴迹；6—区域构造单元边界；7—断层；8—盆地边界及边界断层；9—盆地次级构造单元边界及边界断层；10—盆地一级构造单元边界断层；11—逆断层；12—正断层；13—湖泊

（1）北部坳褶带（I）。位于盆地北部边缘，北以日土—改则—尼玛—崩错断裂与班公湖—怒江缝合带毗邻；其南以它日错—果芒错—纳木错断层为界，与拉果错—纳木错断隆带毗邻，东西长 500km，南北宽 25～100km，中部芒戈错—吴如错一带最窄。北部坳褶带与洞错—阿苏坳陷带对应，基底最大埋深9km。坳褶带内出露地层以第四系、白垩系、侏罗系及古近系—新近系为主，褶皱和断层以东西向为主，另有北东向和北西向走滑断层，及少数南北向正断层。总体而言，变形较弱，按其变形特征分冻果错—色林错复式褶皱带（I₁）和它日错—果芒错断褶带（I₂）。

（2）北部断隆带（II）。该带展布于盆地北部，西起拉果错，向东经当惹雍错北岸、撞布错、孜布错、木纠错、仁错，东至纳木错，东西长 650km，南北宽 6～50km。该带北部边界为它日错—果芒错—纳木错断裂，南界为耳根日—当惹雍错—申扎—纳木错断层，构成反（背）冲组合。断隆带中出露地层主要为第四系、白垩系、二叠系、石炭系、下泥盆统、中—上泥盆统、志留系、奥陶系，在西段拉果错—夏康坚一带见较多白垩系，在东段木纠错—格仁错一带见前震旦系。带中发育大量花岗岩、二长花岗岩、花岗闪长岩等中酸性岩浆岩，岩体呈东西向展布。带内褶皱以东西向线状褶皱为主，单个背斜和向斜沿轴向延伸达 10～30km，主要为纵弯褶皱，常成群出现，构成褶皱群。带内断层较发育，以东西向断层为主，其次为北西向、北东向和南北向断层；东西向断层为逆断层，常由数条断层组成带，构成对冲或反（背）冲组合。

（3）中部坳褶带（III）。该带位于盆地中部，西起狮泉河，向东经扎日南木错、当惹雍错、昂仁错，东至纳木错，东西长 950km，南北宽 40～110km；可细分为革吉—它日错—越恰错复式褶皱带（III₁）和扎日南木错—昂扎断褶带（III₂）两个二级构造单元。该带与中部坳陷带大体对应，基底埋深 9.0km 左右。坳褶带北部边界为耳根日—当惹雍错—申扎—纳木错断层，南部边界为塔若错—姆错丙尼—玛日断层。中部坳褶带中出露地层主要为第四系、白垩系，其次为古近系和新近系，另局部地段出露古生界。该带以褶皱构造发育为特点，褶皱规模较大。

（4）南部断隆带（Ⅳ）。该带位于盆地南部，西起塔若错，向东经改布错、措麦区、青都乡、罗扎乡，东至治勒穷—江穷则日一线，东西长600km，南北宽10～50km；断隆带北界为塔若错—姆错丙尼—玛日断层，南界西段为塔若错—许如错断层。处于基底塔若错—罗扎隆起北部，基底埋深5.0～7.0km。该带中出露地层以上古生界为主，其次为古近系—新近系；带中发育大量中—新生界中—酸性侵入岩体。该带褶皱以东西向褶皱较发育，沿东西向成群展布，构成褶皱群。该带中断层较发育，以东西向断层为主，另有少量北西向和北东向断层，常与褶皱组成褶皱—冲断构造样式。

（5）南部坳褶带（Ⅴ）。该坳褶带位于盆地南部塔若错—许如错一带，规模较小，东西长200km，西段很窄，东段宽30km，带中出露地层以古生界和古近系为主。该带褶皱较发育，以东西向为主，数量较多，分布较广，东西向褶皱由西向东断续分布于查勒、敌布错南、嘎仁错东—星萨玛、崩日阿、许如错等地带，大部分发育于古生界之中，两翼产状多不对称，多为斜歪褶皱，部分为倒转褶皱；但分布于中生界构造层中的褶皱形态较为宽缓。该带断层按方向可分为东西、北东、北西和南北向4组。其中东西向断层数量虽少，但规模较大。

二、盆地变形特征

措勤盆地构造变形强烈，褶皱与断裂构造均十分发育，其变形和构造改造程度明显强于羌塘盆地，盆地构造格局和变形特征具有如下特点。

（1）盆地基底具有大隆大坳构造格局，盆地基底埋深总趋势表现为南浅北深，北部最深达9～10km，如阿苏地区、它日错地区和吴如错地区基底埋深均大于9km，盆地南部基底埋深只有3～5km；基底隆起和坳陷以东西向和北西向狭长带状隆坳相间形式排列为主。

（2）盆地表层构造具有明显分带性，由南向北分别为南部坳褶带、南部断隆带、中部坳褶带、北部断隆带、北部坳褶带，这些构造单元在平面上呈东西向隆坳相间排列，并且与基底构造具有较好的对应关系。盖层褶皱的分布受到盆地基底隆起与坳陷控制，主要分布于基底埋深较大的坳陷带内，隆起带和复式背向斜的发育同样也与基底的隆起与坳陷有一定对应关系，反映出基底对盖层发育及变形的控制作用。

（3）盆地内褶皱构造发育，褶皱方向性明显，以东西向褶皱为主，在盆地西部褶皱轴迹以北西西向为主，向东延伸轴迹逐渐变为东西向，与区域构造线一致。褶皱形态特征以线状—中等—开阔褶皱为主，两翼倾角不大，相对对称，两翼夹角多大于100°甚至110°，轴面近直立，枢纽近水平；褶皱组合类型多呈复向斜、复背斜形式，平行排列并构成褶皱群。褶皱以在南北向水平挤压应力环境下所形成的纵弯褶皱为主。

（4）盆地基底断裂十分发育，且延伸远、切割深，对基底隆起和坳陷具有明显的控制作用；盆地断裂构造具有明显的方向性，可以分为东西、北东、北西和南北向4组，以东西向最发育，其次为北东向断裂。东西向断层以逆断层为主，并且以由北向南逆冲为主，北东向和北西向断层以平移走滑为主，南北向断层为正断层，并对早期东西向逆断层具有明显的切割，对现今地貌格局具有显著的控制作用。断层规模以东西向断层规模最大，北东向断层和北西向断层规模次之。根据不同逆断层的应力分析，其形成机制以南北向挤压为主。

（5）盆地内褶皱和断裂构造分布具有明显规律性，靠近盆地边界变形强度增大，而盆地北部地区变形强度又明显强于南部边界地区，表现在盆地从北到南褶皱大体呈现从紧闭—中等—开阔过渡，断层发育密度增强，表明盆地内构造变形受班公湖—怒江缝合带控制。

三、构造演化

措勤盆地是以前震旦系为基底发展演变而成的极其复杂的构造复合盆地，其形成、发展演化与其南北两侧的班公湖—怒江缝合带和雅鲁藏布江缝合带的"开""合"密切相关。其发展演化大致可划分为基底形成、盆地形成发展、盆地后期改造三个时期。后两个时期可进一步划分为四个阶段，即古生代陆棚盆地发育阶段、中生代早期边缘海盆地发育阶段、中生代中晚期前陆盆地与弧内盆地发育阶段及中生代末期—新生代盆地改造阶段。

1. 陆棚盆地发育阶段（古生代）

早古生代中期—晚古代，冈瓦纳大陆北部边缘处于离散状态。盆地沉积相类型、生物特征、沉积物组成反映出，盆地属稳定盆地，其沉积物来源为稳定陆块，区域古地理研究显示古生代拉萨地块（措勤盆地）与羌塘地块（羌塘盆地）尚未分离，均处于冈瓦纳大陆北缘，因此，古生代措勤盆地构造原型盆地为稳定型陆棚盆地。

2. 边缘海盆地发育阶段（中生代早期）

受海西运动和印支运动影响，三叠纪初冈瓦纳大陆北缘开始"开""合"转换。晚三叠世末期，羌塘地块沿可可西里—金沙江缝合带发生的俯冲和碰撞作用，使羌塘地块北移的同时，班公湖—怒江缝合带地区相应地发生伸展和裂陷，处于边缘海盆地环境，形成中特提斯海盆及相应的蛇绿岩组合，之南的拉萨地块大部分却处于聚敛抬升阶段，即措勤盆地此时处于抬升状态。措勤盆地结束陆棚盆地阶段之后，大部分处于隆起状态，缺失三叠系和中—下侏罗统，只在北缘靠近班公湖—怒江缝合带地区发育海相三叠系、侏罗系，其余大部地区均见下白垩统直接覆盖于古生界之上，说明措勤盆地北缘在中生代早期处于边缘海盆地环境。

3. 前陆盆地及弧内盆地发育阶段（中生代中晚期）

早—中侏罗世班公湖—怒江缝合带向北俯冲，并逐步关闭，班公湖—怒江小洋盆由持续发展逐步到残余海槽，拉萨地块北部为周缘前陆盆地环境，接受来自南北方向双物源沉积。晚侏罗世末期雅鲁藏布江洋壳开始向北俯冲，拉萨地块继续向北运动，与羌塘地块发生陆—陆对接碰撞，形成班公湖—怒江缝合带。冈底斯—念青唐古拉山带开始缓慢隆起。

晚侏罗世末期—早白垩世早期，随着雅鲁藏布江洋壳向北继续强烈俯冲，冈底斯—念青唐古拉山带大部隆起，形成区域性冈底斯—腾冲燕山期岩浆岛弧链；使拉萨地块由被动大陆边缘发展为活动大陆边缘，形成安第斯型陆缘，在其北缘形成弧后前陆盆地，南缘形成弧前盆地。在冈底斯构造带中部，达瓦错—扎日南木错—越恰错一线则发育成弧后前陆盆地。现今措勤盆地北部（北部坳褶带）它日错—当穹错—芒戈错—吴如错—错鄂一带则为弧后前陆盆地稳定发育阶段。

早白垩世中期，海浸规模不断扩大，盆地中部弧后前陆盆地继续形成则弄群火山堆积，以安第斯型陆缘火山建造为特征，同时由于基底构造差异，在早期沉降中心地带形成多个沉降中心（阿苏沉降中心、它日错沉降中心），形成多巴段滨海相碳酸盐岩和杂色碎屑岩互层沉积、郎山组台地碳酸盐岩建造。

早白垩世晚期，拉萨地块冈底斯—念青唐古拉山地区已大部隆起成为裸露区。在盆地中部零星地带发育厚层状含生物碎屑微晶灰岩（即捷嘎组），代表了该期火山喷溢期和间歇期局限海相石灰岩沉积，在盆地北部继续保持弧后盆地环境，发育浅海碳酸盐岩。

4. 盆地改造阶段（中生代末期—新生代）

晚白垩世早期，拉萨地块与羌塘地块碰撞以及印度板块向北快速漂移，洋壳俯冲，造成整个拉萨地块快速上升，使整个冈底斯带大部分属火山喷发间歇期，遭受大面积剥蚀，措勤盆地范围发生急剧海退，在区域上仅个别地区发育竟柱山组红色砂岩、砾岩。新生代早期，印度板块与拉萨地块发生陆—陆碰撞，在强烈的南北向挤压体制作用下，使得措勤盆地地层发生普遍褶皱、断层，形成轴向东西，相互平行、相间分布的背斜、向斜构造和逆断层。古近纪—新近纪措勤盆地在南北向持续挤压作用下，不断褶皱隆起，使盆地遭受进一步改造，并发生断陷接受沉积。

第三节 石油地质条件

自 1995 年中国石油天然气总公司青藏油气勘探项目经理部开始对措勤盆地油气地质调查以来，不同单位先后对措勤盆地油气地质条件进行了分析，积累了较为丰富的资料，为全面认识措勤盆地石油地质条件提供了依据。

一、烃源岩

1. 分布特征

措勤盆地的烃源岩主要集中在中生界，主要烃源岩为郎山组石灰岩和多尼组下段泥质岩。近年来调查发现，古生界下拉组、拉嘎组和永珠组也有较好的油气资源潜力，为潜在烃源岩。

郎山组分布范围很广，在措勤盆地北部革吉—改则—尼玛—申扎一线皆有出露。郎山组石灰岩烃源岩等厚图反映出，郎山组烃源岩广泛发育，形成它日错凹陷和色林错凹陷两个高值中心，另外革吉凹陷、洞错和班戈县以东推测也存在着高值中心（图 3-4-7）。它日错凹陷烃源岩最厚达 800m，洞错地区厚度在 200～400m 之间，色林错凹陷厚度在 200～800m 之间，最厚可能达到 1000m。

多尼组下段泥质岩主要分布在措勤盆地北部。由于实测剖面多集中在它日错凹陷内，盆地东部色林错凹陷和西部革吉凹陷仅有地调剖面，烃源岩的分布仅根据岩性和沉积相来推测，可靠性相对较差。从多尼组下段泥质烃源岩等厚图可以看到（图 3-4-8），在色林错凹陷及其西部和它日错凹陷存在着较高值中心。整个盆地多尼组下段泥质烃源岩厚度在 100～200m 之间，它日错凹陷厚度较大，最大可达 400m。

2. 有机质丰度

措勤盆地所采集到的烃源岩样品均来自地表露头，地表样品所经历的风化作用很强，因而样品中的烃类已大部分散失或被风化破坏，使得生烃指标普遍偏低，盆地地表样品有机碳风化校正系数 K 石灰岩取 1.2，泥质岩取 1.5，生烃潜力风化校正系数一般石灰岩取 2.37，泥岩取 7.2（赵政璋等，2001b）；盆地各类岩性烃源岩标准也采用赵政璋等（2001b）的划分标准。表 3-4-3 列出了不同层位烃源岩的有机质丰度。

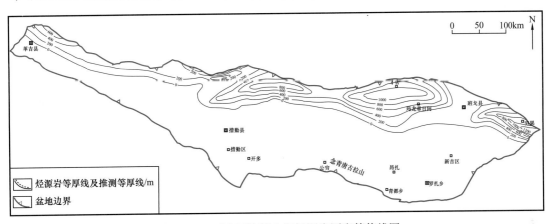

图 3-4-7　下白垩统郎山组烃源岩厚度等值线图

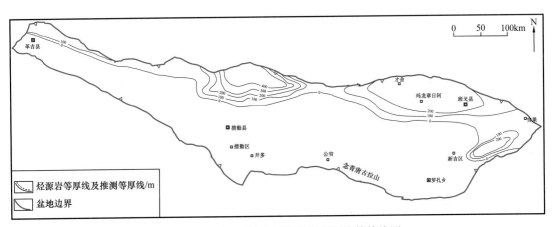

图 3-4-8　下白垩统多尼组烃源岩厚度等值线图

表 3-4-3　措勤盆地烃源岩有机质丰度

层位	岩性	TOC/%	风化校正后 TOC/%	氯仿沥青 "A" /（μg/g）	S_1+S_2/（mg/g）
郎山组	石灰岩	0.01～0.39/0.095（217）	0.11（217）	24（67）	0.22（186）
捷嘎组	石灰岩	0.04～0.23/0.10（37）	0.12（37）	15（15）	0.07（32）
多尼组上段	石灰岩	0.01～0.31/0.09（150）	0.11（150）	42.3（21）	0.18（98）
多尼组下段	泥岩	0.01～17.3/1.96（40）	2.94（40）	441.77（22）	1.60（28）
下拉组	石灰岩	0.01～0.18/0.07（89）	0.08（89）	8.43（21）	0.03（46）
拉嘎组	泥岩	0.03～1.02/0.38（9）	0.57（9）	16（5）	0.03（5）
永珠组	泥岩	0.26（5）	0.39（5）	45（2）	—

注：表中数据，分子为参数范围，分母为平均值，括号内为样品数。

1）郎山组

郎山组为一套碳酸盐岩台地沉积，主要岩性为圆笠虫泥晶灰岩、含圆笠虫泥晶灰岩、生物碎屑灰岩、固着蛤灰岩和泥晶灰岩等。郎山组石灰岩烃源岩有机质丰度总体上残余有机碳偏低，全区残余有机碳含量在0.01%～0.39%之间，恢复后平均0.11%；67个样品氯仿沥青"A"含量在1～106μg/g之间，平均24μg/g；30%的样品达到了中等烃源岩标准，2.8%的样品为好烃源岩。不同地区有机质丰度相差较大，西部改则地区主要为局限台地沉积，残余有机碳含量在0.04%～0.35%之间，平均0.19%，氯仿沥青"A"含量在10～106μg/g之间，平均31.5μg/g；残余生烃潜量平均0.12mg/g，恢复后有近20%的样品达到好烃源岩的标准，还有超过30%的样品为中等烃源岩，烃源岩厚度244m。东部尼玛色纳地区残余有机碳含量0.01%～0.06%，平均0.04%，恢复后平均0.07%；残余生烃潜量仅0.01mg/g，全部都未达到烃源岩的标准。

2）多尼组

下白垩统多尼组共统计9条实测剖面，石灰岩样品残余有机碳含量在各剖面普遍较低（表3-4-3），多尼组上段150个样品残余有机碳含量0.01%～0.31%，恢复后平均0.11%，有24.7%的样品为中等烃源岩，不到1%的样品为好烃源岩。残余有机碳含量最高的位于尼玛县它加儿地区，残余有机碳含量在0.05%～0.31%之间，平均0.13%，26.7%的样品为中等烃源岩。

多尼组下段为一套三角洲相砂岩和泥岩，多尼组下段泥质岩恢复后平均残余有机碳含量2.94%，氯仿沥青"A"含量平均441.77μg/g；生烃潜量平均1.6mg/g，达到好—最好烃源岩的样品有25%，还有65%样品达到了中等烃源岩的标准，是措勤盆地主要烃源岩。剖面控制泥质烃源岩厚度53～273m、石灰岩厚度30～168m。有机质丰度最高的是改则县洞错地区（CP10剖面），残余有机碳含量在2.67%～25.95%之间，平均11.01%；原始有机碳含量平均可以达到16.18%；氯仿沥青"A"含量441～2660μg/g，平均1562μg/g；残余生烃潜量290～1324mg/g，平均814mg/g，样品都达到了最好烃源岩标准。

3）下拉组

中二叠统下拉组为一套开阔台地碳酸盐岩为主的沉积，下拉组共有5条实测剖面，各剖面有机质丰度相差不大，下拉组石灰岩样品恢复后平均残余有机碳含量0.08%，氯仿沥青"A"含量不足10μg/g。约5%的样品达到了中等烃源岩的标准，没有好烃源岩，为盆地内次要烃源岩，烃源岩厚度58～252m。

4）拉嘎组

拉嘎组为浅海陆棚沉积，在措勤江让地区发育烃源岩，烃源岩主要为泥质岩，残余有机碳含量在0.03%～1.02%之间，恢复后平均0.57%，氯仿沥青"A"含量平均16μg/g。有2个样品达到好烃源岩标准；由于实测剖面少，分析数据缺乏，可能为盆地潜在烃源岩。

5）永珠组

下石炭统永珠组为一套冰水环境下的潮坪沉积，根据已经获得的措勤渣娘剖面（CZP）的资料，泥质岩样品恢复后平均残余有机碳含量0.39%，氯仿沥青"A"含量平均45μg/g，为差—中等烃源岩，烃源岩厚度58m。永珠组泥质岩和石灰岩都发育较好烃源岩，可能为盆地潜在烃源岩。

3. 有机质类型

1）干酪根镜检

措勤盆地不同层位烃源岩干酪根显微组分见图 3-4-9，干酪根类型指数分布见图 3-4-10。

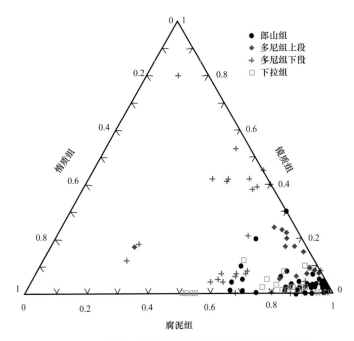

图 3-4-9　措勤盆地烃源岩干酪根显微组分三角图

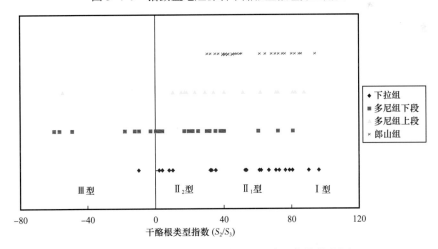

图 3-4-10　措勤盆地烃源岩干酪根类型指数分布图

郎山组以腐泥组分为主，含量在 65%～98% 之间，平均 86%；其次为惰质组分，平均含量 10%；镜质组分很少，平均含量不到 4%。类型指数划分表明，郎山组干酪根属于 I—II$_1$ 型有机质。

多尼组上段主要为腐泥组，含量 69%～90%，平均 79%；其次为镜质组，平均含量 12%；惰质组分平均含量 9%。多尼组上段大部分样品干酪根皆集中在 II$_1$—II$_2$ 型，并且以Ⅱ₂型为主，偶有Ⅰ型和Ⅲ型。

多尼组下段腐泥组含量从10%～92%不等，平均59%；镜质组变化也比较大，从0～80%，平均含量21%；惰质组含量平均20%。多尼组下段大部分样品干酪根皆集中在Ⅱ₂—Ⅲ型，Ⅱ₂型占到了63%，Ⅲ型占有26%，说明以Ⅱ₂型为主，Ⅲ型为辅。

下拉组以腐泥组分为主，含量从51%～95%不等，平均77%；其次为惰质组，平均20%；镜质组含量很少，只有3%。下拉组样品干酪根在Ⅰ—Ⅲ型皆有分布，其中Ⅱ₁型占到了34.8%，Ⅱ₂型占43.5%，有机质类型总体属Ⅱ₁—Ⅱ₂型。

拉嘎组以腐泥组为主，平均62%，惰质组为次，平均34.5%，镜质组平均只有3.5%。类型指数平均25，为Ⅱ₂型干酪根。而在剖面上泥岩样品干酪根显微组分以惰质组为主，占85%～92%，平均88%；腐泥组占5%～10%，平均8%；镜质组占3%～5%，平均4%；类型指数值为-78.75和-89.25，为Ⅲ型干酪根。

永珠组腐泥组平均63.25%，惰质组平均36.25%，镜质组很少，类型指数平均26.6%，为Ⅱ₂型干酪根。

2）干酪根碳同位素

措勤盆地烃源岩干酪根碳同位素组成分布反映出（图3-4-11）：郎山组干酪根$\delta^{13}C$值多重于-26.0‰，有机质类型以Ⅱ₂型和Ⅲ型居多。这和干酪根镜检结果差别很大，可能是郎山组普遍演化程度较高，使得$\delta^{13}C$变重。同样，多尼组上段也表现出与镜检结果的差异性，$\delta^{13}C$值多重于-24.0‰，为Ⅲ型有机质，原因同上。多尼组下段$\delta^{13}C$值多重于-26.0‰，有机质类型以Ⅱ₂型和Ⅲ型为主，与镜检结果较吻合。下拉组$\delta^{13}C$值分布范围较大，规律性不强，表现出以混合型和腐殖型为主的特点。拉嘎组$\delta^{13}C$值多重于-26.0‰，有机质类型以Ⅱ₂型和Ⅲ型为主。

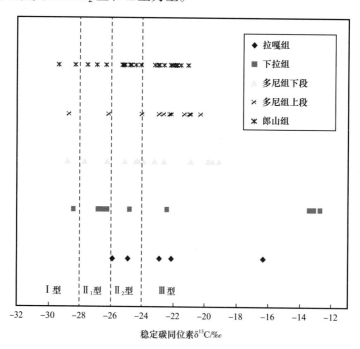

图3-4-11　措勤盆地烃源岩干酪根碳同位素组成分布图

3）生物标志化合物特征

措勤盆地烃源岩 Pr/n-C$_{17}$ 与 Ph/n-C$_{18}$ 的相关关系图显示（图3-4-12），郎山组样品主要分布在 II$_1$ 型区，部分样品分布在 II$_2$ 型区，只有极少数样品分布在 I 型和 III 型区。多尼组上段样品主要分布在 II$_1$ 型区，少部分样品分布在 II$_2$ 型区。多尼组下段样品则主要集中在 II$_1$ 型和 III 型区，只有少部分样品分布在 II$_2$ 型区。下拉组样品主要分布在 II$_1$ 型区，另有少部分样品分布在 II$_2$ 型区。措勤盆地烃源岩 C$_{27}$—C$_{29}$ 甾烷相对组成也表现出相似的结果。

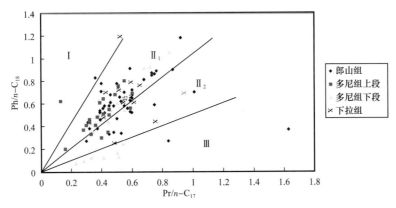

图 3-4-12　措勤盆地烃源岩 Pr/n-C$_{17}$ 与 Ph/n-C$_{18}$ 关系图

通过以上干酪根镜检、干酪根碳同位素组成和生物标志化合物特征分析可以看到，主要烃源岩郎山组泥灰岩以 I—II$_2$ 型干酪根为特征，并以 II$_1$ 型为主；多尼组下段泥质岩以 II$_2$ 型和 III 型为主；拉嘎组泥质岩以 II$_2$—III 型干酪根为主；永珠组泥质岩和石灰岩有机质类型主要为 II$_2$ 型。次要烃源岩多尼组上段石灰岩属 II$_1$—II$_2$ 型，且以 II$_2$ 型为主；下拉组石灰岩以 II$_2$—II$_1$ 型为主。

4. 有机质成熟度

1）镜质组反射率

根据措勤盆地烃源岩有机质镜质组反射率（R_o）分析（表3-4-4），郎山组大部分 R_o 值介于 1.0%～1.3%，平均 1.31%，处于成熟阶段，只有少数达到高成熟和过成熟。空间上，它日错凹陷中部和色林错凹陷中部存在着高成熟区域，其他地区均以成熟阶段为主。

多尼组上段 R_o 值在 1.2%～1.7% 之间，平均 1.47%，处于高成熟阶段。多尼组下段 R_o 值分布范围变化较大，从 0.99%～3.32% 都有，但主要分布在 1.3%～2.5% 之间，只有少数样品小于 1.3%，所有样品 R_o 平均值 1.78%，处于高成熟—过成熟阶段。空间上在它日错凹陷和色林错凹陷，R_o 值皆大于 1.5%，它日错凹陷中心地带 R_o 值超过了 2.0%，仅在凹陷边缘部位存在着成熟区。

古生界烃源岩除下拉组外热演化程度普遍较高，下拉组 R_o 值分布在 0.8%～1.4% 之间，平均 1.22%，以成熟阶段为主，少数为高成熟。拉嘎组仅有 4 个 R_o 值，全部大于 2.0%，平均 2.35%，处于过成熟阶段。永珠组只有 4 个 R_o 值，平均 2.24%，处于过成熟阶段。

表 3-4-4　措勤盆地烃源岩有机质成熟度

烃源层系	岩性	R_o/%	T_{max}/℃	热演化阶段
郎山组	石灰岩	1.31（33）	460（92）	成熟
多尼组上段	石灰岩	1.47（13）	471（35）	高成熟
多尼组下段	泥岩	1.78（32）	488（27）	高成熟
下拉组	石灰岩	1.22（9）	504（18）	成熟
拉嘎组	泥岩	2.35（4）	448（6）	过成熟
永珠组	泥岩	2.24（4）	555（2）	过成熟

注：括号内为样品数。

2）热解峰温

郎山组热解峰温（T_{max}）值在 420～510℃ 之间分布。值得注意的是，它日错凹陷以及色林错凹陷演化程度要明显高于其他地区，其 T_{max} 普遍大于 500℃，处于过成熟阶段；其他大多数地区样品 T_{max} 介于 430～470℃，处于成熟阶段。

多尼组上段 T_{max} 值分布于 470～490℃ 之间，平均 T_{max} 值 471℃，处于高成熟阶段，这也显示了跟平面分布上热演化的一致性。多尼组下段 T_{max} 值主要分布在 460～490℃ 和 530～555℃ 两个区间，处于高成熟阶段。

下拉组平均 T_{max} 值 504℃，处于过成熟阶段，而 R_o 值分析的结果是以成熟阶段为主。拉嘎组 T_{max} 值分布范围宽，从 345～549℃ 都有，规律性不强；永珠组 2 个数据，平均 555℃，处于过成熟阶段。

5. 烃源岩评价

措勤盆地中生界和古生界均发育烃源岩。

1）中生界烃源岩

中生界以下白垩统为主，共发育三套烃源岩。

（1）郎山组石灰岩为一套碳酸盐岩台地沉积，残余有机碳含量总体偏低，平均 0.11%，有近 30% 的样品达到了中等烃源岩标准，还有 2.8% 的样品为好烃源岩；有机质类型较好，以Ⅰ—Ⅱ₁型干酪根为特征，并以Ⅱ₁型为主；有机质演化以成熟阶段为主；烃源岩厚度平均 600m，是盆地主要烃源岩。

（2）多尼组下段三角洲相泥质岩平均残余有机碳含量 2.94%，达到好—最好烃源岩的样品有 25%，还有 65% 样品达到中等烃源岩标准；有机质类型以Ⅱ₂型和Ⅲ型为主；有机质热演化以高成熟阶段为主，部分达到了过成熟；烃源岩厚度 100～200m，是盆地主要烃源岩。

（3）多尼组上段潮坪相和碳酸盐岩台地相石灰岩残余有机碳含量平均 0.11%，有 24.7% 的样品为中等烃源岩，不到 1% 的样品为好烃源岩；有机质类型属Ⅱ₁—Ⅱ₂型，以Ⅱ₂型为主；有机质演化到高成熟阶段；烃源岩厚度一般在 100m 左右，是盆地次要烃源岩。

2）古生界烃源岩

早期研究认为措勤盆地烃源岩主要为中生界下白垩统，但新的研究显示古生界石炭系—二叠系下拉组、拉嘎组和永珠组具有一定的生烃基础。在下拉组中发现油气显示，油源对比认为油源来自下伏拉嘎组，表明古生界具有一定的生烃潜力和油气生成过程，是潜在烃源岩。

（1）下拉组开阔台地相碳酸盐岩平均残余有机碳含量0.08%，只有约5%的样品达到中等烃源岩标准；有机质类型以 II_2—II_1 型为主；有机质以成熟阶段为主，少数为高成熟；烃源岩平均厚度在200m左右，是盆地次要烃源层。

（2）拉嘎组浅海陆棚相泥质岩平均残余有机碳含量0.57%；有机质类型以 II_2—III 型为主；有机质演化达到了过成熟阶段；烃源岩厚度很薄，不到10m，是盆地潜在烃源岩。

（3）永珠组为一套冰水环境下的潮坪沉积，泥质岩样品平均残余有机碳含量0.60%，石灰岩样品平均残余有机碳含量0.18%；有机质类型都以 II_2 型为主；有机质演化普遍达到过成熟阶段；烃源岩厚度57m，是盆地潜在烃源岩。

6. 埋藏史及生烃史

措勤盆地油气地质调查程度较低，对油气生成史研究也较少。现有研究（王剑等，2004）表明（图3-4-13），多尼组（川巴段和多巴段）在105Ma时进入生油窗，在100Ma时由于构造运动导致盆地抬升，在竟柱山组沉积时烃源岩埋深又一次增大，在60Ma时出现又一次抬升，而郎山组从古近纪开始进入生烃门限后，到现在一直处于生油窗的范围内，只在凹陷中心的局部地区进入凝析油气生成阶段；多尼组在早白垩世中期开始进入生烃门限，生油期持续延续到早白垩世中晚期（郎山组），早白垩世晚期至古近纪是生成凝析油气的主要时期，在新近纪进入干气阶段，一直延续至今。

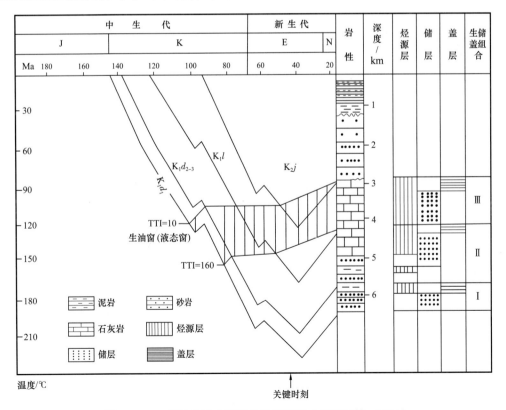

图3-4-13 措勤盆地白垩系生烃埋藏史（据王剑等，2004）

二、储层

措勤盆地储层研究程度较低。本次储层评价，主要根据储层物性参数、孔隙结构参数和特征参数进行综合分析。

1. 储层分布

措勤盆地储层以碎屑岩、碳酸盐岩为主，分布于侏罗系、白垩系、石炭系和二叠系。另外，在盆地南部和沉积岩的夹层中还有少量火山岩储层。

侏罗系储集岩系主要包括木嘎岗日群和接奴群，其中木嘎岗日群分布在盆地北部，接奴群分布广泛，岩性变化大，为一套碎屑岩储层组合。在盆地西部地区碎屑岩和石灰岩储层厚度1022m，中部改则洞错—达雄地区厚度最大，碎屑岩厚度1289.6m。

白垩系储集岩系主要包括则弄群、多尼组、郎山组和竟柱山组。则弄群主要为一套中酸—中基性火山岩、火山碎屑岩和滨海相砾岩、砂岩、泥岩、页岩，夹硅质岩及石灰岩组合。多尼组碳酸盐岩和碎屑岩储层厚度变化较大，可细分为多巴段和川巴段；多尼组多巴段在盆地西部以碎屑岩和火山岩储层为主，东部以石灰岩、碎屑岩储层为主；多尼组川巴段以碎屑岩储层为主，东部发育少量碳酸盐岩储层。郎山组主要分布于盆地北部，均为碳酸盐岩储层，厚度560～4300m，改则一带最厚，向东、向西变薄。此外，在郎山组也存在少量白云岩和生物礁灰岩，可以作为良好的储层。竟柱山组不整合超覆于下白垩统或侏罗系之上，岩性主要为红色、灰紫色砾岩、砂岩、粉砂岩、泥岩夹石灰岩、泥灰岩等，呈现北厚南薄的趋势。

2. 储层物性

措勤盆地不同层位储层物性参数见表3-4-5。

1）古生界

拉嘎组砂岩储层孔隙度0.63%～2.18%，平均1.283%；渗透率0.014～0.0154mD，平均0.015mD。其中除含砾粗砂岩孔隙度6.79%，渗透率3.4438mD，属于Ⅴ类储层外，其他均属于Ⅵ—Ⅶ类储层。

昂杰组砂岩储层孔隙度0.48%～10.56%，平均3.984%；渗透率0.0139～50.309mD，平均4.759mD。其中阿苏、它日错地区孔隙度1.5%～10.56%，平均5.028%，渗透率0.025～1.05mD，平均0.4311mD，属于Ⅴ类储层。洞错地区孔隙度0.48%～6.79%，平均2.94%，渗透率0.0139～50.3085mD，平均9.078mD，总体属于Ⅴ类储层，个别样品孔渗性较好，为Ⅳ类较有利储层。

下拉组砂岩孔隙度2.8%～8.9%，平均5.9%；渗透率0.04～22.5mD，平均11.27mD，属于近致密中渗型（Ⅲ类）—裂缝型（Ⅶ类）储层；厚度较大的石灰岩储层孔隙度0.869%～2.32%，平均1.637%，渗透率0.044～0.3mD，平均0.131mD，总体属于超致密—裂缝型（Ⅶ类）储层。

2）中生界

木嘎岗日群碎屑岩储层孔渗性较差，孔隙度平均3.225%，渗透率平均0.023mD。平面上，从西向东物性逐渐变差，在改则洞错顿珠嘎布，孔隙度1.42%～7.23%，平均3.71%，渗透率平均0.217mD，向东至尼玛县物性变差，孔隙度2.74%，渗透率0.00241mD。从盆地西北到东南物性变差，盆地西北部夏麦乡物性较好，孔隙度

4.58%～15.96%，平均 7.457%；向东南至达雄乡物性变差，孔隙度 0.23%～31.1%，平均 4.964%，至东部班戈多巴乡物性更差，孔隙度 0.43%～1.23%，平均 0.987%。

表 3-4-5　措勤盆地不同层位储层物性参数分析统计表

层位	岩性	孔隙度 /%		渗透率 /mD	
		范围	平均值	范围	平均值
郎山组	圆笠虫灰岩	0.70～1.90（14）	1.280	0.018～1.25（11）	0.25
	固着蛤灰岩	1.30～1.70（6）	1.480	0.316～0.316（6）	0.350
	石灰岩	0.56～15.7（76）	2.150	0.002～323（53）	7.3267
多尼组	石灰岩	0.28～8.40（40）	3.106	0.010～29.19（36）	0.3828
	砂岩	0.15～14.4（107）	3.020	0.0016～19.10（104）	0.3578
则弄群	火山岩	1.00～4.90（14）	2.140	0.007～0.507（14）	0.0985
	砂岩	0.21～5.70（12）	2.885	0.0065～0.28（10）	0.0475
接奴群	火山岩	1.58（1）	1.580	0.125（1）	0.125
	砂岩	0.73～3.20（7）	2.095	0.01～0.10（7）	0.056
木嘎岗日群	砂岩	1.42～7.24（5）	3.225	0.0188～0.0265（4）	0.023
下拉组	砂岩	2.8～8.9（2）	5.900	0.04～22.5（2）	11.270
	石灰岩	0.869～2.32（20）	1.637	0.044～0.3（17）	0.131
昂杰组	砂岩	0.48～10.56（20）	3.984	0.0139～50.309（13）	4.759
拉嘎组	砂岩	0.63～2.18（6）	1.283	0.014～0.0154（6）	0.015

注：括号内为样品数。

接奴群砂岩孔隙度 0.73%～3.20%，平均 2.095%；渗透率 0.01～0.10mD，平均 0.056mD，属于超致密—裂缝型（Ⅶ类）储层。1 件火山岩样品孔隙度 1.58%，渗透率 0.125mD，也属于Ⅶ类储层。

下白垩统则弄群碎屑岩储层孔隙度平均 2.885%；渗透率平均 0.0475mD。火山岩储层孔隙度平均 2.140%，渗透率平均 0.0985mD，总体物性较差。

下白垩统多尼组砂岩孔隙度 0.15%～14.4%，平均 3.020%；渗透率 0.0016～19.10mD，平均 0.3578mD；石灰岩孔隙度 0.28%～8.40%，平均 3.106%；渗透率 0.010～29.19mD，平均 0.3828mD。吓龙、剥康巴地区砂岩孔隙度 1.11%～14.4%，平均 5.01%；渗透率 0.01～19.10mD，平均 0.967mD，为致密—近致密储层（Ⅴ—Ⅲ类）；石灰岩孔隙度 2.4%～8.4%，平均 4.675%；渗透率 0.01～2.11mD，平均 0.635mD，属于低孔低渗—特低孔低渗储层（Ⅲ—Ⅱ类）。阿苏、它日错地区砂岩孔隙度平均 2.58%，渗透率 0.132mD，总体属Ⅴ—Ⅶ类储层。

郎山组以碳酸盐岩储层为主，岩石类型主要包括微晶灰岩、圆笠虫灰岩和固着蛤灰岩。圆笠虫灰岩孔隙度 0.70%～1.90%，平均 1.28%，渗透率 0.018～1.25mD，平均 0.25mD，属于特低孔特低渗储层（Ⅲ—Ⅳ类）；固着蛤灰岩孔隙度 1.30%～1.70%，平均 1.48%，渗透率平均 0.350mD，与圆笠虫灰岩相似，大多属于Ⅲ—Ⅳ类储层；微晶灰岩孔隙度 0.56%～15.7%，平均 2.150%，渗透率 0.002～323mD，平均 7.3267mD，属于Ⅲ—Ⅳ类储层。

3. 储层孔隙结构

1）储集空间类型

储集空间包括孔隙、裂缝两大类，碎屑岩储层储集空间共见 12 个亚类，碳酸盐岩储层储集空间见 11 个亚类。在碎屑岩中主要是颗粒溶孔、粒间溶孔和超大孔 3 类；碳酸盐岩中主要是粒间溶孔、晶间孔和溶孔 3 类。储层中能够作为油气储集空间的孔隙类型主要是次生孔隙，且以毛细管孔隙为主。其中，溶蚀孔隙是次生孔隙的主体，包括粒间溶孔、粒内溶孔、晶间溶孔、晶内溶孔及铸模孔，次为构造微裂缝。

2）孔隙结构特征

措勤盆地碎屑岩、碳酸盐岩储层的压汞分析结果显示（表 3-4-6），碎屑岩的储集性能多属差—很差，多为非常规储层，只有部分样品的孔隙度较大，可作为中等—较好储层。碳酸盐岩只有 1 件达中孔中渗型，其余大部分为特低孔低渗型和特低孔特低渗型。

表 3-4-6　措勤盆地碎屑岩和石灰岩孔隙结构参数表

层位	岩性	孔隙度 / %	渗透率 / mD	喉道直径均值 / mm	分选系数	孔隙结构系数	均值系数	退出效率 / %
K_2j	砂岩	0.5～1.7	<0.04	0.03～0.06	0.06～0.17	0.00～0.05	0.57～0.65	21.49～54.55
K_1l_3	石灰岩	0.8～19.08	0.16～323	0.01～10.58	0.07～37.86	0.00～2.41	0.26～0.83	20.06～37.99
K_1l_2	石灰岩	1.5～3.6	0.04～0.10	0.26～0.40	0.35～0.76	0.88～1.85	0.21～0.27	17.23～34.29
K_1l_1	砂岩	27.1	0.14	0.69	1.52	28.49	0.39	4.47
K_1d	砂岩	2.8～8.0	0.04～0.93	0.26～0.81	0.39～1965	0.05～14.38	0.18～0.53	24.91～33.01
K_1d	石灰岩	2.1～2.7	0.04～0.46	0.40～1.40	0.75～4.37	2.64～3.62	0.18～0.31	13.32～33.44
K_1Z	砂岩	5.7～5.7	<0.04	0.12～0.14	0.07～0.09	0.66～0.38	0.56～0.64	5.87～3.40
$J_{2-3}Jn$	石灰岩	2.4～2.8	0.09～10.8	0.79～0.87	1.97～2.31	0.05～6.29	0.30～0.44	29.43～33.33
$J_{2-3}Jn$	砂岩	3.2	0.10	0.26	0.37	0.66	0.63	33.24
P_2x	砂岩	2.8～8.9	0.04～22.5	0.09～2.98	0.16～9.12	0.16～1.10	0.39～0.55	21.10～29.00

（1）碎屑岩孔隙结构特征。碎屑岩储层毛细管压力曲线反映的孔隙结构为微孔微喉型，是比较典型的裂缝型储层孔隙结构，裂缝为微裂缝；压汞毛细管压力曲线进汞段较长，排驱压力较小，总体反映以粒内和晶间溶蚀孔隙及微裂缝为主体的储层，孔隙结构总体上为细孔小喉型，少部分为中孔中喉型。也存在细小孔喉，且喉道大小相对均匀，而孔隙大小不均，分选较差，压汞毛细管压力曲线无进汞段，排驱压力较高，为非常规超致密裂缝型储层。不同储层孔喉分布区间及分布形态差异大，碎屑岩储层大部分具有峰值，但都偏向于细孔喉一端，小于 0.10μm 占到总数的 80% 以上，部分样品甚至超过90%，曲线显示细歪或负偏，表现出孔喉半径粗歪以及渗透率贡献值"波峰"与孔喉半

径众数区段不相对应的特征。

（2）碳酸盐岩孔隙结构特征。碳酸盐岩储层的毛细管压力曲线上，大部分曲线反映的孔隙结构为微孔微喉型，是比较典型的裂缝型储层的孔隙结构，裂缝为微裂缝；曲线反映了以溶蚀孔隙为主的储层孔隙结构特征，孔隙结构总体上为细孔小喉型；也有少部分为中孔中喉型，甚至粗孔中喉型，为碳酸盐岩储层中较好的孔隙结构。

碳酸盐岩储层孔喉半径分布与碎屑岩相似，储层样品大部分具有峰值，但都偏向于细孔喉一端，小于 $0.10\mu m$ 占到总数的 60% 以上，个别样品甚至超过了 90%；大部分显示细歪或负偏，表现出孔喉半径粗歪以及渗透率贡献值"波峰"与孔喉半径众数区段不相对应的特征。

3）孔喉结构特征

（1）孔喉类型。储层岩石中有粗、中、细、微四种喉道类型，其中以微—细喉为主，粗喉、中喉均极少见，碎屑岩储层中微—细喉达 83.8%，碳酸盐岩储层中达 86.7%，而粗喉一般分别在 5% 和 10% 以下。

（2）孔喉结构及特征。在碎屑岩孔隙结构的四种类型中，Ⅰ类只占总数的 3.8%，Ⅱ类占 10.2%，Ⅲ类占 42%，Ⅳ类占 44%，Ⅲ—Ⅳ类占了绝对的优势。碳酸盐岩储层孔隙结构以Ⅱ类、Ⅲ类为主，都是以物性极差的微—细喉类型为主。其中Ⅰ类：中小孔中喉型，占 6.9%，物性较好，孔隙度大于 10%，渗透率大于 1.0mD。Ⅱ类：小孔细喉型，占 41.3%，物性较差，孔隙度小于 10%，渗透率 0.1~10mD。Ⅲ类：微、小孔微喉型，占 51.8%，物性差，孔隙度小于 5%，渗透率小于 1.0mD。

4. 白云岩储层特征

在措勤县北部的雪上勒、革吉亚美错和扎弄一带下白垩统郎山组中出露了 3 处白云岩（李亚林等，2008），此外，措勤北部夏康坚二叠系下拉组、木纠错组也有白云岩出现。

1）岩性特征

（1）郎山组白云岩。雪上勒白云岩发育于郎山组中，地表露头宽度 350~400m，延伸长度大于 500m，白云岩层呈厚度不等的层状，夹在郎山组细晶灰岩和生物碎屑灰岩中，累计厚度 30m。革吉白云岩地表露头出露宽度 2~3km，延伸长度大于 25km，累计厚度大于 90m。扎弄白云岩发育于郎山组上部，呈厚度不等的层状夹在郎山组微晶灰岩和圆笠虫灰岩中，累计厚度 43m。岩石类型包括中—细晶白云岩和（含）灰质白云岩，白云岩多为中细晶晶粒结构，块状构造。

（2）古生界白云岩。夏康坚白云岩位于措勤县北部，白云岩呈深灰色、灰白色，厚度大于 40m，岩石类型为中—粗晶灰质白云岩，岩石具中—粗晶晶粒结构，块状构造。木纠错白云岩位于申扎县木纠错，其岩石组合为一套浅灰色、灰白色中—厚层白云岩、砂屑白云岩、角砾状白云岩、砾屑白云岩、泥晶、细晶至粗晶白云岩、白云质灰岩组合，厚度 746.6m。白云岩中白云石含量一般大于 95%，含四射珊瑚群体。

2）物性特征

措勤盆地白云岩储层孔隙结构参数见表 3-4-7。

（1）郎山组白云岩。雪上勒白云岩孔隙度 0.5%~8.13%，平均 3.989%；渗透率 0.04~30.62mD，平均 6.15mD，以中等—较差储层为主；孔隙度大于 6% 的只有

4件，渗透率4.86～30.62mD，属于好的储层类型。亚美错白云岩物性参数变化范围较大，孔隙度在6.2%～25.1%之间变化，平均14.3%；渗透率6.57～2360mD，平均425.65mD，孔隙度与渗透率均较高，为中等—好储层；其中孔隙度大于12%的有3件（14.4%～25.1%），渗透率32.1～2360mD，属于很好的储层类型。扎弄白云岩孔隙度2.6%～8.3%，平均6.46%；渗透率0.04～19.4mD，平均4.12mD，为中等—较差储层；孔隙度大于6%的有3件，分别为8.3%、7.6%、8.1%，渗透率0.04～0.87mD，属于较好的储层类型。

（2）古生界白云岩。夏康坚白云岩孔隙度普遍较高，且变化范围不大，孔隙度8.6%～10.5%，平均9.3%；渗透率4.67～42.3mD，平均19.4mD，属于较好储层类型；其中有2件样品孔隙度分别为8.6%、9.5%，渗透率分别为20.2mD和42.3mD，属于好的储层类型。木纠错白云岩整体上孔隙度与渗透率较低且变化范围较大，孔隙度0.9%～10.9%，平均4.24%；渗透率0.04～50.4mD，平均6.2mD，以中等—较差储层为主；其中孔隙度大于6%的有4件，孔隙度7.5%～10.9%，渗透率4.62～50.4mD，属于较好的储层类型。

表3-4-7 措勤盆地白云岩储层孔隙结构参数表

地点	样品数		孔隙度 / %	渗透率 / mD	喉道直径均值 / μm	分选系数	孔隙结构系数	均值系数	退出效率 / %
雪上勒	11	值域	0.5～8.13	0.04～30.62	0.22～2.21	0.26～7.33	0.04～4.28	0.27～0.41	26.88～46.45
		均值	3.989	6.15	0.94	2.61	1.2	0.34	35.29
亚美错	6	值域	6.2～25.1	6.57～2360	2.39～26.95	6.6～79.77	0.51～5.95	0.32～1.22	2.98～40.81
		均值	14.3	425.65	7.29	21.96	2.44	0.54	24.73
扎弄	5	值域	2.6～8.3	0.04～19.4	0.03～2.48	0.06～8.16	0～17.91	0.23～0.46	6.77～30.45
		均值	6.46	4.12	1.07	3.26	5.96	0.42	18.25
夏康坚	4	值域	8.6～10.5	4.67～42.3	1.55～3.11	4.09～9.62	0.68～1.70	0.31～0.61	26.06～34.25
		均值	9.3	19.4	2.575	7.7	1.33	0.44	29.16
木纠错	15	值域	0.9～10.9	0.04～50.4	0.02～5.82	0.03～20.0	0.01～2.48	0.26～0.88	17.68～56.80
		均值	4.24	6.20	1.04	3.05	0.7	0.58	34.84

3）白云岩储层评价

措勤盆地白云岩储层毛细管压力曲线少部分反映的孔隙结构为微孔微喉型，是比较典型的裂缝型储层的孔隙结构；大部分反映的孔隙结构为细孔小喉型，也有少部分为中孔中喉型，甚至粗孔中喉型；是以溶蚀孔隙为主的储层孔隙结构特征，以粒内和晶间溶蚀孔隙及微裂缝为主的储层。白云岩储层约一半属于好的储层类型，为Ⅰ类和Ⅱ类储层，其余的白云岩储层为中等—较差储层类型，为Ⅲ类和Ⅳ类储层。

5.储层综合评价

1）储层物性评价

统计结果显示65件样品中属于偏孔隙型储层者33件，占分析样品的51%，其余32

件为裂缝型储层，孔隙度属偏孔隙型储层的 5 件碎屑岩样品中，其渗透率有 2 件达标，未达标者有 3 件；孔隙度属偏孔隙型储层的 28 件碳酸盐岩样品，其渗透率全部达标，裂缝型储层则因其渗透率指标无下限，渗透率均视为达标，因此，碳酸盐岩储层渗透率全部达标。图 3-4-14 和图 3-4-15 分别为碎屑岩和碳酸盐岩各类储层的样品分布情况，从中可以发现，碳酸盐岩储层以Ⅳ类储层为主，碎屑岩储层以很致密储层及超致密储层占绝大多数，孔隙结构总体欠佳。

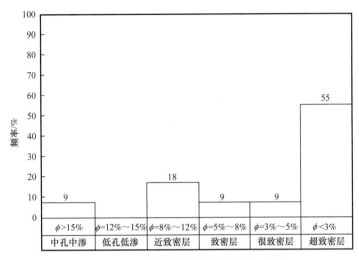

图 3-4-14　碎屑岩储层类别分布直方图

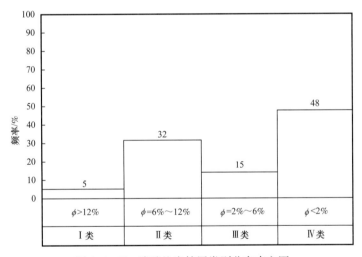

图 3-4-15　碳酸盐岩储层类别分布直方图

2）孔隙结构评价

碎屑岩储层达标率很低，考虑到分析统计储层样品为出露地层中相对较好的储层，并以碎屑岩储层为主，但多属Ⅴ、Ⅵ、Ⅶ类储层，少数为中等—好的储层，综合考量上述情况，整体上将碎屑岩储层孔隙结构评价为"差—中等"。

碳酸盐岩中石灰岩偏孔隙型储层均达标，占 64%，Ⅰ类和Ⅲ类储层占 36%，白云岩储层偏孔隙型储层也均达标，Ⅰ类、Ⅱ类和Ⅲ类分布占分析样品总数的 51%，裂缝型储层为 32 件，占 49%。综合考量上述情况，将碳酸盐岩储层孔隙结构评价为"中等"，其中白云岩储层优于石灰岩储层，白云岩储层孔隙结构总体评价为"中等—较好"。

3）综合评价

措勤盆地两大储层类型，碳酸盐岩储层储集物性优于碎屑岩储层，孔隙结构上石灰岩和碎屑岩则没有显著优劣差别，而白云岩相对较好。

碎屑岩储集性能较好者均为粗砂岩及含砾粗砂岩，而细砂岩、粉砂岩样品的孔隙度、渗透率偏低或其配置欠佳，储集性能明显不如前者。碎屑岩的孔、渗分布显示，孔隙度分布主要集中在低值区，小于3%的超致密层占一半以上；少量孔隙度大于8%，属于近致密和中孔型，个别为近致密中渗型；渗透率主要集中在低值区，大部分小于0.04mD，只有个别样品较大。碎屑岩储层物性较差，为较差储层类型。

碳酸盐岩储层属于中孔中渗型，大部分的渗透率值属于孔隙型，只有少部分为裂缝型。碳酸盐岩中石灰岩总体孔隙度、渗透率一般较好，为中等—较好的储层。白云岩样品有50%孔隙度大于6%，同时渗透率也相对较高，大部分属于好的储层类型。

综上所述，措勤盆地储层物性总的特点是石灰岩和白云岩好于碎屑岩，白云岩储层物性最好。

三、盖层

措勤盆地盖层岩系主要包括下拉组、则弄群、多尼组、郎山组和竟柱山组。下拉组盖层以石灰岩、钙质页岩和板岩为主；则弄群盖层以泥岩、页岩为主；多尼组盖层以页岩为主；郎山组盖层主要为致密碳酸盐岩；竟柱山组泥（页）岩为较好的盖层。

泥岩盖层明显优于石灰岩盖层，泥（页）岩盖层中有利盖层达到95%，较好盖层达到5%；石灰岩盖层中有利盖层占28.6%，较好盖层占14.3%，中等盖层占22.4%，较差盖层占34.7%。

各地层单元岩性和盖层物性统计分析表明：古生界下拉组泥（页）岩和石灰岩总体属于有利盖层，白垩系多尼组泥岩和石灰岩也以有利盖层为主，对油气的保存非常有利；郎山组石灰岩累计厚度也大，但封盖能力较差，以中等—较差为主，有利—较好盖层较少。

四、生储盖组合

依据措勤盆地古生界和中生界各层系烃源岩、储层和盖层的发育状况和时空配置关系，从下向上划分出4套生储盖组合。

1. 组合 I

烃源岩为永珠组页岩和泥岩、拉嘎组泥质岩及下拉组微晶、泥晶灰岩，储层为下拉组碳酸盐岩（白云岩、灰质白云岩和白云质灰岩）和坚扎弄组碎屑岩，盖层为下拉组碳酸盐岩和坚扎弄组页岩，该组合生、储、盖条件均较好，为自生自储自盖式和侧变式生储盖组合，是措勤盆地最有利的一套生储盖组合。

2. 组合 II

烃源岩为接奴群泥晶灰岩，储层为接奴群砂屑灰岩、泥晶灰岩和砂岩，盖层为碳酸盐岩和泥岩、页岩，该组合生烃条件较差，储、盖条件较好，为自生自储自盖式和侧变式生储盖组合。

3. 组合Ⅲ

烃源岩为多尼组下部泥灰岩、页岩和上部生物碎屑灰岩，储层为该组生物碎屑灰岩、礁灰岩、粗砂岩和火山碎屑岩，盖层为石灰岩和泥岩、页岩，尽管多尼组烃源岩分析数据差异较大，但多尼组烃源条件较好，储、盖层条件也较好，为自生自储自盖式生储盖组合，为较有利组合。

4. 组合Ⅳ

烃源岩、储层和盖层均为郎山组生物碎屑灰岩、微晶灰岩和泥灰岩，储层物性较好，砾屑灰岩、鲕粒灰岩和白云岩多为Ⅱ类低孔低渗型和Ⅲ类特低孔,特低渗型储层，盖层厚度大，多为中等盖层，为有利组合。

五、资源潜力与勘探方向

措勤盆地的油气资源潜力和远景仅次于羌塘盆地，通过对盆地烃源岩的发育和质量、储层、盖层发育的调查、各种成藏圈闭的发育以及后期保存条件等进行综合评价，为选取远景调查区和勘探方向奠定了基础。

1. 资源量

20世纪90年代根据有机碳法计算了远景资源量，下白垩统总资源量为 9.39×10^8t 油当量，其中石油资源量为 8.63×10^8t，天然气资源量为 $761.2 \times 10^8 m^3$（赵政璋等，2001b）。全国第三轮油气资源评价利用类比法、有机碳法计算得出石油远景和地质资源量分别为 21.46×10^8t 和 11.27×10^8t，天然气远景资源量为 $4061.83 \times 10^8 m^3$。

21世纪初，国土资源部成都地质矿产研究所采用有机碳法和类比法两种方法，对措勤盆地进行远景资源量计算，得到措勤盆地石油总资源量为 17.8×10^8t，天然气总资源量为 $1437 \times 10^8 m^3$（王剑等，2009）。多尼组和郎山组石油资源量分别占石油资源总量的84%和16%；多尼组和拉嘎组天然气资源量分别为 $381.3 \times 10^8 m^3$ 和 $239.9 \times 10^8 m^3$。

2. 勘探方向

措勤盆地具有相对较好的生、储、盖等油气地质条件，具备形成大中型油气田的物质基础。从勘探方向来看，古生界可能是盆地最有利的一套勘探目的层，其次为下白垩统郎山组自生自储组合。

措勤盆地经历了多次构造运动，特别是新生代以来的大规模隆升和剥蚀作用，对盆地产生了较为强烈的改造作用，因此，在对盆地石油地质基本条件进行评价和勘探远景区优选时，不仅考虑生、储、盖、圈、运条件，同时重点考虑新生代构造改造与高原隆升对目的层保存的影响和控制作用。根据生储盖条件、保存条件和有利的构造条件，采用多重信息叠合法，把控制油气形成的不同的单一地质因素（如烃源岩厚度、储层及沉积相、局部圈闭特征、保存条件、构造改造强度等）经过叠合，预测出两个有利远景区（图3-4-16）。

1）它日错—拾玛藏布远景区

该区位于措勤盆地北部它日错—阿苏凹陷区，面积 4500km²，该区沉积厚度最大超过 9km，地表露头以新生界和白垩系为主，主要勘探目的层为古生界和下白垩统多尼组、郎山组，凹陷内烃源岩厚度大、层位多。

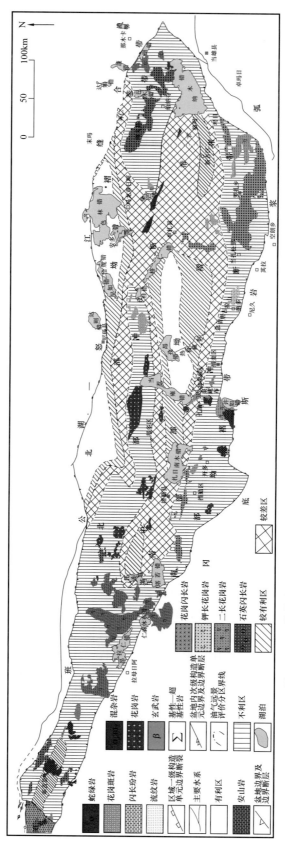

图 3-4-16　措勤盆地油气远景评价图（地质底图据中国地质调查局 1：25 万区域地质调查资料编绘）

该区郎山组碳酸盐岩烃源岩厚度一般400～1400m，残余有机碳含量0.1%～0.2%，R_o值1.0%～1.4%；多尼组烃源岩厚度一般300～500m，其中泥页岩R_o值1.0%～2.0%，泥岩残余有机碳含量0.2%～1.96%。同时该区储层发育，主要包括多尼组碎屑岩、郎山组碳酸盐岩，物性均较好、厚度较大，其中郎山组碳酸盐岩储层厚度400～1200m，并发育礁、滩石灰岩；多尼组碎屑岩储层一般大于400m，碎屑岩发育Ⅲ、Ⅳ、Ⅴ类储层；郎山组发育Ⅱ、Ⅲ类储层。该区南部还发现了白云岩储层，并且具较好的油气显示。该区盖层以泥质岩为主，厚度一般在500～1000m之间。该区古生界未出露，埋藏较好，零星出露的二叠系具有较好的烃源条件，在该区下拉组中发现的优质白云岩储层和油气显示表明，古生界是该区又一重要勘探目的层系。该区后期改造强度相对较弱，是盆地中相对稳定的构造单元，应属盆地最为有利的远景区。

2）色林错远景区

该区位于措勤盆地东北部色林错地区，北邻班公湖—怒江缝合带，基底构造上位于盆地北部坳陷带东部，基底埋深5～9km，远景区面积5294km²，地表露头在该区主要为白垩系、古近系—新近系和第四系。该区烃源岩厚度巨大，有效烃源岩包括拉嘎组、下拉组、多尼组和郎山组，古生界烃源岩未出露，保存较好；白垩系碳酸盐岩烃源岩R_o值1.0%～1.4%，泥岩R_o值1.0%～1.3%。储层以多尼组碳酸盐岩、碎屑岩、郎山组颗粒灰岩为主，总体上储层孔隙度较高，储集性能良好。盖层以多尼组泥岩、郎山组泥灰岩为主，最大厚度大于1200m。生储盖配置关系良好，有利勘探层位主要为古生界和下白垩统多尼组。此外，色林错地区地表中生界出露地层层位相对较高，总体以下白垩统为主，并且中生界之上广泛被古近系—新近系、第四系覆盖，油气保存条件较好，也是盆地内保存条件有利的地区，是整个盆地中相对稳定的构造单元。

第五章 昌 都 盆 地

昌都盆地位丁西藏探区东部，行政区划大部分属于西藏自治区昌都市，由东到西依次包含江达、芒康、贡觉、昌都、类乌齐、左贡七个县。范围在 96°30′E—98°45′E、28°40′N—32°20′N，南北长 350km，东西宽 170～200km，面积 3.15×10⁴km²。昌都盆地内广泛发育古生界和中生界海相沉积地层，沉积厚度平均达 14250m。昌都盆地整体上勘探程度非常低，20 世纪 90 年代，中国石油天然气总公司青藏油气勘探项目经理部组织有关单位开展过少量路线地质调查，21 世纪初以来，中国地质调查局成都地质调查中心对昌都盆地开展过 3 条路线地质调查，发现了少量油气显示点。

第一节 地层与沉积

昌都盆地出露地层主要有前奥陶系、奥陶系、上古生界、中生界和新生界。其中，中生界广泛出露，分布面积占盆地总面积的 75% 左右。三叠系以海相为主，其次为海陆交互相和陆相，盆地东侧的江达一带见火山岩；侏罗系为海陆交互相；白垩系为陆相；新生界分布于走滑拉分构造背景中，均为陆相，含大量石膏沉积。自上古生界至新近系，地层沉积厚度达 12900～15600m，为盆地油气的形成与富集创造了良好的条件。

一、地层划分

昌都地区位于羌塘—昌都地块之上，地层分区为羌塘—昌都地层区的昌都地层分区。根据中生代昌都地区的沉积特征，综合 1∶20 万区调成果，将该地层分区划分为左贡、昌都—芒康和江达 3 个地层小区。昌都盆地位于昌都—芒康地层小区，从前奥陶系到新近系的所有地层几乎都有出露，其中，中生界发育齐全且完整连续（图 3-5-1）。

1. 前奥陶系

盆地内出露的前奥陶系称为宁多群，是盆地最古老的结晶基底岩系，经历了多期次变质作用、岩浆作用和构造作用的改造，变质变形强烈，原生叠置关系已遭破坏，属无层无序的构造地层。见于囊谦县冬房达—宁多、昌都县苟欠达—夏日多、江达县木普—汪革一带。主要为黑云斜长片麻岩、二云母斜长片麻岩、斜长变粒岩、白云变粒岩等。锆石 U—Pb 定年的上交点年龄值为 2200Ma±40Ma，可能代表变质岩原岩的形成年龄，时代为古元古代，下交点年龄值为 465Ma±95Ma。

2. 奥陶系

盆地内仅出露下奥陶统青泥洞群（O₁Q），分布于江达县上格色村—热拥村、觉拥村—青泥洞乡—麦东村一带。下部为一套杂色砂岩、板岩，中部为石灰岩夹泥（页）

地层系统				厚度/m	岩性柱	岩性简述
界	系	统	组			
新生界	新近系		拉屋拉组	200~400		黄褐色中薄层砂岩、泥灰岩夹泥岩
	古近系		贡觉组	300~600		紫红色中层状砾岩、砂岩夹泥岩
中生界	白垩系	上统	宗谷组	453		褐红色、棕红色砾岩与砂岩互层夹杂色泥岩
		下统	老然组	409~1004		紫红色泥岩、泥质粉砂岩与砂岩互层
	侏罗系	上统	小索卡组	1000		紫红色中厚层砂岩夹泥岩
		中统	东大桥组	142.7		灰色、深灰色、灰绿色页岩夹砂岩、粉砂岩和白云质灰岩、生物碎屑灰岩
		中统	土拖组	751.7		紫红色、紫色泥页岩，夹细至中粒石英砂岩、粉砂岩，局部夹细砂岩
		下统	查郎嘎组	710.9		灰色、灰绿色、紫色、紫红色细粒石英砂岩、粉砂岩和泥岩互层，夹砂屑灰岩、砂砾岩
	三叠系	上统	夺盖拉组	800~1000		灰黑色薄层状砂岩与页岩互层夹煤线
			阿都拉组	428~4090		灰色、深灰色薄层—中层状泥岩、粉砂岩夹长石石英砂岩和煤线
			波里拉组	300~800		浅灰色中厚层状石灰岩、泥晶灰岩、瘤状灰岩和生物碎屑灰岩
			甲丕拉组	1500~2200		紫红色砾岩、砂岩和页岩互层
		中—下统	夏日多组	50~100		灰色砂页岩夹火山岩
			色嘎组	50		灰色流纹岩、角砾岩夹细砂岩和页岩
			马拉松多组	50~500		紫红色、灰绿色与灰色中薄层砂岩与页岩互层夹火山岩
古生界	二叠系	上统	卡香达组	170~794		砂岩夹石灰岩、中基性火山岩及煤线
			妥坝组	350~1320		深灰色夹黑色厚层夹中薄层状砂页岩夹石灰岩
		中统	交嘎组	125~1100		灰色夹灰黑色厚层状碳酸盐岩、砂页岩与中基性火山岩
			莽错组	120~380		灰色中厚层石灰岩、砂页岩夹基性火山岩
		下统	里查组	292		灰色夹深灰色块状石灰岩、砂岩夹钙质页岩
	石炭系	上统	鹜曲组	232		灰色夹深灰色块状石灰岩、生物灰岩，少量泥岩
		下统	马查拉组	915		灰色、深灰色块状石灰岩、泥质灰岩夹砂岩、页岩
			乌青纳组	853		深灰色、灰黑色中厚层石灰岩夹薄层砂岩、粉砂岩、页岩，局部夹砂砾岩与煤线
	泥盆系	上统	羌格组/卓戈洞组	(100~587)/(99~139)		灰色厚层块状石灰岩、泥灰岩夹白云岩 · 灰色厚层块状泥灰岩与白云岩
		中统	丁宗隆组	161~258		灰色、深灰色中层状泥灰岩、页岩及白云岩
		下统	海通组	20~212		下部紫红色、灰紫色砾岩，中部含砾粗砂岩，上部为泥岩

图例：砾岩　砂岩　粉砂岩　泥岩　页岩　煤线
石灰岩　泥灰岩　生物碎屑灰岩　白云岩　火山岩

图 3-5-1　昌都盆地地层柱状图

岩、砂岩；层面上见爬行虫迹呈弯曲状，石灰岩中含浅海相的海百合茎、藻及腕足类化石，局部见钻孔。上部以砂岩为主夹板岩，化石稀少，具复理石韵律。青泥洞群由下向上，沉积环境由浅海陆棚向外陆棚过渡，属被动大陆边缘沉积。下部板岩中含笔石 *Dichograptus* spp.、*Didymogrptus* spp.、*Tetragraptus* sp.、*Isograptus* sp.、*Phyllograptus* sp.，为我国华南地区 *Didymograptus hirundo* 带的主要分子，属下奥陶统道保湾阶的常见分子；中部石灰岩中含藻类 *Lophosphaeridium* cf. *citrinum*、*Renalcis papilla*，时代为早奥陶世宁国期。

3. 泥盆系

昌都盆地泥盆系发育较全，从老到新有下泥盆统海通组（D_1h）、中泥盆统丁宗隆组（D_2d）、上泥盆统卓戈洞组（D_3z）。

海通组（D_1h）集中分布于江达县青泥洞乡觉拥村以北一带，自下而上由紫红色、灰紫红色砾岩—含砾砂岩—含砾粗砂岩—泥岩叠置而成；厚度 20～212m；具红色陆源沉积特征，呈角度不整合覆于下奥陶统青泥洞群之上。海通组上部含腕足类 *Schizophoria* sp.、*Eosophragmophrora* sp.，介形虫 *Leperditia xiangzhouensis*、*Sulcella speculaea*，上述腕足类时代属早泥盆世晚期，介形虫多见于广西早泥盆世晚期四排期。下部含竹节石 *Nowakia barrandei*、*Hemipsila tangdingensis*、*Viriatellina irregularia*、*Striatostgliolina pancicostata*、*Styliolina fissurella*，珊瑚 *Favosites* sp.、*Pachyfavosites* sp.。其中 *Nowakia barrandei* 为下泥盆统兹利霍夫阶顶部化石，*Hemipsila tangdingensis* 为广西南丹塘丁组和云南丽江班满到地组的主要分子。故海通组中部泥质灰岩的时代应为早泥盆世晚期，下部的大套碎屑岩可能属早泥盆世早期和中期。

丁宗隆组（D_2d）分布于江达县青泥洞乡觉拥村以北地区，由灰色石灰岩、薄层瘤状泥灰岩、珊瑚礁状白云岩夹浅灰色、浅红色石英砂岩、页岩组成；厚度 161～258m；与上覆卓戈洞组整合接触；含丰富的腕足类、珊瑚、层孔虫、双壳类、腹足类等底栖生物及介形虫等化石，其岩石地层单位特征在全区较为稳定。含腕足类 *Emanuella takwanensis*、*Schizophoria* cf. *excellens*、*Desquamatia*（*Desquamatia*）*peshiensis*、*Independatrypa interrupta*、*Pseudoatrypa guanwushanensis*、*P.* cf. *baiguopingensis*、*P. markamensis*、*Atrypa richthofeni*、*Schizophoria kütsingensis*、*S. striatula*、*Zdimir* sp.；珊瑚 *Disphyllum* sp.、*Temnophyllum* sp.、*Argutastrea jiwozhaiensis*、*Sociophyllum* sp.、*Rhombopora* sp.、*Gerronostroma uralense*、*Paramphipora* sp.；双壳类 *Lunulacardium* sp.；层孔虫 *Ampipora* sp.；牙形刺 *Polygnathus varcus*、*P. xylus*、*Icriodus* aff. *brevis*。

卓戈洞组（D_3z）分布较广，昌都妥坝、江达县青泥洞一带均有出露，岩性为灰色、浅灰色薄层块状白云质灰岩、泥灰岩、白云岩，底部页岩与石灰岩互层；含丰富的腕足类 *Cyrtospirifer* sp.、*Pseudoatrpa* sp.、*Caryorhynchus nana*、*Atrypa richthofeni*、*A. interrupta*；珊瑚 *Pseudozaphrentis minor*、*Paramphipora zhogodongensis*、*Hexagonaria* sp.；牙形刺 *Polygnathus xylus*、*Icriodus* aff. *brevis*；层孔虫 *Amphipora* sp. 等化石；与下石炭统乌青纳组整合接触，其下与丁宗隆组整合过渡；厚度 99～199m。

羌格组（D_3q），岩性为灰色厚层块状石灰岩、泥灰岩夹白云岩，含腕足类 *Yunnanella hiskuangshanensis*、*Tenticospirfer tenticulum*、*Cyrtospirfer* 等化石，为潮坪沉积。与下伏卓戈洞组及上覆乌青纳组均为整合接触；厚度 100～587m。

4. 石炭系

昌都盆地石炭系发育较全，从老到新划分为下石炭统乌青纳组（C₁w）、马查拉组（C₁m），上石炭统鹫曲组（C₂a）。

乌青纳组（C₁w）分布较为稳定，为一套灰色、灰黑色中层块状石灰岩夹泥质灰岩，上部含燧石条带，颜色较浅的石灰岩略具重结晶；含大量珊瑚、腕足类、双壳类、菊石、腹足类等化石，含下石炭统岩关阶两个生物组合带，珊瑚 *Cystophrentis—Keyserlingophyllum—Zaphretites* 组合带和腕足类动物群 *Waagenoconcha kiangsuensis—Paulonia—Eochoristites* 组合带；整合覆于上泥盆统卓戈洞组之上；厚度 853m。沉积环境属较为平静的有利于底栖生物繁茂的浅海陆棚沉积。

马查拉组（C₁m）分布于囊谦县西南部及昌都县中西部巴曲—江给、马查拉—贡达涌一带，总体呈北西—南东向展布。为一套灰色、深灰色、灰黑色砂岩、板岩、石灰岩、生物碎屑灰岩、泥灰岩，夹含海绿石硅质岩、煤线及煤层；厚度 915m；古生物群较丰富，门类多，有腕足类、珊瑚、蜓类、植物、苔藓虫、放射虫、双壳类、有孔虫、海百合、古藻类等，尤以珊瑚、腕足类最为繁盛。

鹫曲组（C₂a）分布于囊谦县西南部和北西金口阿尕之南北，当曲、巴曲之西，杂多县梭罗涌、晓富贡巴、类乌齐县马查拉、昌都县妥坝和江达县幅嘎妥村、青泥洞一带，由灰色、深灰色、灰黑色石灰岩、生物灰岩、泥质灰岩、结晶灰岩、泥岩、页岩、板岩、砂岩，夹白云岩、灰绿色晶屑凝灰岩等组成；产腕足类、珊瑚、蜓类、苔藓虫、介形虫、腹足类等；厚度 232m；据岩石组合、沉积构造与古生物等特征，属活动大陆边缘浅海陆棚沉积环境。

5. 二叠系

二叠系从老到新有下二叠统里查组（P₁l）、俄巴纳组（P₁e）；中二叠统莽错组（P₂mc）、交嘎组（P₂j）；上二叠统妥坝组（P₃t）、卡香达组（P₃k）。

里查组（P₁l）、俄巴纳组（P₁e）分布于青海省杂多县扎呀龙哇、地尕、囊谦县查吉、那容浦、姜浦、类乌齐县马查拉、昌都县过荣赛、妥坝乡尼龙雄、江达县青泥洞等地，向西延入丁青县。里查组由灰色夹深灰色块状石灰岩、燧石条带石灰岩夹泥质灰岩、钙质页岩等组成；厚度 292m；向东过渡为俄巴纳组，由灰色夹深灰色块状石灰岩、结晶灰岩、砂岩夹钙质页岩组成；产蜓类、腕足类、珊瑚、腹足类、菊石、有孔虫、双壳类、介形虫、放射虫、海百合、苔藓虫、牙形刺、藻类等。

莽错组（P₂mc）分布于青海省玉树县郭曲、囊谦县扎西塘—久八阿、当孔觉悟、加俄赛、麦压弄、类乌齐县桌登、塞垮赛、江达县呷日玛、贡觉县然马舵等地，向西延入杂多县。由灰色、深灰色石灰岩、生物碎屑灰岩、白云质灰岩、页岩、砂岩等组成；产蜓类、腕足类、苔藓虫、菊石、海百合、珊瑚、有孔虫、三叶虫、介形虫、牙形刺、腹足类等化石；厚度 120～380m；为浅海陆棚碳酸盐岩沉积环境。

交嘎组（P₂j）分布于囊谦县俄钦弄、孖子扎、布不采、镇巴弄、类乌齐县丘木日埃扎果—哇吉、昌都县妥雄等地，由灰色、深灰色石灰岩、生物碎屑灰岩、泥灰岩、页岩、砂岩等组成；产蜓类、珊瑚、腕足类、有孔虫、双壳类、三叶虫、菊石、海百合等；总厚度 125～1100m；主要为一套浅海陆棚碳酸盐岩沉积。

妥坝组（P₃t）分布于玉树县梭罗涌东及子曲河两侧，昌都县考要弄—白弄牛场、卡乡达、妥坝乡、嘎曲等地，向南延入贡觉县，由灰色、灰黑色粉砂岩、石英砂岩、页岩、碳质页岩、泥灰岩，夹石灰岩、煤线等组成；产植物、双壳类、腕足类、珊瑚、蜓类等化石；总厚度 350～1320m；为海陆交互相含煤沉积环境。

卡香达组（P_3k）分布极少，仅见于江达县娘西乡芒达以东，呈断块产出，为浅海—海陆交互相砂岩、粉砂岩、生物碎屑灰岩或夹石灰岩透镜体、煤线；富含蜓类、珊瑚、腕足化石和植物碎片；厚度 170～794m。沉积环境为多岛的浅海海域，海水较浅，沉积物以碎屑岩为主。

6. 三叠系

中—下三叠统在昌都盆地内零星分布，包括下统马拉松多组（T_1m），中统色嘎组（T_2s）和夏日多组（T_2x）。

马拉松多组（T_1m）仅零星分布于青泥洞背斜中，岩性为紫红色、灰绿色与灰色中薄层砂岩与页岩互层，夹火山岩；厚 50～500m；在页岩中产双壳类化石 *Ptria* cf. *murchisoni*、*Clarraia* sp.、*Cervillia* sp.、*Promyalina intermedia* 等及植物化石碎屑。

色嘎组（T_2s）岩性为灰色流纹岩、凝灰质角砾岩夹细砂岩和页岩；厚度 50m；其上为甲丕拉组紫红色砂砾岩不整合覆盖。

夏日多组（T_2x）岩性为灰色砂页岩夹火山岩；厚度 50～100m。

上三叠统在昌都盆地广泛分布，由于昌都盆地普遍缺失中—下三叠统，上三叠统多直接超覆在古生界之上。在昌都地区各地层小区内沉积的地层基本相似，包括甲丕拉组（T_3j）、波里拉组（T_3b）、阿都拉组（T_3a）和夺盖拉组（T_3d）。

甲丕拉组（T_3j）广泛出露于青海省玉树县日玛色、马穷达、囊谦县曲日到给、沙洪考、类乌齐县扎让达—滨达、昌都县巴那牛场—多么给、察雅县给拉、江达县生尕等地，向西延入杂多县，向南延入八宿县、贡觉县。为紫红色砾岩、砂岩和页岩互层；厚度 1500～2200m；未见化石，底部不整合在上二叠统妥坝组之上，顶部为波里拉组石灰岩整合覆盖。在类乌齐、左贡等地，甲丕拉组含有多个石灰岩夹层，见 *Halobia* sp.、*Palaeocardita* aff. *Langnongensis*、*Pleuromya* sp. 等晚三叠世化石。

波里拉组（T_3b）分布于青海省杂多县英海、玉树县子曲、囊谦县陇玛拉、类乌齐县旦渣、昌都县宗热余孜等地，向西延入杂多县，向北延入玉树县，向南延入八宿县、贡觉县。建组剖面位于察雅县东波里拉山，为一套碳酸盐岩地层，底部整合于甲丕拉组之上。由浅灰色中厚层状石灰岩、泥晶灰岩、瘤状灰岩和生物碎屑灰岩组成；厚度 300～800m，分布稳定；地层中化石较为丰富，产菊石 *Placites postsymmetricus*、*Stenarcestes* cf.*leiostrzcus*、*Arcestes* sp. 和双壳类 *Halobia* cf. *partschi*、*H.* cf. *superbescens* 等，时代为晚三叠世诺利期。

阿都拉组（T_3a）分布于青海省杂多县耐多尕、玉树县格曲卡、囊谦县那可给、昌都县打龙达、察雅县察弄达玛牛场等地，向西延入杂多县，向北延入石渠县，向南延入八宿县、贡觉县。为灰色、深灰色薄层—中层状泥岩、粉砂岩夹长石石英砂岩和煤线；含植物碎片；厚度 428～4090m。

夺盖拉组（T_3d）分布于囊谦县扎狼坡、昌都县得日阿、江达县格陇、贡觉县查拉等地，向北延入石渠县，向南延入八宿县，贡觉县。灰黑色薄层状砂岩与页岩互层夹煤线，为一套滨海和潟湖沉积；含丰富植物化石和少量半咸水双壳类化石；地层厚度

$800\sim1000m$。

7. 侏罗系

昌都盆地的侏罗系以河湖相碎屑岩为主，间夹海相地层，总体为一套红色、紫红色地层，与白垩系共同构成昌都盆地的所谓"红盆"。包括查郎嘎组（J_1c）、土拖组（J_2t）、东大桥组（J_2d）和小索卡组（J_3x）。

查朗嘎组（J_1c）建组剖面位于昌都县大野乡，为一套灰色、灰绿色、紫色、紫红色的细粒石英砂岩、粉砂岩和泥岩互层，夹砂屑灰岩、砂砾岩；整合于上三叠统之上，厚度710.9m。沉积物以河湖相为主，含有孢粉、植物及古藻化石，时代大致可定为早侏罗世，整合于下伏上三叠统之上，据此确定其为下侏罗统。

土拖组（J_2t）建组剖面位于昌都县大野乡，岩性为紫红色、紫色泥（页）岩，夹细—中粒石英砂岩、粉砂岩，局部夹细砂岩；厚度751.7m；其中含有介形虫化石 *Metacypris trzpazoidea*、*Darwinula changxinensis* 等，时代为中侏罗世。

东大桥组（J_2d）建组剖面位于昌都县大野乡，岩性为灰色、深灰色、灰绿色页岩夹砂岩、粉砂岩和白云质灰岩、生物碎屑灰岩；厚度142.7m；地层中含有海相和陆相双壳类化石，海相双壳类化石有 *Protocardia stricklandi*、*Amiodon fengdengsnsis* 等，陆相双壳类化石有 *Lamprotula cremeri*、*Pseudocardinia kweichouensis* 等，此外，还含有腹足类、藻类和孢粉类化石，这些化石所指示的时代属中侏罗世。

小索卡组（J_3x）建组剖面位于昌都县加卡乡多底卡—小索卡一带，为一套整合于东大桥组之上的紫红色碎屑岩，主要为紫红色中厚层砂岩夹泥岩；厚度在1000m左右。地层中产孢粉化石 *Classopollis* 等，时代属晚侏罗世。

8. 白垩系

白垩系分布在察雅县香堆、芒康县老然、宗谷以及类乌齐县尚卡、所乡等地，主要发育下统老然组（K_1l）、上统宗谷组（K_2z）。

老然组（K_1l）建组剖面位于芒康县老然—宗谷一带，由紫红色泥岩、泥质粉砂岩与砂岩互层组成，夹砾岩透镜体；厚度$409\sim1004m$；产植物化石，局部产恐龙和脊椎动物化石。

宗谷组（K_2z）建组剖面位于芒康县老然曲东沟宗谷村，主要由紫红色砾岩组成，夹泥质粉砂岩、含砾粉砂岩，厚度300m，产恐龙化石：*Hadrosauridae*、*Ornithomimus* sp.、*Megacervixosaurus tibensis* Chao 等。

9. 新生界

古近系贡觉组（Eg）分上下两段，下段为紫红色中层状砾岩、砂岩夹泥岩，上段为紫红色中薄层砂岩夹砾岩、泥岩；厚度$300\sim600m$。

新近系拉屋拉组（Nl）为黄褐色中薄层砂岩、泥灰岩夹泥岩；厚度$200\sim400m$，在甲桑卡一带10余层中夹褐煤层。

二、沉积相

中生代昌都盆地经历了海—陆—海—陆交替的变化过程，中生代共发育6个沉积体系13个沉积相和多个亚相（表3-5-1）。

表 3-5-1 昌都盆地中生代沉积体系及沉积相分类表

沉积体系	沉积相	沉积亚相	主要层位
冲积扇	扇头、扇中、扇尾	泥石流、河床沉积、片泛沉积	甲丕拉组
河流	曲流河、辫状河	河道、边滩、心滩、泛滥平原	甲丕拉组、查郎嘎组
湖泊	陆源近海湖泊相	滨湖、浅湖、深湖	甲丕拉组、土拖组、东大桥组、小索卡组
三角洲	河控三角洲	三角洲平原、三角洲前缘	夺盖拉组、查郎嘎组
缓坡型碳酸盐岩海岸	潮坪、潟湖、浅滩、浅水缓坡、中缓坡		波里拉组
火山碎屑岩	陆上喷发		甲丕拉组

1. 冲积扇沉积体系

冲积扇沉积体系主要发育于甲丕拉组底部，在盆地内广泛分布，以紫红色块状碎屑泥石流沉积为主夹辫状河道砂质砾岩。前者主要为岩屑副砾岩，岩层厚度大，层内缺乏内部构造，砾石磨圆差，无分选，杂乱排列，杂基含量高，为杂基支撑结构，砾石成分为火山岩、变质岩、石灰岩、砂岩、脉石英、玉髓等，磨圆度较差，填隙物为砂、泥质。后者主要为岩屑砾岩和砂岩（河床沉积），向上部出现泥岩（片泛沉积），总体呈规模不等的透镜体产出，底界的侵蚀作用明显，大的砾石集中于透镜体的底部，略显定向或叠瓦状构造；与前者相比，该河流相砾岩具有一定的分选性和磨圆性，充填物以砂质为主，泥质杂基较少，岩石以颗粒支撑为主，系河流的滞留沉积，向上过渡为砂岩甚至少量的薄层泥岩，构成河流的二元结构，砂岩正粒序构造；常见交错层理、平行层理。

2. 河流沉积体系

河流相主要发育于甲丕拉组和查郎嘎组，主要为曲流河沉积。以昌都县妥坝兵站剖面为例，为一套灰紫色中层状中—细粒长石岩屑砂岩夹紫红色泥岩和细砾岩，具向上变细的沉积序列，底部为河床堆积的细砾岩、含砾粗砂岩，发育底冲刷面，向上变为河道及边滩沉积的砂岩，其中发育槽状交错层理和斜层理。岩层厚度及粒度向上逐渐变小，中上部变为紫红色泥岩夹粉砂岩。泥岩中见生物钻孔，局部含泥砾，属河道两侧泛滥平原沉积。

3. 湖泊沉积体系

在上三叠统甲丕拉组、侏罗系土拖组、东大桥组、小索卡组广泛发育。甲丕拉组湖泊沉积主要出现在昌都盆地的北部；侏罗系中湖泊相则在盆地中广泛发育。沉积组合主要为一套以紫红色为主的细碎屑岩，各组中均夹多层石灰岩和灰色、绿色砂岩条带，并含有海相和陆相生物化石，具陆源近海湖泊特征。昌都盆地上三叠统甲丕拉组和侏罗系土拖组、东大桥组、小索卡组主要为陆相湖泊环境，间歇性灌入海水，属海漫湖泊沉积，当时的广海位于盆地的北方。该沉积体系进一步划分为滨湖、浅湖和深湖亚相。

滨湖亚相主要出现在上三叠统甲丕拉组、下侏罗统查郎嘎组和上侏罗统小索卡组，主要为一套紫红色中层状砂岩、粉砂岩夹泥岩组合，底部可出现含砾粗砂岩；地层中多见波痕和沙纹层理，发育生物钻孔。

浅湖亚相主要出现在上三叠统甲丕拉组、中侏罗统土拖组和上侏罗统小索卡组，主要为一套紫红色夹灰色薄层状泥岩、粉砂岩夹细砂岩、石灰岩组合，局部夹白云岩；粉砂岩中沙纹层理十分发育。

深湖亚相主要出现在中侏罗统土拖组和东大桥组，主要为一套灰色、灰绿色的薄层状泥岩夹粉砂岩和泥灰岩组合；发育水平层理。

4. 三角洲沉积体系

三角洲沉积体系主要见于上三叠统夺盖拉组和下侏罗统查郎嘎组。以三角洲平原亚相最为发育，其次为三角洲前缘亚相。

三角洲平原亚相在夺盖拉组最为发育，主要为一套灰色中层状杂砂岩（分流河道沉积）夹灰黑色粉砂岩、泥岩和煤层（泛滥平原、沼泽沉积）；含大量植物化石和少量双壳类化石。

三角洲前缘亚相主要出现在上三叠统夺盖拉组中部，为一套中—薄层状灰绿色、灰色粉砂岩、泥岩，夹灰色砂岩、含砾砂岩透镜体；透镜状砂体底冲刷明显，砂岩中见平行层理、交错层理、沙纹层理、浪成波痕、流水波痕等；局部见植物碎片。

5. 缓坡型碳酸盐岩海岸沉积体系

缓坡型碳酸盐岩海岸沉积体系主要见于上三叠统波里拉组，包括潮坪、潟湖、浅滩、浅水缓坡、中缓坡等亚相。

潮坪亚相主要见于盆地的西部，如昌都县的俄洛桥、加卡以西，察雅县宁卡娃、卡贡、汪布乡、巴雷乡等地，沉积厚度小，与潟湖亚相或浅滩亚相交替产出，主要为潮间坪；岩性主要为深灰色、灰黑色中—薄层状泥灰岩、钙质泥岩、白云岩等，常呈互层产出；产双壳类化石，局部夹粉砂岩（如察雅县汪布乡一带）；岩层中发育水平层理、条带状层理，具鸟眼构造、窗格构造等，局部可见膏盐晶洞。

潟湖亚相分布于潮坪亚相带内部，剖面上可与之交替出现，为灰色薄层状钙质、粉砂质泥岩、泥晶灰岩，以及薄—中层状含生物碎屑泥砾灰岩、白云岩等，在俄洛桥和吉塘等地出现多层石膏；泥砾灰岩中泥砾呈片状、不规则状，直径 0.2~1.0cm，含量 10%~60%，被灰泥胶结，断面上风化色较深，呈蠕虫状，分选差，几乎未经磨圆，反映为短距离搬运至极低能环境堆积形成；在粉砂质泥岩中常见干裂纹、波痕等。

浅水缓坡和浅滩亚相广泛见于盆地中部地区，岩石组合为灰色中层状泥晶灰岩、粉晶白云岩夹生物碎屑灰岩、砂屑灰岩，局部出现砂屑亮晶灰岩；砂屑为碳酸盐岩屑，含量为 20%~30%，分选较好，有一定磨圆性，反映其形成的水动力较强，但未出现生物礁和典型的障壁滩，因此属缓坡型浅滩，总体上以浅水缓坡沉积为主，夹浅滩沉积。

中缓坡亚相主要分布于盆地东部，为灰色、深灰色薄—中层状泥晶灰岩、含泥质灰岩和生物碎屑灰岩，岩性较单一，横向分布稳定。

6. 火山碎屑岩沉积体系

火山碎屑岩沉积体系在盆地中仅见于甲丕拉组下段，分布局限，仅见于盆地西北部类乌齐桑多镇和滨达乡，主要为中酸性、酸性晶屑岩屑凝灰质砂岩，厚度可达 150m 左右，可能属近陆喷发后经短距离搬运沉积的产物。

第二节 构 造

一、构造单元划分

藏东地区大地构造属东特提斯构造域东段，是晚古生代以来形成的一个弧—陆碰撞造山带。古生代以来经历了 3 次重大的构造体制转换，即晚古生代到中三叠世多弧盆系向造山带的转换；晚三叠世到白垩纪的盆—山转换；新生代的大规模陆内构造会聚（壳—幔转换）。自东向西，可划分为 8 个次级大地构造单元，分别由 6 条大型断裂所分隔（图 3-5-2）。

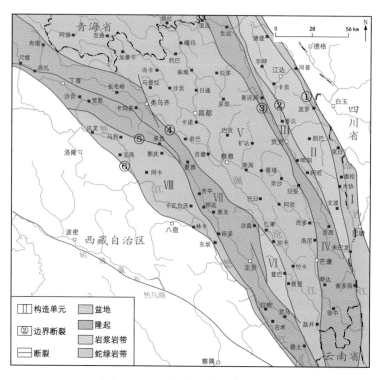

图 3-5-2 昌都地理及构造纲要图

①金沙江断裂；②字嘎—德钦断裂；③温泉断裂；④吉塘—北澜沧江断裂；⑤卡玛多—刚沱断裂；⑥怒江断裂。
Ⅰ—金沙江蛇绿混杂岩带；Ⅱ—江达晚古生代—早中生代陆缘火山弧；Ⅲ—贡觉新生代走滑拉分盆地；Ⅳ—生达—青泥洞古隆起带；Ⅴ—昌都盆地；Ⅵ—竹卡晚古生代—早中生代陆缘火山弧；Ⅶ—类乌齐—左贡褶皱冲断带；Ⅷ—班公湖—怒江蛇绿混杂岩带

1. 金沙江蛇绿混杂岩带

昌都地块东界，是古特提斯金沙江洋盆消亡的产物。结合带西侧主断裂大致沿金沙江东侧玉树—埃拉山—山岩—巴塘一线，由北向南总体呈北西至近南北向展布。该带由石炭系—二叠系及三叠系所形成的一套蛇绿混杂岩构成，后期陆内俯冲、走滑形成的构造混杂岩普遍发育，构造面貌十分复杂。带内混杂岩卷入地层包括南西侧江达火山弧上三叠统巴塘群浅变质砂板岩、石灰岩、中基性火山岩，同时见有属昌都地块基底的斜长角闪岩、片麻岩、片岩等成分。

从金沙江带构造演化来看，大致经历了早华力西期（D_2—C_1）洋盆拉张阶段、晚华力西—早中印支期（C_2—T_2）向西俯冲碰撞阶段、晚印支期（T_3）伸展裂谷阶段和燕山—喜马拉雅期逆冲推覆与平移走滑作用。

2. 江达晚古生代—早中生代陆缘火山弧

该构造单元主要位于金沙江断裂—字嘎—德钦断裂之间，是晚古生代到三叠纪期间金沙江弧后洋盆向西侧昌都微陆块俯冲形成。具有多阶段（包括泥盆纪、早三叠世、中三叠世、晚三叠世等）和时间跨度长的特点。泥盆系—石炭系由碎屑岩、碳酸盐岩与中基性火山岩、流纹岩等组成；下—中三叠统由红色磨拉石相碎屑岩、碳酸盐岩与中酸性火山岩等构成；上三叠统由磨拉石相碎屑岩、碳酸盐岩和基性、中性与酸性火山岩等组成。

据岩石地球化学特征，下—中三叠统火山岩具陆缘弧火山岩特点，上三叠统火山岩具典型碰撞之后的弧火山岩特征，主要为拉张条件下形成的拉斑玄武岩系列。

3. 贡觉新生代走滑拉分盆地

盆地长 257.5km，宽 0.5～18km，面积 1870km^2。其中连续沉积白垩系至古近系—新近系红色碎屑岩和中酸性火山岩，厚度 5000m 以上，沿旁侧有碱性岩侵入，是在燕山晚期至喜马拉雅早期陆内会聚阶段形成的断陷盆地。古近系—新近系砂砾岩层呈角度不整合超覆于奥陶系、石炭系、二叠系之上，自下而上可分为四段。第一段为以山区辫状河流沉积组合为主的砂砾岩互层，厚度 600～1800m，自南向北厚度变大，古凹陷在北部；第二段为以河流—三角洲沉积组合为主的砂砾岩与砂泥岩互层，可见大型斜层理，由北向南厚度逐渐加大，厚度 440～1400m；第三段以湖泊相薄层状砂岩、含砾砂岩、泥岩为主，夹页岩、白云岩、石膏岩与石膏泥砾岩，石膏泥砾层厚可达 60m，含膏岩系厚度 532.2m，有时见含铜砂岩，总厚度 400～1400m；第四段为河湖相间的含长石石英砂岩、含砾砂岩夹流纹质凝灰岩与石英钠长斑岩，厚度 140～380m。盆地呈东陡西缓的箕状盆地，东侧主边界断裂东倾，为上三叠统玄武岩层逆冲于古近系—新近系砂砾岩层之上，其中沉积物是热带和亚热带炎热干燥与多雨气候相间的产物，主要为一套河湖沉积，经历早期拉张断陷、中期持续沉陷与晚期收缩闭合的过程。

4. 生达—青泥洞古隆起带

东界为贡觉盆地两边界断裂，西为温泉断裂，为一晚三叠世古隆起带。带内出露地层除北端夏日多一带有少量元古宇宁多群老变质岩外，主要为古生界，包括在青泥洞、海通、多吉板等地的下古生界下奥陶统和少量志留系，大量出露地层为上古生界泥盆系—二叠系。上古生界总体为稳定型的浅海相碳酸盐岩、碎屑岩，其上被上三叠统甲丕拉组不整合覆盖。

5. 昌都盆地

西侧为北澜沧江断裂带，其主要边界断裂向西倾，由麻粒岩、片麻岩、片岩等变质岩系向东逆冲于上三叠统红色砂砾岩层之上。东侧为字嘎—德钦断裂带，该断裂带主要向东倾，具有向西逆冲的特点，卷入地层包括元古宇（宁多群）、古生界（O_1—P）、三叠系和侏罗系，反映其逆冲时期主要发生在燕山—喜马拉雅期。

该盆地发育于昌都微陆块内部，古生界基底之上，盆内出露的地层主要为上三叠统、侏罗系和白垩系，缺失早—中三叠世沉积。上三叠统在全区内形成全面超覆，不整合覆盖于古生界之上，发育了上三叠统—白垩系巨厚的连续沉积。上三叠统由下而上，发育红色磨拉石建造（T_3j）、浅海台地碳酸盐岩建造（T_3b）、浅海陆棚—沼泽含煤沉积（T_3a—T_3d）。在整个盆地内岩性岩相变化不大，厚度一般为 2000～3000m，但差异明显，西部普遍较厚，在盆地两侧隆起前缘如东侧娘拉—妥坝一线的西侧及类乌齐以东的当尕等地，局部深坳陷处厚度可达 5000m。

晚三叠世以后，盆地以东的金沙江带隆起并向西推挤扩展，盆地沉降沉积中心向西迁移，侏罗纪—白垩纪在昂曲—察雅—阿孜—芒康一线发生强烈坳陷，自下而上为一套陆相碎屑岩—滨浅海相碎屑岩（夹碳酸盐岩）—陆相碎屑岩，总沉积厚度 3000～5000m。白垩纪末受两侧山系的夹抬，湖水由北向南退缩，盆地逐渐萎缩消亡。白垩系主要出露于盆地东南部的阿孜—芒康以南地区。

新生代以来，两侧山系向盆地发生进一步对冲挤压，盆地被大幅度横向压缩，在盆地两侧分别形成对冲断裂体系，特别是西部类乌齐—东达山海西印支期复合造山带整体发生了沿北澜沧江断裂大规模向东部的斜冲逆掩，盆地西侧很大一部分已被逆掩消失，在其前缘部位发育强烈构造变形带，主要由上三叠统、侏罗系—白垩系所形成的一系列轴面倾向西—南西向的紧闭歪斜—倒转褶皱和一组次级逆冲断裂组成，并大量发育西侧推覆而来的飞来峰块体。从北西向南东盆地被横向压缩幅度越来越大，在盐井以南趋于尖灭。在盆地的中东部，走滑拉分作用形成一系列古近纪—新近纪走滑伸展、压陷盆地，并控制了夏日多—马牧普、妥坝、囊谦—日通、拉屋等喜马拉雅期深源浅成斑岩（火山岩）带的形成。

6. 竹卡晚古生代—早中生代陆缘火山弧

该构造单元位于杂多、竹卡一带，出露地层自下部古生界（包括部分前寒武系）至古近系—新近系，包含五套岩石地层组合：一是前寒武系吉塘群、酉西群混合岩、片麻岩、变粒岩和片岩组合；二是由上石炭统—二叠系构成的一套复理石砂板岩夹中基性岛弧型火山岩、硅质岩、碳酸盐岩和含煤岩石组合；三是上三叠统碎屑岩与碳酸盐岩组合；四是侏罗系—白垩系红色碎屑岩系；五是古近系—新近系红色碎屑岩系。

7. 类乌齐—左贡褶皱冲断带

该构造单元夹持于怒江断裂和北澜沧江断裂之间，带内地层包括前寒武系吉塘群、酉西群变质岩，弱变质的上古生界及中生界。该带划分出三个次级构造单元：西部被动边缘—盆地相带和东部火山弧带，介于中间的是侵入相带（李兴振等，1999）。

被动边缘—盆地相带出露的地层为泥盆系—古（新）近系。泥盆纪—二叠纪沉积一套由碎屑岩—碳酸盐岩构成的被动边缘沉积；下三叠统缺失；中三叠统为一套以粗碎屑岩为主的沉积；上三叠统主要为碎屑岩夹碳酸盐岩和酸性火山岩，与中三叠统多为不整合接触，其上多为由碎屑岩夹碳酸盐岩的下侏罗统整合覆盖。

中间侵入相带为东达山花岗闪长岩和二长花岗岩及吉塘群，可与滇西临沧花岗岩基带及澜沧群相对应，岩浆岩以 S 型花岗岩为主，次为 I 型花岗岩和 I—S 过渡型花岗岩，时代以印支、燕山和喜马拉雅期为主。

东部火山弧带主要位于竹卡—盐井一带（相对于上述竹卡火山弧），火山岩时代自晚古生代至晚三叠世时期。喜马拉雅期总体表现为向东侧昌都盆地之上逆冲推覆，伴随强烈构造变形和韧性剪切带的发育，沿吉塘—北澜沧江断裂的东缘见石炭系或中—上三叠统推覆于上三叠统波里拉组、阿堵拉组之上。

8. 班公湖—怒江蛇绿混杂岩带

该带西起班公湖，向东经改则、东巧至丁青向南沿怒江南下，其内有发育良好的由斜辉橄榄岩、层状辉长岩、辉绿岩、枕状玄武岩及放射虫硅质岩组成的蛇绿岩套，断续分布于古生界—三叠系构造混杂岩中。

断裂带内还大规模出露中酸性侵入岩类，其时代主要为燕山—喜马拉雅期，年龄为163—34Ma。带内大型断裂带在该区为北西向，由两条近于平行的断裂组成，在卫片和航磁图上表现为明显的线性异常。断裂呈叠瓦状逆冲，可见嘉玉桥群变质岩系逆冲至中生界或古近系—新近系之上。

二、断裂和褶皱

自晚古生代以来，昌都地块经历了多次构造运动，特别是印支期—燕山期以来，受金沙江、怒江洋盆俯冲消亡的挤压作用和喜马拉雅期印度板块向北东的陆内俯冲、持续挤压，造成盆地内不同时期、不同层次的构造十分发育。

1. 断裂

在昌都地块内部形成一系列大规模的控盆和控相断裂，对昌都盆地的演化起着主要作用的是盆地东西两侧的边界断裂（图3-5-2、图3-5-3）。

（1）字嘎—德钦断裂。断裂北自青海省，往南经字嘎乡、莽岭、察里至云南德钦，全长800km以上，是昌都盆地东部边界断裂，切过的地层有下古生界、上古生界和古近系—新近系贡觉盆地红层，断面向东倾斜，倾角较陡，总体上表现为逆冲—走滑断裂。该断裂具有多期活动的历史，对其两侧的构造演化和岩浆活动均有主要的影响。喜马拉雅早期沿断裂发生拉张和走滑作用，形成上叠狭长半地堑状的贡觉古近纪—新近纪走滑拉分盆地，其沉积物厚度东厚西薄；喜马拉雅晚期表现为左行走滑及向西的逆冲推覆。

（2）温泉断裂。位于昌都盆地东部，是昌都坳陷和生达—青泥洞隆起带的分界断裂，延伸长度大于250km，南端与字嘎—德钦断裂复合，断面倾向北东，倾角70°～80°，早期具有挤压性质，上盘向南

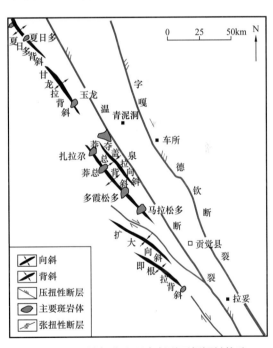

图3-5-3　昌都盆地温泉断裂西侧褶皱构造

西方向仰冲，晚期具有右行走滑特征，在断裂西侧形成一系列右行斜列式褶皱，喜马拉雅期沿断裂两侧有花岗斑岩体侵入（图3-5-3）。

（3）北澜沧江断裂。昌都盆地西缘边界断裂，沿北澜沧江向南延入滇西与昌宁—双江深断裂带相连，延伸上千千米。在类乌齐、吉塘一带被北北西、北西西向两组走滑断裂所切。断裂带切割的地层有元古宇—下古生界的吉塘群、石炭系卡贡群、三叠系及侏

罗系—白垩系，北部表现为北东东向的逆冲性质，往南表现为一条宽500～2000m的韧性剪切带。断裂带具有多期活动特点，控制昌都盆地西部隆起与坳陷的古构造格局；喜马拉雅期以来，受印度板块及陆内会聚作用的影响，隆起带上片岩大规模向东逆冲推覆。

2. 褶皱

晚古生代以来，昌都地区发生了多次陆块的裂解—会聚与造山运动，造成了盆地内多期褶皱构造的叠加，可划分出三期明显的褶皱构造。

（1）海西期—印支期褶皱构造。为一组形态较复杂的复式背斜、向斜构造，如青泥洞复式背斜、妥坝复式背斜，轴向近南北，核部出露古生界，受断裂作用破坏而不完整。

（2）燕山期褶皱构造。为一组轴向北北西和近南北向的线性褶皱构造，背斜形态紧闭，向斜较开阔，组成一系列隔挡式褶皱，局部地区为短轴状背斜、向斜。主要的褶皱有昌都复向斜、芒康复向斜等。组成褶皱的地层主要为上三叠统—侏罗系、白垩系。

（3）喜马拉雅期褶皱构造。为一组与走滑机制有关的斜列式褶皱构造，规模较小，主要呈北西向展布。

各褶皱构造在盆地不同部位因构造作用强度不同表现不一，大致有四个褶皱束。

（1）昌都褶皱束。位于盆地西北部，为一组轴向北西—北北西向的线状背斜、向斜构造，轴面近于直立。大多背斜较为紧闭，向斜较为宽缓，组成隔挡式褶皱，背斜核部地层为上三叠统，向斜核部地层为侏罗系—白垩系。

（2）察雅—巴贡褶皱束。位于盆地西南部，轴向为北北西向，由一组线状背斜、向斜组成，轴面倾向北东东，倾角较陡。背斜核部地层为上三叠统阿堵拉组、夺盖拉组，向斜核部地层为中侏罗统。西部靠近北澜沧江断裂附近，局部形成倒转褶皱。

（3）香堆—芒康褶皱束。位于盆地南部，形态较为复杂，由一组轴向近南北向的线状短轴背斜、向斜组成，轴面近于直立，东部受断裂影响局部倒转；卷入地层主要为侏罗系—白垩系。

（4）妥坝褶皱束。位于盆地东北部，由一组北西—北北西向线状—短轴背斜、向斜组成，轴面近于直立或向东倾斜；卷入的地层为上三叠统。

第三节　石油地质条件

一、烃源岩

昌都盆地主要存在三类烃源岩：即泥质岩、含煤岩系及碳酸盐岩。

1. 烃源岩分布

烃源岩垂向分布主要为：下石炭统马查拉组，上二叠统妥坝组、卡香达组，上三叠统波里拉组、阿堵拉组、夺盖拉组，中侏罗统东大桥组。

1）下石炭统马查拉组

为一套含煤岩系烃源岩，岩性为灰色、灰黑色泥岩、碳质泥岩及煤，为海陆过渡交互沉积，盆地内分布广泛，面积$2.4 \times 10^4 km^2$。煤层主要为无烟煤及贫煤，具有层多而薄的特点，共计20～30层，累计厚度5～8m，烃源岩厚度100～700m，占地层厚度的14%～38%（表3-5-2）。该烃源岩只在澜沧江流域等局部地区有出露，其余绝大部分地区被二叠系—三叠系等覆盖，在三叠系出露区推测其埋深为2000～4500m，而昌都、察雅及芒康等侏罗系覆盖区，其埋深为4500～7000m。

表3-5-2　昌都盆地烃源岩沉积环境及烃源岩发育情况

层位	沉积相	地层厚度 / m	烃源岩			
			面积 /km²	厚度 /m	占地层厚度的比例 /%	出露程度
J_2d	海陆交互相	200～1400	10000	60～180	23～25	出露广泛
T_3a+T_3d	滨浅海相	200～1600	15000	120～1000	50～70	出露广泛
T_3b	浅海相	200～600	16000	100～500	50～83	出露广泛
P_3t+P_3k	海陆过渡相、滨浅海相	200～1400	24000	100～500	27～37	部分出露
C_1m	海陆交互相	200～2000	24000	100～700	14～38	局部出露

2）上二叠统妥坝组、卡香达组

主要为一套泥质烃源岩，岩性以灰色、灰黑色泥岩为主，夹少量含煤岩系及碳酸盐岩烃源岩。按上覆层厚度推测，在三叠系出露区，其埋深一般为1800～3500m；在侏罗系出露区，其埋深一般为200～1400m。烃源岩累计厚度100～500m。

3）上三叠统波里拉组

为一套碳酸盐岩烃源岩，岩性为灰色、深灰色泥晶灰岩、生物灰岩及生物碎屑灰岩；分布较广泛，面积约$1.6×10^4km^2$。大部分地区被阿堵拉组、夺盖拉组等覆盖，埋深1000～2000m；侏罗系出露区其埋深为2000～4000m。烃源岩厚度100～500m。

4）上三叠统阿堵拉组、夺盖拉组

为泥质烃源岩，分布面积$1.5×10^4km^2$，岩性为暗色泥岩、灰黑色泥岩及灰绿色泥岩，夹少量煤系地层，煤层共10～20层，单层厚0.2～0.3m。该套烃源岩分布较广，但已广泛出露，仅在盆地腹地被侏罗系覆盖，埋深1000～2000m。烃源岩厚度120～1000m，占地层厚度的50%～70%。

5）中侏罗统东大桥组

为碳酸盐岩烃源岩，岩性为灰色、深灰色生物碎屑灰岩、介壳灰岩，烃源岩厚度60～180m，占地层厚度的23%～25%。该烃源岩仅在香堆、阿楚、芒康等地被上侏罗统及白垩系、古近系—新近系覆盖，覆盖区埋深500～1500m。

昌都盆地烃源岩分布广泛，其中上三叠统烃源岩规模最大，是盆内重要的烃源层。

2. 有机质丰度

1）有机碳含量

泥质烃源岩与碳酸盐岩烃源岩有机碳含量差别较大，各层泥质烃源岩有机碳含量普遍高，主要分布在0.6%～1.0%之间；最好烃源岩占72.4%，较好—较差烃源岩占23.8%，非烃源岩仅占3.8%。

碳酸盐岩烃源岩有机碳含量普遍低，平均为0.16%～0.28%；较差和非烃源岩样品占 63.8%，较好烃源岩占 17.0%，好—最好烃源岩占 19.2%。

下石炭统马查拉组和上二叠统妥坝组、卡香达组泥质烃源有机碳含量为 0.43%～3.23%，平均值大于 1.1%；上三叠统和中侏罗统有机碳含量为 0.17%～4.27%，平均值小于 1.0%。

上三叠统波里拉组碳酸盐岩有机碳含量低，一般为 0.09%～0.36%，最大为 0.64%，平均为 0.17%；中侏罗统东大桥组石灰岩有机碳含量一般为 0.12%～0.36%，最大为 0.59%，平均为 0.28%。

下石炭统、上二叠统烃源岩在盆地腹地昌都、妥坝、察雅、芒康等地出露，有机碳含量高，分别大于 1.0% 和 1.2%，妥坝地区上二叠统 10 个样品有机碳含量平均值大于 1.64%。

上三叠统波里拉组烃源岩（主要为石灰岩）在昌都以北地区有机碳含量最高；妥坝剖面波里拉组 2 块石灰岩样品有机碳含量达 0.43%、0.64%，该两样品在碎样过程中可闻到较浓的原油味。

中侏罗统东大桥组烃源岩在侏罗系残余厚度较大的昌都地区及芒康以北上侏罗统覆盖区，推测局部范围内有机碳含量较高。

2）氯仿沥青"A"含量

各烃源岩可溶组分普遍很贫乏。泥质烃源岩氯仿沥青"A"含量只有 0.0034%～0.0071%，主要分布于 0.002%～0.006% 之间，仅上三叠统 4 个样品氯仿沥青"A"含量大于 0.01%。碳酸盐岩烃源岩可溶组分含量更低，各烃源岩氯仿沥青"A"主要分布于 0.001%～0.004% 之间。

3）族组分及烃含量

各烃源岩饱和烃含量普遍较低，一般低于 40%；非烃含量普遍较高，平均值大于 40%。上三叠统波里拉组烃源岩饱和烃含量相对较高，个别样品最高达 65%，平均为 38.62%。

各烃源岩的烃含量则更低，35 块样品中仅 3 块样品烃含量大于 100μg/g，绝大多数样品烃含量小于 30μg/g，各烃源岩烃含量平均值均小于 40μg/g。

上述各项资料表明，该区烃源岩具有有机质丰度普遍高，而可溶组分普遍低及潜在生烃能力差的特点。分析其原因，主要与岩样遭风化淋滤，且热演化程度高及有机质类型较差等因素有关。

3. 有机质类型

1）干酪根镜检

各层烃源岩干酪根镜检结果，不论是泥质岩还是碳酸盐岩，均以腐泥—腐殖型（Ⅱ₂型）为主，占 65.8%，腐殖型（Ⅲ型）占 18.4%，腐殖—腐泥型（Ⅱ₁型）占 13.2%，腐泥型（Ⅰ型）占 2.6%。表明烃源岩有机质来源中陆源母质占绝对优势，这与烃源岩普遍含碳质、煤线及薄煤层的特征相吻合。

2）干酪根元素分析

选取不同岩性、不同层系烃源岩 24 块进行干酪根元素分析，结果显示 H/C 原子比一般为 0.41～1.09，主要在 0.55～0.70 之间。O/C 原子比一般在 0.04～0.31 之间，主要在 0.09～0.18 之间。各烃源岩绝大多数样品为Ⅲ型，少数为Ⅱ₂型，无Ⅰ型、Ⅱ₁型，反映Ⅲ型干酪根所占比例大。

3）岩石热解氢指数、降解潜率

烃源岩氢指数多数小于100mg/g，一般为1～50mg/g，降解潜率多数小于10%，80%以上为Ⅲ型干酪根。

4）饱和烃色谱特征

下石炭统和中侏罗统烃源岩饱和烃色谱图特征以双峰型为主；上二叠统和上三叠统以后主峰型为主，且有少量前主峰型和双峰型。表明各烃源岩有机质来源既具有陆源高等植物，又具有菌藻类等水生生物。

5）规则甾烷C_{27}、C_{28}、C_{29}组成

烃源岩规则甾烷普遍以含量大于C_{27}为特征，C_{29}甾烷一般占37%～52%，C_{27}甾烷一般占23%～38%，C_{28}甾烷一般占22%～32%。绝大多数样品落在Ⅱ型区，且离Ⅲ型区较近，反映出陆源母质所占的比重较大。

反映烃源岩有机质类型的五项指标中，干酪根镜检、饱和烃色谱图及规则甾烷组成所反映的母质类型较为一致，基本能反映该区的成油母质类型以偏腐殖型的$Ⅱ_2$型为主。

4. 有机质热演化程度

1）镜质组反射率

干酪根镜质组反射率（R_o）测定结果表明：各烃源岩演化程度普遍很高，中侏罗统烃源岩R_o值0.47%；上三叠统烃源岩R_o值一般1.54%～1.97%，平均值1.71%；上二叠统烃源岩R_o值一般1.66%～1.99%，平均值1.80%；下石炭统烃源岩R_o值一般1.68%～1.99%，平均值1.95%。R_o值表明中侏罗统烃源岩未成熟，其余3套烃源岩均已进入高成熟—过成熟阶段。

在盆地内，各烃源岩热演化具有"北低南高"的特征，可能反映出盆地南部受挤压作用更强，断裂及火山岩喷发较强烈，导致烃源岩热演化作用更强。

2）干酪根H/C原子比

干酪根H/C原子比随着热演化程度的加剧而降低。这主要是干酪根不断向油气转化，使残余干酪根中碳原子比氢原子更富集。因此烃源岩从成熟—高成熟—过成熟，其H/C原子比随之降低。

烃源岩H/C原子比普遍很低，下石炭统、上二叠统烃源岩H/C原子比为0.49～0.76，平均值小于0.7；上三叠统烃源岩H/C原子比小于0.8，平均值为0.72，接近或达到过成熟阶段。

3）热解峰温

各层烃源岩热解峰温（T_{max}）变化范围较大，分布在397～549℃之间。多数样品T_{max}大于500℃，上三叠统T_{max}一般为506～538℃；上二叠统、下石炭统T_{max}一般为537～549℃，反映出烃源岩已进入过成熟阶段。

4）产烃潜能

多数烃源岩有机质丰度普遍较高，但热解资料反映的产烃潜能却很低，S_1+S_2一般小于0.5mg/g，HI一般小于60mg/g。这种高有机碳低产烃潜能的状况，其主因是烃源岩演化程度高，有机质已经历了生排烃高峰期，干酪根裂解成烃过程已趋于后期，目前所测的产烃潜能仅代表了其残余烃量。

5）正构烷烃演化特征

正构烷烃分布曲线、奇偶优势比（OEP 值）等可反映烃源岩的热演化程度。烃源岩成熟度越低，正构烷烃分布曲线锯齿状越明显。随着成熟度增高，奇偶优势逐渐消失，正构烷烃分布曲线越光滑，OEP 值趋向于 1。

各烃源岩正构烷烃分布曲线多数较光滑，中侏罗统、上三叠统烃源岩 OEP 值一般为 0.89～1.05，上二叠统、下石炭统烃源岩 OEP 值一般为 0.95～1.10，反映出烃源岩已达到相当高的成熟度。

6）甾烷、萜烷异构化程度

甾烷、萜烷化合物在原油及烃源岩中普遍存在，其随热成熟作用而发生的异构化效应，对于较低成熟度的烃源岩能较好地反映其成熟度。但对于过成熟烃源岩其适用性不佳，甚至会失去意义。

各烃源岩色—质谱分析结果，甾烷、萜烷成熟度参数所反映的烃源岩成熟度比其他资料所反映的成熟度要低。甾烷 C_{29} 值多数样品相当于成熟阶段，少数样品只相当于未成熟阶段；萜烷、C_{31}、Tm/Ts 等参数相当于成熟阶段，这显然与该区实际不符。结合其他成熟度参数认为，这是由于烃源岩成熟度过高而使甾、萜类化合物构型发生逆转，导致甾烷、萜烷成熟度标志反常。

上述各项成熟度资料所反映的烃源岩热演化程度不太一致。综合主要成熟度资料并结合该区沉积岩厚度、构造运动及火成岩活动频繁且剧烈等地质因素认为，该区烃源岩除中侏罗统外都已达到高成熟至过成熟演化阶段。

二、储层

昌都盆地自早石炭世以来，各时期盆地内岩相古地理展布均具多物源多水系的特点，其主要沉积相包括河流、三角洲与湖泊环境组合、海陆过渡环境组合、碳酸盐岩陆棚沉积组合、碎屑陆棚与次深海沉积组合，这决定了该区是以碎屑岩和碳酸盐岩为主的沉积物类型。资料有限，仅简单描述侏罗系和三叠系储层。

1. 储层岩类及分布

1）侏罗系碎屑岩储层

主要分布在查郎嘎组和小索卡组中，属浅湖相及过渡相。查郎嘎组以灰绿色中—薄层粉砂岩为主，厚度 300～1000m。小索卡组以紫红色砂岩为主，厚度约 1000m，均出露广泛。

2）三叠系碎屑岩储层

主要分布在上三叠统甲丕拉组、阿堵拉组、夺盖拉组中，属盆地边缘河湖相和三角洲相，分布广泛。甲丕拉组以紫红色粉砂岩及砾岩为主，厚度 1500～2200m；阿堵拉组、夺盖拉组以灰色、灰紫色砂岩为主，厚度 1228～2090m，最厚可达 2841m。该套地层也是该区重要的含烃源岩层，其储层及烃源岩均发育，有可能成为重要的勘探目的层。

3）三叠系碳酸盐岩储层

三叠系碳酸盐岩储层主要赋存于上三叠统波里拉组中，它是在甲丕拉组河湖沉积基础上发育起来的碳酸盐岩缓坡沉积，分布于整个昌都盆地。岩性以灰色、深灰色生物灰岩及泥晶灰岩为主，厚度300~800m。裂隙发育，大部分被方解石充填，形成网状方解石脉。由于该套碳酸盐岩也可作为烃源岩，且油气显示普遍，可能是重要的储层。

2. 储层物性特征

（1）下侏罗统碎屑岩储层。19件样品孔隙度一般在1.0%~3.0%之间，平均为2.14%；渗透率为0.01~0.09mD，平均为0.05mD。孔渗值均比较低，属于低孔低渗储层。

平面展布看，由北往南，孔隙度由3.33%到1.8%到1.82%，渗透率由0.09mD到0.01mD到0.04mD，北部物性较南部物性要好，中部物性较差。

（2）上三叠统碎屑岩储层。阿堵拉组、夺盖拉组31件样品平均孔隙度为3.94%，主要集中在2.0%~8.0%之间，最大为12.3%；渗透率一般为0.01~0.02mD，最大为0.4mD。

平面展布看，北部平均孔隙度为4.50%，中部为2.04%，南部为4.12%，平均渗透率分别为0.08mD、0.01mD及0.07mD，由北向南物性变差，中部物性最差。

上述分析表明，上三叠统碎屑岩孔渗均比较低，属于低孔低渗储层。相比较而言，阿堵拉组、夺盖拉组较甲丕拉组稍好一些。

（3）上三叠统碳酸盐岩储层。上三叠统波里拉组在盆地内广泛分布，平均孔隙度为1.95%，最大为5.20%；平均渗透率为3.42mD，最大为64.4mD。碳酸盐岩储层有一个显著特点，孔隙度虽然很低，但渗透率较高，有可能形成低孔中渗或高渗储层。从平面展布看，中部物性稍好，而南部及北部较差。

综上所述，昌都盆地中生界储层以低孔低渗为特征，但在碳酸盐岩储层中可能存在低孔中渗或高渗储层；从层位上看，碎屑岩储层以上三叠统阿堵拉组、夺盖拉组为好；碳酸盐岩储层以上三叠统波里拉组为好，因此上三叠统有望成为盆地的主要目的层。

3. 储层分类

结合昌都盆地实际情况，主要依据孔渗参数并参照孔隙结构参数对储层进行分类。

（1）好—非常好储层。碎屑岩以中细砂岩为主，孔隙度大于8.0%，渗透率大于0.5mD，排驱压力较低；这类储层分布较少，仅在上三叠统阿堵拉组、夺盖拉组中局部发育。碳酸盐岩以灰色石灰岩及生物碎屑灰岩为主，孔隙度大于2.0%，渗透率大于0.5mD，上三叠统波里拉组存在该类储层，属于广海碳酸盐岩缓坡沉积。

（2）中等储层。碎屑岩以粉砂岩及细粉砂岩为主，孔隙度介于4.0%~8.0%，排驱压力较高；这类储层广泛分布，但主要分布在上三叠统阿堵拉组、夺盖拉组中，属三角洲前积砂体及滨浅海砂体。碳酸盐岩以灰色石灰岩及泥晶灰岩为主，孔隙度介于1.0%~2.0%，主要分布在上三叠统波里拉组中，属于浅海台地沉积。

（3）较差储层。碎屑岩以粉砂岩及泥质粉砂岩为主，属于滨浅海砂体。孔隙度小于4.0%，渗透率小于0.05mD；这类储层分布较广，侏罗系、上三叠统甲丕拉组、三叠系及石炭系均有分布。碳酸盐岩以泥晶灰岩为主，孔隙度小于1.0%，渗透率小于0.05mD，在二叠系及石炭系中有分布。

4. 储层评价

侏罗系储层主要为一套碎屑岩储层，属河口砂、分流河道与滨湖砂体沉积，盆地内分布广泛。孔渗较低，平均值分别为2.14%、0.05mD；排驱压力低，中值压力无限大，孔喉有发育，以较差储层为主。

三叠系碳酸盐岩储层主要分布在波里拉组中，属于浅海陆棚与台地沉积；以低孔低渗为主，也发育低孔中渗储层，孔隙度平均值为 1.95%，渗透率平均值为 3.42mD，渗透率最大为 64.4mD；其排驱压力较低，中值压力无限大，以中等储层为主，并存在好—非常好储层，分布广泛，且已出现良好油气显示，为盆地内好—最好的碳酸盐岩储层。

三叠系碎屑岩储层主要分布在上三叠统甲丕拉组和阿堵拉组、夺盖拉组中，属河流河道砂体及三角洲前积层砂体。甲丕拉组平均孔隙度为 2.73%，渗透率为 0.01mD；阿堵拉组、夺盖拉组平均孔隙度为 3.94%，渗透率为 0.07mD；均以低孔低渗为特点，排驱压力非常低，为 0.01MPa，以中等储层为主，广泛分布，是盆地内最好的碎屑岩储层。

三、盖层

昌都盆地有泥质岩、膏岩层及致密砂岩三种盖层类型，其中以泥质岩及膏岩层为主。

盆地内泥质岩盖层在古近系—新近系、侏罗系、三叠系、二叠系及石炭系中均有分布，岩性主要为灰色钙质泥岩和灰绿色、紫红色泥岩及灰紫色、紫灰色粉砂质泥岩，含砂量低；厚度大，累计厚度可达 1000m，全区广泛分布，连续性好；与储层呈韵律性配置，可层层遮挡，对油气的封盖性较好。

膏岩层在昌都盆地也较广泛分布，主要分布于古近系—新近系、侏罗系及上三叠统中。其中古近系—新近系上部膏岩层累计厚度为 80～100m，单层厚度为 0.5～3.0m；下侏罗统存在厚数十米的石膏层；上三叠统下段中下部有厚度 80m 的含膏岩层。

此外，在各层段中的致密砂岩也能对油气产生一定的封盖作用。

四、综合评价

昌都盆地上三叠统烃源岩分布广，厚度大，平均厚度达 1100m；泥质岩有机碳含量为 0.87%～0.97%，为较好烃源岩；有机质类型以 II_2 型为主，演化程度为湿气阶段；在侏罗系覆盖区内，上三叠统烃源层内部具有自生自储和自盖条件，且上覆中侏罗统泥岩可作为区域性盖层，是昌都盆地油气勘探的主要目的层。但盆地受构造破坏较强烈，大多数目的层抬升暴露到了地表，尤其是盆地东部构造运动强，改造幅度更大，加上岩浆活动的破坏，油气远景较差，而中西部地区则是较有利的远景区，其中中西部的北部较南部更有利。

综上所述，昌都盆地生烃条件及生储盖组合条件都较好，上三叠统烃源岩有一定生烃潜力，可形成自生自储和自盖油气系统，具备一定的油气勘探潜力。但昌都盆地整体上保存条件较差，加之工作程度较低，因此，其油气资源远景评价还有待进一步开展工作。

第六章　岗巴—定日盆地

　　岗巴—定日盆地位于西藏南部、喜马拉雅山中段北麓，南邻喜马拉雅山脉，北部为冈底斯—念青唐古拉山脉，面积 72790km²。盆地东起亚东堆纳乡，向西出境至尼泊尔木斯塘一带，南北向有中尼 G318 国道和中锡 S204 省道穿过盆地，东西向新藏 G219 公路穿越盆地北缘，县乡、乡村公路较发达，交通较为便利。20 世纪初至今，盆地及邻区进行过大量基础地质研究工作，但油气勘探工作开展得较晚也较少。20 世纪 80 年代之前，只有少量的石油地质路线调查工作；20 世纪 90 年代至今，原中国石油天然气总公司、原国土资源部成都地质矿产研究所等单位开展了石油地质调查、油气资源潜力评价和油气战略选区等研究工作，并在此期间完成了覆盖该区的 1∶100 万区域重力调查工作。

第一节　地层与沉积

　　岗巴—定日盆地的基底由前震旦系聂拉木群变质结晶基底和震旦系—寒武系褶皱基底组成，沉积盖层包括古生界和中生界、新生界。古生界奥陶系—二叠系沉积相对连续稳定，但盆地内尤其是盆地北部地区古生界大多已变质。本节主要描述盆地内的中生界、新生界沉积盖层。三叠系—侏罗系为稳定的滨浅海相碎屑岩和碳酸盐岩沉积；下白垩统—上白垩统下部以深水碎屑岩沉积为主；上白垩统上部以缓坡相石灰岩沉积为主；古近系为滨浅海相碎屑岩和台地相石灰岩沉积。

一、地层

　　岗巴—定日盆地在地层分区上属西藏地区喜马拉雅地层区，跨康马—隆子和北喜马拉雅两个地层分区（据赵政璋等，2001；王剑等，2004，2009；表 3-6-1）。盆地接受奥陶纪—古近纪海相沉积，以及古近纪之后的陆相沉积，中生界—古近系沉积地层发育齐全且完整连续。

　　1.北喜马拉雅地层分区

　　中—新生代，北喜马拉雅地层分区发育了包括三叠系—古近系 15 个海相地层单元，以及特提斯洋关闭后新近系陆相沉积地层（图 3-6-1）。

　　1）中生界

　　中生界在北喜马拉雅地层分区内分布广泛，自下而上可划分为下—中三叠统土隆群、上三叠统曲龙贡巴组和德日荣组、下侏罗统普普嘎组、中侏罗统聂聂雄拉组和拉弄拉组、上侏罗统门卡墩组、下白垩统古错村组、下—上白垩统岗巴群（包括下白垩统岗巴东山组和察且拉组、上白垩统岗巴村口组）和宗山组。

　　（1）下—中三叠统土隆群（$T_{1-2}T$）。该群岩性主要为灰色、深灰色中薄层状泥晶灰岩、泥质灰岩、生物灰岩与灰绿色、深灰色粉砂质泥（页）岩不等厚互层，夹细砂岩及粉砂岩，底部常见一层紫红色白云质灰岩、泥灰岩；厚度45～650m；与下伏二叠系色龙群为整合或平行不整合接触。本群产丰富的菊石、双壳类、腕足类、珊瑚、牙形石、鱼类、鹦鹉螺、有孔虫等化石，生物化石组合显示其时代为早三叠世印度期到晚三叠世诺利早期。

（2）上三叠统曲龙贡巴组（T_3q）。该组以黑灰色、灰绿色页岩为主夹砂岩；厚度1500～5000m；与下伏土隆群整合或平行不整合接触。本组含3个菊石带化石组合，并产种类多样的双壳类、腕足类、鱼龙及牙形石、介形虫、鹦鹉螺等化石，时代属诺利中—晚期。

（3）上三叠统德日荣组（T_3d）。该组岩性以滨岸相灰白色厚层石英砂岩为主夹细砾岩、泥（页）岩、碳质页岩，往西出现碳酸盐岩夹层或碎屑岩与碳酸盐岩互层；厚度60～183m；与下伏曲龙贡巴组整合接触。根据双壳类及植物化石，其时代为诺利晚期—瑞替期。

表 3-6-1　喜马拉雅地层区中—新生代地层划分对比表（据王剑等，2009，修改）

地层系统			喜马拉雅地区层		
			康马—隆子分区	北喜马拉雅分区	
新生界	新近系	N	沃马组		
	古近系	E	甲查拉组	遮普惹组	
				宗浦组	
				基堵拉组	
中生界	白垩系	K_2	宗卓组	宗山组	
				岗巴群	岗巴村口组
					察且拉组
		K_1	甲不拉组		岗巴东山组
				古错村组	
	侏罗系	J_3	维美组	门卡墩组	
		J_2	下热组	拉弄拉组	
			日当组	聂聂雄拉组	
		J_1		普普嘎组	
	三叠系	T_3	涅如组	德日荣组	
				曲龙贡巴组	
		T_2	吕村组	土隆群	
		T_1			
古生界	二叠系	P_3	白定浦组	色龙群	

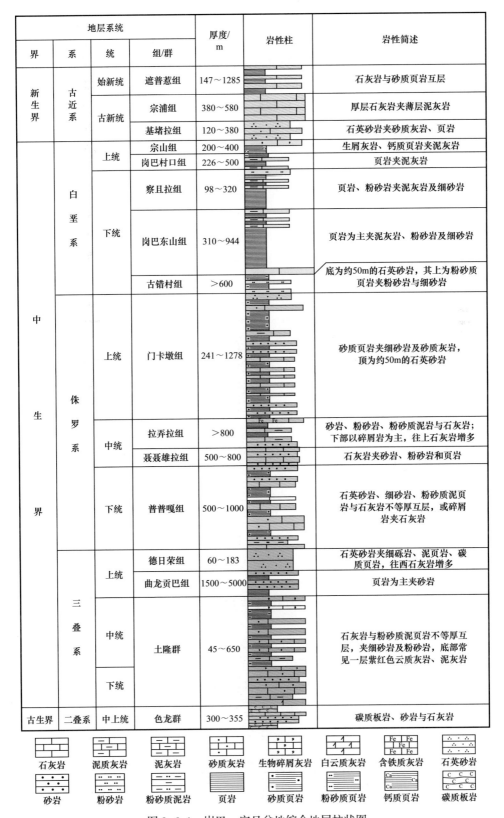

地层系统				厚度/m	岩性柱	岩性简述
界	系	统	组/群			
新生界	古近系	始新统	遮普惹组	147～1285		石灰岩与砂质页岩互层
		古新统	宗浦组	380～580		厚层石灰岩夹薄层泥灰岩
			基堵拉组	120～380		石英砂岩夹砂质灰岩、页岩
中生界	白垩系	上统	宗山组	200～400		生屑灰岩、钙质页岩夹泥灰岩
			岗巴村口组	226～500		页岩夹泥灰岩
		下统	察且拉组	98～320		页岩、粉砂岩夹泥灰岩及细砂岩
			岗巴东山组	310～944		页岩为主夹泥灰岩、粉砂岩及细砂岩
			古错村组	>600		底为约50m的石英砂岩，其上为粉砂质页岩夹粉砂岩与细砂岩
	侏罗系	上统	门卡墩组	241～1278		砂质页岩夹细砂岩及砂质灰岩，顶为约50m的石英砂岩
		中统	拉弄拉组	>800		砂岩、粉砂岩、粉砂质泥岩与石灰岩；下部以碎屑岩为主，往上石灰岩增多
			聂聂雄拉组	500～800		石灰岩夹砂岩、粉砂岩和页岩
		下统	普普嘎组	500～1000		石英砂岩、细砂岩、粉砂质泥页岩与石灰岩不等厚互层，或碎屑岩夹石灰岩
	三叠系	上统	德日荣组	60～183		石英砂岩夹细砾岩、泥页岩、碳质页岩，往西石灰岩增多
			曲龙贡巴组	1500～5000		页岩为主夹砂岩
		中统	土隆群	45～650		石灰岩与粉砂质泥页岩不等厚互层，夹细砂岩及粉砂岩，底部常见一层紫红色云质灰岩、泥灰岩
		下统				
古生界	二叠系	中上统	色龙群	300～355		碳质板岩、砂岩与石灰岩

图例：石灰岩　泥质灰岩　泥灰岩　砂质灰岩　生物碎屑灰岩　白云质灰岩　含铁质灰岩　石英砂岩

砂岩　粉砂岩　粉砂质泥岩　页岩　砂质页岩　粉砂质页岩　钙质页岩　碳质板岩

图 3-6-1　岗巴—定日盆地综合地层柱状图

（4）下侏罗统普普嘎组（J_1p）。该组岩性为钙质细砂岩、岩屑石英砂岩、粉砂质泥（页）岩与石灰岩不等厚互层或碎屑岩夹石灰岩；厚度500～1000m；与下伏上三叠统德日荣组整合接触。产赫塘期、辛涅缪尔期和托阿尔期菊石化石，缺失普林斯巴期菊石。

（5）中侏罗统聂聂雄拉组（J_2n）。主要岩性为微晶灰岩、粒屑灰岩、鲕粒灰岩、生物碎屑灰岩、介壳灰岩夹石英砂岩、粉砂岩和黑色页岩；厚度500～800m；与下伏下侏罗统普普嘎组整合接触。该组产中侏罗世巴柔期双壳类、腕足类、珊瑚、有孔虫等生物化石，据此将该组时限定为阿林期—巴柔期。

（6）中侏罗统拉弄拉组（J_2l）。该组岩性主要为石英砂岩、岩屑石英砂岩、粉砂岩、粉砂质泥岩与泥质灰岩、微泥晶灰岩、生物碎屑灰岩、鲕粒灰岩、砂质灰岩等；厚度大于800m；与下伏聂聂雄拉组整合接触。该组产菊石、双壳类、有孔虫等化石，时限为巴通期—卡洛夫期。

（7）上侏罗统门卡墩组（J_3m）。该组岩性为灰黑色、灰绿色砂质页岩夹细砂岩及砂质灰岩，顶部为约30m厚的滨岸相石英砂岩；厚度241～1278m；与下伏拉弄拉组整合或平行不整合接触。地层中含丰富的菊石、双壳类、箭石及腕足类等化石，生物特征显示其时代为晚侏罗世牛津期—提塘期。

（8）下白垩统古错村组（K_1gc）。该组底部为近50m厚的灰绿色石英砂岩，其上为含（菊石）钙质结核的深灰色粉砂质页岩夹粉砂岩与细砂岩；厚度635.7m；与下伏门卡墩组整合接触。根据地层中的菊石化石，将其划归早白垩世贝里阿斯期。

（9）下白垩统岗巴东山组（K_1g）。该组岩性以灰黑色、黑色页岩为主，夹石灰岩、泥灰岩、粉砂岩及细砂岩；厚度310～944m；与下伏古错村组整合接触。该组产菊石、双壳类、有孔虫等化石，根据菊石化石将其时代归属于早白垩世瓦兰今期—阿普特期。

（10）下白垩统察且拉组（K_1c）。该组岩性以灰色薄层页岩、钙质页岩、灰黄色粉砂岩为主，夹薄层泥灰岩及细砂岩；厚度98～320m；与下伏岗巴东山组整合接触。地层中产菊石、双壳类及有孔虫等化石，根据菊石及有孔虫化石确定其时限为阿尔布期，可能有少量塞诺曼期的成分。

（11）上白垩统岗巴村口组（K_2g）。该组岩性以灰色—深灰色页岩、钙质页岩为主，夹多层泥灰岩及石灰岩；厚度226～500m；与下伏察且拉组整合接触。地层中产菊石、双壳类、海胆及有孔虫化石，据所产有孔虫化石带及菊石等生物化石，将其时限归属于土伦期—圣通期。

（12）上白垩统宗山组（K_2z）。该组为一套灰色中厚层状生物碎屑灰岩、钙质页岩夹泥灰岩，上部形成有孔虫礁灰岩；厚度200～400m；与下伏岗巴村口组整合接触。该组下部产丰富的坎潘期浮游有孔虫及菊石化石带，上部产马斯特里赫特期底栖有孔虫化石带。此外，地层中还产双壳类、腹足类、海胆、珊瑚及藻类化石，据古生物化石，将其时限定为坎潘期—马斯特里赫特期。

2）新生界

新生界自下而上可划分为古新统基堵拉组、宗浦组、始新统遮普惹组和上新统沃马组以及第四系，缺失渐新统—中新统。

（1）古近系基堵拉组（E_1j）。该组以灰白色中厚层状钙质石英砂岩为主，夹少量钙质砂岩、砂质灰岩、页岩；厚度120～380m；与下伏宗山组整合接触。根据有孔虫

（*Rotalia-Lockhartia*）、介形虫、双壳类化石组合，将其时代归于古新世早期丹麦期。

（2）古近系宗浦组（E_1z）。该组岩性以灰色厚层状石灰岩为主，夹少量薄层泥灰岩和杂色页岩；厚度380～580m；与下伏基堵拉组整合接触。地层中含丰富的有孔虫、介形虫、双壳类、腹足类、藻类、鹦鹉螺、珊瑚等化石，其中有三个有孔虫化石层组合，时代为古新世丹麦期—坦尼特期。

（3）古近系遮普惹组（E_2z）。该组由灰色、灰黄色石灰岩与灰黑色、灰绿色及紫红色砂质页岩相间组成，未见顶；厚度147～1285m；与下伏宗浦组整合接触。地层中产丰富的有孔虫，少量介形虫、藻类、腹足类和双壳类等化石，时代为始新世。

（4）新近系沃马组（N_2w）。该组以细砾—中砾岩为主，含砂岩和泥质岩；厚度141～485m；与下伏老地层呈角度不整合接触，与上覆下更新统冲洪积砂（砾）岩呈不整合接触。地层中产丰富的孢粉、三趾马化石，时代为上新世。

2. 康马—隆子地层分区

康马—隆子地层分区发育了包括三叠系—古近系8个海相地层单元，以及特提斯洋关闭后新近系陆相沉积地层。

1）中生界

康马—隆子地层分区，中生界可划分为中—下三叠统吕村组、上三叠统涅如组、下—中侏罗统日当组、中侏罗统下热组、上侏罗统维美组、下白垩统甲不拉组、上白垩统宗卓组。上述各时代地层在盆地北部分布广泛，其中三叠系多数已浅变质。

（1）下—中三叠统吕村组（$T_{1-2}l$）。该组岩性以灰色、灰黑色粉砂质、碳质板岩为主夹石英砂岩；厚度41～650m；与下伏二叠系白定浦组石灰岩为平行不整合接触。地层中含少量菊石及双壳类等化石，时代为早三叠世—中三叠世。

（2）上三叠统涅如组（T_3n）。该组主要由灰黑色粉砂质（钙质）板岩、碳质板岩与细砂岩、石英砂岩夹泥晶灰岩组成，东部洛扎地区夹安山玄武岩；厚度1300～4170m；与下伏吕村组为连续沉积。化石稀少，主要为双壳类和菊石，时代属晚三叠世中—晚期。

（3）下—中侏罗统日当组（$J_{1-2}r$）。该组岩性以灰黑色页岩为主，夹薄层砂岩、粉砂岩及泥灰岩；厚度407～1409m；与下伏上三叠统涅如组整合接触。地层中化石丰富，以菊石为主，时代为早—中侏罗世。

（4）中侏罗统下热组（J_2x）。该组岩性为灰色、灰黑色钙质页岩、泥岩、砂岩夹微晶灰岩、泥灰岩、玄武岩和凝灰岩；厚度180～6495m；与日当组多为整合接触。地层中化石丰富，主要为菊石、腹足类、腕足类、双壳类等化石，时代为中侏罗世。

（5）上侏罗统维美组（J_3w）。该组岩性为黑色页岩、粉砂质页岩、石英砂岩夹石灰岩透镜体，局部夹粗安岩和硅质岩；厚度491～3574m；与下伏下热组呈不整合接触。产菊石、箭石、双壳类、腹足类等化石，时代为晚侏罗世。

（6）下白垩统甲不拉组（K_1j）。该组为黑色、灰黑色粉砂质页岩、硅质页岩夹放射虫硅质岩、钙质页岩、粉—细砂岩及石灰岩薄层或透镜体；厚度500～1380m；与下伏维美组呈整合接触。产箭石、菊石及少量双壳类化石，时代为早白垩世贝里阿斯期—阿尔布期。

（7）上白垩统宗卓组（K_2z）。该组为一套黑色、深灰色页岩、硅质岩、钙质（硅质）页岩及砂岩，上部发育似层状—透镜状紫红色、紫灰色浮游有孔虫灰岩、凝灰质硅

（泥）质灰岩及紫红色硅质粉砂质页岩的红色层段；厚度大于3380m；与下伏甲不拉组呈整合接触。地层中产菊石、放射虫、有孔虫等化石，时代为早白垩世。

2）新生界

（1）古近系甲查拉组（$E_{1-2}j$）。该组为一套青灰色厚—巨厚层含凝灰质粉、细砂岩夹页岩，未见底；厚度大于2764m。地层中含丰富的藻类、孢粉，时代为古新世—始新世。

（2）新近系沃马组（N_2w）。该组以细砾—中砾岩为主，含砂岩和泥质岩；厚度141~485m；与下伏老地层呈角度不整合接触，与上覆下更新统冲洪积砂（砾）岩呈不整合接触。地层中产丰富的孢粉、三趾马化石，时代为上新世。

二、沉积与演化

喜马拉雅地体是冈瓦纳古陆裂解的微板块，因新特提斯洋沿雅鲁藏布江一线与冈底斯地块碰撞拼合而形成，因此，新特提斯洋的产生、发展和消亡，直接控制着喜马拉雅地体的沉积演化。

1. 沉积相

中—新生代，岗巴—定日盆地的沉积体系可划分为三角洲、滨岸、陆棚、碳酸盐岩缓坡及台地、次深海—深海等6大沉积体系及若干沉积相和亚相（表3-6-2）。

表3-6-2　岗巴—定日盆地沉积体系及沉积相划分（据王剑等，2009；伍新和等，2017，修改）

沉积体系	沉积相、亚相	代表性分布层位	典型分布区
三角洲	三角洲平原、前缘及前三角洲、海底扇	拉弄拉组、吕村组、涅如组、维美组（海底扇）	定日白坝、浪卡子—打隆区等（海底扇）
滨岸	后滨、前滨、临滨	曲龙贡巴组底部、德日荣组、普普嘎组、聂聂雄拉组、拉弄拉组底部、门卡墩组上部、基堵拉组等	聂拉木土隆、定结、亚东
碎屑岩陆棚	内陆棚、外陆棚	三叠系到古近系基堵拉（甲查拉组）组	定日—吉隆一线以南
碳酸盐岩缓坡	前缓坡、中深缓坡	土隆群、德日荣组、普普嘎组、聂聂雄拉组、拉弄拉组、门卡墩组、岗巴村口组、宗山组、基堵拉组、吕村组、涅如组、日当组、下热组、甲不拉组、宗卓组	聂拉木色龙西山、土隆、定日龙江一带、吉隆—定日以北
碳酸盐岩台地	局限台地、开阔台地、台地边缘礁	古近系宗浦组	岗巴—定日盆地本部
次深海—深海		三叠系到白垩系各组地层均有出现	定日—吉隆一线以北

1）三角洲沉积体系

该体系发育槽状层理、沙纹层理、水平层理、底冲刷构造，见植物碎片及小型硅化木化石。局部发育水下扇三角洲沉积，表现为浅海相粉砂质泥岩夹透镜状砂体，见粒序层理。

2）滨岸沉积体系

该体系以石英砂岩为主，砂体多呈楔状，砂岩分选及磨圆度均较好，发育冲洗层理、平行层理、楔状交错层理、底冲刷构造等，产植物碎片和海相动物化石。又可进一步分为后滨、前滨及临滨亚相，前滨亚相为中—粗粒石英砂岩，发育冲洗层理；后滨亚相和临滨亚相以石英细砂岩为主，临滨亚相含较多海相生物化石碎片。

3）碎屑岩陆棚沉积体系

该体系以泥（页）岩、粉砂岩为主夹细砂岩，见水平层理、波痕、小型交错层理及生物扰动构造。生物化石丰富，分异度高，底栖与游泳、浮游生物均有发育。可划分为内陆棚相和外陆棚相，前者沉积物粒度相对较粗，生物化石丰富，后者则相反。

4）碳酸盐岩缓坡沉积体系

该体系可细分为浅水缓坡相、中缓坡相和深缓坡相。浅水缓坡相对高能，发育颗粒灰岩，见斜层理、平行层理；中、深缓坡相对低能，发育泥微晶灰岩、泥质灰岩、泥灰岩、含生物灰岩等，见水平层理和沙纹层理，产底栖生物和部分游泳生物化石。

5）碳酸盐岩台地沉积体系

该体系由局限台地、开阔台地、台地边缘礁滩相组成。局限台地相由微泥晶灰岩、泥质灰岩及颗粒灰岩等组成，生物属种单调，仅发育底栖双壳类；开阔台地相由泥质—泥晶灰岩、含生物碎屑灰岩及颗粒灰岩组成，生物门类较多，广海型生物发育；台地边缘礁滩相由巨厚且连续的高能生物碎屑灰岩、角砾灰岩、砂—砾屑灰岩、鲕粒灰岩夹泥微晶灰岩组成，生物礁相主要见于岗巴一带。

6）次深海—深海沉积体系

该体系以泥（页）岩、粉砂质页岩与粉砂岩、砂岩组成韵律层为特征，或由页岩、石灰岩组成韵律层，见层纹构造、鲍马序列、槽模构造等。生物组合以游泳、浮游的菊石、箭石、有孔虫为主。

2. 沉积演化

中—新生代，岗巴—定日盆地经历了三叠纪—早白垩世被动大陆边缘盆地、晚白垩世前陆盆地、古近纪前陆隆后克拉通盆地等三个沉积演化阶段。

1）被动大陆边缘盆地沉积演化阶段（三叠纪—早白垩世）

三叠纪的沉积特征，主要表现为北深南浅、东深西浅，物源来自南部。三叠纪早期，盆地自南往北依次发育滨岸相砂—砾岩、内陆棚页岩和石灰岩、外陆棚粉砂质页岩、斜坡相粉砂质泥岩和盆地相泥岩；拉丁期之后，聂拉木—亚东一线隆升成陆，盆地西部、南部出现大面积分布的滨岸相石灰岩和砂岩沉积，往北依次为混积内陆棚生物碎屑灰岩夹砂岩、混积外陆棚钙质页岩、上斜坡泥岩夹砂岩、下斜坡钙质板岩和粉砂岩及盆地相钙质板岩沉积（图3-6-2）。该期先后发生了斜坡—盆地相南移、岸线北移的两次沉积环境变化过程，反映出盆地的海平面先上升而后又有一次明显下降。

侏罗纪盆地继承了三叠纪的古地理格局。早—中侏罗世，海侵扩大，自南往北依次为滨岸相、陆棚相、斜坡相和盆地相。其中，早侏罗世的临滨亚相与前滨亚相分异明显，且发育沙坝、沙嘴（图3-6-3），说明沉积环境较为稳定；中侏罗世末期，区内古陆再度隆升；晚侏罗世，滨岸相向南退缩，陆棚相和斜坡相面积显著扩大。总体来说，该期沉积环境相对稳定，海平面波动不大。

与侏罗纪相比，早白垩世时盆地的斜坡—盆地相明显向南超覆，显示该期盆地发生沉降，水体明显变深（图3-6-4）。

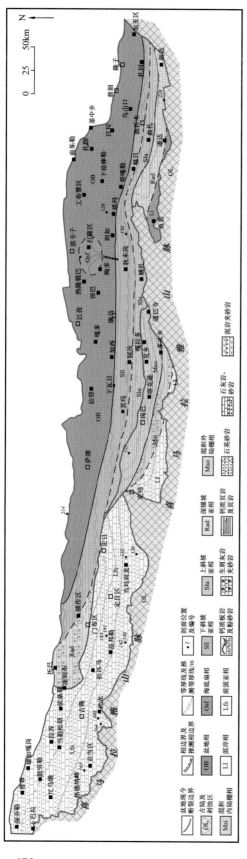

图 3-6-2 岗巴—定日盆地晚三叠世岩相古地理图（据王剑等，2009）

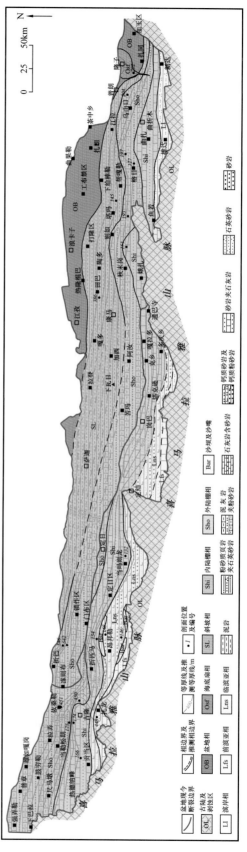

图 3-6-3 岗巴—定日盆地早侏罗世岩相古地理图（据王剑等，2009）

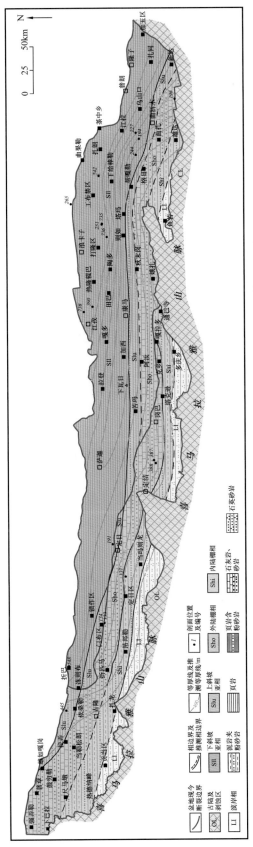

图 3-6-4 岗巴—定日盆地早白垩世岩相古地理图（据王剑等，2009）

2）前陆盆地沉积演化阶段（晚白垩世）

晚白垩世，随着印度板块向北漂移，雅鲁藏布江洋壳开始向冈底斯—察隅微板块俯冲，晚白垩世岗巴村口组沉积期，岗巴—定日盆地处于构造—沉积转换期，宗山组沉积期不发育盆地相，而是以发育斜坡相为特征，表明开始进入俯冲碰撞过程，盆地抬升，海水由深变浅。

3）前陆隆后克拉通盆地沉积演化阶段（古近纪）

古近纪是岗巴—定日盆地由海相沉积过渡为陆相沉积的重要转折期，该期盆地为残留海环境。盆地北缘为浅海相粉、细砂岩夹石英砂岩及较低能的页岩、泥灰岩、生物灰岩，粉、细砂岩中含凝灰质，显示了地质环境由稳定向活动的转化；岗巴、定日一带的基堵拉组为巨厚的滨海相中、细粒石英砂岩；盆地中南部的宗浦组主要为局限—开阔台地相微泥晶灰岩、生物灰岩夹少量泥（页）岩。始新世末，特提斯海水从雅鲁藏布江西侧全面退出，全盆地开始隆升并进入陆相盆地沉积阶段。

综上所述，中生代时期，岗巴—定日盆地海水总体上北深南浅，东深西浅，海相沉积发育，沉积序列完整。自晚白垩世开始，随板块拼合，海相沉积逐渐萎缩和消亡，至始新世末期结束了盆地海相沉积的历史。从侏罗纪到白垩纪，构造环境相对稳定，斜坡—盆地相沉积范围持续扩大，是盆地烃源岩最为发育的时期，烃源岩主要发育于盆地中、北部较低能—低能的斜坡相—盆地相等相带中；盆地南部高能—较高能的滨浅海相碎屑岩、生物碎屑灰岩、台地相碳酸盐岩，以及盆地北部局部分布的重力流沉积则发育了较为有利的储集岩。

第二节　构　　造

岗巴—定日盆地位于青藏高原最南部的北喜马拉雅地块北部东段，南邻高喜马拉雅结晶岩隆起带，属冈瓦纳大陆北缘的一部分。

一、构造单元

岗巴—定日盆地南北分别以藏南拆离系主拆离断裂、贡当—孜松—多巴断层为界，与高喜马拉雅结晶岩隆起带和雅鲁藏布江缝合带相邻。其南、北两侧在新生代均发生伸展拆离，造成盆地南北边缘隆起剥蚀，受拆离断层改造，基底岩系广泛出露，原型盆地受改造后面积大幅萎缩。依据盆地基底埋深及构造特征，将盆地划分为浪卡子—隆子坳陷、拉轨岗日隆起、吉隆—岗巴坳陷等3个一级单元及浪卡子凹陷等12个二级单元。对应的盖层构造划分为浪子卡—隆子坳褶带、拉轨岗日断隆带、岗巴坳褶带、吉隆—定日坳褶带4个一级单元，其中再划分出复式褶皱带、断褶带和拆离构造带等次级单元（王剑等，2009；伍新和等，2017；表3-6-3，图3-6-5）。

上述一级单元之间多以断裂为界，浪卡子—隆子坳陷、拉轨岗日隆起、吉隆—岗巴坳陷之间的分界断裂分别为差那区—孜松区断层和配枯错—嘎拉错断层。二级单元之间亦多以断裂相隔，主要有蒙达—曲折木、定结—多庆错、配枯错—巴若藏布和江杰朗—定日等断层。

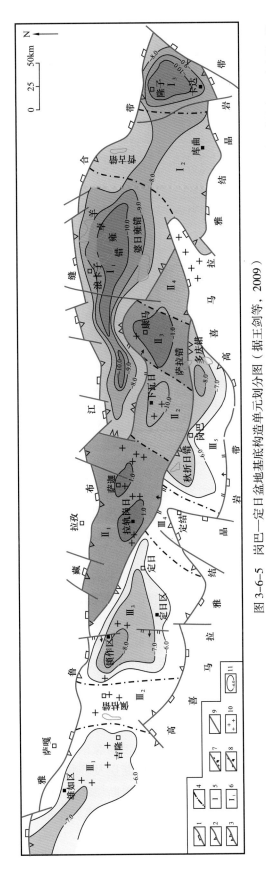

图 3-6-5 岗巴—定日盆地基底构造单元划分图（据王剑等，2009）

1—区域构造单元界线；2—盆地边界断裂；3—盆地边界断裂（隆、坳）边界断裂（坳）边界；4—二级构造单元（隆、坳）边界断裂（隆、坳）边界；5—一级构造单元（隆起，凹陷，凸起）边界；编号（Ⅰ—浪卡子—隆子坳陷；Ⅱ—拉轨岗日—萨迦凸起；Ⅲ—岗巴—定日坳陷）；Ⅰ₁—浪卡子错凸起；Ⅰ₂—哲古错凸起；Ⅰ₃—隆子错凹陷；Ⅱ₁—拉轨岗日—萨迦凸起；Ⅱ₂—下瓦日凹陷；Ⅱ₃—康马凸起；Ⅱ₄—秋末凹陷；Ⅲ₁—锁作错凸起；Ⅲ₂—佩枯错凸起；Ⅲ₃—康马凸起；Ⅲ₄—定日凸起；Ⅲ₅—岗巴凹陷；6—二级构造单元（凹陷，凸起）编号（Ⅰ—浪卡子凹陷；Ⅱ—吉隆—岗巴坳陷；Ⅲ—吉隆—定日坳陷）；Ⅲ₁—拉轨岗日隆起；Ⅱ—吉隆—岗巴坳陷；Ⅲ—吉隆—定日坳陷；Ⅲ₁—吉隆凹陷；Ⅱ₂—岗巴凹陷；Ⅲ₃—康马凸起；Ⅱ₄—秋末凹陷；Ⅲ₁—锁作凹陷；Ⅲ₂—佩枯错凸起；Ⅲ₃—康作区凹陷；Ⅲ₄—定日凸起；Ⅲ₅—岗巴凹陷；7—正断层；8—逆断层；9—平移断层；10—侵入体；11—磁性基底埋深等值线 /km

表 3-6-3　岗巴—定日盆地构造单元划分表（据王剑等，2009；伍新和等，2017）

基底构造单元			盖层构造单元	
一级	二级	磁性基岩最大埋深	一级	二级
浪卡子—隆子坳陷（Ⅰ）	浪卡子凹陷（I_1）	10km	浪卡子—隆子坳褶带（Ⅰ）	恶如错—佩枯错复向斜区（I_1）
	哲古错凸起（I_2）	8km		贡当—扎龙复背斜区（I_2）
	隆子凹陷（I_3）	10～11km		江杰朗拆离构造带（I_3）
拉轨岗日隆起（Ⅱ）	拉轨岗日—萨迦凸起（II_1）	0km	拉轨岗日断隆带（Ⅱ）	
	下瓦日凹陷（II_2）	1km		
	康马凸起（II_3）	0km		
	秋末凹陷（II_4）	1km		
吉隆—岗巴坳陷（Ⅲ）	吉隆凹陷（III_1）	7km	岗巴坳褶带（Ⅲ）	北部断褶带（III_1）
	佩枯错凸起（III_2）	5km		南部拆离带（III_2）
	锁作—定日凹陷（III_3）	8km	吉隆—定日坳褶带（Ⅳ）	北部断褶带（IV_1）
	定结凸起（III_4）	5km		中部复向斜带（IV_2）
	岗巴凹陷（III_5）	8km		南部拆离带（IV_3）

二、褶皱和断裂

岗巴—定日盆地的构造演化，与新特提斯洋向北俯冲和冈瓦纳大陆向北的碰撞拼合密切相关，因此，盆地内形成的断裂和褶皱构造都表现出与造山缝合带一致的特征，呈近东西向展布，并且受晚期正断层的切割破坏。

1. 断裂构造

岗巴—定日盆地主要发育近东西向、南北向、北东向和北西向 4 组断裂，此外，尚有环状断裂。东西向逆断层、正断层及南北向的正断层均较发育。东西向逆断层规模较大，主要倾向北，由北向南逆冲。东西向正断层规模较大，延伸一般在 20～30km 之间，个别达上百千米，数量也较多，在全盆地广泛分布，绝大多数断面北倾，显示正断—韧性变形特征；南北向正断层一般延伸数千米至 20～30km，呈带状分布，断面呈近直立的陡倾，大体可分为曲康义、佩枯错、羊曲、定日、塔克逊、白龙、格日等 8 个带，形成于晚新生代，多显示脆性变形特征。

不同构造带断裂发育情况存在较大差异。浪卡子—隆子坳褶带的复式褶皱带内仅见少量南北向断层及少量东西向断层；南部拆离构造带南缘东西向正断层较发育，南北向断层一般错断东西向断层；拉轨岗日断隆带南北向断层及环状断层较发育，其中环状断层常被南北向断层错断；岗巴坳褶带发育北东向走滑断层和东西向逆断层；吉隆—定日坳褶带发育东西向正或逆断层、南北向正断层，以及规模较小的北西向和北东向平移断层。

2. 褶皱构造

岗巴—定日盆地现今的构造变形样式，主要是在印度—欧亚板块碰撞和陆内造山过程中形成的，表现为挤压—收缩体制下形成近东西向的冲断—褶皱构造。同时，在晚期受到北北东和北北西向走滑与正断层的叠加改造，最终造就了盆地现今的构造面貌。

盆地内褶皱构造较为发育，具如下特征：（1）多为东西向、偶见南北向褶皱，后者形成早于前者。（2）卷入地层主要为下古生界—白垩系。（3）褶皱形态多为对称—斜歪褶皱。（4）褶皱变形方式多为平行等厚—纵弯褶皱。（5）褶皱规模较大，延伸多达数十千米。（6）褶皱较紧闭，两翼夹角较小。（7）常与逆断层伴生。不同构造带，其褶皱变形特征亦有差异。

（1）浪卡子—隆子坳褶带。由一个复式褶皱带及其南部的拆离构造带构成。前者出露地层以中生界为主，夹以较多的中—新生界侵入岩，发育东西向褶皱；后者构造变形相对较简单，主要发育东西向褶皱。

（2）拉轨岗日断隆带。发育大量花岗岩体，并出露"热穹隆"变质核杂岩，形成同心圆状的环状断裂，与周缘沉积岩相带差异明显；褶皱变形较弱，主要发育东西向复式褶皱和褶皱群。

（3）岗巴—吉隆—定日坳褶带。由岗巴复式褶皱带、吉隆—定日北部断褶带和中部复式褶皱带及其南部拆离构造带组成。南部主要出露古生界，中、东部主要出露三叠系—古近系，尤以东部岗巴—多庆错地区白垩系—古近系出露面积大，保存最为完整。构造变形相对较弱，以发育规模较大东西向复式向斜为特征。

三、构造演化

岗巴—定日盆地经历了前奥陶纪基底形成、奥陶纪—泥盆纪稳定陆表海盆地、石炭纪—侏罗纪离散型被动大陆边缘盆地、白垩纪—古近纪会聚型前陆盆地和新近纪—第四纪盆地改造5个发展阶段。

（1）前奥陶纪基底形成阶段。盆地基底包括前震旦系聂拉木群和震旦系—寒武系肉切村群。结晶基底经历了漫长的地质演化过程，于晋宁运动最终形成，伴随强烈构造变形，造成区内第一期区域动热变质作用；之后形成厚达1800m的肉切村群，原岩为砂质复理石夹硅质岩建造，反映断陷盆地沉积背景，肉切村群被强烈褶皱和冲断，并伴随区域变质作用，构成褶皱基底，指示新元古代第二期区域热流变质作用。

（2）奥陶纪—泥盆纪稳定陆表海（盆）发育阶段。该期冈瓦纳大陆北缘总体上表现为向北平缓倾斜的浅水陆表海，沉积环境以浅水碳酸盐岩台地、浅水陆棚和三角洲为主，发育了连续的下古生界碳酸盐岩和陆源细碎屑岩。

（3）石炭纪—侏罗纪离散型被动大陆边缘盆地发育阶段。晚古生代冈瓦纳大陆北缘处于南北向拉伸与裂解环境，发育大陆初始裂谷盆地。石炭纪主要发育大套黑色页岩建造，二叠纪发育陆源细碎屑岩，伴生中基性火山岩，顶部发育碳酸盐岩建造。三叠纪—侏罗纪，冈瓦纳大陆北缘（印度板块北部）强烈伸展而处于被动大陆边缘，定日—岗巴地区形成同沉积伸展断层，发育两个巨大的海侵—海退沉积旋回。

（4）白垩纪—古近纪会聚型前陆盆地发育阶段。白垩纪早期，拉萨地块与印度板块开始会聚，岗巴—定日盆地由晚侏罗世离散型被动大陆边缘盆地迅速转化为白垩纪会聚型前陆盆地。

（5）新近纪—第四纪盆地改造阶段。喜马拉雅特提斯海于大约40Ma的始新世晚期最终关闭，进入陆—陆碰撞造山阶段。强烈的陆内俯冲和造山作用，造成盆地多次构造形迹的叠加和岩浆活动及变质作用。

岗巴—定日盆地构造演化史及其构造发育特征，显示了盆地可能具备油气聚集的基本石油地质条件。其在石炭纪—侏罗纪离散型被动大陆边缘盆地发展阶段，两个大的海侵—海退沉积旋回分别形成了较为有利的烃源岩和储集岩，与其后板块会聚过程中形成的圈闭构造相配套，有望构成生油—运移—聚集的完整过程。在碰撞造山过程中，形成的油气聚集由于强烈改造作用，易导致油气藏的调整、改造和破坏，其油气资源潜力有待进一步勘探证实。

第三节　石油地质条件

岗巴—定日盆地沉积了较为完整的中—新生界海相地层，发育多套烃源岩和生储盖组合。在尼泊尔境内的木斯塘发现天然气，在岗巴县城北古近系生物灰岩裂隙中发现轻质原油，在亚东堆纳石灰岩新鲜面有浓烈油香味，薄片见荧光显示，表明盆地发生过油气生成和运聚成藏的过程，具备一定的油气勘探前景。

一、烃源岩

岗巴—定日盆地的烃源岩较为发育，有泥质岩和碳酸盐岩两类，以泥质烃源岩为主，中—新生界各时代地层中均有分布。

1. 分布特征

岗巴—定日盆地烃源岩发育，中生界烃源岩总厚度超过1800m。侏罗系—白垩系均发育泥质烃源岩，岩性主要为黑色、灰黑色泥岩、页岩，累计厚度超过700m；碳酸盐岩烃源岩主要分布于侏罗系，岩性为深灰色泥灰岩和泥晶灰岩，累计厚度超过1100m。

从厚度上看，侏罗系烃源岩厚度最大，以泥岩、页岩为主夹石灰岩，盆地南北存在差异。盆地南部烃源岩总厚度超过1600m，其中门卡墩组泥质烃源岩厚度500～829.7m；盆地北部烃源岩总厚度达410m，其中维美组页岩烃源岩厚度225m。下侏罗统泥质烃源岩主要分布在吉隆、聂拉木北部和定日一线，厚度约100m；碳酸盐岩烃源岩主要分布在吉隆—聂拉木北部一线，南厚北薄。上侏罗统泥质烃源岩主要分布在吉隆—聂拉木北部一线，厚度近1000m，其他地区亦有分布。

白垩系烃源岩以下白垩统泥质岩为主，主要发育在古错村组、岗巴东山组、察且拉组和甲不拉组。盆地北部以甲不拉组灰黑色钙质页岩为主要烃源岩，厚度大于700m；盆地南部以岗巴东山组黑色页岩和粉砂质页岩厚度最大，达380m。下白垩统泥质烃源岩主要分布在定日、定结—岗巴以及江孜—浪卡子等地区，以定结—岗巴一带厚度最大。

2. 有机质含量

好烃源岩主要分布于下白垩统古错村组、岗巴东山组和甲不拉组，以及上侏罗统门卡墩组和维美组、中侏罗统下热组、下侏罗统普普嘎组（表3-6-4），其中岗巴东山组、甲不拉组、古错村组、下热组的好烃源岩占60％以上，同时普普嘎组还有50％以上的好石灰岩烃源岩。总体而言，岗巴—定日盆地中等以上烃源岩占比较大，生烃物质基础较好。

表 3-6-4　岗巴—定日盆地烃源岩有机质含量统计表（据赵政璋等，2001b；王剑等，2009）

层位	岩性	残余 TOC/%	风化校正后 TOC/%	氯仿沥青 "A" / μg/g	S_1+S_2 / mg/g	好烃源岩占比 /%	中等烃源岩占比 /%
K_1gc	泥质岩	0.88（12）	1.32（12）	45（3）	0.26（12）	67	33
K_1g	泥质岩	0.47（11）	0.71（11）	—	0.15（11）	60	40
K_1j	泥质岩	0.66（129）	0.99（128）	38.57（16）	0.15（42）	67.5	27.1
J_3w	泥质岩	0.55（56）	0.83（56）	44.33（8）	0.17（30）	57	23
J_3m	泥质岩	0.62（20）	0.93（20）	28.8（7）	0.16（8）	35	50
	石灰岩	0.22（9）	0.26（9）	—	0.14（9）	22.2	77.8
J_2x	泥质岩	0.63（6）	1.09（6）	40.2（5）	—	83.3	16.7
J_1p	石灰岩	0.20（16）	0.24（16）	23.88（4）	0.31（10）	50	31.3
$J_{1-2}r$	石灰岩	0.20（2）	0.24（2）	34.5（2）	—	无	100

注：表内括号中数字为样品数。

3. 有机质类型

干酪根碳同位素分析和镜下鉴定结果表明，岗巴—定日盆地有机质类型主要为 II_1 型，次为 II_2 型（表 3-6-5）。

表 3-6-5　岗巴—定日盆地烃源岩有机质类型（据王剑等，2009）

剖面	层位	岩性	$\delta^{13}C$/‰	显微组分			有机质类型
				壳质组 /%	镜质组 /%	惰质组 /%	
江孜县甲不拉北沟	J_3w	泥质岩	−24.4（3）	—	—	—	II_2
	K_1j	泥质岩	−25.0（10）	—	—	—	II_2
岗巴县城东	K_1gc	泥质岩	−23.0（3）	70.83（6）	25.67（6）	5.17（6）	II_2
聂拉木拉弄拉	J_3m	泥质岩	−26.2（2）	—	—	—	II_1
吉隆县马拉山	J_3m	泥质岩	−23.82	75（2）	10（2）	15（2）	II_1
吉隆县查穷	K_1j	泥质岩	−25.0	73（3）	11（3）	16（3）	II_1
吉隆县伊桑	J_2x	泥质岩	−25.7	76	7	17	II_1
吉隆县温嘎洞	J_1p	石灰岩	−27.6	76.3（3）	9.3（3）	14.4（3）	II_1
	T_3d	泥质岩	−25.5	72	12	16	II_1
吉隆县则举	J_3w	泥质岩	−24.5	72	10	18	II_1

注：表内括号中数字为样品数。

4. 有机质成熟度

侏罗系—白垩系地表露头烃源岩样品的镜质组反射率（R_o）均值为 $1.91\% \sim 3.60\%$，热解 T_{max} 均值为 $469 \sim 508\,℃$。烃源岩有机质绝大多数达过成熟阶段，少数样品处于高成熟阶段（表 3-6-6）。平面上，上侏罗统烃源岩 R_o 值在吉隆—聂拉木和江孜—浪卡子较高，最高可达 2.5%；下白垩统烃源岩 R_o 值在吉隆—聂拉木、定结—岗巴和江孜—浪卡子分布 3 个异常高值区，R_o 值大于 2.5%。

表 3-6-6　岗巴—定日盆地烃源岩有机质成熟度（据王剑等，2009）

层位	岩性	R_o/%	T_{max}/℃	成熟演化阶段
K_1j	泥质岩	2.98（27）	469（30）	过成熟
K_1gc	泥质岩	2.64（12）	508（12）	过成熟
J_3m	泥质岩	2.64（6）	506（11）	过成熟
J_3w	泥质岩	3.60（10）	483.7（10）	过成熟
J_2x	泥质岩	1.91	498.5（6）	高成熟
$J_{1-2}r$	石灰岩	—	484	高成熟

注：表内括号中数字为样品数。

5. 综合评价

根据烃源岩厚度及有机质丰度、类型、成熟度的综合分析，盆地内较好的烃源岩有下白垩统甲不拉组、岗巴东山组黑色页岩，上侏罗统门卡墩组、维美组黑色页岩和下侏罗统普普嘎组石灰岩。

甲不拉组黑色页岩最厚 777.8m，烃源岩有机质丰度高，残余有机碳含量平均 0.66%，好—中等烃源岩占 94.6%，有机质类型较好，为 II_1—II_2 型，成熟度达到高—过成熟阶段，主要生成凝析气和干气。

岗巴东山组黑色、灰黑色页岩厚度 388m，有机质丰度高，残余有机碳含量平均 0.88%，为好—中等烃源岩，以 II_2 型干酪根为主，总体处于过成熟阶段，以生成干气为主。

门卡墩组黑色碳质页岩厚度最大达 829m，平均残余有机碳含量 0.62%，好—中等烃源岩占 85%，以 II_1 型干酪根为主，总体处于过成熟阶段。

维美组灰黑色页岩、灰黑色钙质泥岩厚度最大 225m，平均残余有机碳含量 0.55%，好—中等烃源岩占 80%，有机质类型 II_1—II_2 型，达到过成熟阶段。

普普嘎组深灰色微晶灰岩厚度达 550m，残余有机碳含量 0.20%，好—中等烃源岩占 81.3%，有机质类型 II_1 型，处于过成熟阶段。

二、储层

岗巴—定日盆地储层较发育，但储层物性相对较差，碎屑岩为致密裂缝—孔隙型及很致密—超致密裂缝型储层，碳酸盐岩则多为特低孔特低渗型储层。

1. 岩性及厚度特征

岗巴—定日盆地上三叠统—古近系共 16 个层段可作为储层，岩性以砂砾岩为主，其次为碳酸盐岩，累计厚度达 3682m（表 3-6-7）。

表 3-6-7　岗巴—定日盆地储层厚度统计表（据王剑等，2004，2009）

层位	储层总厚度 /m	储层类型及厚度 /m	
		碳酸盐岩	砂砾岩
古近系	486	241	245
白垩系	599	149	450
侏罗系	2402	366	2036
三叠系	195		195
合计	3682	756	2976

1）古近系

古近系储层发育在遮普惹组（271m）、宗浦组（77m）、基堵拉组（138m）。前两组总体上以滨浅海相颗粒灰岩和生屑灰岩为主，属于有利的储层相带；后者属于浅水高能前滨—后滨环境石英砂岩，属滨岸海滩—沙坝沉积，为极有利的储层发育相带。

2）白垩系

白垩系储层发育在宗山组（207m）、岗巴村口组（25m）、察且拉组（418m）、岗巴东山组（80m）、古错村组（169m）。除宗山组发育124m碳酸盐岩储层外，其他各组以碎屑岩储层为主。其中岗巴村口组属于海湾潟湖沉积，岗巴东山组属于缺氧、低能外陆棚沉积，储层相带相对不利（可能发育浊积扇较有利储集相带）；宗山组、察且拉组、古错村组属于滨浅海陆棚沉积，为较有利储集相带。

3）侏罗系

侏罗系储层发育在门卡墩组、拉弄拉组、聂聂雄拉组、维美组等层段。侏罗系储层最为发育，层组多、厚度大，每组平均厚度在250m左右，以砂砾岩为主，总体属于滨浅海沉积，部分石英砂岩为海滩沙坝沉积，是有利的储层发育相带；碳酸盐岩储层主要分布于拉弄拉组、聂聂雄拉组，为浅海陆棚滩沉积，包括介壳滩、鲕滩，为有利储层发育相带。分布于盆地北部的上侏罗统维美组总厚度496.17m，碎屑岩397.26m，储层占地层厚度的80%。

4）三叠系

三叠系储层发育在德日荣组、曲龙贡巴组。德日荣组发育大套石英砂岩，厚度841m，为浅水高能前滨环境，可能沉积滨岸海滩沙坝，为极有利储层发育相带。曲龙贡巴组与德日荣组相似，厚度195m，但岩性变细，反映水体能量降低，沉积环境为浅海陆棚中的外陆棚环境，为较有利储层发育相带。

2. 物性特征

盆地内储层以低孔隙度、低渗透率为特征（表3-6-8）。盆地南部储层类型总的特点为低孔低渗—超致密储层，包括常规和非常规储层；盆地北部碎屑岩为致密—超致密储层，包括常规和非常规储层类型，碳酸盐岩为低孔特低渗—特低孔特低渗储层。

盆地南部，碎屑岩和碳酸盐岩的孔隙度具有向上增大的趋势，而渗透率向上增加趋势不如孔隙度变化明显，但总体也显示向上变好。盆地南部孔隙度和渗透率总体较低，为特低孔特低渗储层，碎屑岩储层物性好于碳酸盐岩储层物性。

盆地北部，侏罗系—白垩系孔隙度随深度没有明显的变化；而渗透率除个别层位外，变化不大，总体显示渗透率不佳。盆地北部孔隙度和渗透率总体较低，为特低孔特低渗储层，碳酸盐岩物性总体上好于碎屑岩物性。

表3-6-8　岗巴—定日盆地储层物性统计表（据王剑等，2009）

岩类		样品数/件	孔隙度/%		渗透率/mD	
			值域	平均值	值域	平均值
盆地南部	碎屑岩	5	1.34～8.24	3.69	0.00737～4.94	1.657
	碳酸盐岩	12	0.20～9.10	1.82	0.0172～0.0553	0.0284
盆地北部	碎屑岩	11	1.76～5.57	3.04	0.00065～0.0201	0.0097
	碳酸盐岩	6	2.88～8.22	5.70	0.0235～0.0654	0.0376

3. 储集空间类型

根据镜下观察分析，储层孔隙类型主要为次生孔隙，且多属毛细管孔隙，其中溶蚀孔隙是次生孔隙的主体，包括粒间溶孔、粒内溶孔、晶间溶孔、晶内溶孔及铸模孔，次为构造微裂缝。

压汞法孔隙结构参数 φ、K、R_d、R_{50} 等分析（王剑等，2009）表明，盆地南部地区碎屑岩多为以溶蚀孔隙为主的细孔小喉孔喉结构，属很致密和超致密层非常规储层，储集性能差—很差；极少数为中孔中喉—粗孔中喉孔喉结构，孔隙度较高，为近致密常规储层，储集性能中等，是南部地区相对较好的储层类型。碳酸盐岩储层多为微孔微喉型孔喉结构，属溶蚀微裂缝型储层。

盆地北部地区碎屑岩多为以溶蚀孔隙为主的细孔小喉型孔喉结构，属很致密裂缝型非常规储层。碳酸盐岩储层多为以溶蚀微裂缝为主的微孔微喉型孔喉结构，显示出低孔特低渗—特低孔特低渗储层特点；部分发育粒内和晶间溶蚀孔隙及微裂缝，可能具备细孔小喉、少量中孔中喉—粗孔中喉型孔喉结构，是北部地区相对较好的碳酸盐岩储层。

综上所述，岗巴—定日盆地侏罗系—白垩系储层孔隙结构以细孔小喉型及细孔中喉型为主，部分细孔微喉型。储层孔隙结构总体欠佳，只有极少数样品可达中等储层标准。

4. 综合评价

岗巴—定日盆地南部储层总体上属于低孔隙度低渗透率非常规储层，裂缝不甚发育，以孔隙型储层为主，碎屑岩储层略好于碳酸盐岩储层。碎屑岩储层以很致密—致密低孔隙型为特征，基堵拉组、拉弄拉组和德日荣组相对较好；碳酸盐岩储层以特低孔特低渗型为特征。从储层厚度看，以碎屑岩储层为主，碳酸盐岩储层次之。根据各储层的厚度、岩性及物性特征，储层以侏罗系、白垩系为主，其次为三叠系和古近系—新近系，具体层组包括德日荣组、拉弄拉组、门卡墩组、古错村组。

盆地北部侏罗系维美组和白垩系碎屑岩总体物性较差。碳酸盐岩储层全部属于偏（溶蚀）孔隙型储层，大多不发育裂缝，无论碎屑岩还是碳酸盐岩，其储层物性均为较差—差，低孔特低渗、特低孔特低渗、很致密—超致密储层是其显著特征，尚未发现好储层。

三、盖层

岗巴—定日盆地盖层较为发育，南部地区以侏罗系普普嘎组碳酸盐岩和门卡墩组页岩盖层最为重要，有利盖层总厚度大于2000m，单层厚度一般大于10m；北部地区较为重要的盖层为下热组上部、维美组和甲不拉组泥质岩盖层，下热组下部碳酸盐岩盖层以及日当组泥质岩与碳酸盐岩盖层，有利盖层总厚度大于1730m。

除中生界外，古近系遮普惹组、宗浦组发育残留海湾泥岩沉积（厚171m）和浅海碳酸盐岩沉积（厚81m），为较好的盖层。

总体而言，盆地南部页岩、泥质岩的封盖性能优于石灰岩，大部分为好—较好盖层；盆地北部碳酸盐岩封盖性能优于页岩，以好—较好盖层为主，少部分为较差盖层；以下热组盖层分布最广，横向连续性非常好，受构造影响也小，是最有利的区域性盖层。

四、生储盖组合

岗巴—定日盆地中生界地层发育齐全，层系多，厚度大，发育多套生储盖组合。由于盆地南、北部地层和沉积相存在明显的差异，其生、储、盖层组合也存在差异。

盆地南部可划分出三套下生上储式生储盖组合：（1）组合Ⅰ。以土隆群页岩和泥灰岩为烃源岩，德日荣组砂岩为储层，普普嘎组石灰岩为盖层。（2）组合Ⅱ。以普普嘎组石灰岩与页岩为烃源岩，聂聂雄拉组石灰岩为储层，门卡墩组页岩和粉砂质页岩为盖层。（3）组合Ⅲ。以岗巴东山组页岩和泥灰岩为烃源岩，岗巴东山组砂岩、岗巴村口组和宗山组生物灰岩以及基堵拉组砂岩为储层，宗山组和宗浦组石灰岩为盖层。

盆地北部可划分出两套自生自储式生储盖组合：（1）组合Ⅰ。以日当组下部泥灰岩和页岩、中部泥（板）岩以及下热组碳酸盐岩为烃源岩，日当组中—上部结晶灰岩、砂岩以及下热组石灰岩、含生物碎屑灰岩为储层，日当组泥灰岩、页岩、泥（板）岩和下热组钙质页岩、泥灰岩为盖层。（2）组合Ⅱ。以维美组下部页岩和甲不拉组页岩、微晶灰岩为烃源岩，维美组中—上部中粗粒石英砂岩、甲不拉组石灰岩为储层，甲不拉组页岩、泥灰岩为盖层。

五、资源潜力及有利远景区

由于资料所限，仅对盆地的资源量进行了粗略估算，并初步预测了四个有利远景区。

1. 资源量

参考羌塘盆地及前人对于烃源岩生烃模拟的试验结果（赵政璋等，2001b），经过类比获得岗巴—定日盆地的排烃和聚集系数分别为0.7%和0.001%（王剑等，2009）。根据有效烃源岩厚度、残余有机碳含量和分布面积，通过有机碳法对岗巴—定日盆地的资源量进行了初步计算，得到的天然气资源量为$541.57 \times 10^8 m^3$，主要分布在下白垩统，次为上侏罗统和下侏罗统（表3-6-9）。

表 3-6-9　岗巴—定日盆地油气资源量估算结果表（有机碳法）（据王剑等，2009）

层位	岩性	生气面积/km^2	厚度/km	密度/$10^8t/km^3$	残余TOC	TOC恢复系数	TOC转化率	气排聚系数	生气量/10^8t	气资源当量/10^8t	天然气资源量/10^8m^3
K_1	泥岩	22043	0.37	25.6	0.0099	1.7	0.15	0.0007	527.09	0.37	368.97
J_3	泥岩	6347	0.36	25.6	0.0088	1.7	0.15	0.0007	131.26	0.09	91.88
J_2	碳酸盐岩	6739	0.2	26.5	0.0016	1.7	0.15	0.0007	14.57	0.01	10.20
J_1	泥岩	16244	0.1	25.6	0.0095	1.7	0.15	0.0007	100.74	0.07	70.52
总计									773.67	0.54	541.57

2. 有利远景区

根据岗巴—定日盆地烃源岩、储层、盖层、保存、圈闭等条件，评价优选出岗巴—多庆错、甲不拉—哲古错、定日和吉隆四个有利区（王剑等，2004，2009）（图3-6-6）。

1）岗巴—多庆错有利区

岗巴—多庆错有利区位于盆地中部的岗巴—多庆错以南，呈北西西向带状展布，面积680km²。重磁资料显示该区为基底埋深6～8km的坳陷区，地表出露地层主要为白垩系和古近系—新近系，中部被第四系大面积覆盖，有利勘探层系为中生界和新生界。

该区烃源岩发育，包括上白垩统碳酸盐岩和暗色泥（页）岩、上侏罗统暗色泥（页）岩和碳酸盐岩、下—中侏罗统碳酸盐岩，累计厚度达1500～2000m，有机质类型以II_2型为主，热演化程度较高（R_o值1.5%～2.0%），具备生烃物质基础，以寻找气藏为主。储层包括下白垩统砂岩、上侏罗统砂岩、下—中侏罗统砂岩和碳酸盐岩。盖层层位多、厚度大，累计厚度大于2000m。发育包括侏罗系、白垩系、白垩系—新近系等多套生储盖组合，生储盖配置关系良好。

该区东部岗巴—多庆错一带东西向褶皱比较发育，核部出露的最新地层为古近系—新近系，两翼为古近系—新近系和上白垩统，并发育一系列次级小背斜和小向斜。复向斜规模较大，东西长达60余千米，南北展布宽数千米，复式褶皱带内断层较少，构造较简单，属盆地内弱构造改造区，下白垩统及上侏罗统主要烃源层在大部分地区尚未暴露，有利于油气保存。

2）甲不拉—哲古错有利区

甲不拉—哲古错有利区位于盆地东北部的甲不拉、则如、浪卡子、哲古错一带，可进一步分为甲不拉、则如和浪卡子—羊卓雍错3个次级远景区，面积合计3600km²。构造上位于浪卡子—隆子坳陷的浪卡子凹陷，基底埋深6～10km。羊卓雍错和甲不拉次级远景区内地表主要出露中—上白垩统，则如地区主要出露侏罗系—三叠系。

该区烃源岩发育，包括上白垩统碳酸盐岩、下白垩统泥（页）岩、侏罗系暗色泥（页）岩和碳酸盐岩、上三叠统泥（页）岩，累计厚度大于1950m，以生烃能力较好的泥质岩为主，有机质热演化程度较高，且变化较大（R_o值1.0%～3.0%，一般大于1.5%）。储层包括上三叠统砂岩、侏罗系砂岩、下白垩统砂岩以及白垩系—侏罗系碳酸

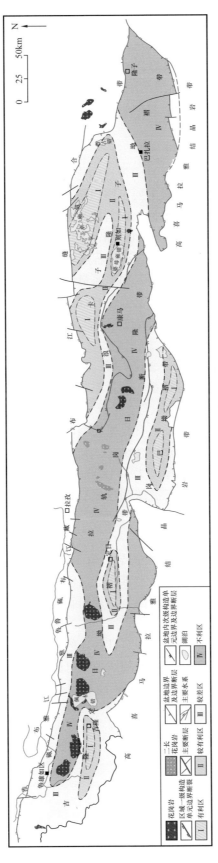

图 3-6-6　岗巴—定日盆地有利区预测图（据王剑等，2009）

盐岩。盖层层位多，厚度大，包括上白垩统碳酸盐岩、下白垩统泥（页）岩、侏罗系暗色泥（页）岩和碳酸盐岩、上三叠统泥（页）岩。发育包括三叠系、侏罗系、白垩系等多套生储盖组合，生储盖配置关系良好。

从构造保存条件看，该区位于浪卡子—隆子坳褶带内的复式褶皱带，以发育北北西—东西向褶皱为主，多呈复背斜、复向斜及褶皱群，属盆地内弱构造改造区，有利于油气保存。

3）定日有利区

定日有利区位于盆地中部的定日县一带，面积约 300km^2，为基底埋深 6～8km 的坳陷区。该区出露地层时代较新，地表主要出露白垩系到古近系—新近系，有利于烃源岩埋藏和保存，且发育多套烃源岩，包括上白垩统碳酸盐岩、中—上侏罗统暗色泥岩、下白垩统暗色泥（页）岩，累计厚度大于 2000m；下白垩统暗色泥（页）岩厚度大、生烃条件好，为主力烃源岩；烃源岩有机质热演化程度较高（R_o 值 1.5%～2.0%），应以寻找气藏为主。储层主要包括上三叠统砂岩、白垩系砂岩。盖层主要为中—上侏罗统和白垩系泥岩以及上白垩统碳酸盐岩。发育多套自生自储式生储盖组合。该区地表发育复式褶皱和褶皱群，褶皱形态相对较好，改造程度相对较弱。

4）吉隆有利区

吉隆有利区位于盆地西部吉隆—恶拉一带，面积约 350km^2，为基底埋深 6～7km 的坳陷区，地表主要出露侏罗系到古近系—新近系，发育多套烃源层和生储盖组合。主要烃源岩包括上白垩统碳酸盐岩、下白垩统泥岩、侏罗系暗色泥岩、侏罗系碳酸盐岩和上三叠统暗色泥岩，厚度大于 3000m；有机质类型以 II 型为主，有机质热演化程度较高（R_o 值 1.5%～2.5%）。储层包括上侏罗统砂岩、上三叠统砂岩、下白垩统砂岩、下侏罗统砂岩、中侏罗统碳酸盐岩，累计厚度大于 1200m。盖层主要为上白垩统碳酸盐岩、下白垩统泥岩、侏罗系暗色泥岩和上三叠统暗色泥岩，构成三叠系、侏罗系和白垩系三套生储盖组合。该区位于吉隆—定日坳褶带中西部，以复式褶皱为特征，背斜形态较好，属盆地内弱构造改造区。

总之，岗巴—定日盆地发育多套烃源岩，有一定生烃潜力，可形成多套生储盖组合，具备一定油气勘探潜力。由于喜马拉雅构造运动的强烈改造和破坏，油气保存条件是盆地油气勘探需特别关注的重要地质因素，复向斜区内发育的次级正向构造可作为未来油气勘探工作的重点关注区。

由于勘探程度和资料所限，对岗巴—定日盆地的石油地质条件认识还很粗浅，对盆地的油气勘探潜力认识还有待深化，目前的认识也可能存在很多不足和谬误之处，有待在未来进一步的勘探工作中不断得到修正和提高。

第七章 比 如 盆 地

比如盆地位于冈底斯—念青唐古拉地块东段，东西长400km，南北向最宽处150km，面积58290km²，平均海拔4100m以上。地貌主要为高原丘陵地形，多山，但坡度较为平缓，大多数山呈浑圆状。高寒缺氧，属高原亚寒带半干旱—温带半湿润季风气候区。交通较为方便，有青藏铁路、109国道和那昌公路等。

比如盆地油气勘探程度很低。在一般性区域地质与矿产调查基础上，1993年开展了盆地深部地球物理探测工作，1995年中国石油青藏油气勘探项目经理部开展过剖面石油地质调查、大地电磁测深和化探等勘探工作，并进行了石油地质条件的初步评价。

第一节 地层与沉积

盆地地层分区属于冈念地层区比如分区，盆内最早出露地层为石炭系—下二叠统，仅分布于盆地东南一角。盆地内中生界大面积分布，基本没有新生界分布（图3-7-1），仅在低洼处分布第四系冲积、洪积、河流、湖泊相松散砂砾石。

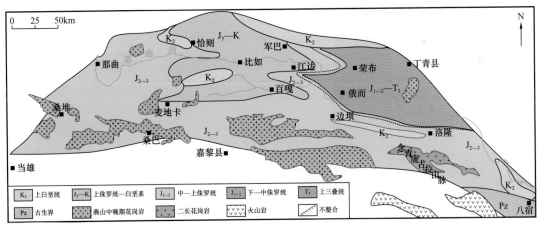

图3-7-1 比如盆地地质略图（据赵政璋等，2001）

一、地层

以中生界为主，自下而上可划分为上三叠统确哈拉群，侏罗系马里组、桑卡拉拥组和拉贡塘组，白垩系多尼组、郎山组和竟柱山组。主要岩性为浅海—滨海相稳定型—过渡型碎屑岩，局部含煤，夹碳酸盐岩、火山岩。侏罗系与白垩系之间及白垩系上、下统之间为不整合接触（图3-7-2）。

地层系统			岩性剖面	岩性描述	地层厚度/m
系	统	组			
白垩系	上统	K₂		紫红色、灰紫色、灰色砾岩、砂岩、粉砂岩、泥岩	461～2500
	下统	K₁l		灰色圆笠虫灰岩、生物碎屑灰岩、珊瑚礁灰岩、固着蛤灰岩、泥质灰岩及灰黑色泥岩夹中基性火山岩	300～2000
		K₁d		黑色、深灰色砂岩、粉砂岩、泥岩、石灰岩夹煤层、火山岩。产双壳类、菊石、珊瑚、海百合茎	861～3960
侏罗系	中—上统	J₂₋₃l		为灰色、灰黑色页岩、粉砂质页岩、粉砂岩、石英砂岩和泥岩交互层，常见透镜状层理	350～7155
		J₂s		灰色—深灰色石灰岩、砾屑灰岩、生物碎屑灰岩夹泥灰岩，局部夹火山岩	68～1002
	中统	J₂m		板岩、粉砂质板岩夹薄—中层状石英砂岩、粉砂岩	168～2405
上三叠统		确哈拉群 T₃Qh		板岩、粉砂岩、泥灰岩	1400～2150

图 3-7-2　比如盆地中生界地层柱状图

1. 三叠系

局部出露确哈拉群（T_3Qh），分布于丁青县南确哈拉山口及额弄—下拉一带。岩性为灰色、灰白色中厚层细粒长石岩屑石英砂岩，以及灰色、灰黑色薄—中层硅质条带石灰岩和板岩、粉砂岩夹泥岩等。产珊瑚和瓣鳃类化石。厚度2660m。

2. 侏罗系

侏罗系自下而上分为马里组、桑卡拉拥组和拉贡塘组。

（1）马里组（J_2m）。该组为超覆不整合于古生界变质岩之上、整合于桑卡拉拥组之下的·套碎屑岩系。底部为紫红色石英砂岩，下部为浅红色中层状砂岩及含砾粗砂岩；中部为浅灰色薄—中层状细砂岩及中厚层状砂岩，局部夹粉砂岩含双壳类、腕足类及菊石等化石；上部为砾岩、浅灰色中层状细砂岩、浅灰色粉砂质灰岩及中—厚层状粉砂岩夹薄层石灰岩，构成由粗至细的沉积序列，上部产双壳类化石。厚度168～2405m。

（2）桑卡拉拥组（J_2s）。岩性为灰色、深灰色石灰岩、砾屑灰岩、生物碎屑灰岩夹泥灰岩，局部夹火山岩。产腕足类、双壳类、菊石等化石。厚度68～1002m。与上覆拉贡塘组及下伏马里组均为整合接触关系。

（3）拉贡塘组（$J_{2-3}l$）。岩性为灰色、灰黑色页岩、粉砂质页岩、粉砂岩、石英砂岩和泥岩交互层，顶部为紫红色页岩，常见透镜状层理。页岩中含大量钙质或砂质结核，产双壳类化石。厚度350～7155m。拉贡塘组与下伏桑卡拉拥组为整合接触关系，与上覆多尼组为平行不整合接触关系。

3. 白垩系

白垩系自下而上分为多尼组、郎山组和竟柱山组。

（1）多尼组（K_1d）。总体为一套以海陆交互相含煤碎屑岩为主的地层，岩性为灰色、深灰色、黑色泥岩、砂岩、板岩、页岩、粉砂岩、石英砂岩、长石石英砂岩，部分地区含火山熔岩及火山碎屑岩，局部夹石灰岩、泥灰岩和煤层。产植物、孢粉、菊石、双壳类、腕足类、珊瑚、有孔虫等化石。厚度861～3960m。角度不整合或平行不整合于侏罗系或不同时代较老地层之上，与上覆郎山组为整合接触关系。

（2）郎山组（K_1l）。岩性为厚层—块状石灰岩、泥质灰岩与圆笠虫灰岩，呈不等厚互层，底部夹钙质砂岩、泥岩。圆笠虫繁盛。未见顶，厚度300～2000m。与下伏多尼组呈整合接触关系。

（3）竟柱山组（K_2j）。岩性为紫红色、灰紫色、灰色砾岩、砂岩、粉砂岩、泥岩，局部夹海相砂岩、泥灰岩和中基性火山岩。产双壳类、圆笠虫等化石。厚度461～2500m。与上覆古近系及下伏下白垩统为角度不整合接触关系。

二、沉积与演化

自古生代以来，比如盆地一直处于隆升剥蚀状态，并持续到中三叠世。晚三叠世，班公湖—怒江带开始拉张，该块体分离，丁青地区呈现洋壳沉积，发育硅质岩，沿索县—丁青一带有较完整的上三叠统蛇绿岩套分布，说明大洋扩张已较具规模。在盆地南侧班戈—那曲一线被动边缘、靠大陆斜坡地区沉积形成砂岩、石灰岩。

1. 沉积相

在晚三叠世—早侏罗世时期，比如盆地处于深海—半深海环境，发育了良好的烃源岩。中晚侏罗世—早白垩世，盆地表现为南高北低，水体北深南浅，自南而北依次发育潮坪相、陆棚相、斜坡相、盆地相，形成了较好的交互发育的生储盖组合。晚白垩世为陆相沉积环境，沉积物以陆源粗碎屑为主。

上三叠统确哈拉群在聂荣、索县至丁青一带为深海沉积，主要岩石类型为泥质板岩夹砂岩、泥灰岩、硅质岩及硅质条带灰岩，浊积岩相发育。南部那曲—边坝—洛隆一带为滨浅海相，岩性为中、细粒碎屑岩，交错层理、波痕构造发育。

中—下侏罗统海相沉积覆于上三叠统滨浅海沉积之上，沉积相带由北向南为深海相、浅海相、滨海相。盆地中部那曲以东发育以石灰岩为主夹碎屑岩的浅海沉积，主要岩性为厚层状泥晶灰岩、泥灰岩夹少量页岩，为碳酸盐岩缓坡沉积。

中侏罗统自下而上由粗（砂岩、含砾砂岩）变细（粉砂岩、石灰岩、泥灰岩），颜色由紫红色变为浅灰色—灰色。深海相仅限于盆地北部，由北向南为浅海相、滨海相。发育了一套碳酸盐岩台地相及缓坡相。到晚侏罗世，盆地内仍表现为南高北低，水体南浅北深，自南而北依次发育了潮坪相、陆棚相、盆地相。桑卡拉拥组为碳酸盐岩台地相或碳酸盐岩台地前缘斜坡相；拉贡塘组自下而上分别发育了深灰色泥质浊积岩、泥硅质浊积岩、碳酸盐浊积岩、粉砂质浊积岩、细砂质浊积岩、中细砂质浊积岩，从下而上层厚逐渐加大，粒度逐渐变粗，反映了盆地在该阶段逐步萎缩。

下白垩统多尼组发育砾岩、砂岩、泥质粉砂岩、泥岩等冲积扇、辫状河、曲流河及湖泊沉积；郎山组则发育稳定型浅海碳酸盐岩台地沉积，在西部火山岩较发育，向东碎屑岩逐渐增多，碳酸盐岩减少，形成滨海沉积。上白垩统主要由洪积扇、辫状河、湖泊相等组成。

2. 沉积演化

石炭纪时，地壳活动加剧，冈瓦纳大陆北部边缘下降，嘉黎—边坝一带接受沉积。早二叠世开始，冈底斯—念青唐古拉地区处于稳定陆表海环境，沉积以碳酸盐岩为主的浅海相。晚二叠世受海西运动的影响，冈底斯—念青唐古拉地区再度扩大范围抬升成陆，缺失沉积。

早—中三叠世，南羌塘和冈底斯—念青唐古拉可能成为连成一体的陆块；经历晚三叠世被动边缘演化后，班公湖—怒江带开始向北俯冲，导致冈底斯—念青唐古拉地区大部分下降，发生海侵，转为周缘前陆盆地。由于前陆褶皱冲断带由北向南加载于经过拉张的陆壳上，从而造成盆地加深，形成北深南浅的古地理沉积格局。

比如盆地未见早侏罗世沉积，说明侏罗纪初冈底斯古陆块依然存在，至中侏罗世海水大举入侵。中—晚侏罗世沉积岩由砂岩、泥质板岩、石灰岩及泥灰岩组成，底部有砾岩，下部主要为碎屑岩，上部以石灰岩为主，显示为海进旋回，属滨浅海环境，厚度达3000m。局部地区伴有中基性火山活动。

晚侏罗世末期班公湖—怒江洋关闭，冈底斯地块与羌塘地块碰撞，班公湖—怒江带之北进一步抬升。晚侏罗世—早白垩世雅鲁藏布江洋盆处于鼎盛时期，沉积了以拉贡塘组为代表的陆棚沉积体系（图3-7-3）。

早白垩世初期盆地内海水进一步变浅，并常常退出成为陆地，发育海陆交互相含煤碎屑岩。

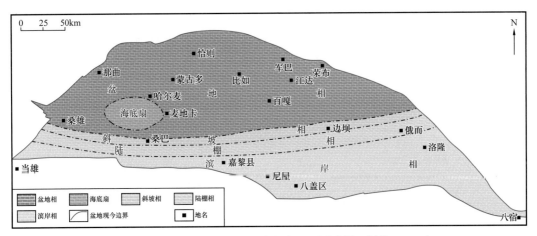

图 3-7-3　比如盆地晚侏罗世岩相古地理图（据王剑等，2008）

　　到晚白垩世，随着班公湖—怒江洋的彻底关闭，海水完全退出而转变为陆相环境，发育了一套洪积相、辫状河流相、湖泊相的砾岩、角砾岩、粉砂岩、页岩及淡水泥灰岩等。

第二节　构　造

　　比如盆地北以下秋卡—尺牍镇—八宿断裂为界，与班公湖—怒江缝合带毗邻；其南以约拉仁玛—八宿断层为界，与拉萨盆地毗邻；其西以当雄断层为界，与措勤盆地毗邻。为古生代大陆边缘克拉通盆地与中生代弧后盆地的叠合盆地。

一、构造单元

　　航磁特征显示，从 ΔTz 上延 20km 磁场图可看出沿索县—丁青一线和澜沧江一线为岩石圈深大断裂。从盆地及邻区磁性基岩埋藏深度图显示磁性基岩断块区域及北东缘和中部两条近东西向隆起带，而且在其中发育一条相对宽缓低坳的构造带（图 3-7-4）。

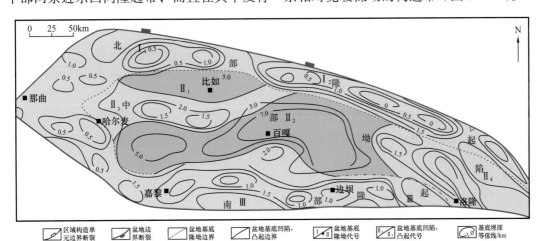

图 3-7-4　比如盆地基底构造图

Ⅰ—北部复背斜带（Ⅰ₁—孔马区—下秋卡凸起；Ⅰ₂—荣布—丁青凸起）；Ⅱ—中部复向斜带（Ⅱ₁—比如凹陷；
Ⅱ₂—百嘎—边坝凹陷；Ⅱ₃—哈尔麦凸起；Ⅱ₄—洛隆凸起）；Ⅲ—南部断褶带

根据盆地基底和盖层各地层岩石（层）的沉积建造、火山建造、岩浆建造、变质建造和构造形迹的组合特征综合分析，采用建造和改造的原则，将盆地划分为北部复背斜带（Ⅰ）、中部复向斜带（Ⅱ）和南部断褶带（Ⅲ）三个构造单元（图3-7-5、图3-7-6）。

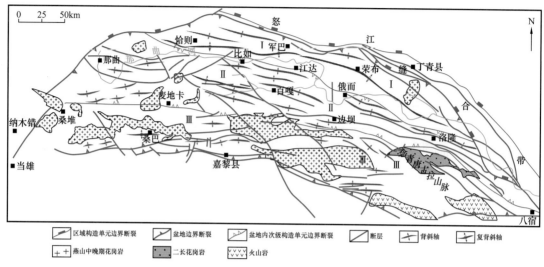

图3-7-5　比如盆地构造单元划分及构造形迹展布图（据王剑等，2009）

Ⅰ—北部复背斜带；Ⅱ—中部复向斜带；Ⅲ—南部断褶带

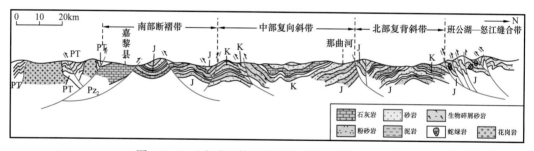

图3-7-6　比如盆地构造剖面图（据王剑等，2009）

北部复背斜带（Ⅰ）大致展布于盆地北部孔马区—荣布—丁青（南）一线，埋深0.5～2km，可分为孔马区—下秋卡凸起、荣布—丁青凸起。西段呈东西向，东段呈北西向。

中部复向斜带（Ⅱ）展布于盆地中部哈耳麦—比如—边坝—洛隆一带，东西长400km，南北宽约70km。磁性基底埋藏深度较大，多大于5.0km。地表广泛发育上侏罗统—下白垩统海相沉积。可分为哈尔麦凸起，呈长方形，东西向展布，基底埋深1.5km；比如凹陷，呈长条状，东西向展布，最大埋深5.0km；百嘎—边坝凹陷，椭圆状，东西向展布，最大埋深7.0km；洛隆凸起，北西向展布，埋深1km。

南部断褶带（Ⅲ）位于盆地南部那曲—嘉黎—八盖—玉仁一带。总体呈东西向，西段偏转呈北西向。埋深西浅（0.5km）东深（达1.5km）；地表为沿桑堆—桑巴—同德—恩朱格—沙丁范围内一系列中生代晚期的巨大黑云母花岗岩体首尾相连。

二、褶皱和断裂

在南北向挤压体制下，盆内主要发育东西向褶皱与断层；此外北西、北东向走滑断层也较发育，它们与盆内的多个菱形块体有关。

（1）褶皱特征。① 褶皱强烈，形态复杂。剖面形态总体较紧闭，两翼产状陡；平面显示狭长线状，长宽比多大于10。② 褶皱轴面总体以倾向北为主，显示由北向南推挤动力学特征。③ 不同构造层褶皱发育程度不同，形态各异。中生代地层多为成层有序，常呈宽缓直立水平褶皱，变形面理主要为板理、劈理和节理，出现擦痕线理，变质程度浅。新生代地层多呈开阔、平缓褶皱，基本未变质。

（2）断层特征。① 盆地断层以东西向为主，北东、北西和南北向断层次之。② 东西向逆断层多倾向北，常成叠瓦状组合，为由北向南推覆作用形成。③ 断层沿走向常分支复合。④ 南北向断层错断东西向断层。⑤ 断层具多期次活动特性，力学性质具韧—脆性变形特征。

三、盆地演化

（1）基底形成阶段。比如盆地结晶基底为元古宇念青唐古拉群，年龄640Ma。经新元古代—早古生代初构造—热事件，发生中—低压高温区域动力热液变质作用改造，形成一套高绿片岩相—角闪岩相递增变质的中深变质岩系。

（2）古生代克拉通边缘稳定陆表海盆地发育阶段。奥陶纪、志留纪、泥盆纪除个别地区外，其余绝大部分地区基本处于隆起状态，缺失沉积。石炭纪时，由于早海西运动影响，嘉黎—边坝一带处于滨浅海环境，接受沉积。早二叠世开始，冈底斯—念青唐拉地区处于稳定陆表海环境，发育浅海相碳酸盐岩。晚二叠世由于海西运动影响，冈底斯—念青唐古拉地区再度大范围抬升成陆，比如盆地缺失上二叠统。

（3）中生代早期离散型被动大陆边缘盆地发育阶段。早—中三叠世青藏高原南羌塘地区和冈底斯—念青唐古拉地区大部连成一体。构成横亘青藏高原中部的冈底斯古陆，盆地缺失下—中三叠统。晚三叠世—早侏罗世，班公湖—怒江带开始拉张活动。三叠纪时比如盆地处于被动大陆边缘，靠大陆斜坡地区形成砂岩、石灰岩。

（4）中—晚侏罗世会聚型前陆盆地发育阶段。中侏罗世开始，班公湖—怒江带开始向北俯冲，盆地转变为周缘前陆盆地环境。

（5）白垩纪—古近纪早期弧后盆地发育阶段。晚侏罗世末期班公湖—怒江带关闭。晚侏罗世—早白垩世雅鲁藏布江洋盆处于鼎盛时期，到早白垩世末开始向北俯冲，比如盆地进入弧后盆地发育阶段。

（6）新近纪—第四纪盆地改造变形阶段。古近纪早期雅鲁藏布江洋关闭，青藏高原全面转入南北向强烈挤压隆升环境，比如盆地结束海相盆地发育历史。盆地在强烈的南北向挤压机制下，进入变形改造期。

经历了晚古生代的陆表海、中生代早期的被动大陆边缘和中—晚侏罗世周缘前陆盆地发展阶段后，随着晚白垩世班公湖—怒江缝合带闭合和块体碰撞，导致比如盆地南北向急剧收缩，盆地中生界内广泛发育低角度逆冲推覆构造，形成一系列背斜带和向斜洼地。新生代构造形迹主要有近东西向构造、近南北向构造、北西—南东向构造、北东—

南西向构造等，构成米字形断裂网络，并将比如盆地中生界切割成菱形块体，各菱形块体具有不同的构造变形特征。

第三节 石油地质条件

晚三叠世—中侏罗世比如盆地北部处于深海—半深海环境，局部发育良好烃源岩；中侏罗世—早白垩世，盆地表现为南高北低，水体南浅北深，自南向北依次发育潮坪相、陆棚相、斜坡相、盆地相，具备生储盖交互发育的沉积环境条件；晚白垩世后转为陆相环境，沉积了一套粗碎屑岩和少量泥（页）岩，烃源岩不发育。晚燕山—喜马拉雅期以来，比如盆地经历了强烈的造山与岩浆活动，地层急剧抬升，盆内褶皱、断裂及火成岩十分发育，对油气生成及保存较为不利。现有石油地质认识是基于露头样品的分析数据，认为该区烃源岩已进入高—过成熟阶段，形成天然气藏的可能性较大。

一、烃源岩

烃源岩主要集中在中生界，自上而下分别是郎山组灰黑色泥晶灰岩、多尼组黑色泥（板）岩、拉贡塘组灰黑色泥（板）岩、桑卡拉拥组石灰岩和泥岩，以及确哈拉群黑色板岩和微晶灰岩。

1. 分布特征

下白垩统多尼组暗色泥岩，在百嘎乡一带出露较好，厚达1726m，其他地区有少量出露。郎山组烃源岩主要为碳酸盐岩，厚485m，仅出露于盆地南部凯蒙—呷拉蒙一带。

中—上侏罗统拉贡塘组烃源岩主要为灰黑色板岩，其次为石灰岩、泥灰岩，厚度变化大，介于100~1442m，西薄东厚，在盆地内分布最广。

中侏罗统桑卡拉拥组烃源岩为石灰岩及泥岩，分布不均，横向变化大，西厚东薄，厚度分别为197m、132m。

上三叠统确哈拉群烃源岩为板岩和碳酸盐岩，其中粉砂质板岩累计厚度506m；石灰岩、泥灰岩、硅质条带状灰岩、团块状灰岩累计厚度为252m。仅出露于盆地东北部。

2. 有机质丰度

比如盆地烃源岩有机碳含量以多尼组、拉贡塘组灰黑色板岩最高，确哈拉群板岩和桑卡拉拥组泥岩有机碳含量虽然较高，但样品数太少，不具有代表性。碳酸盐岩烃源岩主要发育于郎山组、桑卡拉拥组和确哈拉群，恢复后的有机碳含量均达到好烃源岩标准。

各时代不同岩性烃源岩实测TOC、风化校正后TOC、恢复后的原始TOC见表3-7-1。

3. 有机质类型

根据少量露头样品干酪根镜下鉴定结果，确哈拉群板岩干酪根显微组分主要为惰质组，含少量镜质组、腐泥组，几乎不含壳质组，属于Ⅲ型干酪根；拉贡塘组泥（板）岩烃源岩有机质类型以Ⅱ$_1$—Ⅱ$_2$型为主；多尼组泥质烃源岩有机质类型以Ⅲ型为主。桑卡拉拥组石灰岩烃源岩干酪根显微组分以腐泥组为主，属Ⅰ型干酪根；郎山组石灰岩烃源岩干酪根显微组分以镜质组为主，属Ⅲ型干酪根（表3-7-2）。

表 3-7-1　比如盆地烃源岩有机质丰度（据王剑等，2009）

层位	岩性	厚度 /m	实测 TOC/%	风化校正后 TOC/%	原始 TOC/%
K_1l	石灰岩	485	0.03～0.15/0.08（15）	0.04～0.18/0.10（15）	0.19（15）
K_1d	板岩	1726	0.28～0.89/0.56（27）	0.42～1.34/0.84（27）	1.55（27）
$J_{2—3}l$	板岩	1442	0.02～1.58/0.47（167）	0.03～2.37/0.71（167）	1.43（167）
J_2s	石灰岩	197	0.03～0.57/0.08（34）	0.04～0.68/0.096（34）	0.24（34）
J_2s	泥岩	132	0.05～0.62/0.35（4）	0.08～0.93/0.53（4）	1.15（4）
T_3Qh	石灰岩	252	0.05～0.29/0.15（5）	0.06～0.35/0.18（5）	0.45（5）
T_3Qh	板岩	505	0.44～1.15/0.60（7）	0.66～1.73/1.05（7）	2.24（7）

注：表中实测 TOC、风化校正后 TOC 数据，分子表示含量变化范围，分母表示平均值及统计样品数；原始 TOC 数据，表示平均值及统计样品数。

表 3-7-2　比如盆地各烃源岩有机质显微组分（据王剑等，2009）

层位	岩性	显微组分含量 /%				类型
		腐泥组	壳质组	镜质组	惰质组	
K_1l	石灰岩	10.85	0.5	84.85	3.8	Ⅲ
K_1d	泥岩	8.57	0.67	75.23	15.57	Ⅲ
$J_{2—3}l$	泥（板）岩	51～68	0	32～39	<10	Ⅱ₁—Ⅱ₂
J_2s	石灰岩	76.29	0	12.16	11.55	Ⅰ
T_3Qh	板岩	<10	0	6～10	80～90	Ⅲ

4. 有机质成熟度

拉贡塘组烃源岩实测镜质组反射率（R_o）数据较多，R_o 值介于 1.14%～4.4%，平均为 2.34%（32 个样品），属于高—过成熟烃源岩。其他层位烃源岩实测 R_o 值较少，确哈拉群 R_o 值平均为 2.94%（3 个样品）；桑卡拉拥组热演化程度也很高，石灰岩和泥岩样品 R_o 平均值分别为 2.44%（2 个样品）和 2.54%（3 个样品）；多尼组烃源岩 R_o 平均值为 2.22%（2 个样品）；郎山组 R_o 平均值为 1.49%（5 个样品）。

因此，比如盆地不同层位烃源岩现今成熟度均达高—过成熟阶段。

二、储层

比如盆地储层岩性主要为碎屑岩和碳酸盐岩。碎屑岩储层以砂岩、含砂砾岩、砾岩为主。碳酸盐岩储层以生物碎屑灰岩、鲕粒灰岩、角砾状灰岩、砂屑灰岩、泥晶灰岩为主，偶见白云岩。储层物性整体较差。

1. 储层岩性与分布

碎屑岩储层主要分布于中侏罗统马里组、中—上侏罗统拉贡塘组、下白垩统多尼组、上白垩统竞柱山组；碳酸盐岩储层主要分布于中侏罗统桑卡拉拥组、下白垩统郎山组。

1）侏罗系

中侏罗统马里组主要为碎屑岩储层，岩性主要是石英砂岩和粉砂岩，厚度1200m。中侏罗统桑卡拉拥组以碳酸盐岩储层为主，厚度1300m。中—上侏罗统拉贡塘组主要发育碎屑岩储层，厚度250～1400m，岩性为石英细砂岩、粉砂岩。

2）白垩系

下白垩统多尼组储层为碎屑岩，厚度900～1100m；郎山组碳酸盐岩储层厚度大于2000m；竞柱山组碎屑岩储层厚度约200m。

2. 储层物性特征

比如盆地砂岩储层以拉贡塘组相对较好，孔隙度介于7.6%～15.9%，平均9.4%，渗透率最大0.24mD，最小0.012mD，平均0.081mD，属低孔低渗储层。

嘉黎县多拉乡凯蒙—呷拉蒙剖面多尼组碎屑岩孔隙度平均2.5%，渗透率最大0.062mD，最小0.026mD，属很致密储层。

3. 储层孔隙结构

根据铸体薄片及电镜观察，比如盆地碎屑岩储层发育7种孔隙类型、3种喉道类型。

1）7种孔隙

（1）粒间孔。分布在被紧密压实的碎屑颗粒之间，形状呈三角形，占未充填孔隙小于5%，面孔率小于0.3%。

（2）粒间溶孔。碎屑颗粒间的胶结物或碎屑颗粒边缘被溶蚀而形成的孔隙，多呈齿状、港湾状，孔隙内干净，连通性好，占未充填孔隙的70%～80%，面孔率2%～5%。

（3）铸模孔。长石、石英等碎屑颗粒被完全溶蚀而形成的孔隙，仍保留原来颗粒的轮廓，占总孔隙的10%～25%。

（4）粒内溶孔。主要由长石、岩屑等碎屑颗粒被选择性溶蚀而形成的孔隙，常孤立存在，连通性差，占未充填孔隙的比例小于5%。

（5）晶间孔。晶体之间特别是胶结物碳酸盐晶体之间的孔隙，微小，占未充填孔隙的比例小于5%。

（6）裂缝。所有裂缝均被充填，充填物成分主要有方解石、铁白云石、铁方解石和硅质等。

（7）超大溶孔。主要由长石等多个碎屑颗粒及颗粒间胶结物溶蚀而形成的大孔隙，常孤立存在。

2）3种喉道

（1）片状喉道。压实作用较强，岩石颗粒间以线接触为主，粒间孔隙小，喉道窄，呈细长片状，为较有利的渗透通道。

（2）弯片状喉道。岩石颗粒间线状—凹凸状接触，孔隙小，喉道窄而弯长，属较差渗透通道。

（3）管束状喉道。发育于富含基质或微细胶结物的粉砂岩和细砂岩中。后生的显微粒间孔也可完全被堵塞，仅残留超微孔隙。粒间基质或胶结物中的微孔隙既是粒间孔隙又是连通通道，它们呈交叉状分布，属差的渗透通道。

3）孔隙结构特征

碎屑岩样品关键孔隙结构参数多属非常规超致密层范围（表3-7-3）；据渗透率数

据分析，样品可达常规低渗范围。将碎屑岩样品以孔隙度为基准进行储层判定，比如盆地碎屑岩储层多属差—很差的非常规储层。

表 3-7-3　比如盆地砂岩物性与孔隙结构参数表（据王剑等，2009）

层位	参数值	孔隙度 /%	渗透率 /mD	喉道直径 /μm	分选系数	孔隙结构系数	均值系数	退出效率 /%
K₂j	值域	2.0～6.0	0.04～5.65	0.05～2.62	0.17～8.35	0.04～2.28	0.24～0.71	20.39～54.36
	均值	2.8	1.91	0.97	2.91	1.07	0.45	37.24
K₁d	值域	1.1～8.8	<0.04	0.07～0.31	0.04～0.53	0.04～6.80	0.31～0.80	12.94～29.98
	均值	4.23	<0.04	0.17	0.26	2.39	0.59	21.67
J₂₋₃l	值域	0.7～2.4	0.04～2.35	0.02～0.29	0.07～0.26	0～1.21	0.36～1.10	25.99～40.77
	均值	1.73	0.62	0.15	0.13	0.39	0.61	32.98

4. 综合评价

比如盆地储层分布和物性具有两个特点（王剑等，2009）。

（1）纵向上，比如盆地北部中—上侏罗统拉贡塘组出露广泛，以碎屑岩储层为主，孔隙度为 0.52%～15.99%，平均为 9.4%，储层物性相对较好。

（2）平面上，比如盆地从西北到东南物性变差，盆地北部物性较好，孔隙度平均为 6.9%～9.4%。向南、向东物性变差，平均孔隙度小于 5%。安多县—索县一带储层孔隙度为 1.7%～10.8%，一般为 1.7%～6.9%，平均为 4.52%，为较差储层；安多赛乃巴布地区碎屑岩储层物性较好，孔隙度为 0.4%～15.6%，平均为 6.27%，部分层段发育较好储层；索县索巴乡牙弄剖面发育辫状河碎屑岩储层，综合评价为较差储层。

三、盖层

与储层相比，比如盆地盖层较为发育，中侏罗统—下白垩统发育三套盖层：拉贡塘组、多尼组和郎山组，岩性主要为泥岩、板岩、泥晶灰岩、硅质岩等。

拉贡塘组主要为深盆沉积，岩性主要为泥页岩，厚约 1500m，占整个地层厚度的 86%，渗透率 0.003～0.0237mD，突破压力 3.03～9.96MPa，可作为良好的区域性盖层，且单层厚度大，区域分布稳定，总体封盖性为中等—良好。

多尼组为一套海陆交互三角洲和浅海局限台地沉积，分布稳定、范围较广，可以作为一套区域性盖层，其顶部发育有厚层泥页岩，渗透率在 0.003～0.1mD 之间，其封盖能力一般。

郎山组渗透率在 0.0016～0.0279mD 之间，可作为一般性区域盖层。

四、生储盖组合

侏罗系生储盖组合是比如盆地相对较好的。烃源岩为中侏罗统桑卡拉拥组石灰岩和泥岩，中—上侏罗统拉贡塘组板岩、石灰岩和泥灰岩，其中桑卡拉拥组烃源岩厚度大于 329m，拉贡塘组烃源岩厚度约 1442m；拉贡塘组残余有机碳含量较高，大部分样品达到好—中等烃源岩标准，有机质类型以 II₁—II₂ 型为主，为盆地主力烃源岩，桑卡拉拥组为次要烃源岩。储层有桑卡拉拥组粒屑灰岩、石灰岩以及拉贡塘组细砂岩、粉砂岩。盖层包括拉贡塘组泥页岩、板岩以及桑卡拉拥组石灰岩和泥岩，其中拉贡塘组泥页岩厚约1500m，渗透率仅为0.003～0.0237mD，突破压力较大，封盖性较好。

总之，该生储盖组合条件均较好，为自生自储组合，是比如盆地最有利的一套勘探目的层。但比如盆地整体上热演化程度较高，构造改造和岩浆活动强烈，目的层出露地表，油气藏保存条件较差。

五、远景评价

比如盆地烃源岩有机质丰度一般，可达中等级别，生烃潜量略低，但由于厚度巨大，生烃总量较大。中—上侏罗统拉贡塘组与下白垩统多尼组构成中生界的主力烃源岩，烃源岩厚度分别为1442m和1726m，恢复后的有机碳含量分别可达1.43%和1.55%。有机质演化程度分析表明，除竟柱山组烃源岩处于成熟—高成熟阶段外，其他各层系不同岩性的烃源岩均处于高成熟—过成熟阶段，进入湿气甚至干气生成阶段。

储层储集性能总体较差，大多属低孔—特低孔、低渗—特低渗的致密储层。碎屑岩成岩作用较为强烈，多属于晚成岩期；储集空间类型以次生溶孔为主，孔隙结构主要为微—细孔微喉型；储层物性主要受成岩作用、岩性和沉积相控制；竟柱山组物性较好，拉贡塘组次之，多尼组物性较差。

综合生储盖层厚度、分布面积和构造改造强度等特征，划分出恰则—荣布和百嘎—俄而两个油气成藏条件较为有利的远景区（图3-7-7）。

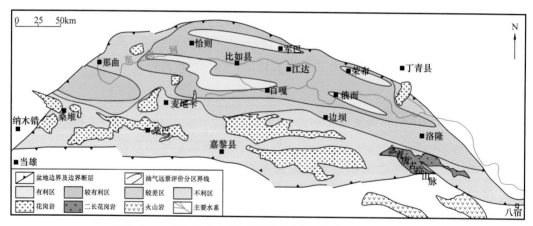

图3-7-7 比如盆地有利区预测图（据王剑等，2009，修改）

1. 恰则—荣布远景区

该远景区位于比如盆地北部的恰则、军巴、荣布一带，构造上处于北部复背斜带，基底埋深一般大于5km，出露中侏罗统、下白垩统多尼组、郎山组，褶皱较发育，背斜以东西向为主，规模较大，轴向延伸一般较长，较紧闭，东西向横贯全区；复背斜带内断层不发育。

烃源岩包括郎山组碳酸盐岩、多尼组泥岩、拉贡塘组和确哈拉群泥（板）岩及泥灰岩，累计厚度大于2000m；储层主要为拉贡塘组砂岩、桑卡拉拥组砂岩等；盖层主要为郎山组泥灰岩、多尼组泥岩和侏罗系泥岩。

该远景区可细为东西两个次级有利区，西部有利区位于恰则—军巴一带（图 3-7-7），长度 120km，宽度 10～15km，面积约 1200km^2；东部有利区位于荣布以东，面积约 405km^2。

2. 百嘎—俄而远景区

该远景区位于比如盆地中部百嘎、俄而一带（图 3-7-7），区域构造背景为中部复向斜带，基底埋深一般大于 5～7km。进一步分为百嘎和俄而两个次级区，百嘎有利区长度 125km，宽度 20～25km，面积 1900km^2；俄而有利区面积 440km^2，呈北西向带状展布。

百嘎地区地表出露地层主要为多尼组，有利烃源岩包括多尼组泥岩、拉贡塘组和确哈拉群泥（板）岩及泥灰岩，总厚度大于 2500m，但有机质成熟度较高，R_o 为 2.0%～2.5%；储层主要为拉贡塘组砂岩，厚度 1000～1400m；盖层主要为三叠系—白垩系泥岩。从生储盖层厚度、面积和构造改造强度等分析，百嘎有利区油气地质条件较好。

总之，比如盆地烃源岩厚度大，有机质类型以 II_1—II_2 型为主，普遍处于高—过成熟阶段，生气潜力较大；储层孔、渗性均较差，拉贡塘组储层物性相对较好，为主要储层；盖层较发育，厚度大，区域分布相对稳定。侏罗系生、储、盖条件较好，为自生自储组合，是比如盆地最有利的一套勘探目的层，但构造改造和岩浆活动强烈，目的层出露地表，油气藏保存条件较差。致密气、页岩气等非常规油气资源在比如盆地可能具有较好勘探前景。

参 考 文 献

艾华国，兰林英，朱宏权，等，1998.伦坡拉第三纪盆地的形成机理和石油地质特征 [J].石油学报，
　　19（2）：21-27.

艾华国，朱宏权，张克银，等，1999.伦坡拉盆地下第三系储层的成岩作用和储集性能的成岩控因 [J].
　　沉积学报，17（1）：100-105.

白嘉启，梅琳，杨美伶，2006.青藏高原地热资源与地壳热结构 [J].地质力学学报，12（3）：354-
　　362.

白生海，1989.青海西南部海相侏罗纪地层新认识 [J].地质论评，35（6）：529-536.

边千韬，常承法，郑祥身，1997.青海可可西里大地构造基本特征 [J].地质科学，32（1）：37-46.

陈俊兵，徐兴永，李文庆，等，2002.藏南康马地区石炭系—二叠系研究新进展 [J].现代地质，16（3）：
　　237-242.

陈明，谭富文，汪正江，等，2007.西藏南羌塘坳陷色哇地区中—下侏罗统深色岩系地层的重新厘定
　　[J].地质通报，26（4）：441-447.

陈建平，梁狄刚，张水昌，等，2012.中国古生界海相烃源岩生烃潜力评价标准与方法 [J].地质通报，
　　86（7）：1132-1142.

陈文彬，廖忠礼，付修根，等，2007.北羌塘盆地布曲组烃源岩生物标志物特征及意义 [J].沉积学报，
　　25（5）：808-814.

陈文彬，付修根，谭富文，等，2017.羌塘盆地二叠系白云岩油苗地球化学特征及意义 [J].沉积学报，
　　35（3）：611-620.

陈文彬，付修根，谭富文，等，2017.羌塘盆地石炭—二叠系烃源岩地球化学特征讨论 [J].中国地质，
　　44（3）：499-510.

陈文彬，占王忠，付修根，等，2017.南羌塘鄂斯玛地区早白垩世沥青地球化学特征及意义 [J].地质
　　通报，36（4）：624-632.

陈丕济，1978.生油岩研究项目和指标的选择 [J].石油地质实验，1（1）：1-14.

陈平，费琪，陆永潮，1998.西藏伦坡拉盆地粘土矿物演化、分布与烃源岩成熟对应关系 [J].石油实
　　验地质，20（3）：282-286.

程鑫，周亚楠，郭强，等，2015.青藏高原拉萨地块西段三叠纪古地磁结果及其构造意义 [J].地质通
　　报，34（2-3）：306-317.

丁俊，王剑，王成善，等，2009.青藏高原油气资源战略选区调查与评价图集 [M].北京：地质出版社，
　　1-207.

董清水，王立贤，于文斌，等，2006.油页岩资源评价关键参数及其求取方法 [J].吉林大学学报（地
　　球科学版），36（6）：899-903.

邓涛，王世骐，颉光普，2011.藏北伦坡拉盆地丁青组哺乳动物化石对时代和古高度的指示 [J].科学
　　通报，56（34）：2873-2880.

杜佰伟，谭富文，陈明，2004.西藏伦坡拉盆地沉积特征分析及油气地质分析 [J].沉积与特提斯地质，
　　24（4）：46-54.

杜佰伟，谢尚克，董宇，等，2016.伦坡拉盆地渐新统丁青湖组油页岩特征及其地质意义 [J].吉林大
　　学学报（地球科学版），46（3）：671-680.

多吉, 2003. 典型高温地热系统——羊八井热田基本特征 [J]. 中国工程科学, 5 (1): 42-47.

付修根, 王剑, 汪正江, 等, 2007a. 藏北羌塘盆地上三叠统那底岗日组与下伏地层沉积间断的确立及意义 [J]. 地质论评, 53 (3): 329-336.

付修根, 王剑, 汪正江, 等, 2007b. 藏北羌塘盆地晚侏罗世海相油页岩生物标志物特征、沉积环境分析及意义 [J]. 地球化学, 36 (5): 486-496.

付修根, 王剑, 汪正江, 等, 2007c. 藏北羌塘盆地海相油页岩沉积环境 [J]. 新疆石油地质, 28 (5): 529-533.

付修根, 王剑, 陈文彬, 等, 2010. 羌塘盆地那底岗日组火山岩地层时代及构造背景 [J]. 成都理工大学学报 (自然科学版), 37 (6): 605-615.

付孝悦, 卢亚平, 肖秋苟, 2003. 含油气盆地油气氧化界面与保存条件纵向分带性讨论——以西藏伦坡拉陆相第三系盆地为例 [J]. 石油实验地质, 25 (6): 773-776.

付孝悦, 2004. 青藏特提斯板块构造与含油气盆地 [J]. 石油实验地质, 26 (6): 507-516.

付孝悦, 张修富, 2005. 西藏高原石油地质 [M]. 北京: 石油工业出版社, 35-78.

范和平, 杨金泉, 张平, 1988. 藏北地区的晚侏罗世地层 [J]. 地层学杂志, 12 (1): 68-72.

范小军, 潘磊, 李凤, 等, 2015. 西藏伦坡拉盆地古近系油藏成藏机理及有利区带预测 [J]. 石油与天然气地质, 36 (03): 362-369.

方德庆, 云金表, 李椿, 2002. 北羌塘盆地中部雪山组时代讨论 [J]. 地层学杂志, 26 (1): 68-72.

傅家谟, 盛国英, 1996. 环境有机地球化学初探 [J]. 地学前缘, 2 (2): 127-132.

G Einsele, 刘光华, H P Luterbacher, 等, 1993. 西藏日喀则白垩纪弧前盆地: 沉积物和盆地演化 [J]. 沉积与特提斯地质, 13 (1): 3-31.

古格·其美多吉, 2013. 西藏地理 [M]. 北京: 北京师范大学出版社.

顾忆, 邵志兵, 叶德燎, 等, 1999. 西藏伦坡拉盆地烃源岩特征及资源条件 [J]. 石油实验地质, 21 (4): 340-345.

高锐, 熊小松, 李秋生, 等, 2009. 由地震探测揭示的青藏高原莫霍面深度 [J]. 地球学报, 30 (6): 761-773.

高瑞祺, 赵政璋, 2001. 中国油气新区勘探, 第六卷, 青藏高原石油地质 [M]. 北京: 石油工业出版社.

苟金, 刑国忠, 1990. 青海可可西里巴音查乌马地区的上三叠统 [J]. 西北地质 (2): 1-5.

郭铁鹰, 1991. 西藏阿里地质 [M]. 北京: 中国地质大学出版社.

胡培远, 李才, 翟庆国, 等, 2016. 藏东类乌齐地区辉长岩: 冈瓦纳大陆北缘晚古生代裂解的记录 [J]. 地质通报, 35 (11): 1845-1954.

胡修棉, 王建刚, 安慰, 等, 2017. 利用沉积记录精确约束印度—亚洲大陆碰撞时间与过程 [J]. 中国科学: 地球科学, 47 (3): 261-283.

胡见义, 黄第藩, 徐树宝, 等, 1991. 中国陆相石油地质理论基础 [M]. 北京: 石油工业出版社.

黄汲清, 陈国铭, 陈炳蔚, 1984. 特提斯—喜马拉雅构造域初步分析 [J]. 地质学报, 58 (1): 1-17.

黄汲清, 陈炳蔚, 1987. 中国及邻区特提斯海的演化 [M]. 北京: 地质出版社.

黄第藩, 李晋超, 周翥红, 等, 1982. 陆相有机质演化和成烃机制 [M]. 北京: 石油工业出版社.

黄霞, 祝有海, 王平康, 等, 2011. 祁连山冻土区天然气水合物烃类气体组分的特征和成因 [J]. 地质通报, 30 (12): 1851-1856.

黄宗和, 1993. 伦坡拉盆地第三系储集层研究 [J]. 中扬油气勘探, 1 (1): 23-36.

黄宗和，肖秋苟，1997.藏北伦坡拉盆地牛堡组砂岩储集层性能研究［J］.西藏地质，12（2）：31-36.

郝景宇，潘磊，李吉选，等，2016.西藏伦坡拉盆地东部牛堡组沉积层序结构及砂体发育模式［J］.天然气勘探与开发，39（2）：6-14.

郝太平，1993.金沙江中段元古宙变质岩的Sm—Nd同位素年龄报道［J］.地质论评，39（1）：52-56.

计文化，陈守建，赵振明，等，2009.西藏冈底斯构造带申扎一带寒武系火山岩的发现及其地质意义［J］.地质通报，28（9）：1350-1354.

简平，汪啸风，何龙清，等，1999.金沙江蛇绿岩中斜长岩和斜长花岗岩的U—Pb年龄及地质意义［J］.岩石学报，20：590-593.

蒋忠惕，1983.羌塘地区侏罗纪地层的若干问题［A］.青藏高原地质文集［C］.6期.北京：地质出版社，87-112.

蒋忠惕，张家强，王德杰，等，2006.西藏尼玛地区油气显示的发现及其意义［J］.地质通报，25（9-10）：1189-1193.

金玉玕，孙东立，1981.西藏古生代腕足动物群［M］.北京：科学出版社.

库新勃，吴青柏，蒋观利，2007.青藏高原多年冻土区天然气水合物可能分布范围研究［J］.天然气地球科学，18（4）：588-592.

康文华，李德禄，白嘉启，1985.西藏羊八井热田地热地质［J］.地质力学学报（6）：17-79.

孔崇仁，陈国隆，李章荣，等，1997.青海省岩石地层［M］.武汉：中国地质大学出版社.

李才，黄小鹏，翟庆国，等，2006.龙木错—双湖—吉塘板块缝合带与青藏高原冈瓦纳北界［J］.地学前缘，13（4）：136-147.

李才，董永胜，翟庆国，等，2008.青藏高原羌塘早古生代蛇绿岩—堆晶辉长岩的锆石SHRIMP年龄及其意义［J］.岩石学报，24（1）：31-36.

李才，吴彦旺，王明，等，2010.青藏高原泛非—早古生代造山事件研究重大进展——冈底斯地区寒武系和泛非造山不整合的发现［J］.地质通报，29（1）：1733-1736.

李才，程立人，张以春，等，2004.西藏羌塘南部发现奥陶纪—泥盆纪地层［J］.地质通报，23（5-6）：602-604.

李才，等，2016.羌塘地质［M］.北京：地质出版社，77-98.

李志，赵炳坤，杨亚斌，等，2013.青藏高原及邻区重力系列图及说明书（1∶3000000）［M］.北京：地质出版社.

李勇，王成善，伊海生，2003.西藏金沙江缝合带西段晚三叠世碰撞作用与沉积响应［J］.沉积学报，21（2）：191-197.

李月芳，姚檀栋，田立德，等，2003.青藏高原天然水体中铀含量的区域分布特征［J］.地球化学，32（5）：445-452.

李清波，陆彦，2012a.西藏地质工作六十年（上）［J］.国土资源科技管理（4）：116-122.

李清波，陆彦，2012b.西藏地质工作六十年（下）［J］.国土资源科技管理（5）：141-146.

李日俊，吴浩若，1997.藏北阿木岗群、查桑群和鲁谷组放射虫的发现及有关问题讨论［J］.地质论评，43（3）：250-256.

李一腾，叶加仁，曹强，等，2016.西藏伦坡拉盆地原油地球化学特征［J］.特种油气藏，23（3）：71-74.

李亚林，王成善，伍新和，等，2005.藏北托纳木地区发现上侏罗统海相油页岩［J］.地质通报，24（8）：

783-784.

李亚林,王成善,朱利东,等,2010.西藏尼玛盆地油页岩的发现及其地质意义[J].地质通报,19(12):
1872-1874.

李亚林,王成善,伊海生,等,2006.西藏北部新生代大型逆冲推覆构造与唐古拉山的隆起[J].地质
学报,80(8):1118-1130.

李亚林,黄永建,王成善,等,2008.西藏措勤盆地白垩系白云岩地球化学特征及其成因分析[J].岩
石学报,24(3):609-615.

李宇平,范小军,2015,西藏地区伦坡拉盆地牛堡组原油稠化地质成因[J].油气地质与采收率,22
(6):32-35,46.

李忠雄,何江林,熊兴国,等,2010.藏北羌塘盆地上侏罗—下白垩统胜利河油页岩特征及其形成环境
[J].吉林大学学报(地球科学版),40(2):264-272.

李忠雄,杜佰伟,汪正江,等,2008.藏北羌塘盆地中侏罗统石油地质特征[J].石油学报,29(6):
797-803.

李忠雄,邱海军,程明道,等,2013.藏北羌塘盆地二维反射地震新认识[J].地球学报,34(3):1-9.

李忠雄,时代,雷扬,等,2013.运用盒子波技术压制羌塘盆地托拉木—笙根地区干扰波[J].石油地
球物理勘探,48(增刊1):1-6.

李忠雄,廖建河,程明道,等,2013.羌塘盆地托拉木—笙根地区地震采集技术试验[J].石油物探,
52(5):502-511.

李忠雄,尹吴海,蒋华中,等,2017.羌塘盆地高密度高覆盖宽线采集技术试验[J].石油物探,56(5):
626-636.

李忠雄,叶天生,马龙,等,2017.羌塘盆地托纳木—笙根地区高密度高覆盖宽线采集技术试验[J].
地球物理学进展,32(2):672-683.

李忠雄,卫红伟,马龙,等,2017.羌塘盆地可控震源采集试验分析[J].石油地球物理勘探,52(2):
199-208.

李璞,1995.西藏东部地区的初步认识[M].北京:科学出版社.

李兴振,刘文均,王义昭,等,1999.西南三江地区特提斯构造演化与成矿(总论)[M].北京:地质
出版社.

卢振权,SULTAN Nabil,金春爽,等,2009.青藏高原多年冻土区天然气水合物形成条件模拟研究[J].
地球物理学报,52(1):157-168.

卢占武,高锐,匡朝阳,等,2006.青藏高原羌塘盆地二维地震数据采集方法试验研究[J].地学前缘,
13(5):382-390.

卢占武,高锐,薛爱民,等,2006.羌塘盆地地震反射新剖面及基底构造浅析[J].中国地质,33(2):
286-290.

卢书炜,杜凤军,任建德,等,2010.中华人民共和国区域地质调查报告(比例尺1:250000)·尼玛区
幅(H45C001003)[M].北京:中国地质大学出版社.

鲁连仲,1989.西藏地热活动的地质背景分析[J].中国地质大学学报(地球科学),14(S1):53-59.

洛桑·灵智多杰,2003.青藏高原的水资源[M].北京:中国藏学出版社.

刘昭,陈康,男达瓦,2017.西藏古堆地热田地下热水水化学特征[J].地质论评,63(S1):353-354.

刘招君,柳蓉,2005.中国油页岩特征及开发利用前景分析[J].地学前缘,12(3):315-323.

刘招君，董清水，叶松青，等，2006.中国油页岩资源现状［J］.吉林大学学报（地球科学版），36（6）：871-877.

刘招君，柳蓉，董清水，等，2009.抚顺盆地始新统计军屯组油页岩地球化学特征及其地质意义［J］.岩石学报，25（10）：2340-2350.

刘招君，杨虎林，董清水，等，2009.中国油页岩［M］.北京：石油工业出版社.

刘家铎，周文，李勇，等，2007.青藏地区油气资源潜力分析与评价［M］.北京：地质出版社.

刘依谋，梁向豪，黄有晖，等，2008.库车坳陷复杂山地宽线采集技术及其应用效果［J］.石油物探，47（4）：418-424.

刘宝珺，曾允孚，1985.岩相古地理基础和工作方法［M］.北京：地质出版社.

刘皓，王婵，邓斌，等，2015.西藏伦坡拉油气盆地构造沉降浅谈［J］.矿物学报，35（增刊）：666-672.

刘建，虞显和，杨俊红，等，2001.西藏伦坡拉盆地地热史模拟［J］.江汉石油学院学报，23（增刊）：19-22.

刘一茗，叶加仁，曹强，等，2017.西藏伦坡拉盆地古近系牛堡组烃源岩预测与评价［J］.地球科学，42（4）：601-612.

刘蓓蓓，2013.西藏比如盆地生储盖条件分析［J］.海洋石油，30（1）：31-35.

林文第，陈德泉，1990.藏北改则—色哇地区的蛇绿岩特征［J］.成都理工大学学报（自科版），17（2）：20-28.

林金辉，伊海生，邹艳荣，2004.藏北高原海陆相油页岩生物标志化合物对比研究［J］.地球化学，33（1）：57-63.

凌云，高军，孙德胜，等，2008.可控震源在地震勘探中的应用前景与问题分析［J］.石油物探，47（5）：425-438.

梁定益，聂泽同，郭铁鹰，等，1982.西藏阿里北部二叠、三叠纪地层及古生物研究的新进展［J］.地质论评，28（3）：57-58.

柳蓉，刘招君，2006.国内外油页岩资源现状及综合开发潜力分析［J］.吉林大学学报（地球科学版），36（6）：892-898.

雷清亮，付孝悦，卢亚平，1996.伦坡拉第三纪陆相盆地油气地质特征分析［J］.中国地质大学学报（地球科学），21（2）：168-173.

罗小平，1993.西藏伦坡拉盆地构造特征及找油方向探讨［J］.中扬油气勘探，13（1）：8-12.

罗宇，朱宏权，艾华国，等，1999.西藏伦坡拉盆地下第三系储集层类型与特征［J］.石油勘探与开发，26（2）：35-37.

马龙，刘涵，吴成书，等，2016.藏北双湖山字形山火山岩地层形成时代及其地质意义［J］.地层学杂志，40（4）：389-395.

马立祥，张二华，鞠俊成，等，1996.西藏伦坡拉盆地下第三系沉积体系域基本特征［J］.中国地质大学学报（地球科学），21（2）：174-178.

马冠卿，1998.西藏区域地质基本特征［J］.中国区域地质，17（1）：16-17，21-24.

莫宣学，邓晋福，董方浏，等，2001.西南三江造山带火山岩—构造组合及其意义［J］.高校地质学报，7（2）：121-138.

莫宣学，赵志丹，邓晋福，等，2003.印度—亚洲大陆主碰撞过程的火山作用响应［J］.地学前缘，10

（3）：135-148.

莫宣学，董国臣，赵志丹，等，2005.西藏冈底斯带花岗岩的时空分布特征及地壳生长演化信息［J］. 高校地质学报，11（3）：281-290.

尼玛次仁，谢尧武，2005.藏北那曲地区中三叠世地层的新发现及其地质意义［J］.地质通报，24（12）： 1141-1149.

南卓铜，李述训，程国栋，2004.未来50与100a青藏高原多年冻土变化情景预测［J］.中国科学D辑： 地球科学，34（6）：528-534.

潘桂棠，王立泉，朱弟成，2004.青藏高原区域地质调查中几个重大科学问题的思考［J］.地质通报， 23（1）：12-19.

潘桂棠，莫宣学，侯增谦，等，2006.冈底斯造山带的时空结构及演化［J］.岩石学报，22（3）：521- 533.

潘桂棠，丁俊，2004.青藏高原及邻区地质图（1：150万）［M］.成都：成都地图出版社.

潘桂棠，王培生，徐耀荣，1990.青藏高原新生代构造演化［M］.北京：地质出版社.

潘树林，高磊，陈辉，等，2010.可控震源记录地震初至拾取方法研究［J］.石油物探，49（2）：209- 212.

潘树林，高磊，邹强，等，2005.一种实现初至波自动拾取的方法［J］.石油物探，44（2）：163-166.

潘磊，曹强，刘一茗，等，2016.伦坡拉盆地始新统牛堡组烃源岩成熟史［J］.石油实验质，38（3）： 382-388，394.

彭清华，杜佰伟，谢尚克，等，2016.羌塘盆地昂达尔错白云岩古油藏地质特征及成藏条件［J］.海相 油气地质，21（3）：48-54.

彭少南，李亚林，2009.比如盆地北部碎屑岩储层特征及评价［J］.沉积与特提斯地质，29（4）： 73-78.

邱瑞照，周肃，邓晋福，等，2004.西藏班公湖—怒江西段舍马拉沟蛇绿岩中辉长岩年龄测定——兼论 班公湖—怒江蛇绿岩带形成时代［J］.中国地质，31（3）：262-268.

秦建中，刘宝泉，国建英，等，2004.关于碳酸盐岩烃源岩的评价标准［J］.石油实验地质，26（3）： 281-286.

秦建中，刘宝泉，2005.海相不同类型烃源岩生排烃模式研究［J］.石油实验地质，27（1）：74-80.

强巴扎西，谢尧武，吴彦旺，等，2009.藏东丁青蛇绿岩中堆晶辉长岩锆石SIMS U—Pb定年及其意义 ［J］.地质通报，28（9）：1253-1258.

青藏油气区石油地质志编写组，1990.中国石油地质志（卷14）青藏油气区［M］.北京：石油工业出 版社.

青海省地质矿产局，1991.青海省区域地质志［M］.北京：地质出版社.

沙金庚，王启飞，卢辉楠，2005.羌塘盆地微体古生物［M］.北京：科学出版社.

施雅风，1998.第四纪中期青藏高原冰冻圈的演化及其与全球变化的联系［J］.冰川冻土，20（3）： 197-208.

单之蔷，2015.中国国家地理—西藏特刊［M］.北京：京新出版社.

沈显杰，1992.西藏特提斯带地体构造变形的运动学特征［J］.地震地质，14（3）：193-203.

孙鸿烈，郑度，1998.青藏高原形成演化与发展［M］.广州：广州科技出版社.

孙红丽，马峰，蔺文静，等，2015.西藏高温地热田地球化学特征及地热温标应用［J］.地质科技情报，

34（3）：171-177.

孙玮，李智武，肖秋苟，等，2015.西藏伦坡拉盆地北缘中深层古近系牛堡组油气成藏分析［J］.成都理工大学学报（自然科学版），42（4）：419-426.

孙涛，王成善，李亚林，等，2013.西藏尼玛盆地古近系牛堡组烃源岩生烃潜力及分子地球化学特征［J］.矿物岩石地球化学通报，32（2）：243-251.

佟伟，章铭陶，张知非，等，1981.西藏地热［M］.北京：科学出版社.

谭富文，陈明，王剑，等，2008.西藏羌塘盆地中部发现中高级变质岩［J］.地质通报，27（3）：351-355.

谭富文，王剑，付修根，等，2009.藏北羌塘盆地基底变质岩的锆石SHRIMP年龄及其地质意义［J］.岩石学报，25（1）：139-146.

谭富文，王剑，李永铁，等，2004.羌塘盆地侏罗纪末——早白垩世沉积特征与地层问题［J］.中国地质，31（4）：400-405.

谭富文，潘桂棠，徐强，2000.羌塘腹地新生代火山岩的地球化学特征与青藏高原隆升［J］.岩石矿物学杂志，19（2）：121-130.

谭富文，张润合，王剑，等，2016.羌塘晚三叠世——早白垩世裂陷盆地基底构造［J］.成都理工大学学报（自然科学版），43（5）：513-521.

谭富文，王剑，王小龙，等，2004.羌塘盆地雁石坪地区中——晚侏罗世碳、氧同位素特征与沉积环境分析［J］.地球学报，25（2）：119-126.

谭富文，王剑，王小龙，等，2003.藏北羌塘盆地上侏罗统中硅化木的发现及意义［J］.地质通报，22（11-12）：956-958.

谭富文，王剑，王小龙，等，2002.西藏羌塘盆地——中国油气资源战略选区的首选目标［J］.沉积与特提斯地质，22（1）：16-21.

伍坤宇，沈立成，王香桂，等，2011.西藏朗久地热田及其温泉水化学特征研究［J］.中国岩溶，30（1）：1-8.

伍新和，王成善，伊海生，等，2005.西藏羌塘盆地烃源岩古油藏带及其油气勘探远景［J］.石油学报，26（1）：13-17.

伍新和，汪锐，李英烈，2016.伦坡拉盆地远景区油气资源战略选区调查［R］.中国地质调查局油气资源调查中心，125-176.

伍新和，曹洁，梅岩辉，等，2017.西藏措勤、比如、定日——岗巴盆地油气资源潜力分析［M］.北京：地质出版社.

吴瑞忠，胡承祖，王成善，等，1985.藏北羌塘地区地层系统［A］.青藏高原地质文集［C］.9期.北京：地质出版社，1-32.

武景龙，朱利东，杨文光，等，2011.尼玛盆地南部古近系牛堡组沉积特征及其地质意义［J］.华南地质与矿产，27（1）：59-63.

文世宣，1979.西藏北部地层新资料［J］.地层学杂志，3（2）：72-78.

文世宣，1976.青海南部海相侏罗系几个问题的初步认识［J］.青海国土经略（2）：24-26.

王剑，谭富文，李亚林，等，2004.青藏高原重点沉积盆地油气资源潜力分析［M］.北京：地质出版社.

王剑，谭富文，李亚林，等，2005.羌塘、措勤及岗巴——定日沉积盆地岩相古地理及油气资源潜力预测图集［M］.北京：地质出版社.

王剑，丁俊，王成善，等，2009.青藏高原油气资源战略选区调查与评价［M］.北京：地质出版社.

王剑，付修根，2018.论羌塘盆地沉积演化［J］.中国地质，45（2）：237-259.

王剑，付修根，李忠雄，等，2010.北羌塘盆地油页岩形成环境及其油气地质意义［J］.沉积与特提斯
地质，30（3）：11-17.

王剑，付修根，李忠雄，等，2009.藏北羌塘盆地胜利河—长蛇山油页岩的发现及其意义［J］.地质通
报，28（6）：691-695.

王剑，付修根，陈文西，等，2008.北羌塘沃若山地区火山岩年代学及区域地球化学对比——对晚三叠
世火山沉积事件的启示［J］.中国科学D辑，38（1）：33-43.

王剑，付修根，谭富文，等，2010.羌塘中生代（T₃—K₁）盆地演化模式［J］.沉积学报，28（5）：
884-893.

王剑，付修根，陈文西，等，2007.藏北北羌塘盆地晚三叠世古风化壳地质地球化学特征及其意义［J］.
沉积学报，25（4）：487-494.

王剑，付修根，杜安道，等，2007.藏北羌塘盆地胜利河油页岩地球化学特征及Re—Os定年［J］.海
相油气地质，12（3）：21-26.

王剑，汪正江，陈文西，等，2007.藏北北羌塘盆地那底岗日组时代归属的新证据［J］.地质通报，26
（4）：404-409.

王剑，宋春彦，付修根，等，2022.青藏高原羌科1井科学钻探工程［M］.北京：科学出版社.

王成善，胡承祖，吴瑞忠，等，1987.西藏北部查桑—茶布裂谷的发现及其地质意义［J］.成都地质学
院学报，14（2）：33-47.

王成善，伊海生，刘池阳，等，2004.西藏羌塘盆地古油藏发现及其意义［J］.石油与天然气地质，25
（2）：139-143.

王成善，伊海生，李勇，等，2001.羌塘盆地地质演化与油气远景评价［M］.北京：地质出版社，
184-251.

王成善，胡承祖，张懋功，等，1987.西藏北部查桑—茶布裂谷的发现及其地质意义［J］.成都地质学
院学报，14（2）：33-45.

王二七，2013.青藏高原大地构造演化——主要构造—热事件的制约及其成因探讨［J］.地质科学，48
（2）：334-353.

王立全，潘桂棠，丁俊，等，2013.青藏高原及邻区地质图（1∶150万）［M］.北京：地质出版社.

王乃文，1983.藏北湖区中生代地层发育及其板块构造含义［A］.青藏高原地质文集（8）—地层古生
物［C］.北京：地质出版社.

王佳音，祁昌炜，朱进守，等，2017.西藏高原湖泊的基本特征及水化学特征分析［J］.绿色科技（20）：
153-154.

王利杰，曾辰，王冠星，等，2017.西藏山南地区沉错湖泊与径流水化学特征及主控因素初探［J］.干
旱区地理，40（4）：737-745.

王鹏，尚英男，沈立成，等，2013.青藏高原淡水湖泊水化学组成特征及其演化［J］.环境科学，34（3）：
874-881.

王鹏，陈晓宏，沈立成，等，2016.西藏地热异常区热储温度及其地质环境效应［J］.中国地质，43（4）：
1429-1438.

王尊波，沈立成，梁作兵，等，2015.西藏搭格架地热区天然水的水化学组成与稳定碳同位素特征［J］.

中国岩溶，34（3）：201-208.

王德发，王乃东，张永军，等，2013.青藏高原及邻区航磁系列图及说明书（1：3000000）［M］.北京：地质出版社.

王铁冠，1990.试论我国某些原油与生油岩中的沉积环境生物标志物［J］.地球化学，19（3）：256-263.

王平康，祝有海，张旭辉，等，2015.羌塘盆地冻土结构特征及其对天然气水合物成藏的影响［J］.沉积与特提斯地质，35（1）：57-67.

王平康，祝有海，张帅，等，2017.羌塘盆地鸭湖地区天然气水合物成藏条件［J］.地质通报，36（4）：601-615.

王振国，陈笃恭，1998.羌塘盆地静校正方法［J］.石油地球物理勘探，33（增刊2）：44-53.

王家澄，王绍令，邱国庆，1979.青藏公路沿线的多年冻土［J］.地理学报，34（1）：18-32.

王栋，贺振华，孙建库，等，2010.宽线加大基距组合技术在喀什北区块复杂山地的运用［J］.石油物探，49（6）：606-610.

汪啸风，Ian Metcalfe，简平，等，1999.金沙江缝合带构造地层划分及时代厘定［J］.中国科学：D辑，29（4）：289-297.

汪正江，王剑，陈文西，等，2007.青藏高原北羌塘盆地胜利河上侏罗统海相油页岩的发现［J］.地质通报，26（6）：764-768.

西藏自治区气象志编委会，2005.西藏气象志［M］.北京：中国藏学出版社.

西藏自治区地质矿产局，1993.西藏自治区区域地质志［M］.北京：地质出版社.

西藏自治区地质矿产局，1997.西藏自治区岩石地层［M］.武汉：中国地质大学出版社.

熊绍柏，刘宏兵，1997.青藏高原西部的地壳结构［J］.科学通报，42（12）：1309-1312.

许志琴，杨经绥，李海兵，等，2011.印度—亚洲碰撞大地构造［J］.地质学报，85（1）：1-33.

徐则民，雍自权，孙世雄，1997.西藏朗久地热田水文地球化学特征［J］.桂林工学院学报，17（1）：64-68.

徐学祖，程国栋，俞祁浩，1999.青藏高原多年冻土区天然气水合物的研究前景和建议［J］.地球科学进展，14（2）：201-204.

薛海飞，董守华，陶文朋，2010.可控震源地震勘探中的参数选择［J］.物探与化探，34（2）：185-190.

夏军，钟华明，童劲松，等，2006.藏北龙木错东部三岔口地区下奥陶统与泥盆系的不整合界面［J］.地质通报，25（1-2）：113-117.

夏新宇，洪峰，赵林，1998.烃源岩生烃潜力的恢复探讨——以鄂尔多斯盆地下奥陶统碳酸盐岩为例［J］.石油与天然气地质，19（4）：307-312.

谢义木，1983.改则北部下石炭统的发现［J］.中国区域地质（1）：107-108.

谢尚克，杜佰伟，王剑，等，2014.西藏伦坡拉盆地丁青湖组油页岩地球化学特征及其地质意义［J］.岩石矿物学杂志，33（3）：503-510.

肖序常，李廷栋，2000.青藏高原的构造演化与隆升机制［M］.广州：广东科技出版社.

尹集祥，徐均涛，刘成杰，等，1990.拉萨至格尔木的区域地层［A］.青藏高原地质演化［C］.北京：科学出版社，1-48.

于世焕，赵殿栋，秦都，2011.桂中山区宽线地震采集观测系统优选［J］.石油物探，50（4）：398-

405.

余光明,王成善,等,2001.西藏特提斯地质[M].北京:地质出版社.

姚鹏,李金高,王全海,等,2006.西藏冈底斯南缘火山—岩浆弧带中桑日群adakite的发现及其意义[J].岩石学报,22(3):612-620.

岳雅慧,丁林,2006.西藏林周基性岩脉的 $^{40}Ar/^{39}Ar$ 年代学、地球化学及其成因[J].岩石学报,22(4):855-866.

岳龙,牟世勇,曾昌兴,等,2006.藏北羌塘丁固—加措地区康托组的时代[J].地质通报,25(1-2):229-232.

云美厚,2006.对镇巴复杂山地地震采集的思考[J].石油地球物理勘探,41(5):504-513.

阴家润,1989.青海南部侏罗纪雁石坪群中半咸水双壳类动物群及其古盐度分析[J].古生物学报,28(4):415-434.

阴家润,1990.青海南部奇异蚌动物群生态环境与时代的探讨[J].古生物学报,29(3):284-299.

扬杰东,1988.锶同位素方法在地层研究中的某些应用介绍[J].地质科技情报,17(3):109-114.

杨兴峰,程鑫,周亚楠,等,2014.羌北地块晚石炭—早二叠世古地磁结果及构造意义[J].中国科学:地球科学,46(10):1381-1391.

杨开丽,祝有海,王平康,等,2013.羌塘盆地QK-1孔烃类气体分布特征与成因来源[J].现代地质,27(2):405-412.

杨韩涛,李才,李连庆,等,2009.藏北羌塘中部中更新世以来构造活动的证据[J].地质通报,28(9):1325-1329.

杨贵祥,2005.碳酸盐岩裸露区地震勘探采集方法[J].地球物理学进展,20(4):1108-1128.

杨华,蔡月明,王岚,等,1991.青藏高原东部航磁特征及其与构造成矿带的关系[M].北京:地质出版社.

杨起,李思田,陈忠慧,等,1979.煤田地质学(上册)[M].北京:地质出版社.

袁彩萍,徐思煌,2000.西藏伦坡拉盆地地温场特征及烃源岩热演化史[J].石油实验地质,22(2):156-160.

朱弟成,潘桂棠,莫宣学,等,2006.冈底斯中北部晚侏罗世—早白垩世地球动力学环境:火山岩约束[J].岩石学报,22(3):534-546.

朱弟成,王青,赵志丹,2017.岩浆岩定量限定陆—陆碰撞时间和过程的方法和实例[J].中国科学:地球科学,47(6):657-673.

朱同兴,冯心涛,2010.中华人民共和国1:25万区域地质调查报告·黑虎岭幅[M].武汉:中国地质大学出版社.

朱同兴,潘忠习,庄忠海,等,2002.西藏北部双湖地区海相侏罗纪磁性地层研究[J].地质学报,76(3):308-316.

朱同兴,李宗亮,张惠华,等,2010.中华人民共和国1:25万区域地质调查报告·江爱达日那幅[M].武汉:中国地质大学出版社.

朱井全,李永铁,2000.藏北羌塘盆地侏罗系白云岩类型、成因及油气储集特征[J].古地理学报,2(4):30-42.

朱同兴,与远山,金灿海,等,2012.中华人民共和国1:25万区域地质调查报告·多格错仁幅[M].武汉:中国地质大学出版社.

朱同兴，董瀚，石文礼，等，2012.中华人民共和国1：25万区域地质调查报告·吐错幅［M］.武汉：中国地质大学出版社.

祝有海，卢振权，谢锡林，2011.中国冻土区天然气水合物的找矿选区及其资源潜力［J］.天然气工业，31（1）：13-19.

赵政璋，李永铁，叶和飞，等，2001a.青藏高原大地构造特征及盆地演化［M］.北京：科学出版社.

赵政璋，李永铁，叶和飞，等，2001b.青藏高原羌塘盆地石油地质［M］.北京：科学出版社.

赵政璋，李永铁，叶和飞，等，2001c.青藏高原海相烃源层的油气生成［M］.北京：科学出版社.

赵政璋，李永铁，叶和飞，等，2001d.青藏高原中生界沉积相及油气储盖层特征［M］.北京：科学出版社.

赵政璋，李永铁，叶和飞，等，2001e.青藏高原地层［M］.北京：科学出版社.

赵文津，徐中信，L D Brown，等，1997.雅鲁藏布江缝合带的双陆内俯冲构造与部分熔融层特征——INDEPTH项目结果的初步综合［J］.地球物理学报，40（3）：325-336.

赵平，金建，张海政，等，1998.西藏羊八井地热田热水的化学组成［J］.地质科学，33（1）：61-72.

赵隆业，陈基娘，王天顺，1991.关于中国油页岩的工业成因分类［J］.煤田地质与勘探，19（5）：2-6.

赵殿栋，2015.塔里木盆地大沙漠区地震采集技术的发展及展望——可控震源地震采集技术在MGT地区的试验及应用［J］.石油物探，54（4）：367-375.

郑度，2003.青藏高原形成环境与发展［M］.石家庄：河北科学技术出版社.

张泽明，董昕，耿官升，等，2010.青藏高原拉萨地体北部的前寒武纪变质作用及构造意义［J］.地质学报，84（4）：449-456.

张萌，蔺文静，刘昭，等，2014.西藏谷露高温地热系统水文地球化学特征及成因模式［J］.成都理工大学学报（自然科学版），41（3）：382-392.

张水昌，梁狄刚，张大江，2002.关于古生界烃源岩有机质丰度的评价标准［J］.石油勘探与开发，29（2）：8-12.

张健，刘招君，杜江峰，等，2006.黑龙江省依兰盆地古近系达连河组油页岩沉积特征［J］.吉林大学学报（地球科学版），36（6）：933-937.

张立新，徐学祖，马巍，2001.青藏高原多年冻土与天然气水合物［J］.天然气地球科学，12（1-2）：22-26.

张惠利，张琳，刘平，2016.炸药震源和可控震源在厚层砾石层覆盖区中的试验对比研究［J］.工程地球物理学报，13（2）：221-226.

张克银，牟泽辉，朱宏权，等，2000.西藏伦坡拉盆地成藏动力学系统分析［J］.新疆石油地质，21（2）：93-97.

张以茀，郑健康，1994.青海可可西里及邻区地质概论·1：50万青海可可西里及邻区地质图说明书［M］.北京：地震出版社.

钟华明，童劲松，鲁如魁，等，2006.西藏日土县松西地区过铝质花岗岩的地球化学特征及构造背景［J］.地质通报，25（1-2）：183-188.

周总瑛，2009.我国东部断陷盆地石油排聚系数统计模型的建立［J］.新疆石油地质，30（1）：9-12.

周祥，曹佑功，朱明玉，1984.西藏板块构造——建造图及说明书（1：1500000）［M］.北京：地质出版社.

中国地质调查局发展研究中心，2009.全国油页岩资源开发利用可行性研究成果报告［R］.

中国地质调查局，2000.青藏高原区域地质调查理论与方法［R］.

曾胜强，王剑，付修根，等，2013.北羌塘盆地长蛇山油页岩剖面烃源岩生烃潜力及沉积环境［J］.中国地质，40（6）：1861-1871.

曾鸾，李志勇，高凤珍，2002.大吨位可控震源的应用及效果分析［J］.石油物探，41（3）：327-333.

Chung S L, et al, 1998. Diachronous uplift of the Tibetan Plateau starting 40 Myr ago［J］. Nature, 394: 769-773.

Chung S L, et al, 2005. Tibetan tectonic evolution inferred from spatial and temporal variations in post-collisional magmatism［J］. Earth-Science Reviews, 68: 173-196.

Dèzes P, 1999. Tectonic and metamorphic evolution of the central Himalayan domain in southeast Zanskar (Kashmir, India)［D］.

Ding Lin, Kapp Paul, Wan Xiaoqiao, 2005. Paleocene-Eocene record of ophiolite obduction and initial India-Asia collision, south central Tibet［J］. Tectonics, 24（3）: 1-18.

Dong X, et al, 2011. Zircon U-Pb geochronology of the Nyainqentanglha Group from the Lhasa terrane: New constraints on the Triassic orogeny of the south Tibet［J］. Journal of Asian Earth Science, 42: 732-739.

Fu X G, Wang J, Qu W J, et al, 2008. Re-Os（ICP-MS）dating of the marine oil shale in the Qaingtang basin, northern Tibet, China［J］. Oil Shale, 25（1）: 47-55.

Fu X G, et al, 2010. The Late Triassic rift-related volcanic rocks from eastern Qiangtang, northern Tibet (China): age and tectonicimplications［J］. Gondwana Research, 17: 135-144.

Fu Xiugen, Wang Jian, Tan Fuwen, et al, 2012. Geochemistry of terrestrial oil shale from the Lunpola area, northern Tibet, China［J］. International Journal of Coal Geology, 102（2）: 1-11.

Fu Xiugen, Wang Jian, Chen Wenbin, et al, 2015. Organic accumulation in lacustrine rift basin: constraints from mineralogical and multiple geochemical proxies［J］. International Journal of Earth Sciences, 104（2）: 495-511.

Garzanti E, et al, 1999. First report of Lower Permian basalts in South Tibet: tholeiitic magmatism during break-up and incipient opening of Neotethys［J］. Journal of Asian Earth Sciences, 17: 533-546.

Girardeau, et al, 1984. Tectonic environment and geodynamic significance of the Neo-Cimmerian Donqiao ophiolite, Bangong-Nujiang suture zone, Tibet［J］. Nature, 307: 27-41.

Golonka J, et al, 2000. Hot spot activity and the break-up of Pangea［J］. Palaeogeography Palaeoclimatology Palaeoecology, 161: 49-69.

Golonka J, 2009. Phanerozoic paleoenvironment and paleolithofacies maps. Mesozoic［J］. Geologia Akademia Górniczo-Hutnicza im. Stanisława Staszica w Krakowie, 35: 589-654.

Hou Z Q, et al, 2015. Lithospheric architecture of the Lhasa terrane and its control on ore deposits in the himalayan-tibetan orogen［J］. Economic Geology, 110: 1541-1575.

Hsü K J, et al, 1978. Genesis of the Tethys and the Mediterranean［M］.

Hu D D, et al, 2005. SHRIMP zircon U-Pb age and Nd isotopic study on the Nyainqêntanglha Group in Tibet［J］. Science in China D, 48: 1377-1386.

Hu X M, et al, 2015. Direct stratigraphic dating of India-Asia collision onset at the Selandian (middle Paleocene, 59 ± 1 Ma)［J］. Geology, 43: 859-862.

Hughes N C, et al, 1999. Biostratigraphy and biogeography of Himalayan Cambrian trilobites [J]. Special Paper of the Geological Society of America, 328: 109−116.

Jian P, et al, 2008. SHRIMP dating of the Permo−Carboniferous Jinshajiang ophiolite, southwestern China: Geochronological constraints for the evolution of Paleo−Tethys [J]. Journal of Asian Earth Sciences, 32: 371−384.

Jian P, et al, 2009a. Devonian to Permian plate tectonic cycle of the Paleo−Tethys orogen in southwest China (I): Geochemistry of ophiolites, arc/back−arc assemblages and within−plate igneous rocks [J]. Lithos, 113: 748−766.

Jian P, et al, 2009b. Devonian to Permian plate tectonic cycle of the Paleo−Tethys orogen in southwest China (II): Insights from zircon ages of ophiolites, arc/back−arc assemblages and within−plate igneous rocks and generation of the Emeishan CFB province [J]. Lithos, 113: 767−784.

Ji W Q, et al, 2016. Eocene Neo−Tethyan slab breakoff constrained by 45 Ma oceanic island basalt−type magmatism in southern Tibet [J]. Geology, 44: 283−286

Jin X, 2002. Stratigraphic framework of the Changning−Menglian belt in western Yunnan [J]. Regional Geology of China, 21: 315−321.

Kapp P, et al, 2000. Blueschist−bearing metamorphic core complexes in the Qiangtang block reveal deep crustal structure of northern Tibet [J]. Geology, 28: 19−22.

Kapp P, et al, 2005. Cretaceous−Tertiary shortening, basin development, and volcanism in central Tibet [J]. Geological Society of America Bulletin, 117: 865−878.

Kapp P, DeCelles P G, Gehrels G E, et al, 2007. Geological records of the Lhasa−Qiangtang and Indo−Asian collisions in the Nima area of central Tibet [J]. Geological Society of America Bulletin, 119 (7−8): 917−933.

Kong X R, et al, 1996. Comprehensive geophysics and lithospheric structure in the western Xizang (Tibet) plateau [J]. Science in China D, 39: 348−358.

Li C, et al, 2006. Discovery of eclogite and its geological significance in Qiangtang area, central Tibet [J]. Chinese Science Bulletin, 51: 1095−1100.

Li Y L, et al, 2013. Late Cretaceous K−rich magmatism in central Tibet: Evidence for early elevation of the Tibetan plateau? [J]. Lithos, 160−161: 1−13.

Lippert P C, et al, 2014. The Early Cretaceous to present latitude of the central Lhasa−plano (Tibet): A paleomagnetic synthesis with implications for Cenozoic tectonics, paleogeography, and climate of Asia [J]. Special Paper of the Geological Society of America, 507: 1−21.

Lee H Y, et al, 2012. Geochemical and Sr−Nd isotopic constraints on the genesis of the Cenozoic Linzizong volcanic successions, southern Tibet [J]. Journal of Asian Earth Sciences, 53: 96−114

Li P W, et al, 2002. Estimation of shortening between the Siberian and Indian Plates since the Early Cretaceous [J]. Journal of Asian Earth Sciences, 20: 241−245.

Li P W, et al, 2004. Paleomagnetic analysis of eastern Tibet: implications for the collisional and amalgamation history of the Three Rivers Region, SW China [J]. Journal of Asian Earth Sciences, 24: 291−310.

Liu Zhifei, Wang Chengshan, Yi Haisheng, et al, 2001. Evolution and mass accumulation of the

Cenozoic Hoh Xil Basin, Northern Tibet [J] . Voenno−meditsinskiĭ zhurnal , 318 (12): 4−8.

Meert J G, et al, 1997. The assembly of Gondwana 800−550 Ma [J] . Journal of Geodynamics, 23: 223−235.

Metcalfe I, 2013. Gondwana dispersion and Asian accretion: Tectonic and palaeogeographic evolution of eastern Tethys [J] . Journal of Asian Earth Sciences, 66: 1−33.

Mo X X, et al, 2008. Contribution of syncollisional felsic magmatism to continental crust growth: A case study of the Paleogene Linzizong volcanic Succession in southern Tibet [J] . Chemical Geology, 250: 49−67.

Murphy M A, et al, 1997. Significant crustal shortening in south−central Tibet prior to the Indo−Asian collision [J] .Geology, 25: 719−722

Myrow P M, et al, 2010. Extraordinary transport and mixing of sediment across Himalayan central Gondwana during the Cambrian−Ordovician [J] . Geological Society of America Bulletin, 122: 1660−1670.

Niu Y L, et al, 2013. Continental collision zones are primary sites for net continental crust growth—a testable hypothesis [J] . Earth−Science Reviews, 127: 96−110.

Peters K E, Cassa M R, 1994.Applied source rock geochemistry [J] .Memoir, 60: 93−120.

Pullen A, Kapp P, Gehrels G E, et al, 2011. Metamorphic rocks in central Tibet: Lateral variations and implications for crustal structure [J] . Geological Society of America Bulletin, 123 (3−4): 585−600.

Pullen A, et al, 2008. Triassic continental subduction in central Tibet and Mediterranean−style closure of the Paleo−Tethys Ocean [J] . Geology, 36: 351−354.

Qiu R Z, et al, 2007. The tectonic−setting of ophiolites in the western Qinghai−Tibet Plateau, China [J] . Journal of Asian Earth Sciences, 29: 215−228.

Rowley D B, 1996. Age of initiation of collision between India and Asia: A review of stratigraphic data [J] . Earth Planetary Science Letters, 145: 1−13.

Raterman N S, et al, 2014. Structure and detrital zircon geochronology of the Domar fold−thrust belt: Evidence of pre−Cenozoic crustal thickening of the western Tibetan Plateau [J] . Special Paper of the Geological Society of America, 507: 89−114.

Raumer J F V, et al, 2008. The birth of the Rheic ocean—early Paleozoic subsidence patterns and subsequent tectonic plate scenarios [J] . Tectonophysics, 461: 9−20.

Sengör A M C, et al, 1996. Paleotectonics of Asia: Fragments of a synthesis [J] . DOI: 10.1234/12345678.

Song P P, et al, 2015.Late Triassic paleolatitude of the Qiangtang block: Implications for the closure of the Paleo−Tethys Ocean [J] . Earth and Planetary Science Letters, 424: 69−85.

Tapponnier P, et al, 2001. Oblique stepwise rise and growth of the Tibet Plateau [J] . Science, 294: 1671−1677.

Tissot B P,Welte D H,1984.Petroleum formation and occurrence [M]. New York: Springer−Verlag,1−538.

Tissot B P, Welte D H, 1978.Petroleum formation and occurrence−A new approach to oil and gas exploration [J] .New York: Springer−Verlag, 67−94.

Wang C S, et al, 2008. Constraints on the early uplift history of the Tibetan Plateau [J] . Proc Natl Acad, USA, 105 (13): 4987−4992.

Wang J, et al, 2008. Chronology and geochemistry of the volcanic rocks in Woruo Mountain region, Northern Qiangtang depression: Implications to the Late Triassic volcanic-sedimentary events [J]. Science in China Series D: Earth Science, 51 (2): 194-205.

Wu F Y, et al, 2010. Detrital zircon U-Pb and Hf isotopic data from the Xigaze fore-arc basin: Constraints on Transhimalayan magmatic evolution in southern Tibet [J].Chemical Geology, 271: 13-25.

Wang L C, Wang C S, Li Y L, et al, 2011.Organic geochemistry of potential sources rocks in the tertiary Dingqinghu formation, Nima basin, central Tibet [J]. Journal of Petroleum Geology, 34 (1): 67-85.

Xu Z Y, Zhao J P, Wu Z L, 1985.On the Tertiary continental basins and their petroleum potential in Qinghai-Xizang (Tibet) Plateau with Lunpola Basin as example [J]. Contrib. Geol.Qinghai-Xizang (Tibet) Plateau, 17 (3): 391-399.

Yang T N, et al, 2014. Two-phase subduction and subsequent collision defines the Paleotethyan tectonics of the southeastern Tibetan Plateau: Evidence from zircon U-Pb dating, geochemistry, and structural geology of the Sanjiang orogenic belt, southwest China [J]. Geological Society of America Bulletin, DOI: 10.1130/B30921.1.

Yin A, et al, 2000. Geologic evolution of the Himalayan-Tibetan orogen [J]. Annual Review of Earth and Planetary Sciences, 28: 211-280.

Zhai Q G, et al, 2011. Triassic subduction of the Paleo-Tethys in northern Tibet, China: Evidence from the geochemical and iso-topic characteristics of eclogites and blueschists of the Qiangtang Block [J]. Journal of Asian Earth Science, 42: 1356-1370.

Zhai Q G, et al, 2016. Oldest paleo-Tethyan ophiolitic mélange in the Tibetan plateau [J].Geological Society of America Bulletin, 128, DOI: 10.1130/B31296.1.

Zhang K J, et al, 2012. Late Mesozoic tectonic evolution and growth of the Tibetan plateau prior to the Indo-Asian collision [J]. Earth-Science Reviews, 114: 236-249.

Zhang Q H, et al, 2012. Initial India-Asia continental collision and foreland basin evolution in the Tethyan Himalaya of Tibet: Evidence from stratigraphy and paleontology [J]. Journal of Geology, 120: 175-189.

Zhang Y X, et al, 2017. Early Permian Qiangtang flood basalts, northern Tibet, China: A mantle plume that disintegrated northern Gondwana? [J]. Gondwana Research, 44: 96-108.

Zhu D C, et al, 2009.Geochemical investigation of Early Cretaceous igneous rocks along an east-west traverse throughout the central Lhasa Terrane, Tibet[J]. Chemical Geology, 268: 298-312.

Zhu D C, et al, 2010. Presence of Permian extension-and arc-type magmatism in southern Tibet: Paleogeographic implications [J]. Geological Society of America Bulletin, 12: 979-993.

Zhu D C,et al, 2011.The Lhasa Terrane: Record of a microcontinent and its histories of drift and growth[J]. Earth and Planetary Science Letters, 301: 241-255.

Zhu D C, et al, 2013. The origin and pre-cenozoic evolution of the tibetan plateau [J]. Gondwana Research, 23: 1429-1454.

Zhu D C, et al, 2016. Assembly of the Lhasa and Qiangtang terranes in central Tibet by divergent double subduction [J]. Lithos, 245: 7-17.

附录 大事记

1951—1953 年

1951—1953 年，以李璞为组长的西藏地质调查组，开展了历时 18 个月的青藏高原科学考察工作，行程一万多千米，在伦坡拉—班戈盆地发现了古近系—新近系石油构造和油苗，著有《西藏东部地质及矿产调查资料》一书。

1954 年

李四光教授应用地质力学理论，在研究中国含油气构造的基础上指出："青藏滇缅区，包括柴达木盆地、西藏高原北部、四川盆地西部，都有发现比较大规模油田的可能。"

1956—1958 年

1956 年，地质部在石油地质局 632 队组织成立了青海石油普查大队黑河中队，至 1958 年末，完成了查尔古特错以东，青藏公路以西，唐古拉山与念青唐古拉山之间的 1∶100 万石油地质概查和伦坡拉盆地的 1∶20 万地质草测。

1960 年

西藏地质矿产局组织石油队在伦坡拉盆地丁青、牛堡一带开展了 1∶2.5 万石油地质细测。

1961 年

西藏地质矿产局藏北地质队在伦坡拉盆地内进行了构造详查工作。同年，青海石油管理局地质处在伦坡拉盆地牛堡构造、伦坡拉构造、丁青构造、罗加林构造进行了石油地质踏勘，并对地表油气苗作了详细调查。

1966 年

地质部石油地质局综合研究队青藏分队对伦坡拉盆地古近系—新近系含油气性进行了调查与评价工作，在牛堡构造上发现了油砂、沥青脉等油气显示，基本肯定了伦坡拉盆地是一个含油气盆地。

1967—1969 年

1967 年，地质部石油地质普查勘探局成立地质部第四普查勘探大队。1967—1969 年期间，第四普查勘探大队对伦坡拉盆地和班戈盆地开展了石油地质普查工作，在牛堡构造和伦坡拉构造开始了第一次钻探及石油地质勘探工作；在长山、牛堡和红星梁等构造及中央坳陷区钻井 52 口，最深的红星 3 井 2245.31m，红星 6 井经测试评价计算，日产原油 1.8m³，无阻流量 6.8m³，为第一口工业油井。

1971—1979 年

1971 年，地质部将第四普查勘探大队归属西藏自治区地质局第四地质大队。至

1979 年，第四地质大队先后对牛堡、长山、红星梁和帕格纳等构造进行了钻探，在牛浅 2 井获低产油流，日产原油 49.5L；在牛 3 井、牛 4 井、红星 13 井和红星 16 井获得了良好的油气显示。

1980—1982 年

1980 年，西藏自治区地质局第四地质大队对伦坡拉地区开展的石油地质普查勘探工作进行了总结，编写了综合研究报告。1981—1982 年，石油工业部西藏石油地质考察队对西藏进行了石油地质路线普查，落实了牛堡、红星梁、长山等 22 个浅层含油气构造，揭示了牛堡组二、三段及丁青湖组一、二段等 4 个含油层段，明确了伦坡拉盆地中东部为有利构造勘探区。

1986 年

《地球科学》杂志出版了西藏油气地质研究论文专辑，对 20 世纪 90 年代以前西藏油气地质工作及新认识作了系统总结。

1990 年

《中国石油地质志·卷十四 青藏油气区》分卷出版，对此前在西藏地区开展的石油地质工作进行了总结。

1991 年

地质矿产部将伦坡拉盆地油气勘查列入国家"八五"（1991—1995 年）油气勘查计划，由新星石油公司中南石油局组织实施，本轮工作一直持续到 1999 年，期间共完成二维地震 2356.37km，三维地震 182.66km^2，钻探 13 口井、总进尺 21860.87m。其中，藏 1 井获日产工业油流 1.66m^3，西伦 5 井获日产工业油流 2.02m^3，伦浅 3 井和伦浅 1 井采用高温蒸汽方法，放喷初期产量分别为 21.4m^3/d 和 23.9m^3/d。

1993 年

中国石油天然气总公司根据"稳定东部，发展西部"的战略方针，由勘探局新区事业部组建筹备组，负责实施青藏高原油气普查工作，完成青藏高原野外实地踏勘和前期考察。

1994—1998 年

1994 年，中国石油天然气总公司成立了"青藏油气勘探项目经理部"，正式对青藏地区开展大规模的预查—普查工作。工作重点为羌塘盆地，兼顾措勤、比如、昌都、可可西里、库木库里和岗巴—定日等盆地。中国石油天然气总公司勘探开发研究院、成都地质矿产研究所、成都地质学院、江汉油田、大庆石油学院、长春地质学院等 10 多家单位参加了本轮工作。至 1998 年，共计完成二维地震勘探 2640km、1∶20 万路线地质 5541km、1∶10 万石油遥感地质填图 7.16×10^{4}km^2、1∶20 万遥感地质解译 83.8×10^{4}km^2、1∶20 万重力测量 25.4×10^{4}km^2、1∶20 万航磁测量 39.4×10^{4}km^2、1∶20 万大地电磁测量 5619km、1∶20 万油气化探面积性调查 4700km^2，取得了近 3 万件样品的测试分析数据，在羌塘盆地发现油气显示 150 余处，油页岩 1 处，估算羌塘盆地油气远景资源量为 50.00×10^{8}t 左右。

2000 年

2000 年，中国石油化工集团公司中南石油局初步估算伦坡拉盆地资源量为 $1.5158 \times 10^8 t$；在罗马迪库构造提交控制储量 $103 \times 10^4 t$，含油面积 $4.9 km^2$；在红星梁夹持带提交稠油控制储量 $618 \times 10^4 t$，含油面积 $3.77 km^2$。

2001—2003 年

2001 年，国土资源部设立了"十五"重点科技基础攻关项目"青藏高原重点沉积盆地油气资源潜力分析"，启动了新一轮青藏高原油气地质调查研究工作。以羌塘盆地为重点，兼顾措勤盆地、岗巴—定日盆地和伦坡拉盆地，开展了岩相古地理调查与编图工作，对烃源岩、保存条件及储层等关键石油地质问题进行专门研究，预测羌塘盆地油气资源远景资源量为 $113 \times 10^8 t$（王剑等，2004）。

2003 年，大庆油田有限责任公司首次在羌塘盆地毕洛错一带实施了 1 口地质调查浅井。

2004—2008 年

2004 年初，国家油气资源战略选区专项正式启动，由中国地质调查局成都地质调查中心牵头，组织实施了"青藏高原油气资源战略选区调查与评价"项目，先后共有28 个地调科研院所的 300 多名专家学者参加了本轮战略选区评价工作。至 2008 年，共计完成 1∶5 万构造详查及化探 $1823 km^2$、1∶2.5 万和 1∶5 万油页岩调查 $800 km^2$、综合研究路线地质调查 1467km、实测地层剖面 46 条（87km）、采集各类样品 16450 件、地质浅钻取心 1628m（共 3 个钻孔）、地质走廊大剖面综合调查 810km（宽 20km）、重磁测量 835km、电磁阵列（CEMP）190km、大地电磁测深（MT）1009km、二维地震勘探225km、遥感地质解译 $20.50 \times 10^4 km^2$ 等。

2004—2006 年，国土资源部启动了"新一轮全国油气资源评价"专项，成都理工大学牵头组织实施了"青藏地区油气资源评价"项目，对羌塘、昌都、措勤、比如等 19个盆地进行了油气资源量评价，估算石油远景资源量 $86.35 \times 10^8 t$，天然气远景资源量$12553.55 \times 10^8 m^3$。

2009—2014 年

2009—2014 年，国土资源部实施了第二轮战略选区。中国地质调查局成都地质调查中心先后牵头组织完成了"青藏高原重点盆地油气资源战略调查与选区"和"青藏地区油气调查评价"两个计划项目，共计完成二维地震勘探 710km、二维地震资料处理与解释 750km、复电阻率法测量 390km、大地电磁测量 150km、1∶5 万石油地质区域调查（修测）$1600 km^2$、路线地质调查 3604km、实测地层剖面 105km、采集和分析各类样品 6780 件、微生物化探 $700 km^2$、地质浅钻取心（6 口）5170.97m、地质综合测井4654.5m。

2010—2013 年，国土资源部委托中国石油青海油田分公司组织实施了"柴达木及羌塘盆地油砂矿勘查开采示范工程"项目，在羌塘盆地隆鄂尼—格鲁关那和毕洛错完成了14 口全井段取心浅钻井，并在部分钻井中取到含油白云岩和油页岩。

2012 年，中国地质调查局成都地质调查中心实施羌资—5 井，钻遇厚度达 23m 的二叠系油砂层。

2014年，中国石化南方勘探分公司在半岛湖地区完成二维地震600km；延长油矿在东湖地区完成二维地震212km。

2015—2019 年

2015年，中国地质调查局正式启动实施全国"陆域能源矿产地质调查计划"，由成都地质调查中心牵头组织实施了"羌塘盆地油气资源战略调查工程"。

2015—2019年，在羌塘盆地完成二维地震1200km，地质浅钻11口；在伦坡拉盆地完成2口预探井；在尼玛盆地主要完成二维地震160km，调查井2口。

2016—2019年，成都地质调查中心在羌塘盆地实施了第一口科探井：羌科1井，完钻井深4696.18m。钻遇雀莫错组膏岩层大于365m、夏里组膏泥岩大于260m；在布曲组首次钻遇高浓度（210mg/L）硫化氢含气层，气测录井全烃值为3.5%。

2017年，羌地17井在古近系唢呐湖组钻遇液态油气显示，荧光级别5.2；在布曲组钻遇气测异常，全烃值达10.2%。

2017年12月，中国石油天然气集团公司启动《中国石油地质志》修编工作，由中国石油勘探开发研究院、中国地质调查局成都地质调查中心共同组织，中国地质调查局油气地质调查中心、中国地质大学（北京）、西南石油大学等单位参与，合作编纂《中国石油地质志（第二版）·卷十九 西藏探区》。

《中国石油地质志》

（第二版）

编辑出版组

总　策　划：周家尧

组　　　长：章卫兵

副　组　长：庞奇伟　马新福　李　中

责任编辑：孙　宇　林庆咸　冉毅凤　孙　娟　方代煊

　　　　　王金凤　金平阳　何　莉　崔淑红　刘俊妍

　　　　　别涵宇　邹杨格　潘玉全　张　贺　张　倩

　　　　　王　瑞　王长会　沈瞳瞳　常泽军　何丽萍

　　　　　申公晃　李熹蓉　吴英敏　张旭东　白云雪

　　　　　陈益卉　张新冉　王　凯　邢　蕊　陈　莹

特邀编辑：马　纪　谭忠心　马金华　郭建强　鲜德清

　　　　　王焕弟　李　欣